MATLAB IMAGE PROCESSING

THEORY, ALGORITHM AND CASE ANALYSIS

MATLAB 图像处理

理论、算法与实例分析

蔡利梅◎编著

Cai Limei

清華大學出版社

北京

内容简介

本书主要介绍了数字图像处理理论、算法及MATLAB实现。全书共13章，主要内容包括数字图像处理概述、MATLAB基础知识、MATLAB图像处理基础、图像基础性运算、图像正交变换、图像增强、图像复原、图像数学形态学处理、图像分割、图像描述与分析、图像压缩编码、图像匹配、MATLAB图像处理GUI设计，涉及MATLAB图像处理基础、图像基础处理算法及实现、图像分析及实现、图像综合处理及实现。

本书由浅入深，全面、系统地讲解了各种处理算法的原理及MATLAB实现，内容翔实，有充足的编程实例，便于读者学习、实践和应用。

本书可以作为理工科高等院校研究生、本科生教学用书，也适合作为相关专业科研工程技术人员的参考用书。

图书在版编目(CIP)数据

MATLAB图像处理：理论、算法与实例分析/蔡利梅编著. —北京：清华大学出版社，2020.10(2024.3重印)
(科学与工程计算技术丛书)
ISBN 978-7-302-55524-7

Ⅰ. ①M… Ⅱ. ①蔡… Ⅲ. ①Matlab软件—应用—数字图象处理 Ⅳ. ①TN911.73

中国版本图书馆CIP数据核字(2020)第085729号

责任编辑：盛东亮　钟志芳
封面设计：李召霞
责任校对：李建庄
责任印制：杨　艳

出版发行：清华大学出版社
网　址：https://www.tup.com.cn，https://www.wqxuetang.com
地　址：北京清华大学学研大厦A座　　**邮　编**：100084
社 总 机：010-83470000　　**邮　购**：010-62786544
投稿与读者服务：010-62776969，c-service@tup.tsinghua.edu.cn
质量反馈：010-62772015，zhiliang@tup.tsinghua.edu.cn
课件下载：https://www.tup.com.cn，010-83470236
印 装 者：三河市龙大印装有限公司
经　销：全国新华书店
开　本：186mm×240mm　**印　张**：34.5　**字　数**：774千字
版　次：2020年11月第1版　**印　次**：2024年3月第4次印刷
印　数：4001～4300
定　价：109.00元

产品编号：083464-01

PREFACE

To Accelerate the Pace of Engineering and Science. These eight words have summarized the MathWorks mission for over 30 years.

In that time, it has been an honor and a humbling experience to see engineers and scientists using MATLAB and Simulink to create transformational breakthroughs in an amazingly diverse range of applications: the electrification and increasing autonomy of automobiles; the dramatically more accurate models and forecasts of our weather and climates; the increased performance and safety of aircraft; the insights from neuroscientists about how our brains and bodies work; the pervasiveness of wireless communications; the reliability of power grids; and much more.

At the same time, MATLAB and Simulink have helped countless students in engineering and science courses to learn key technical concepts and apply them to real-world problems, preparing them better for roles in research, teaching, and industry. They are also equipped to become lifelong learners, exploring for new techniques, combining them, and applying them in novel ways.

Today, the pace of innovation in engineering and science is astonishing. That pace is fueled by huge volumes of data, matched with computing hardware and machine-learning algorithms for extracting information from it. It is embodied by software and algorithms in almost every type of system—from children's toys to household appliances to robots and manufacturing systems to almost every form of transportation-making those systems more functional, flexible, and autonomous. Most important, that pace is driven by the engineers and scientists who gain the insights, create the technologies, and design the innovative systems.

To support today's pace of innovation, MATLAB has evolved into a broad and unifying technical computing platform, spanning well-established methods, such as control design and signal processing, with exciting newer areas, such as deep learning, robotics, and IoT development. For today's smart connected systems, Simulink is the platform that enables you to simulate those systems, optimize the design, and automatically generate the embedded code.

The topics in this book series reflect the broad set of areas that MATLAB and

PREFACE

Simulink bring together: large-scale programming, machine learning, scientific computing, robotics, and more. We are delighted to collaborate on this series, in support of our ongoing goal: to enable you to accelerate the pace of your engineering and scientific work.

I look forward to the innovations that you will create!

Jim Tung

MathWorks Fellow

序言

致力于加快工程技术和科学研究的步伐——这句话总结了 MathWorks 坚持超过三十年的使命。

在这期间，MathWorks 有幸见证了工程师和科学家使用 MATLAB 和 Simulink 在多个应用领域中的无数变革和突破：汽车行业的电气化和不断提高的自动化；日益精确的气象建模和预测；航空航天领域持续提高的性能和安全指标；由神经学家破解的大脑和身体奥秘；无线通信技术的普及；电力网络的可靠性，等等。

与此同时，MATLAB 和 Simulink 也帮助了无数大学生在工程技术和科学研究课程里学习关键的技术理念并应用于实际问题中，培养他们成为栋梁之材，更好地投入科研、教学以及工业应用中，指引他们致力于学习、探索先进的技术，融合并应用于创新实践中。

如今，工程技术和科研创新的步伐令人惊叹。创新进程以大量的数据为驱动，结合相应的计算硬件和用于提取信息的机器学习算法。软件和算法几乎无处不在——从孩子的玩具到家用设备，从机器人和制造体系到每一种运输方式——让这些系统更具功能性、灵活性、自主性。最重要的是，工程师和科学家推动了这些进程，他们洞悉问题，创造技术，设计革新系统。

为了支持创新的步伐，MATLAB 发展成为一个广泛而统一的计算技术平台，将成熟的技术方法（比如控制设计和信号处理）融入令人激动的新兴领域，例如深度学习、机器人、物联网开发等。对于现在的智能连接系统，Simulink 平台可以让您实现模拟系统，优化设计，并自动生成嵌入式代码。

"科学与工程计算技术丛书"系列主题反映了 MATLAB 和 Simulink 汇集的领域——大规模编程、机器学习、科学计算、机器人等。我们高兴地看到"科学与工程计算技术丛书"支持 MathWorks 一直以来追求的目标：助您加速工程技术和科学研究。

期待着您的创新！

Jim Tung

MathWorks Fellow

序言

致力于加快工程技术和科学研究的步伐——这句话代表了MathWorks坚持超过三十年的使命。

在这期间，MathWorks有幸见证了工程师和科学家使用MATLAB和Simulink在多个应用领域中的无数变革和突破：汽车行业的电气化和不断提高的自动化；日益精确的[illegible]建模和预测；航空航天领域持续提高的[illegible] [illegible]

与此同时，MATLAB和Simulink也[illegible]

[illegible]

前言

数字图像处理(Digital Image Processing)是利用计算机对图像进行变换、增强、复原、分割、压缩、分析、理解等处理的理论、方法和技术,是现代信息处理的研究热点。数字图像处理技术发展迅速,应用领域越来越广,对国民经济、社会生活和科学技术等方面产生巨大的影响。

数字图像处理技术的学习和应用离不开计算机仿真和实验。MATLAB 基于矩阵计算,适合作为二维矩阵的数字图像处理,其认可当今常用的多种图像文件格式,提供图像处理工具箱,实现了图像变换、增强、分析、复原、形态学等方面的处理运算,是一款优秀的仿真软件。本书在介绍数字图像处理的相关概念及 MATLAB 软件的基础上,对数字图像基础处理、图像分析及综合处理算法的原理,以及 MATLAB 实现进行了详细的讲解。

全书共分为如下四篇。

第一篇,MATLAB 数字图像处理基础。介绍了数字图像处理的相关概念、颜色、数字图像的生成表示等概述性内容;工作环境、数据类型、矩阵、控制语句、图形可视化等 MATLAB 基础知识;图像文件的读写与显示、图像类型转换、色彩空间转换、视频文件的读写等 MATLAB 图像处理基础。

第二篇,MATLAB 图像基础处理。介绍了几何变换、代数运算、模板运算等图像基础性运算;DFT、DCT、K-L 变换、Radon 变换和 DWT 等图像正交变换;灰度级变换、空域滤波、频域滤波等图像增强技术;图像退化函数的估计、图像复原方法;数学形态学基本概念、二值、灰度图像的形态学处理等算法。详细介绍了各种算法的 MATLAB 实现。

第三篇,MATLAB 图像分析。介绍了基于阈值、边界、区域、聚类、分水岭等的图像分割算法;几何描述、形状描述、边界描述、矩描述、纹理描述方法及相关描绘子。详细介绍了各种算法的 MATLAB 实现。

第四篇,MATLAB 图像综合处理。介绍了图像编码的基本理论、无损编码、预测编码、变换编码、JPEG 标准等图像压缩编码方法及 MATLAB 实现;基于灰度的图像匹配、多种角点检测算子、特征描述算子、特征匹配及 MATLAB 实现;GUI 设计基础及图像分割 GUI 设计。

本书内容由浅入深、循序渐进,通过充足的例程,便于读者理解算法及掌握 MATLAB 图像处理的方法。

由于编者水平所限,书中不足之处敬请读者不吝指正。

编　者

2020 年 8 月

目录

第一篇　MATLAB数字图像处理基础

目录

第二篇 MATLAB 图像基础处理

目录

目录

目录

第一篇 MATLAB数字图像处理基础

第1章 数字图像处理概述

数字图像处理是现代信息处理的研究热点，相关应用涉及人类生活和工作的方方面面，影响深刻。本章主要介绍图像和数字图像处理的基础知识，包括基本概念、研究内容、颜色，以及数字图像的生成与表示，是后续学习的基础。

1.1 图像与数字图像处理

视觉是人类观察世界和认知世界的重要手段，人类从外界获得的信息绝大部分是通过视觉获取的。图像是视觉信息的重要表现方式，是对客观事物的相似、生动的描述，具有直观形象、信息量大、利用率高的特点，是人类重要的信息来源。人们通常所见的、普通相机所拍摄的，都是可见光成像，直观形象的影像丰富了人们的视野和资料。除可见光外，红外线、紫外线、微波、X射线等非可见光也能够成像，利用图像技术，拓展了人类视觉。因此，图像作为一种重要的信息载体，越来越深刻地影响到人们的生活和工作。

1.1.1 图像

从信息论角度来看，图像是一种二维信号，可以用二维函数 $f(x,y)$ 来表示，其中，x、y 是空间坐标，$f(x,y)$是点(x,y)的幅值。

图像可以分为两种类型：模拟图像和数字图像。

模拟图像是指通过客观的物理量表现颜色的图像，如照片、底片、印刷品、画等，空间坐标值 x 和 y 连续，在每个空间点(x,y)的光强也连续。对模拟图像进行数字化处理得到数字图像，才可以用计算机存储和处理。

数字图像由有限的元素组成，每一个元素的空间位置(x,y)和强度值 f 都被量化成离散的数值，这些元素称为像素。因此，数字图像是具有离散值的二维像素矩阵，如图1-1所示。

图1-1(a)的白色方框内有8行8列64个像素点，每一点有不同的颜

(a) 一幅数字图像

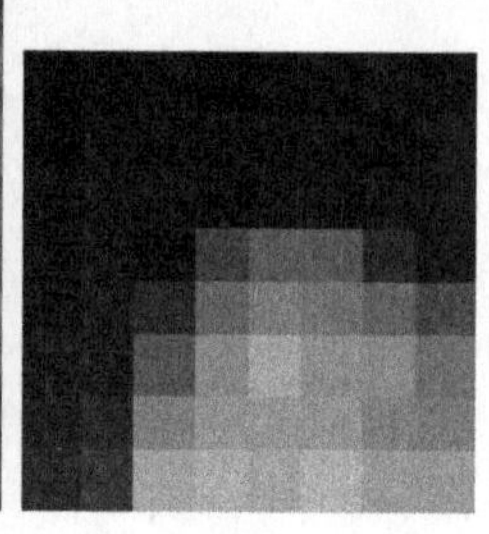

(b) 8×8像素子块

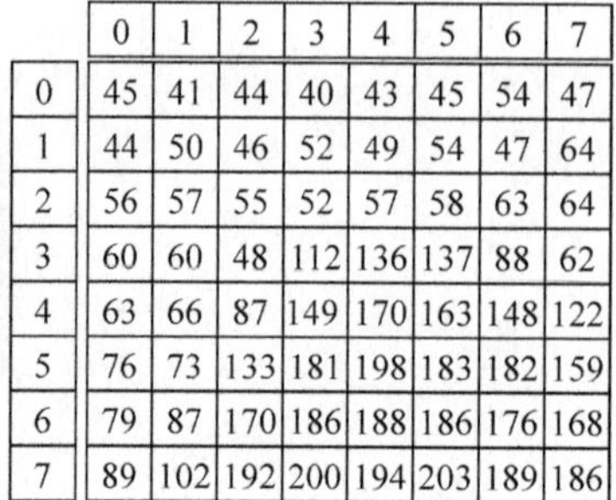

	0	1	2	3	4	5	6	7
0	45	41	44	40	43	45	54	47
1	44	50	46	52	49	54	47	64
2	56	57	55	52	57	58	63	64
3	60	60	48	112	136	137	88	62
4	63	66	87	149	170	163	148	122
5	76	73	133	181	198	183	182	159
6	79	87	170	186	188	186	176	168
7	89	102	192	200	194	203	189	186

(c) 8×8子块像素值

图 1-1　数字图像数据形式示意图

色值；图 1-1(b)中用 8×8 个小方块表示这 64 个像素点，每个方块的颜色和对应像素点颜色一致；图 1-1(c)是对应 64 个像素点的数值。可以看出，数字图像就是一个二维的像素矩阵。

视频又称动态图像，是多帧位图的有序组合，可以用三维函数 $f(x,y,t)$表示，x、y 是空间坐标，t 为时间变量，$f(x,y,t)$是 t 时刻那一帧上点(x,y)的幅值。之所以能看到图像动起来，是由于人眼的视觉暂留特性，图像播放间隔≤视觉暂留时间 1/24s，将产生连续活动的视觉效果。

1.1.2　数字图像处理

数字图像处理是利用计算机对图像进行去除噪声、增强、复原、分割、提取特征等的理论、方法和技术，是信号处理的子类，相关理论涉及通信、计算机、电子、数学、物理等多个学科，已经成为一门发展迅速的综合性学科。

1. 数字图像处理的主要内容

1）图像获取

图像获取是指通过某些成像设备，将物体表面的反射光或者折射光转换成电压，然后在成像平面形成图像，通常需要经过模数转换实现数字图像的获取。获取图像的相关成像器件有 CCD(Charge-Coupled Device)图像传感器、CMOS(Complementary Metal Oxide Semiconductor)图像传感器、CID(Charge-Injected Device)图像传感器，以及其他一些特定场所应用的成像设备。

2）图像基础处理技术

图像基础处理技术包括图像变换、图像增强、图像平滑、边缘检测与图像锐化、图像复原等。

(1) 图像变换。

图像变换是指对图像进行某种正交变换，将空间域中的图像信息转换到如频域、时频域等变换域，并进行相应的处理分析。经过变换后，图像信息的表现形式发生变化，某些特征会突显出来，方便后续处理，如低通滤波、高通滤波、变换编码等。图像变换常用的正交变换有离散傅里叶变换、离散余弦变换、K-L(Karhunen-Loeve)变换、离散小波变换等，不同变换具有不同的特点及应用。

(2) 图像增强。

图像增强的目的是将一幅图像中的有用信息(即感兴趣的信息)进行增强，同时将无用信息(即干扰信息或噪声)进行抑制，从而提高图像的可观察性。根据增强目的的不同，图像增强技术涵盖对比度增强、图像平滑以及图像锐化。

传统的图像对比度增强方法有灰度级变换、基于直方图的增强等；随着技术的发展，一些新型技术被用于增强处理，如模糊增强、基于人类视觉的增强等；增强处理也被用于特定情形下的图像，并衍生出一系列的新方法，如去雾增强、低照度图像增强等。

(3) 图像平滑。

图像在获取、传输和存储过程中常常会受到各种噪声的干扰和影响，使其质量下降，从而导致对分析图像不利。图像平滑是指抑制或消除图像中存在的噪声，改善图像质量的处理方法。

(4) 边缘检测与图像锐化。

边缘检测是指通过计算局部图像区域的亮度差异，检测出不同目标或场景各部分之间的边界，是图像锐化、图像分割、区域形状特征提取等技术的重要基础。图像锐化的目的是加强图像中景物的边缘和轮廓，突出或增强图像中的细节。

(5) 图像复原。

图像复原是指将退化了的图像的原有信息复原，以达到清晰化的目的。图像复原是图像退化的逆过程，通过估计图像的退化过程，建立数学模型，补偿退化过程造成的失真。根据退化模糊产生原因的不同，采用不同图像复原方法可使图像变得清晰。

3) 图像压缩编码

图像压缩编码是指利用图像信号的统计特性和人类视觉的生理及心理特性，改变图像信号的表示方式，达到降低数据量的目的，便于图像的存储和传输。图像编码的主要方法有统计编码、变换编码、预测编码、混合编码以及一些新型编码方法。

经过多年的研究，已经制定了若干图像编码标准，例如，针对静态图像编码的 JPEG、JPEG2000 标准；针对实时视频通信应用的 H. 26x 系列标准；针对视频数据的存储、广播电视和视频流的网络传输的 MPEG 系列标准，以及低比特率视频标准 H. 264；新一代视频编码标准 VVC、AV1、AVS3 等。

4) 图像分析

图像分析包含图像分割、图像描述与分析两部分内容。

(1) 图像分割。

图像分割是指把一幅图像分成不同的区域，以便进一步分析或改变图像的表示方式。例如，卫星图像中分成工业区、住宅区、森林等；人脸检测中需要分割人脸等。由于图像内容的复杂性，利用计算机实现图像自动分割是图像处理中最困难的问题之一，没有一种分割方法适用于所有问题。经验表明，实际应用中需要结合众多方法，根据具体的领域知识确定方案。

(2) 图像描述与分析。

图像描述与分析是指计算并提取图像中的感兴趣目标的关键数据，用更加简洁明确的数值和符号表示，突出重要信息并降低数据量，以便计算机对图像进行识别和理解，是数字图像处理系统中不可缺少的环节。

5) 图像综合处理技术

随着图像处理研究和应用的发展，除上述基础处理技术外，逐渐出现并发展了多种综合处理技术，如图像匹配、图像融合、图像检索、图像水印、立体视觉、目标检测与跟踪等，这些图像处理技术的实现，常常需要多种基础处理技术的综合应用，属于较高层次的图像处理。

(1) 图像匹配。

图像匹配是指针对不同时间、不同视角或不同拍摄条件下的同一场景的两幅或多幅图像，寻找它们之间在某一特性上的相似性，建立图像间的对应关系，以便进行对准、拼接、计算相关参数等操作，其应用需求广泛。根据特性的不同，匹配方法可分为基于灰度的匹配和基于特征的匹配。

(2) 图像融合。

图像融合是信息融合的一个分支，是指通过算法将两幅或多幅图像合成为一幅新图像，最大限度地获取目标场景的各种特征信息描述，以增强和优化后续的显示和处理。

(3) 图像检索。

随着多媒体技术的迅猛发展，图像数据增长惊人。图像检索是指能够快速准确地查找并访问图像的技术，包括基于内容的图像检索和基于特征的图像检索。

(4) 图像水印。

图像水印技术是指将特定意义的标记，利用数据嵌入的方法隐藏在数字图像产品中，来辨识数据的版权或实现内容认证、防伪及隐蔽通信，是多媒体信息安全的内容之一。

(5) 立体视觉。

立体视觉是仿照人类利用双目线索感知距离的方法来实现对三维信息的感知。在实现上采用基于三角测量的方法，运用两个或多个摄像机对同一景物从不同位置成像，并进而从视差中恢复距离，重建三维场景。

(6) 目标检测与跟踪。

目标检测是指搜索图像中感兴趣的目标，获得目标的客观信息；目标跟踪是指根据当前运动信息估计和预测运动目标的运动趋势，以便为后续识别理解提供信息。目标检测与跟踪主要面向动态图像序列。

2. 数字图像处理的应用

数字图像处理技术诞生于20世纪50年代，随着计算机技术的发展，数字图像处理逐渐形成了完整的体系，并成为新兴的学科。近年来，数字图像处理技术在各个领域得到广泛应用，对工业生产、日常生活产生巨大的影响。下面介绍部分典型应用。

1）航空航天技术方面

这方面的应用主要是用在飞机遥感和卫星遥感技术中，主要用于地形地质、矿藏、森林、水利、海洋、农业等资源调查，自然灾害预测预报，环境污染监测，气象卫星云图处理及地面军事目标的识别等。

2）工业生产方面

数字图像处理技术在产品检测、工业探伤、自动流水线生产和装配、自动焊接、PCB印制板检查，以及各种危险场合的生产自动化方面得到了大量应用，加快了生产速度，保证了质量的一致性，还可以避免因人的疲劳、注意力不集中等带来的误判。

3）生物医学方面

CT（Computed Tomography）、核磁共振断层成像、超声成像、计算机辅助手术、显微医学操作等医学图像处理技术在医疗诊断中发挥了越来越重要的作用，医学图像处理、分析、识别、判读等都广泛地应用了数字图像处理技术，实现了自动处理、分析与识别，降低了目视判读工作量，提高了检验精度。

4）军事公安方面

数字图像处理技术应用于巡航导弹制导、无人驾驶飞机飞行、自动行驶车辆、移动机器人、精确制导及自动巡航捕获目标和确定距离等方面，既可避免人的参与及由此带来的危险，也可提高精度和速度。此外，各种侦察照片的判读、公安业务图片的判读分析、指纹识别、人脸鉴别、不完整图片的复原、交通监控、事故分析等，利用数字图像处理技术拓展了刑侦手段。

5）文化娱乐方面

数字图像处理技术在电视、电影画面的数字编辑、动画制作、电子图像游戏、纺织工艺品设计、服装设计与制作、发型设计、文物资料照片的复制和修复、依据头骨的人像复原等方面的应用卓有成效，成为一种独特的美术工具，也给人们的生活带来了巨大的视觉享受。

总之，数字图像处理技术应用的范围十分广泛，并且随着技术的发展，应用的广度及深度也在不断加大。

3. 相关专业术语

随着数字图像处理技术的不断发展，其应用面也越来越广泛，因而衍生出如下不同的专业术语。

1）图像处理

图像处理一词通常有狭义和广义两种理解方式。狭义的图像处理即数字图像处理技术的第一层，属于信息预处理技术，输入图像，输出的是调整了视觉效果或增强了某些信息的图像；而广义的图像处理则涵盖了从预处理到图像识别理解的整个过程，是相关处理技术的一个统称。

2）计算机视觉

计算机视觉指计算机具有通过一幅或多幅图像认知周围环境信息的能力，即根据感测到的图像对实际物体和场景做出有意义的判定，是人工智能技术的分支。实际上计算机视觉包括了图像预处理及识别理解的含义在内。

3）机器视觉

机器视觉建立在计算机视觉理论基础上，在许多情况下，两个术语是一样的，不过，对于工业应用，常用的术语是机器视觉。机器视觉是一门综合技术，包括图像处理、机械工程技术、控制、光学成像、数字视频技术、计算机软硬件技术等。

4）图像工程

图像工程是各种与图像有关技术的总称，包括图像处理、图像分析和图像理解三个层次，以及对图像技术的综合应用。

从以上介绍可以看出，这些不同术语的核心技术都是处理并理解图像信息，因应用环境不同，语义的侧重点也不同。

1.2 颜色

颜色是图像的基础，理解颜色的概念才能准确理解图像数据的含义。本节主要介绍颜色的表示及常用的模型。

1.2.1 颜色的表示

颜色的表示首先要解决颜色的定量度量问题，通过颜色匹配实验来进行测量。CIE（国际照明委员会）在前期研究的基础上，制定了一系列的标准，用于颜色的表示。

1. *颜色匹配*

混合基本颜色，将混合色和待测颜色调节到视觉上相同，以便用基本颜色数量来表示待测颜色的实验称为颜色匹配。用于颜色混合以产生任意颜色的三种基本颜色叫作三原色，三原色中任何一种颜色不能由其余两种颜色相加混合得到。通常相加混色中用红、绿、蓝三种颜色作为三原色，当颜色匹配时，可用式(1-1)表示。

$$C(\mathrm{C}) \equiv R(\mathrm{R}) + G(\mathrm{G}) + B(\mathrm{B}) \tag{1-1}$$

式中，“≡”代表颜色相互匹配；(C)代表被匹配颜色单位，(R)、(G)、(B)代表产生混合色的红、绿、蓝三原色单位；C 代表被匹配色数量，R、G、B 分别代表三原色红、绿、蓝数量，称为“三刺激值”。一种颜色与一组 RGB 值相对应。

三原色各自在 $R+G+B$ 总量中的相对比例叫作色品坐标，可用式(1-2)中的符号 r、g、b 来表示。

$$\begin{cases} r = R/(R+G+B) \\ g = G/(R+G+B) \\ b = B/(R+G+B) \end{cases} \tag{1-2}$$

以色品坐标 r、g、b 表示的平面图称为色品图。

2. CIE 1931-RGB 系统

CIE 选择波长为 700nm(红)、546.1nm(绿)、435.8nm(蓝)的三种单色光作为三原色，以相等数量的三原色刺激值匹配出等能白光，确定了三刺激值单位。700nm 是可见光谱的红色末端，546.1nm 和 435.8nm 为明显的汞谱线，三者都能比较精确地产生出来。

1931 年，CIE 制定出匹配等能光谱色的 RGB 三刺激值，称为"CIE 1931-RGB 系统标准色度观察者光谱三刺激值"，简称"CIE 1931-RGB 系统标准色度观察者"，代表人眼 2°视场的平均颜色视觉特性，这一系统称为"CIE 1931-RGB 色度系统"，如图 1-2 中实线区域所示。

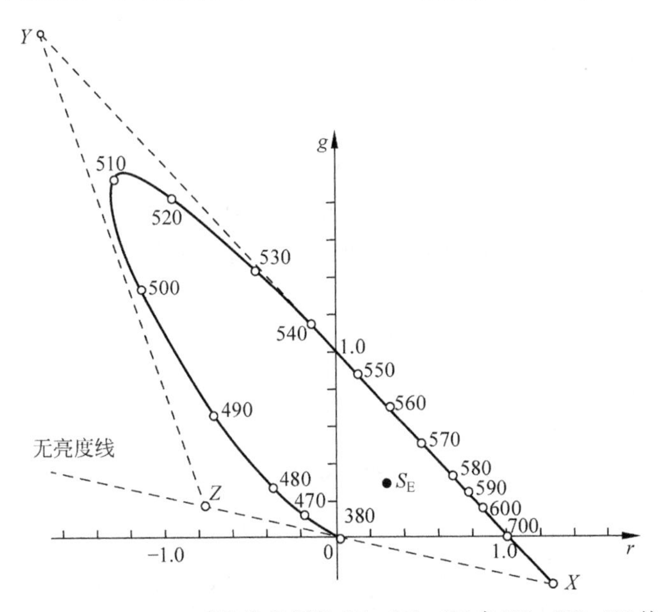

图 1-2 CIE 1931-RGB 系统色品图及(R)、(G)、(B)向(X)、(Y)、(Z)的转换

从图 1-2 可以看出，光谱三刺激值和光谱轨迹的色品坐标有很大一部分出现负值，这些光谱色需加入一种适量的原色才能实现和三原色混合色的匹配，加入的原色用负值表示，则出现负色品坐标值。色品图的三角形顶点表示红(R)、绿(G)、蓝(B)三原色；负值的色品坐标落在原色三角形之外；在原色三角形以内的各色品点的坐标为正值。

3. CIE 1931 标准色度系统

CIE 1931-RGB 系统计算中会出现负值，因此用起来既不方便，又不易理解，故 1931 年，CIE 推荐了一个新的国际通用色度系统——CIE 1931-XYZ 系统，由 CIE 1931-RGB 系统推导而来。

CIE 1931-XYZ系统用3个假想的原色(X)、(Y)、(Z)建立了一个新的色度系统，系统中光谱三刺激值全为正值。因此选择三原色时，必须使三原色所形成的颜色三角形能包括整个光谱轨迹。即整个光谱轨迹完全落在 X、Y、Z 所形成的虚线三角形内。

RGB系统向XYZ系统推导的过程就是假想三角形 XYZ 三条边 XY、XZ、YZ 方程确定的过程，如图1-2所示。规定 X、Z 两原色只代表色度，XZ 线称为无亮度线；光谱轨迹从540nm附近至700nm，在RGB色品图上基本是一段线段，为 XY 边；YZ 边取与光谱轨迹波长503nm点相切的直线。

通过两个色度系统的坐标转换可以得到任意一种颜色新旧三刺激值之间的关系，如式(1-3)所示。

$$\begin{cases} X = 2.7689R + 1.7517G + 1.1302B \\ Y = 1.0000R + 4.5907G + 0.0601B \\ Z = 0 \qquad\qquad\;\; + 0.0565G + 5.5942B \end{cases} \tag{1-3}$$

颜色的色品坐标如式(1-4)所示。

$$\begin{cases} x = X/(X+Y+Z) \\ y = Y/(X+Y+Z) \\ z = Z/(X+Y+Z) \end{cases} \tag{1-4}$$

CIE 1931 x-y 色品图如图1-3所示。图中的C和E代表的是CIE标准光源C和等能白光E。图中越靠近C或E点的颜色饱和度越低。光谱轨迹上的点代表不同波长的光谱色，是饱和度最高的颜色。

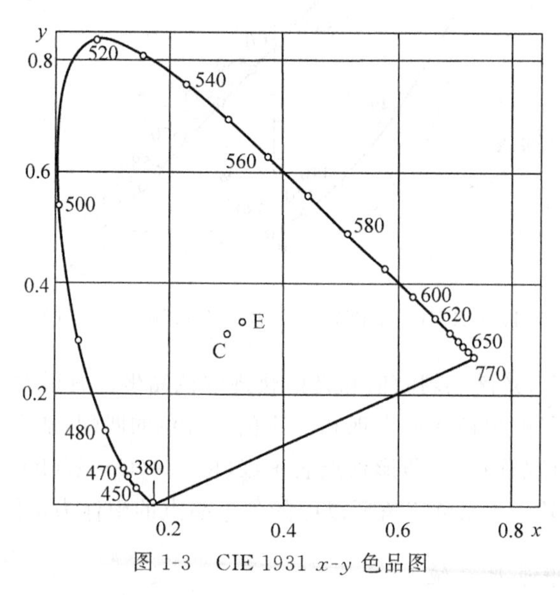

图1-3　CIE 1931 x-y 色品图

在 x-y 色品图中，任意选定两点，两点间直线上的颜色可以由这两点的颜色混合而成。给定3个点，3点构成的三角形内的颜色可由这3个点的颜色混合而成。

给定3个真实光源，混合得出的色域只能是三角形，不能完全覆盖人类的视觉色域。

4. CIE 1976 $L^*a^*b^*$ 均匀颜色空间

标准色度系统解决了用数量来描述颜色的问题，但不能解决色差判别的问题，因此CIE做了大量的工作，对人眼的辨色能力进行研究，寻找到不同的均匀颜色空间。所谓均匀颜色空间，是指一个三维空间，每个点代表一种颜色，空间中两点之间的距离代表两种颜色的色差，相等的距离代表相同的色差。

1976年CIE推荐了两个色空间，分别称为CIE 1976 $L^*u^*v^*$ 色空间和CIE 1976 $L^*a^*b^*$ 色空间，也可以简写为CIE LUV和CIE LAB。CIE LUV均匀色空间及色差公式主要应用于照明、CRT和电视工业，以及那些采用加色法混合产生色彩的行业；CIE LAB主要应用于颜料和图像艺术工业，近代的颜色数码成像标准和实际应用也是用CIE LAB。

CIE $L^*a^*b^*$ 均匀色空间如图1-4所示，三维坐标如式(1-5)所示。

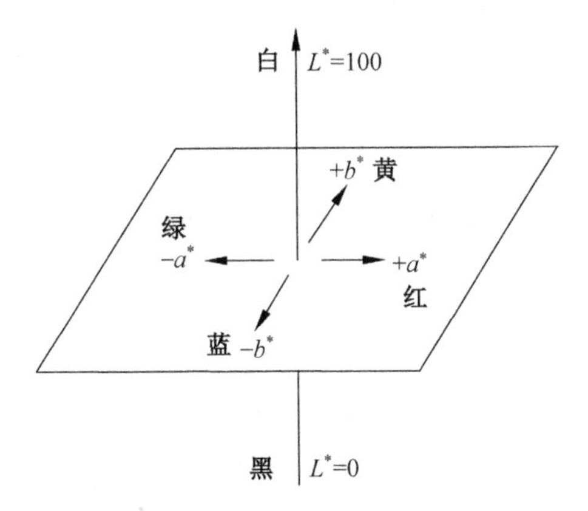

图1-4 $L^*a^*b^*$ 均匀色空间示意图

$$\begin{cases} L^* = 116f(Y/Y_n) - 16 \\ a^* = 500[f(X/X_n) - f(Y/Y_n)] \\ b^* = 200[f(Y/Y_n) - f(Z/Z_n)] \end{cases} \tag{1-5}$$

式中，$\begin{cases} f(\alpha)=(\alpha)^{\frac{1}{3}} & \alpha>(24/116)^3 \\ f(\alpha)=\alpha 841/108+16/116 & \alpha\leqslant(24/116)^3 \end{cases}$ $\alpha=\dfrac{X}{X_n},\dfrac{Y}{Y_n},\dfrac{Z}{Z_n}$。$X,Y,Z$ 为颜色的三刺激值；X_n,Y_n,Z_n 为指定的白色刺激的三刺激值；$Y_n=100$。

式(1-5)的逆运算如下：

$$\begin{cases} f(Y/Y_n) = (L^* + 16)/116 \\ f(X/X_n) = a^*/500 + f(Y/Y_n) \\ f(Z/Z_n) = f(Y/Y_n) - b^*/200 \end{cases} \tag{1-6}$$

$$\begin{cases}\beta=\beta_n[f(\beta/\beta_n)]^3 & f(\beta/\beta_n)>24/116 \\ \beta=\beta_n[f(\beta/\beta_n)-16/116]\cdot 108/841 & f(\beta/\beta_n)\leqslant 24/116\end{cases}\quad \beta=X,Z$$

式中，

$$\begin{cases}Y=Y_n[f(Y/Y_n)]^3 & f(Y/Y_n)>24/116 \quad 或 \quad L^*>8 \\ Y=Y_n[f(Y/Y_n)-16/116]\cdot 108/841 & f(Y/Y_n)\leqslant 24/116 \quad 或 \quad L^*\leqslant 8\end{cases}$$

CIE $L^*a^*b^*$ 均匀色空间的色差定义如式(1-7)所示。

$$\begin{aligned}\Delta E_{ab}^* &= [(L_1^*-L_2^*)^2+(a_1^*-a_2^*)^2+(b_1^*-b_2^*)^2]^{\frac{1}{2}} \\ &= [(\Delta L^*)^2+(\Delta a^*)^2+(\Delta b^*)^2]^{\frac{1}{2}}\end{aligned} \tag{1-7}$$

式中，ΔE_{ab}^* 是两个颜色的色差，ΔL^* 为明度差；Δa^* 为红绿色品差（a^* 轴为红绿轴），Δb^* 为黄蓝色品差（b^* 轴为黄蓝轴）。

CIE 又定义了心理彩度 C^*、心理色相角 H^*，和心理明度 L^* 共同构成了圆柱坐标体系，如图 1-5 所示，计算方法如式(1-8)所示。

$$\begin{cases}L^*=116(Y/Y_n)^{\frac{1}{3}}-16 \\ C^*=[(a^*)^2+(b^*)^2]^{\frac{1}{2}} \\ H^*=\arctan(b^*/a^*)\end{cases} \tag{1-8}$$

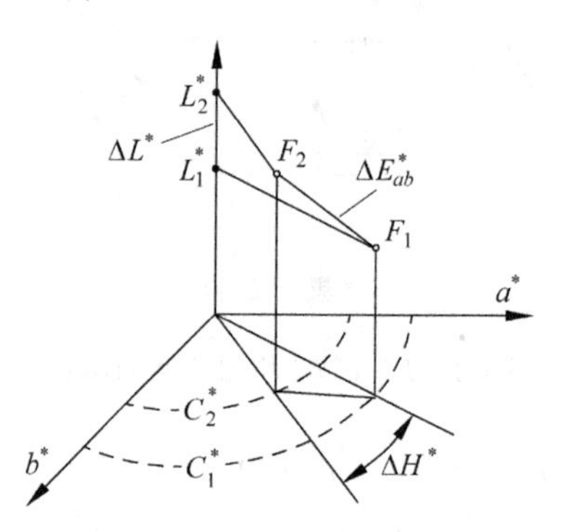

图 1-5　$L^*a^*b^*$ 颜色色差示意图

由于 CIE 1976 $L^*a^*b^*$ 色空间也不是完善的知觉均匀色空间，因而在 1976 年以后提出了许多改进 CIE LAB 色差公式的方案，如 CMC(l : c)色差公式、BFD 色差公式、CIEDE 2000 色差公式等。CIEDE 2000 色差公式是目前最新的，计算比较复杂，如式(1-9)所示。

$$\Delta E_{00}^*=\sqrt{\left(\frac{\Delta L'}{k_L S_L}\right)^2+\left(\frac{\Delta C'}{k_C S_C}\right)^2+\left(\frac{\Delta H'}{k_H S_H}\right)^2+R_T\frac{\Delta C'}{k_C S_C}\frac{\Delta H'}{k_H S_H}} \tag{1-9}$$

式中，k_L,k_C,k_H 通常是统一的。$\Delta L'=L_2^*-L_1^*$。$\bar{C}=\dfrac{C_1^*+C_2^*}{2}$，$a_1'=a_1^*+\dfrac{a_1^*}{2}\left(1-\sqrt{\dfrac{\bar{C}^7}{\bar{C}^7+25^7}}\right)$，$a_2'=a_2^*+\dfrac{a_2^*}{2}\left(1-\sqrt{\dfrac{\bar{C}^7}{\bar{C}^7+25^7}}\right)$，$C_1'=\sqrt{(a_1')^2+b_1^{*2}}$，$C_2'=\sqrt{(a_2')^2+(b_2^*)^2}$，

$\Delta C'=C'_2-C'_1$。$h'_1=\text{atan2}(b_1^*,a'_1) \bmod 360°$，$h'_2=\text{atan2}(b_2^*,a'_2) \bmod 360°$，

$$\Delta h'=\begin{cases} h'_2-h'_1 & |h'_1-h'_2|\leqslant 180° \\ h'_2-h'_1+360° & |h'_1-h'_2|>180°, h'_2\leqslant h'_1 \\ h'_2-h'_1-360° & |h'_1-h'_2|>180°, h'_2>h'_1 \end{cases},$$

$$\Delta H'=2\sqrt{C'_1C'_2}\sin(\Delta h'/2)。$$

$$\overline{H}'=\begin{cases} (h'_1+h'_2)/2 & |h'_1-h'_2|\leqslant 180° \\ (h'_1+h'_2+360°)/2 & |h'_1-h'_2|>180°, h'_1+h'_2<360° \\ (h'_1+h'_2-360°)/2 & |h'_1-h'_2|>180°, h'_1+h'_2\geqslant 360° \end{cases},$$

$$\overline{L}=\frac{L_1^*+L_2^*}{2},\quad \overline{C}'=\frac{C'_1+C'_2}{2},$$

$$T=1-0.17\cos(\overline{H}'-30°)+0.24\cos(2\overline{H}')+0.32\cos(3\overline{H}'+6°)-0.20\cos(4\overline{H}'-63°),$$

$$S_L=1+\frac{0.015(\overline{L}-50)^2}{\sqrt{20+(\overline{L}-50)^2}},\quad S_C=1+0.045\overline{C}',\quad S_H=1+0.015\overline{C}'T,$$

$$R_T=-2\sqrt{\frac{\overline{C}'^7}{\overline{C}'^7+25^7}}\sin\left[60°\text{e}^{-\left(\frac{\overline{H}'-275°}{25°}\right)^2}\right]。$$

1.2.2 颜色模型

颜色模型是指为了不同的研究目的而确定的某种标准，按这个标准用原色表示颜色。一般情况下，一种颜色模型用一个三维坐标系统和系统中的一个子空间来表示，每种颜色是这个子空间的一个单点。颜色模型也称为色彩空间。

CIE在进行大量色彩测试实验的基础上，提出了一系列的颜色模型用于对色彩进行描述，各种不同的颜色模型之间可以通过数学方法互相转换。

1. RGB 模型

RGB模型即以700nm（红）、546.1nm（绿）、435.8nm（蓝）三个色光为三原色，按不同比例混合生成颜色的颜色模型，通常用于彩色监视器、摄像机等领域。

RGB模型呈正立方体形状，其中任一个点都代表一种颜色，含有R、G、B 3个分量，每个分量均量化到8位，用0～255表示。坐标原点为黑色(0,0,0)；坐标轴上的3个顶点分别为红(255,0,0)、绿(0,255,0)、蓝(0,0,255)；3个坐标面上的顶点为紫(255,0,255)、青(0,255,255)、黄(255,255,0)；白色在原点的对角点上；从黑到白的连线上，各点颜色$R=G=B$，为不同明暗度的灰色，所以灰度图像也可以认为是各颜色RGB值相等的彩色图像。

2. CMY/CMYK 模型

CMY/CMYK模型基于相减混色原理，白光照射到物体上，物体吸收一部分光线，并将

剩下的光线反射，反射光线的颜色即物体的颜色。CMY 为“青色(Cyan)、品红(Magenta)、黄色(Yellow)”的缩写，是 CMY 模型的三原色。例如，白光照射到青色染料上，吸收了红色光谱，呈现出青色。CMY 三种染料混合，会吸收所有可见光谱，产生黑色，但实际产生的黑色不纯，因此，在 CMY 基础上，加入黑色，形成 CMYK 彩色模型。

CMY/CMYK 模型通常运用于大多数在纸上沉积彩色颜料的设备，如彩色打印机和复印机。

在计算机中表示颜色时，通常采用 RGB 数据，而彩色打印机通常要求采用 CMYK 数据输入，所以要进行一次 RGB 数据向 CMYK 的转换，这一变换可以用式(1-10)表示。

$$\begin{cases} K=\min(1-R,1-G,1-B) \\ C=(1-R-K)/(1-K) \\ M=(1-G-K)/(1-K) \\ Y=(1-B-K)/(1-K) \end{cases} \tag{1-10}$$

3．HSI 模型

HSI 模型反映了人的视觉系统感知彩色的方式，以色调(Hue)、饱和度(Saturation)和亮度(Intensity 或 Brightness)3 种基本特征量来表示颜色。

色调与光波的波长有关，表示人的感官对不同颜色的感受，如红色、绿色、蓝色等，也可表示一定范围的颜色，如暖色、冷色等。

饱和度表示颜色的纯度，纯光谱色是完全饱和的，加入白光会稀释饱和度。饱和度越大，颜色看起来就会越鲜艳。

强度对应成像亮度和图像灰度，是颜色的明亮程度。

将图 1-6 所示的立方体沿着主对角线对其进行投影，得到如图 1-7(a)所示的六边形。在这个表示方法中，原来沿着颜色立方体对角线的灰色都投影到中心点，而红色点则位于右边的角上，绿色点位于左上角，蓝色点则位于左下角。如图 1-7(b)所示的 HSI 模型称为双六棱锥的三维颜色表示法。

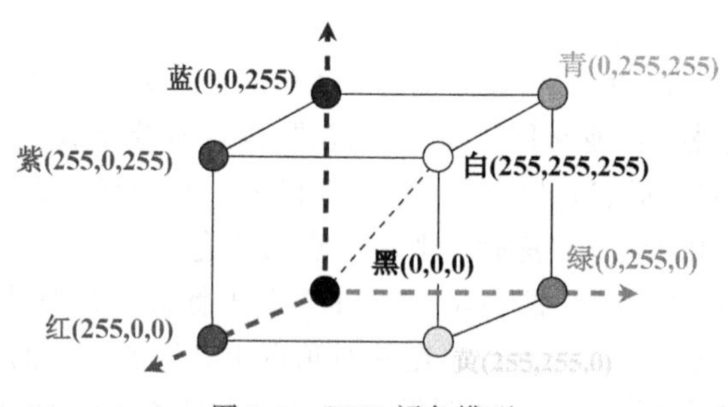

图 1-6　RGB 颜色模型

在图 1-7 中，将图 1-6 中的立方体的对角线看成是一条竖直的强度轴 I，表示光照强度或称为亮度，用来确定像素的整体亮度，不管其颜色是什么。沿锥尖向上，由黑到白。

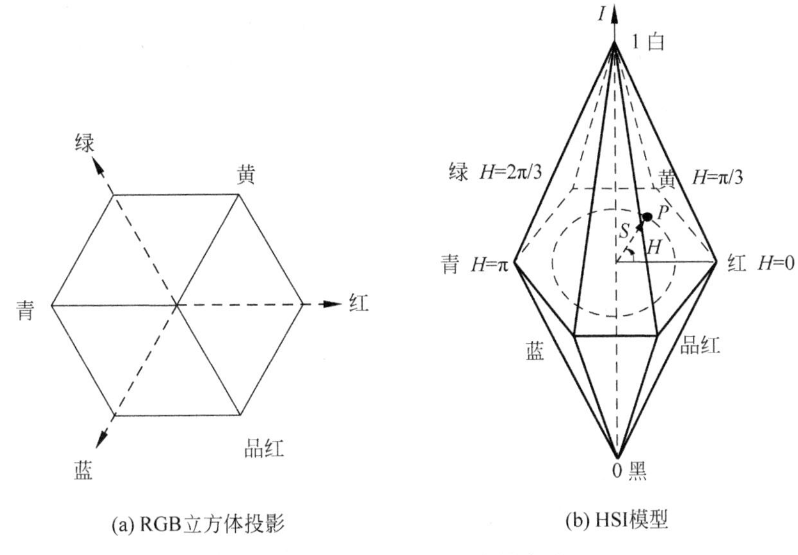

(a) RGB立方体投影　　(b) HSI模型

图 1-7　HSI 模型双六棱锥表示

色调(H)反映了该颜色最接近什么样的光谱波长，在模型中，红、绿、蓝三条坐标轴平分360°，0°为红色，120°为绿色，240°为蓝色，任一点 P 的 H 值是圆心到 P 的向量与红色轴的夹角。0°～240°覆盖了所有可见光谱的颜色，240°～300°是人眼可见的非光谱色(紫)。

饱和度(S)是指一种颜色被白色稀释的程度。与彩色点 P 到色环圆心的距离呈正比，距圆心越远，饱和度越大。在环的外围圆周是纯的或称饱和的颜色，其饱和度的值为 1，在中心是中性(灰)影调，即饱和度为 0。

当强度 $I=0$ 时，色调 H、饱和度 S 无定义；当 $S=0$ 时，色调 H 无定义。

若用圆表示 RGB 模型的投影，则 HSI 色度空间为双圆锥 3D 表示。HSI 模型也可用圆柱来表示。

HSI 颜色模型的特点是 I 分量与图像的彩色信息无关，而 H 和 S 分量与人感受颜色的方式紧密相连。由于人的视觉对亮度的敏感程度远强于对颜色浓淡的敏感程度，因此在模型中将亮度与色调、饱和度分开，避免颜色受到光照明暗等条件的干扰，仅仅分析反映色彩本质的色调和饱和度，从而简化了图像的分析和处理工作，比 RGB 模型更为便利。因此，HSI 颜色模型被广泛应用于计算机视觉、图像检索、视频检索等领域。

HSI 颜色模型和 RGB 颜色模型只是同一物理量的不同表示法，二者之间存在着转换关系，采用几何推导法可以得到下列公式。

RGB 转换为 HSI 的公式如下。

$$I=\frac{1}{3}(R+G+B)$$

$$S=\begin{cases}0 & I=0\\ 1-\dfrac{3}{R+G+B}[\min\{R,G,B\}] & I\neq 0\end{cases}$$

$$H=\begin{cases}\theta & G\geqslant B\\ 2\pi-\theta & G<B\end{cases}\quad \theta=\arccos\left[\frac{(R-G)+(R-B)}{2\sqrt{(R-G)^2+(R-B)(G-B)}}\right] \tag{1-11}$$

HSI 转换为 RGB 的公式如下。

当 $0°\leqslant H<120°$ 时，$\begin{cases}R=I[1+S\cos(H)/\cos(60°-H)]\\ G=3I-R-B\\ B=I(1-S)\end{cases}$

当 $120°\leqslant H<240°$ 时，$\begin{cases}R=I(1-S)\\ G=I[1+S\cos(H-120°)/\cos(180°-H)]\\ B=3I-R-G\end{cases}$ (1-12)

当 $240°\leqslant H<360°$ 时，$\begin{cases}R=3I-G-B\\ G=I(1-S)\\ B=I[1+S\cos(H-240°)/\cos(300°-H)]\end{cases}$

与 HSI 相似的颜色模型还有 HSV 模型和 HSL 模型，其中 HSV 模型应用较多。

HSV 中的 H、S 的含义和 HSI 中的 H、S 的含义相同，V 是明度。与 HSI 不同在于，HSV 一般用下六棱锥或下圆锥、圆柱表示，其底部是黑色，$V=0$；顶部是纯色，$V=1$，如图 1-8 所示。

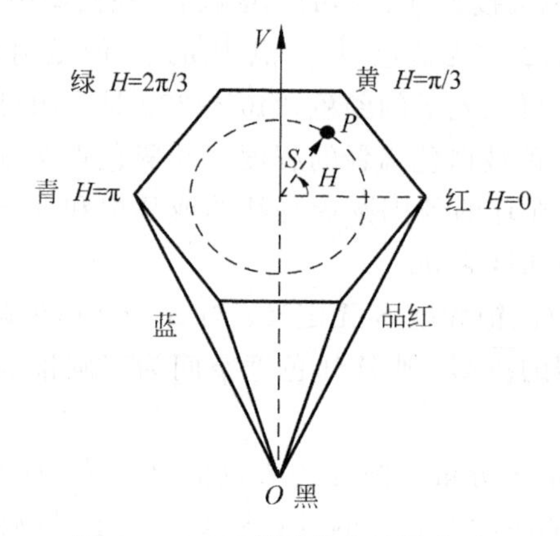

图 1-8　HSV 模型的六棱锥表示

HSV 和 RGB 之间的转换按式(1-13)进行。

$$\begin{aligned}&S=\begin{cases}0 & V=0\\ C/V & \text{其他}\end{cases}\\ &V=\max(R,G,B)\\ &H=\begin{cases}\text{未定义} & C=0\\ 60°\times[(G-B)/C \bmod 6] & \max(R,G,B)=R\\ 60°\times[(B-R)/C+2] & \max(R,G,B)=G\\ 60°\times[(R-G)/C+4] & \max(R,G,B)=B\end{cases}\end{aligned} \tag{1-13}$$

其中，$C=\max(R,G,B)-\min(R,G,B)$。

HSV 转换为 RGB 的公式如下。

$$(R,G,B)=\begin{cases}(\alpha,\alpha,\alpha) & H\text{ 未定义}\\(\beta,\gamma,\alpha) & 0\leqslant H'\leqslant 1\\(\gamma,\beta,\alpha) & 1\leqslant H'\leqslant 2\\(\alpha,\beta,\gamma) & 2\leqslant H'\leqslant 3\\(\alpha,\gamma,\beta) & 3\leqslant H'\leqslant 4\\(\gamma,\alpha,\beta) & 4\leqslant H'\leqslant 5\\(\beta,\alpha,\gamma) & 5\leqslant H'\leqslant 6\end{cases} \tag{1-14}$$

式中，$H'=H/60°$，$C'=V\times S$，$X=C'\times(1-|(H' \bmod 2)-1|)$，$\alpha=V-C'$，$\beta=C'+\alpha$，$\gamma=X+\alpha$。

4. YIQ 模型

YIQ 模型被北美的电视系统所采用，属于 NTSC（National Television Standards Committee）系统。模型中，Y 是提供黑白电视及彩色电视的亮度信号（Luminance），即亮度（Brightness），也就是图像的灰度值；I 指 In-phase，Q 指 Quadrature-phase，指色调，描述色彩及饱和度；I 分量代表从橙色到青色的颜色变化，而 Q 分量则代表从紫色到黄绿色的颜色变化。

YIQ 颜色模型去掉了亮度信息与色度信息间的紧密联系，分别独立进行处理，在处理图像的亮度成分时不影响颜色成分。

YIQ 模型利用人的可视系统特点而设计，人眼对橙蓝之间颜色的变化（I）比对紫绿之间的颜色变化（Q）更敏感，传送 Q 可以用较窄的频宽。

RGB 颜色模型和 YIQ 模型之间相互转换如下。

$$\begin{pmatrix}Y\\I\\Q\end{pmatrix}=\begin{pmatrix}0.299 & 0.587 & 0.114\\0.596 & -0.275 & -0.321\\0.212 & -0.523 & 0.311\end{pmatrix}\begin{pmatrix}R\\G\\B\end{pmatrix} \tag{1-15}$$

$$\begin{pmatrix}R\\G\\B\end{pmatrix}=\begin{pmatrix}1 & 0.956 & 0.621\\1 & -0.272 & -0.647\\1 & -1.106 & 1.703\end{pmatrix}\begin{pmatrix}Y\\I\\Q\end{pmatrix} \tag{1-16}$$

5. YUV 颜色模型

YUV 颜色模型被欧洲的电视系统所采用，属于 PAL（Phase Alteration Line）系统。U 和 V 也指色调，但和 I、Q 的表达方式不完全相同。

YUV 模型也是利用人的可视系统对亮度变化比对色调和饱和度变化更敏感的特点而设计的，可以对 U、V 进行下采样，降低数据量，同时不影响视觉效果。采样格式有 4∶2∶2（2∶1 的水平取样，没有垂直下采样）、4∶1∶1（4∶1 的水平取样，没有垂直下采样）、4∶2∶0（2∶1 的水平取样，2∶1 的垂直下采样）等。

RGB 颜色模型和 YUV 模型之间可以用如下方式进行互相转换。

$$\begin{pmatrix} Y \\ U \\ V \end{pmatrix} = \begin{pmatrix} 0.299 & 0.587 & 0.114 \\ -0.148 & -0.289 & 0.437 \\ 0.615 & -0.515 & -0.100 \end{pmatrix} \begin{pmatrix} R \\ G \\ B \end{pmatrix} \tag{1-17}$$

$$\begin{pmatrix} R \\ G \\ B \end{pmatrix} = \begin{pmatrix} 1 & 0 & 1.140 \\ 1 & -0.395 & -0.581 \\ 1 & 2.032 & 0 \end{pmatrix} \begin{pmatrix} Y \\ U \\ V \end{pmatrix} \tag{1-18}$$

6. YCbCr 模型

YCbCr 是作为 ITU-R BT. 601[International Telecommunication Union(国际电信联盟),Radio communication Sector(无线电部),Broadcasting service Television(电视广播服务)]标准,原称 CCIR601(International Radio Consultative Committee,国际无线电咨询委员会)标准的一部分而制定,是 YUV 经过缩放和偏移的翻版的版本。YCbCr 的 Y 与 YUV 中的 Y 含义一致,代表亮度分量,Cb 和 Cr 与 UV 同样都指色彩。

YCbCr 的计算过程如下。

模拟 RGB 讯号转为模拟 YPbPr;再转为数字 YCbCr,如式(1-19)、式(1-20)所示。

$$\begin{cases} Y' = 0.299R' + 0.587G' + 0.114B' \\ P_b = (B' - Y')/k_b = -0.1687R' - 0.3313G' + 0.500B' \\ P_r = (R' - Y')/k_r = 0.500R' - 0.4187G' - 0.0813B' \end{cases} \tag{1-19}$$

$$\begin{cases} Y = 219 \times Y' + 16 \\ C_b = 224 \times P_b + 128 \\ C_r = 224 \times P_r + 128 \end{cases} \tag{1-20}$$

式中,$k_r = 2(1-0.299)$,$k_b = 2(1-0.114)$。R',G',B'是经过 Gamma 校正的色彩分量,归一化到$[0,1]$范围,则 $Y' \in [0,1]$,而 $P_b, P_r \in [-0.5, 0.5]$,可得:$Y \in [16,235] C_b, C_r \in [16,240]$。

YCbCr 转换为 RGB 的公式如下。

$$\begin{cases} R = \dfrac{255}{219}(Y-16) + \dfrac{255}{224} \cdot k_r \cdot (C_r - 128) \\ G = \dfrac{255}{219}(Y-16) - \dfrac{255}{224} \cdot k_b \cdot \dfrac{0.114}{0.587} \cdot (C_b - 128) - \dfrac{255}{224} \cdot k_r \cdot \dfrac{0.299}{0.587} \cdot (C_r - 128) \\ B = \dfrac{255}{219}(Y-16) + \dfrac{255}{224} \cdot k_b \cdot (C_b - 128) \end{cases} \tag{1-21}$$

1.3 数字图像的生成与表示

对于自然界中的物体,通过某些成像设备,将物体表面的反射光或者通过物体的透射光,转换成电压,便可在成像平面生成图像。图像中目标的亮度取决于投影成目标的景物所受到的光照度、景物表面对光的反射程度及成像系统的特性。

1.3.1 图像信号的数字化

模拟图像的空间位置和光强变化都是连续的，这种图像无法用计算机处理。将代表图像的连续信号转变为离散数字信号的过程称为图像信号的数字化，具体包括采样和量化。

1. 采样

图像像素空间坐标(x,y)的离散化称为采样。图像是一种二维分布的信息，采样在垂直和水平两个方向上进行。先沿垂直方向按一定间隔从上到下确定一系列水平线，顺序地沿水平方向直线扫描，取出各水平线上灰度值的一维扫描，再对一维扫描线信号按一定间隔采样得到离散信号。采样要满足采样定理。

对一幅图像采样时，若每行（即横向）像素为M个，每列（即纵向）像素为N个，则图像大小为$M\times N$个像素，如图1-9所示。

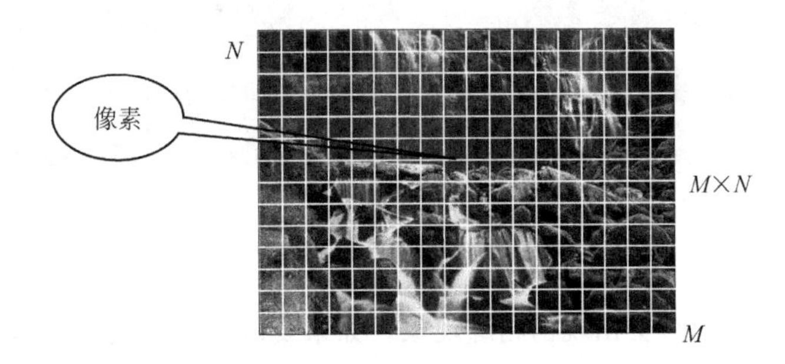

图1-9 图像采样示例图

采样所获得的图像总像素的多少，称为图像分辨率，可以用$M\times N$表示，代表M列N行，如2560×1920，因2560×1920=4915200，也称为500万像素分辨率。分辨率不一样，数字图像的质量也不一样，如图1-10所示。图1-10(a)的分辨率为256×256，图1-10(b)中从下到上的分辨率依次为128×128、64×64、32×32、16×16，随着图像分辨率的降低，图像的清晰度也随之下降。

生成图像时，分辨率要合适，分辨率太低会影响图像的质量，进而影响识别效果或测量不准确；分辨率太高则数据量大，导致处理图像需要较大的时空开销。

2. 量化

量化是指将图像中各个像素所含的明暗信息离散化后，用数字来表示。一般的量化值为整数，通常取2的n次幂，充分考虑人眼的识别能力后，目前非特殊用途的图像均为8位量化，即2^8，采用0～255的数值描述“从黑到白”，0和255分别对应亮度的最低和最高级别。量化层数不一样，对应图像的质量也不一样，如图1-11所示。

(a) 分辨率256×256

(b) 分辨率递减

图 1-10　不同分辨率的图像

(a) 256级灰度

(b) 16级灰度

(c) 8级灰度

图 1-11　不同量化层数的图像

对于 3 位以下的量化，会出现伪轮廓现象。如果要求更高精度，可以增大量化分层，但编码时占用位数也会增多，数据量加大。

1.3.2　数字图像类型

经过采样和量化后，图像表示为离散的像素矩阵。根据量化层数的不同，每个像素点的取值也表示为不同范围的离散取值，对应不同的图像类型。

1. 二值图像

二值图像是指每个像素值为 0 或 1 的数字图像，一般表示为黑、白两色，如图 1-12 所示。

图 1-12　二值图像

由于只有两种颜色，只能表示简单的前景和背景，因此二值图像一般不用来表示自然图像，但因其简单易于运算，多用于图像处理过程后期的图像表示，如用二值图像表示检测到的目标模板、进行文字分析、应用于一些工业机器视觉系统等。

2. 灰度图像

灰度图像中每个像素只有一个强度值，呈现黑、灰、白等色，如图 1-13 所示，图中共有 3×3 个像素点，每个像素点呈现强度不一的灰色，数值表示为 0～255 之间的整数。

$$\boldsymbol{I}=\begin{bmatrix}0 & 150 & 200\\ 120 & 50 & 180\\ 250 & 220 & 100\end{bmatrix}$$

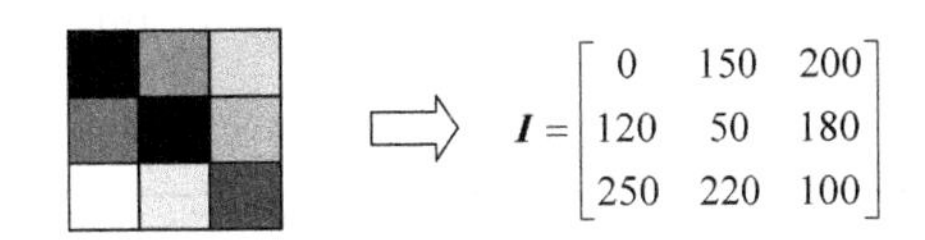

图 1-13　灰度图像示例

灰度图像没有色彩，一般也不用于表示自然图像。因数据量较少，方便处理，很多图像处理算法都是面向灰度图像的，彩色图像处理的很多算法也是在灰度图像处理的基础上发展而来的。

3. 彩色图像

彩色图像中每个像素值为包含三个分量的向量，分量分别为组成该色彩的 RGB 值。把一幅图像中各点的 RGB 分量对应提取出来，则转变为 3 幅灰度图像。如图 1-14 所示为一幅 3×3 像素的彩色数字图像的 3 个色彩通道的数值，实际上是 3 幅灰度图像。

$$\boldsymbol{R}=\begin{bmatrix}255 & 240 & 240\\ 255 & 0 & 80\\ 255 & 0 & 0\end{bmatrix}\quad \boldsymbol{G}=\begin{bmatrix}0 & 160 & 80\\ 255 & 255 & 160\\ 0 & 255 & 0\end{bmatrix}\quad \boldsymbol{B}=\begin{bmatrix}0 & 80 & 160\\ 0 & 0 & 240\\ 255 & 255 & 255\end{bmatrix}$$

图 1-14　彩色图像示例

彩色图像色彩丰富，信息量大，目前数码产品获取的图像一般为彩色图像。

4. 动态图像

动态图像是相对于静态图像而言的。静态图像指某个瞬间所获取的图像，是一个二维信号，前面所讲的图像都是指静态图像。动态图像由一组静态图像按时间顺序排列组成，是一个三维信号 $f(x,y,t)$，其中 t 是时间。动态图像中的一幅静态图像称为一帧，这一帧可以是灰度图像，也可以是彩色图像。

由于人眼的视觉暂留特性（其时值是 1/24s），多帧图像顺序显示间隔 $\Delta t \leqslant 1/24$s 时，产生连续活动视觉效果。动态图像的快慢由帧率（帧的切换速度）决定，电视的帧率在 NTSC 制式下是 30 帧/s，在 PAL 制式下是 25 帧/s。

动态图像作为多帧位图的组合，数据量大，一般要采用压缩算法来降低数据量。

5. 索引图像

索引图像实际上不是一种图像类型，而是图像的一种存储方式，牵涉到数据编码的问题。假设图像中有两种颜色，可以用0和1来表示，存储具体像素值则只需1位，具体的颜色数据(*RGB* 数据)则存放在调色板中，颜色编号(索引)分别为0和1。再如256色的图像，调色板中存放256种颜色，索引为0～255，图像数据区中存放每一个像素点的颜色索引值，读取图像数据时，根据得到的每一点的颜色索引值，到调色板中找到相应的颜色，再进行显示。表1-1中列出了图像中颜色数目不同情况下的表示方式及像素值存储所需的位数。

表1-1　颜色数目与存储位数

颜色数目	表示方法	存储位数
2	0、1	1
4	00、01、10、11	2
16	0000～1111	4
256	00000000～11111111	8
真彩色24位(无调色板)	00…0～11…1	24

1.3.3 常用的坐标系

数字图像是二维的离散信号，所以存在坐标系定义上的特殊性。由于仿真工具多样、不同格式图像的表示方式不一样，因此，在不同的文献中数字图像所使用的坐标系也不统一，需要在编程和学习处理原理实例时注意。数字图像处理中常用的坐标系有三种，分别为矩阵坐标系、直角坐标系以及像素坐标系，如图1-15所示。

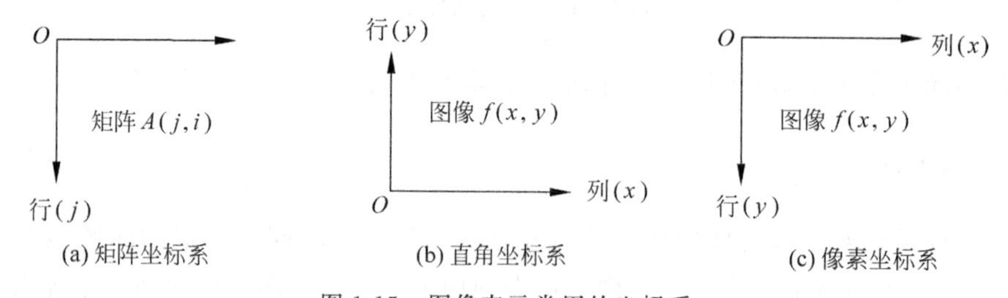

图1-15　图像表示常用的坐标系

1. 矩阵坐标系

矩阵按行列顺序定位数据。矩阵坐标系原点定位在左上角，一幅图像 $A(j,i)$，j 表示行，垂直向下；i 表示列，水平向右。在MATLAB软件中，数字图像的表示采用矩阵方式。

2. 直角坐标系

直角坐标系坐标原点定位在左下角，一幅图像 $f(x,y)$，x 表示列，水平向右；y 表示行，垂直向上。BMP 图像数据存储时，从左下角开始，从左到右，从下到上，实际采用的就是直角坐标系表示方式。相关参考书中，部分原理基于直角坐标系讲解。

3. 像素坐标系

像素坐标系坐标原点定位在左上角，一幅图像 $f(x,y)$，x 表示列，水平向右；y 表示行，垂直向下。屏幕逻辑坐标系也是采用这种定位方式，相关参考书目中对图像处理原理示例多采用像素坐标系。

在本书中，原理讲解一律采用像素坐标表达图像，而仿真示例基于 MATLAB 软件，程序中采用的是矩阵坐标系，区别在于二维数组下标前后顺序交换。

1.3.4 常见的数字图像格式

针对数字图像已经开发了标准格式，以便不同的硬件和软件能共享数据，但在实际中，仍然有多种不同的图像格式在使用。本节将对几种常见的图像格式进行介绍。

1. JPEG 格式

JPEG(Joint Photographic Experts Group，联合图片专家组)格式是一种彩色静止图像国际压缩标准，用于彩色图像的存储和网络传送。JPEG 格式的每个文件只有一幅图像，文件头能包含一幅相当于 64KB 未压缩字节的缩略图。JPEG 采用灵活但较复杂的有损压缩编码方案，常常能以 20∶1 的比例压缩一幅高质量图像而没有明显的图像失真，压缩的核心技术为离散余弦变换、量化和 Huffman 编码。经解压缩，方可显示图像，显示速度较慢。

2. GIF 格式

GIF(Graphics Interchange Format，图形交换格式)格式是由 CompuServe 公司开发的，用于屏幕显示图像和电脑动画及进行网络传送。GIF 具有 87a、89a 两种格式，87a 描述单一(静止)图像，而 89a 描述多帧图像，所以可以实现动画功能。GIF 采用改进的 LZW 压缩算法，是一种无损压缩算法。GIF 图像彩色限制在 256 色，不能应用于高精度色彩。

3. TIFF 格式

TIFF(Tag Image File Format，标记图像文件格式)格式是由 Aldus 公司开发的，用于存储包括照片和艺术图在内的图像，非常通用和复杂，用于所有流行的平台，是扫描仪经常使用的格式。TIFF 是一种灵活、适应性强的文件格式。通过在文件标头中使用“标签”，能够在一个文件中处理多幅图像和数据；可采用多种压缩数据格式。例如，TIFF 可以包含

JPEG和行程长度编码压缩的图像。TIFF格式广泛地应用于对图像质量要求较高的图像的存储与转换。

4. PNG格式

PNG(Portable Network Graphic,便携式网络图形)格式是一种无损压缩的位图图形格式,支持索引、灰度、RGB 3种颜色方案及Alpha通道等特性。PNG能提供更大颜色深度的支持,包括24位(8位3通道)和48位(16位3通道)真彩色,可以做到更高的颜色精度,更平滑的颜色过渡等。加入Alpha通道后,可以支持每个像素64位的表示。采用无损压缩方式。PNG格式图片因其高保真性、透明性及文件体积较小等特性,被广泛应用于网页设计、平面设计中。

5. BMP格式

BMP(Bitmap)格式是由Microsoft公司开发的,用于打印、显示图像。BMP采用位映射存储格式,一般不采用压缩技术,因此,BMP文件所占用的空间大,不适合于网络传送。BMP文件通常可保存的颜色深度有1位、8位、24位及32位(带8位的Alpha通道)。利用BMP文件存储数据时,图像的扫描方式是从左到右、从下到上的。在Windows环境中运行的图形图像软件都支持BMP图像格式。

这5种常见的图像文件格式,除BMP格式外,均采用了相应的压缩方法,图像显示时,需先解压缩,把压缩后的数据还原为RGB数据。

1.4 本章小结

本章主要介绍了图像和数字图像处理的基本概念、数字图像处理的研究内容、颜色的表示、常用颜色模型,以及数字图像的生成与表示。了解这些基础概念,是理解并处理图像数据的前提。

第2章 MATLAB基础知识

MATLAB(Matrix Laboratory)是由美国 Mathworks 公司发布的主要面向科学计算、可视化及交互式程序设计的计算环境,具有编程简单直观、绘图功能强、用户界面友好、开放性强等优点,其配备功能强大、专业函数丰富的各类工具箱,在多个科学领域获得了广泛应用。

MATLAB 实现基于矩阵计算,适合作为二维矩阵的数字图像处理;认可当今常用的多种图像文件格式,提供图像处理工具箱,实现了图像变换、增强、分析、复原、形态学等方面的图像处理运算,是一款优秀的仿真软件。

本章主要介绍 MATLAB 的基础知识,包括工作环境、数据类型、矩阵、控制语句、图形可视化,为使用 MATLAB 仿真图像处理算法奠定基础。

2.1 MATLAB 工作环境

首先具体了解 MATLAB 的工作环境及其相关设置。

2.1.1 MATLAB 窗口

MATLAB 的工作界面如图 2-1 所示,主要的工作窗口包含命令窗口、当前文件夹窗口、工作区窗口及编辑窗口。

1. 命令窗口

命令窗口可用来输入变量、函数、表达式,输出相关变量的取值、运行结果,实现与用户的交互。例如,在“>>”符号后光标处输入如下命令。

```
>> X = 'hello,world!';
>> X
```

回车后命令窗口运行结果如图 2-2(a)所示,输入的命令定义了字符串 X,内容为“hello,world!”,再输入 X 不加结束用的“;”,则直接输出变量的值。在命令行输入 x,运行如图 2-2(b)所示,提示变量 x 没有定义,并给出可能的正确输入。

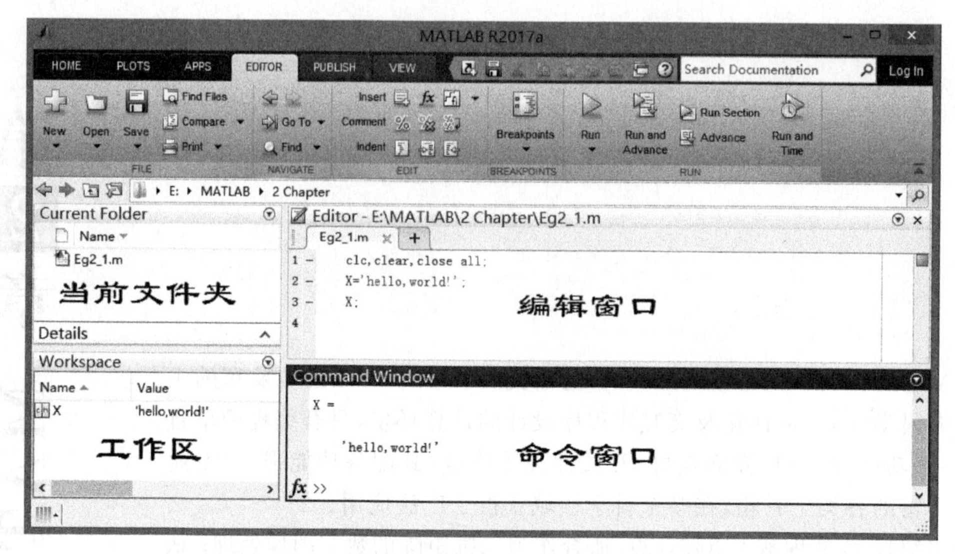

图 2-1　MATLAB工作窗口

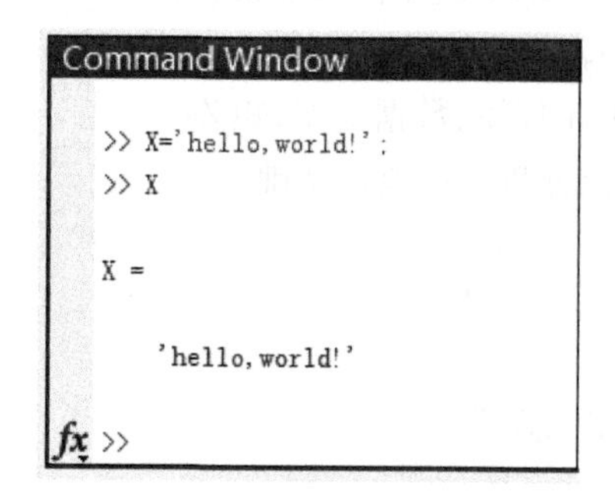

(a) 输入与输出功能

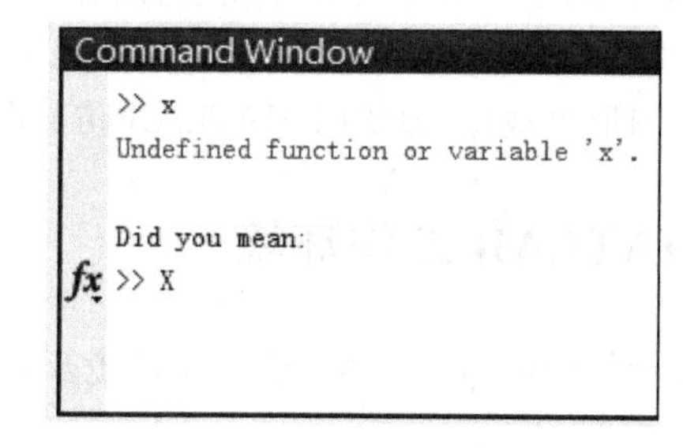

(b) 出错提示功能

图 2-2　命令窗口的功能示例

一些在命令窗口中常用的命令如表 2-1 所示。

表 2-1　常用命令

命　令	含　义
ans	最近运算的结果
clc	清除命令窗口所有的内容
clear	清除工作区的变量，释放空间
clf	清除当前图形窗口的内容
close	关闭指定的图形窗口，如 close all
diary	保存命令窗口文本到文件
format	设置命令窗口输出显示格式，如 format long
help	调用帮助文件或某函数的主要介绍，如 help clc
home	移动光标到命令窗口左上角，历史命令可用滚动条向上查看

续表

命　令	含　义
load	从文件导入变量到工作区，如 load sumsin
more	控制命令窗口页面输出：more on，一次输出一个页面；more(n)，设置一页 n 行；more off，取消按页面输出
save	保存工作空间变量到文件，如 save test. mat

2. 当前文件夹窗口

当前文件夹窗口显示文件夹中的各种文件，可以设置显示文件的大小、最近修改日期、文件类型和细节等，如图 2-3(a)所示。通过当前文件夹窗口，可以便捷地选择需要的文件、查看文件细节、导入图像文件，导入数据如图 2-3(b)所示。

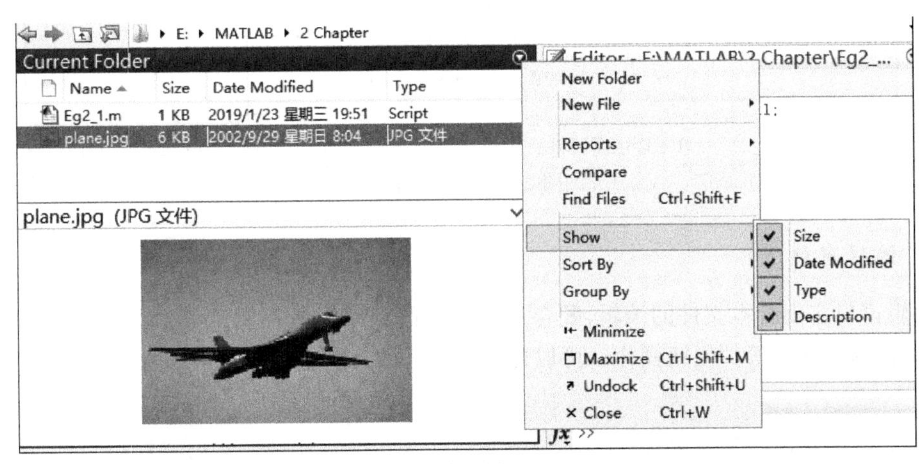

(a) 窗口显示

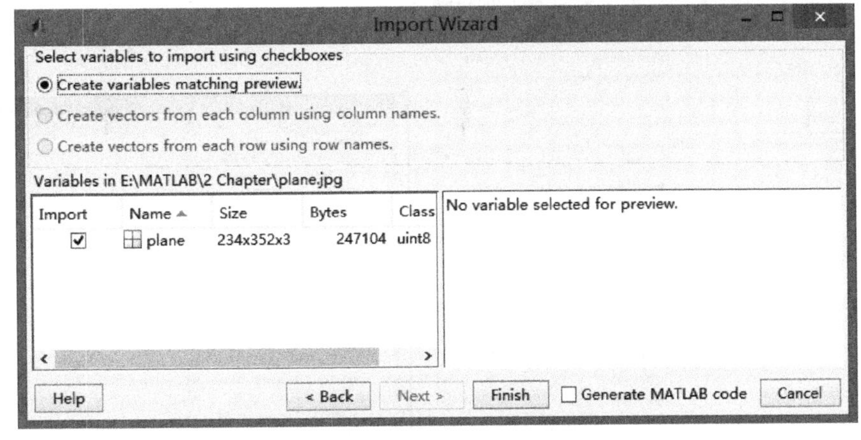

(b) 双击图像文件导入数据界面

图 2-3　当前文件夹窗口

3. 工作区窗口

工作区窗口显示当前工作区内的变量，可以选择显示各变量的 Name、Value、Class 等值，如图 2-4(a)所示。双击某个变量，可以在右上方变量窗口中查看变量的具体取值，如图 2-4(b)所示。通过工作区窗口，可以随时查看运行中变量的取值，跟踪程序的运行状况。

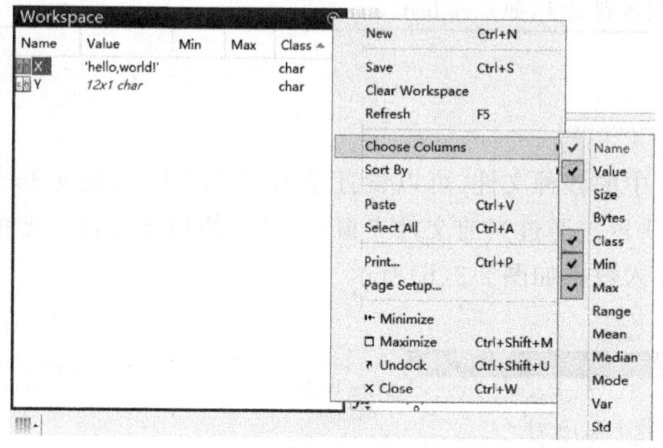

Variables - Y

X Y

12x1 char

val =

'h' 'e' 'l' 'l' 'o' ',' 'w' 'o' 'r' 'l' 'd' '!'

(a) 工作区窗口显示　　　(b) 变量取值查看

图 2-4　工作区窗口

4. 编辑窗口

编辑窗口实现脚本文件的编辑，配合工具栏中的程序运行控制工具，可以实现设置断点、单步执行、退出调试等的便捷操作。可以通过编辑区的右键菜单进行各种设置，如图 2-5(a)所

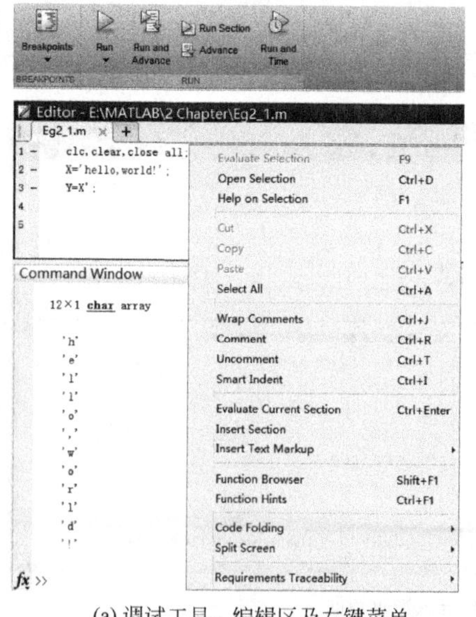

(a) 调试工具、编辑区及右键菜单　　　(b) 多窗口

图 2-5　编辑窗口

示。在编辑窗口中可以打开多窗口，单击“+”按钮，实现新建 m 文件，名为“Untitled*N*”，*N* 为数字，表示第 *N* 次新建 m 文件，如图 2-5(b)所示。

2.1.2 MATLAB 参数设置

在 HOME 菜单下，选择 Preferences 工具，可以进行工作环境的相关设置，如字体、颜色、工具栏等的设置，提高了操作的便捷程度，如图 2-6 所示。

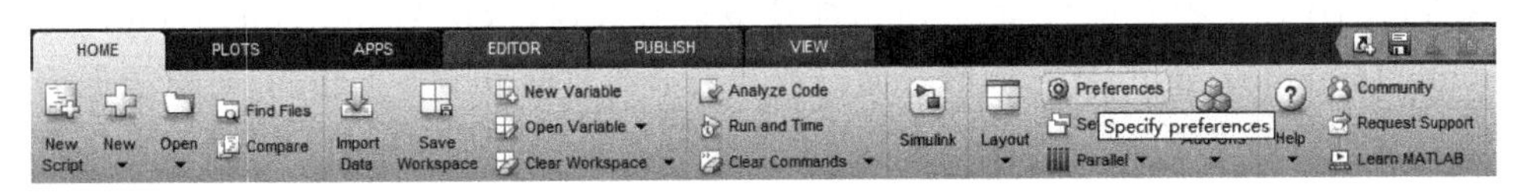

(a) Preferences工具选择

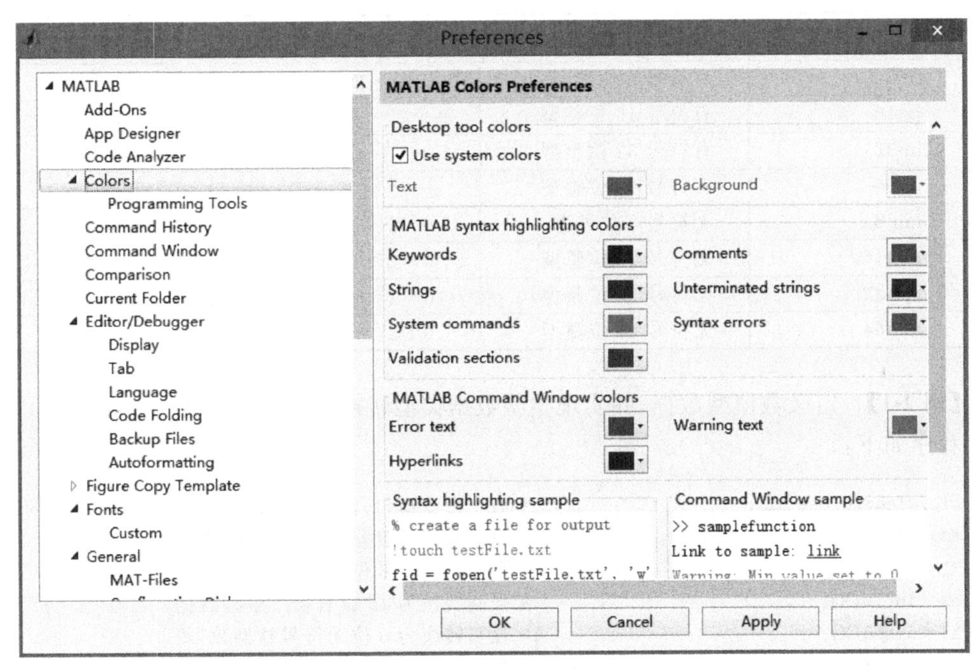

(b) Preferences页面

图 2-6 工作环境设置

2.2 MATLAB 数据类型

MATLAB 提供了 16 种基本数据类型，每一种都可以以矩阵或数组形式存储，是运算的基本单元。基本数据类型包括逻辑型、字符型、数值型、表格型、元胞数组型、结构体型及函数句柄型共 7 类，其中数值型有 10 种。

2.2.1 数值型数据

数值型数据包括有符号和无符号整型数据、单精度和双精度浮点型数据。默认情况下，MATLAB以双精度浮点型数据存储数值型数据。

1. 整型数据

MATLAB有4种有符号型、4种无符号型整型数据，依次为int8、int16、int32、int64、uint8、uint16、uint32、uint64，它们的存储位数和表示的数据范围各不相同，可以根据需求合理设置。整型数据类型名称、存储位数、数值范围等如表2-2所示。

表2-2 整型数据情况表

名称	含义	数值范围	转换函数
int8	有符号8位整型	$-2^7 \sim 2^7-1$	int8(x)
int16	有符号16位整型	$-2^{15} \sim 2^{15}-1$	int16(x)
int32	有符号32位整型	$-2^{31} \sim 2^{31}-1$	int32(x)
int64	有符号64位整型	$-2^{63} \sim 2^{63}-1$	int64(x)
uint8	无符号8位整型	$0 \sim 2^8-1$	uint8(x)
uint16	无符号16位整型	$0 \sim 2^{16}-1$	uint16(x)
uint32	无符号32位整型	$0 \sim 2^{32}-1$	uint32(x)
uint64	无符号64位整型	$0 \sim 2^{64}-1$	uint64(x)

【例2-1】 定义数值型数据，并实现整型数据类型转换。

程序如下：

```
clc,clear,close all;          %清空命令窗口,清除工作区变量,关闭所有图形窗口
X = 2019;                     %设置数值型变量X,默认为double型
X1 = int8(X);                 %强制转换为8位有符号整型数据
X2 = int16(X);                %强制转换为16位有符号整型数据
X3 = uint8(X);                %强制转换为8位无符号整型数据
X4 = uint16(X);               %强制转换为16位无符号整型数据
```

运行程序，在工作区窗口可以看到，X为MATLAB默认类型双精度型；强制转换后各变量为对应类型；int8型数据最大为127，产生溢出，X1值为127；uint8型数据最大为255，X3值为255；X2为int16型，值为2019；X4为uint16型，值为2019。

2. 浮点型数据

浮点型数据以单精度(single)或双精度(double)格式表示，默认为双精度。double型数据存储占用64位，最高位为符号位，62～52位为整数部分，51～0位为小数部分。single型数据存储占用32位，最高位为符号位，30～23位为整数部分，22～0位为小数部分。类型强

制转换函数和数据类型表示一致，即 single(x)将数据 x 转换为 single 型，double(x)将 x 转换为 double 型。

MATLAB 中有一些浮点型常量，在程序中运用较多，如表 2-3 所示。

表 2-3　浮点型常量

常　量	含　义	说　明
eps	浮点数精度	从 1.0 到下一个最大的双精度数的距离，与运行 MATLAB 的计算机相关，double 型
NaN	非数	Not a Number，表示计算结果不确定，如 0/0 或者 Inf/Inf，double 型
pi	圆周率	double 型
i,j	虚数单位	类型一般表示为 double(complex)
Inf	无穷大	数据超出 MATLAB 许可范围，用－Inf 或 Inf 来表示，double 型

【例 2-2】 定义数值型数据，并实现浮点型数据类型转换。

程序如下：

```
clc,clear,close all;
X = 2019.1;
Y = single(X);                              % 强制转换为 single 型数据
I = int16(X);                               % 强制转换为 int16 型数据
Z = pi + i;
eps
```

运行程序，在工作区窗口可以看到，X 为 double 型数据，Y 为 single 型数据，X 和 Y 的值均为 2.0191e+03，是采用了指数表示形式；I 为 int16 型数据，值为 2019；Z 为复数，取值为 3.1416+1.0000i；eps 为 2.2204e－16(注意，不同计算机取值可能不相同)。

3. 取整运算

整型数据和浮点型数据可以通过强制转换函数实现类型的转换，如例 2-2 中的变量 I。此外，浮点型数据可以通过取整运算变为整型数据，MATLAB 提供的取整函数如下。

(1) Y=floor(X)：对 X 的元素向下(负无穷方向)取整到最近的整数。

(2) Y=ceil(X)：对 X 的元素向上(大于等于该元素方向)取整到最近的整数。

(3) Y=fix(X)：对 X 的元素向 0 方向取整到最近的整数。

(4) round()函数：向最近的整数取整，即四舍五入方法。

① round(X)：将 X 的每个元素取整到最近的整数。

② round(X, N)：若 N>0，舍入到小数点右侧的第 N 位数；如 N=0，舍入到最近的整数；若 N<0，舍入到小数点左侧的第 N 位；N 为整型数。

③ round(X, N, 'significant')：指定四舍五入的类型。指定 'significant' 以四舍五入为 N 位有效数(从最左位数开始计数)。在此情况下，N 必须为正整数。

【例 2-3】 定义浮点型数据并采用不同方法取整。

程序如下：

```
clc,clear,close all;
X = 3.667;              Y = - 3.454;
X1 = floor(X);          Y1 = floor(Y);              % 向下取整
X2 = ceil(X);           Y2 = ceil(Y);               % 向上取整
X3 = round(X);          Y3 = round(Y);              % 四舍五入取整
X4 = round(X,2,'significant');                      % 保留 2 位有效数据
Y4 = round(Y,3,'significant');                      % 保留 3 位有效数据
```

运行程序，各变量的取值如表 2-4 所示。

表 2-4　例 2-3 的运行结果

浮点数	取整方式	整数值	浮点数	取整方式	整数值
X＝3.667	floor	X1＝3	Y＝－3.454	floor	Y1＝－4
	ceil	X2＝4		ceil	Y2＝－3
	round	X3＝4		round	Y3＝－3
	保留 2 位有效数据	X4＝3.7000		保留 3 位有效数据	Y4＝－3.4500

2.2.2　逻辑型数据

逻辑型数据有 true 和 false 两种取值，也可以是“1”和“0”，用 logical 表示，一般用于表示一种状态，可以是函数或运算的返回值，也可以用来作为控制语句的判断条件。

【例 2-4】　定义数值型数据，并实现逻辑型数据操作。

程序如下：

```
clc,clear,close all;
X = 2019;
X1 = logical(X);                    % 强制转换为 logical 型数据
X2 = X < X1;                        % 关系运算"<",返回值为 logical 型
X3 = true;                          % 定义 logical 型数据,取值为 1
X4 = false(3);                      % 定义 logical 型 3×3 矩阵,取值为全 0
```

运行程序，在工作区窗口可以看到，X 为 2019，非 0，强制转换为 logical 型时，X1 取值为 1；关系不成立，关系运算返回 0，X2 为 logical 型；X3 取值为 1；X4 为 3×3logical 型矩阵。

2.2.3　字符与字符串

在 MATLAB 中，文本数据可以用字符数组和字符串数组两种方式表示。

1. 创建与连接

字符数组，通常是用单引号括起来的一个短文本串，如 chr＝'Today is Friday. '，可以采

用索引获取字符数组中的字符，也可以像操作普通数组一样连接字符数组。

字符串数组中的每个元素为一个 1×N 的字符向量。从 R2017a 版本开始，可以使用双引号创建字符串，可以使用 string 函数将字符向量转换为字符串数组。

【例 2-5】 实现字符数组定义、截取和连接。

程序如下：

```
clc,clear,close all;
chr1 = 'Today'              % 定义字符数组,句末不加"; ",将在命令窗口直接输出变量值
chr2 = 'Friday'
chr = [chr1 ' is ' chr2]    % 采用连接数组的方式连接 3 个字符数组
chr3 = chr(3:8)             % 提取字符数组 chr 的第 3～8 个元素构成新的字符数组
```

运行程序，将在命令窗口输出：

```
chr1 =
    'Today'
chr2 =
    'Friday'
chr =
    'Today is Friday'
chr3 =
    'day is'
```

【例 2-6】 实现字符串数组的创建。

程序如下：

```
clc,clear,close all;
chr1 = ['The' 'cat' 'has' 'a' 'cap']              % 字符向量连接成一个新字符向量
chr2 = ["The" "cat" "has" "a" "cap"]              % 字符向量连接成一个字符串数组
```

运行程序，将在命令窗口输出：

```
chr1 =
    'Thecathasacap'
chr2 =
  1×5 string array
    "The"    "cat"    "has"    "a"    "cap"
```

常用的创建和连接字符数组和字符串数据的函数列举如下。

(1) str=string(A)：将输入数组 A 转换为字符串数组。

(2) str=strings 或 str=strings(n)：创建空字符串数组。

(3) newstr=join(str,delimiter,dim)：将 str 中的元素沿维度 dim 合并，并在 str 元素之间放置 delimiter 指定的分隔符元素。

(4) s=char(A)：将数组 A 转变为字符数组。

(5) str=sprintf(formatSpec,A1,…,An)：按 formatSpec 指定的格式将矩阵 A1,…,

An中的数据按列转换为字符数组。

(6) s=strcat(s1,…,sN):水平连接字符串。

【例 2-7】 实现字符串数组的创建和连接。

程序如下:

```
clc,clear,close all;
A = ["Image","processing"]          % 定义字符串数组
B = join(A," ")                     % 将 A 合并为一个新的字符串数组,两个元素用空格分隔
C = ' is interesting'               % 定义字符数组
D = string(C)                       % 转化为字符串数组
str = strcat(B,D)                   % 水平连接字符串
```

运行程序,在命令窗口的输出结果如下。

```
A =
  1 × 2 string array
    "Image"    "processing"
B =
    "Image processing"
C =
    ' is interesting'
D =
    " is interesting"
str =
    "Image processing is interesting"
```

2. 获取属性

MATLAB定义了判断数据类型和文本属性的函数,常用的函数列举如下。

(1) TF=ischar(A):判断输入是否是字符数组,是则返回 logical 值 1,否则返回 0。

(2) TF=isstring(A):判断输入是否是字符串数组,是则返回 1,否则返回 0。

(3) L=strlength(str):获取字符串数组 str 中每个元素的字符数。

(4) TF=isletter(A):返回的 TF 为逻辑数组,若 A 为字符数组,当 A 的元素是字符,TF 中对应取值为 1,否则为 0;若 A 不是字符数组,返回 0。

(5) TF=isspace(A):返回的 TF 为逻辑数组,若 A 为字符数组,当 A 的元素是空格,TF 中对应取值为 1,否则为 0;若 A 不是字符数组,返回 0。

【例 2-8】 定义字符、字符串数组,并获取其相关属性。

程序如下:

```
clc,clear,close all;
A = "Planet B612";                  % 定义字符串数组
B = 'is very small';                % 定义字符数组
TF1 = ischar(A);                    % 判断 A 是否是字符数组
TF2 = isstring(A);                  % 判断 A 是否是字符串数组
```

```
L = strlength(B);                      % 计算字符数组 B 的长度
TF3 = isletter(A);                     % 判断 A 中元素是否是字符
TF4 = isspace(B);                      % 判断 B 中元素是否是空格
```

运行程序，在工作区窗口可以看出，TF1 取值为 0，A 不是字符数组；TF2 取值为 1，A 为字符串数组；L 取值 13，B 中有 13 个字符；A 不是字符数组，TF3 取值为 0；TF4 为 1×13 的 logical 数组，取值为[0 0 1 0 0 0 0 1 0 0 0 0 0]，其中两个 1 表示两个空格所在。

3. 查找、替换和比较

MATLAB 定义了在字符数组和字符串数组中进行查找、替换和比较的函数，常用的列举如下。

(1) TF=contains(str,pattern)：如果 str 包含指定的模式 pattern，将返回 1(true)，否则返回 0(false)。

(2) A=count(str,pattern)：统计字符串 str 中模式 pattern 的出现次数并返回。

(3) k=strfind(str,pattern)：在字符串 str 中搜索出现的 pattern。输出 k 指示 str 中每次出现的 pattern 的起始索引。如果未找到 pattern，则返回一个空数组[]。函数执行区分大小写的搜索。如果 str 是字符向量或字符串标量，则返回 double 类型的向量。如果 str 是字符向量元胞数组或字符串数组，则返回 double 类型的向量元胞数组。

(4) newStr=replace(str,old,new)：将字符串数组 str 中出现的所有 old 替换为 new。如果 old 包含多个子字符串，则 new 必须与 old 具有相同的大小，或者必须为单个子字符串。

(5) newStr=replaceBetween(str,startStr,endStr,newText)：将 str 中的子字符串替换为 newText 中的文本，返回 newStr。被替换的子字符串出现在子字符串 startStr 和 endStr 之间，但不替换 startStr 和 endStr 本身。newText 参数包含的字符数可以不同于它所替换的子字符串。如果 str 是字符串数组或字符向量元胞数组，replaceBetween 将替换 str 的每个元素中的子字符串。输出参数 newStr 的数据类型与 str 相同。

(6) newStr=strrep(str,old,new)：将 str 中出现的所有 old 都替换为 new。

(7) tf=strcmp(s1,s2)：若 s1 和 s2 一致，则返回 1，否则返回 0。

(8) tf=strcmpi(s1,s2)：比较 s1 和 s2 时忽略大小写的区别。

(9) tf=strncmp(s1,s2,n)：若 s1 和 s2 的前 n 个字符一致则返回 1，否则返回 0。

(10) tf=strncmpi(s1,s2,n)：比较 s1 和 s2 的前 n 个字符时，忽略大小写差异。

以上函数中的 s1 和 s2 可以是字符串数组、字符向量和字符向量元胞数组的任何组合。

【例 2-9】 定义字符串数组，并实现查找和替换。

程序如下：

```
clc,clear,close all;
str = "Image processing is very interesting";
pattern = "ing";
TF = contains(str,pattern);                    % 判断 str 中是否包含 pattern
number = count(str,pattern);                   % 统计 str 中 pattern 出现了几次
```

```
k = strfind(str,pattern);                  % 在 str 中搜索 pattern 出现的起始索引
newStr = replace(str,'very','not');        % 查找'very',并替换为'not'
tf = strncmp(str,newStr,20);               % 比较 str 和 newStr 的前 20 个字符
```

运行程序,在工作区窗口可以看到,TF 为 1,即 str 包含了 pattern; number 为 2,即 str 中 pattern 出现了 2 次; k=[14,34],str 中 pattern 两次出现的起始索引; newStr 将 str 中的'very'替换为'not'; tf 为 1,即 str 和 newStr 的前 20 个字符一致。

4. 和其他数据类型的转换

字符串可以转换为整数、浮点数,MATLAB 定义了相关函数,常用的列举如下。

(1) chr=int2str(N): 将 N 转换为字符数组。N 可以为整数、整数向量或整数矩阵; 如果 N 为非整数,在转换之前取整。

(2) s=num2str(A): 将数值数组 A 转换为表示数字的字符数组 s。输出格式取决于原始值的量级。

(3) X=str2double(str): 将 str 中表示实数或复数值的文本转换为双精度值。若 str 是字符向量或字符串标量,则 X 是数值标量; 若 str 是字符向量元胞数组或字符串数组,则 X 是与 str 具有相同大小的数值数组。表示数值的文本可以包含数字、逗号(千位分隔符)、小数点、前导+或-符号、以 10 为缩放因子的幂前面的 e 以及复数单位的 i 或 j。若不能将文本转换为数值,将返回 NaN 值。

(4) X=str2num(chr): 将字符数组 chr 转换为数值矩阵 X。输入内容可以包含空格、逗号和分号,以指示单独的元素。若不能将输入解析为数值,则返回空矩阵。不能转换字符串或元胞数组,且对+和-运算符前后的空格敏感。

【例 2-10】 实现字符串和其他数据类型的转换。

程序如下:

```
clc,clear,close all;
X1 = int2str(2019);                   % 整数转换为字符数组
A = [2019 1 25];                      % 定义数值数组 A
X2 = num2str(A);                      % 数值数组转换为字符数组
X3 = str2double('2019.1');            % 将文本转换为 double 型数据
X4 = str2num(X2);                     % 字符数组转换为数值数据
```

运行程序,在工作区窗口可以看到,X1 为 char 型,取值'2019'; X2 为 char 型,取值'2019 1 25',总长为 16,有 9 个空格; X3 为 double 型,值为 2.0191e+03,; X4 为 double 型数组,值为[2019,1,25]。

2.2.4 结构体

结构体是使用名为字段的数据容器将相关数据组合在一起的数据类型,每个字段都可以包含任意类型的数据,在表示一个含有多种属性的对象时非常便利。

1. 结构体的创建

MATLAB 提供了两种创建结构体的方法，分别为直接给结构体成员变量赋值或者使用函数 struct 建立。

【例 2-11】 创建包含图像基本属性的结构体。

程序如下：

```
clc,clear,close all;
Im.width = 256;             %“.”表示 width 为结构体 Im 的成员变量，直接给变量赋值
Im.height = 256;
Im.type = 'color';
Im.content = 'Landscape';
Im.bitcount = 24;
Im.date = datetime('2019 - 01 - 26','InputFormat','yyyy - MM - dd');
Im
Image = struct('width',{256,352},'height',{256,264},'type',{'gray','color'},…,
               'content',{'Persona','Landscape'},'bitcount',{8,24});
Image(1)
```

运行程序，在命令窗口输出：

```
Im =
  struct with fields:
         width : 256
        height : 256
          type : 'color'
       content : 'Landscape'
      bitcount : 24
          date : 2019 - 01 - 26
ans =
  struct with fields:
         width : 256
        height : 256
          type : 'gray'
       content : 'Persona'
      bitcount : 8
```

程序中首先采用直接赋值的方法创建了结构体 Im，该结构体变量包含 6 个成员变量：宽，高，类型，内容类别，位数和创建日期，为数值型、字符型或日期型数据。日期型数据使用 datetime 函数采用指定格式创建。使用 struct 创建结构体数组 Image，含有两个元素，每个元素为一个结构体，程序最后输出结构体的第一个元素。

2. 结构体的操作

对结构体可以进行字段判断、获取、删除、设置等操作，部分函数列举如下。

(1) names＝fieldnames(s)：返回包含结构体 s 中的字段名称的字符向量元胞数组。

(2) value=getfield(struct,{sIndx1,…,sIndxM},'field',{fIndx1,…,fIndxN}):返回指定字段的内容,相当于 value=struct(sIndx1,…,sIndxM). field(fIndx1,…,fIndxN)。支持多组 field 和 fIndx 输入,且所有 Indx 都是可选的,未指定时返回 struct 第一个元素的字段内容。

(3) tf=isfield(S,fieldname):查看结构体 S 是否包含由 fieldname 指定的字段,若包含则输出逻辑值 1(true),否则输出逻辑值 0(false)。若 S 不是结构体数组,则 isfield 返回 false。

(4) tf=isstruct(A):若 A 为结构体,则返回逻辑值 1(true);否则返回逻辑值 0(false)。

(5) s=rmfield(s,field):从结构体数组 s 中删除指定的一个或多个字段。使用字符向量元胞数组或字符串数组指定多个字段。s 的维度保持不变。

(6) s=setfield(s,{sIndx1,…,sIndxM},'field',{fIndx1,…,fIndxN},value):设置指定字段的内容,相当于 s(sIndx1,…,sIndxM). field(fIndx1,…,fIndxN)=value。支持多组 field 和 fIndx 输入项。若结构体 s 或其中任何字段为非标量结构体,则需要与该输入项相关联的 Indx 输入项;否则,Indx 输入项是可选的。若需要为索引输入指定单个冒号运算符,将其括在单引号中:':'。多数情况,通过索引而非使用 setfield 函数来向结构体数组添加数据。

【例 2-12】 对结构体类型数据进行相关操作。

程序如下:

```
clc,clear,close all;
Image = struct('width',{256,352},'height',{256,264},'type',{'gray','color'}, …
              'content',{'',''},'bitcount',{8,24});          % 定义结构体
names = fieldnames(Image);                                     % 获取字段名称
value = getfield(Image,'height');                              % 获取指定字段内容
tf1 = isfield(Image,'size');                                   % 判断是否有'size'字段
tf2 = isstruct(Image);                                         % 判断是否是结构体
Im1 = rmfield(Image,'content');                    % 删除 Image 中的 content 字段,并赋值给 Im1
Im2 = setfield(Image,{1},'content','Plant');       % 设置 Image(1)的 content 字段并赋值给 Im2
Im3 = Image;
Im3(2).content = 'Landscape';                      % 设置 Im3(2)的 content 字段
```

运行程序,在工作区查看各变量取值,Image 为 1×2 的结构体,两个元素均有 5 个字段,content 字段均为空;names 为包含 5 个元素的元胞数组,各元素为结构体的 5 个字段名;value 为 256,为第 1 个元素的高度值;结构体中没有 size 字段,tf1 为 0;Image 是结构体,tf2 为 1;Im1 为 1×2 的结构体,只有 4 个字段;Im2 为 1×2 的结构体,第 1 个元素的 content 为'plant';Im3 第 2 个元素的 content 为'Landscape'。

2.2.5 元胞数组

和一般数组一样,元胞数组也有多个元素,每个元素为一个元胞,可以包含任意类型的数据,如文本字符串列表、文本和数字的组合或不同大小的数值。通过将索引括在圆括号

( )中可以引用元胞集。使用花括号{ }进行索引来访问元胞的内容。

1. 元胞数组的创建

可以使用{}运算符创建元胞数组。在命令窗口输入：

```
>> C = {}
```

回车后输出：

```
C =
  0 × 0 empty cell array
```

即创建了一个空元胞数组。

可以直接将数据放入一个元胞数组中。在命令窗口输入：

```
>> C = {256,256,3;'color',"Planet B612",datetime('2019 - 01 - 26')}
```

回车后输出：

```
C =
  2 × 3 cell array
     [   256]      [         256]       [               3]
    'color'      "Planet B612"      [2019 - 01 - 26]
```

可以使用 cell 函数创建元胞数组，cell 函数的调用如下。

(1) C=cell(n)：返回由空矩阵构成的 n×n 元胞数组。

(2) C=cell(sz1,…,szN)：返回由空矩阵构成的 sz1×…×szN 元胞数组。

(3) C=cell(sz)：返回由空矩阵构成的元胞数组，向量 sz 表示数组大小。

【例 2-13】 使用两种方法创建元胞数组。

程序如下：

```
clc,clear,close all;
Image = {'width','height','color channels','description';100,100,3,'JPEG image'};
sz = size(Image);                          % 获取元胞数组大小
NewImage = cell(sz);                       % 根据 Image 大小创建 NewImage
NewImage(1,:) = Image(1,:);                % 将 Image 数据第 1 行数据复制给 NewImage 第 1 行
NewImage(2,:) = {256,256,1,'BMP image'};   % 给 NewImage 第 2 行赋值
NewImage(3,:) = {352,246,3,'GIF image'};   % 扩展 NewImage
```

运行程序，在命令窗口输入 Image，输出如下：

```
Image =
  2 × 4 cell array
    'width'    'height'    'color channels'    'description'
    [   100]    [   100]    [               3]    'JPEG image'
```

在命令窗口输入 NewImage，输出如下：

```
NewImage =
  3×4 cell array
    'width'     'height'    'color channels'      'description'
    [ 256]      [ 256]      [             1]      'BMP image'
    [ 352]      [ 246]      [             3]      'GIF image'
```

2. 元胞数组的基本操作

元胞数组的基本操作包括元胞数组的访问、合并元胞数组及元胞数组数据的删除。

使用小括号或圆括号访问元胞数组的元素，如例2-13中的Image为2×4的元胞数组，Image(2,3)为第2行第3列的元胞元素，类型为cell，其值为3。使用大括号或花括号访问元胞数组元素的值，如Image{2,3}为double型数据3。

通过访问元胞数组，可以修改、添加或删除元胞元素，如直接给元胞元素赋特定值或空值。

使用数组串联运算符[]串联元胞数组，扩大尺寸；使用元胞数组构造运算符{}创建一个嵌套元胞数组。

可以使用celldisp函数输出元胞数组的取值。

【例2-14】 实现元胞数组的访问、修改、删除及合并。

程序如下：

```
clc,clear,close all;
Item = {'width','height','color channels','description'};
FirstLine = {100,100,3,'JPEG image'};
SecondLine = {256,256,1,'BMP image'};
Image1 = [Item;FirstLine;SecondLine]; % 串联,Image1 为 3×4 元胞数组
Image2 = {Item;FirstLine;SecondLine}; % 嵌套,Image2 为 3×1 元胞数组,每个元素为元胞数组
Image3 = Image1;
Image3(2:3,:) = [];          % 给 Image3 第 2、3 行附空值,删除两行数据
Image4 = Item;
Image4{4,4} = [];            % 扩展 1×4 的元胞数组,Image4 为 4×4,扩展的全部置为空值
Image4(3,:) = {352,246,3,'GIF image'};     % 访问 Image4 的第 3 行并赋值
```

运行程序，从工作区窗口查看各变量取值：Image1由Item、FirstLine和SecondLine串联生成，为3×4元胞数组；Image2为3×1元胞数组，每个元素均为元胞数组；Image3是Image1删除了两行，为1×4元胞数组；Image4为4×4元胞数组，第1行和Item一致，第3行为附的值，其余行为空值。

3. 和其他数据类型的转换

元胞数组可以转化为普通数组、结构体数组及表，函数列举如下。

(1) A=cell2mat(C)：将元胞数组C转换为普通数组A。元胞数组的元素必须全都包括相同的数据类型，并且生成的数组也是该数据类型。C的内容必须支持串联到N维矩阵中。

(2) C＝mat2cell(A,dim1Dist,…,dimNDist)：将数组 A 在元胞数组 C 中分为较小的数组。向量 dim1Dist,…,dimNDist 指定如何划分行、列和更高维度的 A(如果适用)。

(3) C＝num2cell(A)：将数组 A 转换为元胞数组 C,A 的每个元素放置于 C 的一个单独元胞中。

(4) structArray＝cell2struct(cellArray,fields,dim)：利用元胞数组 cellArray 中包含的信息创建一个结构体数组 structArray。fields 指定结构体数组的字段名称,是一个字符数组或字符向量元胞数组。dim 取 1 表示从元胞数组的 N 行中获取的字段创建一个结构体数组,dim 取 2 表示从元胞数组的 M 列中获取的字段创建一个结构体数组。

【例 2-15】 将元胞数组转换为其他类型数组。

程序如下：

```
clc,clear,close all;
Image = {'width','height','channels','description';100,100,3,'JPEG image';
                                256,256,1,'BMP image'};      % 创建 3 × 4 的元胞数组
structI = cell2struct(Image,{'width','height','channels','description'},2);
                                % 按列转换为结构体数组
X = reshape(1:20,5,4)';         % 创建一个数值矩阵
C = mat2cell(X,[2 2],[3 2]);    % 将 4 × 5 矩阵转换为元胞数组,[2 2]表示元胞数组每行对应原矩
                                % 阵的 2 行,[3 2]表示元胞数组两列分别对应原矩阵 3 列和 2 列
```

运行程序,在工作区窗口查看变量,structI 为 3×1 的结构体数组,每个结构体元素有 4 个字段；X 为 4×5 的 double 型数据,其值如下：

```
X =
     1     2     3     4     5
     6     7     8     9    10
    11    12    13    14    15
    16    17    18    19    20
```

C 为 2×2 元胞数组,在命令窗口输入：celldisp(C),输出如下：

```
C{1,1} =
     1     2     3
     6     7     8
C{2,1} =
    11    12    13
    16    17    18
C{1,2} =
     4     5
     9    10
C{2,2} =
    14    15
    19    20
```

2.2.6 表

表是指表格形式的数组，以列的形式存储文本文件或电子表格中的列向数据或者表格式数据，表格中的每个变量可以具有不同的数据类型和大小，但每个变量的行数必须相同。使用表可方便地存储混合类型的数据、通过数值索引或命名索引访问数据以及存储元数据。

可以使用导入工具创建表，在命令窗口输入：

```
>> load patients;
>> T = table(Gender,Smoker,Height,Weight);
>> T(1:5,:)
```

则输出：

```
ans =
  5×4 table
     Gender      Smoker     Height     Weight
    ______      ______     ______     ______
    'Male'      true       71         176
    'Male'      false      69         163
    'Female'    false      64         131
    'Female'    false      67         133
    'Female'    false      64         119
```

可以使用 readtable 函数从逗号分隔文件中读取数据，在命令窗口输入：

```
>> T2 = readtable('patients.dat');
>> T2(1:5,1:5)
```

T2 包含文件 patients.dat 中的所有列，在命令窗口输出 T2 的前 5 行前 5 列，如下：

```
ans =
  5×5 table
     LastName     Gender     Age     Location                        Height
    __________   ________   ___     ___________________             ______
    'Smith'      'Male'      38     'County General Hospital'       71
    'Johnson'    'Male'      43     'VA Hospital'                   69
    'Williams'   'Female'    38     'St. Mary's Medical Center'     64
    'Jones'      'Female'    40     'VA Hospital'                   67
    'Brown'      'Female'    49     'County General Hospital'       64
```

2.2.7 函数句柄

函数句柄是一种存储函数关联项的数据类型，可用于间接调用函数，也可以使用函数句柄将一个函数传递给另一个函数，或者从主函数外部调用局部函数。

通过在函数名称前添加一个“@”符号为已命名函数创建函数句柄，如已有名为 myfunction 的函数，f=@myfunction，f 即是函数句柄。

使用句柄调用函数的方式与直接调用函数一样。例如，假设有一个名为 computeSquare 的函数，该函数定义为：

```
function y = computeSquare(x)
y = x.^2;
end
```

创建句柄并调用该函数以计算 4 的平方。

```
f = @computeSquare;
a = 4;
b = f(a)
```

则输出：b=16。

如果函数不需要任何输入，使用句柄调用函数时使用空括号。例如：

```
h = @ones;
a = h()
```

如果不使用括号，赋值操作 a=h 会创建另一个函数句柄 a。

2.3 矩阵及其运算

矩阵是 MATLAB 最基本的数据结构，可以是一维的行向量、列向量，可以是二维矩阵，也可以是更高维数矩阵。本节介绍矩阵的定义及其相关运算。

2.3.1 矩阵的创建

最基本的矩阵创建方法是采用矩阵构造符“[ ]”将矩阵中的元素括起来，每列元素用逗号或空格分隔，每行元素用分号分隔，空矩阵不含任何数据。例如，在命令窗口输入：

```
>> A = [1,2,3;4,5,6]
```

回车后输出：

```
A =
     1     2     3
     4     5     6
```

即创建了一个 2×3 的矩阵 A。

```
>> B = [1 2 3 4 5 6]
```

回车后输出：

```
B =
    1    2    3    4    5    6
```

即创建了一个 1×6 行向量 B。

```
>> C = [1;2;3]
```

回车后输出：

```
C =
      1
      2
      3
```

即创建了一个 3×1 的列向量 C。

MATLAB 提供了一些函数用于创建特殊的矩阵，常用的列举如下。

(1) zeros 函数：创建零矩阵。

① zeros(N)：创建一个 N×N 的零矩阵。

② zeros(M,N,P,…)或者 zeros([M N P …])：创建一个 M×N×P×…的高维零矩阵，M、N、P…为非负整数，若为负数，按 0 处理。

③ zeros(SIZE(A))：创建和 A 同等大小的零矩阵。

④ zeros(…,CLASSNAME)：创建 CLASSNAME 指定类型的零矩阵。

⑤ zeros(…,'like',Y)：创建类似于数值变量 Y 的零矩阵。

(2) eye 函数：创建单位阵，调用格式和 zeros 雷同。

(3) ones 函数：创建取值全 1 的矩阵，调用格式和 zeros 雷同。

(4) rand 函数：创建均匀分布的伪随机数矩阵，取值在(0,1)之间，调用格式和 zeros 雷同。

(5) randi 函数：创建均匀分布的伪随机整数矩阵。

① R=randi(IMAX,N)：创建一个 N×N 的取值在 1:IMAX 之间的整数矩阵。

② R=randi([IMIN,IMAX],N)：创建一个 N×N 的取值在 IMIN:IMAX 之间的整数矩阵。

③ R=randi(IMAX,M,N,P,…)、R=randi(IMAX,[M,N,P,…])、R=randi(IMAX,SIZE(A))、R=randi(…,CLASSNAME)、R=randi(…,'like',Y)同 zeros 雷同。

(6) randn 函数：创建正态分布的伪随机数矩阵，调用格式和 zeros 雷同。

(7) randperm 函数：创建随机排列的向量。

① P=randperm(N)：创建一个取值在 1:N 之间随机排列的行向量。

② P=randperm(N,K)：创建一个包含在 1:N 之间、随机选择的 K 个唯一整数的行向量。

(8) Magic 函数：创建一个魔方矩阵(又称幻方，有相同的行列数，每个元素不能相同，但每行每列、对角线上的和都相等)。

(9) diag 函数：创建对角矩阵或获取矩阵的对角元素。

① diag(V)：将向量 V 的元素放置在主对角线上，返回对角矩阵。

② diag(V,K)：将向量 V 的元素放置在第 K 条对角线上。K=0 表示主对角线，K>0 位于主对角线上方，K<0 位于主对角线下方。

③ diag(X)：返回矩阵 X 的主对角线元素的列向量。

④ diag(X,K)：返回矩阵 X 的第 K 条对角线上元素的列向量。

【例 2-16】 创建零矩阵、单位矩阵、全 1 矩阵、魔方矩阵、0～1 的随机矩阵。

程序如下：

```
clc,clear,close all;
A = zeros(3)
B = eye(3)
C = ones(2,3)
D = rand(3)
E = magic(3)
```

运行程序，在命令窗口输出：

```
A =
     0     0     0
     0     0     0
     0     0     0
B =
     1     0     0
     0     1     0
     0     0     1
C =
     1     1     1
     1     1     1
D =
    0.9649    0.9572    0.1419
    0.1576    0.4854    0.4218
    0.9706    0.8003    0.9157
E =
     8     1     6
     3     5     7
     4     9     2
```

2.3.2 常规运算

矩阵采用矩阵坐标系表示，矩阵元素用在矩阵坐标系中的位置表示。例如，假设矩阵 A 为 5×5 的矩阵，$A(j,i)$表示矩阵中第 j 行第 i 列的元素值，坐标系如图 1-15 所示。矩阵之间可以进行运算，包括算术运算、关系运算、逻辑运算等。

1. 算术运算

矩阵之间可以进行加、减、乘、除、求幂等算术运算。乘除和求幂运算分为两种：一种是矩阵运算，需要满足矩阵运算规则；另一种是矩阵对应元素之间的运算。常用的算术运算符如表 2-5 所示。

表 2-5 算术运算符

符号	含义	对应函数	符号	含义	对应函数
+	加法	plus	\	矩阵左除	mldivide
−	减法	minus	.\	按元素左除	ldivide
*	矩阵乘法	mtimes	^	矩阵幂	mpower
.*	元素相乘	times	.^	按元素求幂	power
/	矩阵右除	mrdivide	.'	转置	transpose
./	按元素右除	rdivide	'	复共轭转置	ctranspose

【例 2-17】 定义矩阵，实现矩阵的算术运算。

程序如下：

```
clc,clear,close all;
A=[1 2 3;4 5 6;1 1 1]          %定义 3×3 矩阵 A
B=[1 1 2;3 1 2;1 1 1]          %定义 3×3 矩阵 B
C=A+B                          %矩阵加法，要求矩阵尺寸相等
D=A-B                          %矩阵减法，要求矩阵尺寸相等
E=A*B                          %矩阵乘法，要求行列数满足矩阵相乘要求
F=A/B                          %矩阵右除法，相当于 A 乘以 B 的逆阵
G=A.*B                         %矩阵 A 和 B 对应元素值相乘
H=A./B                         %矩阵 A 和 B 对应元素值相除
I=A^2                          %矩阵 A×A
J=A.^2                         %矩阵 A 的各个元素值求平方
K=A'                           %矩阵 A 的转置
```

运行程序，在命令窗口输出：

```
A =
     1     2     3
     4     5     6
     1     1     1
B =
     1     1     2
     3     1     2
     1     1     1
C =
     2     3     5
     7     6     8
```

```
     2     2     2
D =
     0     1     1
     1     4     4
     0     0     0
E =
    10     6     9
    25    15    24
     5     3     5
F =
    1.5000   -0.5000    1.0000
    1.5000   -0.5000    4.0000
         0         0    1.0000
G =
     1     2     6
    12     5    12
     1     1     1
H =
    1.0000    2.0000    1.5000
    1.3333    5.0000    3.0000
    1.0000    1.0000    1.0000
I =
    12    15    18
    30    39    48
     6     8    10
J =
     1     4     9
    16    25    36
     1     1     1
K =
     1     4     1
     2     5     1
     3     6     1
```

2. 关系运算

关系运算指采用“小于”“大于”“不等于”等关系运算符对操作数进行定量比较。常见的关系运算符如表2-6所示。如果比较两个大小相同的矩阵,则返回和比较矩阵大小相同的逻辑矩阵,矩阵取值为1或0,表示是否满足比较关系。矩阵与标量进行比较时,将矩阵的每一个元素值和标量进行关系运算。一个1×N行向量与一个M×1列向量进行比较,则在执行比较之前将每个向量都扩展为一个M×N矩阵。生成的矩阵包含这些向量中元素的每个组合的比较结果。

若进行复数比较,使用运算符“>、<、>=、<=”在执行比较时仅使用操作数的实部;使用运算符“==、~=”会同时检验操作数的实部和虚部。

表 2-6　关系运算符

符　号	等效函数	说　明
<	lt	小于
<=	le	小于或等于
>	gt	大于
>=	ge	大于或等于
==	eq	等于
~=	ne	不等于

【例 2-18】 定义矩阵,实现关系运算。

程序如下:

```
clc,clear,close all;
A = [1 2 3;4 5 6;1 1 1];
B = [1 1 2;3 1 2;1 1 1];
C = A > B
D = A < = B
E = A~ = B
```

运行程序,在命令窗口输出:

```
C =
  3 × 3 logical array
   0   1   1
   1   1   1
   0   0   0
D =
  3 × 3 logical array
   1   0   0
   0   0   0
   1   1   1
E =
  3 × 3 logical array
   0   1   1
   1   1   1
   0   0   0
```

3. 逻辑运算

逻辑运算是指在两组数据之间进行与、或、非等运算。常用的逻辑运算符如表 2-7 所示。使 any 或 all 函数将整个数组缩减为单个逻辑值;使用逻辑运算符可以连接多个条件。

表 2-7　逻辑运算符

符　号	等效函数	说　明
&	and	计算逻辑与
～	not	计算逻辑非
|	or	计算逻辑或
	xor	计算逻辑异或
	all	确定是否所有的数组元素为非 0,是则返回 1,否则返回 0
	any	确定是否有数组元素为非 0,有则返回 1,否则返回 0
	islogical	确定输入是否为逻辑数组

【例 2-19】 定义矩阵,实现逻辑运算。

程序如下:

```
clc,clear,close all;
A = randi(16,4)            % 创建一个包含介于 1 和 16 之间的随机整数的 4×4 的矩阵 A
B = any(A(:))              % 确定 A 中是否有数组元素为非零
C = all(～A(:))            % 确定非 A 中是否所有的数组元素为非零
D = ～mod(A,2)             % A 除以 2 求余,再求非,若 A 元素值为 2 的倍数,则返回 1
E = ～mod(A,3)             % A 除以 3 求余,再求非,若 A 元素值为 3 的倍数,则返回 1
F = D & E                  % D 和 E 相与,A 元素值为 2 和 3 的公倍数处为 1
G = D | E                  % D 和 E 相或,A 元素值为 2 或 3 的倍数处为 1
H = xor(D,E)               % D 和 E 相异或
```

运行程序,在命令窗口输出:

```
A =
     6     8     9    13
     4     6    15     7
     5    14     5    10
    10    10    13     2
B =
  logical
   1
C =
  logical
   0
D =
  4×4 logical array
   1   1   0   0
   1   1   0   0
   0   1   0   1
   1   1   0   1
E =
  4×4 logical array
   1   0   1   0
```

```
    0   1   1   0
    0   0   0   0
    0   0   0   0
F =
  4×4 logical array
    1   0   0   0
    0   1   0   0
    0   0   0   0
    0   0   0   0
G =
  4×4 logical array
    1   1   1   0
    1   1   1   0
    0   1   0   1
    1   1   0   1
H =
  4×4 logical array
    0   1   1   0
    1   0   1   0
    0   1   0   1
    1   1   0   1
```

4. 运算符优先级

可以构建使用算术运算符、关系运算符和逻辑运算符的任意组合的表达式。优先级别用来确定计算表达式时的运算顺序,处于同一优先级别的运算符具有相同的运算优先级,将从左至右依次进行计算。运算符按从最高到最低优先级别排序如下。

(1) 括号;

(2) 转置、幂、复共轭转置、矩阵幂;

(3) 带一元减法、一元加法或逻辑求反的幂,以及带一元减法、一元加法或逻辑求反的矩阵幂;

(4) 一元加法、一元减法、逻辑求反;

(5) 乘法、点除、矩阵乘法、矩阵右除、矩阵左除;

(6) 加法、减法;

(7) 冒号运算符;

(8) 关系运算符;

(9) 逻辑与;

(10) 逻辑或;

(11) 短路逻辑与;

(12) 短路逻辑或。

2.3.3 矩阵运算相关函数

对矩阵进行统计、求逆矩阵、行列式、特征值等运算时，在MATLAB中有如下对应的实现方法。

1. 统计运算

对矩阵进行统计运算时，获取最大值、最小值、平均值、和、积、差分等的函数如下。

(1) max函数：对于向量，max(X)是X中的最大元素；对于二维矩阵，max(X)是一个行向量，包含来自每一列的最大元素；对于N维矩阵，max(X)沿着矩阵的第一个尺寸不为1的维求最大元素。部分调用格式如下。

① [Y,I]=max(X)：Y为X每列的最大值，I为最大值对应下标。

② max(X,Y)：返回X和Y中较大的值，X和Y尺寸相等或者其中一个是常数。

③ max(X,[],'all')：返回X中所有值的最大值。

④ [Y,I]=max(X,[],DIM)：对X中的第DIM维求最大值。

⑤ max(X,[],VECDIM)：VECDIM为向量，指定X的若干维，在这些维中求最大值。

⑥ max(…,NANFLAG)：NANFLAG指定出现NaN情形时如何处理。NANFLAG可以取'omitnan'，默认值，忽略所有的NaN数据，对非NaN数据求最大值，如果全部为NaN数据，则返回NaN；可以取'includenan'，返回NaN作为最大值，返回第一个NaN元素的下标。

(2) min函数：求最小值，格式和参数同max函数一样。

(3) mean函数：求平均值，格式和参数同max函数一样，NANFLAG默认值为'includenan'。mean函数可以指定返回值数据类型。

S=mean(…,TYPE)：TYPE参数指定均值类型，可以是'double'、'native'(S和X的类型相同)、'default'(X为double或single型，S类型和X相同；X为非浮点型，S为double型)。

(4) sum函数：元素求和。格式、参数及含义同mean函数一致。

(5) prod函数：元素求积。格式、参数及含义同mean函数一致。

(6) cumsum函数：求元素累积和向量。

① Y=cumsum(X)：沿矩阵X的第一个尺寸不为1的维计算，Y和X尺寸相等。

② Y=cumsum(X,DIM)：沿DIM指定的维计算。

③ Y=cumsum(…,DIRECTION)：沿指定的方向计算，DIRECTION可以取'forward'，默认值，前向方向，从开始到结尾；可以取'reverse'，反向方向，从结尾到开始。

④ Y=cumsum(…,NANFLAG)：NANFLAG默认为'includenan'，出现NaN时，累加值为NaN；取'omitnan'时，忽略NaN计算，全部为NaN时，结果为0。

(7) cumprod函数：求元素累积向量。格式及参数同cumsum函数，NANFLAG默认为'includenan'，出现NaN时，累积值为NaN；取'omitnan'时，忽略NaN计算，全部为NaN

时,结果为1。

(8) diff 函数:求差分。

① diff(X):对于向量X,计算[X(2)−X(1) X(3)−X(2) … X(n)−X(n−1)];对于二维矩阵X,计算[X(2:n,:)− X(1:n−1,:)];对于N维矩阵X,沿矩阵的第一个尺寸不为1的维计算。

② diff(X,N):沿着第一个尺寸不为1的维的N阶差向量。

③ diff(X,N,DIM):DIM维N阶差向量,如果N>=size(X,DIM),则返回空矩阵。

【例2-20】 定义矩阵,获取最大值、最小值、平均值、和、积、差分等值。

程序如下:

```
clc,clear,close all;
X = [1 -2 4; -5 2 0; 1 0 3]
max1 = max(X(:))                    %将X转变为向量求最大值
max2 = max(X)                       %求X每一列的最大值
min1 = min(X,[],'all')
min2 = min(X)
meanX = mean(X)
sumX = sum(X)
prodX = prod(X)
diffX = diff(X)
```

运行程序,在命令窗口输出:

```
X =
      1    -2     4
     -5     2     0
      1     0     3
max1 =
    4
max2 =
      1     2     4
min1 =
     -5
min2 =
     -5    -2     0
meanX =
     -1.0000   0    2.3333
sumX =
     -3     0     7
prodX =
     -5     0     0
diffX =
     -6     4    -4
      6    -2     3
```

对矩阵进行排序，求标准差、方差、协方差操作的函数如下。

(1) sort 函数：排序。

① B=sort(A)：按升序排序。对于向量 A,A 的元素按升序排列；对于二维矩阵 A,矩阵的每一列元素按升序排序；对于 N 维矩阵 A,沿矩阵的第一个尺寸不为 1 的维排序。

② B=sort(A,DIM)：沿 DIM 指定的维排序。

③ B=sort(A,DIRECTION)和 B=sort(A,DIM,DIRECTION)：DIRECTION 取'ascend',默认值,则升序排列；取'descend',则降序排列。

(2) std 函数：求标准差。参数'all'、DIM、VECDIM、NANFLAG 的含义同 mean 函数一致。std 函数增加了一个权重 W 参数。

Y=std(X,W)：计算标准差,当 W=0 时,使用 N−1 归一化；当 W=1 时,使用 N 归一化；W 是包含非负元素的权重向量时,长度必须等于 std 将作用于的维度的长度。

(3) var 函数：求方差。格式、参数及含义同 std 函数一致。

(4) cov 函数：求协方差。

① cov(X)：求向量 X 的方差或矩阵 X 的协方差矩阵。矩阵 X 每行是一个观察值,每列是一个变量；当 N>1 时,采用 N−1 归一化；当 N=1 时,采用 N 归一化。DIAG(cov(X))是每一列的方差向量；SQRT(DIAG(cov(X)))则是标准差向量。

② cov(X,Y)：求矩阵 X 和 Y 的协方差矩阵,X 和 Y 维数相等。

③ C=cov(…,NANFLAG)：NANFLAG 指定出现 NaN 时的处理方式,取'includenan',默认值,若出现 NaN,则输出包含 NaN；取'omitrows'时,忽略具有一个或多个 NaN 的所有行；取'partialrows'时,基于 X 的第 I 和 J 列计算每个元素 C(I,J),只有在 I 或 J 列中包含 NaN 值的情况下才省略行。

【例 2-21】 定义矩阵,统计标准差、方差、协方差。

程序如下：

```
clc,clear,close all;
X = [1 -2 4; -5 2 0; 1 0 3];
stdX = std(X)
varX = var(X,0,1)
covX = cov(X)
Y = sort(X)
```

运行程序,在命令窗口输出：

```
stdX =
    3.4641    2.0000    2.0817
varX =
   12.0000    4.0000    4.3333
covX =
   12.0000   -6.0000    7.0000
   -6.0000    4.0000   -4.0000
    7.0000   -4.0000    4.3333
```

```
Y =
   -5    -2     0
    1     0     3
    1     2     4
```

2. 矩阵相关运算

矩阵相关运算函数如下。

(1) Y=inv(X):计算方阵X的逆矩阵。X^(-1)等效于inv(X)。

(2) D=det(X):返回方阵X的行列式。

(3) eig和eigs函数:计算矩阵的特征值和特征向量。

① E=eig(X):计算方阵X的特征值,生成特征值列向量E。

② [V,D]=eig(X):计算矩阵X的特征值和特征向量。D为特征值对角矩阵;V的列向量为特征向量,满足X*V=V*D。

③ [V,D,W]=eig(X):W的列为左特征向量,即满足W'*X=D*W'。

④ D=eigs(X):返回方阵X的6个最大特征值向量。

⑤ [V,D]=eigs(X):D为6个最大特征值对角阵,V的列向量为对应特征向量。

【例2-22】 定义矩阵,实现相关矩阵运算。

程序如下:

```
clc,clear,close all;
X=[1 -2 4; -5 2 0; 1 0 3];
D=det(X)
Y=inv(X)
E=eig(X)
```

运行程序,在命令窗口输出:

```
D =
   -32
Y =
   -0.1875   -0.1875    0.2500
   -0.4688    0.0313    0.6250
    0.0625    0.0625    0.2500
E =
   -2.1710
    5.4826
    2.6884
```

2.4 MATLAB控制语句

MATLAB控制语句包括条件语句、循环语句和流程控制语句。

2.4.1 条件语句

条件语句用于在运行时选择要执行的代码块，有 if 语句和 switch 语句。

1. if 语句

if 语句的一般表达式为：

```
if 表达式 1
    语句 1
elseif 表达式 2
    语句 2
else
    语句 3
end
```

一般表达式中，elseif 可以有多个，或者没有。当条件为真时执行语句。

【例 2-23】 基于 if 语句实现条件选择。

程序如下：

```
clc,clear,close all;
pixel = 100;
minVal = 60;
maxVal = 180;
if(pixel >= minVal) && (pixel <= maxVal)
    disp('像素值在指定范围内')
elseif (pixel > maxVal)
    disp('像素值超出最大值')
else
    disp('像素值低于最小值')
end
```

运行程序，在命令窗口输出：

```
像素值在指定范围内
```

2. switch 语句

switch 语句计算表达式并选择执行多组语句中的一组，每个选项为一个 case，一般表达式为：

```
switch 表达式
   case 表达式 1
      语句 1
   case 表达式 2
```

```
        语句 2
        …
case 表达式 n
        语句 n
otherwise
        语句 n+1
end
```

当 case 表达式为 true 时，执行对应的语句，然后退出 switch 块。otherwise 项可以没有。

【例 2-24】 基于 switch 语句实现的条件选择。

程序如下：

```
clc,clear,close all;
type = 'color image';
switch type
    case 'binary image'
        bitcount = 1
    case 'gray image'
        bitcount = 8
    case 'color image'
        bitcount = 24
end
```

运行程序，在命令窗口输出：

```
bitcount =
    24
```

2.4.2 循环语句

通过循环语句，可以重复执行代码块。循环语句包括 for 语句和 while 语句。

1. for 语句

for 语句在循环中将一组语句执行特定次数，一般表达式为：

```
for index = values
    语句
end
```

values 为 initVal:step:endVal 形式，从 initVal 开始，每次迭代时按步长 step 对 index 进行递增（当 step 是负数时递减），直到 endVal。

可以根据需要进行嵌套循环，即每次循环执行语句中包含另一个循环体。

【例 2-25】 采用 for 循环将矩阵中的值向右移动一位，最左边列置 0。

程序如下：

```
clc,clear,close all;
A = magic(5);                      % 创建 5×5 魔方矩阵
B = zeros(5);                      % 创建 5×5 零矩阵,用于初始化
for j = 1:5
    for i = 2:5                    % 从第 2 列开始
        B(j,i) = A(j,i-1);         % 将矩阵 A 中的数据右移
    end
end
```

运行程序,在命令窗口分别输出 A 和 B:

```
A =
    17    24     1     8    15
    23     5     7    14    16
     4     6    13    20    22
    10    12    19    21     3
    11    18    25     2     9
B =
     0    17    24     1     8
     0    23     5     7    14
     0     4     6    13    20
     0    10    12    19    21
     0    11    18    25     2
```

2. while 语句

while 语句在表达式指定的条件为真时执行语句,一般表达式为:

```
while 表达式
    语句
end
```

【例 2-26】 采用 while 循环求 n!。

程序如下:

```
clc,clear,close all;
n = 10;
sum = 1;
while n~ = 0
    sum = sum * n;
    n = n - 1;
end
```

运行程序,从工作区窗口可以看出 sum=3628800。

2.4.3 流程控制语句

流程控制语句主要包括 break、congtinue、return、pause 和 end 语句。

break 语句用于终止执行循环，即不执行循环中在 break 语句之后显示的语句；在嵌套循环中，break 仅从它所发生的循环中退出，控制传递给该循环的 end 之后的语句。

continue 语句用于跳过当前迭代的循环体中剩余的任何语句，程序继续从下一迭代执行，仅在调用它的循环的主体中起作用。

return 语句用于在到达调用函数的末尾前将控制权返回给该函数。

pause 语句用于暂时停止执行并等待用户按下任意键。

end 语句用来终止代码块或指示最大数组索引。例如，for、while、switch、try、if 和 parfor 语句都采用 end 语句终止。每个 end 与前面最近的未配对 for、while、switch、try、if 和 parfor 进行配对，用于界定其范围。end 也可以标记函数的终止，有时是可选的。如果函数包含一个或多个嵌套函数，则必须在文件中用 end 终止每个函数。end 函数也用作索引表达式中的最后一个索引。

【例 2-27】 计算 50 到 1 的偶数之积，若积大于 10000 则不再计算。

程序如下：

```
clc,clear,close all;
n = 51;
sum = 1;
while n >= 1
    n = n - 1;
    if mod(n,2)
        continue;                          % 非偶数，跳出本次循环，不累加
    end
    if sum < 10000
        sum = sum * n;
    else
        break;                             % 积小于 10000 则连乘，否则退出循环
    end
end
```

运行程序，从工作区窗口可以看出 n=44，sum=110400。

2.5 MATLAB 图形可视化

图形可视化指的是将计算结果用图形的形式直观表现出来，便于用户分析结果。MATLAB 提供了一系列函数实现可视化功能。

2.5.1 二维图形绘制

二维图形绘制包括线图、饼图、直方图等多种形式。本节主要介绍在图像处理中应用较多的部分函数。

1. plot 函数

plot 函数用来绘制二维曲线，可以设置线的颜色、线型、线宽等，其调用格式如下。

(1) plot(X,Y)：绘制 Y 中数据对 X 中对应值的二维曲线图。若 X 和 Y 都是向量，则长度必须相同；若 X 和 Y 均为矩阵，则大小必须相同，绘制 Y 的列对 X 的列的图；若 X 或 Y 中的一个是向量而另一个是矩阵，则矩阵的各维中必须有一维与向量的长度相等，如果矩阵的行数等于向量长度，则 plot 函数绘制矩阵中的每一列对向量的图；如果矩阵的列数等于向量长度，则绘制矩阵中的每一行对向量的图；若矩阵为方阵，则该函数绘制每一列对向量的图。若 X 为标量，Y 为向量，则绘制离散点。

(2) plot(Y)：绘制 Y 中数据对索引的二维线图。若 Y 为复数，相当于 plot(real(Y), imag(Y))。在其他调用中，虚部被忽略。

(3) plot(X,Y,S)：字符串 S 指定颜色、标记、线型等，如表 2-8 所示。

表 2-8 plot 函数参数

颜色符号	含　义	标记符号	含　义	标记符号	含　义	线型符号	含　义
b	蓝色	.	标记.	<	标记<	—	实线
g	绿色	o	标记 o	>	标记>	:	点线
r	红色	x	标记 x	p	标记五角星形	-.	点画线
c	青色	+	标记+	h	标记六角星形	--	虚线
m	品红	*	标记 *	无	无标记	无	实线
y	黄色	s	标记正方形				
k	黑色	d	标记菱形				
w	白色	v	标记 v				
无	坐标系默认颜色	^	标记^				

(4) plot(X1,Y1,S1,X2,Y2,S2,X3,Y3,S3,…)：绘制多个 X、Y、S 组合的曲线。

(5) plot(AX,…)：在句柄 AX 指定的坐标系中绘图。

【例 2-28】 采用 plot 函数绘制正弦波和余弦波。

程序如下：

```
clc,clear,close all;
x = 0:pi/100:2 * pi;
y1 = sin(x);
y2 = cos(x);
plot(x,y1,'-- r',x,y2,':g');                    % 正弦波用红色虚线,余弦波用绿色点线
specialx = [0 pi/3 2 * pi/3 pi 4 * pi/3 5 * pi/3 2 * pi];
specialy1 = sin(specialx);
specialy2 = cos(specialx);
hold on
plot(specialx,specialy1,' * ',specialx,specialy2,'^');  % 特殊点加标记
hold off
```

程序运行结果如图 2-7 所示。

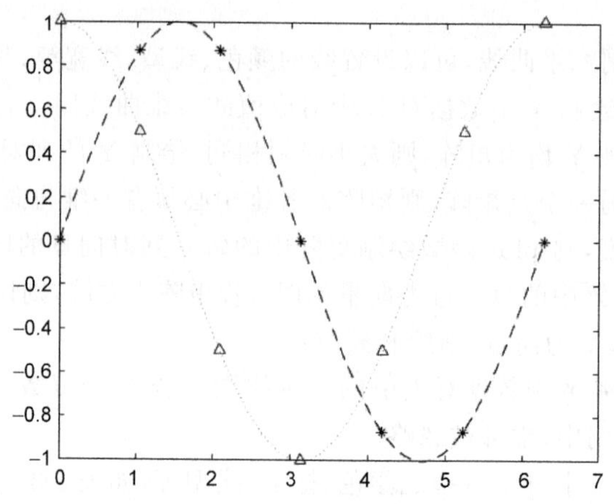

图 2-7　plot 函数绘制的一个周期内的正弦波和余弦波

2. 其他绘图函数

(1) stem 函数：绘制离散序列数据。

① stem(Y)：将数据序列 Y 绘制为从沿 x 轴的基线延伸的竖线图，各个数据值终止处有圆指示。如果 Y 是矩阵，则每一列被当作一个独立的序列绘制。

② stem(X,Y)：在 X 指定的位置处绘制数据序列 Y。

③ stem(…,'filled')：生成带填充标记的图形。

④ stem(…,'LINESPEC')：指定线型等参数绘图。

(2) bar 函数：绘制条形图。

① bar(X,Y)：将矩阵 Y 的每一列绘制成一个条形图，X 为向量，长度和 Y 的行数一致。

② bar(Y)：同上，绘制 length(Y)个条形。

③ bar(X,Y,WIDTH)或 bar(Y,WIDTH)：指定条形宽度绘图。WIDTH > 1 时，条形重叠，默认值为 0.8。

(3) histogram 函数：绘制直方图。

① histogram(X)：采用自动分段算法统计并绘制 X 的直方图，段宽一致且覆盖 X 元素的范围。

② histogram(X,M)：将 X 元素范围分为 M 段统计并绘制。

③ histogram(…,NAME,VALUE)：设置属性统计并绘制直方图。属性包括'BinWidth'、'BinLimits'、'Normalization'、'DisplayStyle'、'BinMethod'值。

【例 2-29】 采用不同函数绘图，查看绘图效果区别。

程序如下：

```
clc,clear,close all;
```

```
x = 0:pi/9:2 * pi;
y1 = sin(x);
y2(:,1) = sin(x);                    % 矩阵 y2 的第 1 列为正弦波数据
y2(:,2) = cos(x);                    % 矩阵 y2 的第 2 列为余弦波数据
figure, stem(x, y1, 'filled');
figure, bar(x, y1);                  % 绘制向量条形图
figure, bar(x, y2);                  % 绘制矩阵条形图
figure, histogram(y1, 8);
```

程序运行结果如图 2-8 所示。

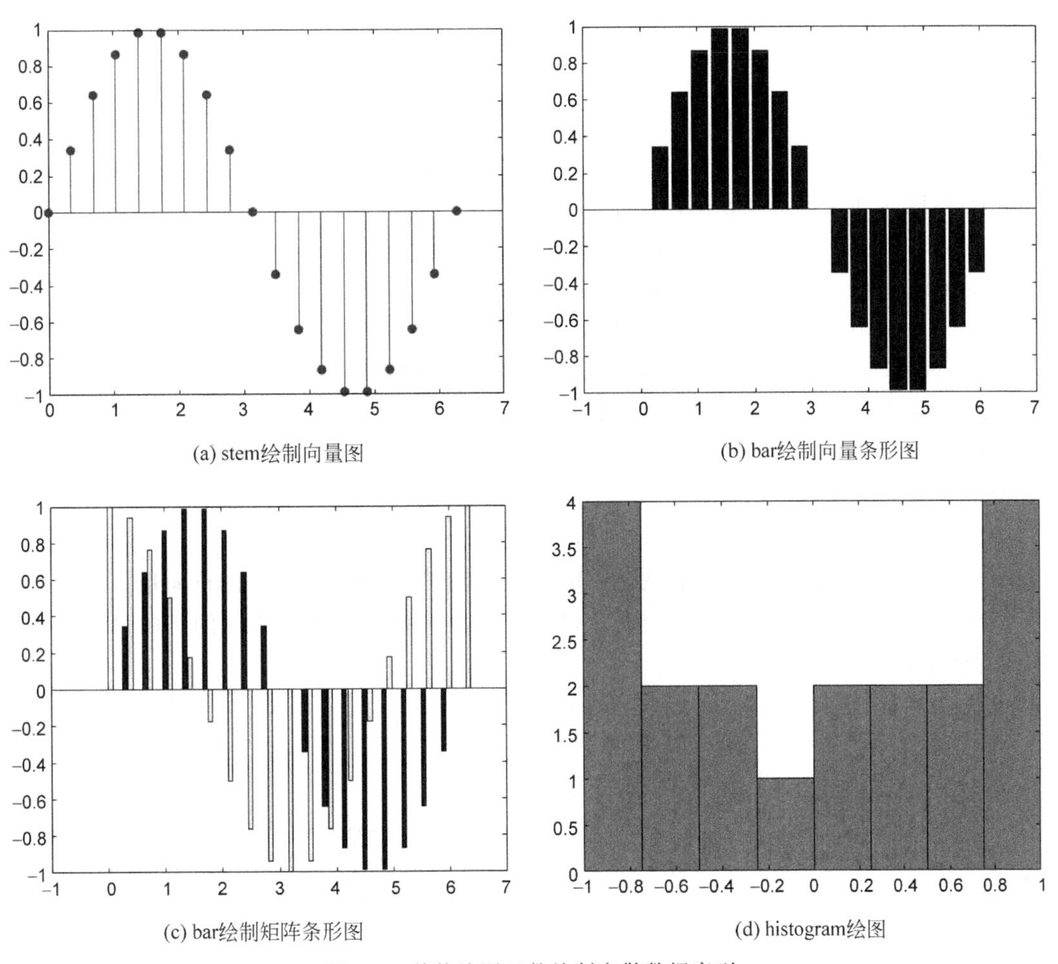

(a) stem绘制向量图
(b) bar绘制向量条形图
(c) bar绘制矩阵条形图
(d) histogram绘图

图 2-8 其他绘图函数绘制离散数据序列

3. 辅助函数

利用 plot 函数绘图时，为使输出图形更直观，常需要加注横、纵坐标标记等，相关函数如下。

(1) H＝subplot(m,n,p)或 subplot(mnp)：将图形窗口分为 m×n 个小坐标系，选择

第 p 个绘制当前图形，并返回该坐标系句柄。小坐标系的排列顺序从左到右、从上到下。

(2) xlabel('text','Property1',PropertyValue1,'Property2',PropertyValue2,…)：给 X 轴添加标签。

(3) ylabel('text','Property1',PropertyValue1,'Property2',PropertyValue2,…)：给 Y 轴添加标签。

(4) zlabel('txt','Property1',PropertyValue1,'Property2',PropertyValue2,…)：给 Z 轴添加标签。

(5) title('text','Property1',PropertyValue1,'Property2',PropertyValue2,…)：给图形添加标题。

(6) text 函数：给数据点添加文本说明。

① text(x,y,str)：使用 str 指定的文本，向当前坐标区中的一个或多个数据点添加文本说明。若要将文本添加到一个点，则 x 和 y 为以数据单位表示的标量；若要将文本添加到多个点，则 x 和 y 为长度相同的向量。

② text(x,y,z,str)：在三维坐标系中添加文本说明。

③ text(…,Name,Value)：指定文本属性添加说明。

(7) legend 函数：为每一目标图形创建图例。

① legend(label1,…,labelN)：设置标签，一般为字符向量，如 legend('Jan','Feb','Mar')。

② legend(subset,…)：对 subset 指定的目标图形添加图例，subset 为图形目标向量。

③ legend(…,Name,Value)：设置属性添加图例，包括 'Location'、'Orientation'、'FontSize'等。

(8) linspace 函数：生成线性间距向量。

① linspace(X1,X2)：生成包含 X1 和 X2 之间的 100 个等间距点的行向量。

② linspace(X1,X2,N)：生成包含 X1 和 X2 之间的 N 个等间距点的行向量。若 N=1，则返回 X2。

【例 2-30】 装载 MATLAB 自带信号并绘图。

程序如下：

```
clc,clear,close all;
load freqbrk;       sig1 = freqbrk;            % 装载组合正弦信号
load wstep;         sig2 = wstep;              % 装载阶梯信号
load wnoislop;      sig3 = wnoislop;           % 装载带白噪声的斜坡信号
x = linspace(0,300,1000);
subplot(131),plot(x,sig1),title('组合正弦信号'), …
            xlabel('x'),ylabel('f(x)');
subplot(132),plot(x,sig2),title('阶梯信号'), …
            xlabel('x'),ylabel('f(x)'),text(150,10,'跃变');
subplot(133),plot(x,sig3),title('白噪声斜坡信号'), …
            xlabel('x'),ylabel('f(x)');
figure,plot(x,sig1,x,sig3),title('信号对比'), …
            legend('sig1','sig3','Location','northwest');
```

程序运行结果如图 2-9 所示。

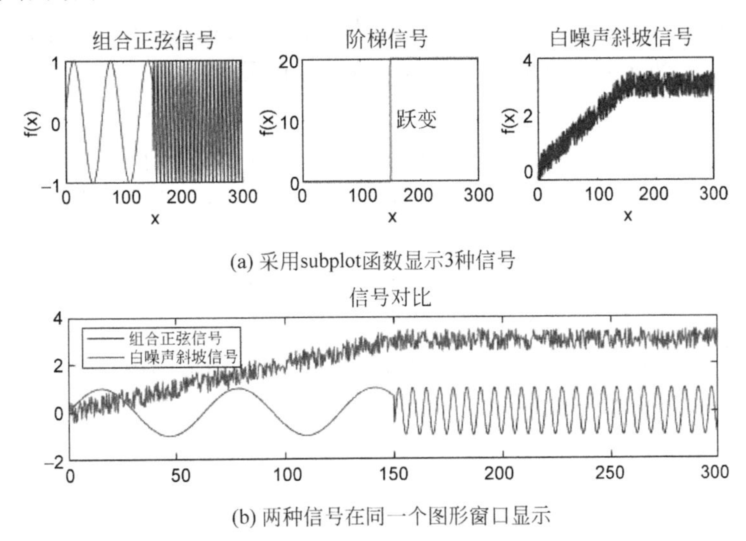

(a) 采用subplot函数显示3种信号

(b) 两种信号在同一个图形窗口显示

图 2-9 绘制 MATLAB 自带的信号

2.5.2 三维图形绘制

本节介绍常用的三维图形绘制函数：plot3、mesh、surf、meshgrid、shading，调用格式如下。

(1) plot3 函数：在三维空间绘制点和线。

① plot3(x,y,z)：根据相同长度的向量 x、y、z 的元素，在三维空间绘制线图。

② plot3(X,Y,Z)：根据同等大小的矩阵 X、Y、Z 的列绘制线图。

③ plot3(X,Y,Z,s)：根据 s 指定的线型、标记符号、颜色绘图。

④ plot3(x1,y1,z1,s1,x2,y2,z2,s2,x3,y3,z3,s3,…)：绘制多条线。

(2) mesh 函数：绘制三维网格图。

① mesh(X,Y,Z,C)：绘制由 4 个矩阵定义的彩色参数网格图。坐标轴标记由 X、Y、Z 的范围或当前坐标系的设置决定。色彩变化由 C 的范围或当前 CAXIS 的设置决定。

② mesh(X,Y,Z)：C=Z，色彩和网格图高度成比例。

③ mesh(x,y,Z)和 mesh(x,y,Z,C)：x、y 为向量，length(x)=n，length(y)=m，而 Z 的大小为[m,n]，网格线的顶点是三元组(x(j),y(i),Z(i,j))，即 x 对应 Z 的列，y 对应 Z 的行。

④ mesh(…,'PropertyName',PropertyValue,…)：设置属性绘图。

(3) surf 函数：绘制三维彩色曲面图，其调用同 mesh 函数雷同。

(4) meshgrid 函数：创建二维和三维空间的笛卡儿坐标。

① [X,Y]=meshgrid(xgv,ygv)：基于向量 xgv 和 ygv 生成二维网格坐标(X,Y)，矩阵

X 的每一列都是 xgv，共 numel(ygv)列；矩阵 Y 的每一行都是 ygv，共有 numel(xgv)行。

② [X,Y,Z]=meshgrid(xgv,ygv,zgv)：基于向量 xgv、ygv 和 zgv 生成三维网格坐标(X,Y,Z)，xgv、ygv 和 zgv 各自生成 X、Y、Z 的列、行和页。

③ [X,Y]=meshgrid(gv)：等同于[X,Y]=meshgrid(gv,gv)。

④ [X,Y,Z]=meshgrid(gv)：等同于[X,Y,Z]=meshgrid(gv,gv,gv)。

(5) shading 函数：设置 surf、mesh 等函数创建的 SURFACE 和 PATCH 对象的色彩阴影属性。

① shading flat：采用 flat 方式设置当前图形的阴影，即每个网格颜色一致。

② shading interp：采用插值方式设置当前图形阴影。

③ shading faceted：采用叠加的黑色网格线设置当前图形阴影，默认值。

【例 2-31】 绘制三维图形。

程序如下：

```
clc,clear,close all;
[X,Y] = meshgrid(1:0.5:10,1:20);                %生成二维网格坐标
Z = sin(X) + cos(Y);                            %计算 Z 值
subplot(131),plot3(X,Y,Z),xlabel('x'),ylabel('y'),zlabel('z'),title('线图');
subplot(132),surf(X,Y,Z),xlabel('x'),ylabel('y'),zlabel('z'),title('曲面图');
subplot(133),mesh(X,Y,Z),xlabel('x'),ylabel('y'),zlabel('z'),title('网格图');
```

程序运行结果如图 2-10 所示。

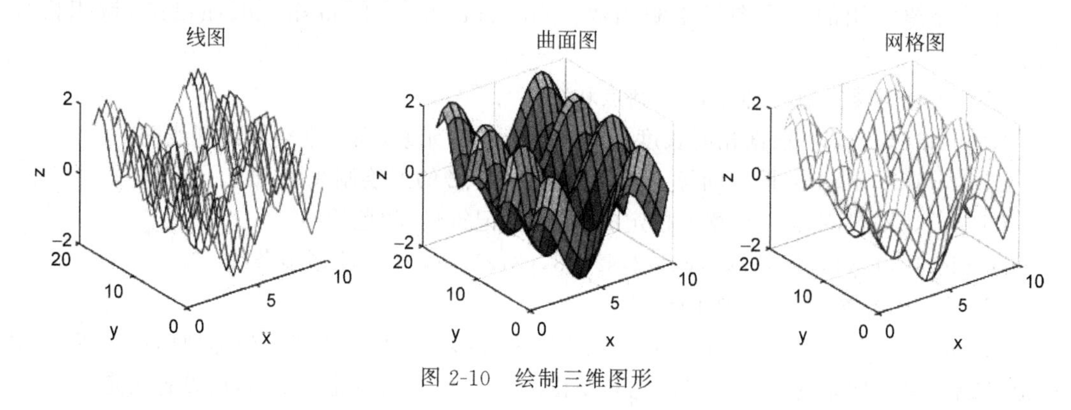

图 2-10　绘制三维图形

2.6　本章小结

本章主要介绍了 MATLAB 仿真软件的基础知识，包括工作环境、数据类型、矩阵及运算、控制语句及图形可视化。MATLAB 软件功能、函数很多，本章仅介绍了后续图像处理中用到的相关知识，有兴趣深入学习的读者可以查看其他资料或使用 MATLAB 的帮助文件。

第3章 MATLAB图像处理基础

本章主要介绍利用 MATLAB 实现数字图像处理的基本操作，为后续更好地学习并仿真各种图像处理算法奠定基础。本章主要包括以下内容：图像文件的读取与显示、图像类型转换、色彩空间转换、视频文件的读写等。

3.1 图像文件的读取与显示

图像文件的读取与显示是进行图像处理的第一步。本节介绍 MATLAB 提供的相应函数及其实现。

3.1.1 图像文件信息读取

MATLAB 提供了函数 imfinfo 和 imageinfo 来获取图像文件的信息。

1. 函数 imfinfo

函数 imfinfo 用于返回一个结构体数组，以存储图像文件的相关信息。其调用格式如下。

INFO＝imfinfo(FILENAME，FMT)：FILENAME 是当前路径下或指定了路径的图像文件的文件名；FMT 是文件的扩展名；INFO 是一个结构体，包含了文件中的图像信息，不同格式的文件最终得到的 INFO 所包含的字段不同，但其前 9 个字段一致，如表 3-1 所示。如果 FILENAME 是包含不止一幅图像的文件，如 TIFF、HDF、ICO、GIF 或 CUR 等，则 INFO 是一个结构体数组，数组中每一个元素是一个包含一幅图像信息的结构体，如 INFO(2)是文件中第 2 幅图像的信息。

表 3-1　imfinfo 函数返回的结构体数组基本内容

INFO 结构体字段名	含　义
Filename	文件名称，包含文件所在路径
FileModDate	文件最近修改或者下载的日期和时间(日-月-年 时：分：秒)
FileSize	文件大小，整数，单位：字节
Format	文件格式或扩展名，由 FMT 指定
FormatVersion	文件格式版本号
Width	图像的宽度，整数，单位：像素
Height	图像的高度，整数，单位：像素
BitDepth	图像文件中每一个像素存储所占位数，整数
ColorType	图像类型，包含但不限于：'truecolor'-RGB 图像、'grayscale'-灰度图像、'indexed'-索引图像

2. 函数 imageinfo

函数 imageinfo 用于创建一个图像信息工具，用于显示当前 figure(图形图像窗口)中图像的信息，包括宽、高、图像类型等。其调用格式如下。

(1) imageinfo(H)：基于 H 创建图像信息工具，H 为 figure、坐标系或图像对象的句柄。

(2) imageinfo(FILENAME)：根据文件名创建图像信息工具，图像不一定要在 figure 窗口显示。

(3) imageinfo(INFO)：使用 INFO 结构体创建图像信息工具。

(4) imageinfo(HIMAGE,FILENAME)：创建图像信息工具，显示被 HIMAGE 句柄指定的图像基本属性和 FILENAME 指定的图像文件的元数据。

(5) imageinfo(HIMAGE,INFO)：创建图像信息工具，显示被 HIMAGE 句柄指定的图像基本属性和结构体 INFO 指定的图像文件的元数据。

(6) HFIGURE＝imageinfo(…)：创建图像信息工具，并返回图像信息工具窗口句柄。

【例 3-1】 读取图像文件信息并显示查看。

程序如下：

```
clear,clc,close all;
imageinfo('flower.jpg');                    %创建图像信息工具,显示 flower.jpg 图像元数据
h = imshow('flower.jpg');                   %显示图像,并返回 figure 窗口句柄
info1 = imfinfo('cameraman.jpg');           %获取 cameraman.jpg 图像信息,返回结构体数据 info1
hfigure = imageinfo(h,info1);
                      %创建图像信息工具,显示 flower.jpg 的基本属性和 cameraman.jpg 的元数据
info1                                       %在命令窗口输出结构体 info1 的数据
info2 = imfinfo('water.gif');               %获取 water.gif 图像信息,返回结构体数据 info2
info2(2)                                    %在命令窗口输出 water.gif 文件中第 2 幅图像的信息
```

程序运行,创建的图像信息工具如图 3-1 所示。

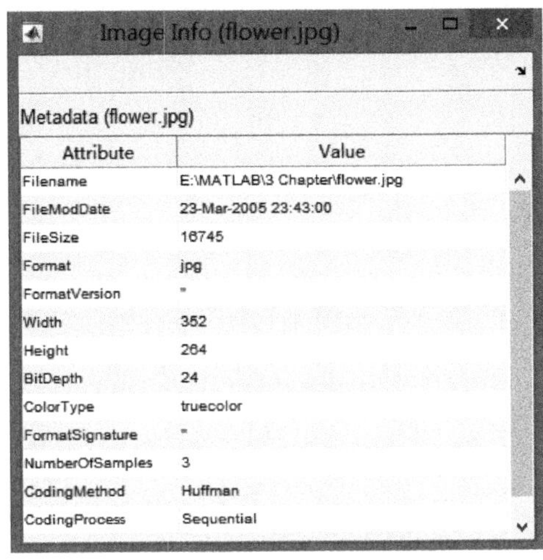

(a) flower.jpg图像元数据

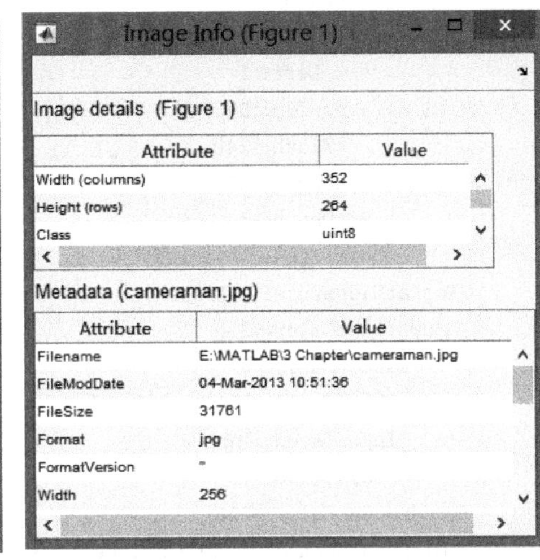

(b) flower.jpg的基本属性和cameraman.jpg的元数据

图 3-1 创建的图像信息工具

在命令窗口显示 INFO 结构体数据,ans 为 water. gif 文件中第 2 幅图像的信息。

```
Info =
    struct with fields:
              Filename: 'E:\MATLAB\3 Chapter\cameraman. jpg'
           FileModDate: '04 - Mar - 2013 10:51:36'
              FileSize: 31761
                Format: 'jpg'
         FormatVersion: ''
                 Width: 256
                Height: 256
              BitDepth: 24
             ColorType: 'truecolor'
       FormatSignature: ''
       NumberOfSamples: 3
          CodingMethod: 'Huffman'
         CodingProcess: 'Sequential'
               Comment: {}
           Orientation: 1
              Software: 'ACD Systems Digital Imaging'
              DateTime: '2013:03:04 10:51:32'
      YCbCrPositioning: 'Centered'
         DigitalCamera: [1 × 1 struct]
ans =
    struct with fields:
              Filename: 'E:\MATLAB\3 Chapter\water. gif'
           FileModDate: '05 - Nov - 2008 08:57:36'
```

```
             FileSize: 95308
               Format: 'GIF'
        FormatVersion: '89a'
                 Left: 1
                  Top: 57
                Width: 240
               Height: 264
             BitDepth: 8
            ColorType: 'indexed'
      FormatSignature: 'GIF89a'
      BackgroundColor: 215
          AspectRatio: 0
           ColorTable: [256 × 3 double]
           Interlaced: 'no'
            DelayTime: 13
     TransparentColor: 256
       DisposalMethod: 'LeaveInPlace'
```

3.1.2 图像文件数据读取

MATLAB 主要利用 imread 函数实现图像文件数据的读取，为适应不同的文件格式，有不同的调用格式。

(1) A＝imread(FILENAME,FMT)：从 FILENAME 指定的文件中读取图像数据。FILENAME 是当前路径下或指定了路径的图像文件的文件名；FMT 是文件的扩展名，可以使用 IMFORMATS 函数查看当前扩展名支持的格式；返回值 A 是包含图像数据的矩阵，对于灰度图像，A 为 M×N 的矩阵；对于真彩色图像，A 为 M×N×3 的矩阵；对于包含使用 CMYK 颜色模型图像的 TIFF 文件，A 为 M×N×4 的矩阵。

(2) [X,MAP]＝imread(FILENAME,FMT)：读取索引图像数据，图像数据存放于 X 中，颜色映射表数据自动归一化到[0,1]，存放于 MAP 中。

(3) [⋯]＝imread(FILENAME)：根据文件内容推断图像类型，并根据待读取图像数据的类型选择格式 1 或格式 2。

(4) [⋯]＝imread(URL,⋯)：读取来自网络的图像文件。

在 MATLAB 中，图像数据类型有 uint8、uint16、double、logical、single 等，在灰度级别的表示方面，uint8 型数据用 0～255 表示，uint16 型数据用 0～65535 表示，double 型数据用 0～1 表示，logical 型数据用 0、1 表示。

【例 3-2】 读取不同类型图像，并查看各返回值。

程序如下：

```
clear,clc,close all;
Image1 = imread('flower.bmp');
```

```
Image2 = imread('bird.bmp');
[Image3,MAP3] = imread('pig.bmp');
subplot(131),imshow(Image1),title('彩色图像');
subplot(132),imshow(Image2),title('二值图像');
subplot(133),imshow(Image3,MAP3),title('索引图像');
```

程序运行结果如图 3-2 所示。在 MATLAB 工作窗口工作区,查看各变量,取值情况如表 3-2 所示,可以看出彩色图像数据为 M×N×3 的 uint8 矩阵,二值图像数据为 M×N 的 logical 矩阵,索引图像的颜色映射表为取值为 0～1 的 P×3 矩阵,P 为颜色数目。

(a) 彩色图像

(b) 二值图像

(c) 索引图像

图 3-2　采用 imread 函数读取不同类型图像

表 3-2　例 3-2 各变量取值

名　　称	尺　　寸	数据类型	最　小　值	最　大　值
Image1	264×352×3	uint8	0	255
Image2	359×304	logical		
Image3	182×268	uint8	1	88
MAP3	256×3	double	0	1

(5) [⋯]=imread(⋯,IDX)：读取包含多幅图像的 ICO、CUR 文件中的某一幅,IDX 是整型数据,指定读取图像中的第几幅图像,默认情况下,读取文件中第 1 幅图像。

(6) [A,MAP,ALPHA]=imread(⋯)：返回图标文件的 AND 模板,用于处理透明像素信息。

(7) [⋯]=imread(⋯,IDX)：读取动图 GIF 文件中的一幅或多幅图像,IDX 取整数或整数向量,如 3 或者 1:5,分别指读取第 3 幅或前 5 幅图像；IDX 默认情况下,读取全部图像数据。

(8) [⋯]=imread(⋯,'Frames',IDX)：读取动图 GIF 文件中的一幅或多幅图像,IDX 可以取'all',则所有帧全部被读取,并且按照在文件中的顺序返回。由于 GIF 的文件结构,特定帧的读取也需要读取所有帧数据,因此,IDX 使用指定向量或'all'读取所有帧数据,比采用循环读取多帧运算速度快。

(9) [⋯]=imread(⋯,REF)：读取 HDF 文件中的一幅图像,REF 指定所读取图像的参考编号，但在 HDF 文件中，参考编号顺序和图像顺序未必一致，可以使用 imfinfo 函数获取某一幅图像的参考编号；REF 默认情况下读取第 1 幅图像。

(10) [⋯]=imread(⋯,'BackgroundColor',BG)：读取 PNG 图像文件，将透明像素与 BG 中的指定颜色合成。BG 取'none'，则不合成；如果输入的图像是索引图像，BG 取[1,P]范围的整数，其中 P 为颜色数目；如果输入的图像是灰度图像，BG 取[0,1]范围的值；如果输入图像是彩色图像，BG 是三维向量，其元素取值范围为[0,1]。

(11) [A,MAP,ALPHA]=imread(⋯)：假如存在透明信息，则返回 ALPHA 通道数据，否则 ALPHA 为[]。这种格式下，BG 默认值为'none'；如果 PNG 文件包含了背景色，则 BG 默认值为背景色；如果不使用 ALPHA 通道并且文件不包含背景色，对于索引图像，BG 默认值为 1；灰度图像，BG 默认值为 0；RGB 图像默认值为[0 0 0]。如果'BackgroundColor'被指定，则 ALPHA 数据为[]。灰度图像或真彩色图像 MAP 数据为[]。

【例 3-3】 采用 imread 函数的不同调用格式读取 ICO、GIF、PNG 图像，并查看各返回值。

程序如下：

```
clear,clc,close all;
Image1 = imread('weather.ico',8);                          % 读取 ICO 文件的第 8 幅图像
[Image2,MAP2] = imread('water.gif',2);                     % 读取 GIF 文件的第 2 幅图像
[Image3,MAP3] = imread('water.gif');                       % 读取 GIF 文件的全部帧
[Image4,MAP4] = imread('water.gif','frames','all');        % 读取 GIF 文件的全部帧
Image5 = imread('fish.png');                               % 读取 PNG 图像,透明像素与默认值合成
[A,MAP5,ALPHA] =  imread('fish.png','BackgroundColor',[0 1 0.3]);
                                                           % 读取 PNG 图像,透明像素与指定值合成
subplot(221),imshow(Image1),title('weather.ico 第 8 幅图像');
subplot(222),imshow(Image2,MAP2),title('water.gif 第 2 幅图像');
subplot(223),imshow(Image5),title('透明像素与默认的黑色合成');
subplot(224),imshow(A),title('透明像素与指定颜色合成');
```

程序运行结果如图 3-3 所示。

(a) ICO第8幅图像

(b) GIF第2幅图像

(c) PNG透明像素与黑色合成

(d) PNG透明像素与指定颜色合成

图 3-3 采用 imread 函数读取 ICO、GIF、PNG 图像

在 MATLAB 工作窗口工作区，查看各变量，取值情况如表 3-3 所示。

表 3-3 例 3-3 各变量取值

名　称	尺　寸	数据类型	最小值	最大值
Image1	48×48×3	uint8	0	233
Image2	320×240	uint8	0	254
Image3	4-D	uint8	0	254
Image4	4-D	uint8	0	254
Image5	128×128×3	uint8	0	255
A	128×128×3	uint8	0	255
ALPHA	[]	double		
MAP2	256×3	double	0	0.9843
MAP3	256×3	double	0	0.9843
MAP4	256×3	double	0	0.9843
MAP5	[]	double		

可以看出 Image3 和 Image4 都是读取了 GIF 图像的所有帧，即默认 IDX 和 IDX 设为'all'效果一样。由于 GIF 图像最多为 256 色，读取图像时，需要同时读取颜色映射表信息，全部帧共用同一颜色映射表，因此 MAP2、MAP3 和 MAP4 是一样的。

(12) [⋯]=imread(⋯,'Param1',value1,'Param2',value2,⋯)：设定参数读取图像，JPEG 2000 图像读取时参数如表 3-4 所示，TIFF 图像读取时参数如表 3-5 所示。

表 3-4 JPEG 2000 图像读取时参数表

参　数	取值及含义
ReductionLevel	一个非负整数，指定图像分辨率的降低。若为 L，则图像分辨率降低一个因子 2^L。默认值为 0，代表分辨率不减少。imfinfo 函数返回的结构体中，WaveletDecompositionLevels 字段指定分解级别，限制 ReductionLevel 的取值
PixelRegion	{ROWS,COLS}。imread 函数返回由 ROWS 和 COLS 中的值作为边界所指定的子图像。行列数都是二维向量，表示从 1 开始的索引[START STOP]。如果 ReductionLevel 大于 0，则 ROWS 和 COLS 是在尺寸减小的图像上的坐标
V79Compatible	逻辑值：为真，返回的图像转换为和 imread 早期版本一致的灰度或 RGB 图像，采用本参数转换 YCC 图像为 RGB 图像。默认值为假

表 3-5 TIFF 图像读取时参数表

参　数	取值及含义
Index	正整数，指定 TIFF 图像文件中哪一幅图像被读取
Info	函数 imfinfo 输出的结构体数组。当读取包含多幅图像的 TIFF 文件时，采用 Info 作为参数将提高 imread 函数在文件中定位要读取图像的速度
PixelRegion	{ROWS,COLS}。imread 函数返回由 ROWS 和 COLS 中的值作为边界所指定的子图像。行列数为二维或三维向量，二维向量表示从 1 开始的索引[START STOP]；三维向量表示从 1 开始的索引[START INCREMENT STOP]，允许图像下采样

各种不同格式的文件在用 imread 函数读取时，有像素位数、对应文件类型的细致区别，如有需要可以查阅 MATLAB 帮助文件。

【例 3-4】 采用 imread 函数读取 JPEG、TIFF 图像，并查看各返回值。

程序如下：

```
clear,clc,close all;
Image1 = imread('football.jpg');
Image2 = imread('autumn.tif');
Image3 = imread('autumn.tif','PixelRegion',{[100 200],[10 200]});
                                                    % 读取 TIFF 图像中的子图像
subplot(131),imshow(Image1),title('JPEG 图像');
subplot(132),imshow(Image2),title('TIFF 原图像');
subplot(133),imshow(Image3),title('TIFF 子图像');
```

程序运行结果如图 3-4 所示，Image3 仅为 Image2 中的一部分。在 MATLAB 工作窗口工作区，查看各变量，取值情况如表 3-6 所示。8 位的 JPEG 文件，无论采用有损还是无损压缩方式，读出来的数据类型都为 uint8 型数据，如 Image1。Image3 的宽高正如程序中设定的一样。

(a) JPEG图像

(b) TIFF原图像

(c) TIFF子图像

图 3-4 采用 imread 函数读取 JPEG、TIFF 图像

表 3-6 例 3-4 各变量取值

名　称	尺　寸	数据类型	最小值	最大值
Image1	256×320×3	uint8	6	255
Image2	206×345×3	uint8	1	248
Image3	101×191×3	uint8	16	176

3.1.3 图像的显示

MATLAB 主要利用 imshow 和 imtool 函数实现图像的显示，此外，也提供了适应一些特殊需求的显示函数，如 image、imagesc、montage 和 imshowpair。

1. 函数 imshow

函数 imshow 用于在通用的图形图像窗口显示图像，自动设置图像窗口、坐标轴和图像属性。根据图像源文件的不同，有如下多种调用格式。

(1) imshow(I)：显示灰度图像 I。

(2) imshow(I,[LOW HIGH])：指定灰度级范围[LOW HIGH]来显示灰度图像 I，低于等于 LOW 值的显示为黑，高于等于 HIGH 值的显示为白，默认按 256 个灰度级显示。若未指定 LOW 和 HIGH 值，则将图像中最低灰度显示为黑色，最高灰度显示为白色。

(3) imshow(RGB)：显示真彩色图像 RGB。

(4) imshow(BW)：显示二值图像 BW，像素值为 0 显示黑色，像素值为 1 显示白色。

(5) imshow(X,MAP)：显示索引图像，X 为索引图像的数据矩阵，MAP 为其颜色映射表。

(6) imshow(FILENAME)：显示 FILENAME 指定的图像。此格式下，imshow 通过调用 imread 或 dicomread 从文件 FILENAME 中读取图像数据。因此，要求图像能够被 imread 或 dicomread 读取。若文件包括多帧图像，则显示第一帧，且文件必须在当前目录或 MATLAB 路径下。

(7) HIMAGE=imshow(…)：返回创建的图像对象句柄。

(8) imshow(…,PARAM1,VAL1,PARAM2,VAL2,…)：显示图像时指定相关参数及其取值，参数如表 3-7 所示。

表 3-7 imshow 函数参数表

参数	取值及含义
Border	一个字串，指明图像在 figure 窗口显示时是否显示边界，可取'tight'和'loose'，默认情况下取'loose'
Colormap	M×3 实数矩阵，设置要显示图像的颜色映射表，也可用来将灰度图像进行伪彩色显示
DisplayRange	二维向量[LOW HIGH]，指定灰度范围显示灰度图像。在图像数据已经读取后显示，可以省略参数名，如 imshow(I,[LOW HIGH])；若 imshow 中采用 FILENAME 指定文件，则不能省略。根据图像 I 的值取整数或浮点数
InitialMagnification	数值，或字串'fit'，指定图像初始显示比例：如 100，则图像以 100%比例显示；若为'fit'，以适合窗口的比例显示整幅图像。若图像太大不能显示完全，将进行警告并以适合屏幕的最大比例显示图像。默认为 100。采用坐标定位显示时，将忽略指定的数值，取'fit'值；使用'Reduce'参数时，只能取'fit'值
Reduce	逻辑值，指明是否对文件 FILENAME 中的图像进行下采样。仅适用 TIFF 图像，用以显示大图像的概貌
Parent	指向图像对象的父对象的坐标系句柄
XData	二维向量，用以建立非默认的空间坐标系统
YData	二维向量，用以建立非默认的空间坐标系统

【例 3-5】 采用 imshow 函数的不同形式显示图像。

程序如下：

```
clear,clc,close all;
[Image1,MAP1] = imread('girl.bmp');
[Image2,MAP2] = imread('pig.bmp');
figure,imshow(Image2,MAP2,'InitialMagnification',40),title('显示比例为 40 % ');
figure,imshow(Image2,MAP2,'Border','tight'),title('figure 中不显示边界');
figure,
subplot(221),imshow(Image1),title('默认显示');
subplot(222),imshow(Image1,[50 100]),title('指定灰度范围显示');
subplot(223),imshow(Image1,'Colormap',MAP2),title('用颜色映射表 MAP2 显示');
subplot(224),imshow(Image2,'XData',[100 300],…
                          'YData',[200 280]),title('建立新坐标系统显示');
```

程序运行结果如图 3-5 所示。

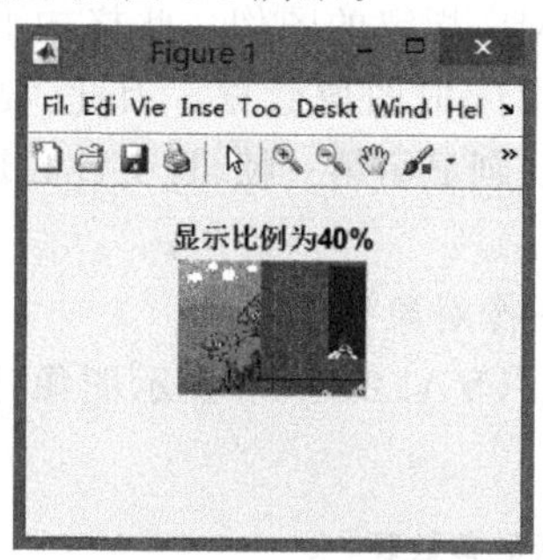

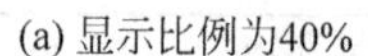
(a) 显示比例为40%

(b) figure中不显示边界

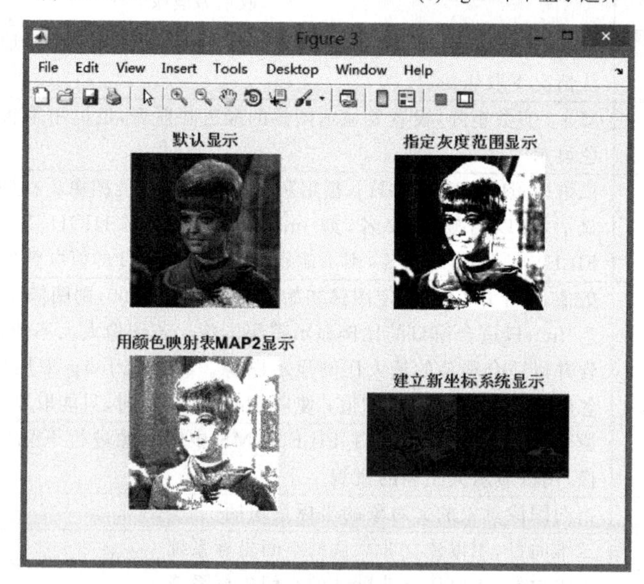

(c) 子图显示图像

图 3-5　imshow 函数显示图像

2. 函数 imtool

1) 图像工具窗口

在命令窗口输入指令:

```
>> imtool
```

打开一个空的图像工具窗口,可以通过选择菜单 File 下的 Open 或者 Import From Workspace 选项选择一幅图像显示,如图 3-6 所示。在窗口内,可以通过菜单 Tools 下的选项,实现对图像显示比例的放大、缩小,对图像进行剪切、对比度调整、选择颜色映射表等处理。图像工具窗口的部分功能如图 3-7 所示。

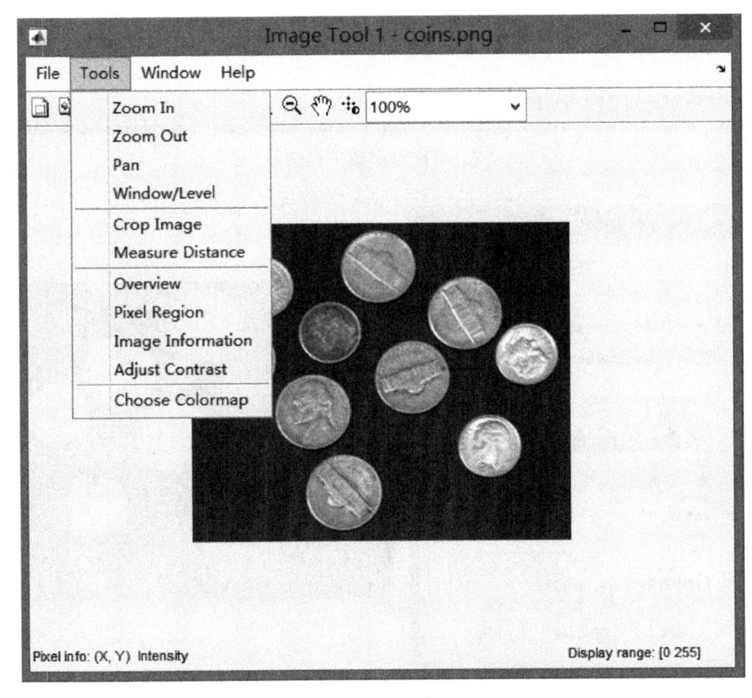

图 3-6 imtool 函数显示图像

2) 函数 imtool 的调用

函数 imtool 也可以如同 imshow 函数一样,直接调用来显示具体图像。

(1) imtool(I):显示灰度图像 I。

(2) imtool(I,[LOW HIGH]):指定灰度级范围显示灰度图像 I,低于等于 LOW 的灰度显示为黑色,高于等于 HIGH 的灰度显示为白色,中间的按灰度级别依次显示;不指定 LOW 和 HIGH,则将图中的最低灰度显示为黑色,最高灰度显示为白色。

(3) imtool(RGB):显示真彩色图像 RGB。

(4) imtool(BW):显示二值图像,像素值 0 显示为黑色,像素值 1 显示为白色。

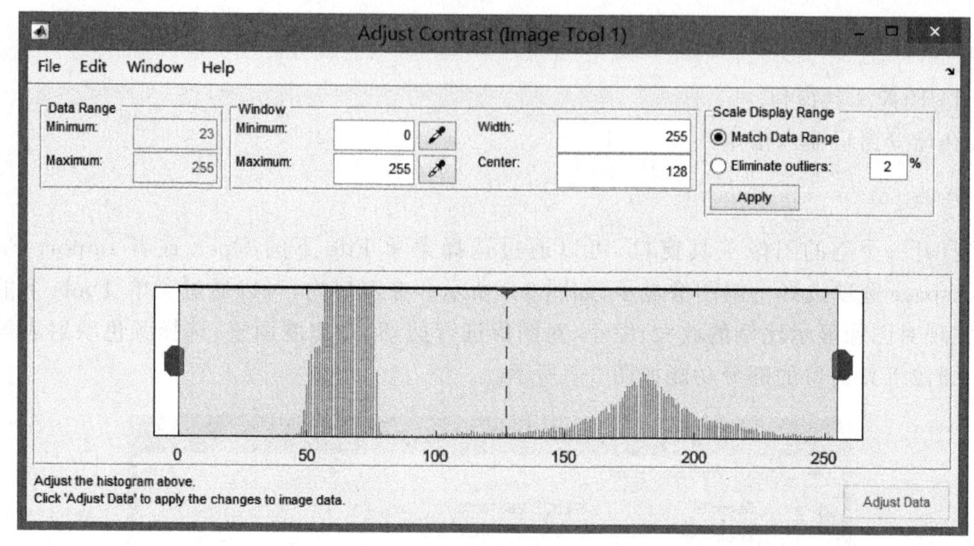

(a) 对比度调整工具窗口

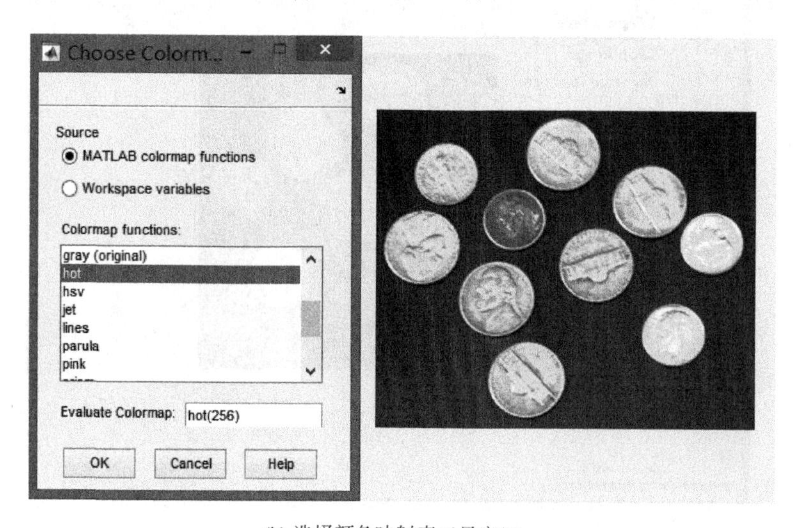

(b) 选择颜色映射表工具窗口

图 3-7　图像工具窗口部分功能示意图

(5) imtool(X,MAP)：显示索引图像，X 为索引图像的数据矩阵，MAP 为其颜色映射表。

(6) imtool(FILENAME)：显示 FILENAME 指定的图像。此格式下，要求图像能够被函数 imread 或 dicomread 读取，或者是由函数 rsetwrite 创建的数据集。若文件包括多帧图像，则显示第一帧，且文件必须在当前目录或 MATLAB 路径下。

(7) HFIGURE=imtool(…)：返回创建的图像对象句柄。

(8) CLOSE(HFIGURE)：关闭图像工具窗口。

(9) imtool CLOSE ALL：关闭所有的图像工具窗口。

(10) imtool(…,PARAM1,VAL1,PARAM2,VAL2,…)：显示图像时指定相关参数及其取值，参数有'Colormap'、'DisplayRange'、'InitialMagnification'等。

【例 3-6】 采用 imtool 函数的不同形式显示图像。

程序如下：

```
clear,clc,imtool close all;
Image1 = imread('girl.bmp');
imtool(Image1);                          % 直接显示图像
imtool(Image1,[50 100]);                 % 指定灰度级范围显示
imtool(Image1,'Colormap',jet);           % 指定颜色映射表显示
```

程序运行结果如图 3-8 所示。

(a) 直接显示

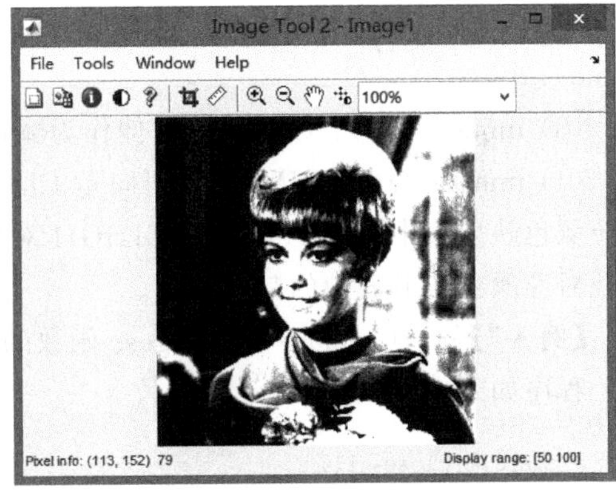

(b) 指定灰度级范围显示

(c) 指定颜色映射表显示

图 3-8 调用 imtool 函数显示图像

3. 函数 image 和 imagesc

函数 image 将矩阵中的数据显示为图像，函数 imagesc 采用拉伸过的色彩显示图像，有

多种调用格式。

(1) image(C)：将矩阵C中的数据显示为图像，C的每一个元素指定图像中一个像素的颜色。当C为二维的M×N矩阵时，每一个元素的值作为像素颜色值在当前颜色映射表中的索引值，由图像对象的CDataMapping属性决定：CDataMapping取'direct'(默认)，C中元素值直接作为颜色索引；取'scaled'，C中的元素值先进行拉伸再作为索引值。当C为三维的M×N×3矩阵时，C(:,:,1)、C(:,:,2)、C(:,:,3)依次作为颜色的R、G、B分量值。如果C中元素的数据类型为double，则颜色值变化范围为[0.0,1.0]；如果C中元素为uint8或uint16数据类型，则颜色值变化范围为[0,255]。

(2) image(x,y,C)：x、y用于指定显示图像时，C中元素的坐标位置。函数image显示图像时，同时显示坐标轴，不设定x、y的值，则C(1,1)位于坐标(1,1)处，C(M,N)位于坐标(M,N)处；设定x、y值，则C(1,1)位于坐标(x(1),y(1))处，C(M,N)位于坐标(x(end),y(end))处。

(3) imagesc(…)：数据经过拉伸作为颜色索引值，显示图像。

(4) imagesc(…,CLIM)：利用向量CLIM=[CLOW CHIGH]设置拉伸范围，CLOW对应颜色映射表中的第1个颜色，CHIGH对应颜色映射表中的最后一个颜色，中间的灰度线性对应颜色映射表中的其余颜色。

【例3-7】 采用image和imagesc函数的不同形式显示图像。

程序如下：

```
clear,clc,close all;
Image1 = imread('football.jpg');
[Image2,MAP2] = imread('girl.bmp');
figure,image(Image1),title('彩色图像');
figure,colormap(hot), h1 = image(50,60,Image2),title('不拉伸映射');
                              %设置窗口颜色映射表为hot型,指定数据矩阵(1,1)位于(50,60)处
Y1 = get(h1,'CDataMapping');  %获取CDataMapping属性值
figure,colormap(hot),h2 = imagesc(Image2,[30,150]),title('拉伸映射');
                              %灰度30对应颜色映射表第1个颜色,灰度150对应最后一个颜色
Y2 = get(h2,'CDataMapping');  %获取CDataMapping属性值
```

程序运行结果如图3-9所示。

从工作区可以看到，Y1='direct'，Y2='scaled'，即采用image函数显示不拉伸数据，而采用imagesc函数拉伸数据。

4. 函数montage

函数montage用矩形蒙太奇方式显示多帧图像的每帧，其调用格式如下。

(1) montage(FILENAMES)：显示FILENAMES指定的多帧图像。若FILENAMES不在当前目录或MATLAB路径下，则需要指明路径。

(2) montage(I)：显示多帧图像I，I可以是二值、灰度、彩色图像序列。

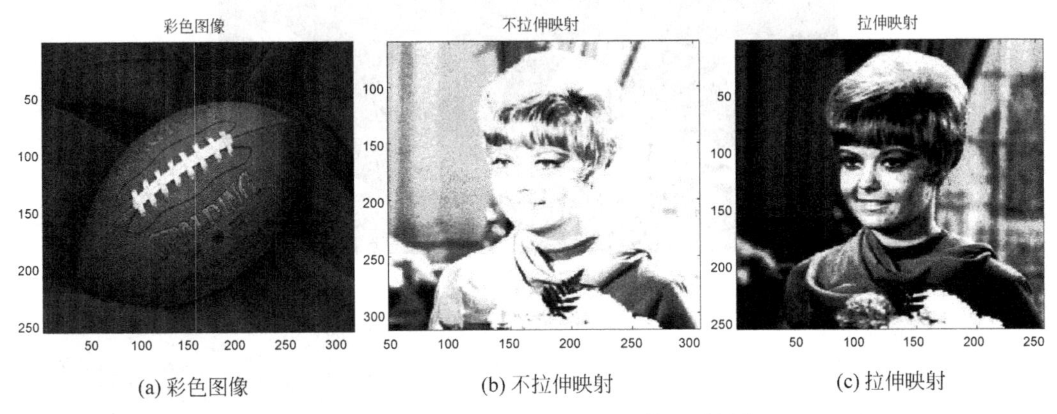

(a) 彩色图像　(b) 不拉伸映射　(c) 拉伸映射

图 3-9　调用 image 和 imagesc 函数显示图像

(3) montage(X,MAP)：显示索引图像的所有帧，X 为多帧图像数据，共用颜色映射表 MAP。

(4) montage(…,NAME1,VALUE1,NAME2,VALUE2,…)：定制显示，其参数如表 3-8 所示。

(5) H=montage(…)：返回图像对象句柄。

表 3-8　montage 函数部分参数表

参　数	取值及含义
Size	二维向量[NROWS NCOLS]，指定蒙太奇行列数。行列数之一可以设定为 NaN，在显示时，根据显示图像的总帧数和已知的行或列数目自动计算另一个
Indices	一个数字序列，指明哪些帧要显示，如 m:n，表示显示从第 m 帧到第 n 帧，默认为 1:K，K 为总帧数
DisplayRange	1×2 的向量[LOW HIGH]，对显示的图像进行灰度拉伸，含义见函数 imshow

【例 3-8】 采用 montage 函数显示含有多帧的 GIF、TIF 图像。

程序如下：

```
clear,clc,close all;
[Image1,MAP1] = imread('fly.gif');                                    % 读取 GIF 图像
figure,montage(Image1,MAP1,'size',[2 NaN]),title('GIF 图像');        % 两行排列显示 GIF 图像各帧
info = imfinfo('snoopy.tif');                                          % 获取 TIF 图像信息
len = length(info);                                                    % TIF 图像含图像数
for i = 1:len
    [Image2(:,:,:,i),MAP2] = imread('snoopy.tif',i);                  % 依次读取 TIF 文件中各图像
end
figure,montage(Image2,MAP2,'size',[1 NaN]),title('TIF 图像');        % 一行排列显示 TIF 图像各帧
```

程序运行结果如图 3-10 所示。

(a) GIF图像各帧

(b) TIF图像各帧

图 3-10 调用 montage 函数显示多帧图像

5. 函数 imshowpair

函数 imshowpair 将图像成对显示，以比较图像间的差异。其调用格式如下。

(1) H=imshowpair(A,B,METHOD)：将图像 A 和 B 间的差异以 METHOD 指定的方式实现可视化，并返回创建的图像句柄 H。如果 A 和 B 的大小不一致，则将较小的图像变为和较大图像同样大小，扩充的像素补 0。METHOD 的取值如表 3-9 所示。

表 3-9 imshowpair 函数参数表

参　数	取　值	含　义
METHOD	falsecolor	将 A 和 B 作为不同色彩通道合成 RGB 图像，默认值
	blend	采用 α 混合重叠 A 和 B
	checkerboard	从 A 和 B 创建具有交替矩形区域的图像
	diff	从 A 和 B 创建差异图像
	montage	将 A 和 B 在同一幅图像中相邻放置
Scaling	independent	图像各自缩放，默认值
	joint	适用于在图像的动态范围之外具有大量填充值的单模态图像可视化
	none	不额外进行缩放
Parent		指向创建的图像父对象的坐标轴的句柄
ColorChannels	当 METHOD 取'falsecolor'时使用，将每个图像分配到输出图像中的特定颜色通道。设置为[R G B]，指定哪一幅图像被指定到 RGB 对应通道，R、G、B 取 1 表示该通道指定第 1 幅图像，取 2 表示第 2 幅图像，取 0 表示没有图像被指定；可取'red-cyan'，等同于[R G B]=[1 2 2]；可取'green-magenta'，等同于[R G B]=[2 1 2]，默认值	

(2) H＝imshowpair(A,RA,B,RB)：根据 RA 和 RB 提供的空间参考信息显示 A 和 B 图像的差异。RA 和 RB 由 imref2d 函数定义。

(3) imshowpair(…,PARAM1,VAL1,PARAM2,VAL2,…)：指定显示和混合方式显示图像。参数名称不区分大小写。各参数及取值含义见表 3-9。

【例 3-9】 采用 imshowpair 函数显示 GIF 图像的不同帧。

程序如下：

```
clear,clc,close all;
info = imfinfo('fly.gif');
len = length(info);
for i = 1:len
    [Image(:,:,:,i),MAP] = imread('fly.gif',i);
end
subplot(131),imshowpair(Image(:,:,:,1),Image(:,:,:,len));      % 默认显示
subplot(132),imshowpair(Image(:,:,:,1),Image(:,:,:,len),'ColorChannels',[1 1 2]);
subplot(133),imshowpair(Image(:,:,:,1),Image(:,:,:,len),'diff');
figure,imshowpair(Image(:,:,:,1),Image(:,:,:,len),'montage');
```

程序运行结果如图 3-11 所示。

(a) 默认图像所在颜色通道显示

(b) 指定图像所在颜色通道显示

(c) 差异图像显示

(d) 并排放置显示

图 3-11 调用 imshowpair 函数显示图像差异

3.1.4 像素信息的获取与显示

MATLAB 利用 impixel 和 impixelinfo 函数实现像素信息的获取。

1. 函数 impixel

函数 impixel 用于获取指定图像像素的 R、G、B 通道颜色值，其调用格式如下。

(1) P=impixel(I)：鼠标指定灰度图像 I 中的像素，获取其颜色值。

(2) P=impixel(X,MAP)：鼠标指定索引图像 X 中的像素，获取其颜色值。

(3) P=impixel(RGB)：鼠标指定真彩色图像 RGB 中的像素，获取其颜色值。

在以上 3 种调用中，impixel 显示图像并等待用户用鼠标选择像素：单击选择像素，双击或右击表示选择最后一个像素点，回车表示选择结束；可以使用退格键 Backspace 和删除键 Delete 来删除之前选择的像素点，每次删除一个。若选择了 N 个点，则 P 为 N×3 的 double 型数组，存放每个点 R、G、B 颜色值。

【例 3-10】 采用 impixel 函数获取鼠标单击的像素的像素值。

程序如下：

```
clear,clc,close all;
[Image1,MAP1] = imread('kids.tif');          %索引图像
P = impixel(Image1,MAP1);                    %获取像素颜色值,存放于 P 数组中
Image2 = imread('flower.jpg');               %真彩色图像
Q = impixel(Image2);                         %获取像素颜色值,存放于 Q 数组中
```

运行程序，首先显示 kids. tif 图像，在图像上用鼠标左键点两个点，回车结束选择；紧接着显示 flower. jpg 图像，在图像上用鼠标左键点一个点，双击结束选择；运行结束。P、Q 值如表 3-10 所示。P 是索引图像像素颜色值，取值是 MAP1 中的 0～1 的数据；Q 是彩色图像像素的红绿蓝色彩分量值，虽为 double 型数据，但在 0～255。

表 3-10 例 3-10 P、Q 取值

名　称	尺　寸	数据类型	取　值
P	2×3	double	[0.3137,0.1490,0.1020；0.09800,0.0941,0.1020]
Q	2×3	double	[245,123,0；165,15,0]

(4) P=impixel(I,C,R)：C、R 指定灰度图像 I 中的像素，获取其颜色值。

(5) P=impixel(X,MAP,C,R)：C、R 指定索引图像 X 中的像素，获取其颜色值。

(6) P=impixel(RGB,C,R)：C、R 指定真彩色图像 RGB 中的像素，获取其颜色值。

(7) [C,R,P]=impixel(…)：返回指定像素坐标。

在以上 4 种调用中，通过 C、R 直接指定像素。C 和 R 为相同长度的向量，两向量中第 k 个对应元素构成像素的坐标(R(k),C(k))(矩阵坐标系)，其颜色值为 P 的第 k 行数据。

(8) P=impixel(x,y,I,xi,yi)：非默认坐标系统下，指定灰度图像 I 中的像素，获取其颜色值。

(9) P=impixel(x,y,X,MAP,xi,yi)：非默认坐标系统下，获取索引图像 X 中指定像素的颜色值。

(10) P＝impixel(x,y,RGB,xi,yi)：非默认坐标系统下，获取真彩色图像 RGB 中指定像素的颜色值。

(11) [xi,yi,P]＝impixel(x,y,…)：返回指定像素坐标。

在以上 4 种调用中，x、y 为二维向量，指定图像坐标范围；通过 xi、yi 直接指定像素。xi、yi 为相同长度的向量，两向量中第 k 个对应元素构成像素的坐标(yi(k),xi(k))(x、y 指定的坐标系统)，其颜色值为 P 的第 k 行数据。

【例 3-11】 采用 impixel 函数获取指定的像素的像素值。

程序如下：

```
clear,clc,close all;
[Image1,MAP1] = imread('kids.tif');        % 读取索引图像
Image2 = imread('flower.jpg');             % 读取 RGB 真彩色图像
[N,M,color] = size(Image2);                % 获取真彩色图像尺寸
C = [20 40];        R = [50 100];          % 设定指定像素坐标
P1 = impixel(Image1,MAP1,C,R);             % 获取索引图像中指定像素的像素值,存于 P1 中
[C1,R1,P2] = impixel(Image2,C,R);          % 获取 RGB 图像中指定像素的像素值,并返回指定点坐标
x = [21 20 + M];   y = [51 50 + N];        % 设定图像坐标范围,尺寸未变,坐标值整体增加[20 50]
x1 = [40 60];   y1 = [100 150];            % 设定指定像素坐标
P3 = impixel(x,y,Image2,x1,y1);            % 获取 RGB 图像中指定像素的像素值,存于 P3 中
```

程序运行，各变量取值如表 3-11 所示。

表 3-11　例 3-11 各变量取值

名　　称	尺　　寸	数 据 类 型	取　　值
Image1	400×318	uint8	
MAP1	256×3	double	
Image2	264×352×3	uint8	
P1	2×3	double	[0.4860,0.4275,0.3843; 0.4431,0.3686,0.3098]
P2	2×3	double	[19,86,68; 0,59,0]
P3	2×3	double	[19,86,68; 0,59,0]
x	1×2	double	[21,372]
y	1×2	double	[51,314]

P1 存放索引图像 Image1 中由 C、R 指定的两个像素点的像素值；P2 存放 RGB 图像 Image2 中由 C、R 指定的两个像素点的像素值；P3 存放改变图像坐标范围后的像素点值。在设定的坐标系统中，图像尺寸未变，没有变形；指定的像素点坐标分别为(100,40)和(150,60)，对应原图中的(50,20)和(100,40)，和 C、R 指定的像素点一致，从表中可以看出，P3 和 P2 取值一样。

2. 函数 impixelinfo

函数 impixelinfo 用于在当前 figure 下创建像素信息，以显示光标所在位置处的图像像

素信息。随着鼠标移动,可以显示figure中所有图像的像素的信息。

像素信息工具是一个uipanel控件,位于窗口的左下角,包含一个文本字串"Pixel Info:",后面显示像素位置和像素值,显示内容与图像类型和光标位置有关,如表3-12所示。

表3-12 impixelinfo函数显示数据

图像类型	显示字串	示例
光标在图像区域外	Pixel Info:(X,Y)Pixel Value	
灰度图像	Pixel Info:(X,Y) Intensity	Pixel Info:(13,30) 82
索引图像	Pixel Info:(X,Y) <index> [R G B]	Pixel Info:(2,6) <4> [0.29 0.05 0.32]
二值图像	Pixel Info:(X,Y) BW	Pixel Info:(12,1) 0
真彩色图像	Pixel Info:(X,Y) [R G B]	Pixel Info:(19,10) [15 255 10]

如果不显示"Pixel Info:"标签,可以使用impixelinfoval函数。

impixelinfo函数的调用格式如下。

(1) impixelinfo:默认情况下,创建像素信息工具。

(2) impixelinfo(H):在句柄H指定的figure下创建像素信息工具,H可以是图像、坐标系、uipanel或者figure对象,后三者应包含至少一幅图像。

(3) impixelinfo(HPARENT,HIMAGE):HIMAGE是图像句柄,在HPARENT指向的figure或uipanel上创建像素信息工具,用以显示HIMAGE中的像素信息。

(4) HPANEL=impixelinfo(…):创建一个像素信息工具,并返回像素信息工具的句柄。

【例3-12】 采用impixelinfo函数获取像素信息。

程序如下:

```
clear,clc,close all;
Image1 = imread('pic4.bmp');
Image2 = imread('bird.bmp');
[Image3,MAP3] = imread('kids.tif');
figure;
subplot(121),imshow(Image1),title('真彩色图像');
subplot(122),imshow(Image2),title('二值图像');
impixelinfo
figure;
h = imshow(Image3,MAP3),title('索引图像');
H = impixelinfoval(gcf,h);
```

运行程序,在第1个figure中显示真彩色图像和二值图像,impixelinfo创建像素信息工具,随着光标移动,显示数据同表3-12所示一致;在第2个figure中显示索引图像,impixelinfoval创建像素信息工具,随着光标移动,显示数据同表3-12所示一致,但不显示"Pixel Info:"标签。程序运行结果如图3-12所示。

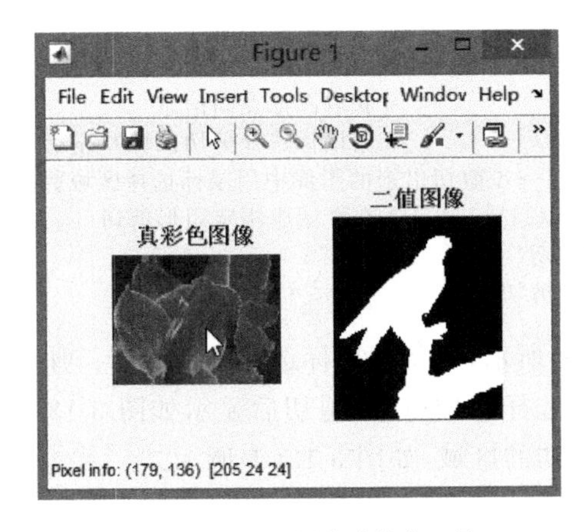

(a) impixelinfo创建像素信息工具

(b) impixelinfoval创建像素信息工具

图 3-12　像素信息工具显示效果

3.1.5　局部区域的获取与显示

在对图像进行处理的过程中，可能只需对图像的部分区域进行处理，MATLAB 提供了剪切函数 imcrop 用于实现图像局部区域的获取与显示，其调用格式如下。

(1) I=imcrop：创建一个与当前 figure 中显示的图像相关联的交互式图像剪切工具。使用鼠标在图像上绘制区域，大小可调整、可移动，区域确定之后，双击或从右键菜单选择 Crop Image 命令实现该区域的剪切显示，并返回给 I。该工具可以通过按 Backspace、Esc、Delete 键，或者从右键菜单中选择 Cancel 命令取消，返回空值。

(2) I2=imcrop(I)：在 figure 中显示图像 I 并创建一个与之关联的剪切工具。I 可以是灰度图像、RGB 图像或者逻辑矩阵；I2 为返回的剪切图像，类型与 I 一致。

(3) X2=imcrop(X,MAP)：在 figure 中显示索引图像并创建一个与之关联的剪切工具。

(4) I=imcrop(H)：创建一个与句柄 H 中的图像相关联的剪切工具。H 可以是图像、坐标系、uipanel 或 figure 的句柄，后三者的情况下，剪切工具作用在包含的第一幅图像上。

(5) I2=imcrop(I,RECT)或者 X2=imcrop(X,MAP,RECT)：指定剪切矩形实现剪切，非交互式。RECT 是一个 4 维向量[XMIN YMIN WIDTH HEIGHT]，指定矩形的左上角位置及宽、高；若是非默认的空间坐标系统，则需要指定 XData 和 YData。

(6) [I2,RECT]=imcrop(…)：剪切的同时返回剪切矩形。

(7) [X,Y,I2,RECT]=imcrop(…)：剪切的同时返回剪切矩形及目标图像的 XData 和 YData 值。

【例 3-13】 采用 imcrop 函数剪切区域。

程序如下：

```
clear,clc,close all;
```

```
Image = imread('toysflash.png');
figure;imshow(Image),title('原图');
[h,w,c] = size(Image);                                    % 获取图像宽高信息
imcrop;                                                   % 用鼠标选择剪切区域并显示
I1 = imcrop;          % 在当前 figure,即上一步剪切出来的图像中用鼠标选择区域剪切,返回给 I1
I2 = imcrop(Image,[w/2 - 60 h/2 - 120 w/3 h/3]);          % 在原图中指定矩形剪切
figure,imshow(I1),title('鼠标选定区域剪切');
figure,imshow(I2),title('原图中指定区域剪切');
```

运行程序,首先显示原图,如图 3-13(a)所示,等待用鼠标选择区域剪切；剪切后显示剪切区域,如图 3-13(b)所示；再等待用鼠标选择区域剪切,剪切后显示如图 3-13(c)所示,返回给 I1；紧接着显示在原图中指定矩形剪切的区域,如图 3-13(d)所示。

(a) 原图

(b) 第一次剪切

(c) I1

(d) I2

图 3-13　区域获取与显示

3.1.6　图像数据类型及转换

在处理图像的过程中,数据类型有可能发生变化,需要对其加以关注,避免出现错误。例如,在用函数 imshow 显示图像时,若数据为 double 型,则默认 0～1 为灰度范围；若 0～255 的 uint8 数据无意中转换为 0～255 的 double 型数据,显示时会把大于 1 的像素全部按 1(白色)显示。

图像数据类型可以根据需要转换,MATLAB 提供了数据类型转换的相关函数。

函数 im2double、im2uint8、im2uint16 分别用于将图像数据转换为 double、uint8、uint16 型图像数据,取值范围分别为[0,1]、[0,255]及[0,65535]。输入的图像可以是二值图像、灰度图像、真彩色图像或索引图像。

函数 double 用于将数据强制转换为双精度型,但数值取值范围不变。

函数 mat2gray 用于将矩阵转换为灰度图像,其调用格式如下。

(1) I=mat2gray(A,[AMIN AMAX])：将矩阵 A 转换为灰度图像 I。A 可以为逻辑型或数值型矩阵；I 的取值为 0～1 的 double 型数据；AMIN 和 AMAX 是矩阵 A 中对应图像 I 内 0.0 和 1.0 的数据,小于 AMIN 的数据变为 0,大于 AMAX 的数据变为 1.0。

(2) I=mat2gray(A)：将矩阵 A 转换为灰度图像 I,A 内的最小值、最大值分别为 AMIN

和 AMAX。

【例 3-14】 打开图像，转换图像类型，观察数据变化，并显示图像。

程序如下：

```
clear,clc,close all;
Image = imread('boy.bmp');                    % 读取灰度图像，为 uint8 型数据
result1 = double(Image);                      % 转换为 double 型数据，不改变取值范围
result2 = im2double(Image);                   % 转换为 double 型数据，改变取值范围
result3 = im2uint16(Image);                   % 转换为 uint16 型数据
[N,M] = size(Image);                          % 获取图像尺寸
A = rand(N,M);                                % 创建 0～1 随机数值矩阵
A(N/2 - 40:N/2 + 40,M/2 - 40:M/2 + 40) = 0;   % 中心小正方形区域设为 0
result4 = mat2gray(A);                        % 矩阵转换为灰度图像
subplot(221),imshow(result1),title('0～255double 型数据');
subplot(222),imshow(result2),title('0～1double 型数据');
subplot(223),imshow(result3),title('uint16 型数据');
subplot(224),imshow(result4),title('矩阵转图像');
```

运行程序，各变量取值如表 3-13 所示，运行结果如图 3-14 所示。将原 uint8 型数据用 double 函数强制转换为 double 型，取值范围不变，存放于 result1，图像显示为一片白色；用 im2double 函数将原 uint8 数据转换为 0～1 范围内的 double 型数据，存放于 result2，图像显示正常。

表 3-13 例 3-14 各变量取值

名　称	尺　寸	数据类型	最 小 值	最 大 值
Image	256×256	uint8	7	241
result1	256×256	double	7	241
result2	256×256	double	0.0275	0.9451
result3	256×256	uint16	1799	61937
result4	256×256	double	0	1
A	256×256	double	0	1.0

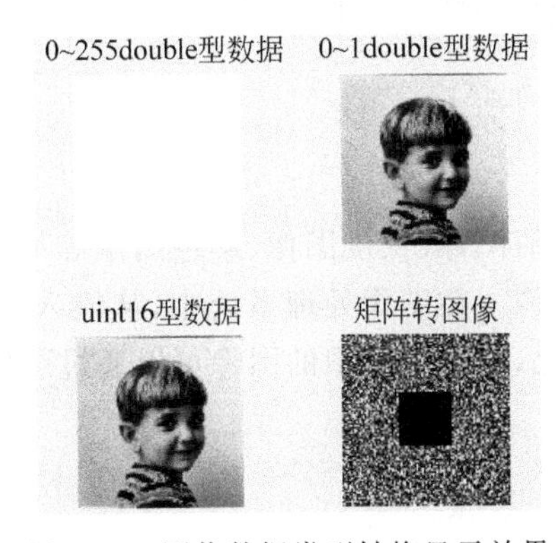

图 3-14 图像数据类型转换显示效果

3.1.7 图像文件的保存

MATLAB 主要利用 imwrite 函数实现图像文件的保存，其调用格式如下。

(1) imwrite(A,FILENAME,FMT)：将图像 A 以 FMT 指定的格式写入 FILENAME 指定的文件，A 可以是 M×N 或者 M×N×3 的矩阵(即灰度图像或彩色图像)。若写为 TIFF 格式的文件，A 可以是 M×N×4 的 CMYK 数据。

(2) imwrite(X,MAP,FILENAME,FMT)：将索引图像 X 及其关联的颜色映射表 MAP 以 FMT 指定的格式写入 FILENAME 指定的文件。若写为 GIF 图像，X 应当是 M×N×1×P 的矩阵，P 是图像中的帧数。

(3) imwrite(…,FILENAME)：根据 FILENAME 指定的文件的后缀来推断格式，将图像写入。

(4) imwrite(…,PARAM1,VAL1,PARAM2,VAL2,…)：指定参数控制输出文件的各种属性，保存图像。不同的文件格式参数不一致，支持 GIF、HDF、JPEG、TIFF、PNG、PBM、PGM 及 PPM 等格式。

【例 3-15】 打开一幅图像，将其保存为不同图像格式的文件。

程序如下：

```
clear,clc,close all;
info = imfinfo('snoopy.tif');                          % 获取一幅 TIF 图像的信息
len = length(info);                                    % 获取 TIF 图像中的图像数目
for i = 1:len
    [Image(:,:,:,i),MAP] = imread('snoopy.tif',i);     % 逐帧读取图像数据
end
Image1 = Image(:,:,:,1);                               % 第一帧图像
imwrite(Image1,MAP,'snoopy1.bmp');                     % 将第一帧索引图像存为 BMP 格式
imwrite(Image,MAP,'snoopy2.gif', 'DelayTime',0.2);
                                        % 将 TIF 图像存为 GIF 图像,帧间播放间隔 0.2s
```

程序运行，在当前目录下存储新图像 snoopy1.bmp 和 snoopy2.gif。

3.2 图像类型的转换

如第 1 章所讲，图像有二值图像、灰度图像、彩色图像等不同类型，当其色彩数目小于等于 256 时，又常存储为索引图像。在图像处理系统中，从输入图像到得到最终结果，图像的表示形式也在不断地发生变化，即不同类型的图像可以通过图像处理算法来转换，以满足图像处理系统的需求。

3.2.1 彩色图像转换为灰度图像

将彩色图像转换为灰度图像，称为灰度化。彩色图像信息量大，数据量也大，在某些情况下，为了简化算法，需要进行灰度化。

灰度化一般是用像素点的亮度值作为像素值，亮度值可以通过变换颜色模型来计算，如式(3-1)、式(3-2)所示。

$$Y = 0.299 \times R + 0.587 \times G + 0.114 \times B \tag{3-1}$$

$$I = (R + G + B)/3 \tag{3-2}$$

记录每个像素点的 Y 值或 I 值，则把彩色图像转化为灰度图像。也可以采用保留彩色图像不同色彩通道的数据的方法转化。

MATLAB 提供了函数 rgb2gray 实现灰度化，该函数利用式(3-1)将色彩值转换为亮度值。其调用格式如下。

(1) I=rgb2gray(RGB)：将真彩色图像 RGB 转换为灰度图像。

(2) NEWMAP = rgb2gray(MAP)：将 MAP 颜色映射表转换为灰度颜色映射表 NEWMAP。

【例 3-16】 打开彩色图像，采用不同的方法将其灰度化，查看效果。

程序如下：

```
clear,clc,close all;
[Image1,MAP1] = imread('snoopy.gif',1);
Image2 = im2double(imread('house.jpg'));          %将读取的 uint8 数据转换为 double 型
MAP2 = rgb2gray(MAP1);                             %将颜色映射表灰度化
Y = rgb2gray(Image2);
r = Image2(:,:,1);    g = Image2(:,:,2);    b = Image2(:,:,3);    %不同颜色通道
I = (r + g + b)/3;                                                 %利用式(3 - 2)灰度化
subplot(231),imshow(Image1,MAP2),title('灰度化颜色映射表');
subplot(232),imshow(Y),title('rgb2gray 函数输出');
subplot(233),imshow(I),title('亮度 I 输出');
subplot(234),imshow(r),title('红色通道');
subplot(235),imshow(g),title('绿色通道');
subplot(236),imshow(b),title('蓝色通道');
```

运行程序，输出图像如图 3-15 所示，颜色映射表 MAP1 和 MAP2 的两项取值如表 3-14 所示。MAP1 中各颜色分量不同，呈现彩色；MAP2 中各颜色分量相同，呈现灰色。程序中，读取彩色图像时，需要将数据转变为 double 型，若不转换，在计算 I=(r+g+b)/3 时，数据会溢出，将导致亮度 I 的计算不正确。

(a) 灰度化颜色映射表

(b) rgb2gray函数输出

(c) 亮度I输出

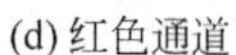

(d) 红色通道

(e) 绿色通道

(f) 蓝色通道

图 3-15　彩色图像灰度化

表 3-14　例 3-16 中 MAP1 和 MAP2 取值对比

变　量	尺　寸	类　型	前两项取值		
MAP1	256×3	double	0	0.0039	0.0078
			0.0392	0.5059	0.7451
MAP2	256×3	double	0.0032	0.0032	0.0032
			0.3937	0.3937	0.3937

3.2.2　多值图像转换为二值图像

将彩色、灰度、索引图像转换为二值图像，也称二值化。通常采用图像分割的方法完成，即把图像分成两个区域，前景用 1、背景用 0 来表示，则转换为二值图像，这是比较直接的转换方法；也可以根据具体需求转换，如检测到目标后，把目标区域用 1 来表示，背景部分用 0 来表示，转变为二值图像以便进行模板操作。

MATLAB 提供了函数 im2bw、imbinarize 用于实现二值化，但推荐使用 imbinarize 函数。两个函数通过设定阈值，将亮度值大于阈值的像素变为 1，其余的变为 0，实现二值化。调用格式如下。

(1) BW=im2bw(I,LEVEL)：采用阈值 LEVEL 实现灰度图像 I 的二值化，无论 I 的数据类型是哪一种，阈值 LEVEL 都在[0,1]范围内。

(2) BW=im2bw(X,MAP,LEVEL)：采用阈值 LEVEL 实现索引图像 X 的二值化。

(3) BW＝im2bw(RGB,LEVEL)：采用阈值 LEVEL 实现彩色图像 RGB 的二值化。

(4) LEVEL＝graythresh(I)：采用 OTSU 方法(见第 9 章)计算图像 I 的全局最佳阈值 LEVEL。

(5) BW＝imbinarize(I)：采用基于 OTSU 方法的全局阈值实现灰度图像 I 的二值化。

(6) BW＝imbinarize(I,METHOD)：METHOD 可选'global'和'adaptive'，前者指定 OTSU 方法，后者采用局部自适应阈值方法，实现灰度图像 I 的二值化。

【例 3-17】 打开彩色、灰度、索引图像，实现二值化，查看效果。

程序如下：

```
clear,clc,close all;
Image1 = imread('coins.png');                    % 打开灰度图像
result1 = imbinarize(Image1);                    % 采用自动全局阈值实现二值化
figure,imshow(result1),title('灰度图像二值化');
Image2 = imread('plane.jpg');                    % 打开彩色图像
result2 = im2bw(Image2,0.5);                     % 设定阈值 0.5 实现二值化
figure,imshow(result2),title('彩色图像二值化');
[Image3,MAP3] = imread('kids.tif');              % 打开索引图像
result3 = im2bw(Image3,MAP3,0.5);                % 设定阈值 0.5 实现二值化
figure,imshow(result3),title('索引图像二值化');
```

程序运行效果如图 3-16 所示。

(a) 灰度、彩色、索引图像原图

(b) 二值化效果

图 3-16　图像二值化

3.2.3 灰度图像转换为彩色图像

将灰度值映射到彩色空间，灰度图像即转换为彩色图像，也称为伪彩色增强，以便能够进行更好的观察。例如，将图像中不同属性的材料或者不同的区域表示为不同的色彩，卫星图像的像素根据人的假设做标记，河流是蓝色的，郊区是紫色的，道路是红色的。也可以采用密度分割和灰度级变换的方法将灰度图像转换为彩色图像。

1. 密度分割法

密度分割法，又称为灰度分割法，该方法通过将图像中的整个灰度范围分为若干段，给每一段灰度分配一种颜色，将灰度图像变为彩色图像。若整个灰度范围仅分为两段，则实现二值化效果。方法简单直观，易于实现，但变换出的彩色信息有限，变换的彩色图像不够细腻。

【例 3-18】 采用密度分割法将索引图像转换为彩色图像。

程序如下：

```
clear,clc,close all;
[Image1,MAP1] = imread('cartoon.bmp');
MAP2 = zeros(256,3);
MAP2(1:32,1) = 30/256;     MAP2(1:32,2) = 32/256;       MAP2(1:32,3) = 30/256;
MAP2(33:64,1) = 93/256;    MAP2(33:64,2) = 193/256;     MAP2(33:64,3) = 195/256;
MAP2(65:96,1) = 180/256;   MAP2(65:96,2) = 108/256;     MAP2(65:96,3) = 186/256;
MAP2(97:128,1) = 67/256;   MAP2(97:128,2) = 119/256;    MAP2(97:128,3) = 98/256;
MAP2(129:160,1) = 95/256; MAP2(129:160,2) = 137/256; MAP2(129:160,3) = 110/256;
MAP2(161:192,1) = 81/256; MAP2(161:192,2) = 173/256; MAP2(161:192,3) = 255/256;
MAP2(193:256,1) = 256/256;MAP2(193:256,2) = 256/256; MAP2(193:256,3) = 256/256;
                                         %以上将颜色映射表分为7段，为每一段指定颜色分量
figure,imshow(Image1,MAP2),title('调整颜色映射表实现彩色化');
```

程序运行效果如图 3-17 所示。程序中对颜色映射表直接进行了修改，将整个灰度范围

(a) 原图

(b) 彩色化图像

图 3-17 分割颜色映射表实现伪彩色增强

分为7段,指定了每一段的颜色值。这种方法显示效果跟美观无关,比较适用于图像中特定灰度对应某种特殊信息的情况,给该段灰度以彩色,突出显示。

灰度图像没有颜色映射表,可以直接修改像素值实现彩色化。

【例3-19】 采用密度分割法将灰度图像转换为彩色图像。

程序如下:

```
clear,clc,close all;
Image = rgb2gray(imread('lotus.jpg'));
r = Image;   g = Image;    b = Image;                    %设置RGB颜色通道初始值
r(Image < 20) = 0;        g(Image < 20) = 20;       b(Image < 20) = 0;
r(20 < Image & Image < 40) = 0;      g(20 < Image & Image < 40) = 50;
                                     b(20 < Image & Image < 40) = 0;
r(40 < Image & Image < 50) = 0;      g(40 < Image & Image < 50) = 70;
                                     b(40 < Image & Image < 50) = 0;
r(50 < Image & Image < 90) = 30;     g(50 < Image & Image < 90) = 230;
                                     b(50 < Image & Image < 90) = 130;
r(Image > 90) = 230;      g(Image > 90) = 230;      b(Image > 90) = 220;
                                                  %以上将像素值分为5段,为每一段指定颜色分量
result = cat(3,r,g,b);
figure,imshow(result),title('调整像素值实现彩色化');
```

程序运行效果如图3-18所示。程序中将灰度范围分为5段,给每段指定了颜色。

(a) 原图

(b) 彩色化图像

图3-18 分割像素值实现伪彩色增强

2. 灰度级变换法

通过将灰度图像$f(x,y)$送入具有不同变换特性的红、绿、蓝变换器,产生3个不同的输出$f_R(x,y)$、$f_G(x,y)$、$f_B(x,y)$作为彩色图像的红、绿、蓝色彩分量,即可合成一幅彩色图像。利用灰度级变换法生成的伪彩色图像颜色是渐变的,视觉效果较好,但变换效果依赖于变换函数。下面介绍常见的灰度级变换函数。

1) 常见灰度级变换

灰度级变换法常采用的变换函数如图3-19所示,对应的公式如式(3-3)所示。L为灰度图像的灰度级别数,一般为256。

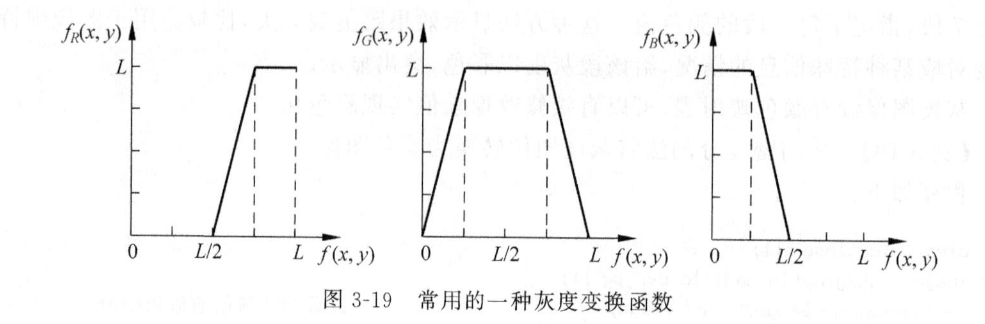

图 3-19　常用的一种灰度变换函数

$$R=\begin{cases}0 & 0\leqslant f<\dfrac{L}{2}\\ 4f-2L & \dfrac{L}{2}\leqslant f<\dfrac{3L}{4}\\ 255 & \dfrac{3L}{4}\leqslant f<L\end{cases}\quad G=\begin{cases}4f & 0\leqslant f<\dfrac{L}{4}\\ L & \dfrac{L}{4}\leqslant f<\dfrac{3L}{4}\\ 4L-4f & \dfrac{3L}{4}\leqslant f<L\end{cases}$$

$$B=\begin{cases}L & 0\leqslant f<\dfrac{L}{4}\\ 2L-4f & \dfrac{L}{4}\leqslant f<\dfrac{L}{2}\\ 0 & \dfrac{L}{2}\leqslant f<L\end{cases}\tag{3-3}$$

【例 3-20】 基于式(3-3)实现将灰度图像转换为彩色图像。

程序如下：

```
clear,clc,close all;
[Image,MAP] = imread('panda.bmp');
Image = double(Image);      % 将图像数据转换为 0～255 的 double 型数据,避免后续计算溢出
r = Image;   g = Image;   b = Image;                          % 红、绿、蓝色彩通道初始化
r(Image < 128) = 0;
r(128 <= Image & Image < 192) = 4 * Image(128 <= Image & Image < 192) - 2 * 255;
r(Image >= 192) = 255;                                        % 灰度级在红色通道变换
g(Image < 64) = 4 * Image(Image < 64);
g(64 <= Image & Image < 192) = 255;
g(Image >= 192) = -4 * Image(Image >= 192) + 4 * 255;         % 灰度级在绿色通道变换
b(Image < 64) = 255;
b(64 <= Image & Image < 128) = -4 * Image(64 <= Image & Image < 128) + 2 * 255;
b(Image >= 128) = 0;                                          % 灰度级在蓝色通道变换
r = uint8(r);   g = uint8(g);   b = uint8(b);                 % 为正确显示转变为 uint8 型数据
result = cat(3,r,g,b);                                        % 三通道合成彩色图像
figure,imshow(result),title('灰度级变换实现彩色化');
```

程序运行效果如图 3-20 所示。

(a) 原图

(b) 彩色化图像

图 3-20　灰度级变换法实现伪彩色增强处理

2）彩虹编码变换

另一种常见的灰度级变换方法称为彩虹编码，如图 3-21 所示，对应变换公式如式(3-4)所示。

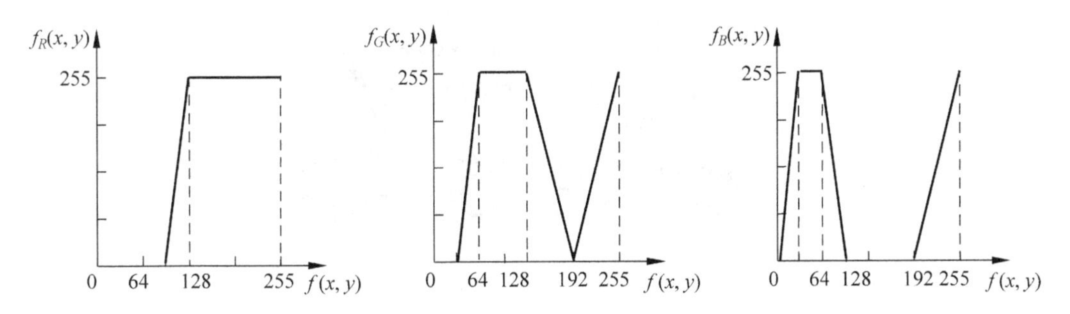

图 3-21　彩虹编码的灰度变换函数

$$R=\begin{cases}0 & 0\leqslant f<96\\ 255\times\dfrac{f-96}{32} & 96\leqslant f<128\\ 255 & 128\leqslant f<256\end{cases}$$

$$G=\begin{cases}0 & 0\leqslant f<32\\ 255\times\dfrac{f-32}{32} & 32\leqslant f<64\\ 255 & 64\leqslant f<128\\ 255\times\dfrac{192-f}{64} & 128\leqslant f<192\\ 255\times\dfrac{f-192}{64} & 192\leqslant f<256\end{cases}\quad B=\begin{cases}255\times\dfrac{f}{32} & 0\leqslant f<32\\ 255 & 32\leqslant f<64\\ 255\times\dfrac{96-f}{32} & 64\leqslant f<96\\ 0 & 96\leqslant f<192\\ 255\times\dfrac{f-192}{64} & 192\leqslant f<256\end{cases}\tag{3-4}$$

【例 3-21】 对灰色索引图像实现彩虹编码。

程序如下：

```
clear,clc,close all;
[Image1,MAP1] = imread('cartoon.bmp');
MAP2 = zeros(256,3);                                          % 创建新颜色映射表
MAP2(1:96,1) = 0;    MAP2(97:128,1) = ((97:128) - 96)/32;    MAP2(129:256,1) = 1;
                                                              % 修改颜色映射表红色通道
MAP2(1:32,2) = 0;    MAP2(33:64,2) = ((33:64) - 32)/32;      MAP2(65:128,2) = 1;
MAP2(129:192,2) = (192 - (129:192))/64; MAP2(193:256,2) = ((193:256) - 192)/64;
                                                              % 修改颜色映射表绿色通道
MAP2(1:32,3) = (1:32)/32; MAP2(33:64,3) = 1; MAP2(65:96,3) = (96 - (65:96))/32;
MAP2(97:192,3) = 0;          MAP2(193:256,3) = ((193:256) - 192)/64; % 修改颜色映射表蓝色通道
figure,imshow(Image1,MAP2),title('调整颜色映射表实现彩虹编码');
```

程序运行效果如图 3-22 所示。需要注意，公式中灰度级用 0～255 表示，而 MATLAB 中数组下标从 1 开始，所以，程序中颜色映射表下标比公式中整体大 1。

(a) 原图

(b) 彩色化图像

图 3-22　对颜色映射表进行彩虹编码实现伪彩色增强处理

3）热金属编码变换

另一种常见的灰度级变换方法称为热金属编码，如图 3-23 所示，对应变换公式如式(3-5)所示。

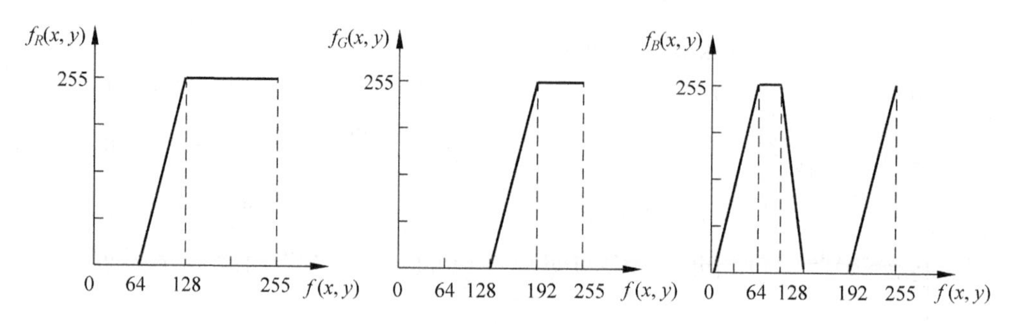

图 3-23　热金属编码的灰度变换函数

$$R=\begin{cases}0 & 0\leqslant f<64\\ 255\times\dfrac{f-64}{64} & 64\leqslant f<128\\ 255 & 128\leqslant f<256\end{cases}$$

$$G=\begin{cases}0 & 0\leqslant f<128\\ 255\times\dfrac{f-128}{64} & 128\leqslant f<192\\ 255 & 192\leqslant f<256\end{cases}$$

$$B=\begin{cases}255\times\dfrac{f}{64} & 0\leqslant f<64\\ 255 & 64\leqslant f<96\\ 255\times\dfrac{128-f}{32} & 96\leqslant f<128\\ 0 & 128\leqslant f<192\\ 255\times\dfrac{f-192}{64} & 192\leqslant f<256\end{cases}\tag{3-5}$$

【例 3-22】 对灰色索引图像实现彩虹编码。

程序如下：

```
clear,clc,close all;
[Image1,MAP1] = imread('cartoon.bmp');
MAP2 = zeros(256,3);
MAP2(1:64,1) = 0; MAP2(65:128,1) = ((65:128) - 64)/64;     MAP2(129:256,1) = 1;
MAP2(1:128,2) = 0; MAP2(129:192,2) = ((129:192) - 128)/64;MAP2(193:256,2) = 1;
MAP2(1:64,3) = (1:64)/64;  MAP2(65:96,3) = 1;  MAP2(97:128,3) = (128 - (97:128))/32;
MAP2(129:192,3) = 0;          MAP2(193:256,3) = ((193:256) - 192)/64;
figure,imshow(Image1,MAP2),title('调整颜色映射表实现热金属编码');
```

程序运行效果如图 3-24 所示。

(a) 原图　　(b) 彩色化图像

图 3-24　对颜色映射表进行热金属编码实现伪彩色增强处理

3.2.4　索引图像的转换

MATLAB 提供了相应的函数，用于实现索引图像和真彩色图像、灰度图像之间的互相转换，为便于后续程序设计，本节详细介绍这些转换函数。

1. RGB图像和索引图像的相互转换

函数rgb2ind和ind2rgb用于实现RGB图像和索引图像之间的相互转换，调用格式如下。

(1) [X,MAP]=rgb2ind(RGB,N)：采用最小方差量化的方法将RGB图像转换为索引图像X,MAP颜色映射表至少包含N个颜色,N<=65536。

(2) X=rgb2ind(RGB,MAP)：将RGB图像转换为索引图像X,MAP是X的颜色映射表,转换中将RGB中的颜色和MAP中最接近的颜色匹配。

(3) [X,MAP]=rgb2ind(RGB,TOL)：利用均匀量化的方法将RGB图像转换为索引图像X,TOL取值范围为0.0～1.0,MAP最多包含$(\text{FLOOR}(1/\text{TOL})+1)^3$种颜色。

(4) [⋯]=rgb2ind(⋯,DITHER_OPTION)：转换时设置DITHER_OPTION参数,选择是否采用颜色抖动,可取为'dither'(默认)和'nodither',前者损失空间分辨率获得较好的色彩分辨率,后者仅将原图中的色彩与新颜色映射表中最接近的颜色匹配。

(5) RGB=ind2rgb(X,MAP)：将矩阵X和对应的颜色映射表MAP转换为RGB图像。X可以为uint8、uint16或double型数据,RGB为M×N×3的double型矩阵。

【例3-23】 实现RGB图像和索引图像的相互转换。

程序如下：

```
clear,clc,close all;
RGB1 = imread('house.jpg');
figure,image(RGB1),title('原图');
[X,MAP] = rgb2ind(RGB1,16);              %转变为只有16种颜色的索引图像
figure,image(X),colormap(MAP),title('索引图像');
RGB2 = ind2rgb(X,MAP);                   %反变换回RGB图像
figure,image(RGB2),title('还原的RGB图像');
```

运行程序,各变量如表3-15所示。原图RGB1有256个灰度级别,转换为索引图像X后为16个灰度级,对应MAP为16×3的矩阵。程序运行效果如图3-25所示。由于程序中真彩色图像转换为索引图像时减少了颜色,因此索引图像及再变换回的RGB2图像色彩不够细腻,图像显得比较粗糙。

表3-15 例3-23中各变量取值情况表

变　量	尺　寸	类　型	最 小 值	最 大 值
RGB1	234×352×3	uint8	0	255
RGB2	234×352×3	double	0.0039	0.9686
X	234×352	uint8	0	15
MAP	16×3	double	0.0039	0.9686

2. 灰度图像和索引图像的相互转换

函数gray2ind和ind2gray用于实现灰度图像和索引图像之间的相互转换,其调用格式

(a) 原图

(b) 16级灰度的索引图像

(c) RGB2图像

图 3-25　RGB 图像和索引图像的相互转换

如下。

(1) [X,MAP]=gray2ind(I,N)：将灰度图像 I 转变为索引图像 X；颜色映射表 MAP 为 gray(N)，即 MAP 为 N×3 灰度映射表，N 为当前 figure 颜色映射表的长度，若没有 figure，为默认颜色映射表的长度；N≤256 时，X 为 uint8 型数据，否则为 uint16 型数据。N 应当是 1～65536 之间的整数，默认情况下，N 为 64。

(2) [X,MAP]=gray2ind(BW,N)：将二值图像 BW 转换为索引图像 X，颜色映射表 MAP 为 gray(N)。默认情况下，N 为 2。

(3) I=ind2gray(X,MAP)：将索引图像 X 转变为灰度图像 I，去掉了色调和饱和度信息，仅保留亮度值。

【例 3-24】 实现灰度图像和索引图像的相互转换。

程序如下：

```
clear,clc,close all;
I = imread('cameraman.tif');                    % 读取灰度图像
[X,MAP] = gray2ind(I,16);                       % 转换为有 16 种颜色的索引图像
figure,imshow(X,MAP),title('索引图像');
J = ind2gray(X,MAP);                            % 变换回灰度图像
figure,imshow(J),title('还原的灰度图像');
```

运行程序，各变量如表 3-16 所示。原图 I 有 256 个灰度级别，转变为索引图像 X 后为 16 个灰度级，对应 MAP 为 16×3 的矩阵。运行结果如图 3-26 所示。由于程序中灰度图像转变为索引图像时减少了灰度级，因此索引图像及再变换回的灰度图像显得比较粗糙。

表 3-16　例 3-24 中各变量取值情况表

变　量	尺　寸	类　型	最 小 值	最 大 值
I	256×256	uint8	7	253
J	256×256	uint8	0	255
X	256×256	uint8	0	15
MAP	16×3	double	0	1

(a) 原图

(b) 16级灰度的索引图像

图 3-26 灰度图像和索引图像的相互转换

3.3 色彩空间转换

颜色有多种表示方式,可以根据需要将图像转换到不同的色彩空间,便于处理。本节介绍图像在 RGB 空间和 HSV、YCbCr、YIQ、LAB 空间之间的转换。

3.3.1 RGB 空间和 HSV 空间的转换

MATLAB 提供了函数 rgb2hsv 和 hsv2rgb 用于实现图像在 RGB 和 HSV 空间之间的转换,其调用格式如下。

(1) H=rgb2hsv(M):将 RGB 颜色映射表 M 转换为 HSV 颜色映射表 H。M、H 均为取值为 0~1 的 P×3 矩阵,M 每一行为一种颜色的 RGB 分量;H 每一行为一种颜色的 HSV 分量。

(2) HSV=rgb2hsv(RGB):将 RGB 图像转变为 HSV 图像。RGB 是 uint8、uint16、double 型数据时,HSV 为 0~1 的 double 型数据;RGB 为 single 数据时,HSV 也为 single 型数据。

(3) M=hsv2rgb(H):将 HSV 颜色映射表 H 转换为 RGB 颜色映射表 M。

(4) RGB=hsv2rgb(HSV):将 HSV 图像转变为 RGB 图像。当 HSV 为 logical、double 型数据时,输出的 RGB 为 double 型数据;当 HSV 为 single 型数据时,RGB 也为 single 型数据。

【例 3-25】 将图像在 RGB 和 HSV 空间之间转换,尝试修改饱和度和亮度值,查看效果。

程序如下:

```
clear,clc,close all;
Image1 = imread('montreal.jpg');              %打开彩色图像
[Image2,MAP1] = rgb2ind(Image1,256);          %转换为 256 级的索引图像
```

```
H = rgb2hsv(MAP1);                          % 将颜色映射表转换到 HSV 空间
H(:,2) = H(:,2) * 2;     H(H > 1) = 1;      % 饱和度增强为原来的 2 倍,超出范围的限幅为 1
MAP2 = hsv2rgb(H);                          % 将增强饱和度后的颜色映射表转换回 RGB 空间
H(:,3) = H(:,3) * 1.5;  H(H > 1) = 1;       % 亮度增强为原来的 1.5 倍,超出范围的限幅为 1
MAP3 = hsv2rgb(H);                          % 将增强饱和度、亮度后的颜色映射表转换回 RGB 空间
HSV = rgb2hsv(Image1);                      % 将原真彩色图像转换到 HSV 空间
HSV(:,:,3) = HSV(:,:,3) * 1.5;              % 将亮度增强为原来的 1.5 倍
Image3 = hsv2rgb(HSV);                      % 将增强亮度后的 HSV 数据转换回 RGB 空间
subplot(221),imshow(Image1),title('原图');
subplot(222),imshow(Image2,MAP2),title('增强饱和度');
subplot(223),imshow(Image3),title('增强亮度');
subplot(224),imshow(Image2,MAP3),title('增强饱和度、亮度');
```

程序运行效果如图 3-27 所示。

(a) 原图

(b) 增强饱和度

(c) 增强亮度

(d) 增强饱和度和亮度

图 3-27 RGB 空间和 HSV 空间的相互转换

程序将 RGB 图像 Image1 转换为索引图像,并将颜色映射表 MAP1 转换为 HSV 空间的 H,H 为 256×3 的矩阵,其 3 列分别为每一种颜色的色调、饱和度和亮度的值,对饱和度进行 2 倍拉伸,反转换回 RGB 空间的颜色映射表 MAP2,转换后图像色彩相对原图鲜艳,如图 3-27(b)所示;再对 H 的亮度进行 1.5 倍拉伸,反转换回 RGB 空间的颜色映射表 MAP3,图像整体变亮,颜色变得鲜艳,如图 3-27(d)所示。将图像矩阵 Image1 转换到 HSV 空间的三维矩阵 HSV,对其第三维(亮度)进行 1.5 倍拉伸,反转换回 RGB 空间,如图 3-27(c)所示,仅亮度增加。

3.3.2 RGB 空间和 YCbCr 空间的转换

MATLAB 提供了函数 rgb2ycbcr 和 ycbcr2rgb 用于实现图像在 RGB 和 YCbCr 空间之间的转换,其调用格式如下。

(1) YCBCRMAP=rgb2ycbcr(MAP):将 RGB 颜色映射表 MAP 转换为 YCbCr 颜色映射表 YCBCRMAP。YCBCRMAP 为 P×3 矩阵,每一行对应 MAP 中同一行的颜色,3 列元素分别为该颜色的 Y、Cb、Cr 分量。

(2) YCBCR=rgb2ycbcr(RGB):将 RGB 图像转变为 YCbCr 图像,RGB 是 M×N×3

的矩阵。若RGB为uint8型数据，则Y∈[16,235]，Cb，Cr∈[16,240]；若输入为double或single型数据，则Y∈[16/255,235/255]，Cb，Cr∈[16/255,240/255]；若输入为uint16型数据，则Y∈[4112,60395]，Cb，Cr∈[4112,61680]。

(3) RGBMAP=ycbcr2rgb(YCBCRMAP)：将YCbCr空间的颜色映射表YCBCRMAP转换为RGB空间的RGBMAP。

(4) RGB=ycbcr2rgb(YCBCR)：将YCbCr图像转换为RGB图像。

【例3-26】 将图像在RGB和YCbCr空间之间转换，尝试修改数值，并查看效果。

程序如下：

```
clear,clc,close all;
Image1 = imread('montreal.jpg');
YCBCR = rgb2ycbcr(Image1);                      % RGB 图像转换到 YCbCr 空间
YCBCR(:,:,1) = YCBCR(:,:,1) * 1.6;              % 增强亮度值
Image2 = ycbcr2rgb(YCBCR);                      % 反转换回 RGB 空间
[Image3,MAP1] = imread('kids.tif');             % 打开索引图像
YCBCRMAP = rgb2ycbcr(MAP1);                     % 颜色映射表 MAP1 转换到 YCbCr 空间
YCBCRMAP(:,1) = YCBCRMAP(:,1) * 1.1;            % 略增强亮度 Y
YCBCRMAP(:,3) = YCBCRMAP(:,3) * 0.95;           % 弱化 Cr 值
YCBCRMAP(YCBCRMAP > 1) = 1;                     % 限幅
MAP2 = ycbcr2rgb(YCBCRMAP);                     % 颜色映射表反转换回 RGB 空间
subplot(221),imshow(Image1),title('真彩色图原图');
subplot(222),imshow(Image2),title('增强亮度');
subplot(223),imshow(Image3,MAP1),title('索引图原图');
subplot(224),imshow(Image3,MAP2),title('增强 Y,弱化 Cr');
```

程序运行效果如图3-28所示。程序中将RGB图像Image1转换到YCbCr空间，将亮度Y增大为原来的1.6倍，反转换后图像的效果如图3-28(b)所示，亮度增强。MAP1为索引图像的颜色映射表，转换为YCbCr空间的YCBCRMAP，YCBCRMAP为256×3的矩阵，其3列分别为每一种颜色的Y、Cb和Cr值，将亮度Y增强为原来的1.1倍，Cr值弱化为原来的0.95倍，反转换回RGB空间的颜色映射表MAP2，转换后图像在一定程度上修正了原图偏红的色彩，如图3-28(d)所示。

(a) 真彩色图原图

(b) 增强亮度

(c) 索引图原图

(d) 增强Y，弱化Cr

图3-28 RGB空间和YCbCr空间的相互转换

3.3.3 RGB 空间和 YIQ 空间的转换

MATLAB 提供了函数 rgb2ntsc 和 ntsc2rgb 用于实现图像在 RGB 和 YIQ 空间之间的转换，其调用格式如下。

(1) YIQMAP=rgb2ntsc(RGBMAP)：将 RGB 颜色映射表 RGBMAP 转换为 YIQ 颜色映射表 YIQMAP。YIQMAP 为 P×3 矩阵，每一行对应 RGBMAP 中同一行的颜色，3 列元素分别为该颜色的 Y、I、Q 分量。

(2) YIQ=rgb2ntsc(RGB)：将 RGB 图像转换为 YIQ 图像。

(3) RGBMAP=ntsc2rgb(YIQMAP)：将 YIQ 颜色映射表 YIQMAP 转换为 RGB 颜色映射表 RGBMAP。YIQMAP 和 RGBMAP 均为 P×3 的 double 型矩阵。

(4) RGB=ntsc2rgb(YIQ)：将 YIQ 图像转换为 RGB 图像。

【例 3-27】 将图像在 RGB 和 YIQ 空间之间转换，并查看数据。

程序如下：

```
clear,clc,close all;
RGB = imread('montreal.jpg');
YIQ = rgb2ntsc(RGB);                    % 真彩色图像转换为 YIQ 数据
[X,RGBMAP] = imread('kids.tif');
YIQMAP = rgb2ntsc(RGBMAP);              % 索引图像颜色映射表转换为 YIQ 颜色映射表
```

运行程序，各变量取值情况如表 3-17 所示，RGB 数据为 uint8 型，YIQ 数据为 double 型，图像尺寸一致；RGBMAP 和 YIQMAP 均为 double 型 256×3 的矩阵。

表 3-17 例 3-27 中各变量取值

变 量	尺 寸	类 型	最 小 值	最 大 值
RGB	512×512×3	uint8		
YIQ	512×512×3	double		
X	400×318	uint8	0	63
RGBMAP	256×3	double	0	0.9961
YIQMAP	256×3	double	−0.0577	0.8500

3.3.4 RGB 空间和 LAB 空间的转换

MATLAB 提供了函数 rgb2lab 和 lab2rgb 用于实现图像在 RGB 和 CIE 1976 $L^*a^*b^*$ 空间之间的转换，其调用格式如下。

(1) lab=rgb2lab(rgb)：将 RGB 值转换为 CIE 1976 $L^*a^*b^*$ 值。

(2) rgb=lab2rgb(lab)：将 CIE 1976 $L^*a^*b^*$ 值转换为 RGB 值。

【例 3-28】 将图像在 RGB 空间和 LAB 空间之间进行转换，计算并查看色差图像。

程序如下：

```
clear,clc,close all;
RGB = imread('flower.jpg');
[N,M,C] = size(RGB);
LAB = rgb2lab(RGB);                         % 转换到 LAB 空间
L = LAB(:,:,1);  A = LAB(:,:,2);  B = LAB(:,:,3);
delta = zeros(N,M);
for i = 2:M - 1
    for j = 2:N - 1
        for m = - 1:1                       % 计算每个像素点和周围 8 个点的色差和
            for n = - 1:1
                delta(j,i) = delta(j,i) + sqrt((L(j,i) - L(j + n,i + m))^2 +
                    (A(j,i) - A(j + n,i + m))^2 + (B(j,i) - B(j + n,i + m))^2);
            end
        end
    end
end
delta = delta/max(delta(:));
LAB(:,:,1) = L * 0.8;                       % 降低亮度
result = lab2rgb(LAB);                      % 转换回 RGB 色彩空间
subplot(131),imshow(RGB),title('真彩色图原图');
subplot(132),imshow(delta,[]),title('色差图像');
subplot(133),imshow(result),title('降低亮度反变换');
```

程序运行效果如图 3-29 所示。

(a) 真彩色图原图

(b) 色差图像

(c) 降低亮度反变换

图 3-29　RGB 空间和 LAB 空间的相互转换

3.4　视频文件的读写

数字视频，又称动态图像，是多帧位图的有序组合，在很多情况下，需要处理的对象正是数字视频。本节介绍 MATLAB 提供的对视频文件进行操作的相关函数。

3.4.1 视频文件信息读取

MATLAB 提供的 mmfileinfo 函数能够获取多媒体文件的信息，其调用格式如下。

INFO=mmfileinfo(FILENAME)：获取 FILENAME 指定的多媒体文件的音频、视频信息，存储于 INFO 结构体中。INFO 结构体各变量如表 3-18 所示。

表 3-18 mmfileinfo 函数返回结构体各变量

变　量	含　义	内　容	
Filename	文件名	一个字符串	
Path	文件绝对路径	一个字符串	
Duration	文件时长，单位为秒		
Audio	一个结构体，文件中的音频信息	Format	音频格式
		NumberOfChannels	音频通道数
Video	一个结构体，文件中的视频信息	Format	视频格式
		Height	帧高
		Width	帧宽

【例 3-29】 读取两种不同格式的视频文件，并查看返回结构体数据。

程序如下：

```
clear,clc,close all;
INFO1 = mmfileinfo('tilted_face.avi');
INFO2 = mmfileinfo('xylophone.mpg');
```

程序运行结果如表 3-19 所示。

表 3-19 例 3-29 中各变量取值

变量	分量	取　值		变量	分量	取　值	
INFO1	Filename	'tilted_face.avi'		INFO2	Filename	'xylophone.mpg'	
	Path	'E:\MATLAB\3 Chapter'			Path	'E:\MATLAB\3 Chapter'	
	Duration	13.7667			Duration	4.7020	
	Audio	Format	''		Audio	Format	'MPEG'
		NumberOfChannels	[ ]			NumberOfChannels	2
	Video	Format	'MJPG'		Video	Format	'MPEG1'
		Height	480			Height	240
		Width	640			Width	320

3.4.2 视频文件数据读取

VideoReader 函数创建一个多媒体读取对象，进而能读取视频数据，其调用格式如下。

(1) OBJ＝VideoReader(FILENAME)：创建一个多媒体读取对象 OBJ，可以通过 OBJ 读取多媒体文件的视频数据。

(2) OBJ ＝VideoReader(FILENAME,'P1',V1,'P2',V2,…)：设置相关属性创建多媒体读取对象 OBJ，相关属性见表 3-20。

表 3-20 函数 VideoReader 属性

属性	含义	属性	含义
Name	被读取的文件名	Height	帧高，单位：像素
Path	被读取的文件路径	Width	帧宽，单位：像素
Duration	文件时长，单位：秒	BitsPerPixel	每像素所占位数
CurrentTime	当前读取帧在文件中的位置	VideoFormat	视频格式：取值可以为'RGB24'、'Grayscale'、'Indexed'
Tag	用户设置的一般字符串		
UserData	用户自定义数据	FrameRate	帧率

创建多媒体读取对象 OBJ 有 readFrame、hasFrame 两种方法。readFrame 方法用于从视频文件中读取下一个可读帧；hasFrame 方法判断是否有可读取的帧。各自的调用格式如下。

(1) FLAG＝hasFrame(OBJ)：有可读帧，则返回 true；否则返回 false。

(2) VIDEO＝readFrame(OBJ)：读取下一个可读帧，返回 VIDEO。VIDEO 是 H×W×B 的矩阵，H、W、B 依次为帧图像的高、宽、色彩通道数，OBJ 的 VideoFormat 指定格式返回数据。

(3) VIDEO＝readFrame(OBJ,'native')：读取下一个可读帧。指定参数'native'时，返回值与默认情况下有所区别，如表 3-21 所示。

表 3-21 VideoFormat 属性与 VIDEO 返回值

VideoFormat	指定'native'	VIDEO 数据类型	VIDEO 维数	描述
'RGB24'	否	uint8	M×N×3	真彩色图像
'Grayscale'		uint8	M×N×1	灰度图像
'Indexed'		uint8	M×N×3	真彩色图像
'RGB24'	是	uint8	M×N×3	真彩色图像
'Grayscale'		struct	1×1	MATLAB movie *
'Indexed'		struct	1×1	MATLAB movie *

注：MATLAB movie 是一个帧结构体矩阵，包含"cdata"和"colormap"两个字段，分别为帧图像数据矩阵和颜色映射表。后文直接采用 MATLAB movie 来表示。

【例 3-30】 使用 VideoReader 函数创建多媒体读取对象，读取并显示视频，查看返回数据。

程序如下：

```
clear,clc,close all;
OBJ = VideoReader('atrium.mp4');   % 创建 OBJ 多媒体读取对象
```

```
OBJ.CurrentTime = 0.1;                 % 设置开始读取帧的位置
currAxes = axes;                       % 在当前 figure 下使用默认属性值创建一个坐标系图形对象
while hasFrame(OBJ)                    % 用循环语句读取每一帧,有可读帧则读取
    Frame =  readFrame(OBJ);           % 读取可读帧,返回给 Frame
    image(Frame,'Parent',currAxes);        % 显示当前帧
    currAxes.Visible  =  'off';            % 不显示坐标
    pause(1/OBJ.FrameRate);                % 帧和帧之间的时间间隔
end
```

运行程序,在 figure 中显示视频画面,如图 3-30 所示。程序中 OBJ 变量取值如表 3-22 所示;Frame 变量为 360×640×3 的 uint8 型数据。

图 3-30　视频显示画面

表 3-22　例 3-30 中 OBJ 取值情况表

属　　性	含　　义	属　　性	含　　义
Name	'atrium. mp4'	Height	360
Path	'E:\MATLAB\3 Chapter'	Width	640
Duration	20.0000	BitsPerPixel	24
CurrentTime	20.0000	VideoFormat	'RGB24'
Tag	''	FrameRate	30
UserData	[ ]		

3.4.3　视频的播放

在例 3-30 中,采用循环语句依次读取并显示视频中的每一帧,帧和帧之间暂留时间小于视觉暂留时间,则看到连贯流畅的动态画面。除此之外,MATLAB 还提供了 movie 函数,用于实现视频的播放。本节介绍 movie 函数及与其相关的函数。

1. 函数 getframe

getframe 函数通过捕捉当前坐标系下的快照来获取 MATLAB movie 中的帧,一般用于循环语句中,以获取多帧,其调用格式如下。

(1) getframe(H)：从句柄 H 指定的 figure 或坐标系中获取一帧。

(2) getframe(H,RECT)：从指定的矩形中获取位图数据，RECT 相对于句柄 H 指定对象的左下角定义，单位为像素。

(3) F＝getframe(…)：从包含两个字段"cdata"和"colormap"的结构体中返回 MATLAB movie 帧。其中，"cdata"为 uint8 型图像数据矩阵，"colormap"是 double 型矩阵；返回 F 的"cdata"为 H×W×3 的矩阵；若系统采用真彩色图形显示方式，则 F 的"colormap"为空。

2. 函数 movie

函数 movie 用来播放视频帧，其调用格式如下。

(1) movie(M)：在当前坐标系下播放 M 中的 MATLAB movie，M 可以通过函数 getframe 获取。

(2) movie(figure_handle,…)：在指定的 figure 中播放视频。

(3) movie(M,N)：将 M 播放 N 次。若 N 为负数，每次播放包含正向一次，逆向一次；若 N 是一个向量，第一个元素是播放次数，其余元素为要播放的帧，例如，M 包含 4 帧，而 N=[10 4 4 2 1]，则播放 MATLAB movie10 次，每次按第 4 帧、第 4 帧、第 2 帧、第 1 帧播放。

(4) movie(M,N,FPS)：以每秒 FPS 帧的速度播放视频，FPS 默认时为每秒 12 帧，若达不到指定的速度，则以能达到的最快速度播放。

(5) movie(H,…)：在对象 H 中播放 MATLAB movie，H 可以是 figure 或坐标系的句柄。

(6) movie(H,M,N,FPS,LOC)：指定位置播放 MATLAB movie。LOC 是位置向量 [X Y 未使用 未使用]，X、Y 相对位于对象 H 的左下角，单位为像素；后 2 维虽未使用，但必须有。

【例 3-31】 使用 getframe 函数获取 MATLAB movie 数据并播放。

程序如下：

```
clear,clc,close all;
[Image1,MAP1] = imread('snoopy.gif');          % 打开 GIF 图像
info = imfinfo('snoopy.gif');
len = length(info);                             % 获取 GIF 图像帧数
for j = 1:len
    imshow(Image1(:,:,:,j),MAP1);               % 依次显示 GIF 中各帧
    M(j) = getframe;                            % 获取 MATLAB movie 帧
    pause(1/25);                                % 画面显示时间间隔
end
figure,movie(M);                                % 新建 figure 下显示 MATLAB movie
figure,movie(M,[6 len 1 floor(len/2)]);         % 将 M 中第 len、1、len/2 帧依次显示 6 遍
figure, currAxes = axes;
currAxes.Visible = 'off';                       % 不显示坐标系
movie(M,3,3,[50 50 300 248]);                   % 将 M 中各帧在位置[50 50]处以每秒 3 帧显示 3 遍
```

运行程序，依次显示 4 段视频：figure 1 中是循环语句，依次显示 GIF 中各帧；figure 2 中在左下角显示视频；figure 3 中将 M 中第 5、1、2 帧依次显示 6 遍；figure 4 中将 M 中各帧在位置[50 50]处以每秒 3 帧显示 3 遍。播放停止后的画面如图 3-31 所示。

(a) 第1段视频

(b) 第2段视频

(c) 第3段视频

(d) 第4段视频

图 3-31 视频显示画面

3. 函数 im2frame 和 frame2im

函数 im2frame 用于将索引图像转换为 MATLAB movie 格式；函数 frame2im 用于返回 MATLAB movie 帧的图像数据，其调用格式如下。

(1) F=im2frame(X,MAP)：将索引图像 X 及其颜色映射表 MAP 转换为 MATLAB movie 帧 F。若 X 为真彩色图像，MAP 是可选项但无效。

(2) F=im2frame(X)：将图像 X 转换为 MATLAB movie 帧 F。若 X 为索引图像，则使用当前颜色映射表。

(3) [X,MAP]=frame2im(F)：从 MATLAB movie 帧 F 返回索引图像 X 及其颜色映射表 MAP。若 F 为真彩色，则 MAP 为空。

【例 3-32】 使用 im2frame 函数获取 MATLAB movie 数据，播放视频并查看数据。

程序如下：

```
clear,clc,close all;
[Image1,MAP1] = imread('dog.gif');
info = imfinfo('dog.gif');
len = length(info);
for j = 1:len
    M(j) = im2frame(Image1(:,:,:,j),MAP1);        %将 GIF 图像的每一帧转换为 MATLAB movie 帧
end
figure,movie(M, - 2,4,[100 130 240 117]);
                        %将 M 中各帧在位置[100 130]处以每秒 4 帧显示 2 遍,每遍正向一次,逆向一次
[image2,MAP2] = frame2im(M(floor(len/2)));        %将中间帧转换为索引图像 image2
figure,imshow(image2,MAP2),title('中间帧');
```

运行程序，在 figure 1 中播放两遍视频，每遍正向一次，逆向一次；把中间帧转换为索

引图像 image2 并显示，如图 3-32 所示。

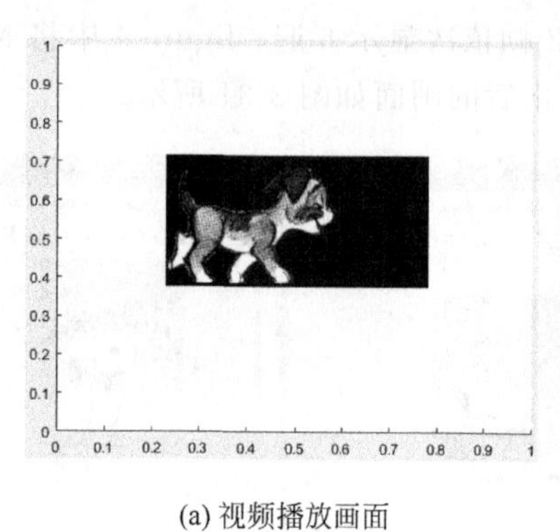

(a) 视频播放画面　　　　(b) 中间帧

图 3-32　视频显示画面

3.4.4　视频文件的保存

MATLAB 主要利用 VideoWriter 函数实现视频文件的存储。VideoWriter 函数用于创建一个视频写入对象，其调用格式如下。

(1) OBJ = VideoWriter(FILENAME)：创建一个视频写入对象，将视频数据写入 FILENAME 指定的 AVI 文件。若 FILENAME 未包含扩展名'.avi'，函数会自动附加。

(2) OBJ=VideoWriter(FILENAME,PROFILE)：设定属性创建一个视频写入对象，如表 3-23 所示。PROFILE 可取'Archival'、'Motion JPEG AVI'、'Motion JPEG 2000'、'MPEG-4'、'Uncompressed AVI'、'Indexed AVI'、'Grayscale AVI'，对应不同的视频压缩编码方法。

表 3-23　函数 VideoWriter 属性

属　性	含　义
Path	文件完全路径
Filename	文件名
Duration	文件时长，单位为秒
FileFormat	字符串，文件类型
Colormap	P×3 颜色映射表
FrameCount	帧数
FrameRate	帧率
Height	帧高
Width	帧宽
LosslessCompression	布尔值，为 true，无损压缩，则 CompressionRatio 参数无效，用于 Motion JPEG 2000 文件中
ColorChannels	输出视频帧的色彩通道数

续表

属　　性	含　　义
MJ2BitDepth	输入图像数据中最低有效位数目，取值为 1～16，仅用于 Motion JPEG 2000 文件中
Quality	0～100 的整数，仅用于 Motion JPEG AVI 和 MPEG-4 配置中；取值越大，视频质量越好但文件越大
CompressionRatio	压缩比，仅用于 Motion JPEG 2000 文件中
VideoBitsPerPixel	输出视频帧每像素位数
VideoCompressionMethod	字符串，指定视频压缩类型
VideoFormat	字符串，视频格式

视频写入对象 OBJ 有 open、close、writeVideo、getProfiles 4 种方法。可以根据需要设置 OBJ 的 Colormap、FrameRate、LosslessCompression、Quality、CompressionRatio 等属性，但必须在调用 open 函数前。4 种方法各自的调用格式如下。

(1) open(OBJ)：打开要写入视频数据的文件，必须打开才能写入。

(2) close(OBJ)：在写入结束后关闭文件。

(3) writeVideo(OBJ,FRAME)：将 FRAME 写入与 OBJ 关联的视频文件。FRAME 是一个包括 cdata 和 colormap 字段的结构体，可以通过 getframe 函数获取。文件中每一帧的宽、高应一致。

(4) writeVideo(OBJ,MOV)：将 MOV 指定的 MATLAB movie 写入视频文件。

(5) writeVideo(OBJ,IMAGE)：将 IMAGE 中的数据写入一个视频文件。IMAGE 可以为 single、double、uint8 型矩阵。

(6) writeVideo(OBJ,IMAGES)：将一系列彩色图像数据写入视频文件。IMAGES 是四维矩阵为：高×宽×1×帧数的灰度图像或者高×宽×3×帧数的彩色图像。

(7) PROFILES=VideoWriter.getProfiles()：返回 VideoWriter 支持的配置。

【例 3-33】 读取 GIF 图像，保存为 AVI 文件。

程序如下：

```
clear,clc,close all;
[Image1,MAP1] = imread('fly.gif');
info = imfinfo('fly.gif');
len = length(info);
vidObj = VideoWriter('fly.avi');           %创建视频写入对象
vidObj.FrameRate = 10;                     %修改帧率
open(vidObj);                              %打开要写入的视频文件
for i = 1:len
    Image2(:,:,:,i) = ind2rgb(Image1(:,:,:,i),MAP1);        %将 GIF 帧转换为真彩色图像
end
for j = 1:len * 3
    for i = 1:len
```

```
        Images(:,:,:,len * j + i) = Image2(:,:,:,i);
    End                                       % 重复 GIF 帧数据,存入 Images 图像序列中,增大帧数
end
writeVideo(vidObj,Images);                    % 将 Images 中的图像序列写入视频文件
close(vidObj);                                % 关闭视频文件
```

运行程序,创建的视频写入对象取值如表 3-24 所示,在当前路径下增加了 fly.avi 文件。

表 3-24 例 3-33 中 vidObj 取值情况表

属　性	取　值	属　性	取　值
Duration	20	Height	248
Filename	'fly.avi'	Width	300
Path	'E:\MATLAB\3 Chapter'	VideoFormat	'RGB24'
FileFormat	'avi'	Quality	75
ColorChannels	3	VideoBitsPerPixel	24
FrameCount	200	VideoCompressionMethod	'Motion JPEG'
FrameRate	10		

3.5 实例

【例 3-34】 实现电影中常见的去彩色效果。

设计思路:

读取一段视频,按照时间剪切其中的一段,将其中的每一帧灰度化,转换为灰度视频段;同时将该段视频的每一帧转换到 HSV 空间,提取其色调通道,转换为色调视频段;最后将灰度视频段和色调视频段分别保存为 AVI 文件。

程序如下:

```
clear,clc,close all;
OBJ = VideoReader('vippedtracking.mp4');              % 创建视频读取对象
OBJ.CurrentTime = 1;                                  % 读取视频从第 1 秒开始
j = 1;
while hasFrame(OBJ) && OBJ.CurrentTime < 9            % 判断是否已有可读下一帧,是否在 9 秒前
    Frame = readFrame(OBJ);                           % 读取下一帧
    grayFrame = rgb2gray(Frame);                      % 灰度化
    hsvFrame = rgb2hsv(Frame);                        % 转换到 HSV 空间
    M1(:,:,:,j) = grayFrame;                          % 灰度视频段图像序列
    M2(:,:,:,j) = hsvFrame(:,:,1);                    % 色调视频段图像序列
    j = j + 1;
end
vidObj1 = VideoWriter('grayvideo.avi');               % 创建视频写入对象
open(vidObj1);
```

```
writeVideo(vidObj1,M1);                          %打开视频文件并写入灰度视频
close(vidObj1);                                  %关闭视频文件
vidObj2 = VideoWriter('hvideo.avi');             %创建视频写入对象
open(vidObj2);
writeVideo(vidObj2,M2);                          %打开视频文件并写入色调视频
close(vidObj2);                                  %关闭视频文件
subplot(131),imshow(Frame),title('彩色视频段最后一帧');
subplot(132),imshow(grayFrame),title('灰度视频段最后一帧');
subplot(133),imshow(hsvFrame(:,:,1)),title('色调视频段最后一帧');
```

运行程序,将生成两段 AVI 视频 grayvideo.avi 和 hvideo.avi,各段视频最后一帧显示如图 3-33 所示。

(a) 彩色视频段最后一帧

(b) 灰度视频段最后一帧

(c) 色调视频段最后一帧

图 3-33　各段视频最后一帧

【例 3-35】 实现图像编辑中的保留色彩。

设计思路:

显示一幅图像,用鼠标左键在图像上选择至少 3 个点,根据选择点确定要保留色彩的色调范围;扫描图像,确定色彩在选择范围内的像素点,形成模板;同时将图像灰度化。模板与原图相乘,反色的模板和灰度化图像相乘,两者相加,使得模板内的像素保留色彩,模板外的像素呈现灰色。

程序如下:

```
clear,clc,close all;
Image = imread('peony.jpg');
```

```
[height,width,color] = size(Image);
figure,imshow(Image),title('选择至少 3 个像素点用于确定要保留的色彩范围');
[C,R,P] = impixel(Image);
HSV = rgb2hsv(Image);
gray = double(rgb2gray(Image));
len = length(C);          coH = zeros(len,1);
for i = 1:len
    coH(i) = HSV(R(i),C(i),1);                                    %选择点的色调值
end
minH = min(coH);    minH = max(minH - 0.2 * minH,0);
maxH = max(coH);    maxH = min(maxH + 0.2 * maxH,1);              %确定色彩范围
mask = zeros(height,width);
mask(HSV(:,:,1)>= minH & HSV(:,:,1)<= maxH) = 1;                  %形成模板
maskRGB = double(cat(3,mask,mask,mask));
result = uint8(mask. * double(Image) + (1 - mask). * gray);       %生成保留色彩的图像
figure,imshow(result);
```

程序运行结果如图 3-34 所示。

(a) 原图　　(b) 保留花朵色彩　　(c) 保留叶子色彩

图 3-34　保留色彩实例效果图

3.6 本章小结

本章主要介绍了在 MATLAB 中实现图像处理的基本操作,包括图像文件的读写、图像的显示、数据转换、类型转换、色彩空间转换、视频文件的读写、视频的播放等。本章内容是后续图像处理的前提,应熟悉各函数功能,掌握输入输出变量的含义及要求。

第二篇
MATLAB图像基础处理

第4章 图像基础性运算

图像处理的过程即对图像像素值进行相应运算的过程，处理效果不同，运算对应的名称也不同。将在不同的处理算法中经常用到的运算称为基础性运算，包括几何变换、代数运算、模板运算等。本章主要讲解图像基础性运算及其 MATLAB 实现。

4.1 图像几何变换

在图像处理过程中，常需要对图像进行大小、形状和位置等方面的变换，即几何变换，如几何失真图像的校正，图像配准，电影、电视和媒体广告的影像特技处理等。本节学习图像几何变换的原理及平移、旋转、镜像、缩放、错切、转置等几何变换的 MATLAB 实现。

4.1.1 图像几何变换原理

图像几何变换是一种空间变换，主要是确定变换前后图像中点与点之间的映射关系，明确原图像任意像素点变换后的坐标或者变换后的图像像素在原图像中的坐标位置，对新图像像素点赋值而产生新图像。

1. 几何变换的齐次坐标表示

用 $n+1$ 维向量表示 n 维向量的方法称为齐次坐标表示法。图像空间一个点 (x,y) 用齐次坐标表示为 $(x \quad y \quad 1)$，和某个变换矩阵 $\boldsymbol{T}=\begin{pmatrix} a & c & p \\ b & d & q \\ e & f & s \end{pmatrix}$ 相乘变为新的点 $(x' \quad y' \quad 1)$，如式(4-1)所示，这种变换称为几何变换。

$$(x' \quad y' \quad 1)=(x \quad y \quad 1)\begin{pmatrix} a & c & p \\ b & d & q \\ e & f & s \end{pmatrix} \tag{4-1}$$

若$\boldsymbol{T}=\begin{pmatrix}a & c & 0\\ b & d & 0\\ e & f & 1\end{pmatrix}$，则$\begin{cases}x'=ax+by+e\\ y'=cx+dy+f\end{cases}$，称这种有6个参数的变换为仿射变换。

二维图像可以表示为$n\times 3$的点集矩阵$\begin{pmatrix}x_1 & y_1 & 1\\ x_2 & y_2 & 1\\ \vdots & \vdots & \vdots\\ x_n & y_n & 1\end{pmatrix}$，实现二维图像几何变换的一般过程可以表示为：变换后的点集矩阵＝变换前的点集矩阵×变换矩阵$\boldsymbol{T}$。

2. 图像的插值运算

在几何变换过程中，可能会产生一些原图中没有的新的像素点，给这些像素点赋值需要应用插值运算，即利用已知邻近像素点的灰度值进行相应运算以产生未知像素点的灰度值。插值效果的好坏会直接影响到图像显示视觉效果。常用的插值方法有最近邻插值(Nearest Neighbor Interpolation)、双线性插值(Bilinear Interpolation)、双三次插值(Bicubic Interpolation)等。除几何变换外，插值运算在其他图像处理算法中也经常用到。

1) 最邻近插值

最邻近插值是最简单的插值方法，即将新像素点的像素值设为距离它的位置最近的输入像素的像素值。当图像中邻近像素之间的灰度级有较大变化时，该算法产生的新图像细节比较粗糙。

2) 双线性插值

如图4-1所示，对于一个插值点$(x+a,y+b)$(其中x、y均为非负整数，$0\leqslant a,b\leqslant 1$)，则该点的值$f(x+a,y+b)$可由原图像中坐标为$(x,y)$、$(x+1,y)$、$(x,y+1)$、$(x+1,y+1)$所对应的4个像素的值决定，如式(4-2)所示。

$$
\begin{aligned}
&f(x,y+b)=f(x,y)+b[f(x,y+1)-f(x,y)]\\
&f(x+1,y+b)=f(x+1,y)+b[f(x+1,y+1)-f(x+1,y)]\\
&f(x+a,y+b)=f(x,y+b)+a[f(x+1,y+b)-f(x,y+b)]
\end{aligned}
\tag{4-2}
$$

从上述内容可以看出，双线性插值是指当求出的分数地址与像素点不一致时，求出距周围4个像素点的距离比，根据该比率，由4个邻点像素灰度值进行线性插值。这种方法具有防锯齿效果，新图像拥有较平滑的边缘。

3) 双三次插值

双三次插值在计算新像素点的值时，要将周围的16个点全部考虑进去。双三次插值图像边缘比双线性插值图像更平滑，同时也需要更大的计算量。

点$(x+a,y+b)$处的像素值$f(x+a,y+b)$可由如下插值公式得到。

$$
f(x+a,y+b)=[\boldsymbol{A}][\boldsymbol{B}][\boldsymbol{C}]
\tag{4-3}
$$

其中，$[\boldsymbol{A}]=[s(a+1)\quad s(a)\quad s(a-1)\quad s(a-2)]$

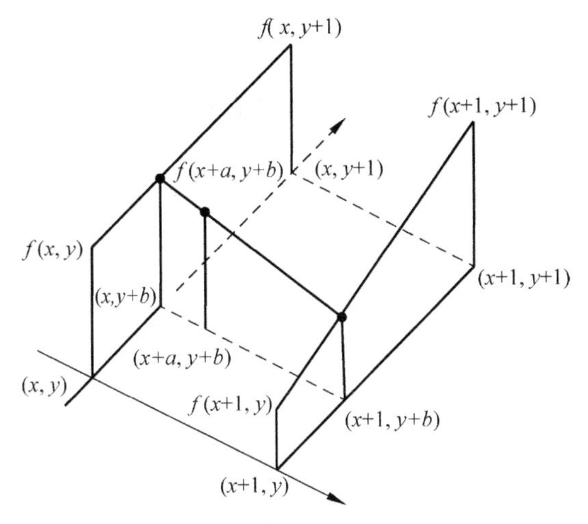

图 4-1　双线性插值原理图

$$[\boldsymbol{B}]=\begin{bmatrix} f(x-1,y-1) & f(x-1,y) & f(x-1,y+1) & f(x-1,y+2) \\ f(x+0,y-1) & f(x+0,y) & f(x+0,y+1) & f(x+0,y+2) \\ f(x+1,y-1) & f(x+1,y) & f(x+1,y+1) & f(x+1,y+2) \\ f(x+2,y-1) & f(x+2,y) & f(x+2,y+1) & f(x+2,y+2) \end{bmatrix}$$

$$[\boldsymbol{C}]=\begin{bmatrix} s(b+1) \\ s(b+0) \\ s(b-1) \\ s(b-2) \end{bmatrix},\quad s(k)=\begin{cases} 1-2\times|k|^2+|k|^3 & 0\leqslant|k|<1 \\ 4-8\times|k|+5\times|k|^2-|k|^3 & 1\leqslant|k|<2 \\ 0 & |k|\geqslant 2 \end{cases}$$

3. 图像几何变换方法

对图像进行几何变换关键在于确定图像中点与点之间的映射关系，可以采用前向映射法和后向映射法完成，实际中经常采用后者。

前向映射法是对原图像中的像素点，计算其在新图像中的对应点，并赋值，步骤如下。

(1) 根据不同的几何变换公式计算新图像的尺寸。

(2) 根据几何变换公式，计算原图像中的每一点在新图像中的对应点。

(3) 按如下对应关系给新图像中的各个像素赋值。

① 若新图像中的对应点坐标超出图像宽高范围，舍弃该点(不赋值)；

② 若新图像中的对应点坐标在图像宽高范围内且为整数，则直接将原图像中像素点的值赋给新图像中的对应点；

③ 若新图像中的对应点坐标在图像宽高范围内且非整数，则再根据新图像中的邻点，采用插值方法计算像素值。

后向映射法是对新图像中的像素点，计算其在原图像中的对应点，并反向赋值，步骤如下。

(1) 根据不同的几何变换公式计算新图像的尺寸。

(2) 根据几何变换的逆变换，对新图像中的每一点确定其在原图像中的对应点。

(3) 按如下对应关系给新图像中的各个像素赋值。

① 若原图像中的对应点存在，直接将其值赋给新图像中的点；

② 若原图像中的对应点坐标超出图像宽高范围，直接赋背景色；

③ 若原图像中的对应点坐标在图像宽高范围内，但坐标非整数，采用插值的方法计算该点的值，并赋给新图像。

4.1.2 图像平移

图像平移是指将一幅图像上的所有点均按照给定的偏移量沿 x 轴、y 轴移动，平移后的图像与原图像相同，内容不发生变化，只是改变了原有景物在画面上的位置。

1. 图像平移的原理

设点 (x,y) 进行平移后，移到点 (x',y')，其中 x 轴方向的平移量为 Δx，y 轴方向的平移量为 Δy，则平移变换公式为：

$$\begin{cases} x' = x + \Delta x \\ y' = y + \Delta y \end{cases} \tag{4-4}$$

用矩阵表示为：

$$(x' \quad y' \quad 1) = (x \quad y \quad 1)\begin{pmatrix} 1 & 0 & 0 \\ 0 & 1 & 0 \\ \Delta x & \Delta y & 1 \end{pmatrix} \tag{4-5}$$

平移变换求逆，则

$$\begin{cases} x = x' - \Delta x \\ y = y' - \Delta y \end{cases} \Rightarrow (x \quad y \quad 1) = (x' \quad y' \quad 1)\begin{pmatrix} 1 & 0 & 0 \\ 0 & 1 & 0 \\ -\Delta x & -\Delta y & 1 \end{pmatrix} \tag{4-6}$$

这样，平移后图像上的每一点 (x',y') 都可在原图像中找到对应点 (x,y)。

如果经过平移处理后，不想丢失被移出的部分，可将新图像的宽度扩大 $|\Delta x|$，高度扩大 $|\Delta y|$。

2. 图像平移的实现

1) 根据平移变换公式实现图像平移

【例 4-1】 采用反向映射法实现图像平移变换，实现不扩大和扩大图像尺寸两种效果。

程序如下：

```
clear,clc,close all;
```

```
Image = im2double(imread('flower.jpg'));                  % 读取图像并转换为 double 型
[h,w,c] = size(Image);                                    % 获取图像尺寸
NewImage1 = ones(h,w,c);                                  % 不扩大尺寸的新图像初始化
deltax = 20;                 deltay = - 20;               % 指定平移量
newh = h + abs(deltay);      neww = w + abs(deltax);      % 扩大图像尺寸
NewImage2 = ones(newh,neww,c);                            % 扩大尺寸的新图像初始化
for x = 1:w
    for y = 1:h                                           % 循环扫描新图像中的点
        oldx = x - deltax;       oldy = y - deltay;       % 确定新图像中的点在原图中的对应点
        if oldx > 0 && oldx < w + 1 && oldy > 0 && oldy < h + 1      % 判断对应点是否在图像内
            NewImage1(y,x,:) = Image(oldy,oldx,:);                   % 赋值
        end
    end
end
if deltax > 0 && deltay > 0
    NewImage2(1 + deltay:newh,1 + deltax:neww,:) = Image;
elseif deltax > 0 && deltay < 0
    NewImage2(1:newh + deltay,1 + deltax:neww,:) = Image;
elseif deltax < 0 && deltay > 0
    NewImage2(1 + deltay:newh,1:neww + deltax,:) = Image;
else
    NewImage2(1:newh + deltay,1:neww + deltax,:) = Image;
End                                                       % 扩大尺寸图像直接将图像复制到平移后的位置
figure,imshow(Image),title('原图');
figure,imshow(NewImage1),title('不扩大尺寸');
figure,imshow(NewImage2),title('扩大尺寸');
```

程序运行结果如图 4-2 所示。其中，图 4-2(a)为原始图像，图 4-2(b)为分别沿 x 轴、$-y$ 轴方向平移 20 个像素后的结果，图 4-2(c)在图 4-2(b)处理结果的基础之上把可视区域进行了扩大。

(a) 原始图像

(b) 不扩大尺寸的图像

(c) 尺寸扩大后的平移图像

图 4-2　图像平移变换

2) 早期 MATLAB 函数

MATLAB 提供了相应的函数实现图像平移，此处列出 2015 版本之前采用的函数，供参考。

(1) [B,XDATA,YDATA]=imtransform(A,PARAM1,VAL1,PARAM2,VAL2,…)：指定参数对图像 A 进行几何变换，变为图像 B，imtransform 函数的参数如表 4-1 所示。

表 4-1　imtransform 函数参数

参　数	含　义
TFORM	指定变换矩阵，由 maketform 函数或 cp2tform 函数产生的结构
INTERP	插值方法，可取'nearest'、'bilinear'、'bicubic'，默认为'bilinear'
UData、VData	二维实向量，原图 A 横纵坐标的起始和结束位置，默认值分别为[1 size(A,2)]、[1 size(A,1)]
XData、YData	二维实向量，输出 B 横纵坐标的起始和结束位置，不指定则包括完整变换输出图像
XYScale	二维实向量，指定 XY 空间输出像素的宽度和高度；为一维数据，像素宽高相等；未指定但'Size'指定，根据'Size'、'XData'和 'YData'计算；若均未指定，'XYScale'使用输入像素尺度(图像过大除外)
Size	二维非负整向量，指定输出图像 B 的行列数，更高维数和 A 对应数据一致；'Size'未指定，则根据'XData'、'YData'和 'XYScale'计算
FillValues	指定原图像中的对应点坐标超出图像宽高范围时，输出像素所赋的背景色；若 A 为 uint8 型 RGB 图像，可取 0、[0;0;0]、255、[255;255;255]、[0;0;255]、[255;255;0]

(2) T=maketform(TRANSFORMTYPE,…)：产生转换结构。TRANSFORMTYPE 为变换类型，可以为'affine'，'projective'，'custom'，'box'，'composite'。

(3) TFORM=cp2tform(MOVINGPOINTS,FIXEDPOINTS,TRANSFORMTYPE)：产生 TFORM 结构体。MOVINGPOINTS 为 M×2 的 double 型矩阵，是拟进行几何变换的图像控制点的 x、y 坐标；FIXEDPOINTS 同样为 M×2 的 double 型矩阵，是固定图像控制点的 x、y 坐标。TRANSFORMTYP 可以是'nonreflective similarity'、'similarity'、'affine'、'projective'、'polynomial'、'piecewise linear' 或者'lwm'，对应不同的映射方式。一般用于几何校正中。

【例 4-2】 采用 maketform 和 imtransform 函数实现图像平移变换。

程序如下：

```
clear,clc,close all;
Image = imread('flower.jpg');
[h,w,c] = size(Image);
deltax = 20;                deltay = - 20;
T = maketform('affine',[1 0 0;0 1 0;deltax deltay 1]);
startx = 1;                 endx = w + deltax;
if deltax < 0
    startx = deltax;        endx = w;
end
starty = 1;                 endy = h + deltay;
if deltay < 0
    starty = deltay;    endy = h;
end                                          %以上计算扩大尺寸图像中非背景区域对应终始位置
NewImage1 = imtransform(Image,T,'XData',[1 w],'YData',[1 h],'FillValue',255);
NewImage2 = imtransform(Image,T,'XData',[startx endx], ...
                        'YData',[starty endy],'FillValue',255);
figure,imshow(Image),title('原图');
```

```
figure,imshow(NewImage1),title('图像尺寸不变平移');
figure,imshow(NewImage2),title('图像尺寸扩大平移');
```

程序运行结果如图 4-2 所示。

3）新的函数

MATLAB 提供了新的函数，可用于二维或三维图像的几何变换。这里主要介绍函数在二维图像几何变换中的应用。

（1）imwarp 函数：实现几何变换。

① B=imwarp(A,TFORM)：根据 TFORM 定义的几何变换将图像 A 变为图像 B。TFORM 可以是二维或三维几何变换。

② B=imwarp(A,D)：根据 D 定义的位移场将图像 A 变为图像 B。对于二维图像 A，D 是一个 M×N×2 的数值矩阵；对于三维图像 A，D 是 M×N×P×3 的矩阵。

③ B=imwarp(…,INTERP)：指定插值方式进行几何变换，INTERP 可以取'nearest'、'linear'或'cubic'，默认值为'linear'。

④ [B,RB]=imwarp(…,PARAM1,VAL1,PARAM2,VAL2,…)：设定参数实现几何变换，参数如表 4-2 所示。

表 4-2　imwarp 函数参数

参　数	含　义
OutputView	一个 imref2d 或 imref3d 对象，即在世界坐标系下定义的图像，有 ImageSize、XWorldLimits、YWorldLimits 属性，定义了输出图像的尺寸和在世界坐标系下的坐标
FillValues	原图像中的对应点坐标超出图像宽高范围时，指定输出像素所赋的背景色；可取标量或矩阵(用于高维变换或高维图像进行二维变换)；若 A 为 uint8 型 RGB 图像，可取 0、[0;0;0]、255、[255;255;255]、[0;0;255]、[255;255;0]
SmoothEdges	逻辑值，控制边界平滑操作：为 true，输入图像用 FillValues 填充以输出更平滑的边界；为 false，则不填充；默认值为 false

（2）affine2d 函数：定义了二维仿射几何变换。

① 属性：T 为 3×3 的代表仿射变换的矩阵；Dimensionality 为几何变换的维数。

② 函数 affine2d：tform=affine2d(A)指定 3×3 的仿射变换矩阵 A 创建一个 affine2d 对象。

③ 函数 invert：invtform=invert(tform)实现几何反变换。

④ 函数 isTranslation：TF=isTranslation(tform)实现纯平移变换，返回 true。

⑤ 函数 isRigid：TF=isRigid(tform)仅实现旋转和平移(刚性变换)，返回 true。

⑥ 函数 isSimilarity：TF=isSimilarity(tform)仅实现均匀尺度、旋转和平移(相似变换)，返回 true。

⑦ 函数 outputLimits：[xLimitsOut,yLimitsOut]=outputLimits(tform,xLimitsIn,yLimitsIn)给定几何变换 tform 和一组输入空间范围，估计相对应的输出空间范围。

⑧ 函数 transformPointsForward：X＝transformPointsForward(tform,U)对 N×2 的矩阵 U 中的点进行 tform 指定的几何变换，输出到点矩阵 X。

⑨ 函数 transformPointsInverse：U＝transformPointsInverse(tform,X)对 N×2 的矩阵 X 中的点进行 tform 指定的几何逆变换，输出到点矩阵 U。

(3) imref2d：定义了世界坐标系下的二维图像。

① 属性：XWorldLimits 代表图像在世界坐标系中 x 坐标的范围[xMin xMax]；YWorldLimits 代表图像在世界坐标系中 y 坐标的范围[yMin yMax]；ImageSize 代表图像尺寸。其余属性略。

② 函数 imref2d：

R＝imref2d()默认设置创建 imref2d 对象；

R＝imref2d(imageSize)给定图像尺寸创建 imref2d 对象；

R＝imref2d(imageSize,xWorldLimits,yWorldLimits)设定属性创建 imref2d 对象。

③ 其余函数略。

【例 4-3】 采用 imwarp、affine2d 和 imref2d 函数实现图像平移变换。

程序如下：

```
clear,clc,close all;
Image = imread('flower.jpg');
[h,w,c] = size(Image);
deltax = 20;                                deltay = 20;
newh = h + abs(deltay);                     neww = w + abs(deltax);          %扩大后的尺寸
tform  =  affine2d([1 0 0;0 1 0;deltax deltay 1]);                          %定义几何变换
TF  =  isTranslation(tform);                                                %判断是否平移变换
[xLimitsOut,yLimitsOut]  =  outputLimits(tform,[1 w],[1 h]);               %估计输出范围
if deltax < 0
    xLimitsOut(2) = xLimitsOut(2) + abs(deltax);
else
    xLimitsOut(1) = xLimitsOut(1) - abs(deltax);
end
if deltay < 0
    yLimitsOut(2) = yLimitsOut(2) + abs(deltay);
else
    yLimitsOut(1) = yLimitsOut(1) - abs(deltay);
end                                             %以上调整扩大尺寸图像中非背景区域坐标值,以正确显示
R1 = imref2d([h,w],[1 w],[1 h]);                                    %定义不扩大尺寸输出图像对象属性
R2 = imref2d([newh,neww],xLimitsOut,yLimitsOut);                    %定义扩大尺寸输出图像对象属性
NewImage1 = imwarp(Image,tform,'FillValue',255,'OutputView',R1);         %不扩大尺寸几何变换
NewImage2 = imwarp(Image,tform,'FillValue',255,'OutputView',R2);         %扩大尺寸几何变换
figure,imshow(Image),title('原图');
figure,imshow(NewImage1),title('图像尺寸不变平移');
figure,imshow(NewImage2),title('图像尺寸扩大平移');
```

程序运行结果如图 4-2 所示。

4.1.3 图像镜像

设图像的大小为$M \times N$，采用像素坐标系，图像镜像变换如式(4-7)所示，可以看出，镜像就是左右、上下或对角对换。

$$
\begin{aligned}
&\text{水平镜像：}(x' \quad y' \quad 1)=(x \quad y \quad 1)\begin{pmatrix} -1 & 0 & 0 \\ 0 & 1 & 0 \\ M-1 & 0 & 1 \end{pmatrix} \\
&\text{垂直镜像：}(x' \quad y' \quad 1)=(x \quad y \quad 1)\begin{pmatrix} 1 & 0 & 0 \\ 0 & -1 & 0 \\ 0 & N-1 & 1 \end{pmatrix} \\
&\text{对角镜像：}(x' \quad y' \quad 1)=(x \quad y \quad 1)\begin{pmatrix} -1 & 0 & 0 \\ 0 & -1 & 0 \\ M-1 & N-1 & 1 \end{pmatrix}
\end{aligned}
\tag{4-7}
$$

【例 4-4】 采用 imwarp、affine2d 函数实现图像镜像变换。

程序如下：

```
clear,clc,close all;
Image = imread('flower.jpg');
[N,M,C] = size(Image);
Htform = affine2d([ - 1 0 0;0  1 0;M - 1   0 1]);          %定义水平镜像变换
Vtform = affine2d([1 0 0;0 - 1 0;  0 N - 1 1]);             %定义垂直镜像变换
Ctform = affine2d([ - 1 0 0;0 - 1 0;M - 1 N - 1 1]);        %定义对角镜像变换
HImage = imwarp(Image,Htform);                              %水平镜像变换
VImage = imwarp(Image,Vtform);                              %垂直镜像变换
CImage = imwarp(Image,Ctform3);                             %对角镜像变换
subplot(221),imshow(Image),title('原图');
subplot(222),imshow(HImage),title('图像水平镜像 ');
subplot(223),imshow(VImage),title('图像垂直镜像');
subplot(224),imshow(CImage),title('图像对角镜像');
```

程序运行结果如图 4-3 所示。

MATLAB 中定义了矩阵翻转函数，也可以实现图像的镜像变换。其调用格式如下。

(1) fliplr(X)：实现二维矩阵 X 沿垂直轴左右翻转。

(2) flipud(X)：实现二维矩阵 X 上下翻转。

(3) flipdim(X,DIM)：DIM 指定翻转方式，为 1 表示矩阵 X 按行翻转；为 2 表示按列翻转。

(4) B=permute(A,ORDER)：按照向量 ORDER 指定的顺序重排 A 的各维，B 中元素和 A 中元素完全相同，但在 A、B 访问同一个元素时使用的下标不一样。ORDER 中的元素必须各不相同。

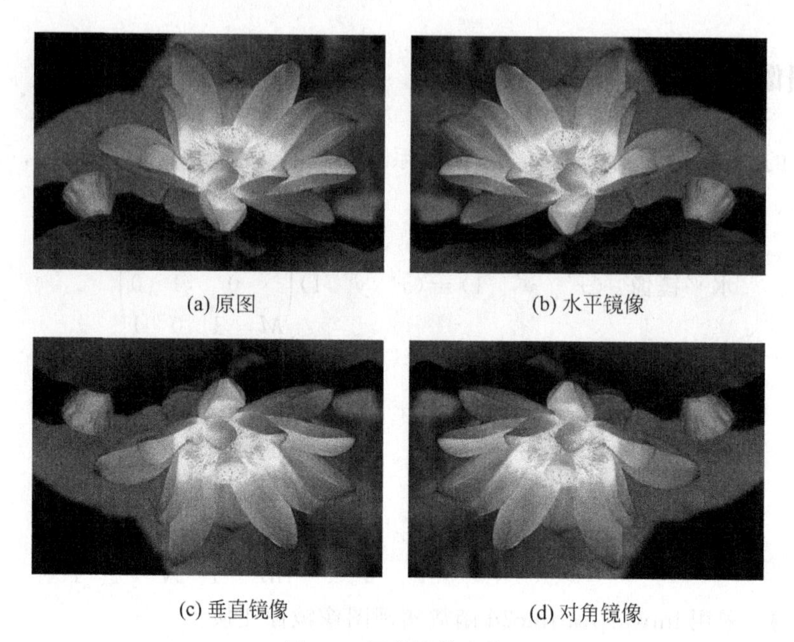

(a) 原图　　(b) 水平镜像

(c) 垂直镜像　　(d) 对角镜像

图 4-3　图像镜像变换

【例 4-5】 采用 MATLAB 中的矩阵翻转函数实现图像镜像变换,并将镜像图像拼接成大图。

程序如下:

```
clear,clc,close all;
Image = imread('flower.jpg');
HImage = flipdim(Image,2);                    %水平镜像
VImage = flipdim(Image,1);                    %垂直镜像
CImage = flipdim(HImage,1);                   %对角镜像
NewImage = [Image HImage;VImage CImage];      %将图像拼接成大图
subplot(221),imshow(Image),title('原图');
subplot(222),imshow(HImage),title('图像水平镜像 ');
subplot(223),imshow(VImage),title('图像垂直镜像');
subplot(224),imshow(CImage),title('图像对角镜像');
figure,imshow(NewImage),title('镜像图像拼接');
```

运行程序,原图、水平镜像、垂直镜像、对角镜像如图 4-3 所示,拼接效果如图 4-4 所示。

4.1.4　图像旋转

图像旋转是指以图像中的某一点为原点,按逆时针或顺时针方向将图像上的所有像素都旋转一个相同的角度。经过旋转变换后,图像的大小一般会改变,并且图像中的部分像素可能会转出可视区域范围,因此需要扩大可视区域范围以显示所有的图像。

图 4-4　镜像图像拼接

1. 图像旋转的原理

设原图像中点(x,y)绕原点逆时针旋转θ角后的对应点为(x',y')，如图 4-5 所示。在旋转变换前，原图像中点(x,y)的坐标表达式为：

$$\begin{cases} x = r \cdot \cos\alpha \\ y = r \cdot \sin\alpha \end{cases} \tag{4-8}$$

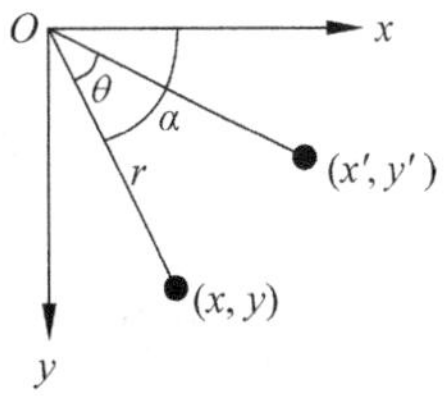

逆时针旋转θ角后为：

$$\begin{cases} x' = r \cdot \cos(\alpha - \theta) = x \cdot \cos\theta + y \cdot \sin\theta \\ y' = r \cdot \sin(\alpha - \theta) = -x \cdot \sin\theta + y \cdot \cos\theta \end{cases} \tag{4-9}$$

图 4-5　图像旋转θ角示意图

则图像旋转变换的矩阵表达为：

$$(x' \quad y' \quad 1) = (x \quad y \quad 1)\begin{pmatrix} \cos\theta & -\sin\theta & 0 \\ \sin\theta & \cos\theta & 0 \\ 0 & 0 & 1 \end{pmatrix} \tag{4-10}$$

若顺时针旋转，则角度θ取负值。

绕原点旋转的逆变换为：

$$\begin{cases} x = x'\cos\theta - y'\sin\theta \\ y = x'\sin\theta + y'\cos\theta \end{cases} \tag{4-11}$$

2. 图像旋转变换过程

1）确定旋转后新图像的尺寸

绕原点逆时针旋转示意图如图 4-6 所示。xOy 为原始图像坐标系，图像 4 个角标注为

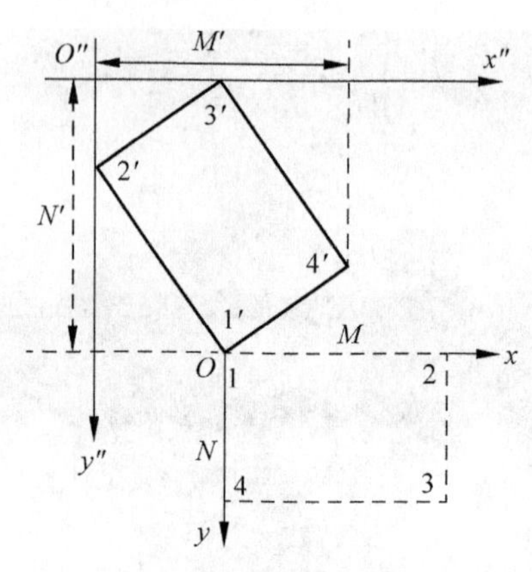

图4-6　绕原点旋转示意图

1、2、3、4，旋转后为1′、2′、3′、4′，新图像坐标系表示为$x''O''y''$。

设原始图像大小为$M \times N$，以图像起始点作为坐标原点，则原始图像4个角坐标分别为：

$$(x_1, y_1) = (0, 0), (x_2, y_2) = (M-1, 0),$$
$$(x_3, y_3) = (M-1, N-1), (x_4, y_4) = (0, N-1)。$$

按照逆时针旋转公式(4-9)对图像进行旋转后，4个点在原坐标系中的坐标为：

$$\begin{cases} (x'_1, y'_1) = (0, 0) \\ (x'_2, y'_2) = ((M-1)\cos\theta, -(M-1)\sin\theta) \\ (x'_3, y'_3) = ((M-1)\cos\theta + (N-1)\sin\theta, -(M-1)\sin\theta + (N-1)\cos\theta) \\ (x'_4, y'_4) = ((N-1)\sin\theta, (N-1)\cos\theta) \end{cases} \tag{4-12}$$

令$\max x'$和$\min x'$分别为坐标值x'_1、x'_2、x'_3、x'_4的最大值和最小值，$\max y'$和$\min y'$分别为坐标值y'_1、y'_2、y'_3、y'_4的最大值和最小值，则新图像的宽度M'和高度N'为：

$$\begin{cases} M' = \max x' - \min x' + 1 \\ N' = \max y' - \min y' + 1 \end{cases} \tag{4-13}$$

2）坐标变换

对于新图像中的像素点(x'', y'')，$x'' \in [0, M'-1]$，$y'' \in [0, N'-1]$，先进行平移变换，变换到原像素坐标系为：

$$\begin{cases} x' = x'' + \min x' \\ y' = y'' + \min y' \end{cases} \tag{4-14}$$

3）旋转逆变换

对于每一个点(x', y')，利用旋转变换的逆变换式(4-11)在原图像中找对应点。

4）给新图像赋值

按对应关系直接或采用插值方法给新图像中的各个像素赋值。

绕中心点旋转，先要将坐标系平移到中心点，再按绕原点旋转进行变换，然后平移回原坐标原点。绕任意点旋转与此相同，仅仅是平移量的不同。

3. 图像旋转的实现

【例 4-6】 根据图像旋转变换过程,采用双线性插值方法将图像逆时针旋转 30°。

程序如下:

```
clear,clc,close all;
Image = imread('flower.jpg');
[h,w,c] = size(Image);
ang = pi/6;                                                    %旋转的角度
cornerx = [0 w-1 w-1 0];  cornery = [0 0 h-1 h-1];             %图像4个角的坐标
newcornerx = cornerx * cos(ang) + cornery * sin(ang);          %旋转后4个角的横坐标
newcornery = - cornerx * sin(ang) + cornery * cos(ang);        %旋转后4个角的纵坐标
minx = min(newcornerx);        miny = min(newcornery);         %旋转后4个角横纵坐标最小值
H = ceil(max(newcornery) - miny + 1);                          %确定新图像高度
W = ceil(max(newcornerx) - minx + 1);                          %确定新图像宽度
result = zeros(H,W,c);                                         %初始化旋转后图像
for newx = 1:W
    for newy = 1:H
        oldx = (newx - 1 + minx) * cos(ang) - (newy - 1 + miny) * sin(ang);
        oldy = (newx - 1 + minx) * sin(ang) + (newy - 1 + miny) * cos(ang);
%确定新图像中点在原图中的对应点,包括将MATLAB数组下标调整为从0开始、坐标平移、旋转逆
%变换
        if oldx < 0 || oldy < 0 || oldx > w - 1 || oldy > h - 1
            result(newy,newx,:) = 255;         %对应点超出原图像宽高范围的像素赋背景色
        else
            x = floor(oldx) + 1;
            y = floor(oldy) + 1;               %数组下标+1,转换为MATLAB中数组下标
            a = oldx - floor(oldx);
            b = oldy - floor(oldy);            %计算线性比例
            temp1 = Image(y,x,:) + b * (Image(y+1,x,:) - Image(y,x,:));
            temp2 = Image(y+1,x,:) + b * (Image(y+1,x+1,:) - Image(y,x+1,:));
            result(newy,newx,:) = temp1 + a * (temp2 - temp1);     %双线性变换
        end
    end
end
result = uint8(result);
subplot(121),imshow(Image),title('原图');
subplot(122),imshow(result),title('旋转30°');
```

程序运行效果如图 4-7 所示。

【例 4-7】 采用 imwarp、affine2d 函数实现图像旋转变换。

程序如下:

```
clear,clc,close all;
Image = imread('flower.jpg');
ang = - pi/6;
```

(a) 原图

(b) 双线性插值

图 4-7　实现图像旋转变换

```
tform = affine2d([cos(ang) -sin(ang) 0;sin(ang) cos(ang) 0;0 0 1]);   %定义几何变换
RImage1 = imwarp(Image,tform,'FillValue',255);        %双线性插值几何变换,填充背景色为白色
RImage2 = imwarp(Image,tform,'nearest','FillValue',255);     %最邻近插值几何变换
subplot(131),imshow(Image),title('原图');
subplot(132),imshow(RImage1),title('双线性插值');
subplot(133),imshow(RImage2),title('最邻近插值');
```

程序运行效果如图 4-8 所示，从边缘处可以看出，最邻近插值图像有较明显的锯齿现象，双线性插值图像较平滑。

(a) 原图

(b) 双线性插值

(c) 最邻近插值

图 4-8　采用 imwarp 函数实现图像旋转变换

MATLAB 中对于图像旋转变换，提供了 imrotate 函数，其调用格式如下。

(1) B=imrotate(A,ANGLE)：将图像 A 围绕中心点逆时针旋转 ANGLE 度，输出图像 B。ANGLE 取负值，则进行顺时针旋转；B 的尺寸自动扩大，背景色设为 0，采用最邻近插值方法。

(2) B=imrotate(A,ANGLE,METHOD)：指定插值方式实现旋转，METHOD 可取 'nearest'、'bilinear'、'bicubic'，默认采用'nearest'方式。

(3) B＝imrotate(A,ANGLE,METHOD,BBOX)：BBOX 指定返回图像的大小，可取“crop”或“loose”，取“crop”输出图像 B 与输入图像 A 具有相同的大小，对旋转图像进行剪切以满足要求；取“loose”，默认值，B 包含整个旋转后的图像。

【例 4-8】 采用 imrotate 函数实现图像旋转变换。

程序如下：

```
clear,clc,close all;
Image = im2double(imread('bird.jpg'));                 % 读取图像并转换为 double 型
NewImage1 = imrotate(Image,15,'bilinear');             % 图像旋转后不剪切
NewImage2 = imrotate(Image,15,'bilinear','crop');      % 图像旋转后剪切
subplot(131),imshow(Image),title('原图');
subplot(132),imshow(NewImage1),title('不剪切');
subplot(133),imshow(NewImage2),title('剪切');
```

程序运行结果如图 4-9 所示。

(a) 原图

(b) 不剪切

(c) 剪切

图 4-9 采用 imrotate 函数实现图像旋转变换

4.1.5 图像缩放

图像缩放是指将给定图像的尺寸在 x、y 轴方向分别缩放 k_x、k_y 倍，从而获得一幅新的图像。其中，若 $k_x=k_y$，即在 x 轴、y 轴方向缩放的比率相同，称为图像的按比例缩放。若 $k_x \neq k_y$，缩放会改变原始图像像素间的相对位置，产生几何畸变，称为图像的不按比例缩放。进行缩放变换后，新图像的分辨率为 $k_x M \times k_y N$。

图像的缩放处理分为图像的缩小和图像的放大处理，具体如下。

(1) 当 $0<k_x, k_y<1$，则实现图像的缩小处理；

(2) 当 $k_x, k_y>1$，则实现图像的放大处理。

设原图像中点 (x,y) 进行缩放处理后，移到点 (x',y')，则缩放处理的矩阵形式可表示为：

$$(x' \quad y' \quad 1)=(x \quad y \quad 1)\begin{pmatrix} k_x & 0 & 0 \\ 0 & k_y & 0 \\ 0 & 0 & 1 \end{pmatrix} \tag{4-15}$$

【例 4-9】 采用 imwarp、affine2d 函数实现图像缩小变换。

程序如下：

```
clear,clc,close all;
Image = imread('bird.jpg');
kx = 0.5;      ky = 0.8;                           %设置缩放比例
stform1 = affine2d([kx 0 0;0 ky 0;0 0 1]);         %设置不按比例放大变换
stform2 = affine2d([ky 0 0;0 ky 0;0 0 1]);         %设置按比例放大变换
SImage1 = imwarp(Image,stform1,'FillValue',255);   %不按比例变换
SImage2 = imwarp(Image,stform2,'FillValue',255);   %按比例变换
subplot(131),imshow(Image),title('原图');
subplot(132),imshow(SImage1),title('不按比例缩小');
subplot(133),imshow(SImage2),title('按比例缩小');
```

程序运行结果如图 4-10 所示。

(a) 原图

(b) 不按比例缩小

(c) 按比例缩小

图 4-10　采用 imwarp 函数实现图像缩小变换

MATLAB 中对于图像缩放变换，提供了 imresize 函数，其调用格式如下。

(1) B=imresize(A,SCALE)：将图像 A 缩放为原来的 SCALE 倍，输出图像 B，A 可以为灰度、RGB 或二值图像。

(2) B=imresize(A,[NUMROWS NUMCOLS])：对原图 A 进行缩放，返回图像 B 的行数和列数由 NUMROWS、NUMCOLS 指定；NUMROWS、NUMCOLS 可取 NaN，表明函数自动调整了图像的缩放比例，保留图像原有的宽高比。

(3) [Y,NEWMAP]=imresize(X,MAP,SCALE)：对索引图像进行成比例缩放。

(4) [Y,NEWMAP]=imresize(X,MAP,[NUMROWS NUMCOLS])：对索引图像指定输出行列数缩放。

(5) [⋯]=imresize(⋯,METHOD)：指定插值方式缩放，METHOD 取值见表 4-3。

(6) B=imresize(A,SCALE,PARAM1,VALUE1,PARAM2,VALUE2,⋯)：设定参

数实现图像缩放。参数如表 4-3 所示。

表 4-3 imresize 函数参数

参　　数	含　　义
Antialiasing	布尔值,用于确定缩小图像时是否执行抗锯齿操作。默认值依赖于所选择的插值方法:执行最邻近插值时为 false;选择其他插值方法时为 true
Colormap	只适用于索引图像。可取'original'或'optimized',前者表明输出的颜色映射表与输入的一致,后者表明创建新的最优化的颜色映射表。默认值为'optimized'
Dither	只适用于索引图像。布尔值,用于指明是否执行颜色抖动,默认值为 true
Method	插值方法,可取'nearest'、'bilinear'、'bicubic','bicubic'为默认值;也可取'box'、'triangle'、'cubic'、'lanczos2'和'lanczos3',代表了不同的插值核:盒形核、三角核(等价于'bilinear')、立方核(等价于'bicubic')、Lanczos-2 核及 Lanczos-3 核;还可以定义为二元元胞数组{f,w},f 为定制的插值核,w 为核函数宽度
OutputSize	二维向量[MROWS NCOLS],指明输出图像尺寸
Scale	为一维数据,则指明相同的行列的缩放比例;为二维向量,分别指明图像行列缩放比例

【例 4-10】 采用 imresize 函数实现图像缩放变换。

程序如下:

```
clear,clc,close all;
[Image1,MAP1] = imread('kids.tif');                          % 打开索引图像
Image2 = im2double(imread('dog.jpg'));                        % 打开真彩色图像
[NewImage1,MAP2] = imresize(Image1,MAP1,0.6,'bilinear');     % 索引图像按比例缩小,双线性插值
NewImage2 = imresize(Image2,'Scale',[2.8,1.6]);              % 不按比例放大,双三次插值
figure,imshow(NewImage1,MAP2),title('按比例缩小');
figure,imshow(NewImage2),title('不按比例放大');
```

程序运行结果如图 4-11 所示。

(a) 索引图原图

(b) 双线性插值缩小

(c) 真彩色原图

(d) 双三次插值放大

图 4-11 采用 imresize 函数实现图像缩放变换

4.1.6 图像错切

图像错切变换是平面景物在投影平面上的非垂直投影。错切使图像中的图形产生扭变。这种扭变在水平或垂直方向上产生时，分别称为水平方向上的错切和垂直方向上的错切。

设对原图像中的点(x,y)进行错切变换后，移到点(x',y')，则错切变换的矩阵形式可表示为：

$$[x' \quad y' \quad 1]=(x \quad y \quad 1)\begin{bmatrix}1 & d_y & 0\\ d_x & 1 & 0\\ 0 & 0 & 1\end{bmatrix} \tag{4-16}$$

【例 4-11】 采用 imwarp、affine2d 函数实现图像错切变换。

程序如下：

```
clear,clc,close all;
Image = imread('bird.jpg');
dx = 0.5;      dy = 0.8;                              %设定错切系数
tform1 = affine2d([1  0 0;dx 1 0;0 0 1]);             %定义水平错切变换
tform2 = affine2d([1 dy 0; 0 1 0;0 0 1]);             %定义垂直错切变换
tform3 = affine2d([1 dy 0;dx 1 0;0 0 1]);             %定义同时错切变换
hImage = imwarp(Image,tform1,'FillValue',255);
vImage = imwarp(Image,tform2,'FillValue',255);
hvImage = imwarp(Image,tform3,'FillValue',255);       %错切变换,插值方式默认为'linear'
subplot(221),imshow(Image),title('原图');
subplot(222),imshow(hImage),title('水平错切');
subplot(223),imshow(vImage),title('垂直错切');
subplot(224),imshow(hvImage),title('水平垂直同时错切');
```

程序运行结果如图 4-12 所示。

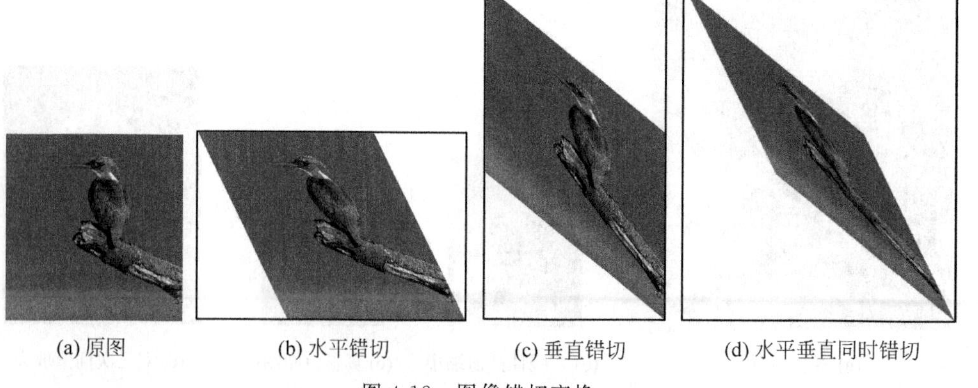

(a) 原图　(b) 水平错切　(c) 垂直错切　(d) 水平垂直同时错切

图 4-12　图像错切变换

4.1.7 图像转置

图像转置变换是指将图像的行列坐标互换。设对原图像中的点(x,y)进行转置后，移到点(x',y')，则转置变换的矩阵形式可表示为：

$$(x' \quad y' \quad 1)=(x \quad y \quad 1)\begin{pmatrix}0 & 1 & 0\\1 & 0 & 0\\0 & 0 & 1\end{pmatrix} \tag{4-17}$$

【例 4-12】 采用 imwarp、affine2d 函数实现图像转置变换。

程序如下：

```
clear,clc,close all;
Image = imread('bird.jpg');
tform = affine2d([0  1 0;1 0 0;0 0 1]);                % 定义转置变换
result = imwarp(Image,tform,'FillValue',255);
subplot(121),imshow(Image),title('原图');
subplot(122),imshow(result),title('图像转置 ');
```

程序运行结果如图 4-13 所示。

(a) 原图

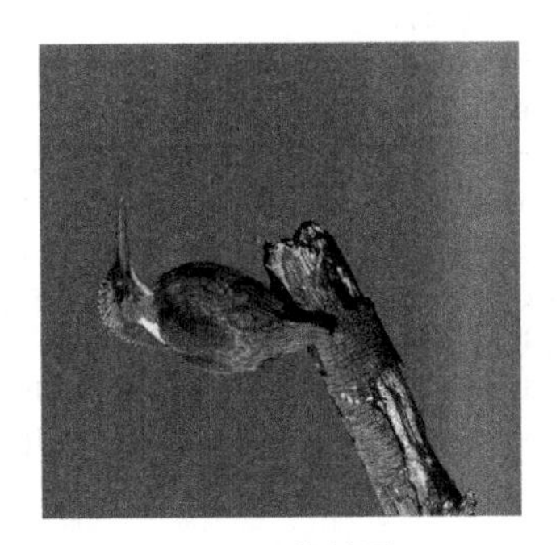

(b) 图像转置

图 4-13　图像转置变换

【例 4-13】 打开一幅图像，依次完成下列操作：顺时针旋转 20°；做水平镜像；设 $d_x=0.3$、$d_y=0.5$，做错切变换；设 $k_x=k_y=0.6$，缩小图像。

按要求设计每步的变换矩阵为：

$$\boldsymbol{T}_1=\begin{pmatrix}\cos(-20°) & -\sin(-20°) & 0\\ \sin(-20°) & \cos(-20°) & 0\\ 0 & 0 & 1\end{pmatrix}=\begin{pmatrix}\cos(20°) & \sin(20°) & 0\\ -\sin(20°) & \cos(20°) & 0\\ 0 & 0 & 1\end{pmatrix};\quad \boldsymbol{T}_2=\begin{pmatrix}-1 & 0 & 0\\ 0 & 1 & 0\\ M-1 & 0 & 1\end{pmatrix};$$

$$\boldsymbol{T}_3=\begin{pmatrix}1 & d_y & 0\\ d_x & 1 & 0\\ 0 & 0 & 1\end{pmatrix}=\begin{pmatrix}1 & 0.5 & 0\\ 0.3 & 1 & 0\\ 0 & 0 & 1\end{pmatrix};\quad \boldsymbol{T}_4=\begin{pmatrix}k_x & 0 & 0\\ 0 & k_y & 0\\ 0 & 0 & 1\end{pmatrix}=\begin{pmatrix}0.6 & 0 & 0\\ 0 & 0.6 & 0\\ 0 & 0 & 1\end{pmatrix}$$

根据几何变换原理，对图像矩阵 $\boldsymbol{I}$ 进行 4 次几何变换，输出应为 $\boldsymbol{J}=\boldsymbol{I}\times\boldsymbol{T}_1\times\boldsymbol{T}_2\times\boldsymbol{T}_3\times\boldsymbol{T}_4$，根据矩阵乘法运算性质，可知 $\boldsymbol{J}=\boldsymbol{I}\times\boldsymbol{T}$，$\boldsymbol{T}=\boldsymbol{T}_1\times\boldsymbol{T}_2\times\boldsymbol{T}_3\times\boldsymbol{T}_4$，因此，程序可以对原图顺次进行 4 次几何变换，也可以先计算组合变换矩阵 $\boldsymbol{T}$，进行一次几何变换。

程序如下：

```
clear,clc,close all;
Image = imread('bird.jpg');
[N,M,C] = size(Image);                                          %镜像用参数 M
angle = -20;                                                    %旋转角度设置
dx = 0.3;     dy = 0.5;                                         %错切比例设置
kx = 0.6;     ky = 0.6;                                         %缩放比例设置
T1 = [cos(angle) -sin(angle) 0;sin(angle) cos(angle) 0;0 0 1]; %旋转变换矩阵
T2 = [-1 0 0;0 1 0;M-1 0 1];                                    %水平镜像变换矩阵
T3 = [1 dy 0;dx 1 0;0 0 1];                                     %错切变换矩阵
T4 = [kx 0 0;0 ky 0;0 0 1];                                     %比例变换矩阵
T = T1 * T2 * T3 * T4;                                          %组合变换矩阵
tform = affine2d(T);                                            %定义组合几何变换
result1 = imwarp(Image,tform,'FillValue',255);                  %实现组合几何变换
tform = affine2d(T1);                                           %顺次定义各几何变换并实现
result2 = imwarp(Image,tform,'FillValue',255);
tform = affine2d(T2);
result2 = imwarp(result2,tform,'FillValue',255);
tform = affine2d(T3);
result2 = imwarp(result2,tform,'FillValue',255);
tform = affine2d(T4);
result2 = imwarp(result2,tform,'FillValue',255);
[h1,w1,c1] = size(result1);    [h2,w2,c2] = size(result2);
diffh = h2 - h1;               diffw = w2 - w1;          %两种变换方式产生图像大小有差异
result3 = result2(diffh/2:h2 - diffh/2,diffw/2:w2 - diffw/2,:); %将大图像四周多余背景去掉
subplot(221),imshow(Image),title('原图');
subplot(222),imshow(result1),title('组合几何变换');
subplot(223),imshow(result2),title('顺次几何变换');
subplot(224),imshow(result3),title('均衡尺寸');
```

程序运行结果如图 4-14 所示。可以看出组合几何变换和顺次几何变换结果一致，但由

(a) 原图

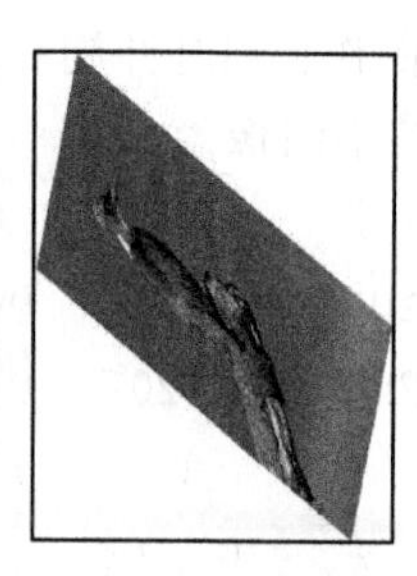
(b) 组合几何变换

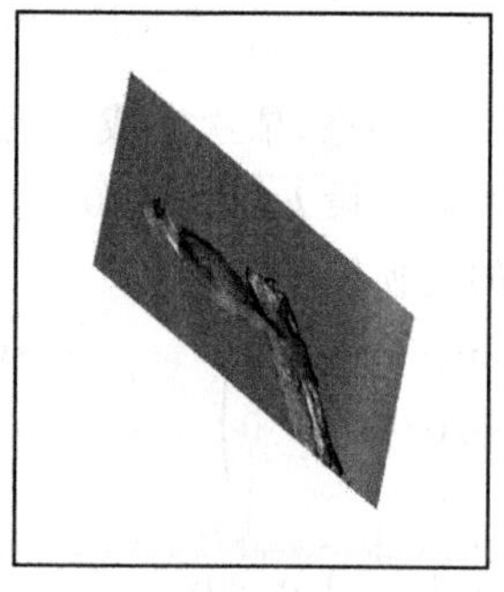
(c) 顺次几何变换

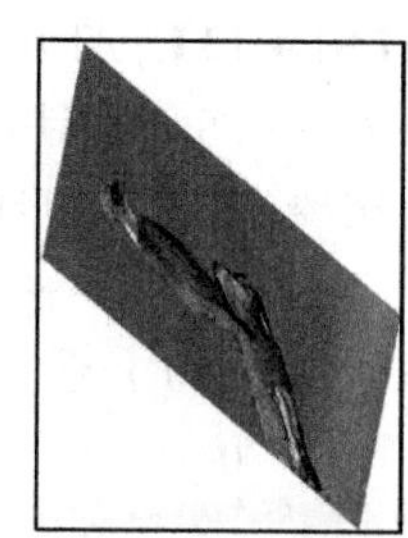
(d) 均衡尺寸

图 4-14　图像组合几何变换

于顺次变换中，旋转变换导致图像尺寸变大，使得最终结果图像大于组合几何变换图像，去掉四周多余白色背景区域，两种变换结果一致。

4.2 图像代数运算

图像代数运算是指对两幅或多幅输入图像进行点对点的加减乘除、与或非等运算，有时涉及将简单的代数运算进行组合而得到更复杂的代数运算结果。从原理上来讲简单易懂，但在实际应用中很常见，因此，本节对代数运算做简单讲解。

4.2.1 加法运算

加法运算是指将两幅或多幅图像对应点的像素值相加，如下所示：

$$g(x,y)=f_1(x,y)+f_2(x,y) \tag{4-18}$$

其中，f_1、f_2 是同等大小的两幅图像。

在加法运算中，对应像素值的和可能会超出灰度值的表达范围，对于这种情况，可以采用下列方法进行处理。

(1) 截断处理。如果 $g(x,y)$大于 255，仍取 255；但新图像的 $g(x,y)$像素值会偏大，图像整体较亮，后续需要对灰度级进行调整。

(2) 加权求和。即

$$g(x,y)=\alpha f_1(x,y)+(1-\alpha)f_2(x,y) \tag{4-19}$$

式中，$\alpha\in[0,1]$。这种方法需要选择合适的 α。

1. 加法运算的实现

MATLAB 提供了 imadd 函数实现两幅图像相加，提供了 imlincomb 函数实现多幅图像线性组合，调用格式如下。

(1) Z=imadd(X,Y)：将矩阵 X 和 Y 中的对应元素相加，输出矩阵 Z。X 和 Y 是实数非稀疏数值矩阵或逻辑值矩阵，大小、数据类型相同，或者 Y 为 double 型标量。当 X 为逻辑值矩阵时，Z 为 double 型，除此之外，Z 的尺寸、类型和 X 一致。若 Z 为整型数据，对小数部分取整，超出整型数据范围的被截断。若 X 和 Y 为同样大小和类型的数值矩阵，可以用"X+Y"代替 imadd。

(2) Z=imlincomb(K1,A1,K2,A2,…,Kn,An)：计算 K1×A1+K2×A2+…+Kn×An，其中，A1,A2,…,An 是实数非稀疏数值矩阵，大小和数据类型相同；K1,K2,…,Kn 是 double 型标量；A1 为逻辑型矩阵，Z 为 double 型矩阵，除此之外，Z 的尺寸、类型和 A1 一致。

(3) Z=imlincomb(K1,A1,K2,A2,…,Kn,An,K)：计算 K1×A1+K2×A2+…+Kn×An+K。

(4) Z＝imlincomb(…,OUTPUT_CLASS)：指定输出 Z 的数据类型，OUTPUT_CLASS 是一个表示数据类型的字符串。

【例 4-14】 采用 imadd、imlincomb 函数实现图像相加。

程序如下：

```
clear,clc,close all;
Back = imread('desert.jpg');                              %背景图,整型数据
Foreground = imread('car.jpg');                           %目标图,整型数据
result1 = imadd(Back,Foreground);                         %截断求和
alpha = 0.6;
result2 = alpha * Back + (1 - alpha) * Foreground;        %加权求和
result3 = imlincomb(1 - alpha,Back,alpha,Foreground);     % imlincomb 加权求和
subplot(221),imshow(Back),title('背景图');
subplot(222),imshow(Foreground),title('目标图');
subplot(223),imshow(result1),title('截断求和');
subplot(224),imshow(result2),title('加权求和');
figure,imshow(result3),title('imlincomb 加权求和');
```

程序运行结果如图 4-15 所示。

(a) 背景图

(b) 目标图

(c) 截断处理

(d) 加权求和

(e) imlincomb加权求和

图 4-15　加法运算效果

2. 加法运算的主要应用

1) 多图像平均去除叠加性噪声

假设有一幅混有噪声的图像 $g(x,y)$ 由原始标准图像 $f(x,y)$ 和噪声 $n(x,y)$ 叠加而成，即：

$$g(x,y)=f(x,y)+n(x,y) \tag{4-20}$$

若图像中存在的各点噪声 $n(x,y)$ 为互不相关的加性噪声，且均值为0。令 $E[g(x,y)]$ 为 $g(x,y)$ 的期望值，则有：

$$E[g(x,y)]=E[f(x,y)+n(x,y)]=E[f(x,y)]=f(x,y) \tag{4-21}$$

那么，在此情况下，对 M 幅重复采集的有噪声图像进行平均后的输出图像为：

$$\bar{g}(x,y)=\frac{1}{M}\sum_{i=1}^{M}g_i(x,y)\approx E[g(x,y)]=\hat{f}(x,y) \tag{4-22}$$

该方法常用于摄像机的视频图像中，用于减少电视摄像机光电摄像管或CCD器件所引起的噪声。

2）图像合成和图像拼接

将一幅图像的内容经配准后叠加到另一幅图像上去，以改善图像的视觉效果；不同视角的图像拼接到一起生成全景图像等，均需要利用加法运算。

3）在多光谱图像中的应用

在多光谱图像中，通过加法运算可加宽波段，如绿色和红色波段图像叠加可以得到近似全色图像。

【例4-15】 实现多图像平均法去噪声。

程序如下：

```
clear,clc,close all;
Image = im2double(rgb2gray(imread('flower.jpg')));
                                %彩色图像灰度化并转换为0～1的double型数据,避免相加运算溢出
figure,imshow(Image),title('原灰度图');
len = 10;                                               %拟进行加法运算的图像数目
for i = 1:len
    noiseI(:,:,:,i) = imnoise(Image,'gaussian');        %生成叠加均值为零的高斯噪声的图像
end
figure,montage(noiseI,'size',[2 NaN]),title('噪声图像'); %蒙太奇方法显示噪声图像
result = noiseI(:,:,:,1);
for i = 2:len
    result = imadd(result,noiseI(:,:,:,i));
end                                                      %通过循环将噪声图像叠加
result = result/len;                                     %求平均
figure,imshow(result),title('多图像求平均去除噪声');
```

程序运行结果如图4-16所示。图4-16(a)为程序中叠加高斯噪声的10幅图像，图4-16(c)为10幅噪声图像求平均结果图，与原图相比还有较明显的噪声；图4-16(d)～图4-16(g)需要修改len参数，随着叠加的噪声图像的增多，去除噪声的效果越来越好。

4.2.2 减法运算

减法运算是指将两幅或多幅图像对应点的像素值相减，如式(4-23)所示。

$$g(x,y)=f_1(x,y)-f_2(x,y) \tag{4-23}$$

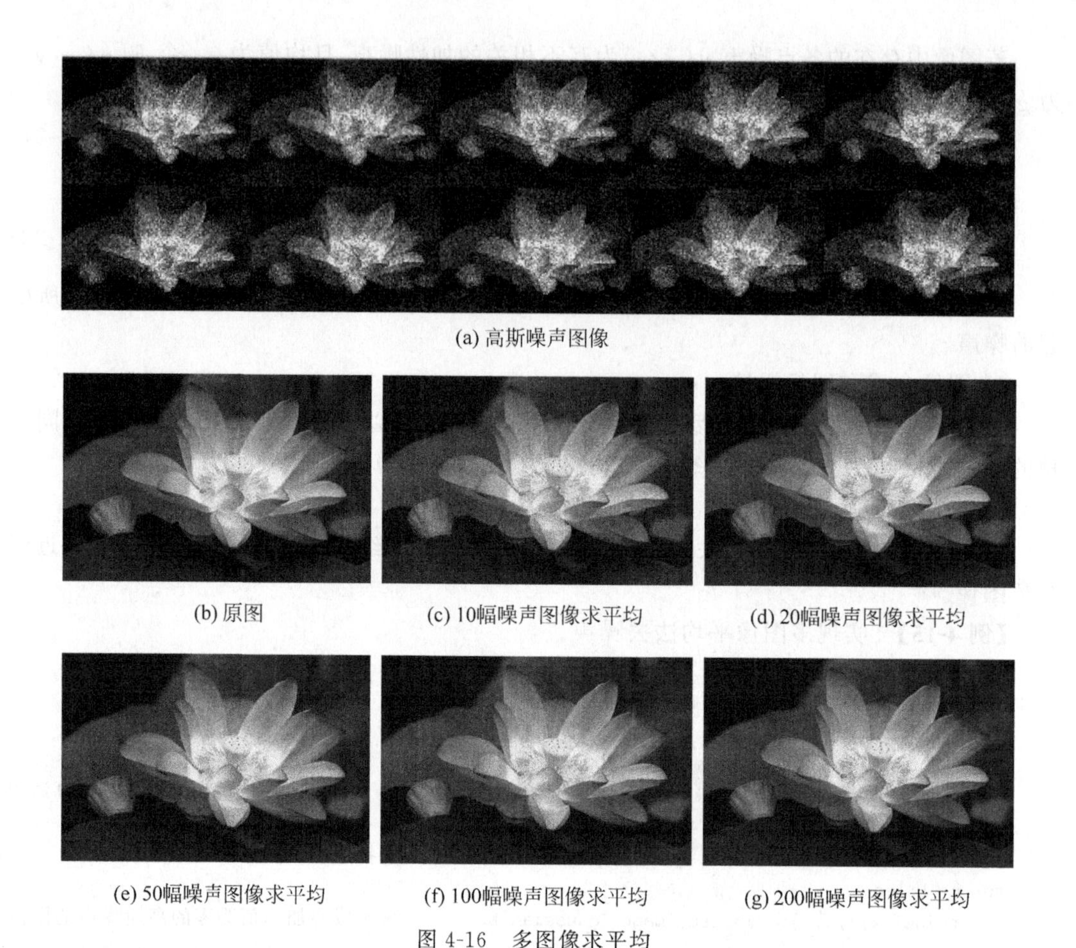

图 4-16　多图像求平均

其中，f_1、f_2 是同等大小的两幅图像。

进行相减运算时，对应像素值的差可能为负数，对于这种情况，可以采用下列方法进行处理。

(1) 截断处理。如果 $g(x,y)$ 小于 0，仍取 0；但新图像 $g(x,y)$ 像素值会偏小，图像整体较暗，后续需要进行灰度级调整。

(2) 取绝对值。即

$$g(x,y)=|f_1(x,y)-f_2(x,y)| \tag{4-24}$$

1. 减法运算的实现

MATLAB 提供了 imsubtract、imabsdiff 函数实现两幅图像相减或者图像和常数相减，其调用格式如下。

(1) Z=imsubtract(X,Y)：矩阵 X 中的元素值减去矩阵 Y 中的对应元素值，返回差值矩阵 Z。X 和 Y 是实数非稀疏数值矩阵或逻辑值矩阵，大小和数据类型相同，或者 Y 为

double型标量。当X为逻辑值矩阵时，Z为double型，除此之外，Z和X具有同等尺寸和类型。若X为整型数据矩阵，各元素差超出整型数据范围的被截断。若X和Y为同等大小和类型的数值矩阵，可以用"X-Y"代替imsubtract函数。

(2) Z=imabsdiff(X,Y)：返回的差值取绝对值。X、Y、Z的大小和类型同上。若X、Y为double型矩阵，可以用"abs(X-Y)"代替imabsdiff函数；若X、Y为逻辑值矩阵，可以使用"XOR(A,B)"代替imabsdiff函数，具体见4.2.5节逻辑运算。

【例4-16】 实现图像相减运算。

程序如下：

```
clear,clc,close all;
Back = imread('desert.jpg');
Foreground = imread('car.jpg');
result1 = imsubtract(Back,Foreground);                          %图像相减
Back = im2double(Back);
Foreground = im2double(Foreground);
result2 = abs(Back - Foreground);                               %图像相减取绝对值
subplot(221),imshow(Back),title('背景图');
subplot(222),imshow(Foreground),title('目标图');
subplot(223),imshow(result1),title('截断相减');
subplot(224),imshow(result2),title('相减取绝对值');
```

程序运行结果如图4-17所示。使用函数imsubtract将背景图Back和目标图

(a) 背景图

(b) 目标图

(c) 截断相减

(d) 相减取绝对值

图4-17 减法运算效果

Foreground 相减，由于二者均为整型矩阵，result1 也是整型矩阵，小于 0 的差值变为 0，所以汽车部分主要呈现黑色，如图 4-17(c)所示；转变为 0～1 的 double 型数据，result2 为两者相减取绝对值，效果如图 4-17(d)所示。

2. 减法运算的主要应用

1）显示两幅图像的差异

将两幅图像相减，灰度或颜色相同部分相减为 0，呈现黑色；相似部分差值很小；而相异部分相减差值较大，差值图像中使得相异部分突显，可用于检测同一场景两幅图像之间的变化，如运动目标检测中的背景减法、视频中镜头边界的检测。

2）去除不需要的叠加性图案

叠加性图案可能是缓慢变化的背景阴影或周期性的噪声，或在图像上每个像素处均已知的附加污染等，如电视制作的蓝屏技术。

3）图像分割

如分割运动的车辆，减去静止部分，剩余的是运动元素和噪声。

4）生成合成图像

【例 4-17】 实现基本的背景减法，检测同一场景中的目标。

程序如下：

```
Back = imread('hallback.bmp');
Foreground = imread('hallforeground.bmp');
result = imabsdiff(Back,Foreground);
subplot(131),imshow(Back),title('背景图');
subplot(132),imshow(Foreground),title('前景图');
subplot(133),imshow(result),title('图像相减');
```

程序运行结果如图 4-18 所示。

(a) 背景图

(b) 前景图

(c) 相减

图 4-18　减法运算结果图

4.2.3 乘法运算

乘法运算是指将两幅或多幅图像对应点的像素值相乘,如式(4-25)所示。

$$g(x,y)=f_1(x,y)\times f_2(x,y) \tag{4-25}$$

其中,f_1、f_2 是同等大小的两幅图像。

乘法运算主要用于图像的局部显示和提取,通常采用二值模板图像与原图像做乘法来实现;也可以用来生成合成图像。

MATLAB 提供了 immultiply 函数实现两幅图像相乘或者图像和常数相乘,其调用格式如下。

Z=immultiply(X,Y):将 X 和 Y 矩阵的对应元素数值相乘,输出矩阵 Z。若 X 和 Y 为同样大小和类型的数值矩阵,则 Z 也是同样尺寸和类型;若 Y 为 double 型标量,则 Z 的尺寸和类型同 X 一样;若 X 和 Y 中一个是逻辑型矩阵,另一个是数值矩阵,则 Z 为同样大小的数值矩阵。若 X 为整型矩阵,乘积超出整数类型范围的将被截断。若 X 和 Y 为同样大小和类型的数值矩阵,可以使用“X. * Y”代替函数 immultiply。

【例 4-18】 基于 MATLAB 编程,实现两幅图像相乘,实现模板运算。

程序如下:

```
clear,clc,close all;
Back = im2double(imread('bird.jpg'));
Templet = im2double(imread('birdtemplet.bmp'));
result1 = immultiply(Templet,Back);                    % 图像和模板相乘
result2 = Back. * Templet;                             % 大小和类型一致,用矩阵点乘代替
subplot(221),imshow(Back),title('背景图');
subplot(222),imshow(Templet),title('模板');
subplot(223),imshow(result1),title('图像相乘');
subplot(224),imshow(result2),title('矩阵点乘');
```

程序运行结果如图 4-19 所示,可以看出矩阵点乘和图像相乘效果一致。

(a) 背景

(b) 模板

(c) 图像相乘

(d) 矩阵点乘

图 4-19 乘法运算结果图

4.2.4 除法运算

除法运算是指将两幅或多幅图像对应点的像素值相除，如式(4-26)所示。

$$g(x,y)=f_1(x,y)\div f_2(x,y) \tag{4-26}$$

其中，f_1、f_2 是同等大小的两幅图像。

除法运算可用于消除空间可变的量化敏感函数、归一化、产生比率图像等。

MATLAB 提供了 imdivide 函数实现两幅图像相除或者图像和常数相除，其调用格式如下。

Z=imdivide(X,Y)：矩阵 X 中的元素值除以 Y 中的对应值得到输出矩阵 Z。X 和 Y 是实数非稀疏数值矩阵或逻辑值矩阵，其大小、数据类型相同，或者 Y 为 double 型标量。当 X 为逻辑值矩阵时，Z 为 double 型，除此之外，Z 和 X 具有同等尺寸和类型。若 X 为整型数据矩阵，各元素输出超出整型数据范围的被截断。若 X 和 Y 为同等大小和类型的数值矩阵，可以用"X./Y"代替 imdivide。

【例 4-19】 基于 MATLAB 编程，实现两幅图像相除，实现模板运算。

程序如下：

```
clear,clc,close all;
Back = im2double(imread('bird.jpg'));
Templet = im2double(imread('birdtemplet.bmp'));
subplot(221),imshow(Back),title('背景图');
subplot(222),imshow(Templet),title('模板');
Templet(Templet~ = 1) = 1000;                    %模板图像中非模板区值设为较大值 1000
result1 =  imdivide(Back,Templet);               %图像相除
result2 = double(Back)/2;                        %背景图除以常数
subplot(223),imshow(result1),title('图像相除');
subplot(224),imshow(result2),title('除以常数');
```

程序运行结果如图 4-20 所示。可以看出，通过合理设置模板图像，除法也实现了模板运算；原背景图除以 2，像素值降低，图像变暗。

(a) 背景　(b) 模板　(c) 图像相除　(d) 除以常数

图 4-20　除法运算结果图

4.2.5 逻辑运算

在两幅图像对应像素间进行与、或、非等运算，称为逻辑运算。

非运算：$g(x,y)=255-f(x,y)$，用于获得原图像的补图像，或称反色。

与运算：$g(x,y)=f_1(x,y)\&f_2(x,y)$，求两幅图像的相交子图，可作为模板运算。

或运算：$g(x,y)=f_1(x,y)|f_2(x,y)$，合并两幅图像的子图像，可作为模板运算。

MATLAB 提供了一系列逻辑运算的函数，列举如下。

(1) IM2=imcomplement(IM)：计算图像 IM 的补图像 IM2，IM2 和 IM 数据类型、尺寸一致。若 IM 是 double 或 single 型，可以使用“1-IM”代替 imcomplement 函数；若 IM 是 logical 型，可以使用“～IM”代替。

(2) 按位逻辑运算。

① C=bitcmp(A)：A 为有符号或无符号整型矩阵，C 为 A 按位求补。

② C=bitand(A,B)：A 和 B 为有符号或无符号整型矩阵，C 为 A、B 按位求与。

③ C=bitor(A,B)：A 和 B 为有符号或无符号整型矩阵，C 为 A、B 按位求或。

④ C=bitxor(A,B)：A 和 B 为有符号或无符号整型矩阵，C 为 A、B 按位求异或。

(3) &、|、～运算符。

① & 运算符：相“&”的两个数据非 0 则输出 1，否则输出 0；或者用函数 C=and(A,B)。

② |运算符：相“|”的两个数，一个非 0 则输出 1；或者用函数 C=or(A,B)。

③ ～运算符：“～A”，若 A 为 0，则输出 1，否则输出 0；或者用函数 B=not(A)。

④ 异或运算：xor(A,B)，当 A 和 B 中的一个非 0，则输出 1；当 A 和 B 相同，则输出 0。要注意运算符与按位逻辑运算不一致。

【例 4-20】 对图像取反并显示。

程序如下：

```
clear,clc,close all;
Image1 = imread('cameraman.jpg');
ComImage1 = 255 - Image1;                          %灰度图像反色
Image2 = imread('flower.jpg');
ComImage2 = imcomplement(Image2);                  %彩色图像反色
subplot(221),imshow(Image1),title('原图 1');
subplot(222),imshow(ComImage1),title('反色图像 1');
subplot(223),imshow(Image2),title('原图 2');
subplot(224),imshow(ComImage2),title('反色图像 2');
```

程序运行效果如图 4-21 所示。

【例 4-21】 对两幅图像按位进行逻辑运算。

程序如下：

```
clear,clc,close all;
```

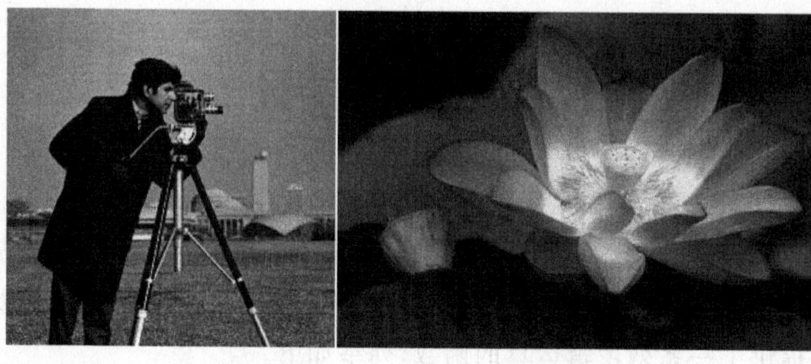

(a) 原图

(b) 反色

图 4-21 取反运算效果图

```
Back = imread('bird.jpg');
Templet = imread('birdtemplet.bmp');
result1 = bitcmp(Back);                          %求反
result2 = bitand(Templet,Back);                  %求与
result3 = bitor(Templet,Back);                   %求或
result4 = bitxor(Templet,Back);                  %求异或
subplot(221),imshow(result1),title('求反');
subplot(222),imshow(result2),title('相与');
subplot(223),imshow(result3),title('相或');
subplot(224),imshow(result4),title('异或');
```

程序运行结果如图 4-22 所示。

Templet 中目标为白色,像素值每位均为 1,与 Back 按位与,保留目标区域,如图 4-22(d)所示;Templet 中背景是黑色,像素值每位均为 0,与 Back 按位或,保留 Back 中的背景,目标区域像素值各位均为 1,变为白色,如图 4-22(e)所示。

【例 4-22】 对两幅图像用逻辑运算符进行运算。

程序如下:

```
clear,clc,close all;
Back = imread('bird.jpg');
Templet = imread('birdtemplet.bmp');
result1 = ~Back;
```

(a) 背景

(b) 模板

(c) 背景图求反

(d) 与模板相与

(e) 与模板相或

(f) 与模板异或

图 4-22　按位逻辑运算结果图

```
result2 = Templet & Back;
result3 = Templet | Back;
result4 = xor(Templet,Back);
subplot(221),imshow(double(result1)),title('求反');
subplot(222),imshow(double(result2)),title('相与');
subplot(223),imshow(double(result3)),title('相或');
subplot(224),imshow(double(result4)),title('异或');
```

程序运行结果如图 4-23 所示。例 4-22 对像素值进行逻辑运算,输出为 0 或 1,结果为三维 logical 矩阵,结果与例 4-21 截然不同。

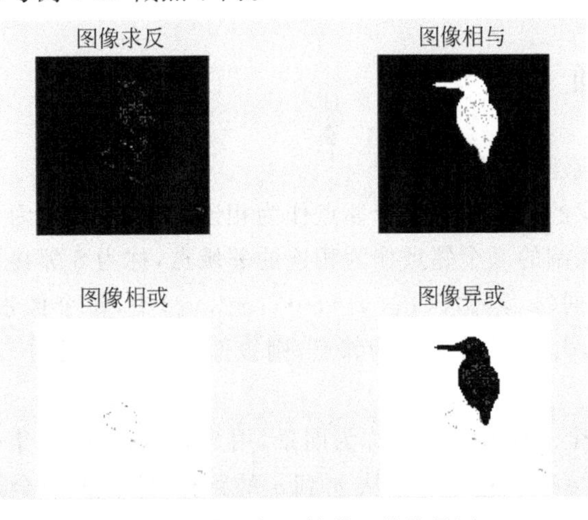

图 4-23　按逻辑运算符运算结果图

4.3 邻域及模板运算

点运算和邻域运算是图像处理算法中最基本最重要的运算。点运算是指对图像中每个像素点进行运算，其他点的值不会影响到该像素点，如图像的几何变换、灰度级变换等。邻域运算是每个像素点和其周围邻点共同参与的运算，是多种图像处理算法的运算方式。本节介绍邻域及邻域运算的概念。

4.3.1 邻点及邻域

图像是由像素构成的，相邻的像素称为邻点。例如，以某个像素点(x,y)为中心，处于其上、下、左、右 4 个方向上的像素点称为它的 4 邻点，再加上左上、右上、左下、右下 4 个方向的点就称为它的 8 邻点。像素的 4 邻点和 8 邻点由于与像素直接邻接，因此在邻域处理中较为常用。

像素邻点的集合构成了一个像素的邻域。邻域的位置由中心像素决定，大小一般用边长表示。如图 4-24 中给出了包含中心像素在内的 3×3 邻域和 5×5 邻域。

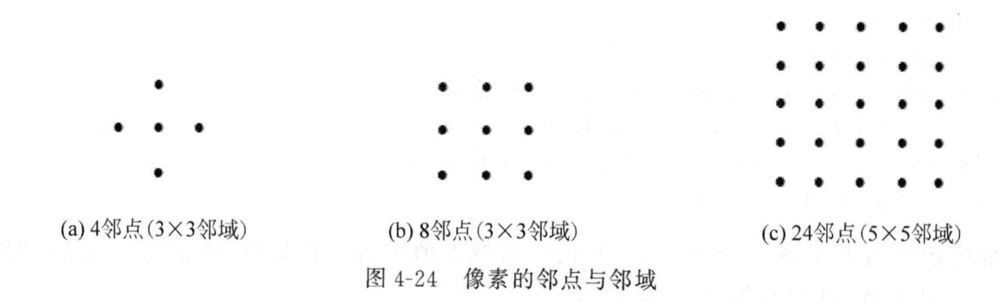

图 4-24 像素的邻点与邻域

4.3.2 邻接与连通

邻接与连通是像素间的基本关系。

4 邻接：只取像素的上下左右 4 个邻点作为相连的邻域点，称为 4 邻接。

8 邻接：取像素周围的 8 个邻点作为相连的邻域点，称为 8 邻接。

若在一个像素序列(x_0,y_0)，(x_1,y_1)，…，(x_n,y_n)中，每个像素值相等或在某个范围内，且(x_i,y_i)、(x_{i+1},y_{i+1})两像素互为邻点，则该像素序列形成(x_0,y_0)到(x_n,y_n)的连接路径。

图像中值为 1 的全部像素的集合称为前景，用 S 表示；S 的补集$(\overline{S})$中所有连通成分称为背景。若像素 p 和$q\in S$，存在一条从 p 到 q 的路径，路径上的全部像素都包含在 S 中，则称 p 与 q 是连通的。

4 邻接的像素是 4 连通的,8 邻接的像素是 8 连通的,如图 4-25 所示。前景和背景不能用相同的连通性定义,如图 4-26 所示,目标用 8 连通定义,对背景用 4 连通定义,则目标是彼此连通的环,而环内的洞和环外区域不相连通。

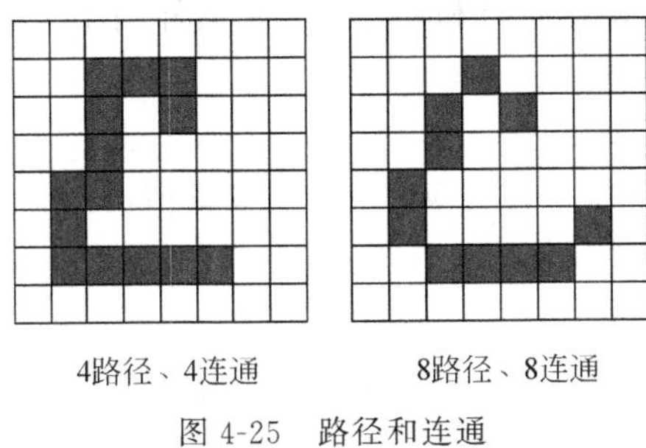

图 4-25 路径和连通

$$\begin{matrix} 0 & 0 & 0 & 0 & 0 \\ 0 & 0 & 1 & 0 & 0 \\ 0 & 1 & 0 & 1 & 0 \\ 0 & 0 & 1 & 0 & 0 \\ 0 & 0 & 0 & 0 & 0 \end{matrix}$$

图 4-26 目标和背景选用不同连通性

S 的边界是 S 中与 $\bar{S}$ 中有 4 连通关系的像素集合,记为 S'; 内部是 S 中非边界的像素集合; 若从 S 中任意一点到图像边界的 4 路径必须与区域 T 相交,则区域 T 包围区域 S(或 S 在 T 内)。

若一个像素集合内的每一个像素与集合内其他像素连通,则称该集合为一个连通成分。

4.3.3 邻域处理与模板运算

邻域处理通常通过模板操作进行。模板,也叫滤波器、核、掩膜或窗口,用一个小的二维阵列来表示(如 3×3)。通常把对应的模板上的值称为加权系数。

模板运算的数学含义是卷积(或互相关)运算,模板就是卷积运算中的卷积核。图像的卷积运算是通过模板在图像上的移动完成的: 不断在图像上移动模板的位置,模板的中心对准一个像素,模板所覆盖范围内的像素值分别与模板内对应系数相乘,乘积求和即为该像素的滤波输出结果。对图像中的每个像素依次重复上述过程。

例如,一幅图像为 $\begin{pmatrix} 1 & 2 & 1 & 4 & 3 \\ 1 & 3 & 5 & 4 & 4 \\ 5 & 7 & 8 & 6 & 9 \\ 5 & 7 & 6 & 8 & 8 \\ 5 & 6 & 7 & 8 & 9 \end{pmatrix}$,模板为 $\boldsymbol{H}=\frac{1}{9}\begin{bmatrix} 1 & 1 & 1 \\ 1 & 1 & 1 \\ 1 & 1 & 1 \end{bmatrix}$,将模板中心点对准图像中的“8”,模板覆盖范围为括号部分 $\begin{pmatrix} 1 & 2 & 1 & 4 & 3 \\ 1 & \begin{pmatrix} 3 & 5 & 4 \\ 7 & \underline{8} & 6 \\ 7 & 6 & 8 \end{pmatrix} & & & 4 \\ 5 & & & & 9 \\ 5 & & & & 8 \\ 5 & 6 & 7 & 8 & 9 \end{pmatrix}$,9 个数据分别和 1/9 相乘,乘积相加得 6,则输出图像中该点的值变为 6。将模板顺次移动,每个位置处计算出一个值,最终得

到一幅新图像。可以看出,模板中数据取值不同,处理效果也不同。

当模板中心与图像外围像素点重合时,模板的部分行和列可能会处于图像平面之外,没有相应的像素值与模板数据进行运算。对于这种问题,需要采用一定的措施来解决。

假设模板是大小为 $n\times n$ 的方形模板,对于图像中行和列方向上距离外围小于 $(n-1)/2$ 个像素的区域,可以采用下列处理方法。

(1) 保留该区域中原始像素的灰度值不变。

(2) 在图像外围以外再补上 $(n-1)/2$ 行和 $(n-1)/2$ 列,对应的像素值可以补 0,也可以将外围像素值复制过来。补充在外围以外的这 $(n-1)/2$ 行和 $(n-1)/2$ 列在进行模板运算处理后要去掉。

MATLAB 中进行二维卷积的函数 conv2 可以用来做模板运算,其调用格式如下。

(1) C=conv2(A,B):对二维矩阵 A 和 B 做卷积运算。若 A 的尺寸为[ma,na],B 的尺寸为[mb,nb],C 的尺寸为[mc,nc],那么 mc=max([ma+mb−1,ma,mb]),nc=max([na+nb−1,na,nb])。

(2) C=conv2(H1,H2,A):首先用向量 H1 对 A 的每一列进行卷积运算,然后用向量 H2 对上一步结果的每一行进行卷积运算。若 H1 的长度为 n1,H2 的长度为 n2,C 的尺寸为[mc,nc],那么 mc=max([ma+n1−1,ma,n1]),nc=max([na+n2−1,na,n2])。

(3) C=conv2(…,SHAPE):根据 SHAPE 指定尺寸返回卷积的结果。SHAPE 可取'full'、'same'、'valid'。取'full'返回卷积的全部结果(默认);取'same'返回和 A 尺寸一致的中心部分;取'valid'返回没有零填充外围时的卷积结果(C 的尺寸为 max([ma−max(0,mb−1),na−max(0,nb−1)],0))。

【例 4-23】 对图像采用取值全为 1/25 的 5×5 模板进行邻域处理,外围像素保持原像素值不变。

程序如下:

```
clear,clc,close all;
Image = im2double(imread('girl.bmp'));                % 读取图像并转变为 double 型数据
[height,width] = size(Image);
result1 = Image;                                      % 将原图赋予 result,便于保留边缘像素值
H = [1 1 1 1 1;1 1 1 1 1;1 1 1 1 1;1 1 1 1 1;1 1 1 1 1];
H = H/25;                                             % 定义取值全为 1/25 的 5×5 模板
[h,w] = size(H);
r1 = floor(h/2);      r2 = floor(w/2);                % 模板半径
for x = 1 + r2:width - r2                             % 模板遍历图像时避开外围像素
    for y = 1 + r1:height - r1
        neighbors = Image(y - r1:y + r1,x - r2:x + r2);   % 获取模板覆盖范围内像素值矩阵
        Parray = neighbors. * H;                          % 模板系数和像素值对应相乘
        result1(y,x) = sum(Parray(:));                    % 乘积求和作为当前点输出
    end
end
result2 = conv2(Image,H,'same'); % 以 H 为卷积核对 Image 进行卷积,返回与 Image 相同大小的中心部分
```

```
figure,imshow(Image),title('原图');
figure,imshow(result1),title('模板运算');
figure,imshow(result2),title('cov2 函数运算');
```

程序运行结果如图 4-27 所示。程序中保留了外围像素值不变,也可以通过将 result1 初始化为 0 矩阵(用 result1=zeros(height,width)代替 result1=Image),将外围像素存为黑色。仅外围极少量行或列像素值的误差不影响图像内容的理解。

(a) 原图

(b) 保留外围像素原值不变

(c) 外围像素设为0

图 4-27　邻域处理示例一

result2=conv2(Image,H,'same')通过调用 conv2 函数进行卷积运算,conv2 函数首先在图像外围像素以外补 0,再对 H 进行翻转(上下换位、左右换位),然后进行移位相乘求和;程序中 H 为对称型矩阵,翻转前后一致,因此,result2 和 result1 结果一致。

从图 4-27 中可以看出,采用程序中的模板进行邻域处理,图像变得模糊,其原理将在第 6 章讲解。

【例 4-24】 对图像采用模板 $\boldsymbol{H}=\begin{pmatrix}5 & 5 & 5\\-3 & 0 & -3\\-3 & -3 & -3\end{pmatrix}$进行邻域处理,采用在外补充像素的方法对外围像素进行计算。

程序如下:

```
clear,clc,close all;
Image = im2double(imread('girl.bmp'));
[height,width] = size(Image);
result = zeros(height,width);                  %初始化输出结果
H = [5 5 5; -3 0 -3; -3 -3 -3];                %定义模板
Image2 = zeros(height + 2,width + 2);          %定义在外围像素外补充行列的图像
Image2(2:height + 1,2:width + 1) = Image;      %将原图复制到新图像中间
Image2(1,2:width + 1) = Image(1,1:width);      %补充第一行
Image2(2 + height,2:width + 1) = Image(height,1:width); %补充最后一行
Image2(1:height + 2,1) = Image2(:,2);          %补充第一列
Image2(1:height + 2,2 + width) = Image2(:,1 + width);   %补充最后一列
for x = 2:width + 1
```

```
    for y = 2:height + 1
        neighbors = Image2(y - 1:y + 1,x - 1:x + 1);
        Parray = neighbors. * H;
        result(y - 1,x - 1) = sum(Parray(:));
    end
end
figure,imshow(Image),title('原图');
figure,imshow(result),title('邻域处理');
```

程序运行结果如图 4-28 所示。

(a) 原图　　　　(b) 邻域处理结果

图 4-28　邻域处理示例二

4.4　实例

【例 4-25】　采用抠像技术,将一只卡通金鱼从图像中抠取出来,对其进行几何变换、色彩变换,将其叠加到海底图片中,实现合成图像。

设计思路:

(1) 首先利用减法运算,将蓝色背景去除;

(2) 对目标图像进行二值化,提取金鱼模板;

(3) 利用逻辑运算,将金鱼从图像中提取出来;

(4) 对金鱼图像随机进行 3 种几何变换;

(5) 对几何变换后的金鱼图像随机交换色彩通道,改变金鱼颜色;

(6) 随机生成叠加位置,将金鱼叠加到海底图像上。

程序如下:

```
clear,clc,close all;
Image = imread('fish.bmp');                  %读取蓝色幕布下的金鱼图像
Back = zeros(size(Image));
Back(:,:,3) = 255;
Back = uint8(Back);                          %生成蓝色背景图
target = imabsdiff(Image,Back);              %通过减法运算去除蓝色背景
```

```
bwtarget = im2bw(target,0.1);                    % 目标二值化
bwtarget = uint8(bwtarget * 255);
fish = bitand(Image,bwtarget);                   % 通过逻辑运算提取目标
                                                 % 以上实现了目标提取,为合成做准备

Back = imread('sea.jpg');
figure,imshow(fish),title('金鱼');
figure,imshow(Back),title('背景');
[h,w,c] = size(Back);
population = 20;                                 % 要随机变化出 20 条鱼
num = 3;                                         % 目标要进行 3 种几何变换
for k = 1:population
    type = randi(6,1,num);
            % 生成[1,6]范围内的 1×3 的伪随机整数矩阵,用于在 6 种几何变换中随机选择 3 种
    NewImage = fish;
    for n = 1:num
        switch type(n)
            case 1                               % 比例变换
                scale = rand();                  % 缩小比例随机生成
                NewImage = imresize(NewImage,scale,'bilinear');    % 缩小变换,双线性插值
            case 2                                                 % 旋转变换
                angle = round(rand() * 100);                       % 逆时针旋转角度随机生成
                NewImage = imrotate(NewImage,angle,'bilinear');    % 旋转变换
            case 3                                                 % 错切变换
                shear = rand()/2;                                  % 错切系数 0～0.5
                tform1  =  affine2d([1   0 0;shear 1 0;0 0 1]);    % 设置水平错切矩阵
                tform2  =  affine2d([1 shear 0; 0 1 0;0 0 1]);     % 设置垂直错切矩阵
                NewImage = imwarp(NewImage,tform1,'FillValue',0);
                NewImage = imwarp(NewImage,tform2,'FillValue',0); % 错切变换
            case 4                                                 % 水平镜像
                NewImage = flipdim(NewImage,2);
            case 5                                                 % 垂直镜像
                NewImage = flipdim(NewImage,1);
            case 6                                                 % 对角镜像
                NewImage = flipdim(NewImage,2);
                NewImage = flipdim(NewImage,1);
        end
    end
    [newh,neww,newc] = size(NewImage);
    positionx = randi(w - neww,1,1);
    positiony = randi(h - newh,1,1);                               % 随机生成叠加位置
    temp = Back(positiony:positiony + newh - 1,positionx:positionx + neww - 1,:);
                                                                   % 取叠加位置处的背景值
    colorchange = randi(3,1,2);                            % 随机选择要交换的两个色彩通道
    if colorchange(1) ~ = colorchange(2)
    color = NewImage(:,:,colorchange(1));
    NewImage(:,:,colorchange(1)) = NewImage(:,:,colorchange(2));
    NewImage(:,:,colorchange(2)) = color;
```

```
        end                                                      %色彩通道交换
        c = NewImage(:,:,1) | NewImage(:,:,2) | NewImage(:,:,3);
        pos = find(c(:) == 0);                                   %几何变换中产生的背景黑色点位置
        NewImage(pos) = temp(pos);
        NewImage(pos + newh * neww) = temp(pos + newh * neww);
        NewImage(pos + 2 * newh * neww) = temp(pos + 2 * newh * neww);
                                                                 %黑色点替换为海底背景图像中的值
        Back(positiony:positiony + newh - 1,positionx:positionx + neww - 1,:) = NewImage;   %叠加
    end
    figure,imshow(Back),title('合成图');
```

程序运行结果如图 4-29 所示。

(a) 卡通金鱼

(b) 背景图

(c) 合成图

图 4-29　例 4-25 效果图

4.5　本章小结

本章主要介绍了图像基础性运算,包括图像几何变换、代数运算、模板运算等,详细介绍了各种基础性运算的 MATLAB 实现。基础性运算在不同的处理算法中经常用到,应熟悉其基本原理、常用函数、处理效果。

第5章 图像正交变换

信号不仅可以在空间域表示，也可以在频率域表示，后者将有利于许多问题的分析讨论，因此，常需要对信号进行正交变换，变换到频率域进行处理。对图像进行正交变换在图像增强、图像复原、图像特征提取、图像编码等处理中都经常采用。常用的图像正交变换有多种，本章主要介绍图像的离散傅里叶变换、离散余弦变换、K-L 变换、Radon 变换和小波变换。

5.1 离散傅里叶变换

离散傅里叶变换(Discrete Fourier Transform，DFT)是直接处理离散时间信号的傅里叶变换，在数字信号处理中应用广泛。本节学习离散傅里叶变换的定义、性质、实现及其在图像处理中的应用。

5.1.1 离散傅里叶变换的定义

对于有限长数字序列 $f(x)$，$x=0,1,\cdots,N-1$，一维离散傅里叶变换及离散傅里叶反变换(IDFT)定义为：

$$\begin{cases} F(u)=\sum_{x=0}^{N-1} f(x)\mathrm{e}^{-\mathrm{j}\frac{2\pi ux}{N}} & u=0,1,2,\cdots,N-1 \\ f(x)=\dfrac{1}{N}\sum_{u=0}^{N-1} F(u)\mathrm{e}^{\mathrm{j}\frac{2\pi ux}{N}} & x=0,1,2,\cdots,N-1 \end{cases} \tag{5-1}$$

$f(x)$和 $F(u)$为离散傅里叶变换对，表示为 $\mathscr{F}[f(x)]=F(u)$或 $f(x)\Leftrightarrow F(u)$。

设 $W=\mathrm{e}^{-\mathrm{j}\frac{2\pi}{N}}$，则一维的离散傅里叶变换和离散傅里叶反变换可以表示为：

$$\begin{cases} F(u)=\sum_{x=0}^{N-1} f(x)W^{ux} & u=0,1,2,\cdots,N-1 \\ f(x)=\dfrac{1}{N}\sum_{u=0}^{N-1} F(u)W^{-ux} & x=0,1,2,\cdots,N-1 \end{cases} \tag{5-2}$$

数字图像为二维数据,二维离散傅里叶变换是由一维离散傅里叶变换推广而来的。二维离散傅里叶变换和离散傅里叶反变换定义为:

$$\begin{cases} F(u,v)=\sum_{x=0}^{M-1}\sum_{y=0}^{N-1}f(x,y)\mathrm{e}^{-\mathrm{j}2\pi\left(\frac{xu}{M}+\frac{yv}{N}\right)} & x,u=0,1,2,\cdots,M-1 \\ f(x,y)=\frac{1}{MN}\sum_{u=0}^{M-1}\sum_{v=0}^{N-1}F(u,v)\mathrm{e}^{\mathrm{j}2\pi\left(\frac{xu}{M}+\frac{yv}{N}\right)} & y,v=0,1,2,\cdots,N-1 \end{cases} \tag{5-3}$$

其中,$f(x,y)$是二维离散信号,$F(u,v)$为$f(x,y)$的频谱,u、v为频域采样值;$f(x,y)$和$F(u,v)$为二维离散傅里叶变换对,记为$\mathscr{F}[f(x,y)]=F(u,v)$或$f(x,y)\Leftrightarrow F(u,v)$。

$F(u,v)$一般为复数,表示为:

$$F(u,v)=R(u,v)+\mathrm{j}I(u,v)=|F(u,v)|\mathrm{e}^{\mathrm{j}\varphi(u,v)} \tag{5-4}$$

其中,$|F(u,v)|$称为$f(x,y)$的傅里叶谱,如式(5-5)所示;$\phi(u,v)$称为$f(x,y)$的相位谱,如式(5-6)所示;$f(x,y)$的功率谱定义为傅里叶谱的平方,如式(5-7)所示。

$$|F(u,v)|=\sqrt{R^2(u,v)+I^2(u,v)} \tag{5-5}$$

$$\phi(u,v)=\arctan\frac{I(u,v)}{R(u,v)} \tag{5-6}$$

$$E(u,v)=|F(u,v)|^2=R^2(u,v)+I^2(u,v) \tag{5-7}$$

5.1.2 离散傅里叶变换的实现

将二维离散傅里叶变换变换式做如下变换:

$$\begin{aligned} F(u,v)&=\sum_{x=0}^{M-1}\sum_{y=0}^{N-1}f(x,y)\mathrm{e}^{-\mathrm{j}2\pi\frac{xu}{M}}\mathrm{e}^{-\mathrm{j}2\pi\frac{yv}{N}} \\ &=\sum_{x=0}^{M-1}\left[\sum_{y=0}^{N-1}f(x,y)\mathrm{e}^{-\mathrm{j}2\pi\frac{yv}{N}}\right]\mathrm{e}^{-\mathrm{j}2\pi\frac{xu}{M}} \\ &=\sum_{x=0}^{M-1}\{\mathscr{F}_y[f(x,y)]\}\mathrm{e}^{-\mathrm{j}2\pi\frac{xu}{M}} \\ &=\mathscr{F}_x\{\mathscr{F}_y[f(x,y)]\} \end{aligned} \tag{5-8}$$

式(5-8)称为二维离散傅里叶变换的可分性,表明二维离散傅里叶变换可用一维离散傅里叶变换来实现,即先对$f(x,y)$的每一列进行一维离散傅里叶变换,得到$\mathcal{F}_y[f(x,y)]$,再对该中间结果的每一行进行一维离散傅里叶变换,得到$F(u,v)$,运算过程中每个一维离散傅里叶变换可以采用快速傅里叶变换(Fast Fourier Transformation,FFT)实现快速运算。相反的顺序(先行后列)也可以。

MATLAB中提供了实现离散傅里叶变换的相关函数,列举如下。

(1) fft函数:实现一维离散傅里叶变换。

① fft(X):对向量X进行离散傅里叶变换。若X为二维矩阵,则对它的每一列进行变

换；若为N维矩阵，则对其第一个长度非1的维进行变换。

② fft(X,N)：N点离散傅里叶变换，若X长度小于N，则补0；若X长度大于N，则截断。

③ fft(X,[],DIM)或者 fft(X,N,DIM)：在第DIM维进行离散傅里叶变换。

(2) ifft 函数：实现一维离散傅里叶反变换。

① ifft(X)：X的离散傅里叶反变换。

② ifft(X,N)：通过补0或截断实现X的N点离散傅里叶反变换。

③ ifft(X,[],DIM)或者 ifft(X,N,DIM)：X在DIM维的离散傅里叶反变换。

(3) fft2 函数：实现二维离散傅里叶变换。

① fft2(X)：对矩阵X实现二维离散傅里叶变换。

② fft2(X,MROWS,NCOLS)：通过补0或截断对X进行MROWS×NCOLS的二维离散傅里叶变换。

(4) ifft2 函数：实现二维离散傅里叶反变换。

① ifft2(F)：对矩阵F实现二维离散傅里叶反变换。

② ifft2(F,MROWS,NCOLS)：通过补0或截断对F进行MROWS×NCOLS的二维离散傅里叶反变换。

(5) fftshift(X)：将零频率分量移动到频谱中心。

(6) ifftshift(X)：将零频率分量移回原位，取消 fftshift 的效果。

【例 5-1】 对灰度图像进行离散傅里叶变换并显示频谱图。

程序如下：

```
clear,clc,close all;
grayI = imread('cameraman.tif');                %打开灰度图像
DFT = fft2(grayI);                              %计算离散傅里叶变换
ADFT = abs(DFT);                                %计算傅里叶谱
top = max(ADFT(:));
bottom = min(ADFT(:));
ADFT1 = (ADFT - bottom)/(top - bottom) * 100;   %把傅里叶谱系数规格化到[0 100],便于观察
ADFT2 = fftshift(ADFT1);                        %将规格化频谱图移位,低频移至频谱图中心
subplot(131),imshow(Image),title('原图');
subplot(132),imshow(ADFT1),title('原频谱图');
subplot(133),imshow(ADFT2),title('移位频谱图');
```

程序运行结果如图5-1所示。图5-1(a)是原图；将傅里叶谱规格化到[0 100]的频谱图如图5-1(b)所示，四角部分对应低频成分，中央部分对应高频成分；采用 fftshift 函数将频谱图进行移位，如图5-1(c)所示，频谱图中间为低频部分，越靠外边频率越高。图像中的能量主要集中在低频区，高频能量很少或为0。

【例 5-2】 对彩色图像进行离散傅里叶变换并显示频谱图。

彩色图像有3个色彩通道，其数据为3个二维矩阵，因此，需要进行3个二维离散傅里叶变换，将3个频谱图合成彩色频谱图。fft2 函数对于M×N×3的矩阵，即按照上述过程进行离散傅里叶变换，变换后的频谱矩阵同样为M×N×3的矩阵，为彩色频谱图。

(a) 原图　　(b) 原频谱图　　(c) 移位频谱图

图 5-1　灰度图像傅里叶频谱图

程序如下：

```
clear,clc,close all;
Image = imread('desert.jpg');                    %彩色图像
DFT = fftshift(fft2(Image));                     %离散傅里叶变换并搬移频谱
DFT = abs(DFT);                                  %取傅里叶谱
ADFT = (DFT - min(DFT(:)))/(max(DFT(:)) - min(DFT(:))) * 100;
subplot(121),imshow(Image),title('原图');
subplot(122),imshow(ADFT),title('彩色频谱图');
```

程序运行结果如图 5-2 所示。从 MATLAB 工作区可以看到 Image 为 231×352×3 的 uint8 型矩阵，离散傅里叶变换同样是 231×352×3 的矩阵。

(a) 原图　　(b) 彩色频谱图

图 5-2　彩色图像傅里叶频谱图

【例 5-3】 对图像进行离散傅里叶变换、显示频谱图和重建。

程序如下：

```
clear,clc,close all;
Image = imread('peppers.jpg');
DFT = fftshift(fft2(Image));
ADFT = abs(DFT);
```

```
top = max(ADFT(:));
bottom = min(ADFT(:));
ADFT = (ADFT - bottom)/(top - bottom) * 100;        % 计算傅里叶谱
recI = ifft2(ifftshift(DFT));                       % 离散傅里叶反变换
recI = abs(recI);                                   % 取复数的模
recI = uint8(recI);                                 % 变 double 型数据为整型数据,以便显示图像
subplot(131),imshow(Image),title('原图');
subplot(132),imshow(ADFT),title('彩色频谱图');
subplot(133),imshow(recI),title('DFT 重建图');
```

程序运行结果如图 5-3 所示。

(a) 原图

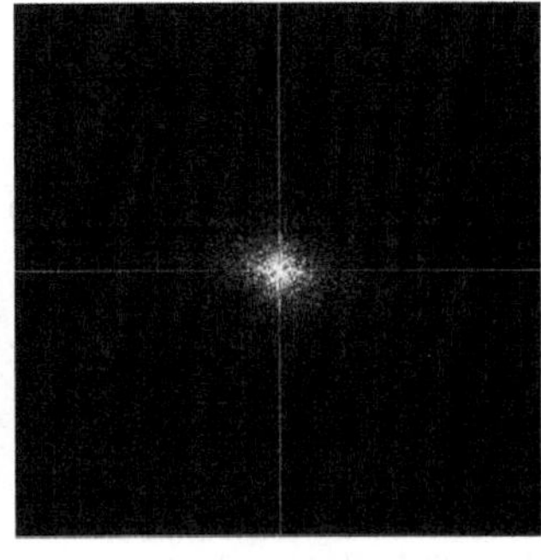

(b) 彩色频谱图

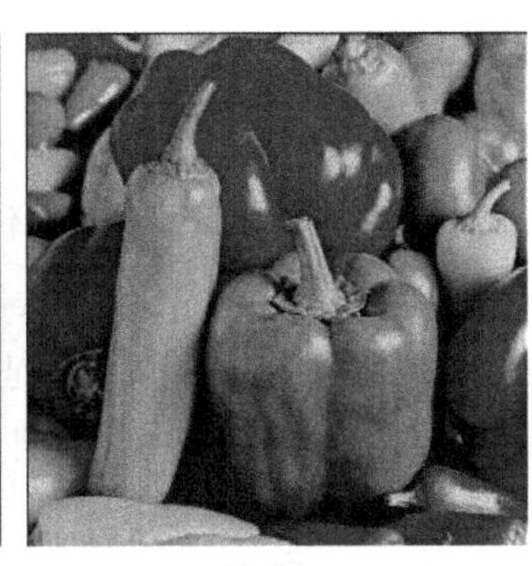

(c) 离散傅里叶变换重建图

图 5-3 离散傅里叶变换变换并重建

5.1.3 离散傅里叶变换的性质

离散傅里叶变换有许多重要性质,这些性质给离散傅里叶变换的运算和实际应用提供了极大的便利。这里主要介绍几个和二维离散傅里叶变换在图像处理中的应用密切相关的性质。

1. 线性和周期性

若 $\mathscr{F}[f(x,y)]=F(u,v), 0\leqslant x,u\leqslant M, 0\leqslant y,v\leqslant N$,则

$$\mathscr{F}[a_1 f_1(x,y)+a_2 f_2(x,y)]=a_1\mathscr{F}[f_1(x,y)]+a_2\mathscr{F}[f_2(x,y)] \tag{5-9}$$

$$\begin{cases} F(u,v)=F(u+M,v)=F(u,v+N)=F(u+M,v+N) \\ f(x,y)=f(x+M,y)=f(x,y+N)=f(x+M,y+N) \end{cases} \tag{5-10}$$

式(5-10)表明,尽管 $F(u,v)$ 对无穷多个 u 和 v 的值重复出现,但只需根据在任一个周期里的值就可从 $F(u,v)$ 得到 $f(x,y)$;同样只需一个周期里的变换就可将 $F(u,v)$ 在频域里完全确定。

2. 几何变换性

1）共轭对称性

若$\mathscr{F}[f(x,y)]=F(u,v)$，$F^*(-u,-v)$是$f(-x,-y)$的离散傅里叶变换的共轭函数，则

$$F(u,v)=F^*(-u,-v) \tag{5-11}$$

2）平移性

若$\mathscr{F}[f(x,y)]=F(u,v)$，则

$$\begin{aligned} f(x-x_0,y-y_0) &\Leftrightarrow F(u,v)\mathrm{e}^{-\mathrm{j}2\pi\left(\frac{x_0u}{M}+\frac{y_0v}{N}\right)} \\ f(x,y)\mathrm{e}^{\mathrm{j}2\pi\left(\frac{xu_0}{M}+\frac{yv_0}{N}\right)} &\Leftrightarrow F(u-u_0,v-v_0) \end{aligned} \tag{5-12}$$

式(5-12)表示对图像平移不影响其傅里叶变换的幅值，只改变相位谱。当$u_0=M/2$，$v_0=N/2$时，$\mathrm{e}^{\mathrm{j}2\pi(u_0x/M+v_0y/N)}=\mathrm{e}^{\mathrm{j}\pi(x+y)}=(-1)^{x+y}$，则$f(x,y)(-1)^{x+y}\Leftrightarrow F(u-M/2,v-N/2)$，频域的坐标原点从起始点(0,0)移至中心点，只要将$f(x,y)$乘以$(-1)^{x+y}$因子，再进行傅里叶变换即可实现，即例5-1中的频谱搬移。

3）旋转性

把$f(x,y)$和$F(u,v)$表示为极坐标形式，若$f(\gamma,\theta)\Leftrightarrow F(k,\varphi)$，则

$$f(\gamma,\theta+\theta_0)\Leftrightarrow F(k,\varphi+\theta_0) \tag{5-13}$$

若将空间域函数旋转角度θ_0，那么在变换域此函数的离散傅里叶变换也旋转同样的角度；反之，若将变换域函数旋转某一角度，则空间域函数也旋转同样的角度。

4）比例变换特性

若$\mathscr{F}[f(x,y)]=F(u,v)$，则

$$f(ax,by)\Leftrightarrow \frac{1}{|ab|}F\left(\frac{u}{a},\frac{v}{b}\right) \tag{5-14}$$

对图像$f(x,y)$在空间尺度的缩放导致其傅里叶变换$F(u,v)$在频域尺度的相反缩放。

【例5-4】 对一幅图像进行几何变换，再进行离散傅里叶变换运算，验证以上性质。

程序如下：

```
clear,clc,close all;
Image = rgb2gray(imread('block.bmp'));
[h,w,c] = size(Image);
scale = imresize(Image,0.5,'bilinear');                     %缩小变换
rotate = imrotate(Image,30,'bilinear','crop');              %旋转变换
tform = affine2d([1 0 0;0 1 0;20 20 1]);
R = imref2d([h,w],[1 w],[1 h]);
trans = imwarp(Image,tform,'FillValue',0,'OutputView',R);   %平移变换
Originaldft = abs(fftshift(fft2(Image)));                   %原图离散傅里叶变换
Scaledft = abs(fftshift(fft2(scale)));                      %缩小图离散傅里叶变换
Rotatedft = abs(fftshift(fft2(rotate)));                    %旋转图离散傅里叶变换
```

```
Transdft = abs(fftshift(fft2(trans)));                     %平移图离散傅里叶变换
figure,imshow(Image),title('原图');
figure,imshow(scale),title('缩小变换');
figure,imshow(rotate),title('旋转变换');
figure,imshow(trans),title('平移变换');
figure,imshow(Originaldft,[]),title('原图 DFT');
figure,imshow(Scaledft,[]),title('比例变换 DFT');
figure,imshow(Rotatedft,[]),title('旋转变换 DFT');
figure,imshow(Transdft,[]),title('平移变换 DFT');
```

程序运行结果如图 5-4 所示。可以看出,缩小变换后图像的频谱图尺度展宽,旋转后图像的频谱图随着旋转,平移后图像的频谱图没有变化。

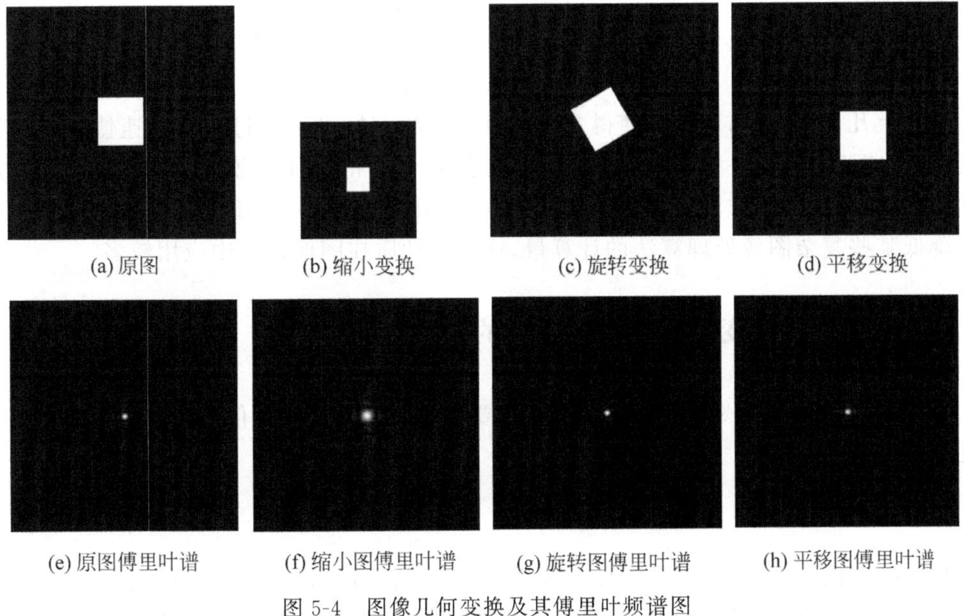

图 5-4　图像几何变换及其傅里叶频谱图

3. Parseval 定理

若 $\mathscr{F}[f(x,y)]=F(u,v)$,则

$$\sum_{x=0}^{M-1}\sum_{y=0}^{N-1}|f(x,y)|^2=\sum_{u=0}^{M-1}\sum_{v=0}^{N-1}|F(u,v)|^2 \tag{5-15}$$

Parseval 定理也称为能量守恒定理,这个性质说明信号经傅里叶变换后不损失能量,只是改变了信号的表现形式,是变换编码的基本条件。

【例 5-5】 对图像进行离散傅里叶变换并计算时域和频域能量。

程序如下:

```
clear,clc,close all;
grayI = double(imread('cameraman.tif'));
```

```
[N,M,C] = size(grayI);
SI = grayI.^2;                          % 计算|f(x,y)|^2
energyT = sum(SI(:));                   % 时域能量
DFT = abs(fft2(grayI));                 % 离散傅里叶变换
SDFT = DFT.^2;                          % 计算|F(u,v)|^2
energyF = sum(SDFT(:));                 % 频域能量
energyF = energyF/(N * M);              % 频域能量除以采样点数,消除采样增益
diff = abs(energyF - energySI);         % 时域、频域能量差
```

运行程序,在MATLAB工作区可以看到diff值约为0,即时域和频域能量一致。

4. 卷积定理

若$\mathscr{F}[f(x,y)]=F(u,v)$,$\mathscr{F}[g(x,y)]=G(u,v)$,则

$$\begin{aligned} f(x,y) * g(x,y) &\Leftrightarrow F(u,v) \cdot G(u,v) \\ f(x,y) \cdot g(x,y) &\Leftrightarrow F(u,v) * G(u,v) \end{aligned} \tag{5-16}$$

在以上几个性质中,可分性使得二维离散傅里叶变换可以通过一维快速傅里叶变换快速实现;共轭对称性、平移性、旋转性、比例变换特性使得二维离散傅里叶变换具有一定的几何变换不变性,可以作为一种图像特征;Parseval定理是变换编码的基本条件;卷积定理可以降低某些复杂图像处理算法的计算量,这几个性质在图像处理中应用较多。

5.1.4 离散傅里叶变换在图像处理中的应用

离散傅里叶变换在图像处理中的应用主要包括用于描述图像信息、滤波、压缩及便于运算几个方面。

1. 傅里叶描绘子

从原始图像中产生的数值、符号或者图形称为图像特征,反映了原图像的重要信息和主要特性,以便于让计算机有效地识别目标。这些表征图像特征的一系列符号称为描绘子。

描绘子应具有几何变换不变性,即在图像内容不变,仅产生几何变换(平移、旋转、缩放等)的情况下,描绘子不变,以保证识别结果的稳定性。离散傅里叶变换在图像特征提取方面应用较多,本小节主要介绍离散傅里叶变换直接作为特征的应用——傅里叶描绘子。

一个闭合区域,区域边界上的点(x,y)用复数表示为$x+\mathrm{j}y$。沿边界跟踪一周,得到一个复数序列$z(n)=x(n)+\mathrm{j}y(n)$,$n=0,1,\cdots,N-1$,$z(n)$为周期信号,其离散傅里叶变换系数用$Z(k)$表示,$Z(k)$称为傅里叶描绘子。

根据离散傅里叶变换特性,$Z(k)$幅值具有旋转和平移不变性,相位信息具有缩放不变性,在一定程度上满足了描绘子的几何变换不变性,可以作为一种图像特征。

2. 离散傅里叶变换在图像滤波中的应用

经过离散傅里叶变换后,在傅里叶频谱中,中间部分为低频部分,越靠外边频率越高。

因此,可以在离散傅里叶变换后,设计相应的滤波器,实现高通滤波、低通滤波等的处理。

【例 5-6】 对图像进行离散傅里叶变换及频域滤波。

程序如下:

```
clear,clc,close all;
Image = imread('desert.jpg');
grayIn = rgb2gray(Image);
[h,w] = size(grayIn);
DFTI = fftshift(fft2(grayIn));                                  % 离散傅里叶变换及频谱搬移
cf = 30;                                                        % 截止频率
HDFTI = DFTI;
HDFTI(h/2 - cf:h/2 + cf,w/2 - cf:w/2 + cf) = 0;                 % 低频置为 0
grayOut1 = uint8(abs(ifft2(ifftshift(HDFTI))));                 % 离散傅里叶反变换
LDFTI = zeros(h,w);
LDFTI(h/2 - cf:h/2 + cf,w/2 - cf:w/2 + cf) = DFTI(h/2 - cf:h/2 + cf,w/2 - cf:w/2 + cf); % 高频置为 0
grayOut2 = uint8(abs(ifft2(ifftshift(LDFTI))));                 % 离散傅里叶反变换
subplot(131),imshow(Image),title('原图');
subplot(132),imshow(uint8(grayOut1)),title('高通滤波');
subplot(133),imshow(uint8(grayOut2)),title('低通滤波');
```

程序运行结果如图 5-5 所示。程序中进行的实际是理想高通和低通滤波器,为提高滤波性能,也有其他类型的滤波器,详见第 6 章相关内容。

(a) 原图

(b) 高通滤波

(c) 低通滤波

图 5-5 图像频域滤波示例

3. 离散傅里叶变换在图像压缩中的应用

由 Parseval 定理知,信号经傅里叶变换前后能量不发生损失,只是改变了信号的表现形式,离散傅里叶变换系数表现的是各个频率点上的幅值。高频反映细节、低频反映景物概貌,往往认为可将高频系数置为 0,降低数据量;同时由于人眼的惰性,合理地设置高频系数为 0,可使图像质量一定范围内的降低不会被人眼察觉到。因此,离散傅里叶变换可以方便地进行压缩编码。

4. 离散傅里叶变换卷积性质的应用

抽象来看,图像处理算法可以认为是图像信息经过了滤波器的滤波(如平滑滤波、锐化滤波等),空间域滤波通常需要进行卷积运算。如果滤波器的结构比较复杂,可以利用离散傅里叶变换的卷积性质,把空间域卷积变为变换域的相乘,以简化运算,如式(5-17)所示。

$$\begin{cases} f_g = g * f \\ F_g(u,v) = G(u,v) \cdot F(u,v) \\ f_g = \mathrm{IDFT}(F_g) \end{cases} \tag{5-17}$$

式中,f 为原图像,g 为滤波器,利用 g 对 f 滤波,是用 g 和 f 卷积得到 f_g。这个过程可以改变为先对 f、g 进行离散傅里叶变换,把 G 和 F 相乘得 F_g,再进行傅里叶反变换,以降低卷积计算量。

注意:由于离散傅里叶变换和离散傅里叶反变换都是周期函数,因此在计算卷积时,需要让这两个离散函数具有同样的周期,否则将产生错误。利用快速傅里叶变换计算卷积,为防止频谱混叠误差,需对离散的二维函数补零,即周期延拓,两个函数同时周期延拓,使其具有相同的周期。

5.2 离散余弦变换

在傅里叶级数展开式中,如果被展开的函数是实偶函数,那么其傅里叶级数中只包含余弦项,再将其离散化可导出余弦变换,因此称为 DCT(Discrete Cosine Transform,离散余弦变换)。

5.2.1 离散余弦变换的定义

1. 一维 DCT

对于有限长数字序列 $f(x)$,$x=0,1,\cdots,N-1$,其一维 DCT 和 IDCT(离散余弦反变换)定义为:

$$\begin{cases} F(u) = C(u)\sqrt{\dfrac{2}{N}}\sum\limits_{x=0}^{N-1} f(x)\cos\dfrac{(2x+1)u\pi}{2N} \\ f(x) = \sqrt{\dfrac{2}{N}}\sum\limits_{u=0}^{N-1} C(u)F(u)\cos\dfrac{(2x+1)u\pi}{2N} \end{cases} \tag{5-18}$$

其中,$x,u=0,1,\cdots,N-1$,$C(u)=\begin{cases} 1/\sqrt{2} & u=0 \\ 1 & u=1,2,\cdots,N-1 \end{cases}$

将一维 DCT 变换表示成矩阵运算形式,即

$$\boldsymbol{F} = \boldsymbol{A}\boldsymbol{f} \tag{5-19}$$

$$A=\sqrt{\frac{2}{N}}\begin{bmatrix}\frac{1}{\sqrt{2}} & \frac{1}{\sqrt{2}} & \cdots & \frac{1}{\sqrt{2}}\\ \cos\frac{1}{2N}\pi & \cos\frac{3}{2N}\pi & \cdots & \cos\frac{(2N-1)}{2N}\pi\\ \vdots & \vdots & \ddots & \vdots\\ \cos\frac{N-1}{2N}\pi & \cos\frac{3(N-1)}{2N}\pi & \cdots & \cos\frac{(2N-1)(N-1)}{2N}\pi\end{bmatrix} \tag{5-20}$$

其中,$\boldsymbol{F}$ 为变换系数矩阵,$\boldsymbol{A}$ 为正交变换矩阵,$\boldsymbol{f}$ 为时域数据矩阵。

一维 DCT 逆变换的矩阵形式表示为:

$$\boldsymbol{f}=\boldsymbol{A}^{\mathrm{T}}\boldsymbol{F} \tag{5-21}$$

2. 二维 DCT

数字图像为二维数据,把一维 DCT 推广到二维,二维 DCT 变换和反变换定义为:

$$\begin{cases}F(u,v)=\dfrac{2}{\sqrt{MN}}C(u)C(v)\displaystyle\sum_{x=0}^{M-1}\sum_{y=0}^{N-1}f(x,y)\cos\left[\frac{\pi(2x+1)u}{2M}\right]\cos\left[\frac{\pi(2y+1)v}{2N}\right]\\ f(x,y)=\dfrac{2}{\sqrt{MN}}\displaystyle\sum_{u=0}^{M-1}\sum_{v=0}^{N-1}C(u)C(v)F(u,v)\cos\left[\frac{\pi(2x+1)u}{2M}\right]\cos\left[\frac{\pi(2y+1)v}{2N}\right]\end{cases} \tag{5-22}$$

式中,$\begin{cases}x,u=0,1,2,\cdots,M-1\\ y,v=0,1,2,\cdots,N-1\end{cases}$,$C(u),C(v)=\begin{cases}1/\sqrt{2} & u,v=0\\ 1, & \text{其他}\end{cases}$

二维 DCT 的矩阵形式表示为:

$$\boldsymbol{F}=\boldsymbol{A}\boldsymbol{f}\boldsymbol{A}^{\mathrm{T}} \tag{5-23}$$

二维 IDCT 的矩阵形式表示为:

$$\boldsymbol{f}=\boldsymbol{A}^{\mathrm{T}}\boldsymbol{F}\boldsymbol{A} \tag{5-24}$$

其中,$\boldsymbol{F}$ 为 DCT 变换系数矩阵,$\boldsymbol{f}$ 为空域数据矩阵,$\boldsymbol{A}$ 为正交变换矩阵。

5.2.2 离散余弦变换的实现

【例 5-7】 用矩阵运算对图像进行 DCT 变换。

程序如下:

```
clear,clc,close all;
Image = double(imread('cameraman.tif'));
[N,M,C] = size(Image);                          % 图像尺寸,本例中图像为 256×256,N 和 M 相等
A = zeros(N,N);
A(1,1:N) = 1/sqrt(2);                           % 系数矩阵 A 的第 1 行
for j = 2:N
    for i = 1:N
```

```
        A(j,i) = cos((2 * i - 1) * pi * (j - 1)/(2 * N));
    end
end
A = sqrt(2/N) * A;                                  % 生成系数矩阵 A
DCT = A * Image * A';                               % 二维 DCT 矩阵运算
DCT = abs(DCT);
top = max(DCT(:));
bottom = min(DCT(:));
DCT = (DCT - bottom)/(top - bottom) * 100;          % DCT 系数规格化
imshow(DCT),title('DCT 频谱图');
```

程序运行结果如图 5-6 所示。从所得的结果可以看出，离散余弦变换具有使信息集中的特点，对图像进行 DCT 变换后，在变换域中，矩阵左上角低频的幅值大，而右下角高频的幅值小。

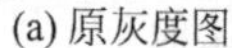

(a) 原灰度图

(b) DCT频谱图

图 5-6　图像 DCT 变换

MATLAB 中提供了实现 DCT 变换的相关函数，列举如下。

(1) dct 函数：实现 DCT 变换。

① Y=dct(X)：对向量 X 进行 DCT 变换，返回 Y；若 X 是二维矩阵，则对其每一列进行 DCT 变换；若 X 是 N 维矩阵，则对其第 1 个长度非 1 的维进行变换。

② Y=dct(X,N)：通过补 0 或截断对向量 X 进行 N 点 DCT 变换。

③ Y=dct(X,[],DIM)或 Y=dct(X,N,DIM)：对 X 的第 DIM 维进行 DCT 变换。

④ Y=dct(…,'Type',K)：指定计算方式执行 DCT 变换，K 可取 1、2、3、4，分别代表 dct-I、dct-II、dct-III、dct-IV 变换，默认值为 2。

(2) idct 函数：实现 IDCT 变换。

① X=idct(Y)：IDCT 变换。

② X=idct(Y,N)：通过补 0 或截断对向量 Y 进行 N 点 IDCT 变换。

③ X=idct(Y,[],DIM)或 X=idct(Y,N,DIM)：对 Y 的第 DIM 维进行 IDCT 变换。

④ X=idct(…,'Type',K)：指定计算方式执行 IDCT 变换，K 可取 1、2、3、4，分别代表 idct-I、idct-II、idct-III、idct-IV 变换，默认值为 2。

(3) dct2 函数：实现二维 DCT 变换。

① B=dct2(A)：对矩阵 A 进行二维 DCT 变换，返回矩阵 B。

② B=dct2(A,[M N])或 B=dct2(A,M,N)：通过补 0 或截断对矩阵 A 进行 M×N 的 DCT 变换。

(4) idct2 函数：实现二维 IDCT 变换。

① B=idct2(A)：对矩阵 A 进行二维 IDCT 变换。

② B=idct2(A,[M N])或 B=idct2(A,M,N)：通过补 0 或截断对矩阵 A 进行 M×N 的 IDCT 变换。

(5) D=dctmtx(N)：返回 N×N 的 DCT 变换矩阵 D(即式(5-20)中的变换矩阵 A)。

(6) B=blockproc(A,[M N],FUN)：对图像 A 中的每一 M×N 块执行 FUN 定义的操作。函数将图像 A 中的每一数据块打包为"block struct"传递给用户定义的函数 FUN，返回矩阵(向量、标量)Y，Y=FUN(BLOCK_STRUCT)。"block struct"是 MATLAB 中定义的结构体，包括该块的信息，相关字段如表 5-1 所示。

表 5-1　block struct 结构体字段

参　数	含　义
border	二维向量[V H]，指定数据块的水平、垂直边界
blockSize	二维向量[rows cols]，指定块大小，若'border'被指定，块大小不包括边界像素
data	M×N 或者 M×N×P 的块数据矩阵
imageSize	二维向量[rows cols]，指定输入图像大小
location	二维向量[row col]，指定输入图像中数据块的第 1 个像素(第 1 行第 1 列)，不包括边界像素

【例 5-8】 对灰度图像进行 DCT 变换并显示频谱图。

程序如下：

```
clear,clc,close all;
grayI = imread('cameraman.tif');
DCT = dct2(grayI);                                  %进行离散余弦变换
ADCT = abs(DCT);                                    %求模
top = max(ADCT(:));
bottom = min(ADCT(:));
result = (ADCT - bottom)/(top - bottom) * 100;      %把模规格化到[0 100]
subplot(121),imshow(grayI),title('原灰度图');
subplot(122),imshow(result),title('灰度图 DCT 频谱图');
```

程序运行结果如图 5-7 所示。从 3 幅灰度图的频谱可以看出，能量主要集中在左上角低频分量处。

【例 5-9】 对彩色图像进行 DCT 变换、显示频谱图并重建原图。

程序如下：

(a) 原灰度图

(b) 对应的DCT频谱图

图 5-7　灰度图像的 DCT 频谱图

```
clear,clc,close all;
RGBI = imread('peppers.jpg');                                   %打开彩色图像
[N,M,C] = size(RGBI);
DCTS = zeros(N,M,C);                                            %DCT 频谱图初始化
RGBOut = zeros(N,M,C);                                          %重建图初始化
for i = 1:C                                                     %分色彩通道处理
    channel = RGBI(:,:,i);
    DCT = dct2(channel);                                        %DCT 变换
    ADCT = abs(DCT);
    top = max(ADCT(:));         bottom = min(ADCT(:));
    DCTS(:,:,i) = (ADCT - bottom)/(top - bottom) * 100;
    RGBOut(:,:,i) = abs(idct2(DCT));                            %IDCT 变换
end
RGBOut = uint8(RGBOut);
subplot(131),imshow(RGBI),title('原彩色图');
subplot(132),imshow(DCTS),title('彩色图 DCT 频谱图');
subplot(133),imshow(RGBOut),title('DCT 重建图');
```

程序运行结果如图 5-8 所示。

(a) 原图

(b) 彩色频谱图

(c) DCT重建图

图 5-8 彩色图像 DCT 变换并重建

5.2.3 离散余弦变换在图像处理中的应用

离散余弦变换在图像处理中主要用于对图像(包括静止图像和运动图像)进行有损数据压缩。例如,静止图像编码标准 JPEG、运动图像编码标准 MPEG 中都使用了离散余弦变换,这是由于离散余弦变换具有很强的"能量集中"特性,大多数的能量都集中在离散余弦变换后的低频部分,压缩编码效果较好。

具体的做法一般是先把图像分成 8×8 的块,对每一个方块进行二维 DCT 变换,变换后的能量主要集中在低频区。对 DCT 系数进行量化,给高频系数大间隔量化,低频部分小间隔量化,舍弃绝大部分取值很小或为 0 的高频数据,降低数据量,同时保证重构图像不会发生显著失真。

【例 5-10】 对图像进行 DCT 变换,将高频置为 0,并进行反变换重建。

程序如下:

```
clear,clc,close all;
grayIn = imread('cameraman.tif');
[h,w] = size(grayIn);
DCTI = dct2(grayIn);
cf = 90;                                    % 截止频率
FDCTI = zeros(h,w);
FDCTI(1:cf,1:cf) = DCTI(1:cf,1:cf);         % 将高频系数置 0
grayOut = uint8(abs(idct2(FDCTI)));
subplot(121),imshow(grayIn),title('原图');
subplot(122),imshow(grayOut),title('压缩重建');
```

程序运行结果如图 5-9 所示。因为丢失了部分高频系数,所以重建图比原图模糊。程序中将大于截止频率的高频系数置 0,并没有考虑系数的大小,截止频率的指定也缺乏依据。

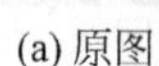

(a) 原图　　　　(b) DCT压缩重建图像

图 5-9　DCT 压缩重建示例一

【例 5-11】　将彩色图像转换到 YCbCr 空间,分别对亮度和色度数据进行 DCT 变换,采用合理的方式将高频系数变为 0,并进行反变换重建。

本例中通过将 DCT 系数除以合适的数据以便将高频系数变为 0,称为量化;各 DCT 系数除以的数据称为量化步长,将在第 11 章具体学习。

程序如下:

```
clear,clc,close all;
ImageIn = imread('peppers.jpg');                        %读取彩色图像
YCbCrIn = double(rgb2ycbcr(ImageIn));                   %转换到 YCbCr 空间
YQT = [16   11   10   16   24   40   51   61;
       12   12   14   19   26   58   60   55;
       14   13   16   24   40   57   69   56;
       14   17   22   29   51   87   80   62;
       18   22   37   56   68  109  103   77;
       24   35   55   64   81  104  113   92;
       49   64   78   87  103  121  120  101;
       72   92   95   98  112  100  103   99];           %亮度量化表,即块内各数据对应的量化步长
CQT = [17   18   24   47   99   99   99   99;
       18   21   26   66   99   99   99   99;
       24   26   56   99   99   99   99   99;
       47   66   99   99   99   99   99   99;
       99   99   99   99   99   99   99   99;
       99   99   99   99   99   99   99   99;
       99   99   99   99   99   99   99   99;
       99   99   99   99   99   99   99   99];                      %色度量化表
blocksize = 8;                                                 %定义块大小
A = dctmtx(blocksize);                                         %计算变换矩阵
FUN1 = @(block_struct) A * block_struct.data * A';             %定义块 DCT 变换函数
FUN2 = @(block_struct) A' * block_struct.data * A;             %定义块 IDCT 变换函数
```

```
YCbCrOut = zeros(size(YCbCrIn));                          % 对输出的 YCbCr 图像初始化
for i = 1:3
    channel = YCbCrIn(:,:,i);                             % 获取 YCbCr 各通道
    DCT = blockproc(channel,[blocksize,blocksize],FUN1);  % 块 DCT 变换
    if i == 1
        QT = YQT;
    else
        QT = CQT;
    End                                                   % 选择亮度或色度量化表
    FUN3 = @(block_struct) round(block_struct.data./QT);  % 定义量化函数,点除运算
    QDCT = blockproc(DCT,[blocksize,blocksize],FUN3);     % 块 DCT 系数量化
    FUN4 = @(block_struct) block_struct.data. * QT;       % 定义反量化函数,点乘运算
    IQDCT = blockproc(QDCT,[blocksize,blocksize],FUN4);   % 块量化后的数据反量化
    IDCT = blockproc(IQDCT,[blocksize,blocksize],FUN2);   % 块系数 IDCT 变换
    YCbCrOut(:,:,i) = IDCT;                               % 存储 YCbCr 图像数据
end
YCbCrOut = uint8(YCbCrOut);
ImageOut = ycbcr2rgb(YCbCrOut);                           % 变换回 RGB 空间
figure,imshow(ImageIn),title('原图');
figure,imshow(ImageOut),title('重建图像');
```

程序运行结果如图 5-10 所示。程序中实现了色彩空间变换、DCT 变换、量化、反量化、IDCT 变换、色彩空间逆变换等操作,数据损失发生在量化一步。从图 5-10 可以看出,重建后的图像质量有所下降,但不明显,比直接指定截止频率更合理。

(a) 原图

(b) 重建图像

图 5-10　DCT 压缩重建示例二

5.3　K-L 变换

K-L 变换是建立在统计特性基础上的一种变换,又称为霍特林(Hotelling)变换或主成分分析(Principal Component Analysis,PCA),其突出优点是相关性好,是均方误差(Mean Square Error,MSE)意义下的最佳变换,在数据压缩技术中占有重要地位。

5.3.1 K-L 变换原理

1. K-L 变换的定义

用确定的正交归一向量系 $u_j, j=1,2,\cdots,\infty$ 展开向量 $\boldsymbol{X}$：

$$\boldsymbol{X}=\sum_{j=1}^{\infty} a_j u_j \tag{5-25}$$

用有限的 m 项来估计向量 $\boldsymbol{X}$，即

$$\hat{\boldsymbol{X}}=\sum_{j=1}^{m} a_j u_j \tag{5-26}$$

表示成矩阵形式为：

$$\hat{\boldsymbol{X}}=\boldsymbol{UA} \tag{5-27}$$

为了找到合适的变换矩阵 $\boldsymbol{U}$，计算用有限项展开代替无限项展开引起的均方误差，使均方误差最小的 $\boldsymbol{U}$ 最优。均方误差如下所示：

$$\overline{\varepsilon^2}=E[(\boldsymbol{X}-\hat{\boldsymbol{X}})^{\mathrm{T}}(\boldsymbol{X}-\hat{\boldsymbol{X}})]=E\left[\sum_{j=m+1}^{\infty} a_j u_j \cdot \sum_{j=m+1}^{\infty} a_j u_j\right]$$

利用已知条件求解均方误差。$\boldsymbol{u}$ 为正交归一向量系，$\boldsymbol{u}_i^{\mathrm{T}}\boldsymbol{u}_j=\begin{cases}1 & i=j\\ 0 & i\neq j\end{cases}$；且 $a_j=\boldsymbol{u}_j^{\mathrm{T}}\boldsymbol{X}$，所以

$$\overline{\varepsilon^2}=E\left[\sum_{j=m+1}^{\infty} a_j^2\right]=E\left[\sum_{j=m+1}^{\infty} u_j^{\mathrm{T}}\boldsymbol{X}\boldsymbol{X}^{\mathrm{T}}u_j\right]=\sum_{j=m+1}^{\infty} u_j^{\mathrm{T}}E[\boldsymbol{X}\boldsymbol{X}^{\mathrm{T}}]u_j$$

令 $\psi=E[\boldsymbol{X}\boldsymbol{X}^{\mathrm{T}}]$，则

$$\overline{\varepsilon^2}=\sum_{j=m+1}^{\infty} \boldsymbol{u}_j^{\mathrm{T}}\boldsymbol{\psi}\boldsymbol{u}_j$$

利用拉格朗日乘数法求均方误差取极值时的 $\boldsymbol{u}$，拉格朗日函数为：

$$h(\boldsymbol{u}_j)=\sum_{j=m+1}^{\infty} \boldsymbol{u}_j^{\mathrm{T}}\boldsymbol{\psi}\boldsymbol{u}_j-\sum_{j=m+1}^{\infty}\lambda[\boldsymbol{u}_j^{\mathrm{T}}\boldsymbol{u}_j-1]$$

对 $\boldsymbol{u}_j$ 求导数，得

$$(\boldsymbol{\psi}-\lambda_j\boldsymbol{I})\boldsymbol{u}_j=0,\quad j=m+1,\cdots,\infty$$

其中，λ_j 是 $\boldsymbol{X}$ 的自相关矩阵 $\boldsymbol{\psi}$ 的特征值，$\boldsymbol{u}_j$ 是对应的特征向量。

则有：

$$\overline{\varepsilon^2}=\sum_{j=m+1}^{\infty} \boldsymbol{u}_j^{\mathrm{T}}\boldsymbol{\psi}\boldsymbol{u}_j=\sum_{j=m+1}^{\infty} \boldsymbol{u}_j^{\mathrm{T}}\lambda_j\boldsymbol{u}_j=\sum_{j=m+1}^{\infty}\lambda_j \tag{5-28}$$

得到以下结论：以 $\boldsymbol{X}$ 的自相关矩阵 $\boldsymbol{\psi}$ 的 m 个最大特征值对应的特征向量来逼近 $\boldsymbol{X}$ 时，其截断均方误差具有极小性质。这 m 个特征向量所组成的正交坐标系 $\boldsymbol{U}$ 称作 $\boldsymbol{X}$ 所在的 n 维空间的 m 维 K-L 变换坐标系。$\boldsymbol{X}$ 在 K-L 坐标系上的展开系数向量 $\boldsymbol{A}$ 称作 $\boldsymbol{X}$ 的 K-L 变

换，满足：

$$\begin{cases} \boldsymbol{A}=\boldsymbol{U}^{\mathrm{T}}\boldsymbol{X} \\ \boldsymbol{X}=\boldsymbol{U}\boldsymbol{A} \end{cases} \tag{5-29}$$

其中，$\boldsymbol{U}=(u_1 \quad u_2 \quad \cdots \quad u_m)$。

2. K-L 变换的性质

因$\boldsymbol{\psi}\boldsymbol{u}_j=\lambda_j\boldsymbol{u}_j$，则$\boldsymbol{\psi}\boldsymbol{U}=\boldsymbol{U}\boldsymbol{D}_\lambda$，$\boldsymbol{D}_\lambda$ 为对角矩阵，其互相关成分都应为 0，即

$$\boldsymbol{D}_\lambda=\begin{pmatrix} \lambda_1 & 0 & \cdots & 0 \\ 0 & \lambda_2 & \cdots & 0 \\ \vdots & \vdots & \ddots & \vdots \\ 0 & 0 & \cdots & \lambda_n \end{pmatrix} \tag{5-30}$$

因 $\boldsymbol{U}$ 为正交矩阵，所以$\boldsymbol{\psi}=\boldsymbol{U}\boldsymbol{D}_\lambda\boldsymbol{U}^{\mathrm{T}}$。

因 $\boldsymbol{X}=\boldsymbol{U}\boldsymbol{A}$，则$\boldsymbol{\psi}=E[\boldsymbol{X}\boldsymbol{X}^{\mathrm{T}}]=E[\boldsymbol{U}\boldsymbol{A}\boldsymbol{A}^{\mathrm{T}}\boldsymbol{U}^{\mathrm{T}}]=\boldsymbol{U}E[\boldsymbol{A}\boldsymbol{A}^{\mathrm{T}}]\boldsymbol{U}^{\mathrm{T}}$，所以，

$$E[\boldsymbol{A}\boldsymbol{A}^{\mathrm{T}}]=\boldsymbol{D}_\lambda \tag{5-31}$$

由式(5-31)可知，变换后的向量 $\boldsymbol{A}$ 的自相关矩阵$\boldsymbol{\psi}_A$ 是对角矩阵，且对角元素是 $\boldsymbol{X}$ 的自相关矩阵$\boldsymbol{\psi}$ 的特征值。显然，通过 K-L 变换，消除了原有向量 $\boldsymbol{X}$ 的各分量之间的相关性，即变换后的数据 $\boldsymbol{A}$ 的各分量之间的信息是相互独立的。

3. 信息量分析

通过前文的分析可知，数据 $\boldsymbol{X}$ 的 K-L 坐标系的产生矩阵采用的是自相关矩阵$\boldsymbol{\psi}=E[\boldsymbol{X}\boldsymbol{X}^{\mathrm{T}}]$，由于总体均值向量$\boldsymbol{\mu}$ 常常没有什么意义，因此也常常把数据的协方差矩阵作为 K-L 坐标系的产生矩阵，如式(5-32)所示。

$$\Sigma=E[(\boldsymbol{X}-\boldsymbol{\mu})(\boldsymbol{X}-\boldsymbol{\mu})^{\mathrm{T}}] \tag{5-32}$$

已知 $a_1=\boldsymbol{u}_1^{\mathrm{T}}\boldsymbol{X}$，计算 a_1 的方差如下：

$$\operatorname{var}(a_1)=E[a_1^2]-E[a_1]^2=E[\boldsymbol{u}_1^{\mathrm{T}}\boldsymbol{X}\boldsymbol{X}^{\mathrm{T}}\boldsymbol{u}_1]-E[\boldsymbol{u}_1^{\mathrm{T}}\boldsymbol{X}]E[\boldsymbol{X}^{\mathrm{T}}\boldsymbol{u}_1]=\boldsymbol{u}_1^{\mathrm{T}}\Sigma\boldsymbol{u}_1$$

$\boldsymbol{u}_1$ 为 Σ 的特征向量，λ_1 为对应的特征值，则 $\operatorname{var}(a_1)=\boldsymbol{u}_1^{\mathrm{T}}\Sigma\boldsymbol{u}_1=\lambda_1\boldsymbol{u}_1^{\mathrm{T}}\boldsymbol{u}_1=\lambda_1$，即 a_1 的方差为 Σ 最大的特征值，a_1 称作第一主成分。

采用大特征值对应的特征向量组成变换矩阵，能对应地保留原向量中方差最大的成分，K-L 变换起到了减小相关性、突出差异性的效果，称之为主成分分析。

计算主成分的方差之和为：

$$\sum_{j=1}^{n}\operatorname{var}(a_j)=\sum_{j=1}^{n}\lambda_j=\operatorname{tr}(\Sigma)=\sum_{j=1}^{n}\operatorname{var}(X_j)$$

上式说明，n 个互不相关的主成分的方差之和等于原数据的总方差，即 n 个互不相关的主成分包含了原数据中的全部信息，各主成分的贡献率依次递减，第一主成分贡献率最大，数据的大部分信息集中在较少的几个主成分上。

主成分 a_i 的贡献率为：

$$\lambda_i \Big/ \sum_{j=1}^{n} \lambda_j, \quad i=1,2,\cdots,n \tag{5-33}$$

前 m 个主成分的累积贡献率反映前 m 个主成分综合原始变量信息的能力，定义如下：

$$\sum_{i=1}^{m} \lambda_i \Big/ \sum_{j=1}^{n} \lambda_j \tag{5-34}$$

【例 5-12】 设向量集为 $\left\{\begin{matrix} \omega_1: (0\quad 0\quad 0)^T,(1\quad 0\quad 1)^T,(1\quad 0\quad 0)^T,(1\quad 1\quad 0)^T \\ \omega_2: (0\quad 0\quad 1)^T,(0\quad 1\quad 1)^T,(0\quad 1\quad 0)^T,(1\quad 1\quad 1)^T \end{matrix}\right\}$，采用其自相关矩阵作为产生矩阵对其进行 K-L 变换，实现向二维降维，即求其前两个主成分。

程序如下：

```
clear,clc,close all;
X = [0 0 0;1 0 1;1 0 0;1 1 0;0 0 1;0 1 1;0 1 0;1 1 1]';
[n,N] = size(X);                                    %n为维数,N为样本数
V = X * X'/N;                                       %求自相关矩阵
[coeff,D] = eigs(V);                                %求特征值和特征向量
[D_sort,index] = sort(diag(D),'descend');           %特征值降序排列
D = D(index,index);                                 %按序调整特征值对角矩阵
coeff = coeff(:,index);                             %按序调整特征向量矩阵
score = coeff' * X;                                 %K-L变换
figure; plot(score(1,:),score(2,:),'ko'),title('K-L变换');
xlabel('第一主成分得分');ylabel('第二主成分得分');
reconstructed = score' * coeff';                    %K-L逆变换
```

程序运行结果如图 5-11 所示。

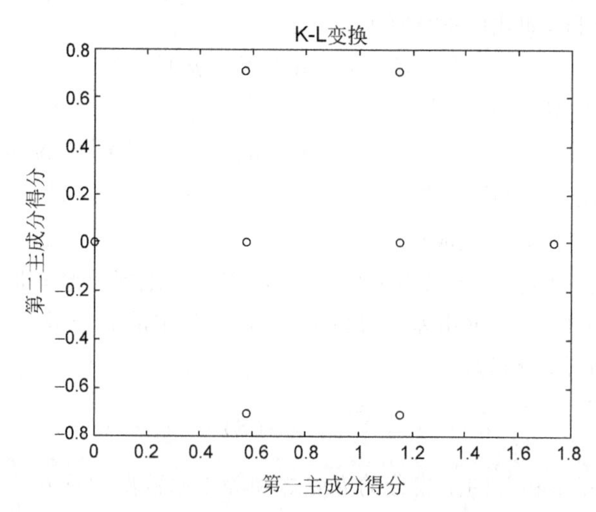

图 5-11 K-L 变换第一、二主成分

5.3.2 图像的 K-L 变换及其实现

图像的 K-L 变换是指将二维的图像转化为一维的向量，通常采用奇异值分解进行 K-L 变换。

1. 原理

图像 K-L 变换的原理是将二维图像采用行堆叠或列堆叠转换为一维处理。设一幅大小为 $M\times N$ 的图像 $f(x,y)$ 在某个传输通道上传输了 L 次，由于受到各种因素的随机干扰，接收的图像是一个图像集合，即

$$\{f_1(x,y),f_2(x,y),\cdots,f_L(x,y)\}$$

采用列堆叠将每一个 $M\times N$ 的图像表示为 MN 维的向量，即

$$\boldsymbol{f}_i=(\boldsymbol{f}_i(0,0)\quad \boldsymbol{f}_i(0,1)\quad \cdots \quad \boldsymbol{f}_i(M-1,N-1))^{\mathrm{T}}$$

图像向量 $\boldsymbol{f}=(f_1\quad f_2\quad \cdots \quad f_L)$的协方差矩阵和相应变换核矩阵为

$$\boldsymbol{\Sigma}_f=E[(\boldsymbol{f}-\boldsymbol{\mu}_f)(\boldsymbol{f}-\boldsymbol{\mu}_f)^{\mathrm{T}}]\approx\frac{1}{L}\left[\sum_{i=1}^{L}f_i f_i^{\mathrm{T}}\right]-\boldsymbol{\mu}_f\boldsymbol{\mu}_f^{\mathrm{T}} \tag{5-35}$$

其中，$\boldsymbol{f}-\boldsymbol{\mu}_f$ 为原始图像 $\boldsymbol{f}$ 减去平均值向量$\boldsymbol{\mu}_f$，称为中心化图像向量；Σ_f 是 $MN\times MN$ 维的矩阵。

设 λ_i 和 $\boldsymbol{u}_i$ 为$\boldsymbol{\Sigma}_f$ 的特征值和特征向量，且降序排列，即

$$\lambda_1>\lambda_2>\lambda_3>\lambda_4>\cdots>\lambda_{M\times N}$$

K-L 变换矩阵 $\boldsymbol{U}$ 为

$$\boldsymbol{U}=(u_1,u_2,\cdots,u_{M\times N})=\begin{pmatrix} u_{11} & u_{21} & \cdots & u_{MN1} \\ u_{12} & u_{22} & \cdots & u_{MN2} \\ \vdots & \vdots & \ddots & \vdots \\ u_{1MN} & u_{2MN} & \cdots & u_{MNMN} \end{pmatrix}$$

则二维 K-L 变换表示为：

$$\boldsymbol{F}=\boldsymbol{U}^{\mathrm{T}}(\boldsymbol{f}-\boldsymbol{\mu}_f) \tag{5-36}$$

离散 K-L 变换向量 $\boldsymbol{F}$ 是中心化向量 $\boldsymbol{f}-\boldsymbol{\mu}_f$ 与变换核矩阵 $\boldsymbol{U}$ 相乘所得的结果。

2. 奇异值分解

如前文所述，$\boldsymbol{f}$ 向量的协方差矩阵$\boldsymbol{\Sigma}_f$ 是 $MN\times MN$ 维的矩阵，由于图像的维数 MN 一般很高，因此直接求解$\boldsymbol{\Sigma}_f$ 的特征值和特征向量不现实。本小节简单介绍奇异值分解(Singular Value Decomposition，SVD)的方法，其详细的数学理论可以参看矩阵论的相关资料。

1）原理

奇异值分解将一个大矩阵分解为几个小矩阵乘积，如式(5-37)所示。

$$\boldsymbol{B}=\boldsymbol{PDQ}^{\mathrm{T}} \tag{5-37}$$

其中，$\boldsymbol{B}$ 为 $m\times n$ 的矩阵；$\boldsymbol{P}$ 为 $m\times m$ 的方阵，其列向量正交，称为左奇异向量；$\boldsymbol{D}$ 为 $m\times n$ 的矩阵，仅对角线元素不为 0，对角线上的元素称为奇异值；$\boldsymbol{Q}^{\mathrm{T}}$ 为 $n\times n$ 的方阵，其列向量正交，称为右奇异向量。

式(5-37)中小矩阵的求解可以采用下列方法。

设 $\boldsymbol{R}=\boldsymbol{B}^{\mathrm{T}}\boldsymbol{B}$，得到一个方阵，且 $\boldsymbol{R}^{\mathrm{T}}=(\boldsymbol{B}^{\mathrm{T}}\boldsymbol{B})^{\mathrm{T}}=\boldsymbol{B}^{\mathrm{T}}\boldsymbol{B}=\boldsymbol{R}$，即 $\boldsymbol{R}$ 为 n 阶厄米特矩阵，可以证明 $\boldsymbol{R}$ 的特征值均为非负值。对矩阵 $\boldsymbol{R}$ 求特征值，如式(5-38)所示。

$$(\boldsymbol{B}^{\mathrm{T}}\boldsymbol{B})q_i=\lambda_i q_i \tag{5-38}$$

右奇异矩阵 $\boldsymbol{Q}$ 由 q_i 组成。

由式(5-39)可得左奇异矩阵 $\boldsymbol{P}$。

$$\begin{cases}\sigma_i=\sqrt{\lambda_i}\\ p_i=\boldsymbol{B}q_i/\boldsymbol{\sigma}_i\end{cases} \tag{5-39}$$

其中，左奇异矩阵 $\boldsymbol{P}$ 由 p_i 组成；$\boldsymbol{\sigma}$ 即矩阵 $\boldsymbol{B}$ 的奇异值，在矩阵 $\boldsymbol{D}$ 中从大到小排列，且减小很快，可以用前 r 个大的奇异值来近似描述矩阵，如式(5-40)所示。

$$\boldsymbol{B}_{m\times n}\approx\boldsymbol{P}_{m\times r}\boldsymbol{D}_{r\times r}\boldsymbol{Q}_{n\times r}^{\mathrm{T}} \tag{5-40}$$

需注意，$\boldsymbol{Q}$ 为 $n\times r$ 的矩阵，$\boldsymbol{Q}^{\mathrm{T}}$ 为 $r\times n$ 的矩阵。

2）图像 K-L 变换实现

将中心化图像向量 $\boldsymbol{f}-\boldsymbol{\mu}_f$ 进行奇异值分解，即 $\boldsymbol{B}=\boldsymbol{f}-\boldsymbol{\mu}_f$，用前 r 个大的奇异值来近似描述，如式(5-41)所示。

$$\boldsymbol{B}_{MN\times L}\approx\boldsymbol{P}_{MN\times r}\boldsymbol{D}_{r\times r}\boldsymbol{Q}_{L\times r}^{\mathrm{T}} \tag{5-41}$$

将式(5-41)两边同时右乘 $\boldsymbol{Q}_{L\times r}$，即 $\boldsymbol{B}_{MN\times L}\boldsymbol{Q}_{L\times r}\approx\boldsymbol{P}_{MN\times r}\boldsymbol{D}_{r\times r}\boldsymbol{Q}_{L\times r}^{\mathrm{T}}\boldsymbol{Q}_{L\times r}$。

由于 $\boldsymbol{Q}$ 为正交矩阵，所以 $\boldsymbol{Q}^{\mathrm{T}}\boldsymbol{Q}$ 为单位阵，所以：

$$\boldsymbol{B}_{MN\times L}\boldsymbol{Q}_{L\times r}\approx\boldsymbol{P}_{MN\times r}\boldsymbol{D}_{r\times r}=\widetilde{\boldsymbol{B}}_{MN\times r} \tag{5-42}$$

由式(5-38)求出矩阵 $\boldsymbol{Q}$，进而求出 $\widetilde{\boldsymbol{B}}_{MN\times r}$，实现列压缩。

将式(5-41)两边同时左乘 $\boldsymbol{P}_{MN\times r}^{\mathrm{T}}$，即 $\boldsymbol{P}_{MN\times r}^{\mathrm{T}}\boldsymbol{B}_{MN\times L}\approx\boldsymbol{P}_{MN\times r}^{\mathrm{T}}\boldsymbol{P}_{MN\times r}\boldsymbol{D}_{r\times r}\boldsymbol{Q}_{L\times r}^{\mathrm{T}}$。

由于 $\boldsymbol{P}$ 为正交矩阵，所以 $\boldsymbol{P}^{\mathrm{T}}\boldsymbol{P}$ 为单位阵，所以：

$$\boldsymbol{P}_{MN\times r}^{\mathrm{T}}\boldsymbol{B}_{MN\times L}\approx\boldsymbol{D}_{r\times r}\boldsymbol{Q}_{L\times r}^{\mathrm{T}}=\widetilde{\boldsymbol{B}}_{r\times L} \tag{5-43}$$

由式(5-38)和式(5-39)求出矩阵 $\boldsymbol{Q}$、$\boldsymbol{D}$、$\boldsymbol{P}$，进而求出 $\widetilde{\boldsymbol{B}}_{r\times L}$，实现行压缩。

【例 5-13】 打开人脸图像，采用 SVD 方法对其进行 K-L 变换，并显示变换结果。

程序如下：

```
clear,clc,close all;
fmt = {'*.jpg','JPEG image(*.jpg)';'*.*','All Files(*.*)'};
[FileName,FilePath] = uigetfile(fmt,'导入数据','face*.jpg','MultiSelect','on');
                                        %利用 uigetfile 函数交互式选取训练样本图像
if ~isequal([FileName,FilePath],[0,0])
    FileFullName = strcat(FilePath,FileName);
```

```
else
    return;          % 若选择了图像,则获取图像文件的完整路径,否则退出程序,不再运行
end
N = length(FileFullName);
for k = 1:N
    Image = im2double(rgb2gray(imread(FileFullName{k})));
    X(:,k)  =  Image(:);                          % 把图像放在矩阵 X 的第 k 列
    InImage(:,:,:,k) = Image;
end
figure,montage(InImage,'size',[1 NaN]),title('原图');
[h,w,c] = size(Image);
averagex  =  mean(X')';                            % 计算图像的平均向量μ
X = X - averagex;                                  % 求中心化图像向量
R  =  X' * X;                                      % 奇异值分解中的矩阵 R = B^T B
[Q,D]  =  eig(R);                                  % 求矩阵 R 的特征值和特征向量
[D_sort,index]  =  sort(diag(D),'descend');        % 特征值从大到小排序
D = D(index,index);
Q  =  Q(:,index);                              % 按从大到小顺序重排特征值矩阵 D 和特征向量矩阵 Q
P  =  X * Q * (abs(D))^ - 0.5;                 % 求左奇异矩阵 P
total  =  0.0;
count  =  sum(D_sort);
for r  = 1:N
    total  =  total  +  D_sort(r);
    if total/count > 0.95                      % 取占全部奇异值之和 95 % 的前 r 个奇异值
        break;
    end
end
KLCoefR  =  P' * X;
figure; plot(KLCoefR(1,:),KLCoefR(2,:),'ko'),title('K - L 变换行压缩');
xlabel('第一主成分得分');ylabel('第二主成分得分');
Y =  P(:,1:2) * KLCoefR(1:2,:) + averagex;  % 基于前 2 个奇异值重建人脸图像
outImage = zeros(h,w,1,N);
for j = 1:N
    outImage(:,:,1,j) = reshape(Y(:,j),h,w);
end
figure,montage(outImage,'size',[2 NaN]),title('基于左奇异矩阵前两个奇异值重建图像');
Z =  P(:,1:r) * KLCoefR(1:r,:) + averagex;              % 基于前 r 个奇异值重建人脸图像
for j = 1:N
    outImage(:,:,1,j) = reshape(Z(:,j),h,w);
end
figure,montage(outImage,'size',[1 NaN],'DisplayRange',[]);
        title('基于左奇异矩阵前 r 个奇异值重建的人脸图像');
KLCoefC  =  X * Q;                                      % 使用右奇异矩阵进行 K - L 变换
for j  = 1:N
    outImage(:,:,1,j) = reshape(KLCoefC(:,j),h,w);
end
figure,montage(outImage,'size',[1 NaN],'DisplayRange',[]);
        title('基于右奇异矩阵的 K - L 变换');
```

程序运行结果如图 5-12 所示。

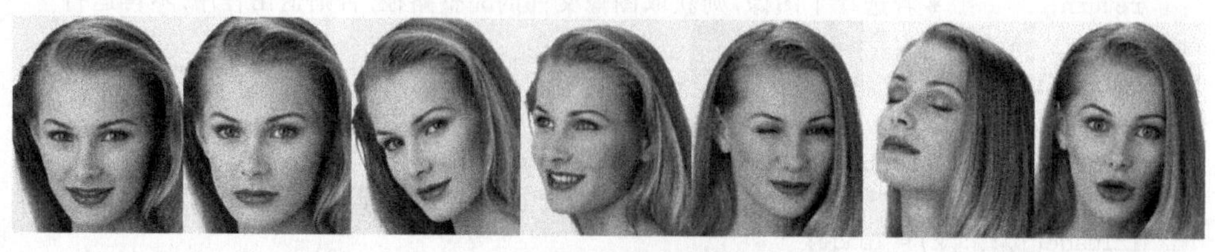

(a) 原始人脸图像

(b) 使用右奇异矩阵进行K-L变换

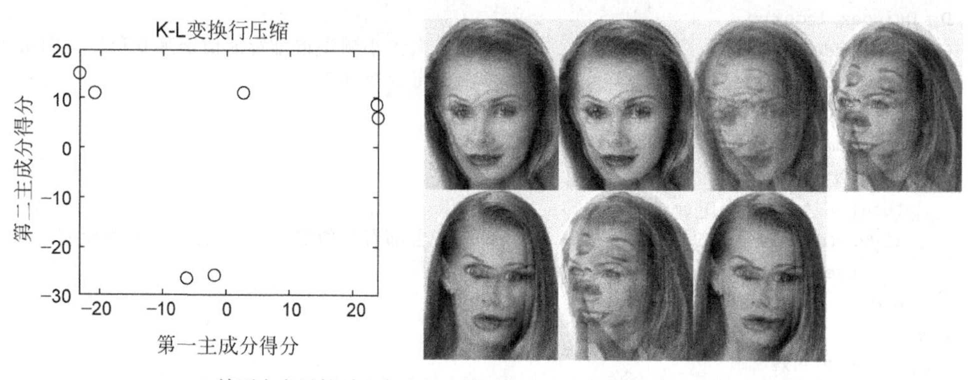

(c) 前两个奇异值对应左奇异向量对中心化人脸图像的降维及重建

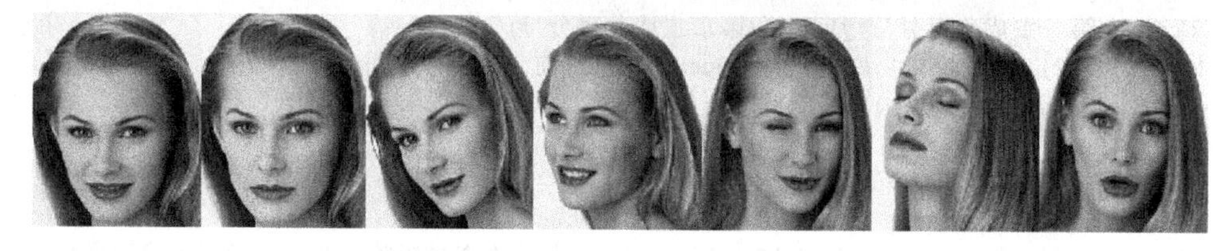

(d) 前6个奇异值(和占总数的95%以上)对应左奇异向量对中心化人脸图像的重建

图 5-12　人脸图像 K-L 变换

3. K-L 变换函数

MATLAB 中对于 K-L 变换提供了相应的函数，列举如下。

(1) pcacov 函数：根据相关系数矩阵或协方差矩阵进行主成分分析。

① COEFF＝pcacov(V)：根据 n×n 的矩阵 V 进行主成分分析，返回主成分系数 COEFF。COEFF 为 n×n 的矩阵，每一列为一个主成分的系数向量，按主成分方差递减顺序排列，即原理中的变换矩阵 U。

② [COEFF,LATENT]=pcacov(V)：LATENT 是由主成分的方差构成的向量，即由 V 的 n 个特征值(从大到小)构成的向量。

③ [COEFF,LATENT,EXPLAINED]=pcacov(V)：EXPLAINED 是由 n 个主成分的百分比贡献率构成的向量。

(2) pca 函数：对原数据进行主成分分析。

① COEFF=pca(X)：返回 N×n 的数据矩阵 X 的主成分系数 COEFF，N 为样本数目，n 为样本维数，X 的每一行对应一个样本；COEFF 含义同 pcacov 函数中的参数。默认情况下，pca 函数将数据变为中心化数据，使用 SVD 算法。

② [COEFF,SCORE]=pca(X)：增加返回主成分得分 SCORE，是原理中矩阵 A 的转置。需要注意原理讲解中一般都是用列向量表示一个样本，N 个 n 维样本则是一个 n×N 的矩阵；但 pca 函数中输入的 X 为 N×n 的数据矩阵，是原理中数据矩阵的转置，SCORE 的计算采用 X×COEFF，实际是原理中矩阵 A 的转置；默认情况下，是先将 X 变为中心化数据再乘以 COEFF 计算出 SCORE，重建中心化数据则采用 SCORE×COEFF'。

③ [COEFF,SCORE,LATENT]=pca(X)：增加返回主成分方差 LATENT，即 X 的协方差矩阵的 n 个特征值构成的向量。

④ [COEFF,SCORE,LATENT,TSQUARED]=pca(X)：增加返回 X 中每个样本的 Hotelling T 平方统计量。TSQUARED 为有 N 个元素的向量，第 i 个元素是第 i 个样本与数据集的中心之间的距离。

$$T_i^2=\sum_{j=1}^{n}\frac{\mathrm{SCORE}_{ij}^2}{\lambda_j}\quad i=1,2,\cdots,N$$

其中，$\mathrm{SCORE}_{ij}(i=1,2,\cdots,N;j=1,2,\cdots,n)$为第 i 个样本的第 j 个主成分得分，λ_j 为样本协方差矩阵的 n 个降序排列的特征值。

⑤ [COEFF,SCORE,LATENT,TSQUARED,EXPLAINED]=pca(X)：增加返回各主成分的百分比贡献率组成的向量 EXPLAINED。

⑥ [COEFF,SCORE,LATENT,TSQUARED,EXPLAINED,MU]=pca(X)：当输入参数'Centered'设为 true 时，返回 X 中样本均值 MU；否则 MU 为全 0。

⑦ [⋯]=pca(⋯,'PARAM1',val1,'PARAM2',val2,⋯)：指定各参数实现主成分分析，用以控制计算、处理特殊数据类型。各参数含义如表 5-2 所示。

表 5-2　pca 函数参数

参　　数	含　　义
Algorithm	pca 函数实现主成分分析的算法，可选'svd'(奇异值分解)、'eig'(协方差矩阵特征值分解)、'als'(交替最小二乘法)，默认值为'svd'
Centered	逻辑值，默认为 true，pca 函数将 X 变为中心化数据；为 false，不对数据进行中心化处理
Economy	逻辑值，默认为 true，函数仅返回结果的前一部分；为 false，则返回全部结果
NumComponents	正整数，指明需要的主成分数目 K，返回 COEFF 和 SCORE 的前 K 列

续表

参　数	含　义
Rows	X中含有NaN情况时的处理方法,可取'complete'(默认值,计算前去除值为NaN的样本,运算后在SCORE中的对应位置插入);'pairwise'(切换Algorithm为'eig',计算协方差矩阵时用非NaN值取代NaN);'all'(确认X中没有数据缺失,采用所有数据进行运算,遇NaN终止运算)。采用'als'算法时本参数无效
Weights	样本权向量,元素均为正值
VariableWeights	分量权向量,元素均为正值
	配合'als'算法的参数略

(3) pcares函数:重建数据,并求样本观测值矩阵中每个样本的每一个分量所对应的残差。

① RESIDUALS=pcares(X,NDIM):返回利用前NDIM个主成分重建数据时的残差。NDIM≤n;RESIDUALS为N×n的矩阵,其元素为X中相应元素所对应的残差。

② [RESIDUALS,RECONSTRUCTED]=pcares(X,NDIM):增加返回用前NDIM个主成分的得分重建的数据RECONSTRUCTED,是X的一个近似。pcares只接受原始样本观测数据作为它的输入,不会自动对数据做标准化变换。

【例5-14】 利用函数对不同字体数字的图像进行主成分分析并重建。

本例中对白色背景下不同字体的黑色数字的图像进行处理,设计分为以下3部分。

(1) 生成样本。读取图像文件,反色,将数字目标变为白色;通过确定数字的外接矩形截取数字所在区域;将数字区域归一化为16×16的子图像;将16×16的数据变换为1×256的一维数据,生成样本。

```
clc;clear;close all;
fmt = {'*.jpg','JPEG (*.jpg)';'*.bmp','BMP (*.bmp)';'*.*','All Files(*.*)'};
[FileName,FilePath] = uigetfile(fmt,'导入外部数据','*.jpg','MultiSelect','on');
if ~isequal([FileName,FilePath],[0,0]);
    FileFullName = strcat(FilePath,FileName);
else
    return;
end                                  %选择数据并判断,同例5-13
N = length(FileFullName);            %选择的图像数目
Image = zeros(50);                   %存储原始图像数据,大小为50×50
n = 16;n1 = 20;                      %规格化图像为n×n,显示用图像为n1,外围增加了2行2列
BWI = zeros(n);                      %存储二值化图像数据,大小为16×16
training = zeros(1,n*n);             %存储训练样本1×256
showImage = zeros(n1,n1*N);          %显示用图像,将各个样本小图像拼到一幅大图显示
for j = 1:N                          %对每一幅图像进行预处理
    Image = imread(FileFullName{j});                     %读取每一幅图像数据
    Image = 255 - Image;                                 %反色,将数字目标变为白色
    Image = im2bw(Image,0.4);                            %二值化
    [y,x] = find(Image == 1);
    BWI = Image(min(y):max(y),min(x):max(x));            %截取数字所在区域
    BWI = imresize(BWI,[n,n]);                           %子区域归一化为16×16
```

```
    showImage((n1 - n)/2 + 1:n + (n1 - n)/2,(j - 1) * n1 + 1:(j - 1) * n1 + n) = BWI;
                                                   % 当前图像拼到大图中
    training(j,:) = double(BWI(:)');               % 转化为一维的样本
end
```

(2) 进行主成分分析。采用 pca 函数进行主成分分析,并通过绘图观察样本的第一、二主成分。

```
[coeff,score,latent,tsquare] = pca(training);      % 主成分分析
figure,plot(score(:,1),score(:,2),'ko');           % 绘制第一、二主成分得分图
title('主成分分析'),xlabel('第一主成分得分'),ylabel('第二主成分得分');
```

(3) 利用主成分重建图像。采用 pcares 函数分别基于第一、第一、二、第一、二、三主成分重建图像,并通过绘图观察重建图像与原始图像的区别。

```
[residuals1,reconstructed1] = pcares(training,1);     % 利用第一主成分重建数据
[residuals2,reconstructed2] = pcares(training,2);     % 利用第一、二主成分重建数据
[residuals3,reconstructed3] = pcares(training,3);     % 利用第一、二、三主成分重建数据
showResult1 = zeros(n1,n1 * N);
showResult2 = zeros(n1,n1 * N);
showResult3 = zeros(n1,n1 * N);
for j = 1:N
    tempI = reconstructed1(j,:);                      % 重建数据一
    tempI = reshape(tempI,n,n);                       % 转换为二维图像
    showResult1((n1 - n)/2 + 1:n + (n1 - n)/2,(j - 1) * n1 + 1:(j - 1) * n1 + n) = tempI;
    tempI = reconstructed2(j,:);
    tempI = reshape(tempI,n,n);
    showResult2((n1 - n)/2 + 1:n + (n1 - n)/2,(j - 1) * n1 + 1:(j - 1) * n1 + n) = tempI;
    tempI = reconstructed3(j,:);
    tempI = reshape(tempI,n,n);
    showResult3((n1 - n)/2 + 1:n + (n1 - n)/2,(j - 1) * n1 + 1:(j - 1) * n1 + n) = tempI;
end
figure,
subplot(221),imshow(showImage),title('原始二值数字图像');
subplot(222),imshow(showResult1),title('第一主成分重建的数字图像');
subplot(223),imshow(showResult2),title('第一、二主成分重建的数字图像');
subplot(224),imshow(showResult3),title('第一、二、三主成分重建的数字图像');
```

程序运行结果如图 5-13 所示,随着重建采用的主成分数目增多,重建图像清晰度逐渐提高。

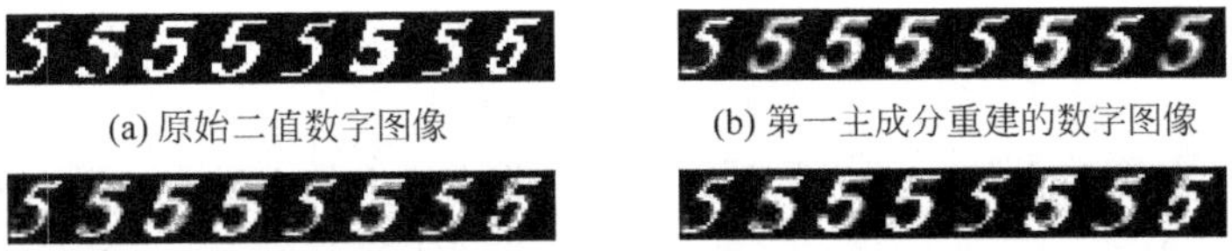

(a) 原始二值数字图像

(b) 第一主成分重建的数字图像

(c) 第一、二主成分重建的数字图像

(d) 第一、二、三主成分重建的数字图像

图 5-13 图像主成分分析及重建

5.3.3 K-L 变换在图像处理中的应用

K-L 变换在图像处理中主要用于图像数据压缩和特征提取。

如前文所述，K-L 变换矩阵由特征向量组成，特征向量按特征值递减顺序排列。由于能量集中在特征值较大的系数中，因此丢掉特征值小的特征向量构成变换矩阵。K-L 变换的结果 F 是原图像 f 的低维投影，减少了数据量，在保留的主成分的贡献率不低于一定程度的情况下，不影响重建图像的质量。

K-L 变换常作为一种特征提取方法，从一组特征中计算出一组按重要性从大到小排列的新特征，是原有特征的线性组合，并且相互之间是不相关的，实现了数据的降维。例如，在人脸识别中，可以用 K-L 变换对人脸图像的原始空间进行转换，即构造人脸图像数据集的协方差矩阵，求出协方差矩阵的特征向量，再依据特征值的大小对这些特征向量进行排序，每一个特征向量的维数与原始图像一致，可以看作是一个图像，被称作特征脸。每一个人脸图像都可以确切地表示为一组特征脸的线性组合。

5.4 Radon 变换

图像的 Radon 变换也是一种重要的图像处理研究方法，将图像函数 $f(x,y)$沿其所在平面内的不同直线做线积分，即进行投影变换，可以获取图像在该方向上的突出特性，在去噪、重建、检测、复原中多有应用。本节介绍 Radon 变换的原理、实现及其应用。

5.4.1 Radon 变换的原理

如图 5-14(a)所示，直线 L 的方程可以表示为$\rho = x\cos\theta + y\sin\theta$，其中，$\rho$ 代表坐标原点到直线 L 的距离，$\theta \in [0,\pi]$是直线法线与 x 轴的夹角。要将函数 $f(x,y)$沿直线 L 做线积分，即进行 Radon 变换，变换式表示为：

$$R(\rho,\theta) = \int_L f(x,y)\mathrm{d}s \tag{5-44}$$

采用 Delta 函数求解该线积分。Delta 函数是一个广义函数，在非零点取值为 0，而在整个定义域的积分为 1，用最简单的 Delta 函数表示，如式(5-45)所示。

$$\delta(t) = \begin{cases} 0 & t \neq 0 \\ 1 & t = 0 \end{cases} \tag{5-45}$$

对于直线 L，直线上的点(x,y)满足 $\delta(t)=1$，非直线上的点满足 $\delta(t)=0$，即

$$\delta(x\cos\theta + y\sin\theta - \rho) = \begin{cases} 0 & x\cos\theta + y\sin\theta - \rho \neq 0 \\ 1 & x\cos\theta + y\sin\theta - \rho = 0 \end{cases} \tag{5-46}$$

Radon 变换表达式可更改为：

$$R(\rho,\theta)=\int_{-\infty}^{\infty}\int_{-\infty}^{\infty}f(x,y)\delta(x\cos\theta+y\sin\theta-\rho)\mathrm{d}x\mathrm{d}y \tag{5-47}$$

其中，$R(\rho,\theta)$是 $f(x,y)$的 Radon 变换，表示为 $\mathscr{R}[f(x,y)]=R(\rho,\theta)$。

给定一组(ρ,θ)，即可得出一个沿 $L_{\rho,\theta}$ 的积分值。如图 5-14(b)所示，n 条与直线 L 平行的线具有相同的 θ 角，但 ρ 不同，对每一条线都做 $f(x,y)$的线积分，有 n 条投影线，即对一幅图像在某一特定角度下的 Radon 变换会产生 n 个线积分值，构成一个 n 维的向量，称为 $f(x,y)$在角度 θ 下的投影。

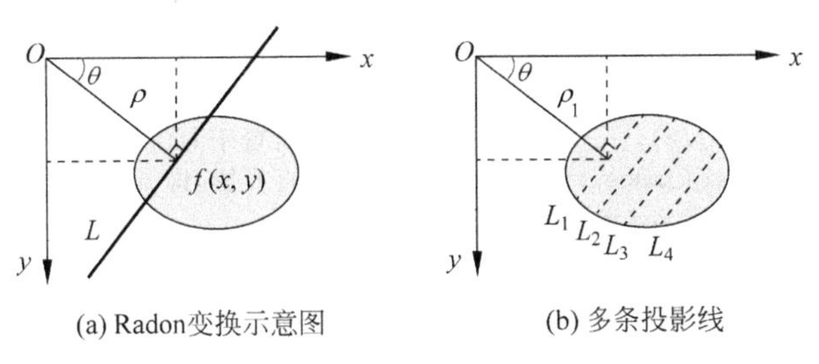

图 5-14　Radon 变换坐标系图

Radon 变换可以看成是 xy 空间向 $\rho\theta$ 空间的投影，$\rho\theta$ 空间上的每一点对应 xy 空间的一条直线。图像中高灰度值的线段会在 $\rho\theta$ 空间形成亮点，而低灰度值的线段在 $\rho\theta$ 空间形成暗点。因而，对图像中线段的检测可转化为在变换空间对亮点、暗点的检测。

二维 Radon 变换的反变换如式(5-48)所示。

$$f(x,y)=\frac{1}{2\pi^2}\int_0^{\pi}\mathrm{d}\theta\int_{-\infty}^{\infty}\frac{\partial R/\partial\rho}{x\cos\theta+y\sin\theta-\rho}\mathrm{d}\rho \tag{5-48}$$

5.4.2　Radon 变换的实现

在给定 θ 方向的情况下，数字图像 $f(x,y)$沿直线 L 的线积分，可以通过坐标系旋转后按列累加来实现。如图 5-15 所示，θ 是直线 L 法线与 x 轴的夹角，坐标系 xoy 顺时针旋转 θ 角变为 $x'oy'$，x'轴与 L 垂直，y'轴与 L 平行，将 $f(x',y')$沿 y'方向求和，实现图像在 θ 方向上的 Radon 变换。

由图 5-15 可知，坐标系旋转前后点的对应关系如式(5-49)所示。

$$\begin{cases}x'=x\cos\theta+y\sin\theta\\ y'=y\cos\theta-x\sin\theta\end{cases} \tag{5-49}$$

实际是图像的逆时针旋转。

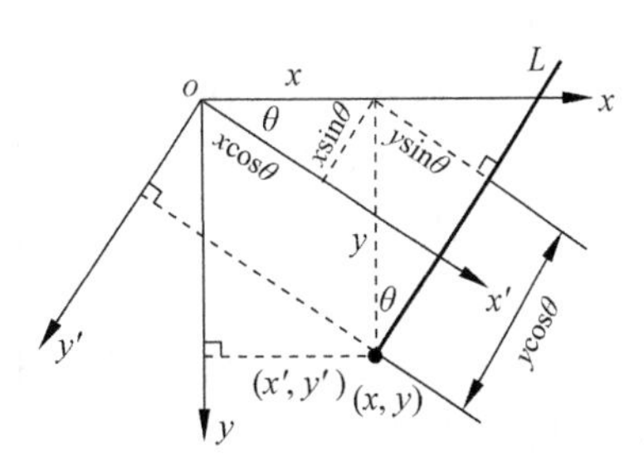

图 5-15　坐标系旋转示意图

因此，图像的 Radon 变换可以按下列步骤实现。

(1) 计算图像对角线的长度，即是 ρ 的取值范围；

(2) 设定旋转方向 $\theta\in[0,\pi]$；

(3) 将图像中的点按式(5-49)变为新坐标系中的点(旋转变换)；

(4) 将 $f(x',y')$沿 y'方向求和,即新图像的垂直投影。

【例 5-15】 对一幅图像进行指定方向上的 Radon 变换,并显示变换结果。

程序如下：

```
clc;clear;close all;
Image = rgb2gray(imread('block.bmp'));
[N,M] = size(Image);
len = floor(sqrt(N^2 + M^2) + 1);              % 对角线长度,ρ的取值范围
x = - len/2:len/2 - 1;                         % 投影后向量的横坐标范围,用于绘图
R = zeros(1,len);                              % 初始化投影向量
free = floor((len - M + 1)/2);                 % 将投影值置于向量中间,求出前后空置的元素数目
R(free + 1:free + M) = sum(Image,1);           % 原图垂直投影,即 0°方向上的 Radon 变换
     % 以下为 45°方向上的 Radon 变换
theta1 = 45;
Image1 = imrotate(Image,theta1);
[N1,M1] = size(Image1);
free1 = floor((len - M1 + 1)/2);
R1 = zeros(1,len);
R1(free1 + 1:free1 + M1) = sum(Image1,1);
     % 以下为 70°方向上的 Radon 变换
theta2 = 70;
Image2 = imrotate(Image,theta2);
[N2,M2] = size(Image2);
free2 = floor((len - M2 + 1)/2);
R2 = zeros(1,len);
R2(free2 + 1:free2 + M2) = sum(Image2,1);
subplot(231),imshow(Image),title('原图');
subplot(232),imshow(Image1),title('旋转 45°');
subplot(233),imshow(Image2),title('旋转 70°');
subplot(234),plot(x,R),title('0°方向上的 Radon 变换');
subplot(235),plot(x,R1),title('45°方向上的 Radon 变换');
subplot(236),plot(x,R2),title('70°方向上的 Radon 变换');
```

程序运行结果如图 5-16 所示。

MATLAB 提供了如下实现 Radon 变换和反变换的函数。

(1) R=radon(I,THETA)：对灰度图像 I 进行 Radon 变换。THETA 为投影夹角,若为一标量,则 R 为一列向量；若 THETA 为一向量,则 R 为一矩阵,其每一列对应 THETA 中一个角度的 Radon 变换值,默认情况下 THETA 取值为 0:179。

(2) [R,Xp]=radon(…)：向量 Xp 是 R 每一行对应的径向坐标,以图像的中心像素为原点。

(3) I=iradon(R,THETA)：利用二维矩阵 R 中的投影数据重建图像 I。THETA 指定投影的角度,若为向量,其中的元素为等间距角度；若为一个标量 D_theta,投影进行的角度为 m×D_theta(m=0,1,2,…,size(R,2)−1)；若输入为空矩阵,D_theta 默认为 180/size(R,2)。

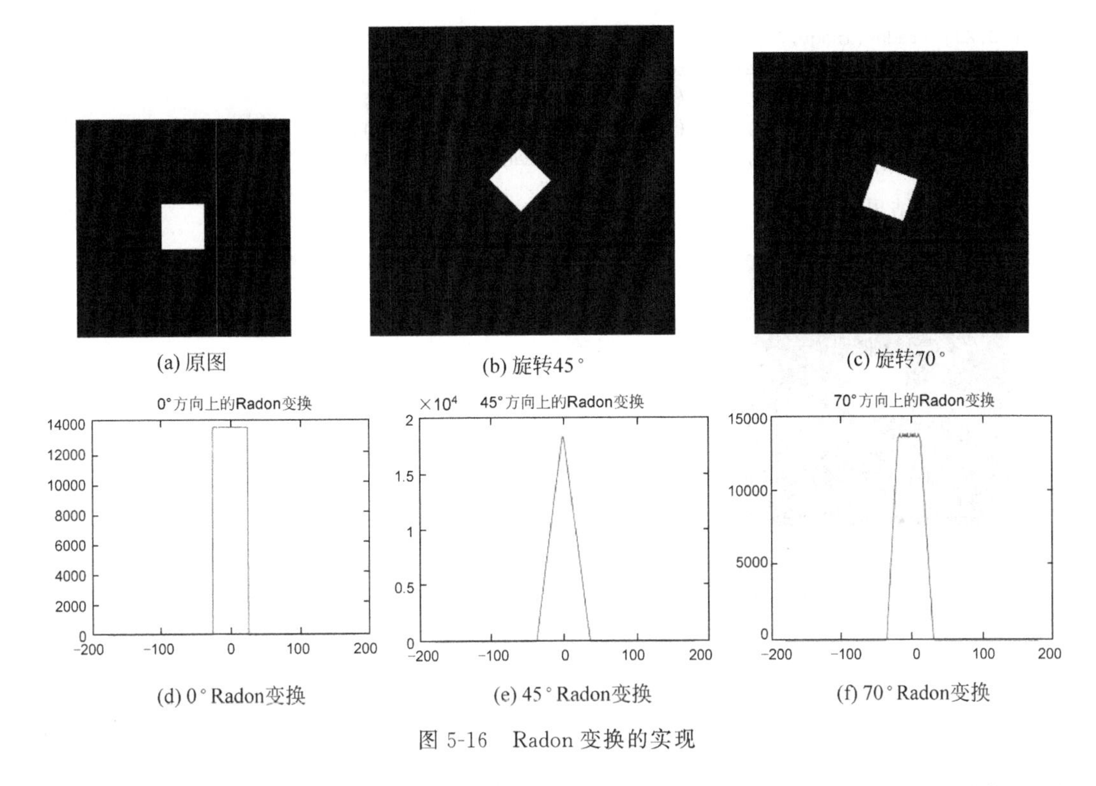

(a) 原图　(b) 旋转45°　(c) 旋转70°

(d) 0° Radon变换　(e) 45° Radon变换　(f) 70° Radon变换

图 5-16　Radon 变换的实现

(4) I=iradon(R,THETA,INTERPOLATION,FILTER,FREQUENCY_SCALING,OUTPUT_SIZE)：指定参数实现 Radon 反变换，参数如表 5-3 所示。

表 5-3　iradon 函数参数

参　数	含　义
INTERPOLATION	插值运算方法，可取'nearest'、'linear'、'spline'、'pchip'，默认为'linear'
FILTER	指定在频率域滤波的滤波器，可取'Ram-Lak'、'Shepp-Logan'、'Cosine'、'Hamming'、'Hann'、'none'，默认为'Ram-Lak'
FREQUENCY_SCALING	(0,1]之间的数，用于修正滤波器，默认为 1，若小于 1，滤波器被修正为适于频域范围[0,FREQUENCY_SCALING]，大于 FREQUENCY_SCALING 的频率被置为 0
OUTPUT_SIZE	指定重建图像的尺寸，若未指定，重建图像尺寸为 2×floor(size(R,1)/(2×sqrt(2)))

【例 5-16】 采用 radon 函数对图像进行 Radon 变换，并显示变换结果。

程序如下：

```
clear,clc,close all;
Image = rgb2gray(imread('block.bmp'));
[R1,X1] = radon(Image,0);
[R2,X2] = radon(Image,45);
```

```
[R3,X3] = radon(Image,70);
subplot(221),imshow(Image),title('原图');
subplot(222),plot(X1,R1),title('0°方向上的 Radon 变换曲线');
subplot(223),plot(X2,R2),title('45°方向上的 Radon 变换曲线');
subplot(224),plot(X3,R3),title('70°方向上的 Radon 变换曲线');
```

程序运行结果如图 5-17 所示。

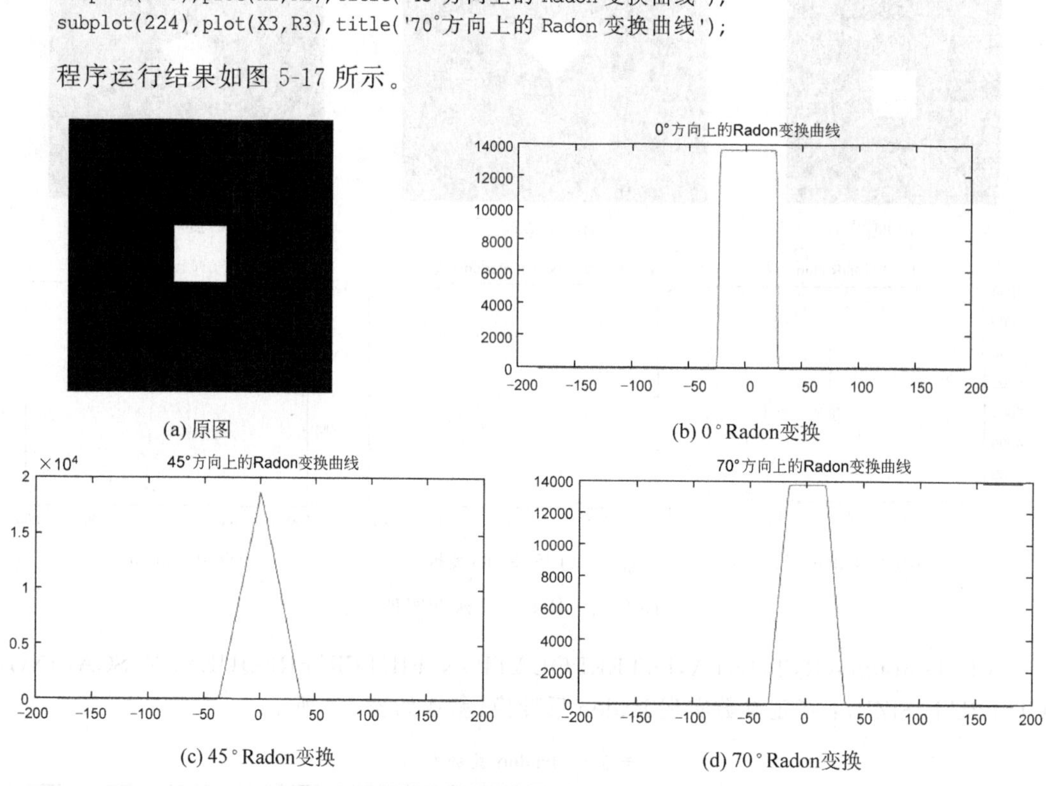

(a) 原图　(b) 0°Radon变换　(c) 45°Radon变换　(d) 70°Radon变换

图 5-17　指定方向上的 Radon 变换

【例 5-17】　对一幅图像进行 Radon 正变换和逆变换，并显示变换结果。

程序如下：

```
clear,clc,close all;
Image = rgb2gray(imread('block.bmp'));
theta1 = 0:0.1:180;                   %间隔 0.1°进行 Radon 变换
[R1,X1] = radon(Image,theta1);
result1 = iradon(R1,theta1);          %采用默认设置进行 Radon 逆变换
theta2 = 0:1:180;                     %间隔 1°进行 Radon 变换
[R2,X2] = radon(Image,theta2);
result2 = iradon(R2,theta2);
theta3 = 0:10:180;                    %间隔 10°进行 Radon 变换
[R3,X3] = radon(Image,theta3);
result3 = iradon(R3,theta3);
figure,imshow(Image),title('原图');
figure,colormap(gray);
subplot(231),imagesc(theta1,X1,R1),title('间隔 0.1°投影的 Radon 变换曲线集合');
subplot(232),imagesc(theta2,X2,R2),title('间隔 1°投影的 Radon 变换曲线集合');
```

```
subplot(233),imagesc(theta3,X3,R3),title('间隔 10°投影的 Radon 变换曲线集合');
subplot(234),image(result1),title('间隔 0.1°投影的重建图像');
subplot(235),image(result2),title('间隔 1°投影的重建图像');
subplot(236),image(result3),title('间隔 10°投影的重建图像');
```

程序运行结果如图 5-18 所示。R1、R2、R3 为二维矩阵，表示多条变换后的曲线，如图 5-18(a)～(c)所示，横轴表示 180°，纵轴表示每条曲线的高度，将 R 中的元素数值按大小转化为不同颜色，在坐标轴对应位置处以该颜色染色；投影间隔角度越小，投影后的变换曲线越多，染色越细腻。图 5-18(d)～(f)为重建图，与原图有差别，是由于 Radon 变换过程中数据损失造成的，投影间隔越小，损失越小，重建图像和原图越接近。

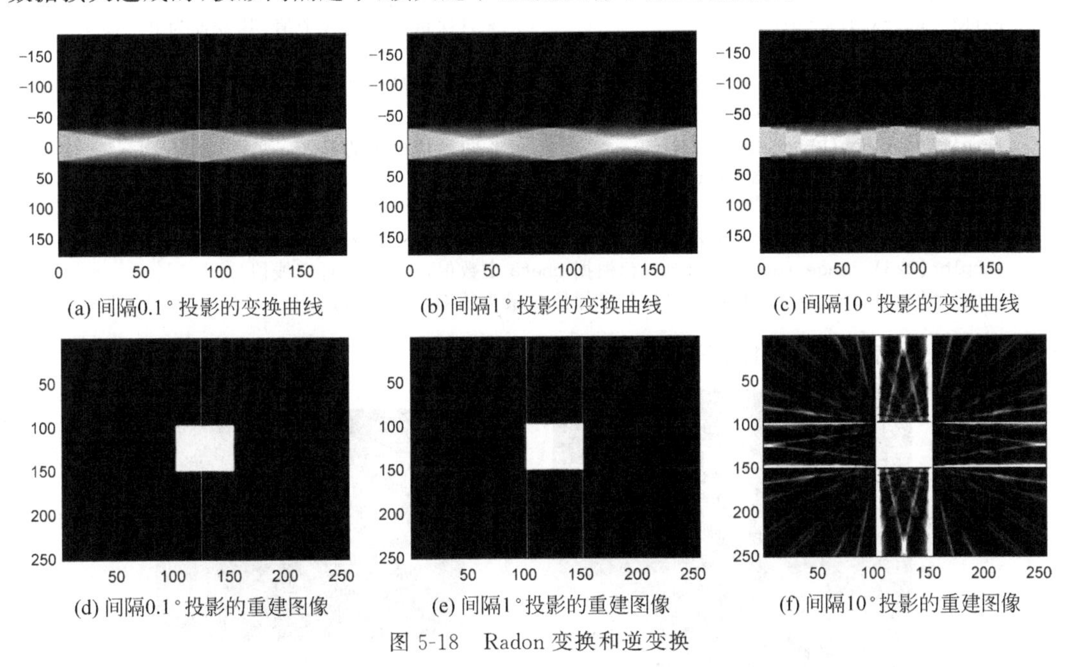

图 5-18　Radon 变换和逆变换

5.4.3　Radon 变换的应用

Radon 变换可用来检测图像中的线段。将原来的 xy 平面内的点映射到 $\rho\theta$ 平面上，原 xy 平面一条线段上所有的点都将投影到 $\rho\theta$ 平面上的同一点。记录 $\rho\theta$ 平面上点的累积程度，累积程度足够的点所对应的 $\rho\theta$ 值即是 xy 平面上线段的参数。Radon 变换与第 9 章要讲的 Hough 变换检测线段的原理一样，可用于需要进行线检测的相关应用中，如线轨迹检测、滤波、倾斜校正等。

采用 Radon 变换计算出原图中各方向上的投影值，可以作为方向特征用于目标检测和识别，如应用于掌纹、静脉识别。

Radon 变换改变图像的表现形式，为相关处理提供便利，如图像复原中在 Radon 域用高阶统计量估计点扩散函数，提高了算法的运算速度。

【例 5-18】 对一幅图像进行 Radon 正变换，检测其中的线段。

程序如下：

```
clear,clc,close all;
Image = rgb2gray(imread('rail.jpg'));
theta = 0:10:180;
[R1,X1] = radon(Image,theta);                    % Radon 变换
[N,M] = size(R1);                                % 矩阵 R1 的尺寸,M 为 theta 中元素的个数
R2 = reshape(R1,1,N * M);                        % 变换 R1 的形式,为找 M 个最大值做准备
sortR = sort(R2,'descend');                      % 降序排列
R2 = R1;
R2(R1 < sortR(M)) = 0;                           % 只保留最大的 M 个值,其余置为 0
R3 = R1;
R3(R1 < max(R1(:))) = 0;                         % 只保留最大的一个值,其余置为 0
result1 = iradon(R2,theta);
result2 = iradon(R3,theta);                      % 两种情况下的 Radon 变换
subplot(221),imshow(Image),title('原图');
colormap(gray);
subplot(222),imagesc(theta,X1,R1),title('间隔 10°投影的 Radon 变换曲线');
subplot(223),image(result1),title('根据 theta 个数保留最大值对应线段');
subplot(224),image(result2),title('仅保留 R 最大值对应线段');
```

程序运行结果如图 5-19、图 5-20 所示。

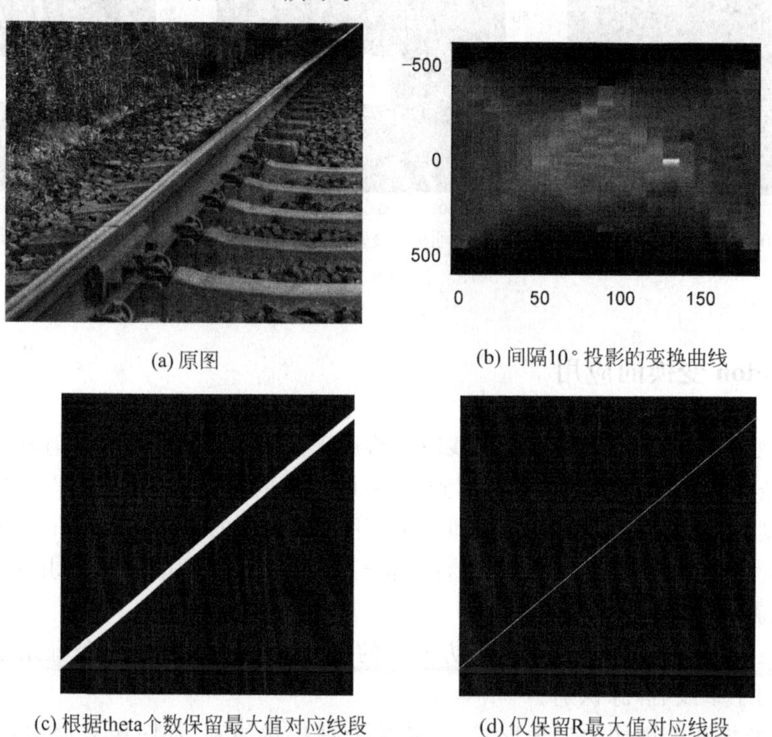

(a) 原图　　(b) 间隔10°投影的变换曲线

(c) 根据theta个数保留最大值对应线段　　(d) 仅保留R最大值对应线段

图 5-19　Radon 变换检测线段示例一

(a) 原图

(b) 根据theta个数保留最大值对应线段

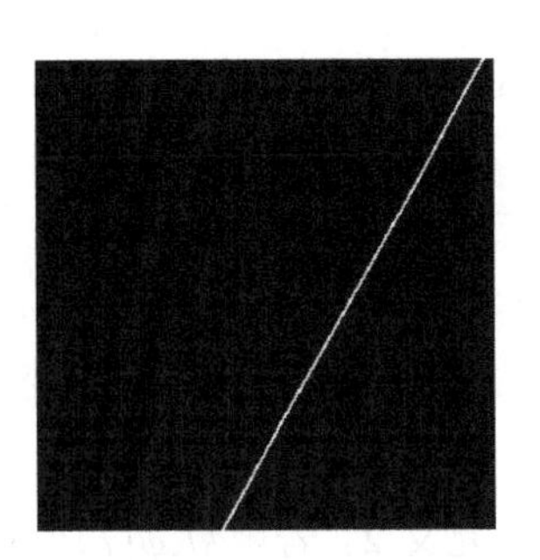

(c) 仅保留R最大值对应线段

图 5-20 Radon 变换检测线段示例二

5.5 小波变换

作为重要的数学工具,小波变换被应用到数字图像处理的多个方面,如图像平滑、边缘检测、图像分析及压缩编码等。本节介绍小波变换的基本原理、特性及其在图像处理中的应用。

5.5.1 小波

波(Wave)被定义为时间或空间的一个振荡函数,如一条正弦曲线。小波(Wavelet)是"小的波",具有在时间上集中能量的能力,是分析瞬变的、非平稳的或时变现象的工具。如图 5-21 所示,正弦曲线在 $-\infty \leqslant t \leqslant \infty$ 上等振幅振荡,具有无限能量,而小波具有围绕一点集结的有限能量。

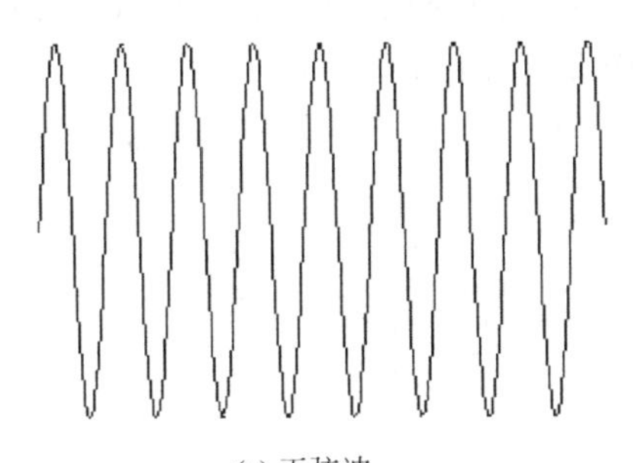

(a) 正弦波

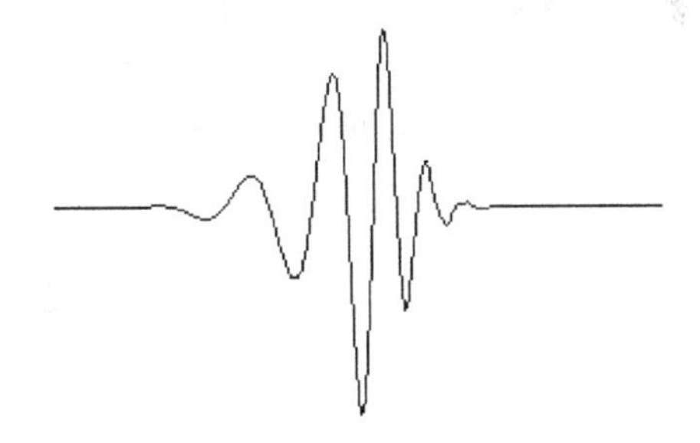

(b) Daubechies小波db8

图 5-21 波和小波

1. 定义

定义 1:设函数 $\psi(t)$ 满足下列条件:

$$\int_R \psi(t)\mathrm{d}t = 0 \tag{5-50}$$

对其进行平移和伸缩产生如下函数族 $\psi_{a,b}(t)$。

$$\psi_{a,b}(t)=\frac{1}{\sqrt{a}}\psi\left(\frac{t-b}{a}\right)\quad a,b\in R,a\neq 0 \tag{5-51}$$

$\psi(t)$称为基小波或母小波,a 称为伸缩因子(尺度因子),b 为平移因子,$\psi_{a,b}(t)$称为 $\psi(t)$生成的连续小波。由傅里叶变换性质可得:

$$\Psi_{a,b}(\omega)=\sqrt{a}\,\Psi(a\omega)\mathrm{e}^{-\mathrm{j}\omega b} \tag{5-52}$$

定义 2:若函数 $\psi(t)$的傅里叶变换 $\Psi(\omega)$满足:

$$C_{\psi}=\int_{R}\frac{|\Psi(\omega)|^{2}}{|\omega|}\mathrm{d}\omega<\infty \tag{5-53}$$

则称 $\psi(t)$为允许小波,式(5-53)称为允许性条件。其中 $\Psi(\omega)=\int_{R}\psi(t)\mathrm{e}^{-\mathrm{j}\omega t}\mathrm{d}t$。

因 $\Psi(\omega)|_{\omega=0}=\int_{R}\psi(t)\mathrm{d}t=0$,故允许小波一定是基小波。

2. 特点

1) 紧支撑性

小波函数 $\psi(t)$满足式(5-50),即均值为 0,$\psi(t)$应具有振荡性,即在图形上具有“波”的形状。$\psi(t)$满足 $\int_{R}|\psi(t)|\mathrm{d}t<\infty$、$\int_{R}|\psi(t)|^{2}\mathrm{d}t<\infty$,因此,$\psi(t)$仅在小范围内波动,且能量有限,即小波函数 $\psi(t)$的定义域是紧支撑的,超出一定范围时,波动幅度迅速衰减,具有速降性。

2) 变化性

小波函数 $\psi_{a,b}(t)$及它的频谱 $\Psi_{a,b}(\omega)$随尺度因子 a 的变化而变化。由式(5-51)可知,随着 a 的减小,$\psi_{a,b}(t)$的支撑区随之变窄,其幅值变大,如图 5-22 所示。

由傅里叶变换的尺度变换性质:若 $\mathscr{F}[f(t)]=F(\omega)$,则 $\mathscr{F}[f(\alpha t)]=F(\omega/\alpha)/|\alpha|$,可知,$\Psi_{a,b}(\omega)$随着 a 的减小而向高频端展宽。

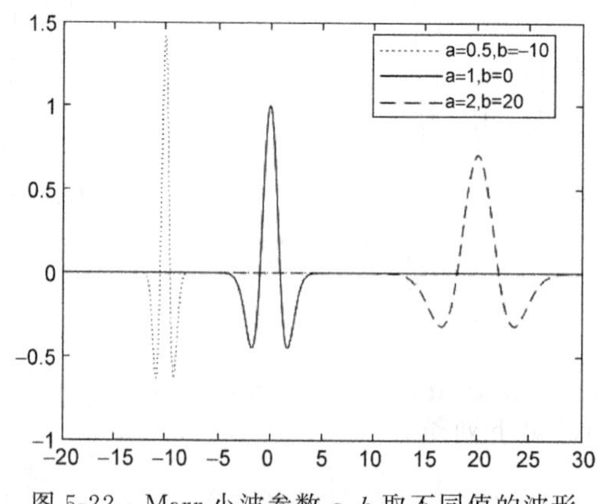

图 5-22 Marr 小波参数 a,b 取不同值的波形

3）消失矩

若小波 $\psi(t)$ 满足式(5-54)，则称该小波具有 K 阶消失矩。

$$\int_R t^k \psi(t)\mathrm{d}t = 0 \quad k = 0,1,\cdots,K-1 \tag{5-54}$$

这时，$\Psi(\omega)$ 在 $\omega=0$ 处 K 次可微，即 $\Psi^k(0)=0, k=1,2,\cdots,K$，小波 $\psi(t)$ 随着 K 的增加，波形振荡越来越强烈。

3. 一维小波实例

1）Haar 小波

Haar 小波是最简单的小波，其表达式为：

$$\begin{cases} \psi_H(t) = \begin{cases} 1 & 0 \leqslant t < 1/2 \\ -1 & 1/2 \leqslant t < 1 \\ 0 & 其他 \end{cases} \\ \Psi_H(\omega) = \dfrac{1 - 2\mathrm{e}^{-\frac{\mathrm{i}\omega}{2}} + \mathrm{e}^{-\mathrm{i}\omega}}{\omega \mathrm{i}} \end{cases} \tag{5-55}$$

Haar 小波具有紧支性(长度为 1)和对称性，消失矩为 1，即 $\int_R \psi_H(t)\mathrm{d}t = 0$。Haar 小波不是连续函数，应用有限，但结构简单，一般作为原理示意或说明。

2）Morlet 小波

Morlet 小波是用高斯函数构造的一种小波，其时域、频域可表示为：

$$\begin{cases} \psi(t) = \pi^{-1/4}(\mathrm{e}^{-\mathrm{i}\omega_0 t} - \mathrm{e}^{-\omega_0^2/2})\mathrm{e}^{-t^2/2} \\ \Psi(\omega) = \pi^{-1/4}[\mathrm{e}^{-(\omega-\omega_0)^2/2} - \mathrm{e}^{-\omega_0^2/2}\mathrm{e}^{-\omega^2/2}] \end{cases} \tag{5-56}$$

由上式可以看出，Morlet 小波满足允许条件，即 $\Psi(0)=0$。

当 $\omega_0 \geqslant 5$ 时，$\mathrm{e}^{-\omega_0^2/2} \approx 0$，所以，式(5-56)的第 2 项可以忽略，Morlet 小波可以近似表示为：

$$\begin{cases} \psi(t) = \pi^{-1/4}\mathrm{e}^{-\mathrm{i}\omega_0 t}\mathrm{e}^{-t^2/2} \\ \Psi(\omega) = \pi^{-1/4}\mathrm{e}^{-(\omega-\omega_0)^2/2} \end{cases} \tag{5-57}$$

Morlet 小波在时域、频域都具有较好的局部性，是很常用的小波。

3）Mexican 草帽小波

Mexican 草帽小波成比例于高斯函数二阶导数，也称为 Marr 小波，其表达式为：

$$\psi(t) = \left(\frac{2}{\sqrt{3}}\pi^{-1/4}\right)(1-t^2)\mathrm{e}^{-t^2/2} \tag{5-58}$$

Mexican 草帽小波具有对称性，支撑区间是无限的，有效支撑区间为[−5 5]，在视觉信息处理方面获得了很多应用。

MATLAB 提供了相应函数生成一维小波，其调用格式如下。

(1) [PSI,X]=morlet(LB,UB,N)：返回 Morlet 小波在区间[LB UB]内 N 个规则网格点的值 PSI。小波有效紧支集为[−4 4]，函数返回的 PSI 是按照 $\cos(5t)e^{-t^2/2}$ 计算的，即式(5-57)中 $\omega_0=5$，只取了实部，且未考虑系数 $\pi^{-1/4}$。

(2) [PSI,X]=mexihat(LB,UB,N)：返回 Mexican 草帽小波在区间[LB UB]内 N 个规则网格点的值 PSI。小波有效紧支集为[−5 5]。

【例 5-19】 绘制 Haar 小波、Morlet 小波及 Marr 小波的函数图形及其频谱图。

程序如下：

```
clear,clc,close all;
t = 0:0.01:1;
N = length(t);
Hpsi(1:N/2) = 1;  Hpsi(N/2:N) = -1;                 % Haar 小波
HDFT = abs(fftshift(fft(Hpsi))) * 2/N;
x = linspace(0,1,N);
subplot(121),plot(x,Hpsi,'k',[0,1.5],[0,0],':k',[1,1],[-1,0],':k'),…
        ylim([-2 2]),title('Haar 小波');
subplot(122),plot(x,HDFT,'k'),title('Haar 小波频谱');
t = -4:0.01:4;
omega0 = 5;
Realpsi = pi^(-0.25) * (cos(omega0 * t) - exp(-omega0^2/2)). * exp(-t.^2/2); % Morlet 小波实部
Impsi = pi^(-0.25) * (-sin(omega0 * t) - exp(-omega0^2/2)). * exp(-t.^2/2); % Morlet 小波虚部
figure;
subplot(121),plot(t,Realpsi,'k',t,Impsi,'k:'),title('Morlet 小波');
omega = 0:0.01:10;
Fm = pi^(-0.25) * (exp(-(omega - omega0).^2/2) - exp(-omega0^2/2 - omega.^2/2));
subplot(122),plot(omega,Fm,'k'),title('Morlet 小波频谱');
[Mpsi,t] = mexihat(-5,5,256);                                  % Mexican 小波
figure;subplot(121),plot(t,Mpsi,'k'),title('Mexican 小波');
MDFT = abs(fftshift(fft(Mpsi)));
x = linspace(-5,5,length(MDFT));
subplot(122),plot(x,MDFT,'k'),title('Mexican 小波频谱');
```

程序运行结果如图 5-23 所示。

5.5.2 一维小波变换

将 $\psi_{a,b}(t)$中的参数 a,b 离散化，取 $a=a_0^j, j=0,\pm1,\pm2,\cdots,b=ka_0^j, j,k\in Z$，则离散化后的小波函数为：

$$\psi_{j,k}(t)=a_0^{-j/2}\psi(a_0^{-j}t-k),\quad j,k\in Z \tag{5-59}$$

用 $\psi_{j,k}(t)$将函数 $f(t)$展开，即

$$f(t)=\sum_j\sum_k\alpha_{j,k}\psi_{j,k}(t) \tag{5-60}$$

展开系数 $\alpha_{j,k}$ 的集合称为 $f(t)$的离散小波变换(Discrete Wavelet Transform，DWT)，如

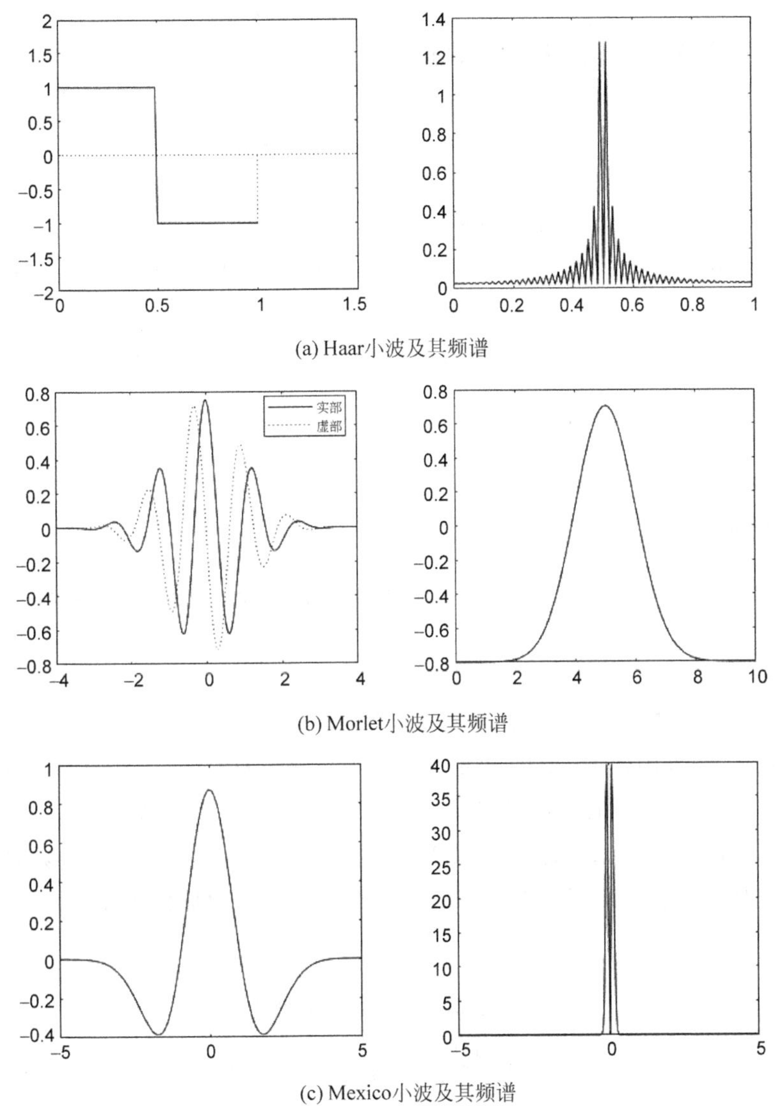

(a) Haar小波及其频谱

(b) Morlet小波及其频谱

(c) Mexico小波及其频谱

图 5-23　3 种常见小波及其频谱

式(5-61)所示。

$$\alpha_{i,k}=\langle f(t),\psi_{i,k}(t)\rangle=\int_R f(t)\psi_{j,k}^{*}(t)\,\mathrm{d}t \tag{5-61}$$

1. 正交小波变换与多分辨分析

定义 1：设平方可积函数空间 $L^2(R)$中的函数 $\psi(t)$是一个允许小波，若其二进伸缩平移系($a_0=2$)构成 $L^2(R)$的标准正交基，则称 $\psi(t)$为正交小波，称 $\psi_{j,k}(t)$是正交小波函数，称相应的离散小波变换 $\alpha_{j,k}=\langle f(t),\psi_{j,k}(t)\rangle$为正交小波变换，如式(5-62)所示。

$$\psi_{j,k}(t)=2^{-j/2}\psi(2^{-j}t-k),\quad j,k\in Z \tag{5-62}$$

例如，Haar 小波的二进伸缩平移系如下：

$$\psi_{j,k}(t)=2^{-j/2}\psi(2^{-j}t-k)=\begin{cases}2^{-j/2} & 2^{j}k\leqslant t<(2k+1)2^{j-1}\\ -2^{-j/2} & (2k+1)2^{j-1}\leqslant t\leqslant(k+1)2^{j}\\ 0 & \text{其他}\end{cases} \tag{5-63}$$

可以验证构成 $L^2(R)$ 的一个标准正交基。

多分辨分析(Multi-Resolution Analysis，MRA)也称多尺度分析，是构造正交小波基的一般方法。

定义 2：若 $L^2(R)$ 中一个子空间序列 $\{V_j\}_{j\in Z}$ 及一个函数 $\varphi(t)$ 满足以下条件，则称其为一个正交多分辨分析。

(1) $V_j\subseteq V_{j-1},j\in Z$；

(2) $f(t)\in V_j\Leftrightarrow f(2t)\in V_{j-1}$；

(3) $\bigcap\limits_{j\in Z}V_j=\{0\},\bigcup\limits_{j\in Z}V_j=L^2(R)$；

(4) $\varphi(t)\in V_0$，且 $\{\varphi(t-k)\}_{k\in Z}$ 是 V_0 的标准正交基，称 $\varphi(t)$ 是此多分辨分析的尺度函数。

2. 尺度函数与小波函数

由多分辨分析性质(2)、(4)可知，对于任何 $\varphi(t)\in V_0$，有 $\varphi(2^{-j}t)\in V_j$；$\{\varphi(t-k)\}_{k\in Z}$ 是 V_0 的标准正交基，函数系 $\{2^{-j/2}\varphi(2^{-j}t-k)\}_{k\in Z}$ 则构成了 V_j 的一组标准正交基；即 $\{\varphi(t-k)\}_{k\in Z}$ 张成 $L^2(R)$ 的子空间 V_0，$\{2^{-j/2}\varphi(2^{-j}t-k)\}_{k\in Z}$ 张成了 V_j。

$\varphi(t)\in V_0$，而 $V_0\subseteq V_{-1}$，因此，$\varphi(t)\in V_{-1}$。因函数系 $\{2^{1/2}\varphi(2t-k)\}_{k\in Z}$ 构成了 V_{-1} 的一组标准正交基，因此，$\varphi(t)$ 可以借助于 $\{2^{1/2}\varphi(2t-k)\}_{k\in Z}$ 的加权和表示。

$$\varphi(t)=\sum_{k\in Z}h_k\sqrt{2}\varphi(2t-k) \tag{5-64}$$

其中，系数 $\{h_k\}_{k\in Z}$ 称为尺度函数(尺度滤波器)系数，满足

$$\begin{cases}h_k=\dfrac{1}{\sqrt{2}}\displaystyle\int_R\varphi(t)\varphi^*(2t-k)\mathrm{d}t\\ H(\omega)=\dfrac{1}{\sqrt{2}}\displaystyle\sum_k h_k\mathrm{e}^{-\mathrm{i}k\omega}\end{cases} \tag{5-65}$$

式(5-64)称为双尺度方程，其频域形式为：

$$\Phi(2\omega)=H(\omega)\Phi(\omega) \tag{5-66}$$

定义函数 $\psi_{j,k}(t)$，张成尺度函数在不同尺度下张成的空间之间的差空间为 $\{W_j\}_{j\in Z}$，称 W_j 为尺度为 j 的小波空间，V_j 为尺度为 j 的尺度空间。

由于 $V_j\subseteq V_{j-1}$，即 $V_{j-1}=V_j+W_j$，且 $W_j\perp V_j,j\in Z$，显然，当 $m,n\in Z,m\neq n$ 时，有 $W_m\perp W_n$，如式(5-67)所示。

$$V_{j-1}=V_j+W_j=V_{j+1}+W_{j+1}+W_j=\cdots$$

$$=V_{j+s}+W_{j+s}+W_{j+s-1}+\cdots+W_{j+1}+W_j \tag{5-67}$$

令 $s\to+\infty$，则 $V_{j-1}=\bigoplus\limits_{m=j}^{+\infty}W_m$

令 $j\to-\infty$，则 $L^2(R)=\bigoplus\limits_{m=-\infty}^{+\infty}W_m$

因 $W_0\subset V_{-1}$，张成 W_0 的小波函数 $\psi(t)$ 可以由 V_{-1} 的标准正交基 $\{2^{1/2}\varphi(2t-k)\}_{k\in Z}$ 表示。

$$\psi(t)=\sum_{k\in Z}g_k\sqrt{2}\varphi(2t-k) \tag{5-68}$$

式(5-68)也称为双尺度方程，其频域表示为：

$$\Psi(2\omega)=G(\omega)\Phi(\omega) \tag{5-69}$$

$\{g_k\}_{k\in Z}$ 满足：

$$\begin{cases} g_k=\dfrac{1}{\sqrt{2}}\displaystyle\int_R\psi(t)\varphi^*(2t-k)\mathrm{d}t \\ G(\omega)=\dfrac{1}{\sqrt{2}}\displaystyle\sum_k g_k\mathrm{e}^{-\mathrm{i}k\omega} \end{cases} \tag{5-70}$$

式(5-64)和式(5-68)这两个双尺度方程是多分辨分析赋予尺度函数 $\varphi(t)$ 和小波函数 $\psi(t)$ 的最基本性质。

综上所述，多分辨分析的基本思想其实就是：为有效地寻找空间 $L^2(R)$ 的基底，从 $L^2(R)$ 的某个子空间出发，在这个子空间中建立基底，然后利用简单的变换把该基底扩充到 $L^2(R)$ 中去。

3. 常见小波函数的尺度函数计算

MATLAB 提供了 wavefun 函数，用于计算小波函数的近似值及对应的尺度函数；提供了 waveinfo 函数查看小波的相关信息，其部分调用如下。

(1) [PHI,PSI,XVAL]=wavefun('wname',ITER)：对正交小波、Meyer 小波适用，返回尺度函数 PHI 和小波函数 PSI 的取值；ITER 为迭代次数；XVAL 为取值点，支撑区间内有 2^{ITER} 个点。

(2) [PSI,XVAL]=wavefun('wname',ITER)：对没有尺度函数的小波适用，如 Morlet 小波、Mexican 草帽小波、高斯导数小波或复小波。输出 PSI 为实数或复数向量。

(3) …=wavefun(…,'plot')：计算并绘制函数。

(4) waveinfo('wname')：提供 wname 指定的小波的信息，包括 haar、db、sym、coif、bior、rbio、meyr、dmey、gaus、mexh、morl、cgau、cmor、shan、fbsp、fk 等。

【例 5-20】 使用 wavefun 函数绘制 Haar 小波、Morlet 小波、Meyer 小波、Daubechies (db$N$)小波的尺度函数及小波函数图形。

程序如下：

```
clear,clc,close all;
figure,[phi1,psi1,xval1] = wavefun('haar',8,'plot');
```

```
figure,[psi2,xval2] = wavefun('morl',8,'plot');
figure,[phi3,psi3,xval3] = wavefun('meyr',8,'plot');
figure,[phi4,psi4,xval4] = wavefun('db4',8,'plot');
```

程序运行结果如图 5-24 所示。

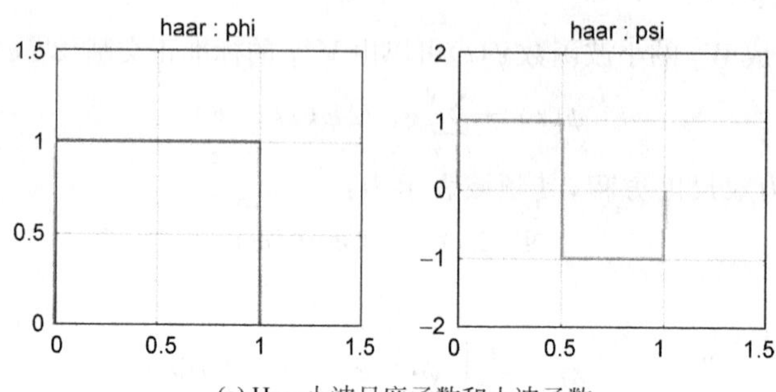

(a) Haar小波尺度函数和小波函数

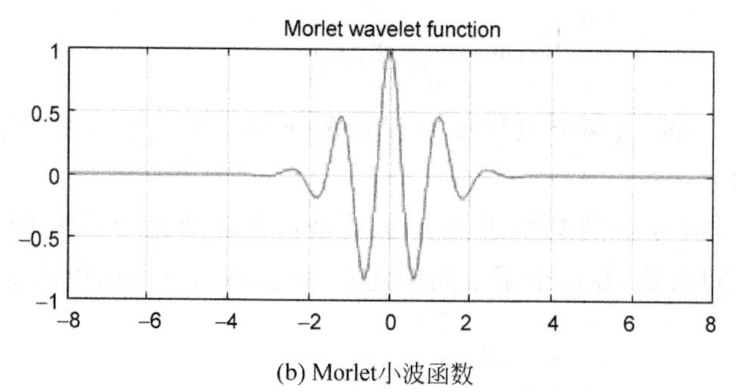

(b) Morlet小波函数

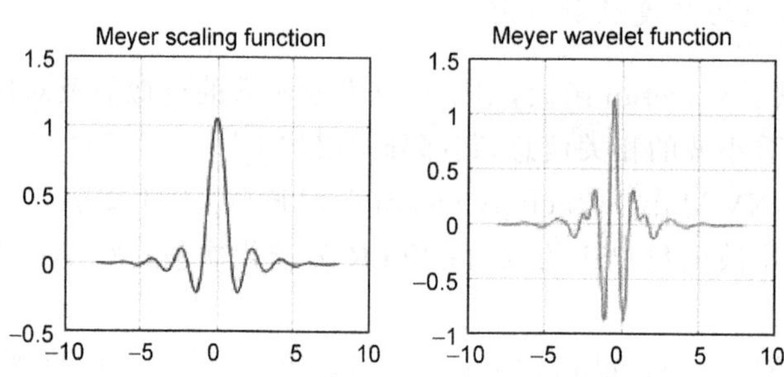

(c) Meyer小波尺度函数和小波函数

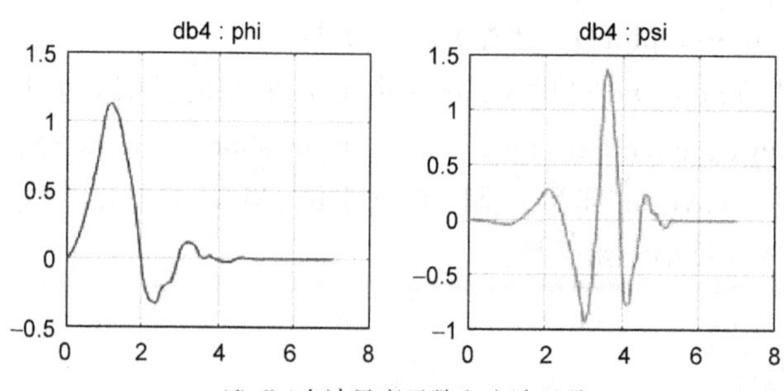

(d) db4小波尺度函数和小波函数

图 5-24　常见小波的尺度函数和小波函数

4. 函数的正交小波分解

由以上讨论可知，给定一个多分辨分析$(\{V_k\}_{k\in Z},\varphi(t))$，可确定一个小波函数$\psi(t)$和其伸缩系$\{\psi_{j,k}(t)=2^{-j/2}\psi(2^{-j}t-k)\}_{j,k\in Z}$，并张成小波空间$\{W_j\}_{j\in Z}$，因$W_i\perp W_j(i\neq j)$，且$L^2(R)=\bigoplus\limits_{j\in Z}W_j$，所以$\{\psi_{j,k}(t)=2^{-j/2}\psi(2^{-j}t-k)\}_{j,k\in Z}$构成$L^2(R)$的标准正交基。因此，对任何$f(t)\in L^2(R)$，有：

$$f(t)=\sum_{j,k}d_{j,k}\psi_{j,k}(t) \tag{5-71}$$

其中，$d_{j,k}=\langle f(t),\psi_{j,k}(t)\rangle_{j,k\in Z}$是$f(t)$的离散小波变换，且是正交小波变换，式(5-71)是$f(t)$的重构公式，也称为$f(t)$的正交小波分解。

由多分辨分析性质(2)，即$f(t)\in V_j\Leftrightarrow f(2t)\in V_{j-1}$可知：$V_j$的频率范围是$V_{j-1}$的一半，且是$V_{j-1}$中的低频表现部分，而$V_{j-1}=V_j+W_j$，所以，$W_j$的频率表现在$V_j$与$V_{j-1}$之间的部分，而且$W_j$的频带互不重叠，因此，通常认为$V_j$表现了$V_{j-1}$的“概貌”，$W_j$表现了$V_{j-1}$的不同频带中的“细节”。记$d_{j,k}\psi_{j,k}(t)=w_j(t)$，则$w_j(t)\in W_j$，式(5-71)可写成：

$$f(t)=\sum_{j}w_j(t) \tag{5-72}$$

式(5-72)说明任何一个函数$f(t)\in L^2(R)$可以分解成不同频带的细节之和。

实际情况中，函数$f(t)\in L^2(R)$仅有有限的细节。由式(5-67)得$V_0=V_s+W_s+W_{s-1}+\cdots+W_1$。设一个函数$f(t)\in V_0$，则$f(t)$可分解为$f(t)=f_s(t)+w_s(t)+w_{s-1}(t)+\cdots+w_1(t)$，即

$$f(t)=\sum_{k\in Z}c_{s,k}\varphi_{s,k}(t)+\sum_{j=1}^{s}\sum_{k\in Z}d_{j,k}\psi_{j,k}(t) \tag{5-73}$$

其中，$c_{s,k}=\langle f(t),\varphi_{s,k}(t)\rangle,k\in Z,d_{j,k}=\langle f(t),\psi_{j,k}(t)\rangle,k\in Z$。称式中第1项为$f(t)$的不同尺度$s(s\geqslant 1)$下的近似式，是$f(t)$中频率不超过$2^{-s}$的成分；称第2项中的$\sum\limits_{k\in Z}d_{j,k}\psi_{j,k}(t)$为$f(t)$的不同尺度$j$下的细节，是$f(t)$中频率$2^{-j}$到$2^{-j+1}$之间的细节成分。

根据以上分析可知，当尺度函数$\varphi(t)$、小波函数$\psi(t)$确定后，通过计算$\{c_{s,k}\}_{k\in Z}$、$\{d_{j,k}\}_{k\in Z}$，即可得到函数$f(t)\in L^2(R)$的近似和细节。

$$\begin{aligned}
c_{j+1,k}&=\langle f(t),\varphi_{j+1,k}(t)\rangle=\int_R f(t)\varphi_{j+1,k}^{*}(t)\mathrm{d}t=\int_R f(t)\{2^{-(j+1)/2}\varphi^{*}(2^{-(j+1)}t-k)\}\mathrm{d}t\\
&=\int_R f(t)2^{-(j+1)/2}\sum_{n\in Z}h_n^{*}\sqrt{2}\varphi^{*}[2(2^{-(j+1)}t-k)-n]\mathrm{d}t\\
&=\int_R f(t)2^{-j/2}\sum_{n\in Z}h_n^{*}\varphi^{*}[2^{-j}t-(2k+n)]\mathrm{d}t\\
&=\sum_{m\in Z}h_{m-2k}^{*}\int_R f(t)2^{-j/2}\varphi^{*}(2^{-j}t-m)\mathrm{d}t\\
&=\sum_{m\in Z}h_{m-2k}^{*}\int_R f(t)\varphi_{j,m}^{*}(t)\mathrm{d}t
\end{aligned}$$

$$=\sum_{m\in Z}h^*_{m-2k}\langle f(t),\varphi_{j,m}(t)\rangle$$

$$=\sum_{m\in Z}h^*_{m-2k}c_{j,m}$$

同理，得到 $d_{j+1,k}=\langle f(t),\psi_{j+1,k}(t)\rangle=\sum_{m\in Z}g^*_{m-2k}c_{j,m}$

因此，得到正交小波分解的 Mallat 快速算法，如式(5-74)所示。

$$\begin{cases}c_{j+1,k}=\sum_{n\in Z}h^*_{n-2k}c_{j,n}\\d_{j+1,k}=\sum_{n\in Z}g^*_{n-2k}c_{j,n}\end{cases}\quad k\in Z \tag{5-74}$$

因此，只要知道双尺度方程中的传递系数$\{h_k\}_{k\in Z}(g_k=(-1)^k h^*_{1-k})$，就可计算出一系列正交小波分解系数，过程如图 5-25 所示。

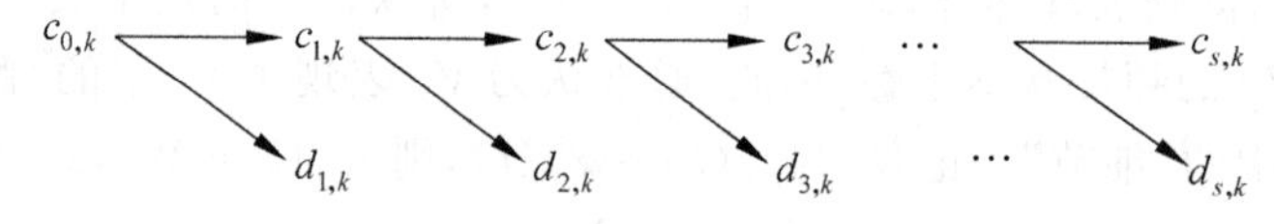

图 5-25　正交小波分解算法示意图

初始值 $c_{0,k}=\langle f(t),\varphi_{0,k}(t)\rangle=\int_R f(t)\varphi^*(t-k)\mathrm{d}t$，对于离散序列，$f(t)\to f_n=f(n\Delta t)$，因此，

$$c_{0,k}\approx\sum_n f_n\varphi(n-k) \tag{5-75}$$

根据信号处理理论，利用序列$\{h_k\}_{k\in Z}$ 对一个离散信号$\{x_n\}_{n\in Z}\in l^2(Z)$进行滤波，则

$$y_k=h_k*x_k=\sum_{n\in Z}h_{k-n}x_n \tag{5-76}$$

比较式(5-74)和式(5-76)发现，式(5-76)卷积式中 k 对所有的 n 值做卷积运算，而式(5-74)卷积式中是 $2k$ 对所有的 n 值做卷积运算，缺少了奇数($2k+1$)的部分，即卷积运算或滤波处理之后所得的序列抽去了 k 的奇数部分，只剩下偶数部分，这一过程称为再抽样，抽样率为 2。所以，分辨率 j 的近似分量 $c_{j,k}$ 分解为分辨率为 $j+1$ 的近似分量 $c_{j+1,k}$ 和细节分量 $d_{j+1,k}$ 的分解方法可以用图 5-26 所示的滤波过程来表示。

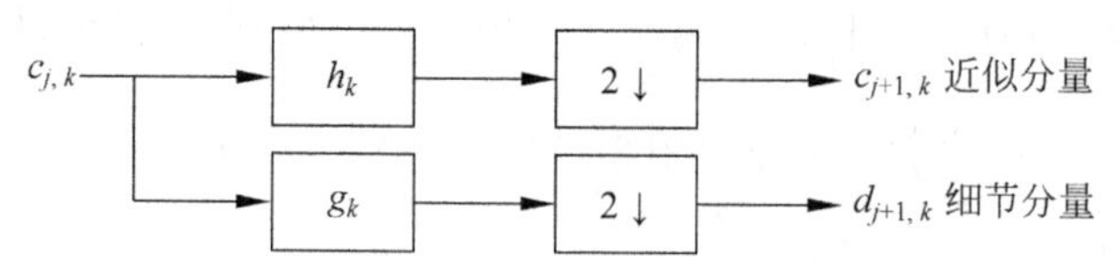

图 5-26　近似分量 $c_{j,k}$ 分解为 $c_{j+1,k}$ 和 $d_{j+1,k}$(2↓代表再抽样，抽样率为 2)

5．函数的正交小波重构

所谓重构，即已知近似序列$\{c_{j+1,k}\}_{k\in Z}$ 和细节序列$\{d_{j+1,k}\}_{k\in Z}$，求出序列$\{c_{j,k}\}_{k\in Z}$。由正交小波分解式可知：

$$f_j(t)=\sum_{k\in Z}\langle f(t),\varphi_{j,k}(t)\rangle\varphi_{j,k}(t)=\sum_{k\in Z}c_{j,k}\varphi_{j,k}(t) \tag{5-77}$$

由于 $V_j=V_{j+1}+W_{j+1}$，所以，$f_j(t)=f_{j+1}(t)+w_{j+1}(t)$，而

$$f_{j+1}(t)=\sum_{k\in Z}\langle f(t),\varphi_{j+1,k}(t)\rangle\varphi_{j+1,k}(t)=\sum_{k\in Z}c_{j+1,k}\varphi_{j+1,k}(t)$$

$$w_{j+1}(t)=\sum_{k\in Z}\langle f(t),\psi_{j+1,k}(t)\rangle\psi_{j+1,k}(t)=\sum_{k\in Z}d_{j+1,k}\psi_{j+1,k}(t)$$

$$\begin{aligned}f_{j+1}(t)+w_{j+1}(t)&=\sum_{k\in Z}c_{j+1,k}\varphi_{j+1,k}(t)+\sum_{k\in Z}d_{j+1,k}\psi_{j+1,k}(t)\\&=\sum_{k\in Z}c_{j+1,k}2^{-(j+1)/2}\varphi(2^{-(j+1)}t-k)+\sum_{k\in Z}d_{j+1,k}2^{-(j+1)/2}\psi(2^{-(j+1)}t-k)\\&=\sum_{k\in Z}c_{j+1,k}2^{-(j+1)/2}\sum_{n\in Z}h_n\sqrt{2}\varphi[2(2^{-(j+1)}t-k)-n]+\\&\quad\sum_{k\in Z}d_{j+1,k}2^{-(j+1)/2}\sum_{n\in Z}g_n\sqrt{2}\varphi[2(2^{-(j+1)}t-k)-n]\\&=\sum_{k\in Z}c_{j+1,k}2^{-j/2}\sum_{n\in Z}h_n\varphi[2^{-j}t-(2k+n)]+\\&\quad\sum_{k\in Z}d_{j+1,k}2^{-j/2}\sum_{n\in Z}g_n\varphi[2^{-j}t-(2k+n)]\\&=\sum_{k\in Z}c_{j+1,k}2^{-j/2}\sum_{m\in Z}h_{m-2k}\varphi[2^{-j}t-m]+\\&\quad\sum_{k\in Z}d_{j+1,k}2^{-j/2}\sum_{m\in Z}g_{m-2k}\varphi[2^{-j}t-m]\\&=\sum_{k\in Z}c_{j+1,k}\sum_{m\in Z}h_{m-2k}\varphi_{j,m}(t)+\sum_{k\in Z}d_{j+1,k}\sum_{m\in Z}g_{m-2k}\varphi_{j,m}(t)\\&=\sum_{m\in Z}\Big(\sum_{k\in Z}c_{j+1,k}h_{m-2k}+\sum_{k\in Z}d_{j+1,k}g_{m-2k}\Big)\varphi_{j,m}(t)\end{aligned} \tag{5-78}$$

由式(5-77)和式(5-78)可得 Mallat 小波重构算法。

$$c_{j,k}=\sum_{k\in Z}c_{j+1,k}h_{n-2k}+\sum_{k\in Z}d_{j+1,k}g_{n-2k} \tag{5-79}$$

其重构过程如图 5-27 所示。

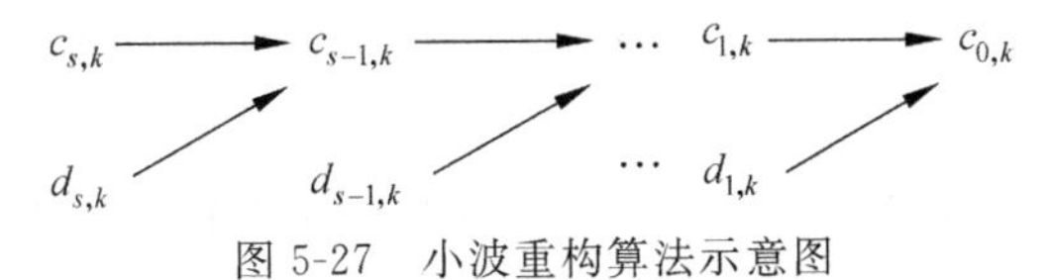

图 5-27　小波重构算法示意图

比较式(5-79)和式(5-76)发现，式(5-76)卷积式中 k 对所有的 n 值做卷积运算，而式(5-79)卷积式中是 n 对 k 的偶数序列 $2k$ 做卷积运算，从而造成 $c_{j+1,k}$、$d_{j+1,k}$ 的取值个数比 h_{n-2k}、g_{n-2k} 的取值个数多出一倍，可将$(2k+1)$对应的 $c_{j+1,k}$、$d_{j+1,k}$ 当作 0 值来处理，即在两个数值之间插入一个 0，这一过程称为插值抽样，抽样率为 2。所以，分辨率 $j+1$ 的近似分量 $c_{j+1,k}$ 和细节分量 $d_{j+1,k}$ 重构分辨率 j 级近似分量 $c_{j,k}$ 的重构方法可以用图 5-28 所示的滤波过程来表示。

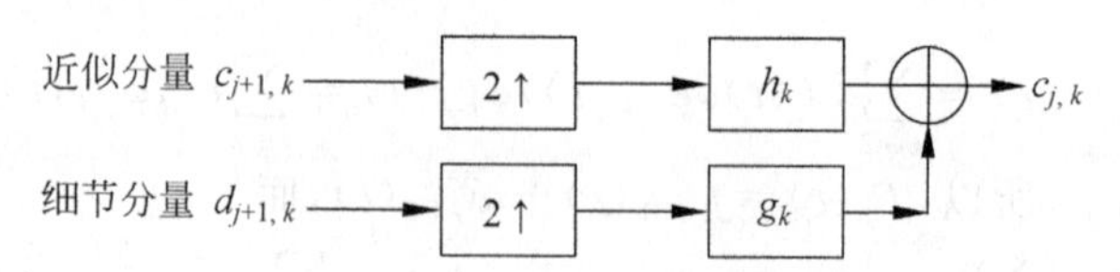

图 5-28 $c_{j+1,k}$ 和 $d_{j+1,k}$ 重构 $c_{j,k}$（2↑代表插值抽样，抽样率为 2）

6. 正交小波变换的实现

MATLAB 提供了一系列的函数实现小波分解、重构等功能。

(1) L=wmaxlev(S,'wname')：计算尺寸为 S 的信号使用 wname 指定的小波分解时的最大分解级数。

(2) wfilters 函数：计算小波对应的滤波器。

① [LO_D,HI_D,LO_R,HI_R]=wfilters('wname')：计算 wname 指定的正交或双正交小波对应的分解及重构滤波器。

② [F1,F2]=wfilters('wname','type')：根据 type 的不同，返回不同的滤波器。type 为 d，返回分解滤波器 LO_D 和 HI_D；type 为 r，返回重构滤波器 LO_R 和 HI_R；type 为 l，返回低通滤波器 LO_D 和 LO_R；type 为 h，返回高通滤波器 HI_D 和 HI_R。

(3) dwt 函数：一级一维离散小波变换。

① [CA,CD]=dwt(X,'wname')：对向量 X 进行 wname 指定的小波分解，计算近似系数向量 CA 和细节系数向量 CD。

② [CA,CD]=dwt(X,Lo_D,Hi_D)：使用给定的分解滤波器实现向量 X 的小波分解。

(4) idwt 函数：一级一维小波逆变换。

① X=idwt(CA,CD,'wname')：基于近似系数向量 CA 和细节系数向量 CD，使用 wname 指定的小波实现近似系数向量 X 的一级重构。

② X=idwt(CA,CD,Lo_R,Hi_R)：给定重构滤波器实现一级近似系数向量 X 的计算。

(5) wavedec 函数：实现多级一维小波分解。

① [C,L]=wavedec(X,N,'wname')：使用 wname 指定的小波实现信号 X 在 N 级上的小波分解。N 为正整数，可使用 wmaxlev 函数计算，确保小波系数不受边界效应的影响；若不考虑边界效应，可设置 N≤fix(log2(length(X)))。输出向量 C 为小波的分解系数，L 为各级系数的长度。

② [C,L]=wavedec(X,N,Lo_D,Hi_D)：使用指定的低通分解滤波器 Lo_D 和高通分解滤波器 Hi_D 实现信号 X 在 N 级上的小波分解。

(6) detcoef 函数：提取一维小波分解的细节系数。

① D=detcoef(C,L,N)：从小波分解结构[C,L]中提取第 N 级细节系数。N 为整数，N≥1 且 N≤length(L)−2。如果 N 为整数向量，则提取各元素所示级别的细节系数。

② D=detcoef(C,L)：从小波分解结构[C,L]中提取最高级细节系数。

(7) appcoef 函数：提取一维小波分解的近似系数。

① A=appcoef(C,L,'wname',N)：从小波分解结构[C,L]中提取第 N 级近似系数。N

为整数，N≥1 且 N≤length(L)－2。

② A＝appcoef(C,L,'wname')：提取第 length(L)－2 级近似系数。

(8) wrcoef 函数：由一维小波系数进行单支重构。

① X＝wrcoef('type',C,L,'wname',N)：基于小波分解结构[C,L]在 N 级计算重构系数向量。type 取 a，重构近似向量；取 b，重构细节向量；N 为整数，且 N≤length(L)－2。

② X＝wrcoef('type',C,L,Lo_R,Hi_R,N)：基于重构低通滤波器 Lo_R 和重构高通滤波器 Hi_R 实现重构系数向量计算。

(9) waverec 函数：多级一维小波重构。

① X＝waverec(C,L,'wname')：基于多级小波分解结构[C,L] 重构信号 X。

② X＝waverec(C,L,Lo_R,Hi_R)：给定重构滤波器实现重构系数向量计算。

(10) upcoef 函数：一维小波系数直接重构。

① Y＝upcoef(O,X,'wname',N)：计算向量 X 向上 N 步的重构系数。N 为正整数。若 O 取'a'，近似系数被重构；若 O 取'd'，细节系数被重构。

② Y＝upcoef(O,X,'wname',N,L)：重构的同时取出结果中长度为 L 的中间部分。

③ Y＝upcoef(O,X,Lo_R,Hi_R,N)或 Y＝upcoef(O,X,Lo_R,Hi_R,N,L)：使用重构滤波器实现直接重构。

【例 5-21】 装载 sumsin 信号，使用 dwt 和 idwt 函数实现一级一维小波分解与重构。sumsin 是 3 个正弦波的叠加，即 sumsin(t)＝sin(3t)＋sin(0.3t)＋sin(0.03t)。

程序如下：

```
clear,clc,close all;
load sumsin;                                  %装载 sumsin 信号
signal = sumsin;
[CA,CD] = dwt(signal,'db4');                  %基于 db4 小波实现一级一维小波分解
RecS = idwt(CA,CD,'db4');                     %重构
subplot(221),plot(signal),title('原始信号');
subplot(222),plot(CA),title('近似系数');
subplot(223),plot(CD),title('细节系数');
subplot(224),plot(RecS),title('重构信号');
```

程序运行结果如图 5-29 所示。

【例 5-22】 装载 sumsin 信号，实现多级一维小波分解与重构。

程序如下：

```
clear,clc,close all;
load sumsin;
signal = sumsin;
[C,L] = wavedec(signal,2,'db4');              %基于 db4 小波实现 2 级一维小波分解
[CD1,CD2] = detcoef(C,L,[1 2]);               %提取细节系数
CA2 = appcoef(C,L,'db4',2);                   %提取近似系数
[Lo_R,Hi_R] = wfilters('db4','r');            %计算重构滤波器系数
Recs1 = waverec(C,L,Lo_R,Hi_R);               %采用重构滤波器实现信号重构
```

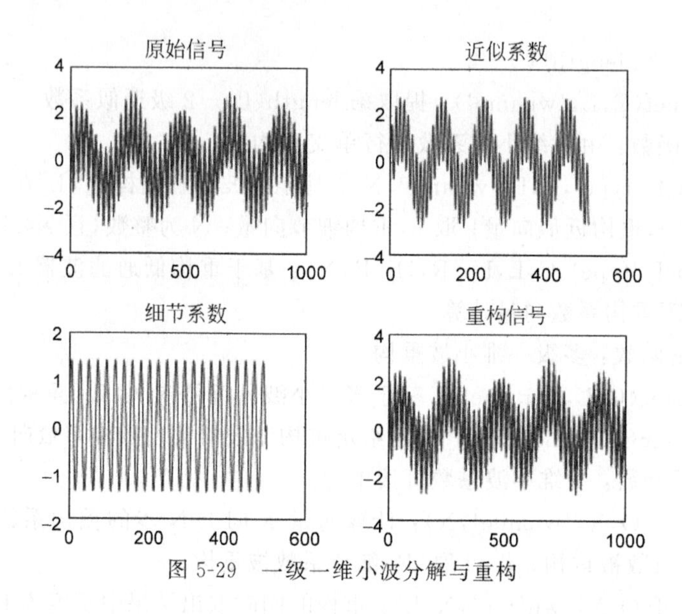

图 5-29　一级一维小波分解与重构

```
Recs2 = wrcoef('a',C,L,'db4',2);             % 基于近似系数重构信号
subplot(231),plot(signal),title('原始信号');
subplot(234),plot(CA2),title('二级近似系数');
subplot(232),plot(CD2),title('二级细节系数');
subplot(235),plot(CD1),title('一级细节系数');
subplot(233),plot(Recs2),title('近似系数重构');
subplot(236),plot(Recs1),title('重构信号');
```

程序运行结果如图 5-30 所示。

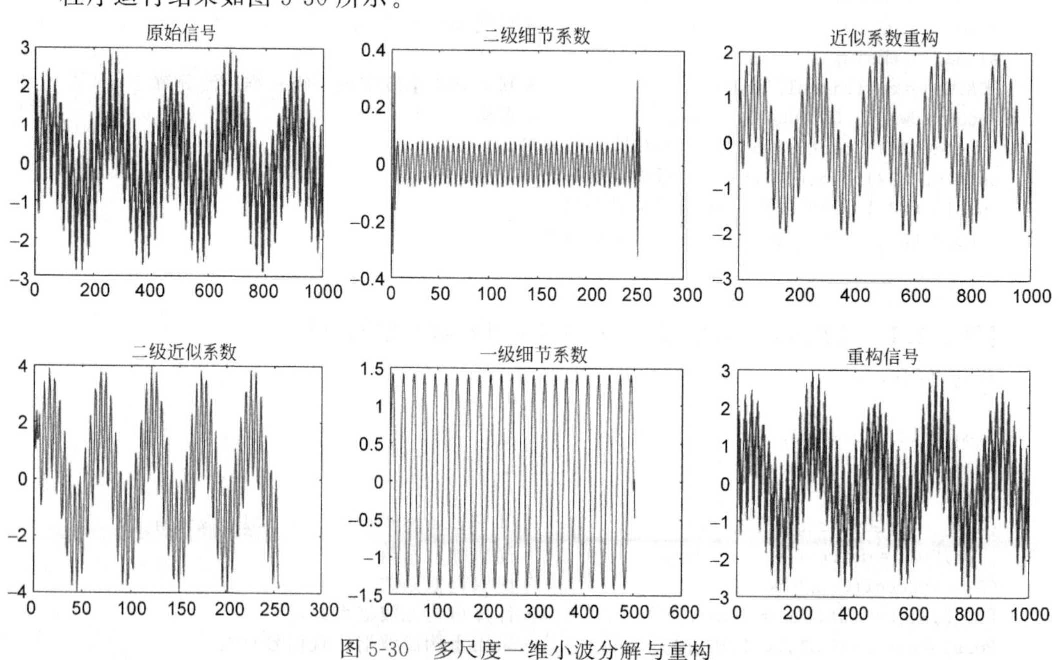

图 5-30　多尺度一维小波分解与重构

小波变换还有很多别的很有用的理论和特点，如小波包、多带小波、多小波等，因篇幅关系，不再深入分析。

5.5.3 二维小波变换

图像为二维信号，用二元函数 $f(x,y)\in L^2(R^2)$ 表示，可以对其进行二维小波变换和多分辨分析。

1. 二维多分辨分析

设 $(\{V_j^1\}_{j\in Z},\varphi^1(t))$，$(\{V_j^2\}_{j\in Z},\varphi^2(t))$ 是 $L^2(R)$ 的两个多分辨分析，$\psi^1(t)$，$\psi^2(t)$ 分别是相应的正交小波函数，则 $\widetilde{V}_j$ 是 V_j^1 与 V_j^2 的张量积空间，如式(5-80)所示。

$$\widetilde{V}_j=V_j^1\otimes V_j^2=\{f^1(x)f^2(y)\mid f^1(x)\in V_j^1,f^2(y)\in V_j^2\} \tag{5-80}$$

$\{\varphi_{j,l}^1(x)\}_{l\in Z}$，$\{\varphi_{j,m}^2(y)\}_{m\in Z}$ 是 V_j^1 与 V_j^2 的标准正交基，则 $\{\varphi_{j,l}^1(x)\varphi_{j,m}^2(y)\}_{l,m\in Z}$ 是 $\widetilde{V}_j$ 的标准正交基。

设 W_j^1 是 V_j^1 在 V_{j-1}^1 中的正交补，W_j^2 是 V_j^2 在 V_{j-1}^2 中的正交补，则

$$\begin{aligned}\widetilde{V}_{j-1}&=V_{j-1}^1\otimes V_{j-1}^2=(V_j^1\oplus W_j^1)\otimes(V_j^2\oplus W_j^2)\\&=(V_j^1\otimes V_j^2)\oplus(V_j^1\otimes W_j^2)\oplus(W_j^1\otimes V_j^2)\oplus(W_j^1\otimes W_j^2)\\&=\widetilde{V}_j\oplus\widetilde{W}_j^1\oplus\widetilde{W}_j^2\oplus\widetilde{W}_j^3\end{aligned} \tag{5-81}$$

其中，$\widetilde{W}_j^1$，$\widetilde{W}_j^2$，$\widetilde{W}_j^3$ 称为二维小波空间。它们的标准正交基依次为 $\{\varphi_{j,l}^1(x)\psi_{j,m}^2(y)\}_{l,m\in Z}$，$\{\psi_{j,l}^1(x)\varphi_{j,m}^2(y)\}_{l,m\in Z}$ 和 $\{\psi_{j,l}^1(x)\psi_{j,m}^2(y)\}_{l,m\in Z}$。

记

$$\begin{cases}\psi^1(x,y)=\varphi^1(x)\psi^2(y)\\\psi^2(x,y)=\psi^1(x)\varphi^2(y)\\\psi^3(x,y)=\psi^1(x)\psi^2(y)\\\varphi(x,y)=\varphi^1(x)\varphi^2(y)\end{cases} \tag{5-82}$$

则 $\varphi(x,y)$，$\psi^1(x,y)$，$\psi^2(x,y)$，$\psi^3(x,y)$ 的伸缩平移系分别构成 $\widetilde{V}_j$，$\widetilde{W}_j^1$，$\widetilde{W}_j^2$，$\widetilde{W}_j^3$ 的标准正交基。

由式(5-81)可知：

$$L^2(R^2)=\sum_{j=-\infty}^{+\infty}\widetilde{W}_j \tag{5-83}$$

其中，$\widetilde{W}_j=\widetilde{W}_j^1\oplus\widetilde{W}_j^2\oplus\widetilde{W}_j^3$。对于任何 $f(x,y)\in L^2(R^2)$，有：

$$f(x,y)=\sum_{j=-\infty}^{+\infty}w_j(x,y) \tag{5-84}$$

其中，$w_j(x,y)\in\widetilde{W}_j$。

因此,二维小波变换的重构公式为：

$$f(x,y)=\sum_{j=-\infty}^{+\infty}\sum_{l,m}\left[\begin{aligned}&\alpha_{l,m}^{j}\varphi_{j,l}^{1}(x)\psi_{j,m}^{2}(y)+\beta_{l,m}^{j}\psi_{j,l}^{1}(x)\varphi_{j,m}^{2}(y)\\&+\gamma_{l,m}^{j}\psi_{j,l}^{1}(x)\psi_{j,m}^{2}(y)\end{aligned}\right] \tag{5-85}$$

其中,$\alpha_{l,m}^{j}$、$\beta_{l,m}^{j}$、$\gamma_{l,m}^{j}$ 是 $f(x,y)$的二维离散小波变换,$\alpha_{l,m}^{j}=\iint_{R^2}f(x,y)\varphi_{j,l}^{1^*}(x)\psi_{j,m}^{2^*}(y)\mathrm{d}x\,\mathrm{d}y$,$\beta_{l,m}^{j}=\iint_{R^2}f(x,y)\psi_{j,l}^{1^*}(x)\varphi_{j,m}^{2^*}(y)\mathrm{d}x\,\mathrm{d}y$,$\gamma_{l,m}^{j}=\iint_{R^2}f(x,y)\psi_{j,l}^{1^*}(x)\psi_{j,m}^{2^*}(y)\mathrm{d}x\,\mathrm{d}y$。

实际问题中,二元函数 $f(x,y)$只有有限分辨率,设 $f(x,y)\in\widetilde{V}_0$,因此,

$$f(x,y)=f_s(x,y)+w_s(x,y)+w_{s-1}(x,y)+\cdots+w_1(x,y) \tag{5-86}$$

$$\begin{aligned}f(x,y)=&\sum_{l,m}[\lambda_{l,m}^{s}\varphi_{s,l}^{1}(x)\varphi_{s,m}^{2}(y)]+\\&\sum_{j=1}^{s}\sum_{l,m}[\alpha_{l,m}^{j}\varphi_{j,l}^{1}(x)\psi_{j,m}^{2}(y)+\beta_{l,m}^{j}\psi_{j,l}^{1}(x)\varphi_{j,m}^{2}(y)+\gamma_{l,m}^{j}\psi_{j,l}^{1}(x)\psi_{j,m}^{2}(y)]\end{aligned} \tag{5-87}$$

其中,$\lambda_{l,m}^{s}=\iint_{R^2}f(x,y)\varphi_{s,l}^{1^*}(x)\varphi_{s,m}^{2^*}(y)\mathrm{d}x\,\mathrm{d}y$。

式(5-87)中第一项 $f_s(x,y)$是 $f(x,y)$在尺度 s 下的近似；后三项称为 $f(x,y)$在不同尺度 j 下的细节。

2. 二维正交小波分解

由于 $\varphi^1(x)$,$\varphi^2(y)$,$\psi^1(x)$,$\psi^2(y)$满足双尺度方程：

$$\begin{cases}\varphi^1(x)=\sqrt{2}\sum_{l}h_l^1\varphi^1(2x-l)\\\psi^1(x)=\sqrt{2}\sum_{l}g_l^1\varphi^1(2x-l)\\\varphi^2(y)=\sqrt{2}\sum_{m}h_m^2\varphi^2(2y-m)\\\psi^2(y)=\sqrt{2}\sum_{m}g_m^2\varphi^2(2y-m)\end{cases} \tag{5-88}$$

将式(5-88)代入式(5-82),得

$$\begin{cases}\varphi(x,y)=\varphi^1(x)\varphi^2(y)=2\sum_{l,m}h_l^1h_m^2\varphi^1(2x-l)\varphi^2(2y-m)=2\sum_{l,m}h_l^1h_m^2\varphi(2x-l,2y-m)\\\psi^1(x,y)=\varphi^1(x)\psi^2(y)=2\sum_{l,m}h_l^1g_m^2\varphi^1(2x-l)\varphi^2(2y-m)=2\sum_{l,m}h_l^1g_m^2\varphi(2x-l,2y-m)\\\psi^2(x,y)=\psi^1(x)\varphi^2(y)=2\sum_{l,m}g_l^1h_m^2\varphi^1(2x-l)\varphi^2(2y-m)=2\sum_{l,m}g_l^1h_m^2\varphi(2x-l,2y-m)\\\psi^3(x,y)=\psi^1(x)\psi^2(y)=2\sum_{l,m}g_l^1g_m^2\varphi^1(2x-l)\varphi^2(2y-m)=2\sum_{l,m}g_l^1g_m^2\varphi(2x-l,2y-m)\end{cases} \tag{5-89}$$

则

$$
\begin{aligned}
\lambda_{l,m}^{j+1} &= \iint_{R^2} f(x,y)\varphi_{j+1,l}^{1^*}(x)\varphi_{j+1,m}^{2^*}(y)\mathrm{d}x\mathrm{d}y \\
&= \iint_{R^2} f(x,y)\{2^{-(j+1)/2}\varphi^{1^*}[2^{-(j+1)}x-l]\}\{2^{-(j+1)/2}\varphi^{2^*}[2^{-(j+1)}y-m]\}\mathrm{d}x\mathrm{d}y \\
&= \iint_{R^2} f(x,y)\left\{2^{-j/2}\sum_n h_n^{1^*}\varphi^{1^*}[2(2^{-(j+1)}x-l)-n]\right\} \\
&\quad \left\{2^{-j/2}\sum_k h_k^{2^*}\varphi^{2^*}[2(2^{-(j+1)}y-m)-k]\right\}\mathrm{d}x\mathrm{d}y \\
&= \iint_{R^2} f(x,y)\left\{2^{-j/2}\sum_p h_{p-2l}^{1^*}\varphi^{1^*}(2^{-j}x-p)\right\}\left\{2^{-j/2}\sum_q h_{q-2m}^{2^*}\varphi^{2^*}(2^{-j}y-q)\right\}\mathrm{d}x\mathrm{d}y \\
&= \sum_{p,q} h_{p-2l}^{1^*}h_{q-2m}^{2^*}\iint_{R^2} f(x,y)\varphi_{j,p}^{1^*}(x)\varphi_{j,q}^{2^*}(y)\mathrm{d}x\mathrm{d}y \\
&= \sum_{p,q} h_{p-2l}^{1^*}h_{q-2m}^{2^*}\lambda_{p,q}^{j}
\end{aligned} \tag{5-90}
$$

同理,得

$$
\begin{cases}
\alpha_{l,m}^{j+1} = \sum_{p,q} h_{p-2l}^{1^*}g_{q-2m}^{2^*}\lambda_{p,q}^{j} \\
\beta_{l,m}^{j+1} = \sum_{p,q} g_{p-2l}^{1^*}h_{q-2m}^{2^*}\lambda_{p,q}^{j} \\
\gamma_{l,m}^{j+1} = \sum_{p,q} g_{p-2l}^{1^*}g_{q-2m}^{2^*}\lambda_{p,q}^{j}
\end{cases} \tag{5-91}
$$

由式(5-90)和式(5-91)可以看出,分辨率 j 的近似分量 $\lambda_{p,q}^{j}$ 分解为分辨率为 $j+1$ 的近似分量 $\lambda_{l,m}^{j+1}$ 和细节分量 $\alpha_{l,m}^{j+1}$,$\beta_{l,m}^{j+1}$,$\gamma_{l,m}^{j+1}$ 的分解方法可以用如图 5-31 所示的滤波过程来表示:首先对水平方向进行滤波,再对垂直方向进行滤波,得到 4 个不同的频带;若对近似分量 $\lambda_{l,m}^{j+1}$ 继续进行这样的滤波过程,即可得到如图 5-32 所示的塔形分解。

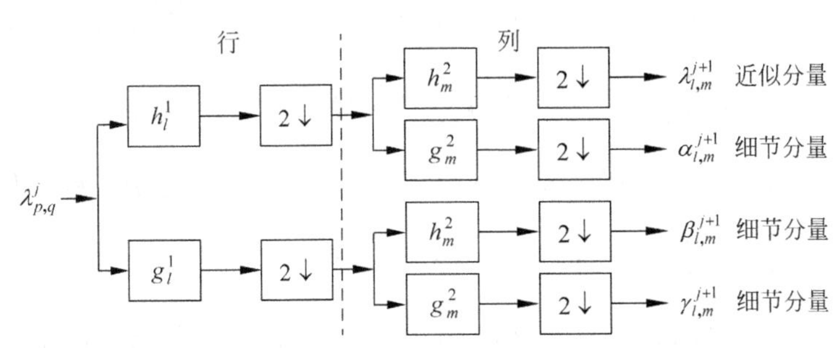

图 5-31 二维小波变换近似分量 $\lambda_{p,q}^{j}$ 分解为 $\lambda_{l,m}^{j+1}$ 和 $\alpha_{l,m}^{j+1}$、$\beta_{l,m}^{j+1}$、$\gamma_{l,m}^{j+1}$

若对一幅二维图像进行 3 层分解,可得图 5-32。其中,L 代表低频分量,H 代表高频分量;LH 代表垂直方向上的高频信息;HL 频带存放的是图像水平方向的高频信息;HH 频带存放图像在对角线方向的高频信息。

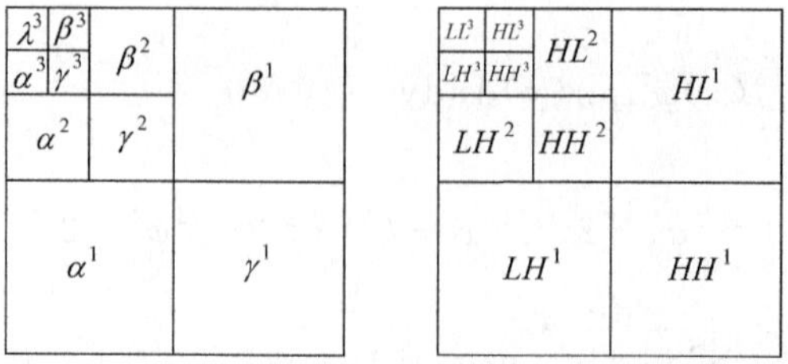

图 5-32　二维图像 3 层小波分解示意图

3. 二维正交小波重构

因为 $\widetilde{V}_j=\widetilde{V}_{j+1}\oplus\widetilde{W}_{j+1}^1\oplus\widetilde{W}_{j+1}^2\oplus\widetilde{W}_{j+1}^3$，所以，

$$f_j(x,y)=f_{j+1}(x,y)+w_{j+1}^1(x,y)+w_{j+1}^2(x,y)+w_{j+1}^3(x,y)$$

而

$$\begin{aligned}
f_{j+1}(x,y) &= \sum_{l,m\in Z}\langle f(x,y),\varphi_{j+1,l,m}(x,y)\rangle\varphi_{j+1,l,m}(x,y)=\sum_{l,m\in Z}\lambda_{l,m}^{j+1}\varphi_{j+1,l}^1(x)\varphi_{j+1,m}^2(y)\\
&= \sum_{l,m\in Z}\lambda_{l,m}^{j+1}[2^{-(j+1)/2}\varphi^1(2^{-(j+1)}x-l)][2^{-(j+1)/2}\varphi^2(2^{-(j+1)}y-m)]\\
&= \sum_{l,m\in Z}\lambda_{l,m}^{j+1}\left\{2^{-j/2}\sum_{n\in Z}h_n^1\varphi^1[2(2^{-(j+1)}x-l)-n]\right\}\\
&\quad\left\{2^{-j/2}\sum_{n\in Z}h_n^2\varphi^2[2(2^{-(j+1)}y-m)-n]\right\}\\
&= \sum_{l,m\in Z}\lambda_{l,m}^{j+1}\left[2^{-j/2}\sum_{p\in Z}h_{p-2l}^1\varphi^1\{2^{-j}x-p\}\right]\left[2^{-j/2}\sum_{q\in Z}h_{q-2m}^2\varphi^2(2^{-j}y-q)\right]\\
&= \sum_{l,m\in Z}\lambda_{l,m}^{j+1}\sum_{p,q\in Z}h_{p-2l}^1h_{q-2m}^2\varphi_{j,p}^1(x)\varphi_{j,q}^2(y)
\end{aligned}\tag{5-92}$$

同理，得

$$\begin{aligned}
w_{j+1}^1(x,y) &= \sum_{l,m\in Z}\langle f(x,y),\psi_{j+1,l,m}^1(x,y)\rangle\psi_{j+1,l,m}^1(x,y)=\sum_{l,m\in Z}\alpha_{l,m}^{j+1}\varphi_{j+1,l}^1(x)\psi_{j+1,m}^2(y)\\
&= \sum_{l,m\in Z}\alpha_{l,m}^{j+1}\sum_{p,q\in Z}h_{p-2l}^1g_{q-2m}^2\varphi_{j,p}^1(x)\varphi_{j,q}^2(y)
\end{aligned}\tag{5-93}$$

$$\begin{aligned}
w_{j+1}^2(x,y) &= \sum_{l,m\in Z}\langle f(x,y),\psi_{j+1,l,m}^2(x,y)\rangle\psi_{j+1,l,m}^2(x,y)=\sum_{l,m\in Z}\beta_{l,m}^{j+1}\psi_{j+1,l}^1(x)\varphi_{j+1,m}^2(y)\\
&= \sum_{l,m\in Z}\beta_{l,m}^{j+1}\sum_{p,q\in Z}g_{p-2l}^1h_{q-2m}^2\varphi_{j,p}^1(x)\varphi_{j,q}^2(y)
\end{aligned}\tag{5-94}$$

$$\begin{aligned}
w_{j+1}^3(x,y) &= \sum_{l,m\in Z}\langle f(x,y),\psi_{j+1,l,m}^3(x,y)\rangle\psi_{j+1,l,m}^3(x,y)=\sum_{l,m\in Z}\gamma_{l,m}^{j+1}\psi_{j+1,l}^1(x)\psi_{j+1,m}^2(y)\\
&= \sum_{l,m\in Z}\gamma_{l,m}^{j+1}\sum_{p,q\in Z}g_{p-2l}^1g_{q-2m}^2\varphi_{j,p}^1(x)\varphi_{j,q}^2(y)
\end{aligned}\tag{5-95}$$

所以，

$$f_{j+1}(x,y)+w_{j+1}^1(x,y)+w_{j+1}^2(x,y)+w_{j+1}^3(x,y)$$

$$= \sum_{p,q \in Z} \left\{ \sum_{l,m \in Z} \left[\lambda_{l,m}^{j+1} h_{p-2l}^{1} h_{q-2m}^{2} + \alpha_{l,m}^{j+1} h_{p-2l}^{1} g_{q-2m}^{2} + \beta_{l,m}^{j+1} g_{p-2l}^{1} h_{q-2m}^{2} + \gamma_{l,m}^{j+1} g_{p-2l}^{1} g_{q-2m}^{2} \right] \right\} \varphi_{j,p}^{1}(x) \varphi_{j,q}^{2}(y)$$

而

$$f_j(x,y) = \sum_{p,q \in Z} \langle f(x,y), \varphi_{j,p,q}(x,y) \rangle \varphi_{j,p,q}(x,y) = \sum_{p,q \in Z} \lambda_{p,q}^{j} \varphi_{j,p}^{1}(x) \varphi_{j,q}^{2}(y)$$

因此

$$\lambda_{p,q}^{j} = \left\{ \sum_{l,m \in Z} \left[\lambda_{l,m}^{j+1} h_{p-2l}^{1} h_{q-2m}^{2} + \alpha_{l,m}^{j+1} h_{p-2l}^{1} g_{q-2m}^{2} + \beta_{l,m}^{j+1} g_{p-2l}^{1} h_{q-2m}^{2} + \gamma_{l,m}^{j+1} g_{p-2l}^{1} g_{q-2m}^{2} \right] \right\} \tag{5-96}$$

式(5-96)所示的重构可以用图5-33所示的滤波过程来表示。

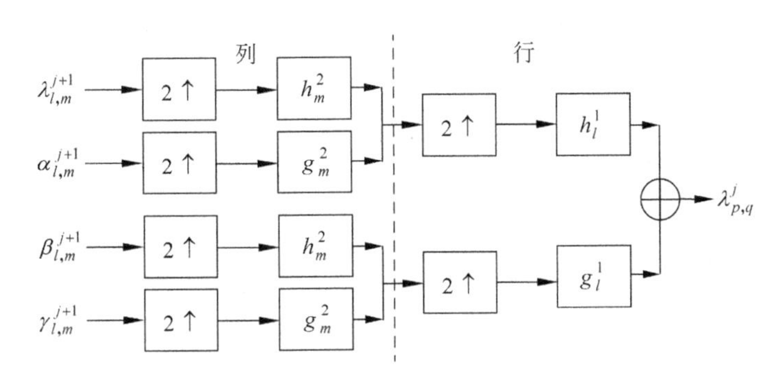

图5-33 二维多分辨分析的重构

4. 二维正交小波的实现

利用MATLAB小波工具箱可以实现对图像的小波分解与重构。在命令窗口输入:

```
>> wavemenu
```

打开小波分析工具箱,如图5-34(a)所示;选择Wavelet 2-D,如图5-34(b)所示。

在二维小波分析页面,从菜单中打开图像,在右侧选择Daubechies小波(N=4)进行分解与重构,如图5-35所示。可以尝试其他的分析和统计计算。

MATLAB提供了相应的二维小波函数,部分列举如下。

(1) wavefun2函数:计算尺度、小波函数。

① [S,W1,W2,W3,XYVAL]=wavefun2('wname',ITER):返回wname指定的正交小波的尺度函数S与3个小波函数W1、W2、W3,ITER为迭代次数,XYVAL为取值点,支撑区间内有$2^{ITER} \times 2^{ITER}$个点。

② …=wavefun2(…,'plot'):计算并绘制函数。

(2) dwt2函数:实现一级二维离散小波变换。

① [CA,CH,CV,CD]=dwt2(X,'wname'):用wname指定的小波分解矩阵X为近似系数矩阵CA和细节系数矩阵CH、CV和CD。

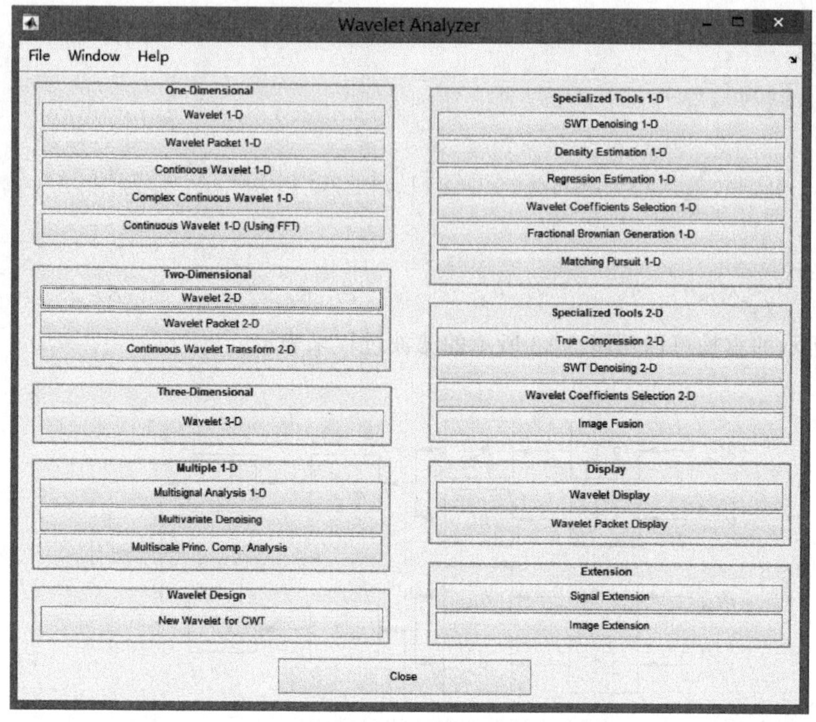

(a) 小波分析工具箱主页面

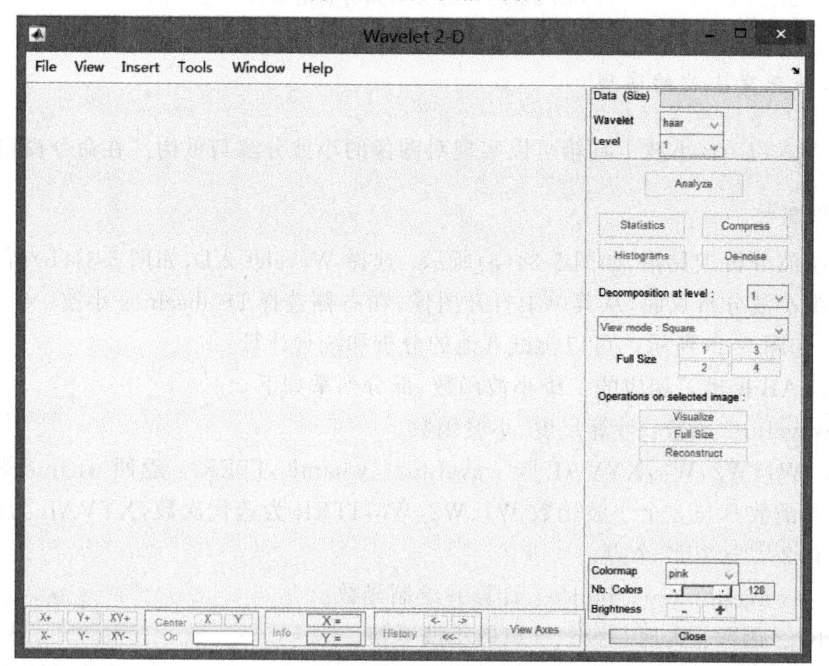

(b) 二维小波分析页面

图 5-34 MATLAB 中的小波分析工具

(a) 原图

(b) 一级小波分解子带图

(c) 二级小波分解子带图

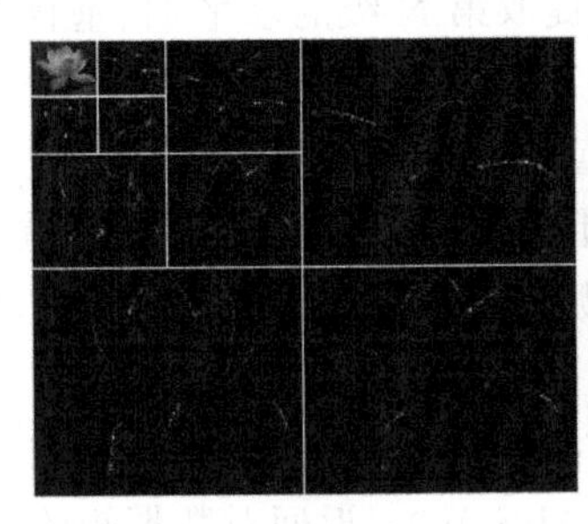

(d) 三级小波分解子带图

(e) 三级分解重构图

图 5-35 lotus 图像的小波分解与重构

② [CA,CH,CV,CD]=dwt2(X,Lo_D,Hi_D)：采用低通分解滤波器 Lo_D 和高通分解滤波器 Hi_D 分解矩阵 X。

(3) idwt2 函数：一级二维离散小波逆变换。

① X=idwt2(CA,CH,CV,CD,'wname')：基于近似系数矩阵 CA 和细节系数矩阵 CH、CV 和 CD,使用 wname 指定的小波实现近似系数矩阵 X 的一级重构。

② X=idwt2(CA,CH,CV,CD,Lo_R,Hi_R)：采用低通重构滤波器 Lo_R 和高通重构滤波器 Hi_R 重构矩阵 X。

(4) wavedec2 函数：多级二维小波分解。

① [C,S]=wavedec2(X,N,'wname')：使用 wname 指定的小波实现矩阵 X 的 N 级分解。

② [C,S]=wavedec2(X,N,Lo_D,Hi_D)：使用分解滤波器分解矩阵 X。

C=[A(N)|H(N)|V(N)|D(N)|H(N－1)|V(N－1)|D(N－1)|…|H(1)|V(1)|D(1)],A、H、V、D 分别为低频、水平高频、垂直高频、对角高频系数矩阵。N 为正整数。S(1,:)是级数 N 的低频系数长度；S(i,:)是级数 N－i＋2 的高频系数长度,i=2,…,N＋1；S(N＋2,:)=size(X)。

(5) waverec2 函数：多级二维小波重构。

① X=waverec2(C,S,'wname')：基于多级小波分解结构[C,S]重构矩阵 X。

② X=waverec2(C,S,Lo_R,Hi_R)：采用重构滤波器实现矩阵 X 重构。

(6) appcoef2 函数：提取二维小波分解的低频系数。

① A=appcoef2(C,S,'wname',N)：从小波分解结构[C,L]中提取第 N 级近似系数矩

阵 A,N 为正整数,且 N≤size(S,1)－2。

② A＝appcoef2(C,S,'wname')：提取第 size(S,1)－2 级近似系数矩阵 A。

③ A＝appcoef2(C,S,Lo_R,Hi_R)或者 A＝appcoef2(C,S,Lo_R,Hi_R,N)：基于分解滤波器提取近似系数 A。

(7) detcoef2 函数：提取二维小波分解的高频系数。

① D＝detcoef2(O,C,S,N)：从小波分解结构[C,L]中提取第 N 级细节系数矩阵 D。O 可取'h'、'v'或者'd',对应水平、垂直和对角高频系数；N≥1 且 N≤size(S,1)－2。

② [H,V,D]＝detcoef2('all',C,S,N)：提取第 N 级的水平 H、垂直 V、对角 D 细节系数矩阵。

(8) upcoef2 函数：二维小波系数的直接重构。

① Y＝upcoef2(O,X,'wname',N,S)：计算矩阵 X 的向上 N 步的重构系数,并提取长度为 S 的中间部分。若 O 取'a',则对近似系数重构；若 O 取'h'、'v'、'd',则对水平、垂直或对角细节系数重构。N 为正整数。

② Y＝upcoef2(O,X,Lo_R,Hi_R,N,S)：基于重构滤波器实现重构。

(9) Y＝wcodemat(X,NBCODES,OPT,ABSOL)：返回对数据矩阵 X 编码的矩阵 Y。NBCODES 为伪编码的最大值,即编码范围为 0～NBCODES－1,默认为 16；若 ABSOL 为 0,返回编码矩阵；若 ABSOL 非 0,返回数据矩阵的绝对值 abs(X)；默认为 1。OPT 指定了编码方式,若为'row'或'r',按行编码；若为'col'或'c',按列编码；若为'mat'或'm',按整个矩阵编码；默认为'mat'。

【例 5-23】 对 cameraman 图像进行一级小波分解及重构。

程序如下：

```
clear,clc,close all;
Image = imread('cameraman.jpg');
grayI = rgb2gray(Image);
[ca1,ch1,cv1,cd1] = dwt2(grayI,'db4');                %用 db4 小波对图像进行一级小波分解
DWTI = [wcodemat(ca1,256),wcodemat(ch1,256);wcodemat(cv1,256),wcodemat(cd1,256)];
                                                      %组成小波系数显示矩阵
result = idwt2(ca1,ch1,cv1,cd1,'db4');                %一级重构
subplot(131),imshow(Image),title('原图');
subplot(132),imshow(DWTI/256),title('一级分解');       %显示一级分解后的近似和细节图像
subplot(133),imshow(result,[]),title('一级重构');      %重构图像显示
```

程序运行结果如图 5-36 所示。

【例 5-24】 对 cameraman 图像进行二级小波分解及重构。

程序如下：

```
clc,clear,close all;
Image = imread('cameraman.jpg');
grayI = rgb2gray(Image);
[C,S] = wavedec2(grayI,2,'db4');                      %用 db4 小波对图像进行二级小波分解
```

(a) 原图

(b) 一级小波分解子带图

(c) 一级分解重构图

图 5-36 cameraman 图像的一级分解及重构

```
siz = S(size(S,1),:);
CA2 = appcoef2(C,S,'db4',2);                      % 提取二级小波分解低频变换系数
[CH2,CV2,CD2] = detcoef2('all',C,S,2);            % 提取二级小波分解高频变换系数
[CH1,CV1,CD1] = detcoef2('all',C,S,1);            % 提取一级小波分解高频变换系数
CA1 = [wcodemat(CA2,256),wcodemat(CH2,256);wcodemat(CV2,256),wcodemat(CD2,256)];
k = S(2,1) * 2 - S(3,1);                          % 两级高频系数长度差
CH1 = padarray(CH1,[k k],1,'pre');
CV1 = padarray(CV1,[k k],1,'pre');
CD1 = padarray(CD1,[k k],1,'pre');         % 填充一级小波高频系数数组,使两级系数维数一致
DWTI = [CA1,wcodemat(CH1,256);wcodemat(CV1,256),wcodemat(CD1,256)];
RecA = upcoef2('a',CA2,'db4',2,siz);              % 二级近似系数向上重构
RecV = upcoef2('v',CV2,'db4',2,siz);              % 垂直细节系数向上重构
result = waverec2(C,S,'db4');                     % 二级重构
RecA = mat2gray(RecA);
RecV = mat2gray(RecV);
subplot(221),imshow(DWTI/256),title('二级分解');   % 显示二级分解后的近似和细节图像
subplot(222),imshow(RecA),title('二级近似系数重构');
subplot(223),imshow(RecV),title('垂直细节系数重构');
subplot(224),imshow(result,[]),title('二级重构');
```

程序运行结果如图 5-37 所示。

(a) 二级小波分解子带图

(b) 二级近似系数重构

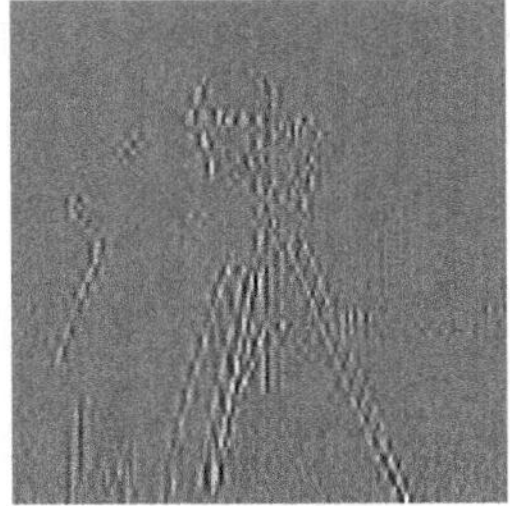
(c) 垂直细节系数重构

(d) 二级分解重构

图 5-37 cameraman 图像的二级分解及重构

5.5.4 小波变换在图像处理中的应用

小波变换因其频率分解、多分辨分析等特性，应用于数字图像处理，可以出色地完成诸如图像滤波、图像增强、图像融合、图像压缩等多种处理，得到广泛的应用。

1. 基于小波变换的图像降噪

小波变换具有下述特点。

(1) 低熵性。图像变换后熵降低。

(2) 多分辨性。采用多分辨率的方法，可以非常好地刻画信号的非平稳特征，如边缘、尖峰、断点等，可在不同分辨率下根据信号和噪声分布的特点去噪。

(3) 小波变换可以灵活地选择不同的小波基。因此，小波去噪是小波变换在数字图像处理中的一个重要应用。

如前文所述，小波变换实际上是通过滤波器将图像信号分解为低频和高频的，噪声的大部分能量集中在高频部分，通过处理小波分解后的高频系数，实现噪声的降低。常见的基于小波变换的图像降噪方法有以下几种。

(1) 基于小波变换极大值原理的降噪方法。该方法根据信号与噪声在小波变换各尺度上不同的传播特性，剔除由噪声产生的模极大值点，用剩余的模极大值点恢复信号。

(2) 基于相关性的降噪方法。该方法对含噪声的信号进行变换后，计算相邻尺度间小波系数的相关性，根据相关性大小区别小波系数的类型，并进行取舍、重构。

(3) 基于阈值的降噪方法。该方法按一定的规则(或阈值化)将小波系数划分成两类：重要的、规则的小波系数和非重要的或受噪声干扰的小波系数，舍弃不重要的小波系数然后重构去噪后的图像。这种方法的关键是阈值的设计。常用的阈值函数有硬阈值和软阈值函数。硬阈值方法指的是设定阈值，小波系数绝对值大于阈值的保留，小于阈值的置 0，可以很好地保留边缘等局部特征，但会出现振铃等失真现象；软阈值方法指将较小的小波系数置 0，较大的小波系数按一定的函数计算，向 0 收缩，处理结果较硬阈值方法平滑，但因绝对值较大的小波系数减小，会导致损失部分高频信息，造成图像边缘的失真模糊。

【例 5-25】 基于小波变换对图像进行硬阈值、软阈值去噪。

程序如下：

```
clear,clc,close all;
Image = rgb2gray(imread('peppers.jpg'));
noiseI = imnoise(Image,'gaussian');              % 添加高斯噪声
[c,s] = wavedec2(noiseI,2,'sym5');               % 用 sym5 小波对图像进行二层小波分解
sigma = std(c);                                  % 小波系数标准差
thresh = 2 * sigma;                              % 设定阈值
csize = size(c);
c(abs(c)< thresh) = 0;                           % 小波系数小于阈值则置 0
```

```
denoiseI1 = uint8(waverec2(c,s,'sym5'));
pos1 = find(c > thresh);         c(pos1) = c(pos1) - thresh;
pos2 = find(c < - thresh);       c(pos2) = c(pos2) + thresh;       % 大系数向 0 收缩
denoiseI2 = uint8(waverec2(c,s,'sym5'));
subplot(221),imshow(Image),title('原图像');
subplot(222),imshow(noiseI),title('高斯噪声图像');
subplot(223),imshow(denoiseI1),title('硬阈值降噪');
subplot(224),imshow(denoiseI2),title('软阈值降噪');
```

程序运行结果如图 5-38 所示。

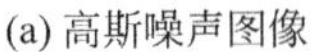

(a) 高斯噪声图像

(b) 硬阈值降噪

(c) 软阈值降噪

图 5-38　基于小波变换的图像降噪

2. 基于小波变换的边缘检测

图像边缘是指在图像平面中灰度值发生跳变的点连接所成的曲线段，包含了图像的重要信息。找出图像的边缘称为边缘检测，是图像处理中的重要内容。二维小波变换能检测二维函数 $f(x,y)$ 的局部突变，因此是检测图像边缘的有力工具。

随着技术的发展，目前已经有很多新颖的基于小波变换的图像边缘检测技术和方法，如多尺度小波变换边缘提取算法、嵌入可信度的边缘检测方法、奇异点模极大值检测算法等。

3. 基于小波变换的图像压缩

小波变换特别适用于细节丰富、空间相关性差、冗余度低的图像数据压缩处理。同DCT 类似，小波变换后使图像能量集中在少部分的小波系数上，可以通过简单的量化方法，将较小能量的小波系数省去，保留能量较大的小波系数，从而达到压缩的目的。所以，可以采用直接阈值方法实现基于小波变换的图像压缩，压缩效果好坏关键在于阈值的选择。考虑到人眼视觉系统对高频分量反应不敏感，而对低频分量反应敏感，所以，可以给低频区分配相对高的码率，给高频区分配相对低的码率，以降低数据量，如基于小波树结构的矢量量化法、嵌入式零树小波编码等。JPEG 2000 压缩标准中采用基于小波变换的图像压缩技术。

4. 基于小波变换的图像增强

图像增强是指提高图像的对比度，以增加图像的视觉效果和可理解性，同时减少或抑制图像中的噪声，提高视觉质量。常用的图像增强技术可以分为基于空间域和基于变换域两种，前者直接对像素点进行运算，后者通过将图像进行正交变换，对变换域内的系数进行调整以达到提高输出图像对比度的目的。小波变换将图像分解为大小、位置和方向不同的分量，根据需要改变某些分量系数，从而使得感兴趣的分量放大，不需要的分量减小，以达到图像增强的目的。

5. 基于小波变换的图像融合

图像融合是指将同一对象的两幅或更多的图像合成在一幅图像中，以便比原来任何一幅图像更容易为人所理解。基于小波变换的图像融合是指将原图像进行小波分解，在小波域通过一定的融合算子融合小波系数，再重构生成融合的图像，如图 5-39 所示。小波变换可以将图像分解到不同的频率域，在不同的频率域运用不同的融合算法，得到合成图像的多分辨分解，从而在合成图像中保留原图像在不同频率域的显著特征。

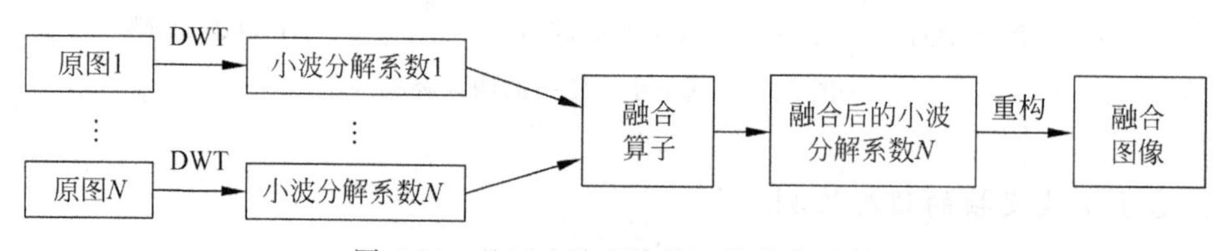

图 5-39　基于小波变换的图像融合过程

基于小波变换的图像融合的关键在于融合算法。例如，对于低频小波分解系数采用取平均的方法，高频分解系数的融合可以采用均值法、最大值法、基于区域的方法、基于边缘强度的方法等。

小波融合能够针对输入图像的不同特征来选择小波基及小波变换的级数，在融合时可以根据实际需要来引入双方的细节信息，表现出更强的针对性和实用性，融合效果更好。

【例 5-26】 采用 DWT 对图像进行融合。

程序如下：

```
Image1 = rgb2gray(imread('desert.jpg'));
Image2 = rgb2gray(imread('car.jpg'));
[ca1,ch1,cv1,cd1] = dwt2(Image1,'db4');             % 用 db4 小波对背景图进行一级小波分解
[ca2,ch2,cv2,cd2] = dwt2(Image2,'db4');             % 用 db4 小波对前景图进行一级小波分解
ca = (ca1 + ca2)/2;                                 % DWT 低频系数取平均融合
ch = max(ch1,ch2);cv = max(cv1,cv2);cd = max(cd1,cd2);   % DWT 高频系数取最大值融合
result = idwt2(ca,ch,cv,cd,'db4')/256;
imshow(result),title('图像融合');
```

程序运行结果如图 5-40 所示。

(a) 背景图

(b) 前景图

(c) DWT融合

图 5-40 综合实例结果图

以上是对小波变换在图像处理中的部分主要应用做了简要介绍，有兴趣的读者可以在学习过相关图像处理原理和概念后，结合小波变换的理论进行详细学习。

5.6 本章小结

本章主要介绍了图像的常见正交变换，包括 DFT、DCT、K-L 变换、Radon 变换以及小波变换，详细介绍了各种正交变换的原理及 MATLAB 实现。正交变换在不同的处理算法中经常用到，应熟悉其基本原理、变换特点、常用函数及处理效果，以便灵活应用。

第6章 图像增强

由于受外界因素干扰，常常需要改善图像的质量，以增强图像的视觉效果，或者增强图像中的感兴趣部分，以利于计算机处理，相应的技术称为图像增强。图像增强是指将一幅图像中的有用信息（即感兴趣信息）进行增强，同时将无用信息（即干扰信息或噪声）进行抑制，以提高图像的可观察性。

传统的图像对比度增强方法有灰度级变换、基于直方图的增强等。随着技术的发展，一些新型技术被用于增强处理，如模糊增强、基于人类视觉的增强等。增强处理也被用于特定情形下的图像，并衍生出一系列的新方法，如去雾增强、低照度图像增强等。抑制图像中噪声的增强处理也称为图像平滑；增强图像中细节或边缘的处理称为图像锐化；由于两种方法常采用滤波的方式进行，也称为滤波处理。本章主要学习常用的图像增强技术及其仿真实现，包含灰度级变换、空域滤波、频域滤波等。

6.1 灰度级变换

灰度级变换是指借助于某种变换函数将输入的像素灰度值映射成一个新的输出值，通过改变像素值实现图像增强，如下所示。

$$g(x,y)=T[f(x,y)] \tag{6-1}$$

其中，$f(x,y)$是输入图像，$g(x,y)$是变换后的输出图像，T 是灰度变换函数。

由于一般是将过暗的图像灰度值进行重新映射扩展灰度级范围，使其分布在整个灰度值区间，因此通常又把它称为扩展。

由式(6-1)可看出，变换函数 T 的不同将导致不同的输出，其实现的变换效果也不一样。因此，在实际应用中，可以通过灵活地设计变换函数 T 来实现各种处理。

6.1.1 线性灰度级变换

线性灰度级变换指变换前后灰度级呈现线性关系。该方法简便,易于理解,主要用于对图像的亮度、对比度等进行调整。

1. 基本线性灰度级变换

基本线性灰度级变换示意图如图6-1所示。经过原点的线性变换函数的倾角为α,将输入像素值$f(x,y)$变换为输出值$g(x,y)$,满足式(6-2)。

$$g(x,y)=f(x,y)\cdot\tan\alpha \tag{6-2}$$

从图6-1中可看出,基本线性灰度级变换效果由变换函数的倾角α所决定:当$\alpha=45°$,灰度变换前后灰度值范围不变,图像无变化;当$\alpha<45°$,灰度变换后灰度取值范围压缩,灰度值降低,图像均匀变暗;当$\alpha>45°$,灰度变换后灰度取值范围拉伸,灰度值增大,图像均匀变亮。因此,可以根据图像的亮度情况,选择不同的倾角实现不同的处理效果。

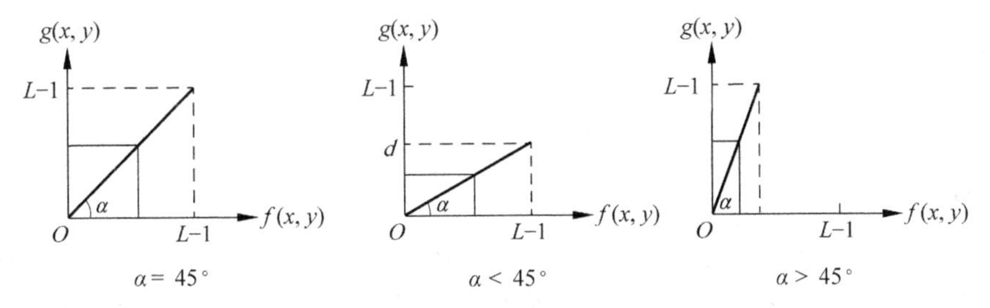

图6-1 基本线性灰度级变换

【例6-1】 设置线性变换函数的倾角α,对couple图像进行灰度级变换。

程序如下:

```
clear,clc,close all;
grayI = imread('couple.bmp');
alpha1 = pi/6;    alpha2 = pi/4;    alpha3 = pi/3;          % 设置不同的倾角 α
result1 = grayI * tan(alpha1);
result2 = grayI * tan(alpha2);
result3 = grayI * tan(alpha3);
subplot(221),imshow(grayI),title('原图');
subplot(222),imshow(result1),title('灰度范围压缩');
subplot(223),imshow(result2),title('灰度范围不变');
subplot(224),imshow(result3),title('灰度范围拉伸');
```

程序运行结果如图6-2所示。图6-2(a)为原图;图6-2(b)为$\alpha=30°$时的处理效果,图像变得更暗;图6-2(c)为$\alpha=45°$时的处理效果,图像没有变化;图6-2(d)为$\alpha=60°$时的处理效果,图像变亮。

(a) 原图 (b) α=30° (c) α=45° (d) α=60°

图 6-2 对 couple 图像进行线性灰度级变换

【例 6-2】 采用一次线性函数 $g(x,y)=kf(x,y)+b$ 对 couple 图像进行灰度级变换。

程序如下：

```
clear,clc,close all;
grayI = imread('couple.bmp');
alpha1 = pi/6;  alpha2 = pi/3;
b1 = - 30;       b2 = 60;
result1 = grayI * tan(alpha1) + b1;
result2 = grayI * tan(alpha2) + b2;
subplot(131),imshow(grayI),title('原图');
subplot(132),imshow(result1),title('线性变换 1');
subplot(133),imshow(result2),title('线性变换 2');
```

程序运行结果如图 6-3 所示。图 6-3(a)为原图；图 6-3(b)为 $\alpha=30°$、$b=-30$ 时的处理效果，灰度范围压缩，像素值降低，图像变得更暗；图 6-3(c)为 $\alpha=60°$、$b=60$ 时的处理效果，灰度范围拉伸，像素值增加，图像变得更亮。

(a) 原图

(b) α=30°、b=−30

(c) α=60°、b=60

图 6-3 $g(x,y)=kf(x,y)+b$ 变换

彩色图像有 3 个色彩通道，可以分别对各个色彩通道进行灰度级变换，再合成彩色图像。但是，当各个色彩通道灰度级变换 $g(x,y)=kf(x,y)+b$ 的参数 k 和 b 不一样时，各色彩拉伸比例不一致，将导致色彩失真。

【例 6-3】 对彩色图像进行灰度级变换。

程序如下：

```
clear,clc,close all;
Image = imread('montreal.jpg');
R = Image(:,:,1);       G = Image(:,:,2);       B = Image(:,:,3);
alpha1 = pi/3;          alpha2 = pi/4;          b = 60;         %设置线性变换参数
R = R * tan(alpha1) + b;
G = G * tan(alpha1) + b;
B = B * tan(alpha1) + b;
result1 = cat(3,R,G,B);                                         %对色彩通道进行相同线性变换
R = R * tan(alpha1) + b;
G = G * tan(alpha2) + b;
B = B * tan(alpha2) + b;
result2 = cat(3,R,G,B);                                         %对色彩通道进行不同线性变换
subplot(131),imshow(Image),title('彩色原图');
subplot(132),imshow(result1),title('色彩通道相同线性变换');
subplot(133),imshow(result2),title('色彩通道不同线性变换');
```

程序运行结果如图 6-4 所示。图 6-4(a)为彩色原图；图 6-4(b)为对各色彩通道进行了相同的线性变换处理的效果，由于倾角 $\alpha>45°$，灰度范围拉伸，像素色彩值增大，图像变亮；图 6-4(c)为对各色彩通道进行了不同的线性变换处理的效果，色彩发生畸变。

(a) 彩色原图

(b) 各色彩通道进行相同线性变换

(c) 各色彩通道进行不同线性变换

图 6-4 彩色图像线性变换

为保证没有色彩畸变，也可以将彩色图像转换到色彩和亮度分开的色彩空间，如 HSV、YUV 等，在该空间对亮度值进行线性变换，保证色彩值不变，之后再变换回 RGB 空间，将在保证色彩不变的基础上，实现亮度的调整，见例 3-25、例 3-26。

2. 分段线性灰度级变换

将输入图像的灰度级区间分段，分别作线性灰度级变换，称为分段线性灰度级变换，是一种常用的灰度级变换方法。如图 6-5 所示是分段线性灰度级变换的示意图，其将输入灰度分为了 3 段，灰度区间[0,a)变换为[0,c)，灰度区间[a,b)变换为[c,d)，灰度区间

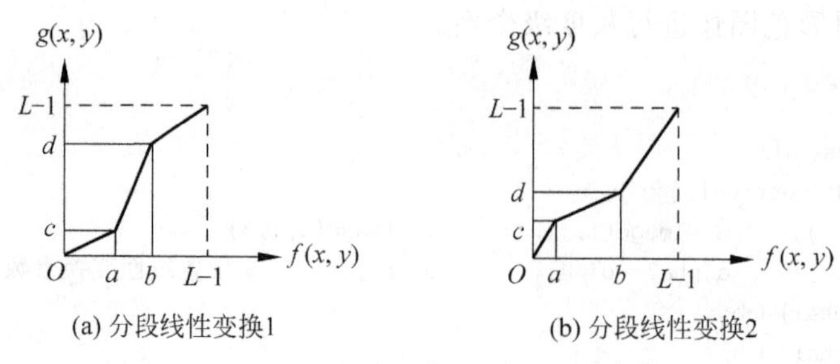

(a) 分段线性变换1　　(b) 分段线性变换2

图 6-5　分段线性变换函数示意图

$[b,L-1]$变换为$[d,L-1]$。

从图中可以看出，随着参数 a、b、c、d 的不同，每段灰度的变化也不一样，所以，可以根据实际需要灵活设置参数取值，以实现不同的变换效果。图 6-5(a)中，由于 $a>c$，实现了低灰度的范围压缩，灰度值降低；由于 $b<d$，第 3 段线性函数的倾角小于 45°，实现了高灰度的范围压缩，但灰度值增大；整幅图像低灰度更低，高灰度更高，实现了对比度增强。图 6-5(b)中，由于 $a<c$，实现了低灰度的范围拉伸，灰度值增大；由于 $b>d$，第 3 段线性函数的倾角大于 45°，实现了高灰度的范围拉伸，但灰度值降低；整幅图低灰度提升，高灰度降低，实现了对比度降低。

图 6-5 所示的 3 段式线性灰度级变换函数如式(6-3)所示。

$$g(x,y)=\begin{cases}\dfrac{c}{a}f(x,y) & 0\leqslant f(x,y)<a\\ \dfrac{d-c}{b-a}[f(x,y)-a]+c & a\leqslant f(x,y)<b\\ \dfrac{L-1-d}{L-1-b}[f(x,y)-b]+d & b\leqslant f(x,y)<L-1\end{cases}\tag{6-3}$$

【例 6-4】 基于图 6-5 所示的 3 段式线性变换，对图像进行灰度级变换。

程序如下：

```
clear,clc,close all;
Image = imread('panda.bmp');
[height,width] = size(Image);
a1 = 80; b1 = 200; c1 = 30; d1 = 220;
a2 = 30; b2 = 220; c2 = 80; d2 = 200;
NewImage1 = zeros(height,width);
NewImage2 = zeros(height,width);
for gray = 0:255
    if gray < a1
        newgray = c1/a1 * gray;
    elseif gray < b1
        newgray = (d1 - c1)/(b1 - a1) * (gray - a1) + c1;
    else
        newgray = (255 - d1)/(255 - b1) * (gray - b1) + d1;
```

```
    end
    NewImage1(Image == gray) = newgray/255;
    if gray < a2
        newgray = c2/a2 * gray;
    elseif gray < b2
        newgray = (d2 - c2)/(b2 - a2) * (gray - a2) + c2;
    else
    newgray = (255 - d2)/(255 - b2) * (gray - b2) + d2;
end
NewImage2(Image == gray) = newgray/255;
end
subplot(131),imshow(Image),title('原图');
subplot(132),imshow(NewImage1),title('分段线性变换 1');
subplot(133),imshow(NewImage2),title('分段线性变换 2');
```

程序运行结果如图 6-6 所示。图 6-6(a)为原图；图 6-6(b)为 a=80、b=200、c=30、d=220 时的处理效果，低灰度更低，高灰度更高，图像对比度得到增强；图 6-6(c)为 a=30、b=220、c=80、d=200 时的处理效果，低灰度提升，高灰度降低，图像对比度降低。

(a) 原图

(b) a=80, b=200, c=30, d=220

(c) a=30, b=220, c=80, d=200

图 6-6　分段线性灰度级变换效果图

3. 相关仿真函数

MATLAB 提供了进行线性灰度级变换的函数，列举如下。

(1) lowhigh=stretchlim(I,Tol)：计算灰度图像或 RGB 图像 I 进行对比度拉伸的上下限，返回 lowhigh 向量。Tol 可以是一个二维向量 [Low_Fract High_Fract]，指定像素值低于下限和上限的像素占所有像素的比例；如果 Tol 为 0，lowhigh=[min(I(:))；max(I(:))]；如果 Tol 是一个 0、1 之间的常数，低于下限和上限的像素比例分别为 Tol 和 1−Tol；默认情况下，Tol=[0.01 0.99]。

(2) imadjust 函数：调整图像灰度值或者颜色映射表值。

① J=imadjust(I)：将灰度图像 I 映射为图像 J，等价于 imadjust(I,stretchlim(I))。

② J=imadjust(I,[low_in high_in])：将灰度图像 I 中介于 low_in 和 high_in 之间的灰度值映射到 0 和 1 之间。

③ J=imadjust(I,[low_in high_in],[low_out high_out],gamma)：将灰度图像I中介于low_in和high_in之间的灰度值映射到J中low_out和high_out之间。gamma指定描述值I和值J关系的曲线形状。如果gamma<1,此映射偏重更高数值(明亮)输出；如果gamma>1,此映射偏重更低数值(灰暗)输出；如果gamma是3维向量,则对每个色彩通道采用对应设置；如果省略此参数,默认为1(线性映射)。

④ J=imadjust(RGB,[low_in high_in],…)：将真彩色图像RGB中的值映射到J,可以对每个色彩通道进行相同或者不同的映射。

⑤ newmap=imadjust(cmap,[low_in high_in],…)：将颜色映射表cmap中的值映射到newmap。

(3) brighten函数：将颜色映射表变亮或变暗。

① brighten(beta)：将当前颜色映射表中的颜色值整体偏移,当beta∈[0,1]时,颜色变亮；当beta∈[−1,0]时,颜色变暗；变化的幅度与beta的大小成正比。

② brighten(map,beta)：将map中的颜色值整体偏移。

③ newmap=brighten(…)：输出调整后的颜色映射表。

④ brighten(f,beta)：调整与图形窗口f关联的颜色映射表。

【例6-5】 采用imadjust函数对图像进行灰度级变换。

程序如下：

```
clear,clc,close all;
[Image,Map] = imread('kids.tif');
newMap = brighten(Map,0.5);
result = imadjust(Image,stretchlim(Image));
subplot(221),imshow(Image,Map),title('原图');
subplot(222),imshow(Image),title('原图灰度图');
subplot(223),imshow(Image,newMap),title('调整颜色映射表');
subplot(224),imshow(result),title('灰度图线性变换');
```

程序运行结果如图6-7所示。图6-7(a)为原图；图6-7(b)为采用brighten函数调整颜色映射表时的处理效果；图6-7(c)为原图灰度图；图6-7(d)为采用imadjust函数对灰度图进行线性拉伸变换的效果。

(a) 原图

(b) 调整颜色映射表

(c) 原图灰度图

(d) 灰度图线性变换

图6-7 采用函数对图像进行灰度级变换

MATLAB 提供了对比度调整工具，输入 imcontrast 命令，打开对比度工具窗口，对当前图形窗口下的图像调整对比度，如图 6-8 所示。

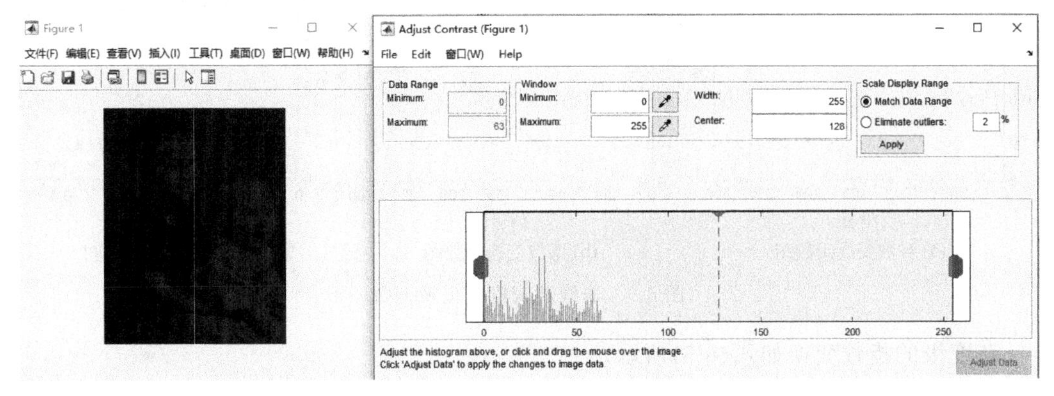

(a) 图像及对应对比度工具的初始状态

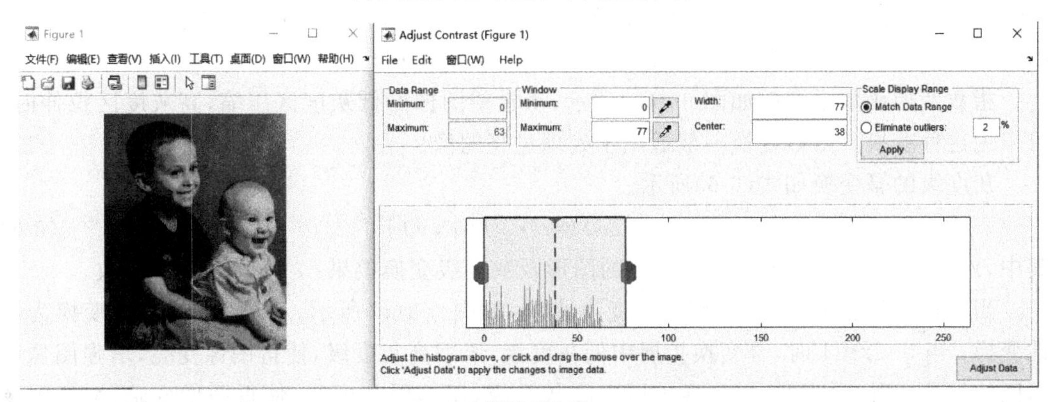

(b) 调整对比度

图 6-8 对比度调整工具

6.1.2 非线性灰度级变换

采用非线性变换函数实现灰度级的变换，可实现比线性变换更加灵活的变换效果。常用的非线性变换有对数变换、指数变换和幂变换等。

非线性灰度级的对数变换如式(6-4)所示。

$$g(x,y)=c\cdot\log[f(x,y)+1] \tag{6-4}$$

其中，c 是尺度比例常数；$[f(x,y)+1]$是为了避免对 0 求对数，确保 $\log[f(x,y)+1]\geqslant 0$。式(6-4)实际是先对图像进行对数变换，再进行线性拉伸，以保证灰度值分布合理。

对数变换函数示意图如图 6-9(a)所示，图像的低灰度区拉伸，高灰度区压缩，一般适用于处理过暗图像。

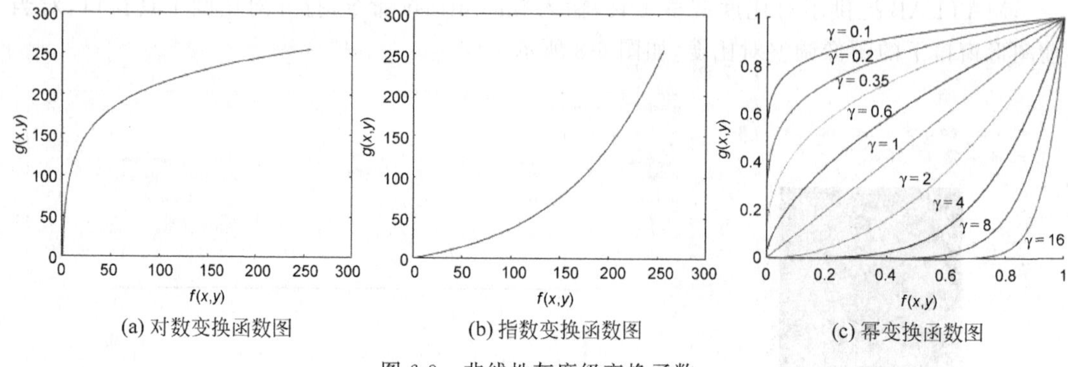

(a) 对数变换函数图　　(b) 指数变换函数图　　(c) 幂变换函数图

图 6-9　非线性灰度级变换函数

灰度级的指数变换如式(6-5)所示。

$$g(x,y)=b^{c[f(x,y)-a]}-1 \tag{6-5}$$

其中,a 用于决定指数变换函数曲线的初始位置。当取值 $f(x,y)=a$ 时,$g(x,y)=0$,曲线与 x 轴相交;b 是底数;c 用于决定指数变换曲线的陡度。

指数变换函数示意图如图 6-9(b)所示,当希望图像的低灰度区压缩,高灰度区拉伸时,可采用这种变换。指数变换一般适用于处理过亮图像。

灰度级的幂变换如式(6-6)所示。

$$g(x,y)=c\cdot[f(x,y)]^{\gamma} \tag{6-6}$$

其中,γ 为正常数,决定了幂变换函数的图形及灰度级变换效果;c 为尺度比例系数。

当 γ 取不同值时,可以得到一簇变换曲线,如图 6-9(c)所示。当 $\gamma=1$ 时,幂变换为线性变换;当 $0<\gamma<1$ 时,幂变换扩展中低灰度级,压缩高灰度级,使得图像变亮,增强图像中暗区的细节;当 $\gamma>1$ 时,幂变换扩展中高灰度级,压缩低灰度级,使得图像变暗,增强图像中亮区的细节。

幂变换也称为 gamma 变换,幂变换的指数值就是 gamma 值。

【例 6-6】 对图像进行对数变换、指数变换和幂变换。

程序如下:

```
clear,clc,close all;
grayI = double(imread('couple.bmp'));
c1 = 255/log(256);                              % 对数变换系数 c
c2 = 255/(exp(2.56) - 1);                       % 指数变换参数 c
result1 = uint8(c1 * log(grayI + 1));           % 对数变换
result2 = uint8((exp(grayI * 0.01) - 1) * c2);  % 指数变换,底数为自然常数 e
gamma1 = 0.35;   gamma2 = 2;                    % gamma 值
result3 = grayI.^gamma1;
result4 = grayI.^gamma2;
result3 = result3/max(result3(:));
result4 = result4/max(result4(:));
subplot(221),imshow(result1),title('对数变换');
```

```
subplot(222),imshow(result2),title('指数变换');
subplot(223),imshow(result3),title('幂变换 γ = 0.35');
subplot(224),imshow(result4),title('幂变换 γ = 2');
```

程序运行结果如图 6-10 所示。图 6-10(a)为原图,图像较暗；图 6-10(b)为对数变换处理效果,低灰度得到大幅度提升,图像变亮很多；图 6-10(c)为指数变换处理效果,低灰度区进一步压缩,图像变得更暗；图 6-10(d)为 $\gamma=0.35$ 的幂变换,拉伸了低灰度区,图像变亮,但变亮程度弱于图 6-10(b)的对数变换；图 6-10(e)为 $\gamma=2$ 的幂变换,图像变暗。

(a) 原图

(b) 对数变换

(c) 指数变换

(d) 幂变换$\gamma=0.35$

(e) 幂变换$\gamma=2$

图 6-10 非线性灰度级变换

6.1.3 基于直方图的灰度级变换

直方图是图像处理中常用的一个工具,基于直方图的灰度级变换是多种处理方法的基础。本节学习直方图的概念以及直方图均衡化、规定化的灰度级变换方法。

1. 灰度直方图

以灰度级为横坐标,以图像中灰度出现的次数(频数、概率)为纵坐标,绘制的图形称为灰度直方图,反映了图像中灰度的分布状况。灰度直方图的定义如式(6-7)所示。

$$p(r_k)=\frac{n_k}{MN} \tag{6-7}$$

其中，$M\times N$ 为一幅数字图像的分辨率，也就是总像素数，n_k 是呈现第 k 级灰度 r_k 的像素数，$p(r_k)$为灰度级 r_k 出现的相对频数。

可以通过扫描图像统计各个灰度出现的次数，计算频数并绘制直方图。MATLAB 提供了统计并绘制直方图的函数，列举如下。

(1) histogram 函数：统计并绘制直方图。

① histogram(X)：创建并以柱状形式显示 X 的直方图。每个柱宽度相等，根据 X 中元素的范围和分布形状计算；柱的高度表明该柱内元素的数目。

② histogram(X,nbins)：nbins 指定直方图中柱的数目。

③ histogram(X,edges)：利用向量 edges 指定柱状图各个柱的宽度。向量 edges 中指定每个柱的左边界，但不一定有右边界，最后一个柱拥有左右边界。

(2) [N,EDGES]=histcounts(X)：将 X 中的数据分成柱，并且返回每个柱中的数目及边界。

(3) imhist 函数：统计并显示图像的直方图。

① [counts,binLocations]=imhist(I)：计算灰度图像 I 的直方图，返回直方图中每柱中的像素数目和柱的位置，柱的数目根据图像的类型确定。

② [counts,binLocations]=imhist(I,n)：指定柱的数目 n 计算直方图。

③ [counts,binLocations]=imhist(X,map)：计算索引图像 X 的直方图，map 为颜色映射表。

④ imhist(…)：绘制直方图。如果输入图像是索引图像，在颜色栏上方显示像素值分布。

【例 6-7】 统计并显示灰度图像的灰度直方图。

程序如下：

```
clear,clc,close all;
grayI = imread('couple.bmp');
edges = [0 10:2:150 255];                          % 设定 edges 参数
histogram(grayI,edges),xlabel('灰度级'),ylabel('像素数');
figure,imhist(grayI);
```

程序运行结果如图 6-11 所示。图 6-11(a)为原图，图像较暗；图 6-11(b)为采用 histogram 函数统计并绘制直方图，灰度[0 10]显示为一个柱，[150 255]显示为一个柱，中间的每柱宽为 2；图 6-11(c)为采用 imhist 函数绘制图像直方图，下面显示灰度条，纵坐标为各个灰度在图像中出现的次数。

【例 6-8】 统计并显示彩色图像各个色彩通道的灰度直方图。

程序如下：

```
clear,clc,close all;
Image = imread('montreal.jpg');
```

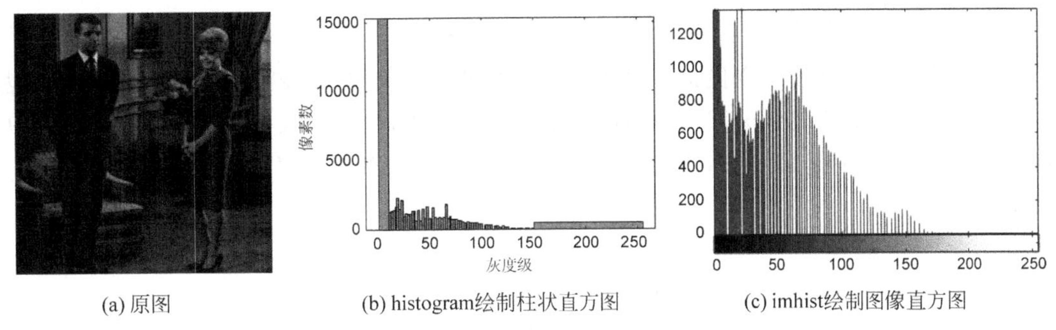

(a) 原图　　(b) histogram绘制柱状直方图　　(c) imhist绘制图像直方图

图 6-11　统计并绘制灰度直方图

```
R = Image(:,:,1);     G = Image(:,:,2);      B = Image(:,:,3);
subplot(221),imshow(Image),title('彩色原图');
subplot(222),imhist(R),title('红色通道直方图');
subplot(223),imhist(G),title('绿色通道直方图');
subplot(224),imhist(B),title('蓝色通道直方图');
```

程序运行结果如图 6-12 所示。

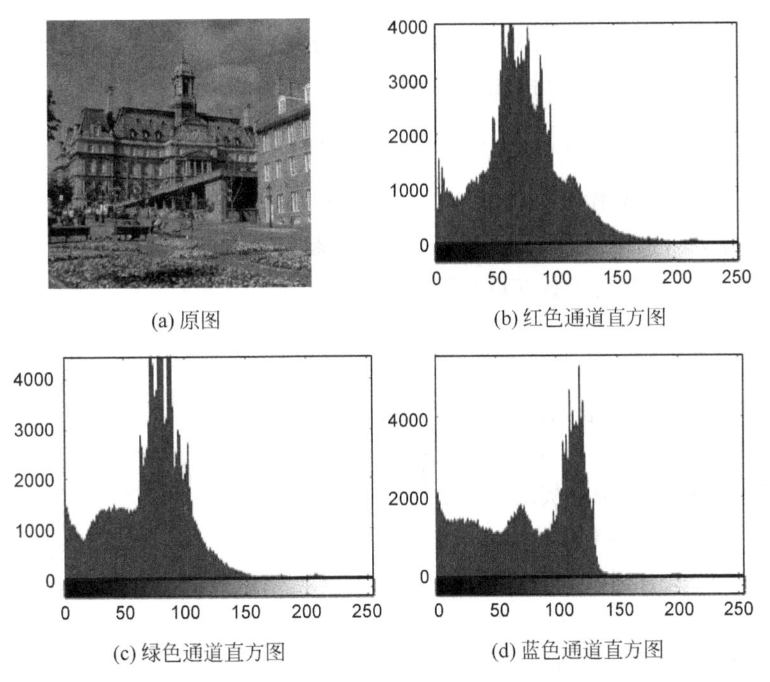

(a) 原图　　(b) 红色通道直方图

(c) 绿色通道直方图　　(d) 蓝色通道直方图

图 6-12　统计并绘制彩色图像各色彩通道的灰度直方图

灰度直方图反映了图像的大致描述，如图像灰度范围、灰度级分布、整幅图像平均亮度等。从如图 6-11 和图 6-12 所示的直方图可以看出，图像中的像素灰度主要集中为低灰度，高灰度很少，图像较暗，灰度动态范围不足。

2. 直方图均衡化

基于直方图的灰度级变换也是通过构造灰度级变换函数，使变换后的图像的直方图达到一定的要求的。设变量 r 代表原图像中像素的灰度级，变量 s 代表增强后新图像中的灰度级，均已进行了归一化，根据灰度级变换的原理，通过变换函数 T 将 r 变为 s，如式(6-8)所示。

$$s=T(r) \tag{6-8}$$

变换函数 T 需要满足以下两个条件。

(1) $T(r)$在 $0\leqslant r\leqslant 1$ 区域内单值单调增加，以保证灰度级从黑到白的次序不变。

(2) $T(r)$在 $0\leqslant r\leqslant 1$ 区域内满足 $0\leqslant s\leqslant 1$，以保证变换后的像素灰度级仍在允许的灰度级范围内。

基于直方图的灰度级变换的核心就是寻找满足这两个条件的变换函数 $T(r)$，不同的变换函数对应不同的方法，直方图均衡化采用灰度级 r 的累积分布函数作为变换函数，如式(6-9)所示。

$$s=T(r)=\int_0^r p_r(\omega)\mathrm{d}\omega \tag{6-9}$$

其中，$p_r(r)$表示灰度级 r 的概率密度函数，$T(r)$随着 r 增大，单值单调增加，最大为 1。

根据概率论知识，用 $p_r(r)$和 $p_s(s)$分别表示 r 和 s 的灰度级概率密度函数，有：

$$p_s(s)=p_r(r)\cdot\frac{\mathrm{d}r}{\mathrm{d}s}=p_r(r)\cdot\frac{1}{p_r(r)}=1 \tag{6-10}$$

即利用 r 的累积分布函数作为变换函数，产生一幅灰度级分布具有均匀概率密度的图像。

给定一幅数字图像，共有 L 个灰度等级，总像素个数为 N，第 j 级灰度 r_j 对应的像素数为 n_j，直方图均衡化的变换函数 $T(r)$为：

$$s_k=T(r_k)=\sum_{j=0}^{k}p_r(r_j)=\sum_{j=0}^{k}\frac{n_j}{N} \tag{6-11}$$

对一幅数字图像进行直方图均衡化处理的算法步骤如下。

(1) 统计原始图像直方图，即计算 $p_r(r)$；

(2) 由式(6-11)计算新的灰度级 s_k；

(3) 修正 s_k 为合理的灰度级；

数字图像灰度级有限，$0\sim k$ 的灰度级 r_j 概率之和未必是合理的灰度级，所以需要修正，也就是四舍五入到最近的灰度级。

(4) 计算新的直方图，即计算 $p_s(s)$；

(5) 用处理后的新灰度代替处理前的灰度，生成新图像。

【例 6-9】 按上述步骤实现直方图均衡化。

程序如下：

```
clear,clc,close all;
```

```
Image = imread('couple.bmp');
hist = imhist(Image);                    % 统计原图直方图
[height,width] = size(Image);
NewImage = zeros(height,width);
s = zeros(256,1);
s(1) = hist(1);
for i = 2:256
    s(i) = s(i - 1) + hist(i);
end
s = s/(width * height);                  % 计算新的灰度值
for i = 1:256
    NewImage(Image == i - 1) = s(i);     % 修改像素灰度 r 为对应 s
end
subplot(131),imshow(Image),title('原图');
subplot(132),imshow(NewImage),title('直方图均衡化');
subplot(133),imhist(NewImage),title('均衡化后图像的直方图');
```

程序运行结果如图 6-13 所示。

(a) 原图

(b) 直方图均衡化

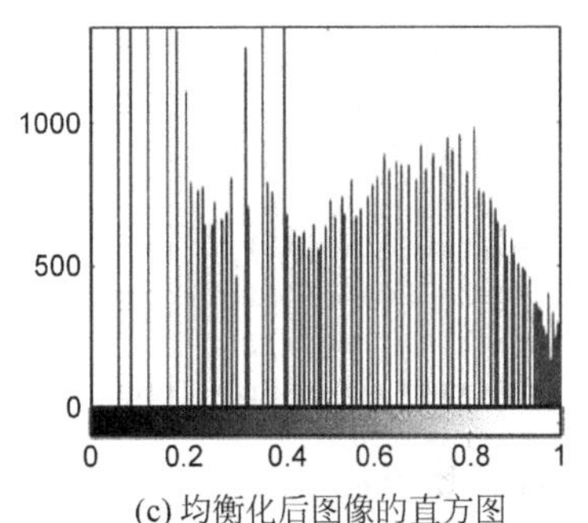

(c) 均衡化后图像的直方图

图 6-13 直方图均衡化效果

图 6-13(a)为原图,图像较暗;图 6-13(b)为均衡化后的图像,整体变亮,图像的视觉效果变好;图 6-13(c)为均衡化后图像的直方图,与原图直方图(图 6-11(c))相比,其动态范围扩大,高灰度像素数增加,但和理论分析中的均匀分布有差异,这是由于图像在直方图均衡化处理过程中,灰度级有限,作"近似简并"引起的结果。

3. 直方图规定化

直方图均衡化能自动增强整个图像的对比度,但增强效果不易控制,处理的结果总是得到全局均匀化的直方图。实际中有时需要变换直方图,使之成为某个特定的形状,从而有选择地增强某个灰度值范围内的对比度,这时可以采用比较灵活的直方图规定化方法。

所谓直方图规定化,是指为一幅图像指定一种特定的直方图,通过一个灰度变换函数来调整图像,使它的直方图与指定的一样,以实现对输入图像有目的地增强的效果。

直方图规定化是通过直方图均衡化实现的,主要有以下 3 个步骤。

(1) 对原始图像的直方图进行均衡化处理,即把灰度 r 变换到灰度 s,如式(6-11)所示。

(2) 规定需要的直方图,并计算能使规定的直方图均衡化的变换,如式(6-12)所示。

$$v_l = T(z_l) = \sum_{j=0}^{l} p_z(z_j) \tag{6-12}$$

其中,z 为规定的直方图中的灰度级,v 为 z 均衡化变换后的灰度级。

(3) 建立均衡化直方图的对应关系,即将原始直方图对应映射到规定的直方图,可以采用单映射规则,找到使 $|v_l - s_k|$ 取最小值时所对应的 k 和 l 值,如式(6-13)所示,然后将所有 $p_r(r_j)$ 对应到 $p_v(v_j)$ 去。

$$\min\left|\sum_{j=0}^{k} p_r(r_j) - \sum_{j=0}^{l} p_z(z_j)\right| \tag{6-13}$$

【例 6-10】 按上述步骤实现直方图规定化。

程序如下:

```
clear,clc,close all;
Image1 = rgb2gray(imread('cameraman.jpg'));
z = imhist(Image1);                              %目标直方图
v = zeros(256,1);       v(1) = z(1);
for i = 2:256
    v(i) = v(i-1) + z(i);
end
v = v/numel(Image1);                             %目标直方图均衡化
Image2 = imread('couple.bmp');
r = imhist(Image2);                              %原图直方图
NewImage = zeros(size(Image2));
s = zeros(256,1);       s(1) = r(1);
for i = 2:256
    s(i) = s(i-1) + r(i);
end
s = s/numel(Image2);                             %原图直方图均衡化
j = 1;
for i = 1:256
    while j <= 256
        if abs(s(i) - v(j))< 0.01                %找 s 与 v 的近似
            NewImage(Image2 == i-1) = j-1;       %将灰度 r 变为灰度 z
            break;
        end
        j = j+1;
    end
end
NewImage = uint8(NewImage);
subplot(231),imshow(Image2),title('原图');
subplot(234),imshow(Image1),title('目标图');
subplot(232),imhist(Image2),title('原图直方图');
subplot(235),imhist(Image1),title('目标直方图');
subplot(233),imshow(NewImage),title('直方图规定化');
subplot(236),imhist(NewImage),title('规定化后图像的直方图');
```

程序运行结果如图 6-14 所示。从图中可以看出，规定化后图像的直方图和理想的目标直方图还是有一定差距的。程序中找 s 与 v 的近似采用了固定阈值的方法，对运行结果也有一定的影响。

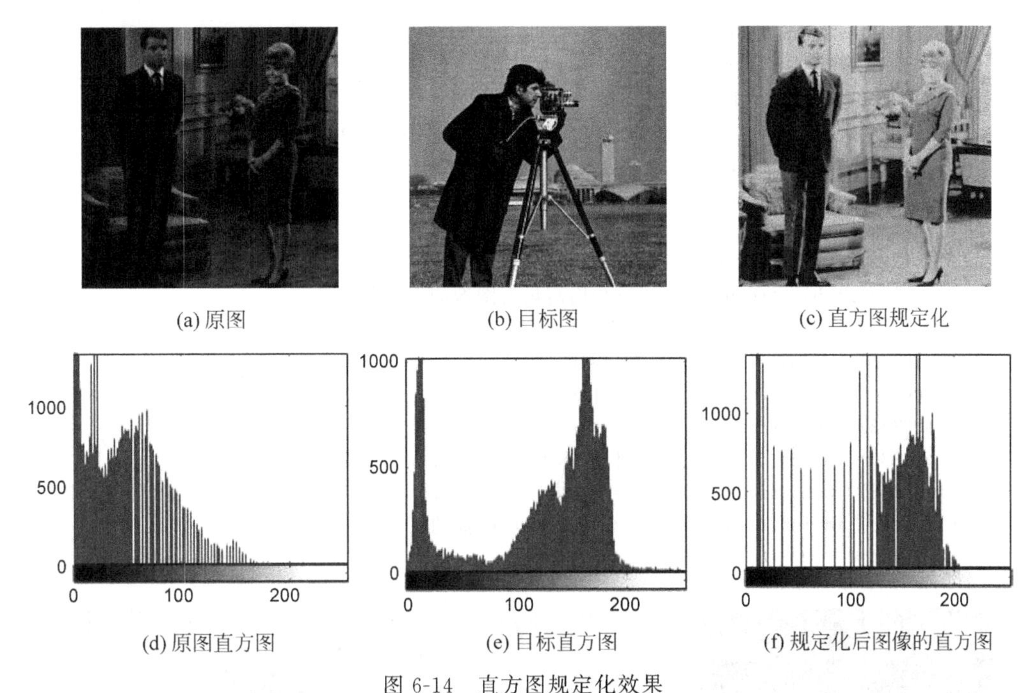

图 6-14　直方图规定化效果

MATLAB 提供了 histeq 函数实现相关功能。其调用格式如下。

(1) J=histeq(I,N)：对灰度图像 I 进行直方图均衡化，N 为输出图像的灰度级数，默认值为 64。

(2) [J,T]=histeq(I)：直方图均衡化的同时，返回将灰度图像 I 中的灰度级映射为图像 J 中灰度级的变换向量 T。

(3) J=histeq(I,HGRAM)：将灰度图像 I 变换为图像 J，J 图的直方图接近于 HGRAM 规定的直方图。HGRAM 灰度区间等长，对于 double 型图像，值域为[0,1]；对于 uint8 型图像，值域为[0,255]；对于 uint16 型图像，值域为[0,65535]；对于 int16 型图像，值域为[−32768,32767]。函数自动调整 HGRAM 使得 sum(hgram)=numel(I)，即规定直方图中像素数与图像 I 像素数相等。

(4) NEWMAP=histeq(X,MAP,HGRAM)：变换索引图像 X 的颜色映射表为 NEWMAP，使得索引图像(X,NEWMAP)的灰度直方图接近于 HGRAM 规定的直方图。

(5) NEWMAP=histeq(X,MAP)：变换颜色映射表中的值，使索引图像 X 的灰度直方图均衡化。

(6) [NEWMAP,T]=histeq(X,…)：返回将 MAP 中灰度值均衡化为 NEWMAP 中灰度值的变换向量 T。

【例 6-11】 采用 histeq 函数实现直方图的均衡化和规定化。

程序如下：

```
clear,clc,close all;
Image1 = rgb2gray(imread('cameraman.jpg'));
Hgram = imhist(Image1);
Image2 = imread('couple.bmp');
result1 = histeq(Image2);                          % 直方图的均衡化
result2 = histeq(Image2,Hgram);                    % 直方图的规定化
subplot(221),imshow(Image2),title('原图');
subplot(222),imshow(result1),title('直方图均衡化');
subplot(223),imhist(Image2),title('原图直方图');
subplot(224),imhist(result1),title('均衡化后图像的直方图');
figure,
subplot(231),imshow(Image2),title('原图');
subplot(234),imshow(Image1),title('目标图');
subplot(232),imhist(Image2),title('原图直方图');
subplot(235),imhist(Image1),title('目标图直方图');
subplot(233),imshow(result2),title('直方图规定化');
subplot(236),imhist(result2),title('规定化后图像的直方图');
```

程序运行结果如图 6-15 所示。

(a) 原图

(b) 直方图均衡化

(c) 直方图规定化

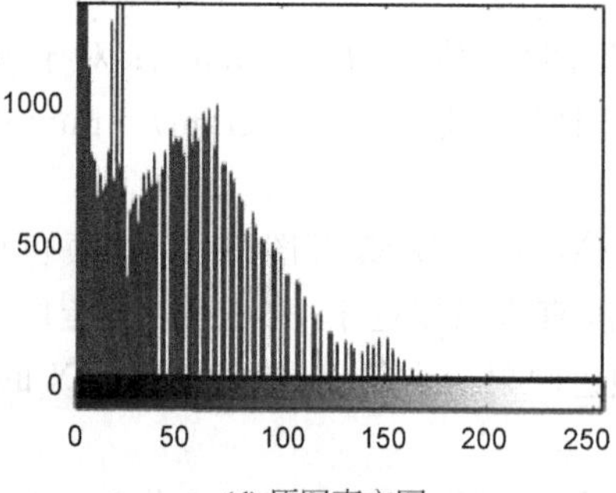

(d) 原图直方图

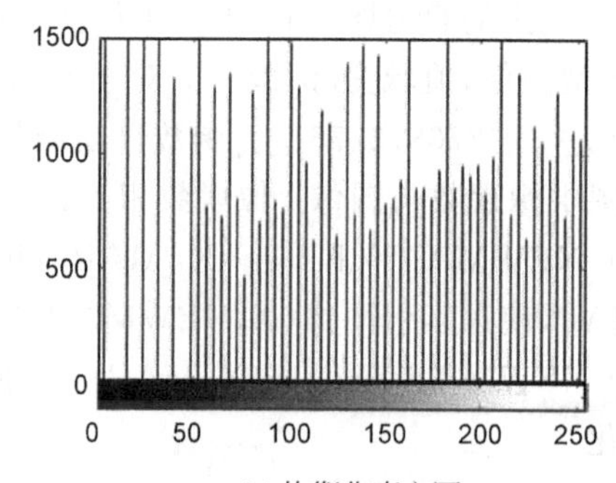

(e) 均衡化直方图

图 6-15　使用 histeq 函数实现直方图的均衡化和规定化

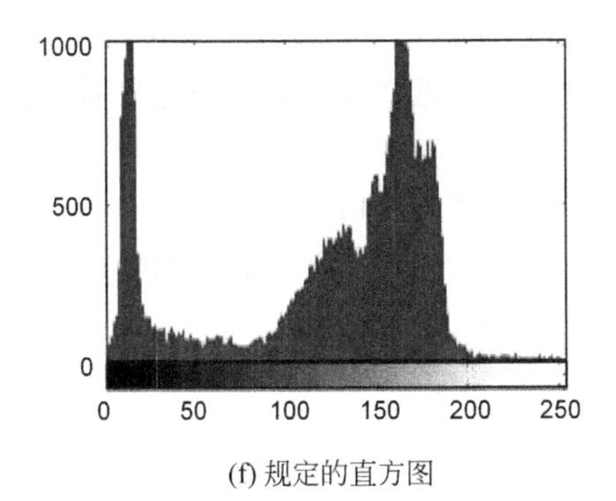

(f) 规定的直方图

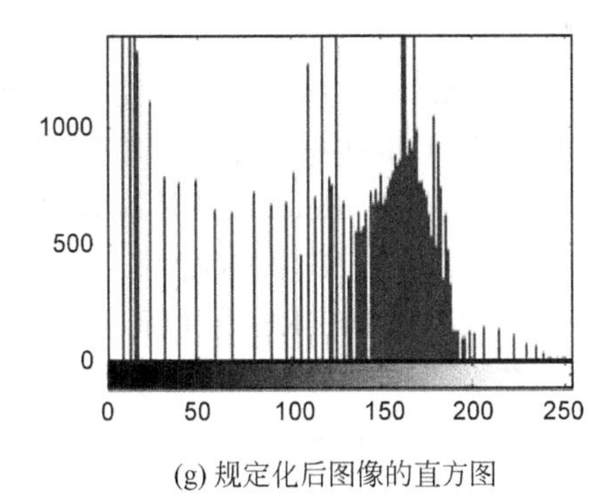

(g) 规定化后图像的直方图

图 6-15 (续)

6.2 空域滤波

空域滤波指在像素点邻域内进行模板运算，将结果赋给中心像素点。设滤波器为 $h(x,y)$，对图像 $f(x,y)$ 进行空域滤波可以表示为卷积运算形式，如式(6-14)所示。

$$g(x,y)=\sum_{m=-i}^{i}\sum_{n=-j}^{j}f(x-m,y-n)h(m,n) \tag{6-14}$$

其中，i,j 根据所选邻域大小(滤波器尺寸)确定。

滤波器不同，实现的滤波效果也不同。比如平滑滤波和锐化滤波，分别实现抑制噪声和增强边缘细节信息的目的。

6.2.1 噪声与平滑滤波

在图像的获取、传输和存储过程中，常常会受到各种噪声的干扰和影响，从而影响图像的质量。抑制或消除图像中存在的噪声的方法称为图像平滑滤波。

1. 图像中的噪声

根据噪声和图像信号的关系，可将噪声分为加性噪声和乘性噪声两种形式。

加性噪声与图像信号不相关，含噪图像 $g(x,y)$ 可表示为理想无噪声图像 $f(x,y)$ 与噪声 $n(x,y)$ 之和，如式(6-15)所示。

$$g(x,y)=f(x,y)+n(x,y) \tag{6-15}$$

乘性噪声与图像信号相关，往往随图像信号的变化而变化，如果噪声和信号成正比，则含噪图像 $g(x,y)$ 的表达式可定义为：

$$g(x,y)=f(x,y)+f(x,y)\cdot n(x,y) \tag{6-16}$$

为了方便分析处理，在信号变化很小时，往往将乘性噪声近似认为加性噪声，而且总是假定信号和噪声是互相独立的。

根据噪声的分布特点，将主要影响图像的噪声分为两种类型：高斯噪声和椒盐噪声。高斯噪声分布在每一个像素点上，幅度值是随机的，分布近似符合高斯正态特性；椒盐噪声幅度值近似相等，但椒盐噪声点的位置是随机的。

MATLAB提供了imnoise函数给图像叠加噪声，其调用格式如下。

J=imnoise (I,TYPE,PARAMETERS)：按指定类型在图像I上添加噪声。TYPE表示噪声类型，PARAMETERS为其所对应参数，可取值如表6-1所示。

表6-1 imnoise函数参数表

噪声类型	参数	描述
gaussian	M,V	均值为M和方差为V的高斯噪声，默认是M=0,V=0.01
localvar	V	零均值、局部方差为V的高斯噪声，维数与图像I相同
	IMAGE_INTENSITY,VAR	零均值高斯噪声，方差VAR是图像I灰度值的函数，IMAGE_INTENSITY是归一化的图像灰度值，二者是相同长度的向量
poisson	----	从数据中生成泊松噪声
salt & pepper	D	密度为D的椒盐噪声，默认是D=0.05
speckle	V	按J=I+n×I添加乘性噪声，其中n为零均值、方差为V的均匀分布的随机噪声，默认是V =0.05

【例6-12】 给图像添加噪声。

程序如下：

```
clear,clc,close all;
Image = imread('girl.bmp');
noiseIsp = imnoise(Image,'salt & pepper',0.01);        %添加椒盐噪声,密度为0.01
noiseIg = imnoise(Image,'gaussian');                    %添加高斯噪声,均值为0,方差为0.01
subplot(131),imshow(Image),title('原图');
subplot(132),imshow(noiseIsp),title('叠加椒盐噪声');
subplot(133),imshow(noiseIg),title('叠加高斯噪声');
```

程序运行结果如图6-16所示。

(a) 原图

(b) 椒盐噪声

(c) 高斯噪声

图6-16 给图像添加噪声

2．均值滤波

均值滤波，又称邻域平均法，是图像空间域平滑滤波中最基本的方法之一，其基本思想是以某一像素为中心，在它的周围选择一邻域，将邻域内所有像素值的均值代替原来的像素值，通过降低噪声点与周围像素点的差值以抑制噪声。

典型的均值模板中所有系数都取相同值。例如，3×3 和 5×5 的简单均值模板如下：

$$\boldsymbol{H}_1=\frac{1}{9}\begin{bmatrix}1&1&1\\1&1&1\\1&1&1\end{bmatrix}\quad \boldsymbol{H}_2=\frac{1}{25}\begin{bmatrix}1&1&1&1&1\\1&1&1&1&1\\1&1&1&1&1\\1&1&1&1&1\\1&1&1&1&1\end{bmatrix} \tag{6-17}$$

若邻域内有噪声存在，经过均值滤波，噪声的幅度会大为降低，但点与点之间的灰度差值会变小，将导致边缘模糊。邻域越大，模糊越严重。

3．高斯滤波

均值滤波中，周围邻域内像素点参与运算的程度一致，而实际中，距离中心像素点近的像素点相对较远的像素点与中心像素点的相关性更强，对最终结果的影响应该更大，因此，可以采用加权滤波的方法。

二维零均值、标准差为 σ 的高斯函数，如下所示：

$$h(x,y)=\frac{1}{2\pi\sigma^2}\mathrm{e}^{-\frac{x^2+y^2}{2\sigma^2}} \tag{6-18}$$

零均值、标准差为 1 的二维高斯函数曲线如图 6-17 所示。从图中可以看出，高斯函数曲线为钟形形状，离中心原点越近，函数取值越大；离中心原点越远，函数取值越小。这一特性使得高斯函数常被用来进行权值分配。

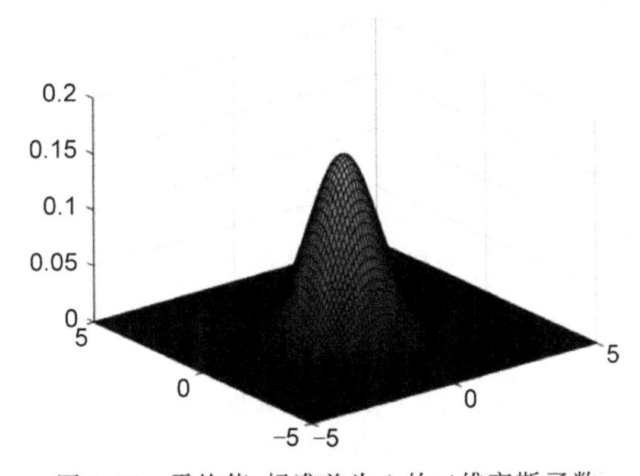

图 6-17　零均值、标准差为 1 的二维高斯函数

高斯滤波是以某一像素为中心，选择一个局部邻域，按高斯分布给邻域内的像素分配相

应的权值系数，再用邻域内所有像素值的加权平均值来代替原来像素值，降低噪声点与周围像素点的差值，抑制噪声。

高斯滤波也可以表示为卷积模板运算，按照正态分布的统计，模板上不同位置赋予不同的加权系数值。标准差 σ 代表数据的离散程度。σ 值越小，分布愈集中，生成的高斯模板的中心系数值远远大于周围的系数值，对图像的平滑效果就越不明显；反之，σ 值越大，分布愈分散，生成的高斯模板中不同系数值差别不大，类似均值模板，对图像的平滑效果较明显。标准差 σ 为 0.8 及 1 时，5×5 的高斯模板如式(6-19)所示，前面的系数是将模板系数归一化。

$$\boldsymbol{H}_{\sigma=0.8}=\frac{1}{2070}\begin{bmatrix}1 & 10 & 22 & 10 & 1\\10 & 108 & 237 & 108 & 10\\22 & 237 & 518 & 237 & 22\\10 & 108 & 237 & 108 & 10\\1 & 10 & 22 & 10 & 1\end{bmatrix}\quad \boldsymbol{H}_{\sigma=1}=\frac{1}{330}\begin{bmatrix}1 & 4 & 7 & 4 & 1\\4 & 20 & 33 & 20 & 4\\7 & 33 & 54 & 33 & 7\\4 & 20 & 33 & 20 & 4\\1 & 4 & 7 & 4 & 1\end{bmatrix} \tag{6-19}$$

MATLAB 提供了相应的滤波函数，列举如下。

(1) H=fspecial(TYPE)：根据 TYPE 指定的类型，创建二维滤波器 H。TYPE 的取值及其参数如表 6-2 所示。

表 6-2　fspecial 函数参数表

参数类型	参　数	含　义
average	HSIZE	均值滤波器，HSIZE 为模板尺寸，用向量或一个数指定模板行列，默认为[3 3]
disk	RADIUS	圆形均值滤波器，圆形模板外接正方形边长为 2×RADIUS+1，RADIUS 默认为 5
gaussian	HSIZE，SIGMA	高斯低通滤波器，HSIZE 为尺寸，默认为[3,3]；SIGMA 为标准差，默认为 0.5
laplacian	ALPHA	近似于二维拉普拉斯滤波器，ALPHA∈[0,1]，默认为 0.2
log	HSIZE，SIGMA	LoG 滤波器，HSIZE 为尺寸，默认为[5,5]；SIGMA 为标准差，默认为 0.5
motion	LEN，THETA	运动滤波器，LEN 为运动像素数，默认为 9；THETA 为逆时针运动方向，默认为 0°
prewitt	无	Prewitt 水平边缘强化滤波器[1 1 1;0 0 0;−1 −1 −1]，垂直边缘滤波器为水平的转置
sobel	无	Sobel 水平边缘强化滤波器[1 2 1;0 0 0;−1 −2 −1]，垂直边缘滤波器为水平的转置

(2) B=imfilter(A,H,OPTION1,OPTION2,…)：采用多维滤波器 H 对多维矩阵 A 进行滤波，B 为滤波结果，滤波参数 OPTION 如表 6-3 所示。

表 6-3 imfilter 函数参数表

参数类型	参数	含义
边界选项	'X'	输入图像的外部边界假设值为 X,缺省时 X=0
	'symmetric'	输入图像的外部边界通过镜像反射其内部边界设置
	'replicate'	输入图像的外部边界通过复制内部边界的值设置
	'circular'	输入图像的外部边界通过假设输入图像是周期函数来扩张
输出大小选项	'same'	输出滤波结果的中心部分,输入和输出图像同样大小,默认设置
	'full'	输出矩阵为完整滤波结果,输出图像比输入图像大
滤波方式选项	'corr'	使用相关进行滤波,默认采用此方式
	'conv'	使用卷积进行滤波

(3) Y=filter2(B,X,SHAPE):使用二维 FIR 滤波器 B 对矩阵 X 进行相关滤波,SHAPE 指定输出矩阵 Y 的尺寸,可取'same'(默认)、'full'和'valid',前二者同表 6-3 所示,取'valid'时,仅返回没有用零填充边界时的相关运算结果,Y 的尺寸小于 X。filter2 函数采用 conv2 函数实现滤波。

(4) C=conv2(A,B):实现矩阵 A 和 B 的二维卷积,设 A 的尺寸为[ma,na],B 的尺寸为[mb,nb],则输出 C 的尺寸为[max([ma+mb−1,ma,mb]),max([na+nb−1,na,nb])]。

(5) C=conv2(H1,H2,A):先求 A 的各列与向量 H1 的卷积,再求结果的每行与向量 H2 的卷积。设 H1 的长度为 n1,H2 的长度为 n2,则输出 C 的尺寸为[max([ma+n1−1,ma,n1]),max([na+n2−1,na,n2])]。

(6) C =conv2(…,SHAPE):指定参数进行滤波,SHAPE 可取'full'(默认)、'same'以及'valid',含义同 filter2 函数的参数 SHAPE。

【例 6-13】 对图像添加噪声并进行均值滤波。

程序如下:

```
clear,clc,close all;
Image = im2double(imread('girl.bmp'));
noiseIsp = imnoise(Image,'salt & pepper',0.01);
noiseIg = imnoise(Image,'gaussian');
result1 = filter2(fspecial('average',3),noiseIsp);
result2 = filter2(fspecial('average',5),noiseIsp);
result3 = filter2(fspecial('average',3),noiseIg);
result4 = filter2(fspecial('average',5),noiseIg);
subplot(221),imshow(result1),title('3×3 模板抑制椒盐噪声');
subplot(222),imshow(result2),title('5×5 模板抑制椒盐噪声');
subplot(223),imshow(result3),title('3×3 模板抑制高斯噪声');
subplot(224),imshow(result4),title('5×5 模板抑制高斯噪声');
```

程序运行结果如图 6-18 所示。从 4 个处理结果可以看出,均值滤波后,图像中噪声得到一定程度的抑制,有模糊现象;随着模板增大,噪声抑制程度增大,但模糊现象也随着加重。

(a) 3×3模板抑制椒盐噪声

(b) 5×5模板抑制椒盐噪声

(c) 3×3模板抑制高斯噪声

(d) 5×5模板抑制高斯噪声

图 6-18 均值滤波抑制噪声

【例 6-14】 给图像添加噪声并进行高斯滤波。

程序如下：

```
clear,clc,close all;
Image = im2double(imread('girl.bmp'));
noiseIg = imnoise(Image,'gaussian');
result1 = filter2(fspecial('gaussian',[7,7]),noiseIg);
result2 = filter2(fspecial('gaussian',[7,7],1),noiseIg);
result3 = filter2(fspecial('gaussian',[7,7],5),noiseIg);
result4 = filter2(fspecial('gaussian',[7,7],10),noiseIg);
subplot(231),imshow(Image),title('原图');
subplot(232),imshow(noiseIg),title('叠加高斯噪声');
subplot(233),imshow(result1),title('σ = 0.5');
subplot(234),imshow(result2),title('σ = 1');
subplot(235),imshow(result3),title('σ = 5');
subplot(236),imshow(result4),title('σ = 10');
```

程序运行结果如图 6-19 所示。4 幅图中高斯滤波器的尺寸相等，标准差分别为 0.5、1、5、10，可以看出，标准差 σ 的取值对于滤波效果影响很大，对于一定尺寸的高斯滤波器，标准差 σ 取值越大，图像越模糊。

(a) $\sigma = 0.5$

(b) $\sigma = 1$

(c) $\sigma = 5$

(d) $\sigma = 10$

图 6-19 高斯滤波抑制噪声

4. 双边滤波

双边滤波同时考虑邻域内像素的空间邻近性及灰度相似性进行局部加权平均，在消除噪声的同时保留边缘。设输入图像为 $f(x,y)$，滤波输出图像为 $g(x,y)$，双边滤波如式(6-20)所示。

$$g(x,y)=\frac{\sum_{i,j} f(i,j)w(x,y,i,j)}{\sum_{i,j} w(x,y,i,j)} \tag{6-20}$$

其中，(x,y)是当前处理点，(i,j)是(x,y)邻域内的点；$w(x,y,i,j)$是加权系数，综合考虑了相邻两点的距离和像素值差，如式(6-21)所示。

$$w(x,y,i,j)=\mathrm{e}^{-\left[\frac{(i-x)+(j-y)^2}{2\sigma_d^2}\right]}\times \mathrm{e}^{-\left[\frac{|f(i,j)-f(x,y)|^2}{2\sigma_r^2}\right]} \tag{6-21}$$

由上述公式可知，与高斯滤波相比，在边缘附近，距离较远的像素对应的加权系数第1项取值很小，不会太多影响到边缘上的像素值，这样就可以保证边缘能够很好地保持。

双边滤波中参数 σ_d 和 σ_r 的选择直接影响双边滤波的输出结果。σ_d 控制空间邻近度，其大小决定滤波窗口中包含的像素个数；当 σ_d 变大时，窗口中包含的像素变多，距离远的像素点对中心像素点的影响增大，平滑程度也越高。σ_r 用来控制灰度邻近度，当 σ_r 变大时，则灰度差值较大的点也能影响中心点的像素值，但灰度差值大于 σ_r 的像素将不参与运算，使得能够保留图像高频边缘的灰度信息。而当 σ_d、σ_r 取值很小时，图像几乎不会产生平滑的效果。

【例 6-15】 给图像添加噪声并进行双边滤波。

程序如下：

```
clear,clc,close all;
Image = im2double(imread('girl.bmp'));
nIg = imnoise(Image,'gaussian');
result1 = filter2(fspecial('gaussian',[7,7],5),nIg);                 %高斯滤波
[height,width,color] = size(Image);
win = 3;    sigmad = 5; sigmar = 0.2;                                %双边滤波参数
[X,Y] = meshgrid( - win:win, - win:win);
wd = exp( - (X.^2 + Y.^2)/(2 * sigmad^2));                           %空间权值
result2 = zeros(height,width,color);
for c = 1:color
    for j = 1:height
        for i = 1:width
            temp = nIg(max(j - win,1):min(j + win,height), ...
                   max(i - win,1):min(i + win,width),c);
            wr = exp( - (temp - nIg(j,i,c)).^2/(2 * sigmar^2));     %灰度邻近权值
            W = wr. * wd((max(j - win,1):min(j + win,height)) - j + win + 1, ...
                   (max(i - win,1):min(i + win,width)) - i + win + 1);
            result2(j,i,c) = sum(W(:). * temp(:))/sum(W(:));
```

```
            end
        end
    end
    subplot(221),imshow(Image),title('原图');
    subplot(222),imshow(nIg),title('噪声图像');
    subplot(223),imshow(result1),title('高斯滤波图像');
    subplot(224),imshow(result2),title('双边滤波图像');
```

程序运行结果如图 6-20 所示。图 6-20(b)为高斯滤波效果,图 6-20(c)为双边滤波效果,两种滤波器尺寸为 7×7,空间标准差均为 5,双边滤波在抑制噪声的同时保留了较好的边缘信息。图 6-20(d)是修改滤波器尺寸为 15×15、$\sigma_d=7$、$\sigma_r=0.2$ 时的双边滤波效果,窗口增大、空间标准差增大,滤波强度增大。

(a) 噪声图像

(b) 高斯滤波

(c) 双边滤波1

(d) 双边滤波2

图 6-20 高斯滤波与双边滤波抑制噪声

5. 中值滤波

中值是指数字序列中取值在中间的值,即将数字序列按从小到大排序,奇数个数的序列取正中间的值,偶数个数的序列取中间两个数的平均值。中值滤波即以图像中某一点为中心,周围选择一个邻域,把邻域内所有像素值排序,取中值代替该像素点的值。

图像中噪声的出现,使该点像素比周围像素暗(亮)许多,若把其周围像素值排序,噪声点的值必然位于序列的前(后)端,序列的中值一般为未受到噪声污染的像素值,所以可以用中值取代原像素点的值来滤除噪声。

MATLAB 提供了如下中值滤波函数。

(1) B=medfilt2(A,[M N]]):用[M N]大小的滤波器对图像 A 进行中值滤波,输出图像为 B,滤波器大小默认为 3×3。

(2) B=medfilt2(…,PADOPT):PADOPT 设置矩阵外围边界取值,可取'zeros'(默认),用 0 填充;可取'symmetric',对称扩展边界像素值;可取'indexed',如果矩阵为 double 型,用 1 填充,否则用 0 填充。

【例 6-16】 给图像添加噪声并进行中值滤波。

程序如下:

```
clear,clc,close all;
```

```
Image = im2double(imread('girl.bmp'));
noiseIsp = imnoise(Image,'salt & pepper',0.01);
noiseIg = imnoise(Image,'gaussian');
result1 = medfilt2(noiseIsp);        result2 = medfilt2(noiseIsp,[5 5]);
result3 = medfilt2(noiseIg);         result4 = medfilt2(noiseIg,[5 5]);
subplot(221),imshow(result1),title('3×3 模板抑制椒盐噪声');
subplot(222),imshow(result2),title('5×5 模板抑制椒盐噪声');
subplot(223),imshow(result3),title('3×3 模板抑制高斯噪声');
subplot(224),imshow(result4),title('5×5 模板抑制高斯噪声');
```

程序运行结果如图 6-21 所示。从图中可以看出,中值滤波抑制椒盐噪声效果较好,对高斯噪声抑制效果较差;随着模板尺寸增大,也有一定的模糊效应,但比均值滤波轻微。

(a) 3×3模板抑制椒盐噪声

(b) 5×5模板抑制椒盐噪声

(c) 3×3模板抑制高斯噪声

(c) 5×5模板抑制高斯噪声

图 6-21　中值滤波抑制噪声

6.2.2 边缘与锐化滤波

边缘定义为图像中亮度突变的区域。通过计算局部图像区域的亮度差异,检测出不同目标或场景各部分之间的边界,是图像锐化、图像分割、区域形状特征提取等技术的重要基础。图像锐化的目的是加强图像中景物的边缘和轮廓,突出图像中的细节或者增强被模糊了的细节。

1. 边缘、边缘检测与图像锐化

根据图像中灰度的变化情况,可将边缘分为突变型边缘、细线型边缘和渐变型边缘。把3种类型的边缘放在如图 6-22 所示的同一图像中,标①的为突变型边缘,标②的为细线型边缘,标③的为渐变型边缘,取图中一行绘制灰度变化曲线及曲线的一阶和二阶导数。突变型边缘位于图像中两个具有不同灰度值的相邻区域之间,灰度曲线有阶跃变化,对应于一阶导数的极值和二阶导数的过零点;细线型边缘灰度变化曲线存在局部极值,对应于一阶导数过零点和二阶导数的极值点;渐变型边缘因灰度变化缓慢,没有明确的边界点。

通过分析边缘变化曲线和其一二阶微分曲线,可知图像中的边缘对应微分的特殊点,因此可以利用求微分方法去检测图像中的边缘所在。

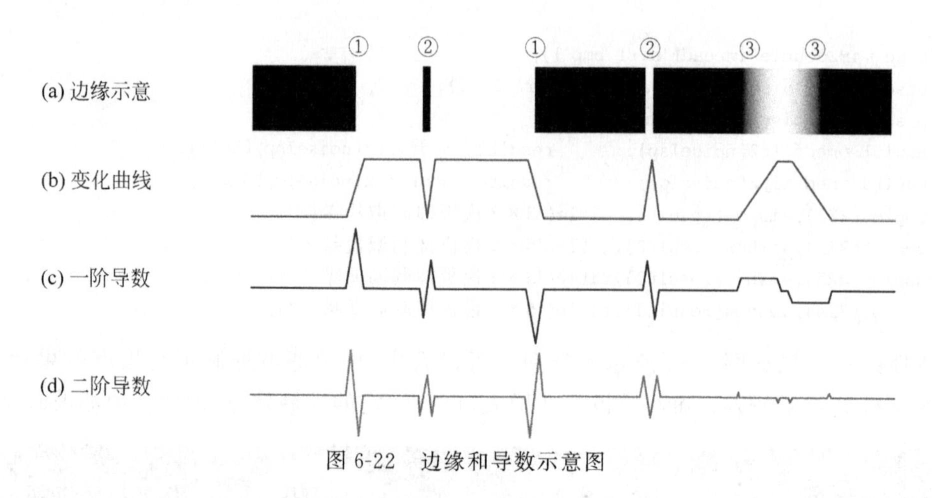

图 6-22　边缘和导数示意图

在图像处理中最常用的应用微分方法是计算梯度。梯度是方向导数取最大值的方向的向量。对于图像函数 $f(x,y)$，在(x,y)处的梯度为：

$$G[f(x,y)]=\begin{bmatrix}\frac{\partial f}{\partial x} & \frac{\partial f}{\partial y}\end{bmatrix}^{\mathrm{T}} \tag{6-22}$$

其中，G 表示对二维函数 $f(x,y)$计算梯度。

用梯度幅度值来代替梯度，得

$$G[f(x,y)]=\left[\left(\frac{\partial f}{\partial x}\right)^2+\left(\frac{\partial f}{\partial y}\right)^2\right]^{\frac{1}{2}} \tag{6-23}$$

为计算方便，也常用如式(6-24)所示绝对值运算来代替式(6-23)。

$$G[f(x,y)]=\left|\frac{\partial f}{\partial x}\right|+\left|\frac{\partial f}{\partial y}\right| \tag{6-24}$$

因为图像为离散的数字矩阵，用如式(6-25)所示的差分来代替微分，得到梯度图像 $g(x,y)$。

$$\begin{cases}\frac{\partial f}{\partial x}=\frac{\Delta f}{\Delta x}=\frac{f(x+1,y)-f(x,y)}{x+1-x}=f(x+1,y)-f(x,y)\\ \frac{\partial f}{\partial y}=\frac{\Delta f}{\Delta y}=\frac{f(x,y+1)-f(x,y)}{y+1-y}=f(x,y+1)-f(x,y)\\ g(x,y)=|f(x+1,y)-f(x,y)|+|f(x,y+1)-f(x,y)|\end{cases} \tag{6-25}$$

所谓梯度图像，反映的是原图像中灰度级的变化，边缘检测需要进一步判断梯度图像中的特殊点，如局部极值点、过零点，以检测突变型边缘和细线型边缘。局部极值点的检测一般通过阈值化实现，即设定一个阈值，凡是梯度值大于该阈值的变为1，表示边缘点；小于该阈值的变为0，表示非边缘点。可以看出，检测效果受到阈值的影响：阈值越低，能够检测出的边线越多，结果也就越容易受到图像噪声的影响；相反，阈值越高，检测出的边线越少，有可能会遗失较弱的边线。实际中可以在边缘检测前进行滤波，降低噪声的影响，也可以采用不同的方法选择合适的阈值。

图像锐化滤波实质是将原图像和梯度图像相加，以增强图中的变化。

【例 6-17】 实现基于梯度算子的图像锐化滤波。

程序如下：

```
clear,clc,close all;
Image = im2double(imread('frose.jpg'));
[height,width,color] = size(Image);
edgeImage = zeros(height,width,color);
for c = 1:color
    for x = 1:width - 1
        for y = 1:height - 1
            edgeImage(y,x,c) = abs(Image(y,x + 1,c) - Image(y,x,c)) ...
                               + abs(Image(y + 1,x,c) - Image(y,x,c));
        end
    end
end
sharpImage = Image + edgeImage;
subplot(131),imshow(Image),title('原图');
subplot(132),imshow(edgeImage),title('梯度图像');
subplot(133),imshow(sharpImage),title('锐化图像');
```

程序运行结果如图 6-23 所示。图 6-23(a)为原图，略有模糊；图 6-23(b)为彩色梯度原图；图 6-23(c)比原图模糊减弱，边界变得较清楚，称为锐化图像。

(a) 原图

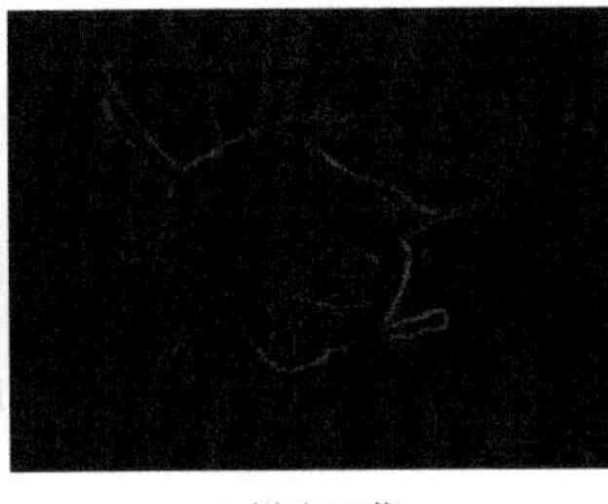

(b) 梯度图像

(c) 锐化图像

图 6-23 梯度算子的处理效果

基本的梯度算子是利用紧相邻的左右和上下像素求微分。当利用不同的像素、不同的加权进行微分运算时，得到不同的微分算子，如 Roberts 算子、Sobel 算子、Prewitt 算子等。

MATLAB 采用 imfilter 函数实现图像锐化滤波；采用 imgradient 函数获取梯度图像；采用 edge 函数实现边缘检测，列举如下。

(1) BW＝edge(I,TYPE,PARAMETERS)：对灰度或二值图像 I 采用 TYPE 所指定的算子进行边缘检测，返回二值图像 BW，其中 1 表示边缘，0 表示其他部分；TYPE 可以取 'roberts'、'sobel'、'prewitt'、'log'、'zerocross'、'canny'、'log'；PARAMETERS是各算子对应参数，设定阈值、模板等。

(2) imgradient 函数：获取图像的梯度和方向。

① [Gmag,Gdir]＝imgradient(I)：获取灰度或二值图像 I 的梯度幅值 Gmag 和梯度方

向 Gdir,Gmag、Gdir 和 I 尺寸相等,Gdir 的值为[−180,180]的角度。

② [Gmag,Gdir]=imgradient(I,METHOD):根据 METHOD 指定的算子计算梯度幅值和方向。METHOD 可以取'sobel'(默认)、'prewitt'、'central'(取 dI/dx=(I(x+1)−I(x−1))/2)、'intermediate'(取 dI/dx=I(x+1)−I(x))和'roberts'。

③ [Gmag,Gdir]=imgradient(Gx,Gy):根据给定的方向梯度 Gx 和 Gy 计算梯度和方向。

(3) imgradientxy 函数:获取图像的方向梯度。

① [Gx,Gy]=imgradientxy(I):获取灰度或二值图像 I 的方向梯度 Gx 和 Gy。

② [Gx,Gy]=imgradientxy(I,METHOD):根据 METHOD 指定的算子计算图像 I 的方向梯度。METHOD 可以取'sobel'(默认)、'prewitt'、'central'和'intermediate'。

2. Roberts 算子

Roberts 算子是指通过交叉求微分检测局部变化,其运算公式如式(6-26)所示。

$$g(x,y)=|f(x,y)-f(x+1,y+1)|+|f(x+1,y)-f(x,y+1)| \tag{6-26}$$

用模板表示为:

$$\boldsymbol{H}_1=\begin{bmatrix}1 & 0\\0 & -1\end{bmatrix} \quad \boldsymbol{H}_2=\begin{bmatrix}0 & 1\\-1 & 0\end{bmatrix} \tag{6-27}$$

【例 6-18】 实现基于 Roberts 算子的图像锐化滤波。

程序如下:

```
clear,clc,close all;
Image = im2double(imread('frose.jpg'));
gray = rgb2gray(Image);
BW = edge(gray,'roberts');                              % 利用 Roberts 算子进行边缘检测
H1 = [1 0; 0 -1];            H2 = [0 1; -1 0];
R1 = imfilter(Image,H1);     R2 = imfilter(Image,H2);   % 利用 Roberts 模板进行滤波
edgeImage = abs(R1) + abs(R2);
sharpImage = Image + edgeImage;                         % Roberts 锐化增强
subplot(221),imshow(Image),title('原图');
subplot(222),imshow(edgeImage),title('Roberts 梯度图像');
subplot(223),imshow(BW),title('Roberts 边缘检测');
subplot(224),imshow(sharpImage),title('Roberts 锐化图像');
```

程序运行结果如图 6-24 所示。

(a) 原图

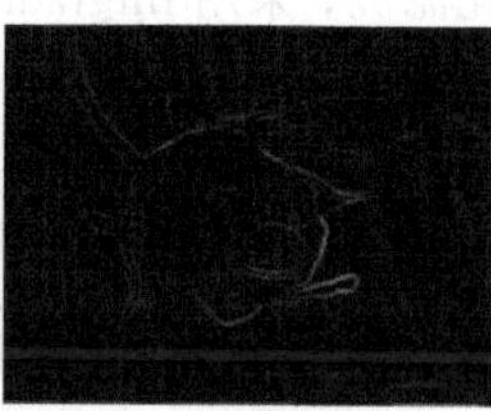
(b) 梯度图像

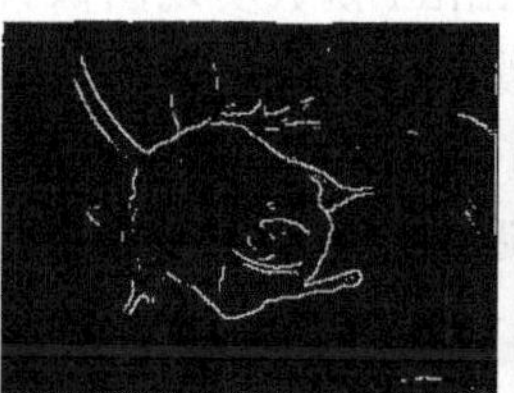
(c) 边缘检测

(d) 锐化图像

图 6-24 Roberts 算子的处理效果

3. Sobel 算子

Sobel 算子是一种 3×3 模板下的微分算子,定义如下:

$$\begin{aligned} S_x &= |f(x-1,y+1)+2f(x,y+1)+f(x+1,y+1)|- \\ &\quad |f(x-1,y-1)+2f(x,y-1)+f(x+1,y-1)| \\ S_y &= |f(x+1,y-1)+2f(x+1,y)+f(x+1,y+1)|- \\ &\quad |f(x-1,y-1)+2f(x-1,y)+f(x-1,y+1)| \\ g &= |S_x|+|S_y| \end{aligned} \tag{6-28}$$

用模板表示为:

$$\boldsymbol{H}_x = \begin{bmatrix} -1 & -2 & -1 \\ 0 & 0 & 0 \\ 1 & 2 & 1 \end{bmatrix} \quad \boldsymbol{H}_y = \begin{bmatrix} -1 & 0 & 1 \\ -2 & 0 & 2 \\ -1 & 0 & 1 \end{bmatrix} \tag{6-29}$$

Sobel 算子引入平均因素,对图像中随机噪声有一定的平滑作用;对相隔两行或两列求差分,故边缘两侧的元素得到了增强,边缘显得粗而亮。

【例 6-19】 实现基于 Sobel 算子的图像锐化滤波。

程序如下:

```
clear,clc,close all;
Image = im2double(imread('frose.jpg'));
gray = rgb2gray(Image);
BW = edge(gray,'sobel');
H1 = [ -1 -2 -1;0 0 0;1 2 1];
H2 = [ -1 0 1; -2 0 2; -1 0 1];
R1 = imfilter(Image,H1);
R2 = imfilter(Image,H2);
edgeImage = abs(R1) + abs(R2);
sharpImage = Image + edgeImage;
subplot(221),imshow(Image),title('原图');
subplot(222),imshow(edgeImage),title('Sobel 梯度图像');
subplot(223),imshow(BW),title('Sobel 边缘检测');
subplot(224),imshow(sharpImage),title('Sobel 锐化图像');
```

程序运行结果如图 6-25 所示。

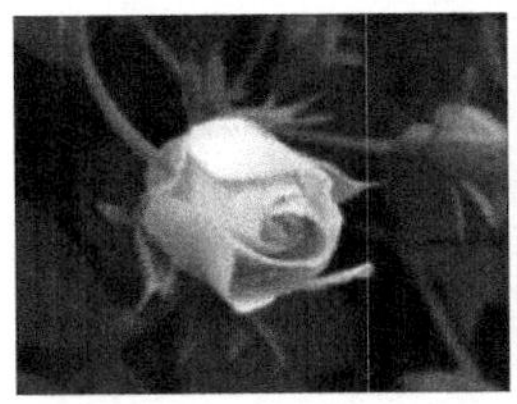
(a) 原图

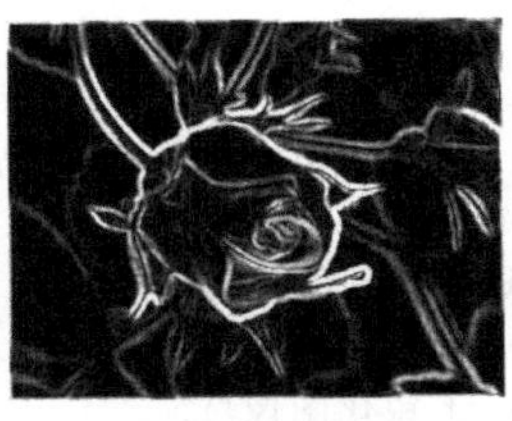
(b) 梯度图像

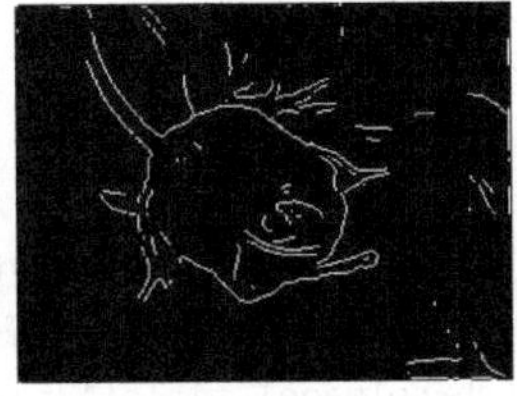
(c) 边缘检测

(d) 锐化图像

图 6-25 Sobel 算子的处理效果

4. Prewitt 算子

Prewitt 算子与 Sobel 算子思路类似，但模板系数不一样，如式(6-30)所示。

$$\boldsymbol{H}_x=\begin{bmatrix}-1 & -1 & -1\\ 0 & 0 & 0\\ 1 & 1 & 1\end{bmatrix}\quad \boldsymbol{H}_y=\begin{bmatrix}-1 & 0 & 1\\ -1 & 0 & 1\\ -1 & 0 & 1\end{bmatrix} \tag{6-30}$$

Sobel 和 Prewitt 算子模板可以通过旋转扩展到 8 个，如式(6-31)所示。

$$\boldsymbol{H}_1=\begin{bmatrix}-1 & -1 & -1\\ 0 & 0 & 0\\ 1 & 1 & 1\end{bmatrix}\quad \boldsymbol{H}_2=\begin{bmatrix}0 & -1 & -1\\ 1 & 0 & -1\\ 1 & 1 & 0\end{bmatrix}\quad \boldsymbol{H}_3=\begin{bmatrix}1 & 0 & -1\\ 1 & 0 & -1\\ 1 & 0 & -1\end{bmatrix}$$

$$\boldsymbol{H}_4=\begin{bmatrix}1 & 1 & 0\\ 1 & 0 & -1\\ 0 & -1 & -1\end{bmatrix}\quad \boldsymbol{H}_5=\begin{bmatrix}1 & 1 & 1\\ 0 & 0 & 0\\ -1 & -1 & -1\end{bmatrix}\quad \boldsymbol{H}_6=\begin{bmatrix}0 & 1 & 1\\ -1 & 0 & 1\\ -1 & -1 & 0\end{bmatrix}$$

$$\boldsymbol{H}_7=\begin{bmatrix}-1 & 0 & 1\\ -1 & 0 & 1\\ -1 & 0 & 1\end{bmatrix}\quad \boldsymbol{H}_8=\begin{bmatrix}-1 & -1 & 0\\ -1 & 0 & 1\\ 0 & 1 & 1\end{bmatrix}$$

$$g=\max_i H_i f \tag{6-31}$$

【例 6-20】 利用 8 个模板的 Prewitt 算子进行图像锐化滤波。

程序如下：

```
clear,clc,close all;
Image = im2double(imread('frose.jpg'));
H1 = [ -1  -1  -1;0 0 0;1 1 1];        H2 = [0  -1  -1;1 0  -1; 1 1 0];
H3 = [1 0  -1;1 0  -1;1 0  -1];        H4 = [1 1 0;1 0  -1;0  -1  -1];
H5 = [1 1 1;0 0 0; -1  -1  -1];        H6 = [0 1 1; -1 0 1; -1  -1 0];
H7 = [ -1 0 1; -1 0 1; -1 0 1];        H8 = [ -1  -1 0; -1 0 1;0 1 1];
R1 = imfilter(Image,H1);               R2 = imfilter(Image,H2);
R3 = imfilter(Image,H3);               R4 = imfilter(Image,H4);
R5 = imfilter(Image,H5);               R6 = imfilter(Image,H6);
R7 = imfilter(Image,H7);               R8 = imfilter(Image,H8);
f1 = max(max(R1,R2),max(R3,R4));
f2 = max(max(R5,R6),max(R7,R8));
edgeImage = max(f1,f2);
sharpImage = edgeImage + Image;
gray = rgb2gray(Image);
BW = edge(gray,'prewitt');
subplot(131),imshow(edgeImage),title('Prewitt 梯度图像');
subplot(132),imshow(BW),title('Prewitt 边缘检测');
subplot(133),imshow(sharpImage),title('Prewitt 锐化图像');
```

程序运行结果如图 6-26 所示。

(a) 原图

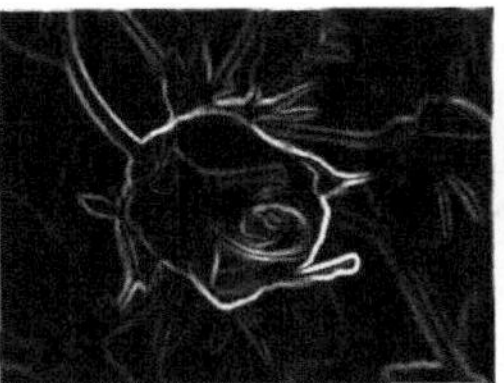
(b) 梯度图像

(c) 边缘检测

(d) 锐化图像

图 6-26 8个模板的 Prewitt 算子处理效果

5. Laplacian 算子

Laplacian 算子是二阶微分算子，定义如下：

$$\nabla^2 f = \frac{\partial^2 f}{\partial x^2} + \frac{\partial^2 f}{\partial y^2} \tag{6-32}$$

用差分代替为

$$\begin{aligned}\frac{\partial^2 f}{\partial x^2} &= \Delta_x f(x+1,y) - \Delta_x f(x,y) = [f(x+1,y) - f(x,y)] - \\ &\quad [f(x,y) - f(x-1,y)] \\ &= f(x+1,y) + f(x-1,y) - 2f(x,y)\end{aligned}$$

$$\begin{aligned}\frac{\partial^2 f}{\partial y^2} &= \Delta_y f(x,y+1) - \Delta_y f(x,y) = [f(x,y+1) - f(x,y)] - \\ &\quad [f(x,y) - f(x,y-1)] \\ &= f(x,y+1) + f(x,y-1) - 2f(x,y)\end{aligned}$$

所以

$$\nabla^2 f = f(x+1,y) + f(x-1,y) + f(x,y+1) + f(x,y-1) - 4f(x,y) \tag{6-33}$$

用模板表示为

$$\boldsymbol{H}_1 = \begin{bmatrix} 0 & 1 & 0 \\ 1 & -4 & 1 \\ 0 & 1 & 0 \end{bmatrix} \quad 或 \quad \boldsymbol{H}_1 = \begin{bmatrix} 0 & -1 & 0 \\ -1 & 4 & -1 \\ 0 & -1 & 0 \end{bmatrix} \tag{6-34}$$

突变型边缘通过检测二阶微分的零交叉位置实现。

Laplacian 锐化模板表示为

$$\boldsymbol{H} = \begin{bmatrix} 0 & -1 & 0 \\ -1 & 5 & -1 \\ 0 & -1 & 0 \end{bmatrix} \tag{6-35}$$

【例 6-21】 利用 Laplacian 算子进行图像锐化滤波。

程序如下：

```
clear,clc,close all;
Image = im2double(imread('frose.jpg'));
```

```
gray = rgb2gray(Image);
H = fspecial('laplacian',0);
R = imfilter(Image,H);                  % Laplacian 二阶微分运算
edgeImage = abs(R);
H1 = [0 -1 0;-1 5 -1;0 -1 0];
sharpImage = imfilter(Image,H1);   % Laplacian 锐化滤波
BW = edge(gray,'zerocross',0.05,H); % 使用H模板对灰度图像滤波后检测零交叉位置实现边缘检测
subplot(221),imshow(Image),title('原图');
subplot(222),imshow(edgeImage),title('Laplacian滤波图像');
subplot(223),imshow(BW),title('Laplacian边缘检测');
subplot(224),imshow(sharpImage),title('Laplacian锐化图像');
```

程序运行结果如图 6-27 所示。

(a) 原图

(b) 滤波图像

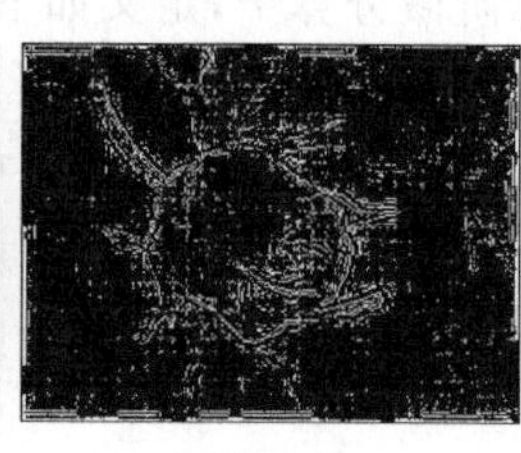

(c) 边缘检测

(d) 锐化图像

图 6-27　Laplacian 算子处理效果

6. LoG 算子

图像常常受到随机噪声的干扰，进行边缘检测时常把噪声当作边缘点而检测出来。Marr 用高斯函数先对图像作平滑，即将高斯函数 $h(x,y)$ 与图像函数 $f(x,y)$ 卷积，得到一个平滑的图像函数，再对该函数做 Laplacian 运算，提取边缘。

可以证明：$\nabla^2[f(x,y)*h(x,y)]=f(x,y)*\nabla^2 h(x,y)$，即卷积运算和求二阶导数的顺序可以交换。高斯函数的二阶导数 $\nabla^2 h(x,y)$ 如式(6-36)所示。

$$\nabla^2 h(x,y)=\frac{\partial^2 h}{\partial x^2}+\frac{\partial^2 h}{\partial y^2}=\frac{1}{\pi\sigma^4}\left(\frac{x^2+y^2}{2\sigma^2}-1\right)\mathrm{e}^{\left(-\frac{x^2+y^2}{2\sigma^2}\right)} \tag{6-36}$$

$\nabla^2 h(x,y)$ 称为 LoG(Laplacian of Gaussian Algorithm)滤波器，也称为 Marr-Hildrech 算子。σ 称为尺度因子，大的值可用来检测模糊的边缘，小的值可用来检测聚焦良好的图像细节。当边缘模糊或噪声较大时，检测过零点能提供较可靠的边缘位置。LoG 算子的形状如图 6-28 所示。

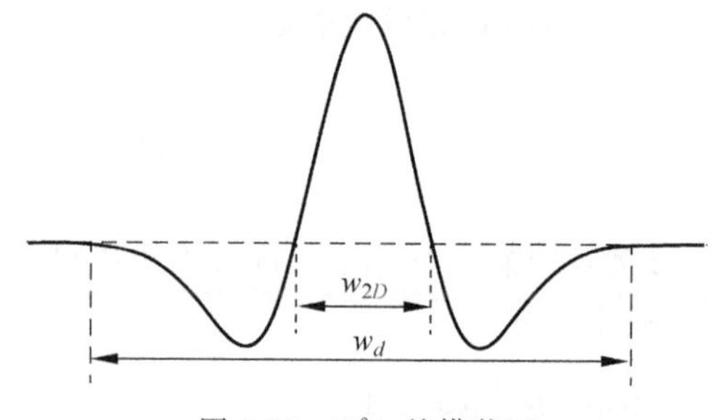

图 6-28　$\nabla^2 h$ 的横截面

LoG 滤波器的大小由 σ 的数值或 w_{2D} 确定。为了不使函数被过分截短，应在足够大的窗口内计算，窗口宽度通常取 $w_d \geqslant 3.6w_{2D}$，

而 $w_{2D}=2\sigma$。

【例 6-22】 利用 LoG 算子进行图像锐化滤波。

程序如下：

```
clc,clear,close all;
Image = im2double(imread('frose.jpg'));
gray = rgb2gray(Image);
BW = edge(gray,'log');
H = fspecial('log',7,1);            % 设置 LoG 滤波器
R = imfilter(Image,H);
edgeImage = abs(R);
sharpImage = Image + edgeImage;
subplot(221),imshow(Image),title('原图');
subplot(222),imshow(edgeImage),title('Log 滤波图像');
subplot(223),imshow(BW),title('Log 边缘检测');
subplot(224),imshow(sharpImage),title('Log 锐化滤波');
```

程序运行结果如图 6-29 所示。

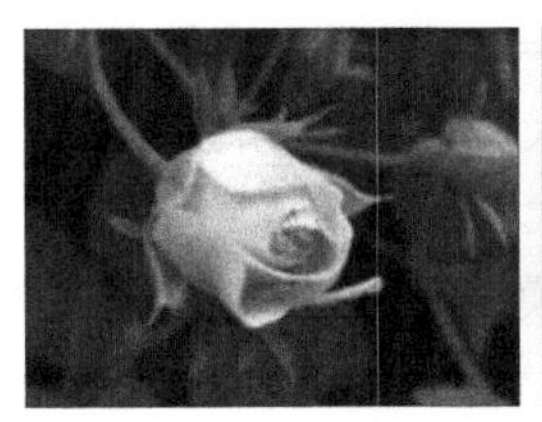

(a) 原图

(b) 滤波图像

(c) 边缘检测

(d) 锐化图像

图 6-29　LoG 算子处理效果

7. Canny 算子

Canny 边缘检测算法是由 John F. Canny 于 1986 年开发出来的一个多级边缘检测算法。进行边缘检测的主要步骤如下。

(1) 使用高斯平滑滤波器卷积降噪。

(2) 计算平滑后图像的梯度幅值和方向，可以采用不同的梯度算子。

(3) 对梯度幅值应用非极大抑制，其过程是找出图像梯度中的局部极大值点，把其他非局部极大值点置 0。

(4) 使用双阈值检测和连接边缘。

高阈值 T_{high} 用于找到每一条线段，如果某一个像素位置的梯度幅值超过 T_{high}，表明找到了一条线段的起始。

低阈值 T_{low} 用于确定线段上的点，即以上一步找到的线段起始出发，在其邻域内搜寻梯度幅值大于 T_{low} 的像素点，保留为边缘点；梯度幅值小于 T_{low} 的像素点被置为背景。

【例 6-23】 利用 Canny 算子进行图像边缘检测。

图 6-30 利用 Canny 算子进行边缘检测

程序如下：

```
clc,clear,close all;
Image = im2double(rgb2gray(imread('frose.jpg')));
BW = edge(Image,'canny');
imshow(BW),title('Canny 边缘检测');
```

程序运行结果如图 6-30 所示。

8. 非锐化掩模与高提升滤波

将原图像进行高斯平滑滤波得到模糊图像，从原图像中减去模糊图像产生的差值图像一般保留了边缘信息，称为模板 $m(x,y)$，模板乘上一个修正因子，再与原图求和得到滤波后图像 $g(x,y)$，达到提高高频成分、增强细节的目的，如式(6-37)所示。

$$\begin{cases} m(x,y)=f(x,y)-f(x,y)*h(x,y) \\ g(x,y)=f(x,y)+km(x,y) \end{cases} \tag{6-37}$$

其中，$k>0$，当 $k>1$ 时，称为高提升滤波(High-boost Filtering)；$k=1$ 时，称为非锐化掩模(Unsharp Masking)；$k<1$ 时，不强调非锐化模板的贡献。系数 k 越大，对细节的增强越明显。

MATLAB 提供了 imsharpen 函数实现非锐化掩模，其调用格式如下。

(1) B=imsharpen(A)：对灰度或 RGB 图像 A 使用非锐化掩模方法增强边缘，输出增强后图像 B。RGB 图像将被转换到 LAB 空间，仅增强 L 通道，再反变换回 RGB 空间输出。

(2) B=imsharpen(…,NAME1,VAL1,…)：设定参数实现非锐化掩模。参数包括：'Radius'指定高斯低通滤波标准差，默认为 1；'Amount'指定锐化程度，一般在[0,2]之间，默认为 0.8；'Threshold'在[0,1]之间，指明像素被认为是边缘像素并通过非锐化掩模而锐化所需的最小对比度，默认为 0。

【例 6-24】 对图像进行非锐化掩模滤波。

程序如下：

```
clc,clear,close all;
Image = imread('frose.jpg');
UMImage1 = imsharpen(Image,'Amount',1);
UMImage2 = imsharpen(Image,'Radius',2,'Amount',2);
subplot(131),imshow(Image),title('原图');
subplot(132),imshow(UMImage1),title('非锐化掩模');
subplot(133),imshow(UMImage2),title('高提升滤波');
```

程序运行结果如图 6-31 所示。

【例 6-25】 获取图像的梯度、方向和方向梯度图像。

程序如下：

```
clc,clear,close all;
```

(a) 原图

(b) 非锐化掩模

(c) 高提升滤波

图 6-31 非锐化掩模处理效果

```
Image = rgb2gray(imread('rose.jpg'));
[Gx,Gy] = imgradientxy(Image);
[Gmag,Gdir] = imgradient(Gx,Gy);
subplot(221),imshow(Gmag,[]), title('梯度幅值');
subplot(222),imshow(Gdir,[]), title('梯度方向');
subplot(223),imshow(Gx, []), title('X方向梯度');
subplot(224),imshow(Gy, []), title('Y方向梯度');
```

程序运行结果如图 6-32 所示。

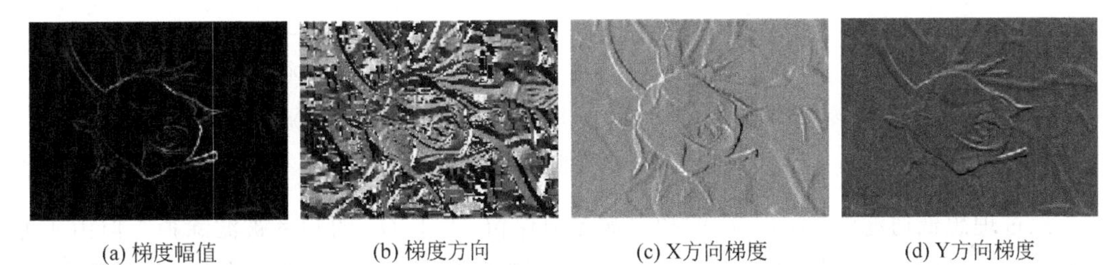
(a) 梯度幅值　(b) 梯度方向　(c) X方向梯度　(d) Y方向梯度

图 6-32 通过 imgradientxy 和 imgradient 函数获取梯度效果

6.3 频域滤波

图像信号在频率域表示,变换系数反映了某些图像特征,可以在频域进行滤波,以达到图像增强的目的。频域滤波可以表达为:

$$G(u,v)=H(u,v)F(u,v) \tag{6-38}$$

其中,$F(u,v)$为图像 $f(x,y)$的正交变换,$H(u,v)$为频域滤波器传递函数。频域滤波就是选择合适的 $H(u,v)$对 $F(u,v)$进行调整,经反变换得到滤波输出图像 $g(x,y)$。

6.3.1 低通滤波

由于噪声表现为高频成分,因此可以通过构造一个频域低通滤波器 $H(u,v)$滤除噪声。常见的低通滤波有以下 4 种。

1. 理想低通滤波

理想低通滤波器的传递函数为：

$$H(u,v)=\begin{cases}1 & D(u,v)\leqslant D_0\\ 0 & D(u,v)>D_0\end{cases} \tag{6-39}$$

其中，$D_0>0$，为理想低通滤波器的截止频率。$D(u,v)=\sqrt{u^2+v^2}$ 为点 (u,v) 到频率域原点的距离。$D_0=10$ 时理想低通滤波器的传递函数及其剖面图如图 6-33 所示。

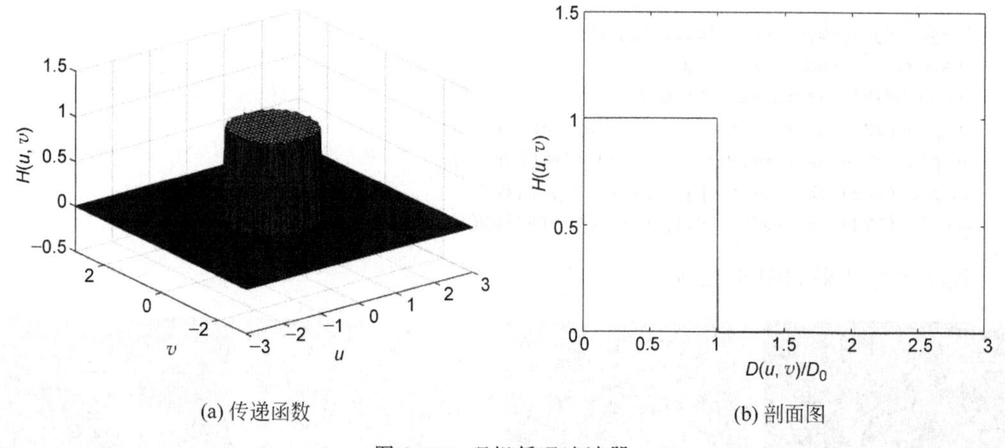

(a) 传递函数　　(b) 剖面图

图 6-33　理想低通滤波器

经过理想低通滤波，小于 D_0 的频率被无损保留，大于 D_0 的频率被滤除掉。但由于滤除的高频分量中含有大量的边缘信息，因此在抑制噪声的同时会导致图像边缘模糊现象。

【例 6-26】 设计截断频率不同的理想低通滤波器，对图像进行低通滤波。

程序如下：

```
clc,clear,close all;
Image = imread('girl.bmp');
nIg = imnoise(Image,'gaussian');
subplot(121),imshow(nIg),title('噪声图像');
FImage = fftshift(fft2(double(nIg)));
subplot(122),imshow(log(abs(FImage)),[]),title('傅里叶频谱');
[N,M] = size(FImage);    g = zeros(N,M);
r1 = floor(M/2);         r2 = floor(N/2);
len = sqrt(r1^2 + r2^2);
d0 = [0.05 * len 0.1 * len 0.2 * len 0.5 * len];                    % 截止频率
for i = 1:4
    for x = 1:M
        for y = 1:N
            d = sqrt((x - r1)^2 + (y - r2)^2);
            if d <= d0(i)
```

```
                h = 1;
            else
                h = 0;
            end
            g(y,x) = h * FImage(y,x);
        end
    end
    g = real(ifft2(ifftshift(g)));
    figure,imshow(uint8(g)),title(['理想低通滤波 D0 = ',num2str(d0(i))]);
end
```

程序运行结果如图 6-34 所示。

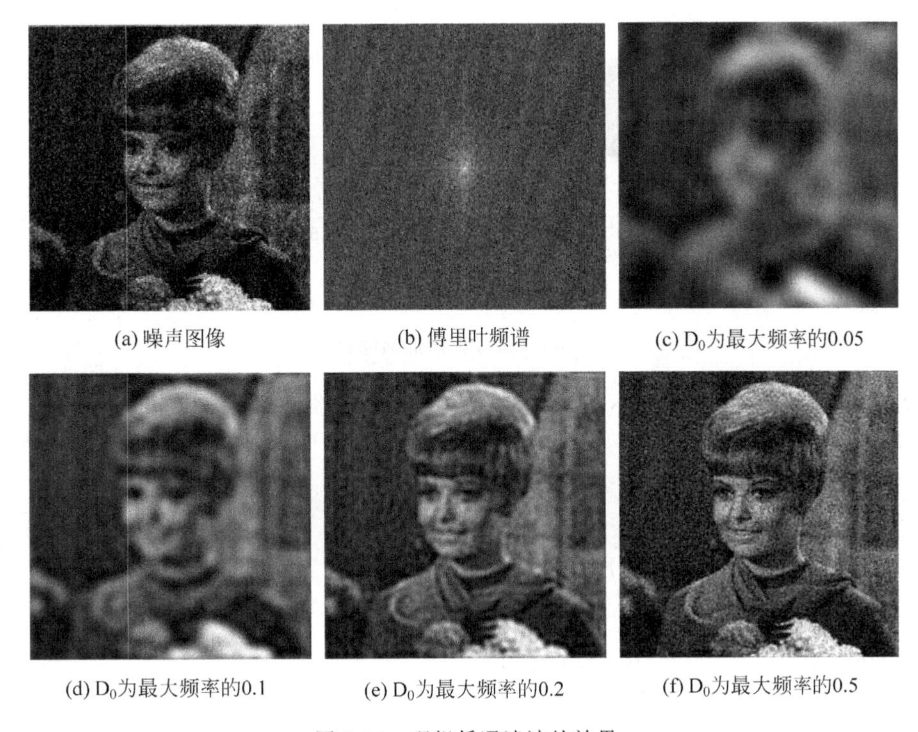

(a) 噪声图像 (b) 傅里叶频谱 (c) D_0为最大频率的0.05

(d) D_0为最大频率的0.1 (e) D_0为最大频率的0.2 (f) D_0为最大频率的0.5

图 6-34 理想低通滤波的效果

从图 6-34 中可以看出，在截止频率较小时，噪声滤除较好，但有较严重的模糊。随着截止频率增大，保留的信息越来越多，滤波后的图像也越来越清晰。

2. 巴特沃斯低通滤波

一个阶为 n，截止频率为 D_0 的巴特沃斯低通滤波器的传递函数为：

$$H(u,v)=\frac{1}{1+[D(u,v)/D_0]^{2n}} \quad 或 \quad H(u,v)=\frac{1}{1+(\sqrt{2}-1)[D(u,v)/D_0]^{2n}} \tag{6-40}$$

其中，n 为阶数，取正整数，用来控制曲线的衰减速度。

$D_0=10$、$n=3$ 时，巴特沃斯高通滤波器传递函数的三维曲面图如图 6-35(a)所示，系统函数过渡平滑。通频带内的频率响应曲线最大限度平坦，没有起伏，阻频带则逐渐下降为0，因此采用该滤波器在抑制噪声的同时，图像边缘的模糊程度大大减小且振铃效应减弱。图 6-35(b)为 $n=1$、3、16、64 时变换函数径向剖面图。n 改变滤波器的形状，n 越大，滤波器越接近于理想滤波器。

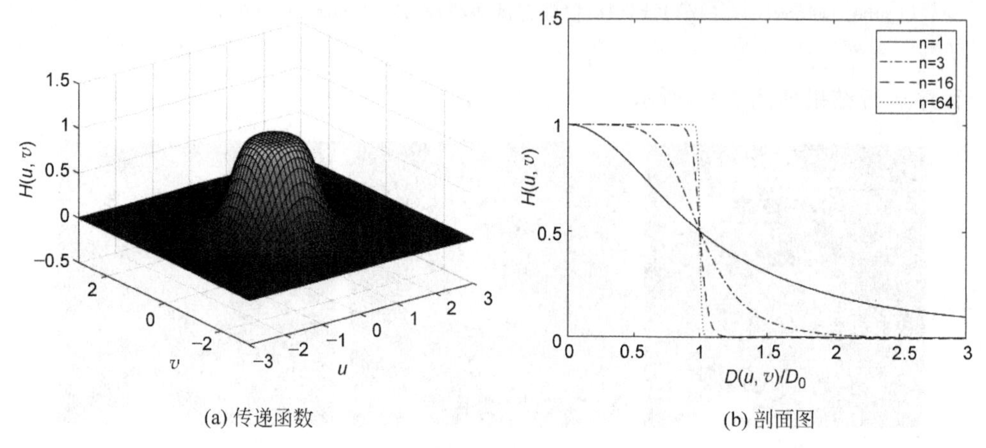

(a) 传递函数　　　　(b) 剖面图

图 6-35　巴特沃斯低通滤波器

【例 6-27】 设计截断频率不同的巴特沃斯低通滤波器，对图像进行低通滤波。

程序如下：

```
clc,clear,close all;
Image = imread('girl.bmp');
nIg = imnoise(Image,'gaussian');
FImage = fftshift(fft2(double(nIg)));
[N,M] = size(FImage);        g = zeros(N,M);
r1 = floor(M/2);             r2 = floor(N/2);
len = sqrt(r1^2 + r2^2);
d0 = [0.05 * len 0.1 * len 0.2 * len 0.5 * len];
n = 3;
for i = 1:4
    for x = 1:M
        for y = 1:N
            d = sqrt((x - r1)^2 + (y - r2)^2);
            h = 1/(1 + (d/d0(i))^(2 * n));
            g(y,x) = h * FImage(y,x);
        end
    end
    g = real(ifft2(ifftshift(g)));
    figure,imshow(uint8(g)),title(['巴特沃斯低通滤波 D0 = ',num2str(d0(i))]);
end
```

程序运行结果如图 6-36 所示。和图 6-34 对比，同样的截止频率，巴特沃斯低通滤波相对理想低通滤波效果清晰。

(a) D_0为最大频率的0.05　(b) D_0为最大频率的0.1　(c) D_0为最大频率的0.2　(d) D_0为最大频率的0.5

图 6-36　巴特沃斯低通滤波的效果

3．指数低通滤波

一个阶为 n，截止频率为 D_0 的指数低通滤波器的传递函数 $H(u,v)$ 定义为：

$$H(u,v)=\mathrm{e}^{-\left[\frac{D(u,v)}{D_0}\right]^n} \tag{6-41}$$

$D_0=10$、$n=3$ 时，指数低通滤波器传递函数三维曲面图如图 6-37(a)所示，系统函数过渡平滑。图 6-37(b)为 $n=1$、3、16、64 时传递函数径向剖面图。n 改变滤波器的形状，n 越大，滤波器越接近理想滤波器。

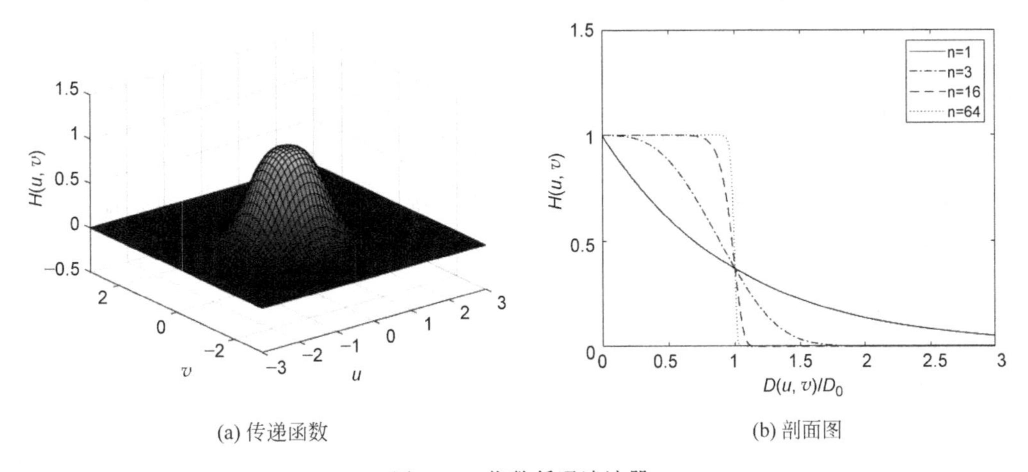

(a) 传递函数　(b) 剖面图

图 6-37　指数低通滤波器

4．梯形低通滤波

梯形低通滤波器的传递函数介于理想低通滤波器和具有平滑过渡带的低通滤波器之间，为

$$H(u,v)=\begin{cases}1 & D(u,v)\leqslant D_0\\ \dfrac{D(u,v)-D_1}{D_0-D_1} & D_0<D(u,v)\leqslant D_1\\ 0 & D(u,v)>D_1\end{cases} \tag{6-42}$$

其中，D_0 为截止频率，D_0、D_1 需满足 $D_0<D_1$。如图 6-38 所示为梯度低通滤波器的传递函数及径向剖面图。

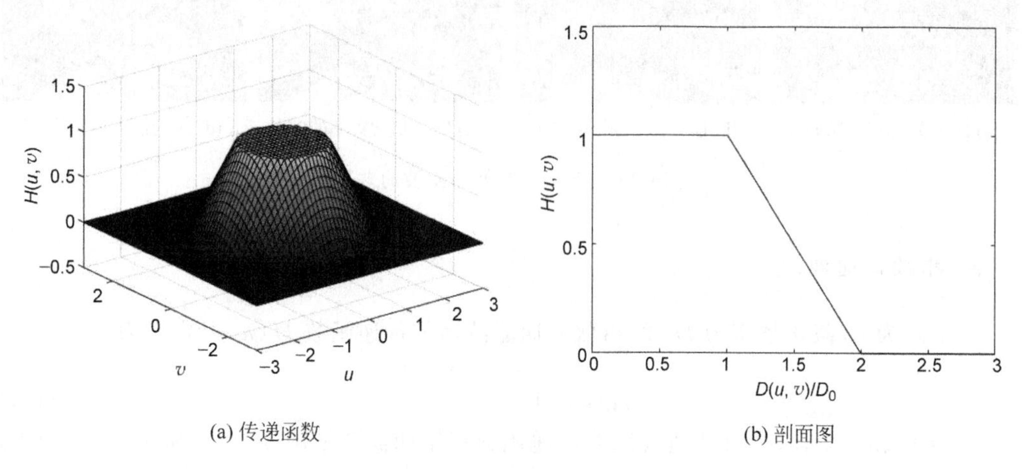

(a) 传递函数　　(b) 剖面图

图 6-38　梯形低通滤波器

指数低通滤波和梯形低通滤波的实现同例 6-26 和例 6-27，只是传递函数的计算不同，读者可以自行设计。

6.3.2　高通滤波

图像中的边缘对应于高频分量，所以图像锐化增强可以采用高通滤波器实现。常见的高通滤波有以下 4 种。

1. 理想高通滤波器

理想高通滤波器的传递函数为：

$$H(u,v)=\begin{cases}0 & D(u,v)\leqslant D_0\\ 1 & D(u,v)>D_0\end{cases} \tag{6-43}$$

其中，$D_0>0$ 为截止频率。

理想高通滤波器的传递函数及其剖面图如图 6-39 所示，与理想低通正好相反。通过高通滤波器把以 D_0 为半径的圆内频率成分衰减掉，圆外的频率成分则无损通过。

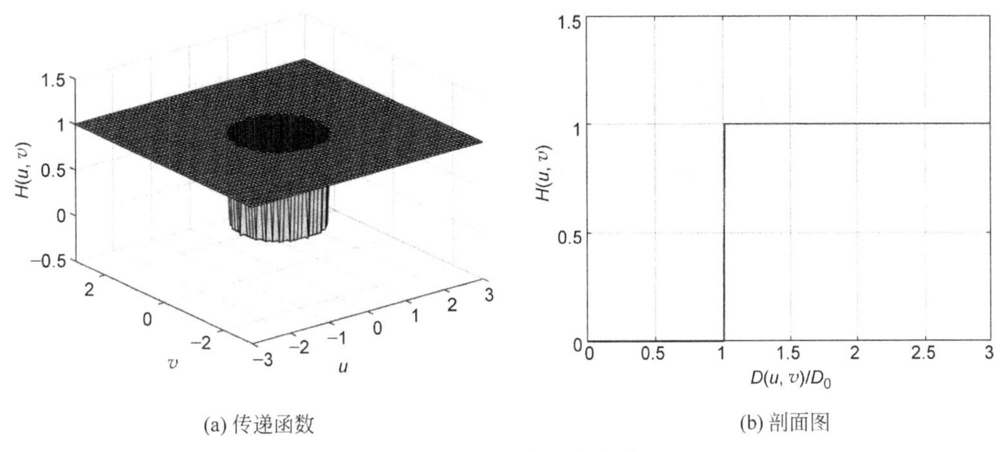

(a) 传递函数　　(b) 剖面图

图 6-39　理想高通滤波器

2. 巴特沃斯高通滤波器

一个阶为 n，截止频率为 D_0 的巴特沃斯高通滤波器的传递函数为：

$$H(u,v)=\frac{1}{1+[D_0/D(u,v)]^{2n}} \tag{6-44}$$

$n=3$ 时巴特沃斯高通滤波器的传递函数及其径向剖面图如图 6-40 所示。

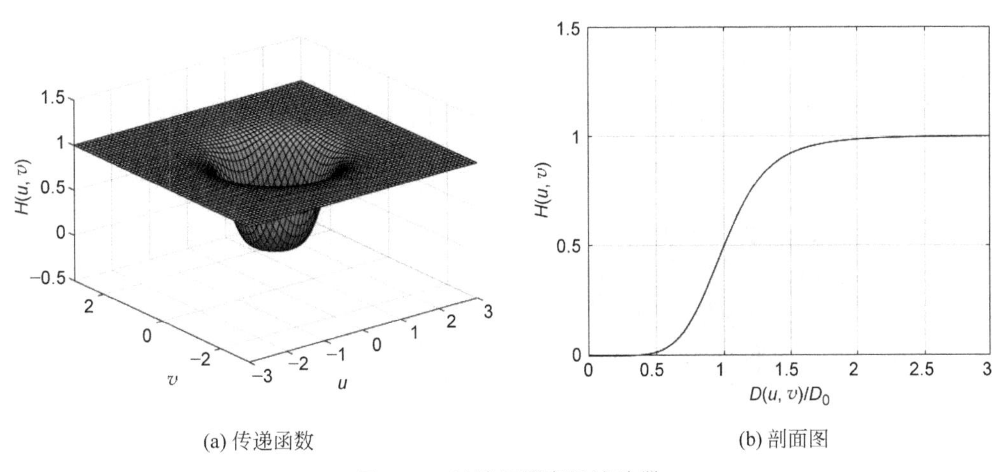

(a) 传递函数　　(b) 剖面图

图 6-40　巴特沃斯高通滤波器

3. 指数高通滤波器

指数高通滤波器的传递函数 $H(u,v)$ 为：

$$H(u,v)=\mathrm{e}^{-\left[\frac{D_0}{D(u,v)}\right]^n} \tag{6-45}$$

$n=3$ 时指数高通滤波器的传递函数及其径向剖面图如图 6-41 所示。

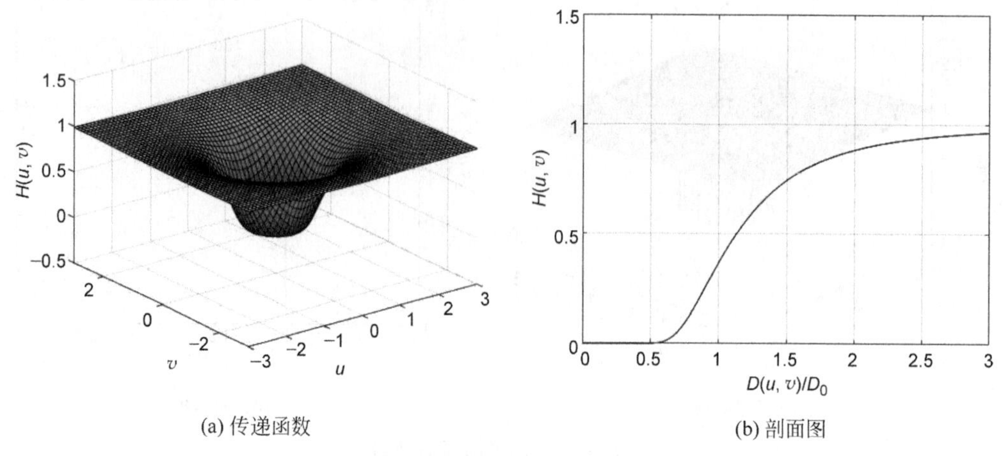

(a) 传递函数　　(b) 剖面图

图 6-41　指数高通滤波器

4. 梯形高通滤波器

梯形高通滤波器的传递函数 $H(u,v)$为：

$$H(u,v)=\begin{cases}0 & D(u,v)<D_0\\ \dfrac{1}{D_1-D_0}[D(u,v)-D_0] & D_0\leqslant D(u,v)\leqslant D_1\\ 1 & D(u,v)>D_1\end{cases}\tag{6-46}$$

D_1、D_0 为上、下限截止频率。

梯形高通滤波器的传递函数及其径向剖面图如图 6-42 所示。

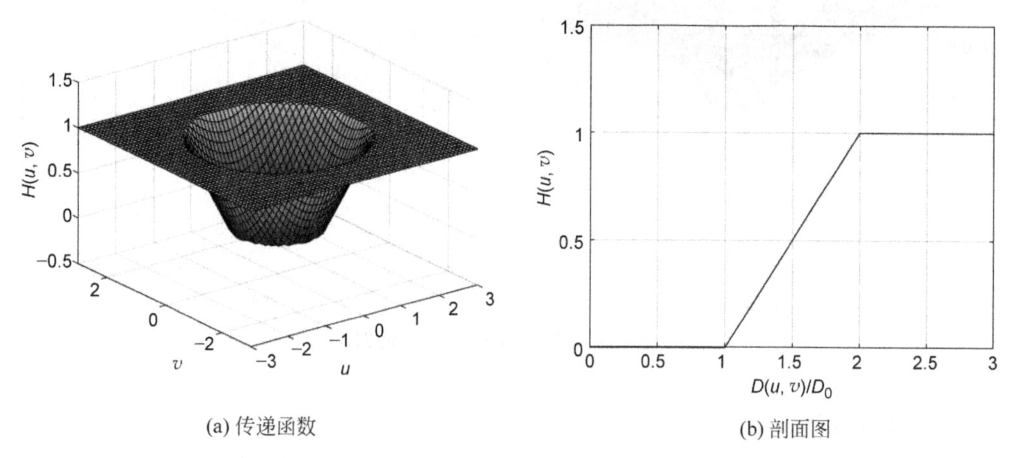

(a) 传递函数　　(b) 剖面图

图 6-42　梯形高通滤波器

【例 6-28】 设计巴特沃斯高通滤波器、指数高通滤波器、梯形高通滤波器，对图像进行高通滤波及锐化。

程序如下：

```
clear,clc,close all;
Image = imread('girl.bmp');
FImage = fftshift(fft2(double(Image)));
[N,M] = size(FImage);
gbhpf = zeros(N,M);    gehpf = zeros(N,M);    gthpf = zeros(N,M);
r1 = floor(M/2); r2 = floor(N/2);
d0 = 35; d1 = 75; n = 3;
for x = 1:M
    for y = 1:N
        d = sqrt((x - r1)^2 + (y - r2)^2);
        bh = 1/(1 + (d0/d)^(2 * n));
        gbhpf(y,x) = bh * FImage(y,x);
        eh = exp( - (d0/d)^n);
        gehpf(y,x) = eh * FImage(y,x);
        if d > d1
            th = 1;
        elseif d > d0
            th = (d - d0)/(d1 - d0);
        end
        gthpf(y,x) = th * FImage(y,x);
    end
end
gbhpf = uint8(real(ifft2(ifftshift(gbhpf))));
gehpf = uint8(real(ifft2(ifftshift(gehpf))));
gthpf = uint8(real(ifft2(ifftshift(gthpf))));
figure,imshow(gbhpf,title(['Butterworth 高通滤波 D0 = ',num2str(d0)]);
figure,imshow(gehpf,title(['指数高通滤波 D0 = ',num2str(d0)]);
figure,imshow(gthpf),title(['梯形高通滤波 D0 = ',num2str(d0)]);
gbs = gbhpf + Image;    ges = gehpf + Image;    gts = gthpf + Image;
figure,imshow(gbs),title('Butterworth 高通滤波锐化');
figure,imshow(ges),title('指数高通滤波锐化');
figure,imshow(gts),title('梯形高通滤波锐化');
```

程序运行结果如图 6-43 所示。

(a) 巴特沃斯高通滤波

(b) 指数高通滤波

(c) 梯形高通滤波

图 6-43　高通滤波及锐化效果

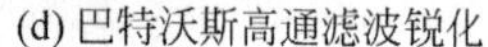
(d) 巴特沃斯高通滤波锐化　　(e) 指数高通滤波锐化　　(f) 梯形高通滤波锐化

图 6-43 （续）

6.3.3 基于小波变换的图像增强

小波系数的空间分布与原始图像的空间分布具有很好的对应关系。*LL* 频带是图像内容的缩略图，是能量集中的频带；*LH* 代表垂直方向上的高频信息；*HL* 频带存放的是图像水平方向的高频信息；*HH* 频带存放图像在对角线方向的高频信息。可以通过处理小波系数，实现不同的图像处理效果。

基于小波变换的图像增强需要首先对图像进行二维小波变换，根据不同的处理目的修改变换系数，之后进行反变换重构图像。

1. 基于小波变换的滤波处理

对图像进行多层小波分解，对高频进行置零或衰减，实现低通滤波效果；对低频数据置零或衰减，实现高通滤波效果。

【例 6-29】 实现基于小波变换的图像低通滤波。

程序如下：

```
clc,clear,close all;
Image = imread('girl.bmp');
nIg = imnoise(Image,'gaussian');
[C,S] = wavedec2(nIg,3,'db4');                    %采用 db4 小波对噪声图像进行 3 级分解
len = length(C);
C1 = C;     C2 = C;     C3 = C;
C1(S(1,1) * S(1,2) + 1:len) = 0;                          %所有的高频系数置 0
C2(S(1,1) * S(1,2) + 1:len) = C(S(1,1) * S(1,2) + 1:len)/2;  %所有的高频衰减一半
C3(len - 3 * S(4,1) * S(4,2) + 1:len) = 0;                %一级高频系数置 0
result1 = waverec2(C1,S,'db4');
result2 = waverec2(C2,S,'db4');
result3 = waverec2(C3,S,'db4');
subplot(221),imshow(nIg),title('噪声图像');
```

```
subplot(222),imshow(result1,[]),title('去除高频重构');
subplot(223),imshow(result2,[]),title('高频衰减一半重构');
subplot(224),imshow(result3,[]),title('去除一级高频重构');
```

程序运行结果如图 6-44 所示。也可以通过设置阈值,实现降噪滤波,见例 5-25。

(a) 噪声图像

(b) 去除高频重构

(c) 高频衰减一半重构

(d) 去除一级高频重构

图 6-44 小波域低通滤波效果

【例 6-30】 实现基于小波变换的图像高通滤波。

程序如下:

```
clc,clear,close all;
Image = imread('girl.bmp');
[C,S] = wavedec2(Image,3,'db4');
len = length(C);
C1 = C;     C1(1:S(1,1) * S(1,2)) = 0;
C2 = C;     C2(1:len - 3 * S(4,1) * S(4,2)) = 0;
result1 = waverec2(C1,S,'db4');
result2 = waverec2(C2,S,'db4');
subplot(131),imshow(Image),title('原图像');
subplot(132),imshow(result1,[]),title('保留所有高频重构');
subplot(133),imshow(result2,[]),title('保留一级高频重构');
```

程序运行结果如图 6-45 所示。

(a) 原图像

(b) 保留所有高频重构

(c) 保留一级高频重构

图 6-45 小波域高通滤波效果

【例 6-31】 对小波变换的低频系数进行增强，对高频系数进行弱化。

程序如下：

```
clc,clear,close all;
Image = imread('girl.bmp');
[C,S] = wavedec2(Image,3,'db4');
len = length(C);
T = 150;
pos = S(1,1) * S(1,2);
C1 = C(1:pos);          C1(C1 > T) = C1(C1 > T) * 1.5;          % 低频系数增强
C2 = C(pos + 1:len);    C2(C2 < T) = C2(C2 < T) * 0.75;         % 高频系数弱化
C(1:pos) = C1;          C(pos + 1:len) = C2;
result =  waverec2(C,S,'db4');
imshow(uint8(result),[]),title('对比度增强');
```

程序运行结果如图 6-46 所示。

(a) 原图像

(b) 处理后图像

图 6-46 小波域低频系数增强、高频系数减弱处理效果

程序中对幅值大于 T 的低频系数进行了扩展，对小于 T 的高频系数进行了弱化，T 的选择以及扩展和弱化倍数的选择客观性较差。

2. 基于小波变换的边缘检测

利用边缘突变对应高频信息的特性，通过将低频系数置 0、保留高频系数的方式实现边缘检测。

【例 6-32】 利用小波变换实现图像边缘检测。

程序如下：

```
clear,clc,close all;
Image = imread('girl.bmp');
[ca,ch,cv,cd] = dwt2(Image,'db4');                  % 用 db4 小波对图像进行一级小波分解
result = idwt2(ca * 0,ch,cv,cd,'db4')/256;          % 将低频系数置为 0,进行小波重构
result = result + 0.2;                              % 增大 0.2,显示细节清楚
subplot(121),imshow(Image),title('原图');
subplot(122),imshow(result),title('边缘检测');
```

程序运行结果如图 6-47 所示。

(a) 原图

(b) 边缘检测

图 6-47　基于小波变换的边缘检测

利用边缘对应图像中高频信息的特性，经过小波变换后提取高频信息可以实现边缘检测。但是，图像中的边缘往往类型不同。尺度不同，再加上噪声干扰，单一尺度的边缘检测算子不能有效地正确检测出边缘。

为去除噪声干扰，可利用平滑函数在不同尺度下平滑待检测信号，平滑信号的拐点对应一阶导数的极值点和二阶导数的零交叉点，因此，通过检测局部极值或零交叉实现边缘检测。根据卷积运算的微分性质，可以先对平滑函数求导再与原图像进行卷积运算。

设 $\theta(x,y)$ 为二维平滑函数，则应满足：

$$\begin{cases} \iint\limits_{R^2} \theta(x,y)\mathrm{d}x\mathrm{d}y = 1 \\ \lim\limits_{|x|,|y|\to\infty} \theta(x,y) = 0 \end{cases} \tag{6-47}$$

$\theta(x,y)$ 可选为高斯函数。

取平滑函数的一阶偏导数 $\psi^x(x,y)=\dfrac{\partial\theta(x,y)}{\partial x}$，$\psi^y(x,y)=\dfrac{\partial\theta(x,y)}{\partial y}$，则有

$$\iint\limits_{R^2} \psi^x(x,y)\mathrm{d}x\mathrm{d}y = 0,\quad \iint\limits_{R^2} \psi^y(x,y)\mathrm{d}x\mathrm{d}y = 0 \tag{6-48}$$

显然，$\psi^x(x,y)$、$\psi^y(x,y)$ 满足小波条件，可作为小波函数。

对平滑函数引入尺度因子 a，即 $\theta_a(x,y)=\dfrac{1}{a}\theta\left(\dfrac{x}{a},\dfrac{y}{a}\right)$，一般取 $a=2^j$。小波函数为

$$\begin{cases} \psi_a^x(x,y) = \dfrac{\partial\theta_a(x,y)}{\partial x} = \dfrac{1}{a^2}\psi^x\left(\dfrac{x}{a},\dfrac{y}{a}\right) \\ \psi_a^y(x,y) = \dfrac{\partial\theta_a(x,y)}{\partial y} = \dfrac{1}{a^2}\psi^y\left(\dfrac{x}{a},\dfrac{y}{a}\right) \end{cases} \tag{6-49}$$

由小波变换的定义式可得二维图像 $f(x,y)$ 的小波变换，如式(6-50)所示。

$$W_a^i f(x,y)=\int_R\int_R f(x,y)\frac{1}{a}\psi^{i^*}\left(\frac{l-x}{a},\frac{m-y}{a}\right)\mathrm{d}x\mathrm{d}y=af(x,y)*\psi_a^i(x,y),\quad i=x,y \tag{6-50}$$

根据卷积的性质,式(6-50)改写为

$$\begin{cases}W_a^x f(x,y)=af(x,y)*\dfrac{\partial\theta_a(x,y)}{\partial x}=a\dfrac{\partial}{\partial x}[f(x,y)*\theta_a(x,y)]\\ W_a^y f(x,y)=af(x,y)*\dfrac{\partial\theta_a(x,y)}{\partial y}=a\dfrac{\partial}{\partial y}[f(x,y)*\theta_a(x,y)]\end{cases} \tag{6-51}$$

式(6-51)实际是卷积运算的微分性质。因此,若小波函数取平滑函数的一阶导数,则小波变换的极大值点对应信号突变点的位置,极小值点对应信号的缓变点;如果小波函数取平滑函数的二阶导数,则信号突变点的位置对应小波变换的零交叉点,但信号的缓变点也对应零交叉点,难以区别,因此,通常采用求平滑图像的一阶导数的局部极大值点进行边缘检测。

取 $a=2^j, j\in Z$,图像的二进小波变换矢量为$[W_{2^j}^x f(x,y)\quad W_{2^j}^y f(x,y)]^{\mathrm{T}}$,其模值和相角为

$$\begin{cases}|W_{2^j}f(x,y)|=\sqrt{|W_{2^j}^x f(x,y)|^2+|W_{2^j}^y f(x,y)|^2}\\ \phi_{W_{2^j}}(x,y)=\arctan\dfrac{|W_{2^j}^y f(x,y)|}{|W_{2^j}^x f(x,y)|}\end{cases} \tag{6-52}$$

模值的大小反映了平滑后图像 $f(x,y)*\theta_{2^j}(x,y)$在点(x,y)的灰度变化强度,沿梯度 $\phi_{W_{2^j}}(x,y)$取极大值的点对应图像的边缘点。

由于图像中的噪声也是灰度突变点,也是模极大值,但相比于边缘点,噪声的小波系数幅值较小,因此,可以通过设定一个阈值,将大于阈值的小波系数模极大值点作为边缘点。

基于小波变换的图像边缘检测实现步骤如下。

(1) 选取平滑函数,由式(6-49)确定小波函数;

(2) 由式(6-51)进行小波变换;

(3) 计算图像的二进小波变换矢量模值和相角;

(4) 寻找梯度方向上取极大值的点;

(5) 去除噪声点,确定边缘图像。

【例 6-33】 实现基于小波变换的图像边缘检测。

程序如下:

```
Image = imread('lena.bmp');
figure,imshow(Image),title('原图');
[N,M] = size(Image);
win = 20;                                    % 滤波器长度,可调,需为偶数
sigma = 1;                                   % 高斯平滑函数标准差
j = 1;  a = 2^j;                             % 小波变换的尺度 a = 2^j
```

```
psi_x = zeros(win,win);
psi_y = zeros(win,win);                              % 小波滤波器初始化
for i = 1:win
    for j = 1:win
        x = (i - (win + 1)/2)/a;
        y = (j - (win + 1)/2)/a;                     % 引入尺度因子
        psi_x(j,i) = - x * exp( - (x^2 + y^2)/(sigma^2 * 2))/(sigma^4 * 2 * pi * a * a); % 对 x 求偏导
        psi_y(j,i) = - y * exp( - (x^2 + y^2)/(sigma^2 * 2))/(sigma^4 * 2 * pi * a * a); % 对 y 求偏导
    end
end                                                  % 确定小波函数
psi_x = psi_x/norm(psi_x);
psi_y = psi_y/norm(psi_y);                           % 归一化
Wx = conv2(Image,psi_x,'same');                      % 进行小波变换
Wy = conv2(Image,psi_y,'same');
Grads = sqrt((Wx. * Wx) + (Wy. * Wy));               % 小波变换矢量模
figure,imshow(Grads,[]),title('小波变换模图像');
Edge = zeros(N,M);
for i = 2:M - 1
    for j = 2:N - 1
        if abs(Wx(j,i))< 0.0001 && abs(Wy(j,i))< 0.0001
            continue;
        elseif abs(Wx(j,i))< 0.0001 && abs(Wy(j,i))> 0.0001
            ang = 90;
        else
            ang = atan(Wy(j,i)/Wx(j,i)) * 180/pi;        % 反正切求相角 - π/2~π/2
            if ang < 0                                   % 第四象限向量,调整相角
                ang = ang + 360;
            end
            if Wx(j,i)< 0 && ang > 180                   % 第二象限向量,调整相角
                ang = ang - 180;
            elseif Wx(j,i)< 0 && ang < 180               % 第三象限向量,调整相角
                ang = ang + 180;
            end
        end
 % 以 0°、45°、90°、135°、180°、225°、270°和 315°为中心,将整个圆周均分为 8 个 45°角,依次编号为 0、1、
2、3、0、1、2、3,对应水平、45°线、垂直、135°线 4 个方向
        ang = ang + 22.5;
        if ang > 360
            ang = ang - 22.5 - 360;
        end
        code = floor(abs(ang)/(45));
        if code > 3
            code = code - 4;
        end
 % 判断沿梯度方向 code,当前点是否模极大,即是否是边缘点
        if (code == 0 && Grads(j,i)> = Grads(j,i + 1) && Grads(j,i)> = Grads(j,i - 1)) ...
          || (code == 1 && Grads(j,i)> = Grads(j - 1,i + 1) && Grads(j,i)> = Grads(j + 1,i - 1)) ...
```

```
            || (code == 2 && Grads(j,i)> = Grads(j + 1,i) && Grads(j,i)> = Grads(j - 1,i)) ...
            || (code == 3 && Grads(j,i)> = Grads(j - 1,i - 1) && Grads(j,i)> = Grads(j + 1,i + 1))
              Edge(j,i) = Grads(j,i);
          end
      end
end
maxE = max(Edge(:));
Edge = Edge/maxE;                                                  % 边缘图像归一化
thresh = 0.1;                                                      % 阈值
result = zeros(N,M);
result(Edge > thresh) = 1;                                         % 边缘图像阈值化
figure,imshow(result),title('模极大提取的边缘图像');
```

程序运行结果如图 6-48 所示。

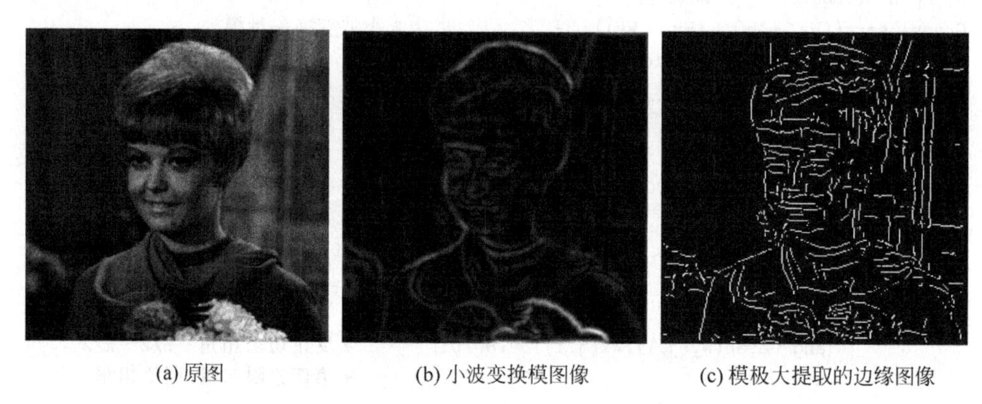

(a) 原图　　(b) 小波变换模图像　　(c) 模极大提取的边缘图像

图 6-48　小波变换模极大值边缘检测效果

6.4　基于照度-反射模型的图像增强

通常,自然景物图像 $f(x,y)$可以表示为光源照度场(照明函数)$i(x,y)$ 和场景中物体反射光的反射场(反射函数)$r(x,y)$ 的乘积,称为图像的照度-反射模型,如式(6-53)所示。

$$f(x,y)=i(x,y)\cdot r(x,y) \tag{6-53}$$

其中,$0<i(x,y)<\infty$,$0<r(x,y)<1$。

近似认为,照明函数 $i(x,y)$描述景物的照明,性质取决于照射源,与景物无关。反射函数 $r(x,y)$描述景物内容,性质取决于成像物体的特性,与照明无关。由于照明亮度一般是缓慢变化的,所以认为照明函数的频谱集中在低频段。由于反射函数随图像细节不同在空间快速变化,所以认为反射函数的频谱集中在高频段。因此,将图像理解为高频分量与低频分量乘积的结果。

基于照度-反射模型的处理算法,通常会借助于对数变换,将式(6-53)中的两个相乘分量变为两个相加分量,可简化计算,而且对数变换接近人眼亮度感知能力,能够增强图像的视觉效果。

6.4.1 同态滤波

根据图像的照度-反射模型，对原始图像 $f(x,y)$ 中的反射分量 $r(x,y)$ 进行扩展，对光照分量 $i(x,y)$ 进行压缩，消除不均匀照度的影响，增强图像细节，称为同态滤波。

同态滤波的具体算法步骤如下。

(1) 对图像函数 $f(x,y)$ 进行如下对数变换。

$$\begin{aligned} z(x,y) &= \ln[f(x,y)] = \ln[i(x,y)\cdot r(x,y)] \\ &= \ln[i(x,y)] + \ln[r(x,y)] \end{aligned} \tag{6-54}$$

(2) 进行如下傅里叶变换。

$$\begin{aligned} Z(u,v) &= \mathscr{F}\{z(x,y)\} = \mathscr{F}\{\ln i(x,y)\} + \mathscr{F}\{\ln r(x,y)\} \\ &= I(u,v) + R(u,v) \end{aligned} \tag{6-55}$$

(3) 进行同态滤波。

根据图像特性和需要，定义不同的同态滤波函数 $H(u,v)$，能以不同的方法来影响傅里叶变换的高、低频成分。如前文所述，照明函数以低频为主，反射函数以高频为主，同态滤波同时加到这两个函数上，压低照明函数，提升反射函数，从而达到抑制图像的动态范围、扩大图像细节灰度范围的作用。

$$\begin{aligned} S(u,v) &= H(u,v)Z(u,v) \\ &= H(u,v)I(u,v) + H(u,v)R(u,v) \end{aligned} \tag{6-56}$$

(4) 进行如下傅里叶反变换。

$$\begin{aligned} s(x,y) &= \mathscr{F}^{-1}\{S(u,,v)\} \\ &= \mathscr{F}^{-1}\{H(u,v)I(u,v)\} + \mathscr{F}^{-1}\{H(u,v)R(u,v)\} \\ &= i'(x,y) + r'(x,y) \end{aligned} \tag{6-57}$$

(5) 进行如下指数变换，得到经同态滤波处理的图像。

$$\begin{aligned} g(x,y) &= \exp\{s(x,y)\} = \exp(i'(x,y) + r'(x,y)) \\ &= i_0(x,y)\cdot r_0(x,y) \end{aligned} \tag{6-58}$$

其中，$i_0(x,y)$ 是处理后的照射分量，$r_0(x,y)$ 是处理后的反射分量。

【例 6-34】 对图像进行同态滤波增强。

程序如下：

```
clear,clc,close all;
Image = imread('road.jpg');
[height,width,color] = size(Image);
NewImage = zeros(height,width,color);
sigma = 1.414;   filtersize = [7 7];
lowfilter = fspecial('gaussian',filtersize,sigma);
highfilter = zeros(filtersize);
highpara = 1; lowpara = 0.6;                          % 控制滤波器幅度范围
```

```
highfilter(ceil(filtersize(1,1)/2),ceil(filtersize(1,2)/2)) = 1;
highfilter = highpara * highfilter - (highpara - lowpara) * lowfilter;
for i = 1:color                                       % 各通道分别同态滤波
    logI = log(double(Image(:,:,i) + 1));
    highpart = imfilter(logI,highfilter,'replicate','conv');
    temp = exp(highpart);
    top = max(temp(:)); bottom = min(temp(:));
    temp = (temp - bottom)/(top - bottom);
    temp = temp * 1.5;                                % 拉伸图像
    NewImage(:,:,i) = temp;
end
imshow(Image),title('原图');
figure,imshow((NewImage)),title('同态滤波增强图像');
```

程序运行结果如图 6-49 所示。原图光照不均匀，经过同态滤波，光照相对均匀。

(a) 原图一　(b) 图一同态滤波后　(c) 原图二　(d) 图二同态滤波后

图 6-49　同态滤波增强图像效果

6.4.2　基于 Retinex 理论的图像增强

“Retinex”源于 Retina(视网膜)和 Cortex(大脑皮层)合成词的缩写，故又被称为“视网膜大脑皮层理论”。基于 Retinex 理论的图像增强是根据图像的照度-反射模型，通过从原始图像中估计光照分量，然后设法去除或降低光照分量，获得物体的反射性质，从而获得物体的本来面貌的。

根据采用的不同的估计光照分量的方法，产生了各种 Retinex 算法。这里主要介绍中心环绕 Retinex 方法。在中心环绕 Retinex 方法中，光照分量的估计是通过计算被处理像素与其周围区域的加权平均值实现的，如式(6-59)所示。

$$i'_c(x,y)=h(x,y)*f_c(x,y) \tag{6-59}$$

其中，$c\in\{R,G,B\}$，$f_c(x,y)$表示图像 $f(x,y)$的第 c 颜色通道的亮度分量，$i'_c(x,y)$是第 c 颜色通道的光照分量估计值，$h(x,y)$是中心环绕函数，一般采用高斯函数，如式(6-60)所示。

$$h(x,y)=K\mathrm{e}^{\frac{-(x^2+y^2)}{\sigma^2}} \tag{6-60}$$

其中，σ 为标准差，表示高斯环绕函数的尺度常数，决定了卷积核的作用范围；K 为归一化因子，保证 $\iint h(x,y)\mathrm{d}x\mathrm{d}y=1$。

常用的中心环绕 Retinex 方法有单尺度 Retinex 方法(Single-Scale Retinex，SSR)、多尺度 Retinex 方法(Multi-Scale Retinex，MSR)及带色彩恢复的 Retinex 方法(Multi-Scale Retinex with Color Restoration，MSRCR)。

1. SSR 增强

SSR 增强是指采用单一尺度的环绕函数，通常先估计各颜色通道的光照分量 $i'_c(x,y)$，然后对原图和估计图分别求对数，两者相减计算反射分量，如式(6-61)所示。

$$R_c(x,y)=\ln[r'_c(x,y)]=\ln[f_c(x,y)]-\ln[i'_c(x,y)] \tag{6-61}$$

其中，$R_c(x,y)$是第 c 颜色通道的 SSR 增强输出图像。

【例 6-35】 对图像进行 SSR 增强。

程序如下：

```
clear,clc,close all;
Image = imread('road.jpg');
[height,width,color] = size(Image);
sigma = 100;   filtersize = [height,width];                        %高斯函数参数
gaussfilter = fspecial('gaussian',filtersize,sigma);
Low = zeros(height,width,color);
Out = zeros(height,width,color);
for c = 1:color                                                      %各通道分别处理
    In = double(Image(:,:,c));
    chanLow = imfilter(In,gaussfilter,'replicate','conv');           %估计光照分量
    chanHigh = log(In./chanLow + 1);                                 %计算反射分量
    Low(:,:,c) = reshape(mapminmax(chanLow(:)',0,1),height,width);   %光照分量归一化
    Out(:,:,c) = reshape(mapminmax(chanHigh(:)',0,1),height,width);  %反射分量归一化
end
figure;imshow(Low);title('估计光照分量');
figure;imshow(Out);title('单尺度 Retinex 增强');
```

程序运行结果如图 6-50 所示。

2. MSR 增强

SSR 增强中，高斯环绕函数 $h(x,y)$采用了单一的尺度 σ。σ 取值小，能够较好地完成动态范围压缩，但全局照度损失；σ 取值大，能够较好地保证图像的色感一致性，但局部细节模糊，强边缘处有明显“光晕”。因此，将多个不同的 SSR 进行加权平均，产生了 MSR 增强方法。具体算法步骤如下：

(a) 原图　　(b) 光照分量　　(c) 增强图像

图 6-50　单尺度 Retinex 增强效果图

(1) 设置不同尺度的 $\sigma_n, n=1,2,\cdots,N$。其中，N 为设置的不同尺度个数。

(2) 计算不同尺度的中心环绕函数 $h_n(x,y)$。

(3) 求图像不同通道、不同尺度的 Retinex 增强输出 $R_{nc}(x,y)$。

$$R_{nc}(x,y)=\ln[f_c(x,y)]-\ln[h_n(x,y)*f_c(x,y)] \tag{6-62}$$

(4) 对多个不同尺度的 Retinex 增强输出结果进行加权平均。

$$R_c(x,y)=\sum_{n=1}^{N} w_n R_{nc}(x,y) \tag{6-63}$$

其中，w_n 是给不同尺度 σ_n 分配的权重因子。

【例 6-36】 对图像进行 MSR 增强。

程序如下：

```
clear,clc,close all;
Image = imread('road1.jpg');
[height,width,color] = size(Image);
sigma = [20 80 220];   filtersize = [height,width];
len = length(sigma);              w = 1/len;            % 权重 w 为 1/3,平均加权
chanHigh = zeros(height,width);
Out = zeros(height,width,color);
for c = 1:color
    In = double(Image(:,:,c));
    chanHigh = chanHigh * 0;
    for n = 1:len
        gaussfilter = fspecial('gaussian',filtersize,sigma(n));
        chanLow = imfilter(In,gaussfilter,'replicate','conv');   % 不同环绕函数平滑图像
        chanHigh = chanHigh + w * log(In./chanLow + 1);        % 不同尺度的增强输出结果加权平均
    end
    Out(:,:,c) = reshape(mapminmax(chanHigh(:)',0,1),height,width);   % 反射分量归一化
end
figure;imshow(Out);title('MSR 增强');
```

程序运行结果如图 6-51 所示。

(a) 原图一	(b) 图一MSR增强后	(c) 原图二	(d) 图二MSR增强后

图 6-51　多尺度 Retinex 增强图像效果

3. MSRCR 增强

SSR 和 MSR 增强对 3 个彩色通道分别处理，有可能会产生色彩失真。MSRCR 在 MSR 的基础上，加入了色彩恢复因子，补偿由于图像局部区域对比度增强而导致颜色失真的缺陷。

设 $\gamma_c(x,y)$是第 c 颜色通道的色彩恢复系数，其定义如式(6-64)所示。

$$\gamma_c(x,y)=\beta\ln\left[\alpha\frac{f_c(x,y)}{\sum\limits_{c\in(R,G,B)}f_c(x,y)}\right] \tag{6-64}$$

其中，β 为增益常数，α 为非线性强度的控制因子。

MSRCR 增强的输出 $R_c'(x,y)$ 为 MSR 的输出 $R_c(x,y)$ 与 $\gamma_c(x,y)$的乘积，如式(6-65)所示。

$$R_c'(x,y)=R_c(x,y)\gamma_c(x,y) \tag{6-65}$$

【例 6-37】 对图像进行 MSRCR 增强。

程序如下：

```
clear,clc,close all;
Image = imread('road.jpg');
[height,width,color] = size(Image);
beta = 0.4;        alpha = 125;                                     %色彩恢复参数
sumI = sum(Image,3);                                                %图像三通道求和
sigma = [20 80 220];    filtersize = [height,width];
len = length(sigma);    w = 1/len;
chanHigh = zeros(height,width);
Out = zeros(height,width,color);
for c = 1:color
    In = double(Image(:,:,c));
    chanHigh = chanHigh * 0;
    gamma = beta * (log(alpha * In + 1) - log(sumI + 1));          %色彩校正系数矩阵
```

```
    for n = 1:len                                                    % MSR 增强
        gaussfilter = fspecial('gaussian',filtersize,sigma(n));
        chanLow = imfilter(In,gaussfilter,'replicate','conv');
        chanHigh = chanHigh + w * log(In./chanLow + 1);
    end
    chanHigh = chanHigh. * gamma;                                    % 色彩恢复
    Out(:,:,c) = reshape(mapminmax(chanHigh(:)',0,1),height,width); % 归一化
end
figure;imshow(Out);title('MSRCR 增强');
```

程序运行结果如图 6-52 所示。

(a) 原图一

(b) 图一MSRCR增强

(c) 原图二

(d) 图二MSRCR增强

图 6-52　MSRCR 增强图像效果

6.5　实例

【例 6-38】　实现图像背景虚化效果。

设计思路如下。

(1) 对原图像进行高强度高斯滤波，实现图像虚化，用作背景；

(2) 对原图像进行色彩增强、锐化滤波，实现图像增强，用作前景。由于正常情况下图像的质量良好，因此在本例中主要做饱和度的增强，使色彩更鲜艳；

(3) 采用交互式方法，在图像上选定前景区域生成模板；

(4) 将模板进行均值滤波，将边缘部分羽化，实现前景向背景的渐变过渡；

(5) 将模板和背景相乘，模板和前景相乘，两者相加，实现背景虚化、前景色彩增强的效果。

程序如下：

```
clear,clc,close all;
Image = imread('peony.jpg');
imshow(Image),title('选择目标区域,按任意键继续');
hf = imellipse(gca);                                  % 在图像上选择椭圆区域
```

```
pause
mask = createMask(hf);                              % 椭圆区域生成模板
mask = filter2(fspecial('average',15),mask);        % 对模板进行均值滤波
maskBW = cat(3,mask,mask,mask);                     % 将模板变为 3 维矩阵,方便融合计算
figure,imshow(maskBW),title('模板');
back = double(Image);
sigma = 3;     filtersize = [21 21];
fuzzyH = fspecial('gaussian',filtersize,sigma);
fuzzyI = imfilter(back,fuzzyH,'replicate');         % 图像进行高斯滤波,实现背景虚化
hsv = rgb2hsv(Image);
hsv(:,:,2) = hsv(:,:,2).^1.2;                       % 对饱和度进行 gamma 变换,增强饱和度
target = hsv2rgb(hsv) * 255;
result = uint8(target. * maskBW + double(fuzzyI). * (1 - maskBW));   % 前景和背景融合
figure,imshow(result),title('图像背景虚化');
```

程序运行结果如图 6-53 所示。

(a) 选择前景区域

(b) 生成的模板

(c) 背景虚化

图 6-53　实现背景虚化的效果

6.6　本章小结

本章主要介绍了图像增强处理,包括灰度级变换、空域滤波、频域滤波、基于照度-反射模型的增强,详细介绍了各种增强方法的原理及 MATLAB 实现。图像增强是图像处理中常用的处理方法,应熟悉其基本原理、变换特点、常用函数及处理效果,以便灵活应用。

第7章 图像复原

在图像生成、记录、传输的过程中，由于成像系统、设备或外在的干扰导致图像质量下降，称为图像退化，如大气扰动效应、光学系统的像差、物体运动造成的模糊、几何失真等。对退化图像进行处理使之恢复原貌的技术称为图像复原(Image Restoration)。

图像复原的关键在于确定退化的相关知识，将退化过程模型化，采用相反的过程尽可能恢复原图，或者说使复原后的图像尽可能接近原图。

本章在分析图像退化模型的基础上，介绍图像退化函数的估计、图像复原的代数方法、典型的图像复原方法及其实现。

7.1 图像退化与复原

设原图像为 $f(x,y)$，由于各种退化因素影响，图像退化为 $g(x,y)$，退化过程可以抽象为一个退化系统 H 以及加性噪声 $n(x,y)$ 的影响，如图 7-1 所示。

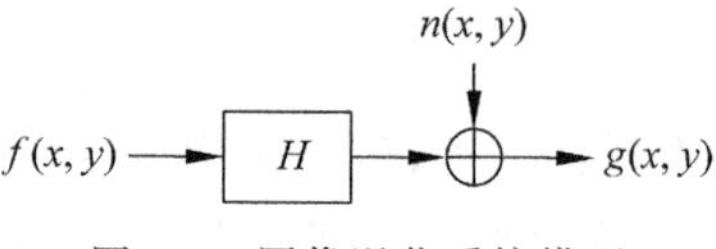

图 7-1 图像退化系统模型

原图像和退化图像之间的关系可以用式(7-1)来描述。

$$g(x,y)=H[f(x,y)]+n(x,y) \tag{7-1}$$

用线性、空间不变系统模型来模拟实际中的非线性和空间变化模型，系统 H 的性能可以由其单位冲激响应 $h(x,y)$ 来表示，则退化模型可表示为：

$$g(x,y)=f(x,y)*h(x,y)+n(x,y) \tag{7-2}$$

在空间域，$h(x,y)$ 称为点扩散函数(Point Spread Function，PSF)，其傅里叶变换 $H(u,v)$ 有时称为光学传递函数(Optical Transfer Function，OTF)。

利用傅里叶变换的卷积定理，频域退化模型可表示为：

$$G(u,v)=F(u,v)H(u,v)+N(u,v) \tag{7-3}$$

其中，$G(u,v)$、$F(u,v)$、$H(u,v)$、$N(u,v)$分别为退化图像$g(x,y)$、原图$f(x,y)$、点扩散函数$h(x,y)$以及噪声$n(x,y)$的傅里叶变换。

将退化模型(7-2)中的$f(x,y)$、$h(x,y)$、$n(x,y)$延拓，如式(7-4)所示。

$$\begin{cases} f_e(x,y)=\begin{cases} f(x,y) & 0\leqslant x\leqslant A-1,0\leqslant y\leqslant B-1 \\ 0 & A\leqslant x\leqslant M-1,B\leqslant y\leqslant N-1 \end{cases} \\ h_e(x,y)=\begin{cases} h(x,y) & 0\leqslant x\leqslant C-1,0\leqslant y\leqslant D-1 \\ 0 & C\leqslant x\leqslant M-1,D\leqslant y\leqslant N-1 \end{cases} \\ n_e(x,y)=\begin{cases} n(x,y) & 0\leqslant x\leqslant A-1,0\leqslant y\leqslant B-1 \\ 0 & A\leqslant x\leqslant M-1,B\leqslant y\leqslant N-1 \end{cases} \end{cases} \tag{7-4}$$

二维离散卷积退化模型为

$$g_e(x,y)=\sum_{m=0}^{M-1}\sum_{n=0}^{N-1}f_e(m,n)h_e(x-m,y-n)+n_e(x,y) \tag{7-5}$$

其中，$x=0,1,2,\cdots,M-1$，$y=0,1,2,\cdots,N-1$。

用矩阵表示为

$$g=\boldsymbol{H}f+n=\begin{bmatrix} H_0 & H_{M-1} & \cdots & H_1 \\ H_1 & H_0 & \cdots & H_2 \\ \vdots & \vdots & \ddots & \vdots \\ H_{M-1} & H_{M-2} & \cdots & H_0 \end{bmatrix}\begin{bmatrix} f_e(0) \\ f_e(1) \\ \vdots \\ f_e(MN-1) \end{bmatrix}+\begin{bmatrix} n_e(0) \\ n_e(1) \\ \vdots \\ n_e(MN-1) \end{bmatrix} \tag{7-6}$$

其中，$\boldsymbol{H}$的每个部分$\boldsymbol{H}_j$都是一个循环阵，由延拓函数$h_e(x,y)$的第j列构成，$\boldsymbol{H}_j$如下：

$$\boldsymbol{H}_j=\begin{bmatrix} h_e(j,0) & h_e(j,N-1) & \cdots & h_e(j,1) \\ h_e(j,1) & h_e(j,0) & \cdots & h_e(j,2) \\ \vdots & \vdots & \ddots & \vdots \\ h_e(j,N-1) & h_e(j,N-2) & \cdots & h_e(j,0) \end{bmatrix}$$

图像复原是指在给定退化图像$g(x,y)$、了解退化的点扩散函数$h(x,y)$和噪声项$n(x,y)$的情况下，估计出原始图像$f(x,y)$。图像复原一般按以下步骤进行。

(1) 确定图像的退化函数。在实际图像复原中，退化函数一般是不知道的，因此，图像复原需要先估计退化函数。

(2) 采用合适的图像复原方法复原图像。图像复原是采用与退化相反的过程，使复原后的图像尽可能接近原图，一般要确定一个合适的准则函数，准则函数的最优情况对应最好的复原图。这一步的关键技术在于确定准则函数和求最优。

图像复原也可以采用盲复原方法。在实际应用中，由于导致图像退化的因素复杂，点扩散函数难以解析表示或测量困难，可以直接从退化图像估计原图像，这类方法称为盲图像复原(或盲去卷积复原)。

7.2 图像退化函数的估计

如7.1节所述，图像复原需要先估计退化函数。若已知引起退化的原因，根据基本原理推导出其退化模型，称为基于模型的估计法。本节根据运动模糊产生的原理，推导出运动模糊退化函数，以此了解基于模型的估计法；并给出基于模型估计出的散焦模糊退化和高斯退化的函数模型。

7.2.1 运动模糊退化函数估计

在获取图像时，由于景物和摄像机之间的相对运动，往往会造成图像的模糊，称为运动模糊。对于运动产生的模糊，可以通过分析其产生原理，估计其降质函数，对其进行逆滤波从而复原图像。

运动模糊是由景物在不同时刻的多个影像叠加而导致的，设 $x_0(t)$、$y_0(t)$分别为 x 和 y 方向上的运动分量，T 为曝光时间，则采集到的模糊图像为

$$g(x,y)=\int_0^T f[x-x_0(t),y-y_0(t)]\mathrm{d}t \tag{7-7}$$

1. 运动模糊传递函数

对模糊图像进行傅里叶变换：

$$\begin{aligned}G(u,v)&=\int_{-\infty}^{\infty}\int_{-\infty}^{\infty} g(x,y)\mathrm{e}^{-\mathrm{j}2\pi(ux+vy)}\mathrm{d}x\mathrm{d}y\\&=\int_{-\infty}^{\infty}\int_{-\infty}^{\infty}\left[\int_0^T f[x-x_0(t),y-y_0(t)]\mathrm{d}t\right]\mathrm{e}^{-\mathrm{j}2\pi(ux+vy)}\mathrm{d}x\mathrm{d}y\\&=\int_0^T\left[\int_{-\infty}^{\infty}\int_{-\infty}^{\infty} f[x-x_0(t),y-y_0(t)]\mathrm{e}^{-\mathrm{j}2\pi(ux+vy)}\mathrm{d}x\mathrm{d}y\right]\mathrm{d}t\end{aligned} \tag{7-8}$$

由于傅里叶变换的平移特性，式(7-8)可表示为

$$G(u,v)=\int_0^T F(u,v)\mathrm{e}^{-\mathrm{j}2\pi[ux_0(t)+vy_0(t)]}\mathrm{d}t=F(u,v)\int_0^T \mathrm{e}^{-\mathrm{j}2\pi[ux_0(t)+vy_0(t)]}\mathrm{d}t \tag{7-9}$$

因 $G(u,v)=F(u,v)H(u,v)$，所以可得到退化函数：

$$H(u,v)=\int_0^T \mathrm{e}^{-\mathrm{j}2\pi[ux_0(t)+vy_0(t)]}\mathrm{d}t \tag{7-10}$$

设景物和摄像机之间进行的是匀速直线运动（变速、非直线运动在某些条件下可看成是匀速直线运动的合成结果），在 T 时间内，x、y 方向上运动距离为 a 和 b，即

$$\begin{cases}x_0(t)=at/T\\ y_0(t)=bt/T\end{cases} \tag{7-11}$$

那么，

$$H(u,v)=\int_0^T \mathrm{e}^{-\mathrm{j}2\pi[uat/T+vbt/T]}\mathrm{d}t$$

$$=\frac{T}{\pi(ua+vb)}\sin[\pi(ua+vb)]\mathrm{e}^{-\mathrm{j}\pi(ua+vb)} \tag{7-12}$$

【例 7-1】 不考虑噪声,设定传递函数实现图像运动模糊。

程序如下:

```
clear,clc,close all;
Image = imread('peppers.jpg');
FI = fft2(Image);                                          %求 F(u,v)
T = 1;   a = 0.01;   b = 0.01;                             %参数设置
[N,M,C] = size(Image);
H = zeros(N,M);
for u = 1:M
    for v = 1:N
        k = pi * (u * a + v * b);
        H(v,u) = sin(k) * T * exp( - 1i * k)/(k + eps);     %计算传递函数 H
    end
end
G(:,:,1) = FI(:,:,1). * H;  G(:,:,2) = FI(:,:,2). * H;    G(:,:,3) = FI(:,:,3). * H;
                                                           %计算 G(u,v) = F(u,v)·H(u,v)
g = (abs(ifft2(G)))/255;                                   %傅里叶反变换
result = imadjust(g,[min(g(:));max(g(:))],[0;1]);          %灰度级拉伸
subplot(121),imshow(Image),title('原图');
subplot(122),imshow(result),title('运动模糊图像');
```

程序运行结果如图 7-2 所示。

(a) 原图

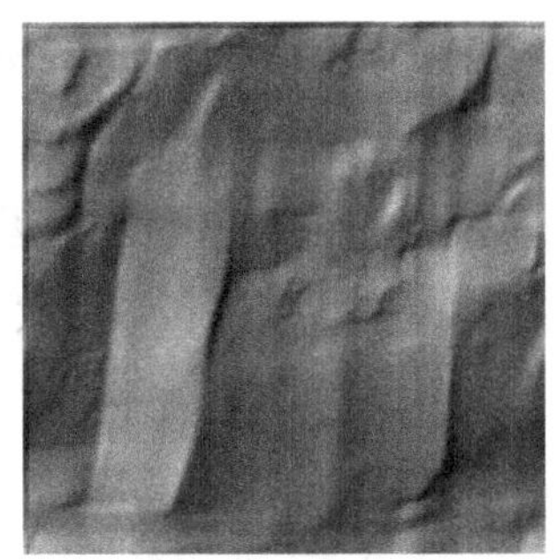

(b) 运动模糊图像

图 7-2 设计传递函数产生运动模糊

2. 运动模糊的点扩散函数

结合式(7-7)和式(7-11),只考虑景物在 x 方向上的匀速直线运动,模糊后的图像可表达为

$$g(x,y)=\int_0^T f\left[x-\frac{at}{T},y\right]\mathrm{d}t \tag{7-13}$$

对于离散图像,可表达为

$$g(x,y)=\sum_{i=0}^{L-1} f\left[x-\frac{at}{T},y\right]\Delta t \tag{7-14}$$

式中，L 为照片上景物在曝光时间 T 内移动的像素个数的整数近似值，Δt 是每个像素对模糊产生影响的时间因子。

由于很难清楚拍摄模糊图像的摄像机的曝光时间和景物运动速度，因此将运动模糊图像简化为同一景物图像经过一系列的距离延迟后叠加而成，改写式(7-14)为

$$g(x,y)=\frac{1}{L}\sum_{i=0}^{L-1}f[x-i,y] \tag{7-15}$$

若景物在 x-y 平面沿 θ 方向做匀速直线运动(θ 是运动方向和 x 轴的夹角)，移动 L 个像素，进行坐标变换，将运动方向变为水平方向，模糊图像可以表达为

$$g(x,y)=\frac{1}{L}\sum_{i=0}^{L-1}f[x'-i,y'] \tag{7-16}$$

式中，$x'=x\cos\theta+y\sin\theta$，$y'=y\cos\theta-x\sin\theta$，如图 7-3 所示。

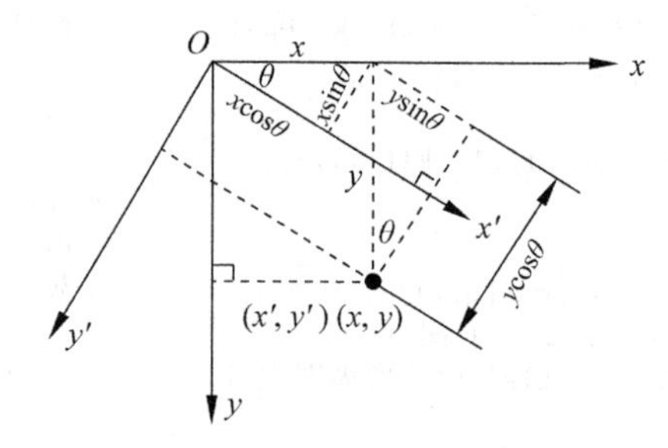

图 7-3　坐标变换示意图

因此，可得任意方向匀速直线运动模糊图像的点扩散函数 $h(x,y)$：

$$h(x,y)=\begin{cases}1/L & y=x\tan\theta,0\leqslant x\leqslant L\cos\theta\\0 & y\neq x\tan\theta,-\infty<x<\infty\end{cases} \tag{7-17}$$

【例 7-2】 不考虑噪声，设定点扩散函数实现图像运动模糊。

程序如下：

```
clear,clc,close all;
Image = im2double(imread('car.jpg'));
[height,width,color] = size(Image);
figure,imshow(Image);
L = 20;theta = 60;                          %运动模糊参数,60°方向上移动 20 个像素
psf = motionPSF(L,theta);
MotionBlurredI = zeros(height,width,color);
for i = 1:color
    MotionBlurredI(:,:,i) = conv2(Image(:,:,i),psf,'same');
end
figure,imshow(MotionBlurredI),title('运动模糊图像');
function h = motionPSF(L,theta)
    halfL = (L-1)/2;                        %运动长度的一半,半个模板的对角长度
    phi = mod(theta,180)/180 * pi;
    cosphi = cos(phi);      sinphi = sin(phi);
```

```
    xsign = sign(cosphi);
    linewdt = 1;                               % 运动方向上像素在线宽为 1 的范围内
    halfhw = fix(halfL * cosphi + linewdt * xsign - eps);     % 半个运动模糊模板宽
    halphh = fix(halfL * sinphi + linewdt - eps);              % 半个运动模糊模板高
    [x,y] = meshgrid(0:xsign:halfhw, 0:halphh);                % 半个模板中 x、y 坐标变化范围
    dist2line = (y * cosphi - x * sinphi);                 % 计算 y',或称之为点到运动方向的距离
    rad = sqrt(x.^2 + y.^2);                                   % 半个模板的对角长度
    lastpix = find((rad >= halfL)&(abs(dist2line)<= linewdt));   % 线宽范围内超出运动长度的点
    x2lastpix = halfL - abs((x(lastpix) + dist2line(lastpix) * sinphi)/cosphi);
    dist2line(lastpix) = sqrt(dist2line(lastpix).^2 + x2lastpix.^2);
                                                               % 超范围点到运动方向前端点的距离
    dist2line = linewdt + eps - abs(dist2line); % 各点在模板中的权值,距离运动方向近的权值大
    dist2line(dist2line < 0) = 0;                       % 在距离运动方向线宽内的点保留,其余置 0
    h = rot90(dist2line,2);
    h(end + (1:end) - 1,end + (1:end) - 1) = dist2line;       % 将模板旋转 180°,并补充完整
    h = h./(sum(h(:)) + eps);                                  % 运动方向上 h(x,y) = 1/L
    if cosphi > 0
        h = flipud(h);
    end
end
```

程序运行结果如图 7-4 所示。

(a) 原灰度图

(b) 运动模糊图像

图 7-4　设计点扩散函数产生运动模糊

【例 7-3】 利用 fspecial 函数实现图像运动模糊效果。

程序如下:

```
clear,clc,close all;
Image = im2double(imread('flower.jpg'));
LEN = 21;        THETA = 11;                           % 设定运动参数
PSF = fspecial('motion',LEN,THETA);                    % 设计运动模糊点扩散函数
BlurredI = imfilter(Image,PSF,'conv','circular');      % 实现运动模糊
subplot(121),imshow(Image),title('原图');
subplot(122),imshow(BlurredI),title('运动模糊图');
```

程序运行结果如图 7-5 所示。

(a) 原图

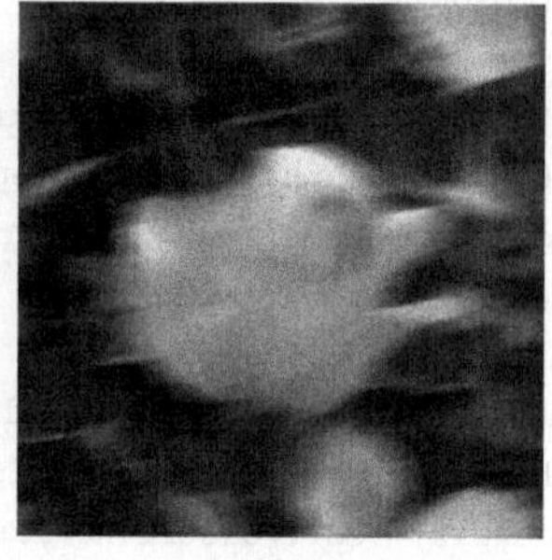

(b) 运动模糊图

图 7-5 利用 fspecial 函数产生运动模糊效果

3. 运动模糊点扩散函数参数估计

由前文所述可知，若能确定运动模糊点扩散函数的参数，则能够确定点扩散函数。在实际问题中，需要根据退化图像估计运动方向、运动距离等参数，可以在空域和频域进行。本节介绍基于频域特征的运动参数估计。

【例 7-4】 将图像分别沿 0°、30°、60°和 90°方向运动 20 个像素，查看其模糊图及其频谱。

程序如下：

```
clear,clc,close all;
Image = double(rgb2gray(imread('peppers.jpg')));
LEN = 20;     THETA = [0 30 60 90];
for i = 1:4
    PSF = fspecial('motion',LEN,THETA(i));
    BlurI = imfilter(Image,PSF,'conv','circular');
    FI = log(abs(fftshift(fft2(BlurI))) + 0.01);
    top = max(FI(:));     bottom = min(FI(:));     FI = (FI - bottom)/(top - bottom);
    str1 = num2str(THETA(i));
    str2 = ['向' str1 '°移动 20 个像素的运动模糊图像'];
    str3 = [str2 '频谱图'];
    figure,imshow(uint8(BlurI)),title(str2);
    figure,imshow(FI),title(str3);
end
```

程序运行结果如图 7-6 所示。

【例 7-5】 将图像分别沿 90°方向运动 5、10、20、40 个像素，查看其模糊图及其频谱。

程序如下：

```
clear,clc,close all;
Image = double(rgb2gray(imread('peppers.jpg')));
LEN = [5 10 20 40];     THETA = 90;
for i = 1:4
    PSF = fspecial('motion',LEN(i),THETA);
    BlurI = imfilter(Image,PSF,'conv','circular');
```

(a) 沿0°、30°、60°、90°方向运动20个像素的运动模糊图像

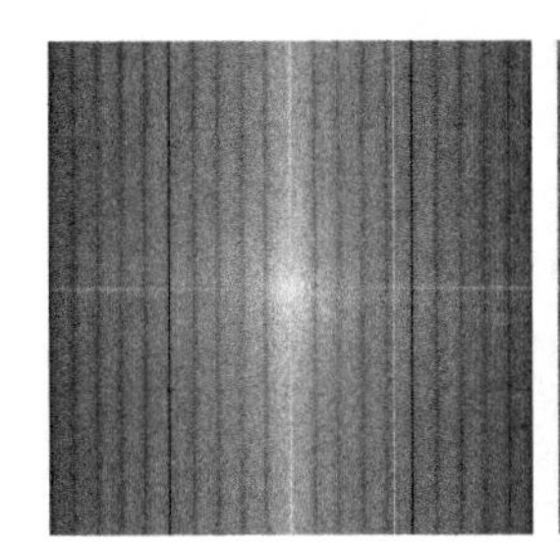

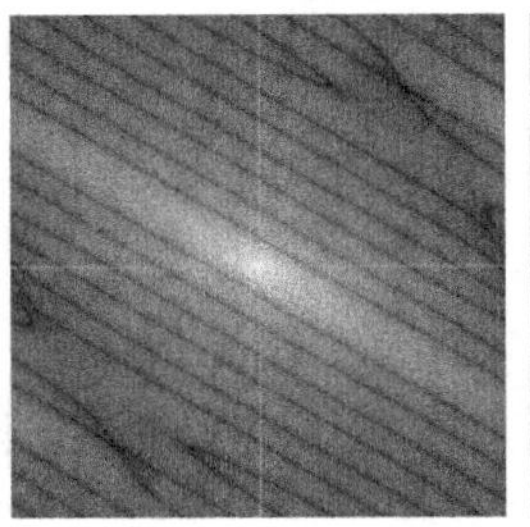
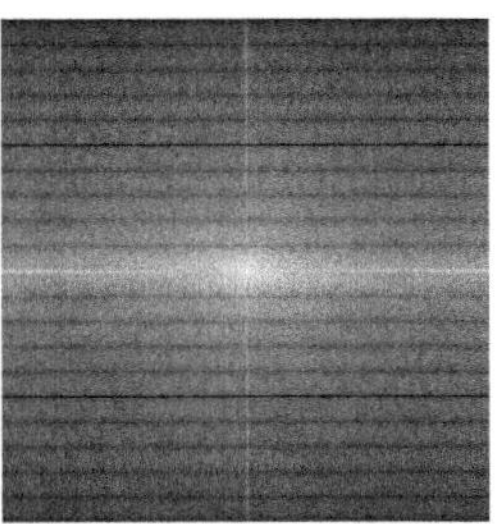

(b) 沿0°、30°、60°、90°方向运动20个像素的运动模糊图像频谱图

图 7-6　沿不同方向运动的模糊图像与频谱图

```
    FI = log(abs(fftshift(fft2(BlurI))) + 0.01);
    top = max(FI(:));      bottom = min(FI(:));      FI = (FI - bottom)/(top - bottom);
    str1 = num2str(LEN(i));
    str2 = ['向 90°移动' str1 '个像素的运动模糊图像'];
    str3 = [str2 '频谱图'];
    figure,imshow(uint8(BlurI)),title(str2);
    figure,imshow(FI),title(str3);
end
```

程序运行结果如图 7-7 所示。

从图 7-6 和图 7-7 中可以看出，运动模糊图像的频谱图有黑色的平行条纹，随着运动方向的变化，条纹也随之变化，条纹的方向总是与运动方向垂直。因此，可以通过判定模糊图像频谱条纹的方向来确定其实际的运动模糊方向。随着运动模糊长度的变化，条纹的数量也随之产生变化，图像频谱图条纹的个数即为图像实际运动模糊的长度。因此，可以通过计算模糊图像频谱条纹的数量来确定实际的运动模糊长度。

【例 7-6】 利用 Radon 变换估计运动方向。

程序如下：

```
clear,clc,close all;
Image = double(rgb2gray(imread('peppers.jpg')));
LEN = 20;      THETA = 120;
PSF = fspecial('motion',LEN,THETA);
BlurI = imfilter(Image,PSF,'conv','circular');        % 产生运动模糊图像
FI = log(abs(fftshift(fft2(BlurI))) + 0.01);          % 生成频谱图
```

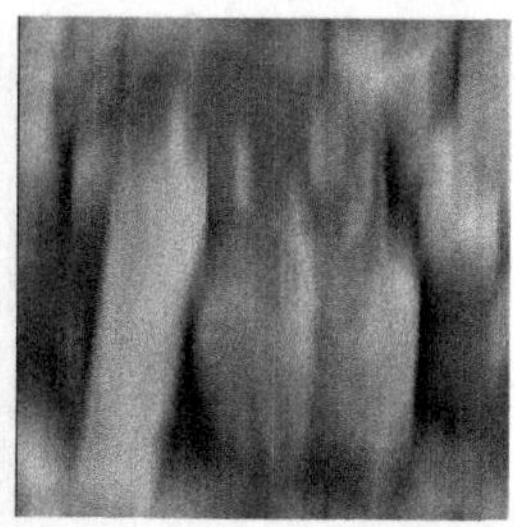

(a) 沿90°方向分别运动5、10、20、40个像素的运动模糊图像

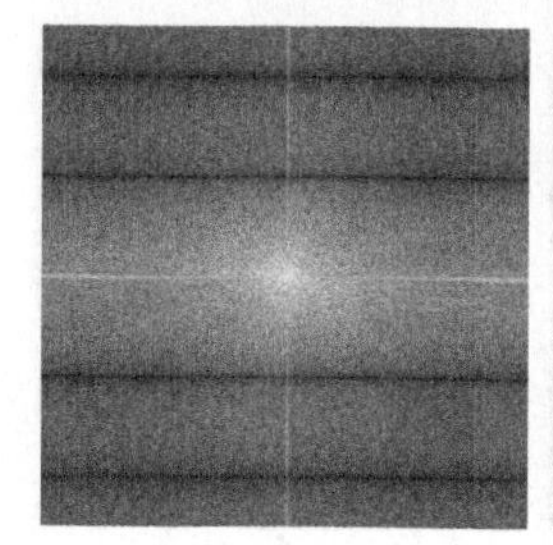

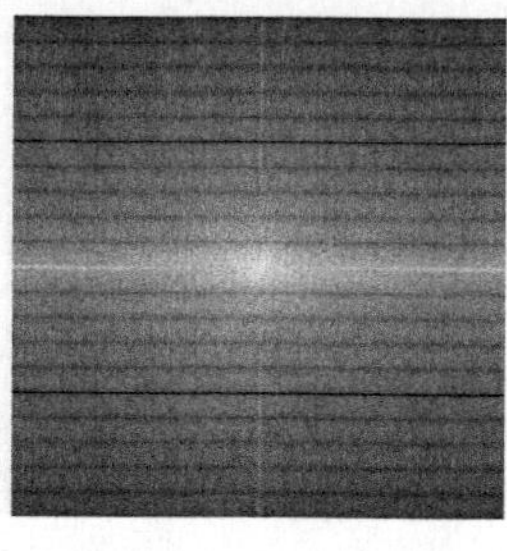
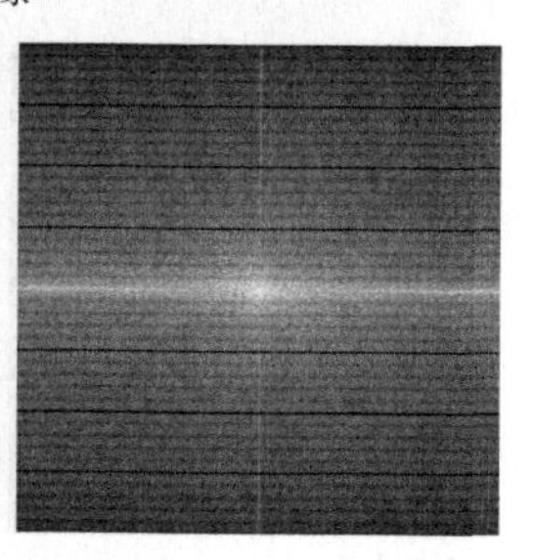

(b) 沿90°方向分别运动5、10、20、40个像素的运动模糊图像频谱图

图 7-7　运动不同距离的模糊图像与频谱图

```
top = max(FI(:));     bottom = min(FI(:));
FI = (FI - bottom)/(top - bottom);                  % 频谱图规格化
subplot(121),imshow(uint8(BlurI)),title('运动模糊图');
subplot(122),imshow(FI),title('运动模糊频谱图');
FI = 1 - FI;                                        % 频谱图反色,将黑色条纹变为白色条纹
[N,M] = size(FI);
FIradon = FI(N/2 - 80:N/2 + 80,:);                  % 截取中间一部分,去除四角的干扰
FIradon(FIradon < 0.7) = 0;                         % 将大部分背景色屏蔽,提高检测准确度
theta = 0:179;
[R,X] = radon(FIradon,theta);                       % Radon 变换
figure,colormap(gray),imagesc(theta,X,R),title('Radon 变换曲线');
angle = zeros(1,11);
for k = 1:11                                        % 找 11 个最大值,降低误差
    [data,pos] = max(R(:));
    R(R == data) = 0;
    [rpos,cpos] = ind2sub(size(R),pos);
    angle(k) = cpos - 1;         % R 矩阵的列对应线积分的角度,与条纹方向垂直,正是运动的方向
end
if max(angle) - min(angle)< 10 % 在最大值差距不大的情况下,直接求平均作为运动方向
    ang = mean(angle);
else                       % 差距较大时,最大值聚为两类,将多数最大值的中心值作为运动方向
    [IDX,C] = kmeans(angle',2);
    if sum(IDX == 1)< sum(IDX == 2)
        ang = C(2);
    else
```

```
        ang = C(1);
    end
end
```

程序运行结果如图 7-8 所示。计算出的运动方向为 120.45°,与前面设定的方向一致。可以更换图像和运动方向进行测试。

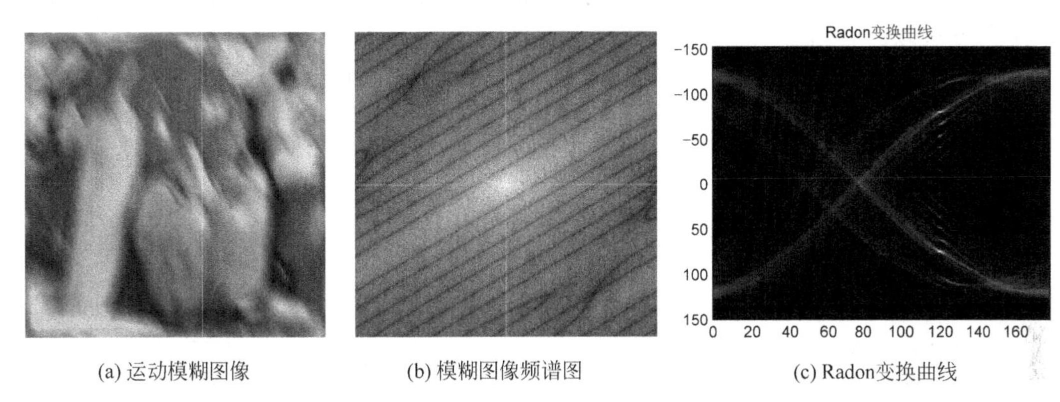

(a) 运动模糊图像　(b) 模糊图像频谱图　(c) Radon变换曲线

图 7-8　利用 Radon 变换估计运动方向

对匀速运动模糊图像点扩散函数进行推导,可以得出模糊图像频谱条纹间距和模糊长度的数学关系式,从而计算出模糊长度,这里不做具体的分析,可参看相关资料。

7.2.2 其他退化函数模型

1）散焦模糊退化函数

根据几何光学原理,可推导出光学系统散焦造成的图像退化点扩散函数如下。

$$h(x,y)=\begin{cases}1/\pi R^2 & x^2+y^2\leqslant R^2\\ 0 & \text{其他}\end{cases}\tag{7-18}$$

式中,R 为散焦半径。

2）高斯退化函数

在许多成像系统中,由于多种因素的综合作用,其点扩散函数趋于高斯型,可近似描述为

$$h(x,y)=\begin{cases}K\mathrm{e}^{-\alpha(x^2+y^2)} & (x,y)\in \mathrm{S}\\ 0 & \text{其他}\end{cases}\tag{7-19}$$

其中,K 为归一化常数,α 为正常数,S 为点扩散函数的圆形域。

这些模型中都牵涉参数的确定问题,在实际问题中,需要通过图像自身或成像系统的先验信息估计出模型中的参数。

MATLAB 设计了 psf2otf 函数、otf2psf 函数实现点扩散函数和光学传递函数之间的转换。

(1) OTF＝psf2otf(PSF,OUTSIZE)：计算点扩散函数 PSF 的 FFT 并创建 OTF 矩阵，但不进行频谱搬移。OUTSIZE 为 OTF 矩阵的尺寸，任意维不小于 PSF 的尺寸，默认情况下 OTF 和 PSF 尺寸一致。

(2) PSF＝otf2psf(OTF,OUTSIZE)：计算光学传递函数 OTF 的 IFFT 并创建点扩散函数矩阵。OUTSIZE 为 PSF 矩阵的尺寸，任意维不超过 OTF 的尺寸，默认情况下 PSF 和 OTF 尺寸一致。

【例 7-7】 设定散焦模糊、高斯退化模糊点扩散函数，将其转化为光学传递函数并查看图形。

程序如下：

```
clear,clc,close all;
N = 21;    M = 21;    h1 = zeros(N,M);     h2 = zeros(N,M);
R = 7;    alpha = 0.5;    rcenter = floor(N/2);    ccenter = floor(M/2);
for x = 1:M
    for y = 1:N
        d = (x - ccenter)^2 + (y - rcenter)^2;
        if d < R^2
            h1(y,x) = 1/(pi * R * R);                          %散焦模糊点扩散函数
            h2(y,x) = exp( - alpha * d);                       %高斯模糊点扩散函数
        end
    end
end
h2 = h2/sum(h2(:));
H1 = psf2otf(h1);        H2 = psf2otf(h2);                      %转换为光学传递函数
subplot(221),surf(h1);title('散焦模糊点扩散函数');
axis square; axis tight
subplot(222),surf (abs(H1));title('散焦模糊光学传递函数');
axis square; axis tight
subplot(223),surf (h2);title('高斯模糊点扩散函数');
axis square; axis tight
subplot(224),surf (abs(H2));title('高斯模糊光学传递函数');
axis square; axis tight
```

程序运行结果如图 7-9 所示。

【例 7-8】 不考虑噪声，设定点扩散函数实现图像散焦模糊。

程序如下：

```
clear,clc,close all;
Image = double(imread('peppers.jpg'));
[N,M,C] = size(Image);
hx = 21;    hy = 21;    h = zeros(hy,hx);
R = 7;    rcenter = floor(hy/2);    ccenter = floor(hx/2);
for x = 1:hx
    for y = 1:hy
```

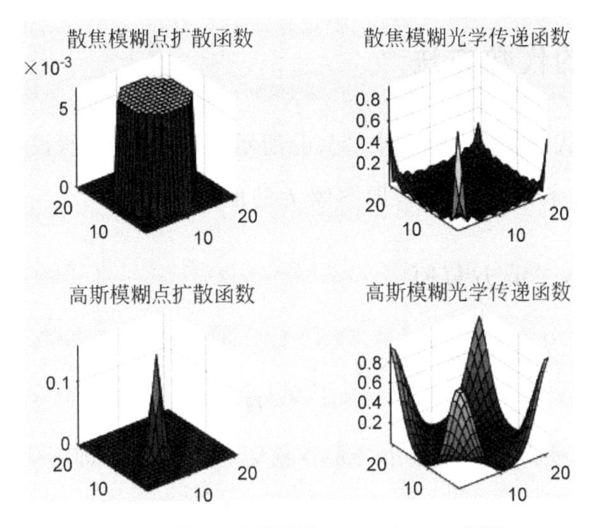

图 7-9 散焦、高斯模糊 PSF 及 OTF 图形

```
        d = (x - ccenter)^2 + (y - rcenter)^2;
        if d < R^2
            h(y,x) = 1/(pi * R * R);
        end
    end
end
FI = fft2(Image);
H = psf2otf(h,[N,M]);
G(:,:,1) = FI(:,:,1).* H;   G(:,:,2) = FI(:,:,2).* H;   G(:,:,3) = FI(:,:,3).* H;
g = abs(ifft2(G));
top = max(g(:));    bottom = min(g(:));
result = (g - bottom)/(top - bottom);
subplot(121),imshow(uint8(Image)),title('原图');
subplot(122),imshow(result),title('散焦模糊图像');
```

程序运行结果如图 7-10 所示。

(a) 原图

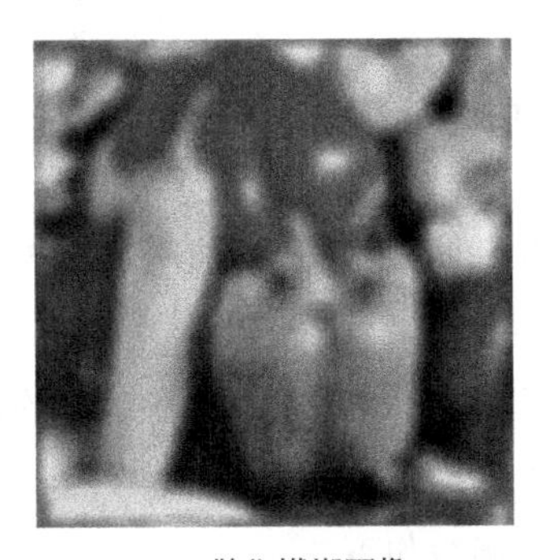

(b) 散焦模糊图像

图 7-10 散焦模糊效果图

7.3 图像复原的代数方法

所谓图像复原的代数方法，即根据式(7-6)所示的退化模型，假设具备关于 $\boldsymbol{g}$、$\boldsymbol{H}$、$\boldsymbol{n}$ 的某些先验知识，确定某种最佳准则，寻找原图像 $\boldsymbol{f}$ 的最优估计 $\hat{f}$。

7.3.1 无约束最小二乘方复原

由退化模型可知，其噪声项可表示为

$$n = g - \boldsymbol{H}f \tag{7-20}$$

希望找到一个 $\hat{f}$，使得 $\boldsymbol{H}\hat{f}$ 在最小二乘方意义上近似于 $\boldsymbol{g}$，即下式取最小：

$$\| n \|^2 = \| \boldsymbol{g} - \boldsymbol{H}\hat{f} \|^2 \tag{7-21}$$

定义最佳准则 $J(\hat{f})$：

$$J(\hat{f}) = \| g - \boldsymbol{H}\hat{f} \|^2 = (\boldsymbol{g} - \boldsymbol{H}\hat{f})^{\mathrm{T}}(\boldsymbol{g} - \boldsymbol{H}\hat{f}) \tag{7-22}$$

$J(\hat{f})$的最小值对应为最优。选择 $\hat{f}$ 不受其他条件约束，因此称为无约束复原。

对 $J(\hat{f})$求微分以求其极小值：

$$\frac{\partial J(\hat{f})}{\partial \hat{f}} = -2\boldsymbol{H}^{\mathrm{T}}(g - \boldsymbol{H}\hat{f}) = 0 \tag{7-23}$$

$$\boldsymbol{H}^{\mathrm{T}}\boldsymbol{H}\hat{f} = H^{\mathrm{T}}\boldsymbol{g}$$

$$\hat{f} = (\boldsymbol{H}^{\mathrm{T}}\boldsymbol{H})^{-1}\boldsymbol{H}^{\mathrm{T}}\boldsymbol{g} \tag{7-24}$$

当 $M=N$ 时，$\boldsymbol{H}$ 为一方阵，假设 $\boldsymbol{H}^{-1}$ 存在，则可求得 $\hat{f}$。

$$\hat{f} = \boldsymbol{H}^{-1}(\boldsymbol{H}^{\mathrm{T}})^{-1}\boldsymbol{H}^{\mathrm{T}}\boldsymbol{g} = \boldsymbol{H}^{-1}\boldsymbol{g} \tag{7-25}$$

正如前文所述，已知退化过程 $\boldsymbol{H}$，即可由退化图像 $\boldsymbol{g}$ 求出原图 $\boldsymbol{f}$ 的估计 $\hat{f}$。

7.3.2 约束复原

在最小二乘方复原处理中，往往附加某种约束条件，这种情况下的复原称为约束复原。有附加条件的极值问题可用拉格朗日乘数法来求解。

设对原图像进行某一线性运算 $\boldsymbol{Q}$，求在约束条件 $\| \boldsymbol{n} \|^2 = \| \boldsymbol{g} - \boldsymbol{H}\hat{f} \|^2$ 下，使 $\| \boldsymbol{Q}\hat{f} \|^2$ 为最小的原图 $\boldsymbol{f}$ 的最佳估计 $\hat{f}$。

构造拉格朗日函数如下：

$$J(\hat{f}) = \| \boldsymbol{Q}\hat{f} \|^2 + \lambda(\| \boldsymbol{g} - \boldsymbol{H}\hat{f} \|^2 - \| \boldsymbol{n} \|^2) \tag{7-26}$$

式中,λ 为拉格朗日系数。

将式(7-26)求微分以求极小值:

$$\frac{\partial J(\hat{f})}{\partial \hat{f}} = 2\boldsymbol{Q}^{\mathrm{T}}\boldsymbol{Q}\hat{f} - 2\lambda \boldsymbol{H}^{\mathrm{T}}(\boldsymbol{g} - \boldsymbol{H}\hat{f}) = 0 \tag{7-27}$$

求解:

$$\boldsymbol{Q}^{\mathrm{T}}\boldsymbol{Q}\hat{f} + \lambda \boldsymbol{H}^{\mathrm{T}}\boldsymbol{H}\hat{f} - \lambda \boldsymbol{H}^{\mathrm{T}}\boldsymbol{g} = 0$$

$$\hat{f} = \left(\boldsymbol{H}^{\mathrm{T}}\boldsymbol{H} + \frac{1}{\lambda}\boldsymbol{Q}^{\mathrm{T}}\boldsymbol{Q}\right)^{-1}\boldsymbol{H}^{\mathrm{T}}\boldsymbol{g} \tag{7-28}$$

式(7-25)、式(7-28)是图像复原代数方法的基础。

7.4 典型图像复原方法及其实现

本节讲解经典图像复原方法,包括逆滤波复原、维纳滤波复原、等功率谱滤波、几何均值滤波、约束最小二乘方滤波及 Richardson-Lucy 算法。

7.4.1 逆滤波复原

对式(7-3)所示频域退化模型进行如下变换:

$$\hat{F}(u,v) = \frac{G(u,v)}{H(u,v)} - \frac{N(u,v)}{H(u,v)} \tag{7-29}$$

进行傅里叶反变换,可求得原图像 $f(x,y)$ 的估计 $\hat{f}(x,y)$:

$$\hat{f}(x,y) = \mathscr{F}^{-1}[\hat{F}(u,v)] = \mathscr{F}^{-1}\left[\frac{G(u,v)}{H(u,v)} - \frac{N(u,v)}{H(u,v)}\right] \tag{7-30}$$

式(7-30)中,$G(u,v)$除以 $H(u,v)$起到了反向滤波的作用,因此,这种复原方法称为逆滤波复原。逆滤波复原其实是无约束复原的频域表示方法。

若在某些频域点处 $H(u,v)=0$,则逆滤波无法进行;且当 $H(u,v)=0$ 或取值很小时,若噪声项 $N(u,v)\neq 0$,则噪声项可能会很大,导致无法正确恢复原图。因此,逆滤波复原通常人为设置 $H(u,v)$零点处的取值,使用 $M(u,v)$取代 $H^{-1}(u,v)$。

$$M(u,v) = \begin{cases} H^{-1}(u,v) & H(u,v) > d \\ k & H(u,v) \leqslant d \end{cases} \tag{7-31}$$

式中,k、d 是小于 1 的常数,其含义是在零点及其附近设置 $H(u,v)=k<1$;在非零点处,保持 $H^{-1}(u,v)$逆滤波。逆滤波式可表示为

$$\hat{f}(x,y) = \mathscr{F}^{-1}[\hat{F}(u,v)] = \mathscr{F}^{-1}[G(u,v)M(u,v) - N(u,v)M(u,v)] \tag{7-32}$$

考虑到 $H(u,v)$的带宽比噪声带宽窄得多的特性,其频率响应应具有低通特性,也可以按式(7-33)修改逆滤波的传递函数。

$$M(u,v)=\begin{cases}H^{-1}(u,v) & u^2+v^2\leqslant D_0\\ 0 & u^2+v^2>D_0\end{cases}\tag{7-33}$$

式中,D_0 为逆滤波器的空间截止频率,选择 D_0 应排除 $H(u,v)$的零点。

【例 7-9】 对图像进行均值模糊,并进行逆滤波复原。

程序如下:

```
clear,clc,close all;
Image = im2double(imread('flower.jpg'));
window = 15;                                    %模糊模板尺寸
[height,width,color] = size(Image);
height = height + window - 1;
width = width + window - 1;                     %DFT变换时延拓尺寸
h = fspecial('average',window);                 %点扩散函数
BlurI = zeros(height,width,color);
for i = 1:color
    BlurI(:,:,i) = conv2(Image(:,:,i),h);       %模糊操作
end
BlurandnoiseI = imnoise(BlurI,'salt & pepper',0.001);
figure,imshow(Image),title('原图');
figure,imshow(BlurI),title('模糊图像');
figure,imshow(BlurandnoiseI),title('模糊加噪声图像');
h1 = zeros(height,width);   h1(1:window,1:window) = h;     %模板延拓
H = fftshift(fft2(h1));                                     %频域退化函数
H(abs(H)< 0.0001) = 0.01;                                   %去除H(u,v)零点
M = H.^(-1);                                                %修正逆滤波传递函数
r1 = floor(width/2);r2 = floor(height/2);d0 = sqrt(width^2 + height^2)/20;
for u = 1:width
    for v = 1:height
        d = sqrt((u - r1)^2 + (v - r2)^2);
        if d > d0
            M(v,u) = 0;                                     %逆滤波传递函数引入低通性
        end
    end
end
G1 = fftshift(fft2(BlurI));                                 %模糊图像DFT变换
G2 = fftshift(fft2(BlurandnoiseI));                         %模糊加噪声图像DFT变换
f1 = ifft2(ifftshift(G1./H));                               %模糊图像逆滤波
f2 = ifft2(ifftshift(G2./H));                               %模糊加噪声图像用H(u,v)逆滤波
f3 = ifft2(ifftshift(G2.*M));                               %模糊加噪声图像用M(u,v)逆滤波
result1 = abs(f1(1:height - window + 1,1:width - window + 1,:)); %模糊图像逆滤波
result2 = abs(f2(1:height - window + 1,1:width - window + 1,:)); %模糊加噪声图像用H(u,v)逆滤波
result3 = abs(f3(1:height - window + 1,1:width - window + 1,:)); %模糊加噪声图像用M(u,v)逆滤波
figure,imshow(result1,[]),title('模糊图像逆滤波复原');
figure,imshow(result2,[]),title('模糊加噪声图像逆滤波复原');
figure,imshow(result3,[]),title('模糊加噪声图像低通逆滤波复原');
```

程序运行结果如图 7-11 所示。

(a) 原图　(b) 模糊图像　(c) 模糊加噪声图像

(d) 对(b)图逆滤波　(e) 对(c)图逆滤波　(f) 对(c)图低通逆滤波

图 7-11　逆滤波效果示意图

图 7-11(b)采用 15×15 的均值滤波模板对图像进行模糊滤波；图 7-11(c)是在模糊的基础上叠加了椒盐噪声；直接采用 $H(u,v)$对图 7-11(b)的模糊图像进行逆滤波的效果如图 7-11(d)所示，可以看出，能够很好地去除模糊效果。而叠加噪声的模糊图像，在逆滤波时，$H(u,v)$的幅度随着离 u、v 平面原点的距离增加而迅速下降，但噪声幅度变化平缓，在远离 u、v 平面原点时，$N(u,v)/H(u,v)$的值变得很大，而 $F(u,v)$却很小，因此，无法恢复出原始图像，如图 7-11(e)所示。采用式(7-33)所示的 $M(u,v)$进行逆滤波，加入低通特性，在一定程度上恢复了原图，如图 7-11(f)所示。

7.4.2　维纳滤波复原

从图 7-11 可知，在图像中存在噪声的情况下，简单的逆滤波方法不能很好地处理噪声，需要采用约束复原的方法。维纳滤波复原是一种有代表性的约束复原方法，是使原始图像 $f(x,y)$和复原图像 $\hat{f}(x,y)$之间均方误差最小的复原方法。维纳滤波又称为最小均方误差滤波器。

1. 维纳滤波器

均方误差表达式为

$$e^2 = E[(f-\hat{f})^2] \tag{7-34}$$

假设噪声 $n(x,y)$ 和图像 $f(x,y)$ 不相关，且 $f(x,y)$ 或 $n(x,y)$ 有零均值，估计的灰度级 $\hat{f}(x,y)$ 是退化图像灰度级 $g(x,y)$ 的线性函数，在这些条件下，当均方误差取最小值时有下列表达式。

$$\begin{aligned}\hat{F}(u,v) &= \left[\frac{H^*(u,v)S_f(u,v)}{S_f(u,v)|H(u,v)|^2+S_n(u,v)}\right]G(u,v)\\ &= \left[\frac{H^*(u,v)}{|H(u,v)|^2+S_n(u,v)/S_f(u,v)}\right]G(u,v)\\ &= \left[\frac{1}{H(u,v)}\cdot\frac{|H(u,v)|^2}{|H(u,v)|^2+S_n(u,v)/S_f(u,v)}\right]G(u,v)\end{aligned} \tag{7-35}$$

式中，$H^*(u,v)$ 是退化函数 $H(u,v)$ 的复共轭；$S_n(u,v)=|N(u,v)|^2$ 是噪声的功率谱；$S_f(u,v)=|F(u,v)|^2$ 是原图的功率谱。

可知，维纳滤波器的传递函数为

$$H_w(u,v)=\frac{1}{H(u,v)}\cdot\frac{|H(u,v)|^2}{|H(u,v)|^2+S_n(u,v)/S_f(u,v)} \tag{7-36}$$

可以看出，除非对于相同的 u、v 值，$H(u,v)$ 和 $S_n(u,v)$ 同时为零，维纳滤波器没有逆滤波中传递函数为零的问题。因此，维纳滤波能够自动抑制噪声。

当噪声为零时，噪声功率谱小，维纳滤波变成了逆滤波，因此，逆滤波是维纳滤波的特例。当 $S_n(u,v)$ 远大于 $S_f(u,v)$ 时，则 $H_w(u,v)\to 0$，维纳滤波器避免了逆滤波过于放大噪声的问题。

采用维纳滤波器复原图像时，需要知道原始图像和噪声的功率谱 $S_f(u,v)$ 和 $S_n(u,v)$，而实际上，这些值是未知的，通常采用一个常数 K 来代替 $S_n(u,v)/S_f(u,v)$，即用下式近似表达。

$$\hat{F}(u,v)=\left[\frac{1}{H(u,v)}\cdot\frac{|H(u,v)|^2}{|H(u,v)|^2+K}\right]G(u,v) \tag{7-37}$$

2. 维纳滤波复原的实现

MATLAB 提供了 deconvwnr 函数，实现使用维纳滤波器对图像进行去模糊，其调用格式如下。

(1) J=deconvwnr(I,PSF,NSR)：使用维纳滤波器对图像 I 去模糊，返回图像 J。PSF 为点扩散函数矩阵；NSR 为信噪比的倒数，可以是标量或大小同 I 一致的谱域矩阵。

(2) J=deconvwnr(I,PSF,NCORR,ICORR)：NCORR 和 ICORR 分别表示噪声和原始图像的自相关函数值，可以是任意不大于原图像的尺寸或维数。

【例 7-10】 采用 deconvwnr 函数，对均值模糊的图像进行维纳滤波。

程序如下：

```
clear,clc,close all;
Image = im2double(imread('flower.jpg'));
subplot(221),imshow(Image),title('原图');
window = 15;                                                        % 均值窗口尺寸
PSF = fspecial('average',window);                                   % 点扩散函数
BlurredI = imfilter(Image,PSF,'conv','circular');                   % 产生模糊图像
noise_mean = 0;     noise_var = 0.0001;                             % 噪声参数
BlurandnoisyI = imnoise(BlurredI,'gaussian',noise_mean,noise_var);  % 生成模糊加噪声图像
subplot(222),imshow(BlurandnoisyI),title('均值模糊加高斯噪声图像');
estimated_nsr = 0;                                                  % 估计 NSR 为 0
result1 = deconvwnr(BlurandnoisyI, PSF, estimated_nsr);             % 维纳滤波去模糊
subplot(223),imshow(result1),title('使用 NSR = 0 复原 ');
estimated_nsr = noise_var/var(Image(:));                    % 设置 NSR 为噪声与图像方差比
result2 = deconvwnr(BlurandnoisyI,PSF,estimated_nsr);       % 维纳滤波去模糊
subplot(224),imshow(result2),title('使用估计的 NSR 复原');
```

程序运行结果如图 7-12 所示。

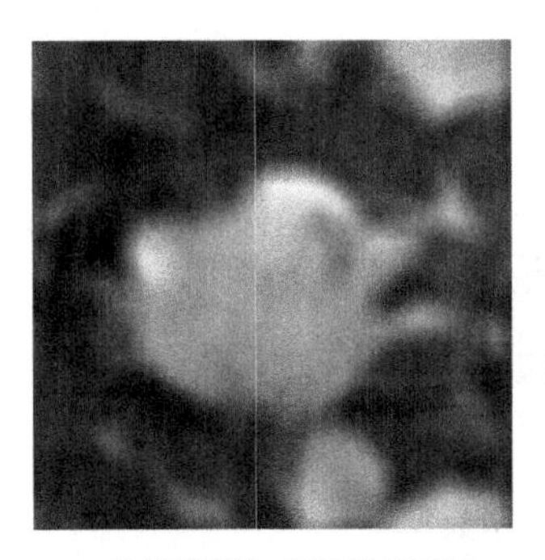

(a) 均值模糊加高斯噪声图像

(b) 维纳滤波复原(NSR=0)

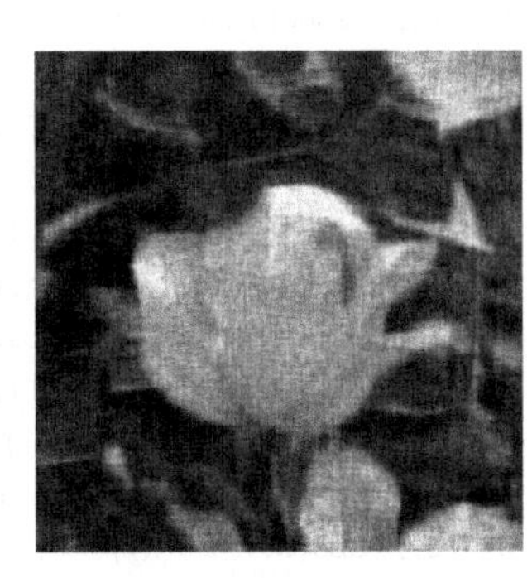

(c) 维纳滤波复原(估计NSR)

图 7-12　维纳滤波效果图

当 NSR=0 时,维纳滤波实际上是逆滤波方法,从图 7-12(b)可看出,未能复原图像;在程序中,噪声信号是人为叠加的,估计 NSR 的值较准确,复原效果较好,如图 7-12(c)所示;实际问题中,对于噪声不够了解,需要根据经验或别的方法来确定 NSR 的取值。

7.4.3 等功率谱滤波

等功率谱滤波是使原始图像 $f(x,y)$ 和复原图像 $\hat{f}(x,y)$ 功率谱相等的复原方法。此方法假设图像和噪声均属于均匀随机场,噪声均值为零,且与图像不相关。

由退化模型及功率谱的定义,可知:

$$S_g(u,v) = |H(u,v)|^2 S_f(u,v) + S_n(u,v) \tag{7-38}$$

设复原滤波器的传递函数为 $M(u,v)$,则

$$S_{\hat{f}}(u,v) = S_g(u,v)|M(u,v)|^2 \tag{7-39}$$

根据等功率谱的概念 $S_{\hat{f}}(u,v)=S_f(u,v)$，可得

$$M(u,v)=\left[\frac{1}{|H(u,v)|^2+S_n(u,v)/S_f(u,v)}\right]^{1/2} \tag{7-40}$$

则等功率谱滤波如式(7-41)所示。

$$\hat{F}(u,v)=\left[\frac{1}{|H(u,v)|^2+S_n(u,v)/S_f(u,v)}\right]^{1/2}G(u,v) \tag{7-41}$$

在没有噪声的情况下，$S_n(u,v)=0$，等功率谱滤波转变为逆滤波。类似于维纳滤波，等功率谱滤波复原图像时，可采用一个常数 K 来代替 $S_n(u,v)/S_f(u,v)$。

【例 7-11】 对运动模糊加噪声图像进行等功率谱滤波复原。

程序如下：

```
clear,clc,close all;
Image = im2double(imread('flower.jpg'));
[height,width,color] = size(Image);
figure,imshow(Image),title('原图');
LEN = 21;   THETA = 11;
h = fspecial('motion', LEN, THETA);
BlurredI = imfilter(Image,h);
figure,imshow(BlurredI),title('运动模糊图像');
noise = imnoise(zeros(height,width,color),'salt & pepper',0.001);
BlurandnoiseI = BlurredI + noise;
figure,imshow(BlurandnoiseI),title('运动模糊加椒盐噪声图像');
H = psf2otf(h,[height,width]);
K = sum(noise(:).^2)/sum(Image(:).^2);
M = (1./(abs(H).^2 + K)).^0.5;          % 计算等功率谱滤波传递函数
G = fft2(BlurandnoiseI);
f = abs(ifft2(G.*M));
figure,imshow(f),title('等功率谱滤波图像');
```

程序运行结果如图 7-13 所示。

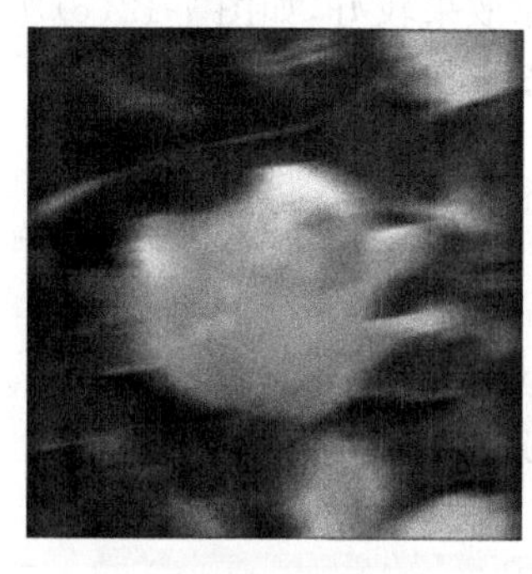

(a) 运动模糊图像

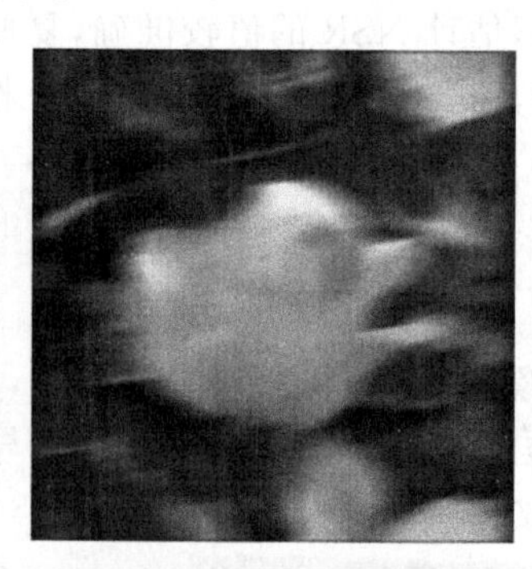

(b) 运动模糊加椒盐噪声

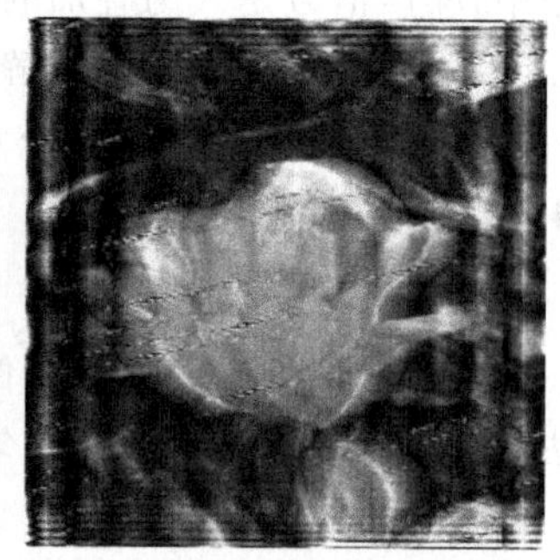

(c) 等功率谱滤波

图 7-13　等功率谱滤波效果图

7.4.4 几何均值滤波

将前述几种滤波器一般化,可得几何均值滤波器,如式(7-42)所示。

$$M(u,v)=\left[\frac{H^*(u,v)}{|H(u,v)|^2}\right]^{\alpha}\left[\frac{H^*(u,v)}{|H(u,v)|^2+\gamma S_n(u,v)/S_f(u,v)}\right]^{1-\alpha} \tag{7-42}$$

其中,α,γ 为正的实常数。

可以看出,当 $\alpha=1$ 时,几何均值滤波器即逆滤波器;若 $\alpha=0$ 时,则是参数化的维纳滤波器;当 $\alpha=1/2$,$\gamma=1$ 时,则是等功率谱滤波器;当 $\alpha=1/2$ 时,则是普通逆滤波和维纳滤波的几何平均,即几何均值滤波器;当 $\gamma=1$ 时,若 $\alpha<1/2$,则滤波器越来越接近维纳滤波;若 $\alpha>1/2$,则滤波器越来越接近逆滤波。因此,可以通过灵活选择 α,γ 的值来获得良好的平滑效果。

【例 7-12】 对高斯模糊加噪声图像进行几何均值滤波复原。

程序如下:

```
clear,clc,close all;
Image = im2double(imread('flower.jpg'));
[height,width,color] = size(Image);
subplot(221),imshow(Image),title('原图');
h = fspecial('gaussian',7,10);
BlurredI = imfilter(Image,h);
noise = imnoise(zeros(height,width,color),'salt & pepper',0.001);
BNI = BlurredI + noise;
subplot(222),imshow(BNI),title('高斯模糊加椒盐噪声');
H = psf2otf(h,[height,width]);
Hconj = conj(H);
HH = abs(H).^2;
alpha1 = 0.5; gama1 = 100;
alpha2 = 0.5; gama2 = 10;
K = sum(noise(:).^2)/sum(Image(:).^2);
M1 = (Hconj./HH).^alpha1.*(Hconj./(HH + gama1 * K)).^(1 - alpha1);    %几何均值滤波器一
M2 = (Hconj./HH).^alpha2.*(Hconj./(HH + gama2 * K)).^(1 - alpha2);    %几何均值滤波器二
G = fft2(BNI);
f1 = abs(ifft2(G.* M1));
f2 = abs(ifft2(G.* M2));
subplot(223),imshow(f1),title('几何均值滤波图像一');
subplot(224),imshow(f2),title('几何均值滤波图像二');
```

程序运行结果如图 7-14 所示。

7.4.5 约束最小二乘方滤波

维纳滤波、等功率谱滤波、几何均值滤波需要知道原始图像和噪声的功率谱,而实际上,

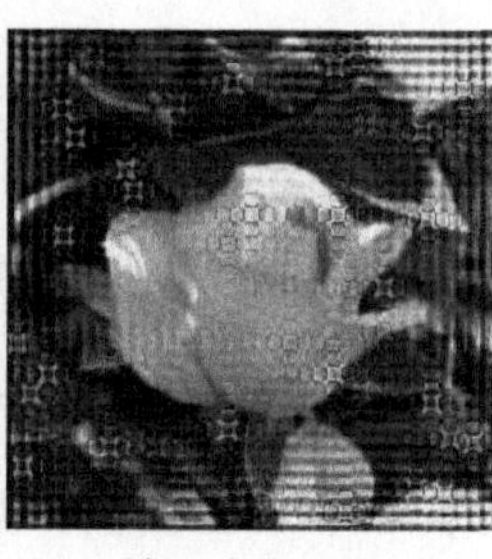

(a) 高斯模糊加椒盐噪声　(b) α=0.5，γ=100　(c) α=0.5，γ=10　(d) α=0.2，γ=1

图 7-14　几何均值滤波效果图

这些值是未知的，功率谱比的常数估计一般也没有很合适的解。若仅知道噪声方差的情况，可以考虑约束最小二乘方滤波。

1. 约束最小二乘方滤波原理

约束复原是求在约束条件 $\|\boldsymbol{n}\|^2=\|\boldsymbol{g}-\boldsymbol{H}\hat{f}\|^2$ 下，使 $\|\boldsymbol{Q}\hat{f}\|^2$ 为最小的原图 $\boldsymbol{f}$ 的最佳估计 $\hat{f}$。本节采用最小化原图二阶微分的方法。

图像 $f(x,y)$ 在 (x,y) 处的二阶微分可表示为

$$\nabla^2 f=\frac{\partial^2 f}{\partial x^2}+\frac{\partial^2 f}{\partial y^2}=f(x+1,y)+f(x-1,y)+f(x,y+1)+f(x,y-1)-4f(x,y) \tag{7-43}$$

二阶微分实际上是原图 $f(x,y)$ 与离散的拉普拉斯算子 $\boldsymbol{l}(x,y)$ 的卷积，$\boldsymbol{l}(x,y)$ 如式(7-44)所示。

$$\boldsymbol{l}(x,y)=\begin{pmatrix}0 & 1 & 0\\ 1 & -4 & 1\\ 0 & 1 & 0\end{pmatrix} \tag{7-44}$$

采用的最优化准则为

$$\min(f(x,y)*l(x,y)) \tag{7-45}$$

拉普拉斯算子尺寸为 3×3，设原图像大小为 $A\times B$，系统函数 $\boldsymbol{H}$ 大小为 $C\times D$，为避免折叠现象，将各函数延拓到 $M\times N$，$M\geqslant A+C-1$ 且 $M\geqslant A+3-1$，$N\geqslant B+D-1$ 且 $N\geqslant B+3-1$，即

$$f_e(x,y)=\begin{cases}f(x,y) & 0\leqslant x\leqslant A-1,0\leqslant y\leqslant B-1\\ 0 & A\leqslant x\leqslant M-1,B\leqslant y\leqslant N-1\end{cases}$$

$$h_e(x,y)=\begin{cases}h(x,y) & 0\leqslant x\leqslant C-1,0\leqslant y\leqslant D-1\\ 0 & C\leqslant x\leqslant M-1,D\leqslant y\leqslant N-1\end{cases}$$

$$l_e(x,y)=\begin{cases}l(x,y) & 0\leqslant x\leqslant 2,0\leqslant y\leqslant 2\\ 0 & 3\leqslant x\leqslant M-1,3\leqslant y\leqslant N-1\end{cases}$$

$$g_e(x,y)=\begin{cases}g(x,y) & 0\leqslant x\leqslant A+C-2,0\leqslant y\leqslant B+D-2\\0 & A+C-1\leqslant x\leqslant M-1,B+D-1\leqslant y\leqslant N-1\end{cases}\tag{7-46}$$

按约束复原结论，在约束最小二乘方滤波中，线性运算 Q 即为拉普拉斯算子 L，因此，复原图像可以按式(7-47)计算。

$$\hat{f}=(\boldsymbol{H}^{\mathrm{T}}\boldsymbol{H}+\frac{1}{\lambda}\boldsymbol{L}^{\mathrm{T}}\boldsymbol{L})^{-1}\boldsymbol{H}^{\mathrm{T}}\boldsymbol{g}\tag{7-47}$$

直接求解式(7-47)比较困难，可以用傅里叶变换的方法在变换域中计算，表示为

$$\begin{aligned}\hat{F}(u,v)&=\left[\frac{H_e^*(u,v)}{|H_e(u,v)|^2+\frac{1}{\lambda}|L_e(u,v)|^2}\right]G_e(u,v)\\&=\left[\frac{H_e^*(u,v)}{|H_e(u,v)|^2+\gamma|L_e(u,v)|^2}\right]G_e(u,v)\end{aligned}\tag{7-48}$$

其中，$L_e(u,v)$、$H_e(u,v)$、$G_e(u,v)$是式(7-46)中所示 $l_e(x,y)$、$h_e(x,y)$、$g_e(x,y)$的二维 DFT。

2. 约束最小二乘方滤波的实现

对于式(7-48)所示的求解公式，可以通过调整参数 γ 以达到良好的复原结果。从最优角度出发，需满足约束 $\|\boldsymbol{n}\|^2=\|\boldsymbol{g}-\boldsymbol{H}\hat{f}\|^2$，因此，定义残差向量 $\boldsymbol{e}$

$$\boldsymbol{e}=\boldsymbol{g}-\boldsymbol{H}\hat{f}\tag{7-49}$$

由式(7-48)可知，$\hat{F}(u,v)$是 γ 的函数，所以残差向量 $\boldsymbol{e}$ 也是 γ 的函数。定义如下

$$\varphi(\gamma)=\boldsymbol{e}^{\mathrm{T}}\boldsymbol{e}=\|\boldsymbol{e}\|^2\tag{7-50}$$

$\varphi(\gamma)$是 γ 的单调递增函数。调整 γ，使得

$$\|\boldsymbol{e}\|^2=\|\boldsymbol{n}\|^2\pm\alpha\tag{7-51}$$

其中，α 是一个准确度系数。若 $\alpha=0$，则严格满足约束要求 $\|\boldsymbol{n}\|^2=\|\boldsymbol{g}-\boldsymbol{H}\hat{f}\|^2$。

可以通过下列方法确定满足要求的 γ 值。

(1) 指定初始 γ 值。

(2) 计算 $\hat{f}$ 和 $\|\boldsymbol{e}\|^2$。

(3) 若满足式(7-51)，则算法停止；否则，若 $\|\boldsymbol{e}\|^2<\|\boldsymbol{n}\|^2-\alpha$，则增加 γ，若 $\|\boldsymbol{e}\|^2>\|\boldsymbol{n}\|^2+\alpha$，则减小 γ，并返回上一步继续。

在上述算法过程中，需要计算 $\|\boldsymbol{e}\|^2$ 和 $\|\boldsymbol{n}\|^2$ 的值。

$\|\boldsymbol{e}\|^2$ 的计算过程如下。

对式(7-49)进行傅里叶变换：

$$E(u,v)=G(u,v)-H(u,v)\hat{F}(u,v)\tag{7-52}$$

对 $E(u,v)$进行傅里叶反变换得 $\boldsymbol{e}(x,y)$，然后按下式计算 $\|\boldsymbol{e}\|^2$。

$$\| \boldsymbol{e} \|^2 = \sum_{x=0}^{M-1} \sum_{y=0}^{N-1} \boldsymbol{e}^2(x,y) \tag{7-53}$$

$\| \boldsymbol{n} \|^2$ 的计算过程如下。

估计整幅图像上的噪声方差：

$$\sigma_n^2 = \frac{1}{MN} \sum_{x=0}^{M-1} \sum_{y=0}^{N-1} [n(x,y) - \mu_n]^2 \tag{7-54}$$

其中，μ_n 是样本的均值，如式(7-55)所示。

$$\mu_n = \frac{1}{MN} \sum_{x=0}^{M-1} \sum_{y=0}^{N-1} n(x,y) \tag{7-55}$$

参考式(7-53)得

$$\| \boldsymbol{n} \|^2 = \sum_{x=0}^{M-1} \sum_{y=0}^{N-1} \boldsymbol{n}^2(x,y) = MN[\sigma_n^2 + \mu_n^2] \tag{7-56}$$

因此，得到结论：只用噪声的均值和方差的相关知识，不需要知道原始图像和噪声的功率谱，就可以执行最优复原算法。

【例 7-13】 基于上述算法，对模糊的图像进行约束最小二乘方滤波。

程序如下：

```
Image = im2double(rgb2gray(imread('flower.jpg')));
window = 15;  [N,M] = size(Image);
N = N + window - 1;  M = M + window - 1;
h = fspecial('average',window);                          %点扩散函数
BlurreI = conv2(h,Image);                                %图像模糊
sigma = 0.001;  miun = 0;                                %噪声的方差、均值参数
nn = M * N * (sigma + miun * miun);                      %约束值
BlurrednoisyI = imnoise(BlurredI,'gaussian',miun,sigma); %模糊加噪声图像
figure,imshow(BlurrednoisyI),title('Blurred Image with noise');
h1 = zeros(N,M);      h1(1:window,1:window) = h;     %点扩散函数延拓
H = fftshift(fft2(h1));                              %频域退化函数
lap = [0 1 0;1 -4 1;0 1 0];                          %二阶微分模板
L = zeros(N,M);       L(1:3,1:3) = lap;              %微分模板延拓
L = fftshift(fft2(L));                               %频域微分模板
G = fftshift(fft2(BlurrednoisyI));                   %退化图像 DFT
gama = 0.3; step = 0.01; alpha = nn * 0.001;         %初始γ值、γ修正步长、准确度系数
flag = true;                                         %循环标识变量
while flag
    MH = conj(H)./(abs(H).^2 + gama * (abs(L).^2));  %估计复原函数
    F = G. * MH;  E = G - H. * F;
E = abs(ifft2(ifftshift(E)));   ee = sum(E(:).^2);  %复原图像并计算残差
    if ee < nn - alpha                               %判断并修正γ值
        gama = gama + step;
    elseif ee > nn + alpha
        gama = gama - step;
    else
```

```
        flag = false;
    end
end
MH = conj(H)./(abs(H).^2 + gama * (abs(L).^2));             % 计算最终复原函数
f = ifft2(ifftshift(G. * MH));                              % 复原图像
result = f(1:N - window + 1,1:M - window + 1);
figure, imshow(abs(result),[ ]),title('Filtered Image');
```

程序运行结果如图 7-15 所示。

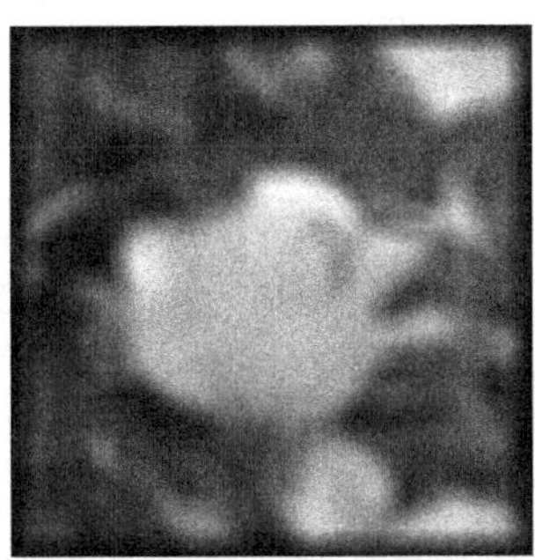

(a) 模糊加高斯噪声图像　　(b) 约束最小二乘方滤波图像

图 7-15　约束最小二乘方滤波效果图

MATLAB 提供了 deconvreg 函数来实现约束最小二乘方滤波,其具有以下几种调用形式。

(1) J＝deconvreg(I,PSF,NP);

(2) J＝deconvreg(I,PSF,NP,LRANGE);

(3) J＝deconvreg(I,PSF,NP,LRANGE,REGOP);

(4) [J,LAGRA]＝deconvreg(I,PSF,…)。

函数参数含义如下。

I：降质图像；J：复原图像；PSF：退化过程的点扩散函数；NP：加性噪声能量,默认值为 0；LRANGE：Lagrange 乘子系数的优化范围,默认值为$[10^{-9},10^{9}]$；REGOP：去卷积的线性约束算子,默认时为二维 Laplacian 算子。LAGRA 为计算出的最优 Lagrange 乘子系数。

在上面程序模糊图像的基础上直接调用 deconvreg 函数,代码如下：

```
J = deconvreg(BlurrednoisyI,h,nn);
figure,imshow(J,[ ]);
```

【例 7-14】 改变参数,使用 deconvreg 函数对图像进行约束最小二乘方滤波。

程序如下：

```
clear,clc,close all;
I = im2double(imread('flower.jpg'));
PSF = fspecial('gaussian',7,10);
```

```
V = .01;
BlurredNoisy = imnoise(imfilter(I,PSF),'gaussian',0,V);
NP = V * prod(size(I));                    % 噪声能量
[result1,LAGRA] = deconvreg(BlurredNoisy,PSF,NP);
result2 = deconvreg(BlurredNoisy,PSF,[ ],LAGRA/10);
result3 = deconvreg(BlurredNoisy,PSF,[ ],LAGRA * 10);
subplot(221),imshow(BlurredNoisy),title('高斯模糊加噪声');
subplot(222),imshow(result1),title('计算噪声能量复原');
subplot(223),imshow(result2),title('LRANGE = 0.1 * LAGRA');
subplot(224),imshow(result3),title('LRANGE = 10 * LAGRA');
```

程序运行结果如图 7-16 所示。

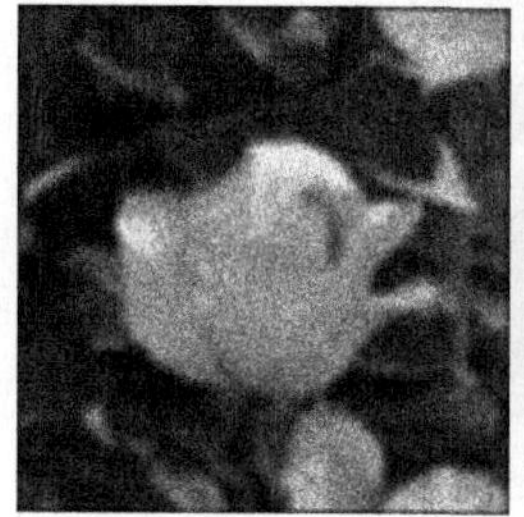

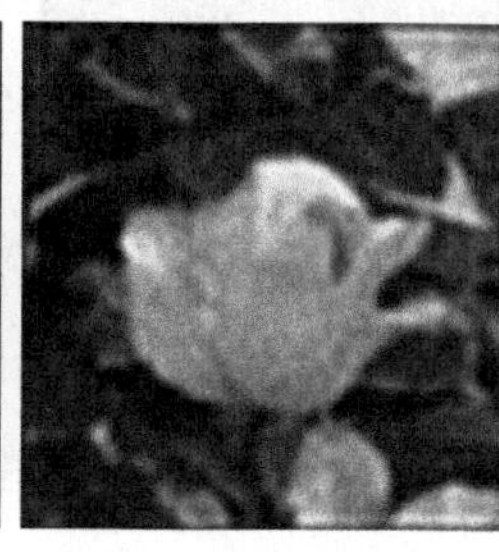

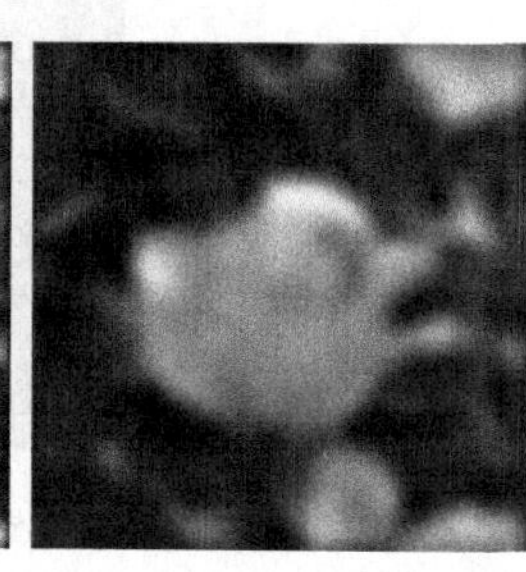

(a) 高斯模糊加噪声图像　(b) 计算噪声能量复原　(c) LRANGE=0.1×LAGRA　(d) LRANGE=10×LAGRA

图 7-16　使用 deconvreg 函数的滤波效果

7.4.6　Richardson-Lucy 算法

Richardson-Lucy 算法简称 RL 算法，是图像复原的经典算法之一，因 William Richardson 和 Leon Lucy 各自独立提出而得名。算法假设图像服从泊松分布，采用最大似然法得到如下估计原始图像信息的迭代表达式。

$$\hat{f}_{k+1}(x,y)=\hat{f}_k(x,y)\left[h(-x,-y)*\frac{g(x,y)}{h(x,y)*\hat{f}_k(x,y)}\right] \tag{7-57}$$

式中，$\hat{f}_k(x,y)$是 k 次迭代后复原图像。

MATLAB 提供了 RL 算法复原图像的函数——deconvlucy，该函数在最初的 RL 算法基础上进行了改进，如减少噪声的影响、对图像质量不均匀的像素进行修正等。这些改进加快了图像复原的速度和复原的效果。该函数具有以下几种调用形式。

(1) J=deconvlucy(I,PSF)；

(2) J=deconvlucy(I,PSF,NUMIT)；

(3) J=deconvlucy(I,PSF,NUMIT,DAMPAR)；

(4) J=deconvlucy(I,PSF,NUMIT,DAMPAR,WEIGHT)；

(5) J=deconvlucy(I,PSF,NUMIT,DAMPAR,WEIGHT,READOUT)。

函数参数含义如下。

I：指要复原的退化图像；J：反卷积后输出的图像；PSF：点扩散函数；NUMIT：指迭代的次数，默认值为10；DAMPAR：规定了原图像和恢复图像之间的阈值偏差矩阵，偏离原始值不超过阈值的像素终止迭代，默认值为0；WEIGHT：是一个权重矩阵，它规定了图像I中的坏像素的权值为0，其他的为1，默认值为跟I维数相同的全1矩阵；READOUT：是与噪声和读出设备有关的参数，默认值为0。

【例7-15】 基于RL算法，对模糊的图像进行复原滤波。

程序如下：

```
clear,clc,close all;
I = im2double(imread('flower.jpg'));
figure,imshow(I),title('原图像');
PSF = fspecial('gaussian',7,10);                    % 高斯低通滤波器
V = 0.0001;                                         % 高斯加性噪声标准差
IF1 = imfilter(I,PSF);
BlurredNoisy = imnoise(IF1,'gaussian',0,V);
figure,imshow(BlurredNoisy),title('高斯模糊加噪声图像');
WT = zeros(size(I));                                % 产生权重矩阵
WT(5:end - 1,5:end - 4) = 1;
J1 = deconvlucy(BlurredNoisy,PSF);                  % RL 算法复原
J2 = deconvlucy(BlurredNoisy,PSF,50,sqrt(V));
J3 = deconvlucy(BlurredNoisy,PSF,100,sqrt(V),WT);
figure,imshow(J1),title('10 次迭代');
figure,imshow(J2),title('50 次迭代');
figure,imshow(J3),title('100 次迭代');
```

程序运行结果如图7-17所示。

(a) 高斯模糊加噪声图像

(b) 10次迭代去模糊

(c) 50次迭代去模糊

(d) 100次迭代去模糊

图7-17 RL滤波复原效果图

7.5 盲去卷积复原

前文所介绍的方法都是以图像退化的某种先验知识为基础的，即假定退化系统的冲激响应已知。但在许多情况下，难以确定退化的点扩散函数，不以PSF知识为基础的图像复

原方法统称为盲去卷积复原。

现有的盲去卷积复原算法有多种，如以最大似然估计为基础的复原方法、迭代方法、总变分正则化方法等，根据优化标准和先验知识的不同可分为多种类型。本节简要介绍基于最大似然估计的盲图像复原算法。

基于最大似然估计的盲图像复原算法，是在 PSF 未知的情况下，根据退化图像、原始图像及 PSF 的一些先验知识，采用概率理论建立似然函数，再对似然函数求最大值，实现原始图像和 PSF 的估计重建的。

设退化图像 $g(x,y)$ 的概率为 $P(g)$，原始图像 $f(x,y)$ 的概率为 $P(f)$，由 $f(x,y)*h(x,y)$ 估计 $g(x,y)$ 的概率为 $P(g|h*f)$，由 $g(x,y)$ 估计 $f(x,y)*h(x,y)$ 的概率为 $P(h*f|g)$，由贝叶斯定理可知：

$$P(h*f\mid g)=\frac{P(g\mid h*f)P(f)P(h)}{P(g)} \tag{7-58}$$

式(7-58)中，$P(g)$ 由成像系统确定，与最大化无关；当 $P(h*f|g)$ 取最大值时，认为原始图像 $f(x,y)$ 和 PSF$h(x,y)$ 最大概率逼近真实结果，即最大程度实现了原始图像和 PSF 的估计重建。

对式(7-58)取负对数，得代价函数 J：

$$J(h,f)=-\ln[P(h*f\mid g)]=-\ln[P(g\mid h*f)]-\ln[P(f)]-\ln[P(h)] \tag{7-59}$$

式(7-59)中 3 项均取最小值时，即代价函数取最小值，求解可以采用共轭梯度法进行。最大似然方法将原始图像和 PSF 的先验知识作为约束条件，适用性好，但运算量较大。

MATLAB 提供了基于最大似然算法的盲去卷积函数 deconvblind，其具有以下几种调用形式。

(1) [J,PSF]=deconvblind(I,INITPSF)；

(2) [J,PSF]=deconvblind(I,INITPSF,NUMIT)；

(3) [J,PSF]=deconvblind(I,INITPSF,NUMIT,DAMPAR)；

(4) [J,PSF]=deconvblind(I,INITPSF,NUMIT,DAMPAR,WEIGHT)；

(5) [J,PSF]=deconvblind(I,INITPSF,NUMIT,DAMPAR,WEIGHT,READOUT)。

函数参数含义如下。

I：要复原的图像；J：去模糊后的图像；PSF：重建的点扩散函数矩阵；INITPSF：重建点扩散函数矩阵的初始值；NUMIT、DAMPAR、WEIGHT、READOUT 含义同 deconvlucy 函数参数。

【例 7-16】 基于 deconvblind 函数对模糊的图像进行复原滤波。

程序如下：

```
clear,clc,close all;
I = im2double(imread('flower.jpg'));
PSF = fspecial('gaussian',7,10);
V = 0.0001;
IF1 = imfilter(I,PSF);
```

```
BlurredNoisy = imnoise(IF1,'gaussian',0,V);
WT = zeros(size(I));  WT(5:end - 4,5:end - 4) = 1;
INITPSF = ones(size(PSF));
[J,P] = deconvblind(BlurredNoisy,INITPSF,20,10 * sqrt(V),WT);
                        % 20 次迭代盲去卷积复原,输出图像与输入图像的偏离阈值 10 × sqrt(V)
subplot(221),imshow(BlurredNoisy),title('高斯模糊加噪声图像');
subplot(222),imshow(PSF,[]),title('真正的 PSF');
subplot(223),imshow(J),title('盲复原图像');
subplot(224),imshow(P,[]),title('重建的 PSF');
```

程序运行结果如图 7-18 所示。

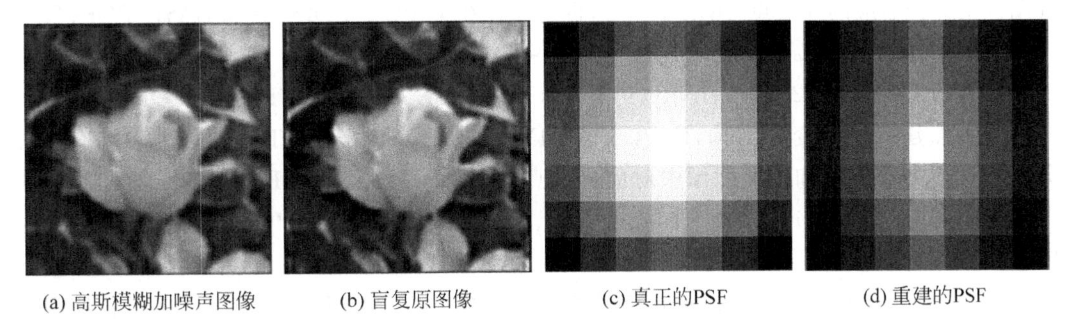

(a) 高斯模糊加噪声图像　(b) 盲复原图像　(c) 真正的PSF　(d) 重建的PSF

图 7-18　盲去卷积复原效果图

7.6　几何失真校正

在图像生成和显示的过程中,由于成像系统本身具有的非线性,或者拍摄时成像系统光轴和景物之间存在一定倾斜角度,往往会造成图像的几何失真(几何畸变),这也是一种图像退化。几何失真校正是通过几何变换来校正失真图像中像素的位置,以便恢复原来像素空间关系的复原技术。

假设一幅图像为 $f(x,y)$,由于几何失真变为 $g(x',y')$,失真前后像素点的坐标满足下列关系:

$$\begin{cases} x'=h_1(x,y) \\ y'=h_2(x,y) \end{cases} \tag{7-60}$$

如果能够获取 $h_1(x,y)$、$h_2(x,y)$的解析表达式,可以进行反变换,对于失真图像中的点(x',y')找到其在原图像中的对应位置(x,y),从而实现几何失真校正。

设几何失真是线性的变换,即

$$\begin{cases} x'=ax+by+c \\ y'=dx+ey+f \end{cases} \tag{7-61}$$

若能够计算出 6 个系数,则能够确定变换前后点的空间关系。

设原图中 3 个像素点分别为(x_1,y_1)、(x_2,y_2)和(x_3,y_3),在畸变图像中的坐标为

(x'_1,y'_1)、(x'_2,y'_2)和(x'_3,y'_3)，构建如下方程组，求解系数。

$$\begin{cases} x'_1=ax_1+by_1+c \quad y'_1=dx_1+ey_1+f \\ x'_2=ax_2+by_2+c \quad y'_2=dx_2+ey_2+f \\ x'_3=ax_3+by_3+c \quad y'_3=dx_3+ey_3+f \end{cases} \tag{7-62}$$

若图像中各处的畸变规律相同，可直接把6个系数应用于其他点。确定对应关系后，进行几何变换修改失真图像，实现几何失真校正。

MATLAB提供了根据点建立几何变换关系的函数，常见的有以下几种。

(1) cpselect(INPUT,BASE)：调用该函数，系统启动交互选择连接点工具，手工在两幅图像上寻找对应的连接点，用鼠标单击，将其保存在INPUT_POINTS和BASE_POINTS两个矩阵中。INPUT是需要校正的几何失真图像，BASE为原图。

(2) TFORM=cp2tform(INPUT_POINTS,BASE_POINTS,TRANSFORMTYPE)：根据连接点建立几何变换结构，INPUT_POINTS和BASE_POINTS为M×2矩阵，其值分别是几何失真图像和基准图像中对应连接点的坐标；TRANSFORMTYPE为变换类型，可以为'nonreflective similarity'、'similarity'、'affine'、'projective'、'polynomial'、'piecewise linear'、'lwm'。

(3) fitgeotrans函数：根据连接点建立几何变换结构，MATLAB新版本中推荐使用。

① TFORM = fitgeotrans(MOVINGPOINTS, FIXEDPOINTS, TRANSFORMATIONTYPE)：MOVINGPOINTS和FIXEDPOINTS为M×2矩阵，其值分别是几何失真图像和基准图像中对应连接点的坐标；TRANSFORMATIONTYPE可以为'nonreflectivesimilarity'、'similarity'、'affine'或'projective'。

② TFORM = fitgeotrans(MOVINGPOINTS, FIXEDPOINTS, 'polynomial', DEGREE)：控制点坐标满足多项式变换函数，DEGREE可以为2、3或4，指定多项式变换度。

③ TFORM=fitgeotrans(MOVINGPOINTS,FIXEDPOINTS,'pwl')：控制点坐标满足分段线性变换函数。这种变换通过将平面分解成局部分段线性区域来映射控制点，不同的局部区域控制点对应不同的仿射变换。

④ TFORM=fitgeotrans(MOVINGPOINTS,FIXEDPOINTS,'lwm',N)：控制点坐标满足局部加权平均变换。局部加权平均变换通过利用相邻控制点推导出每个控制点的多项式来生成映射，任何位置的映射都依赖于这些多项式的加权平均值，N个最近点用于推断每个控制点对应的第二级多项式变换，N可以小到6，但N值小可能产生病态多项式。

【例7-17】 设计程序，产生几何失真图像，并利用交互式选择连接点工具选择连接点。

程序如下：

```
clear,clc,close all;
Image = im2double(imread('lotus.jpg'));
[h,w,c] = size(Image);
figure,imshow(Image),title('原图');
```

```
RI = imrotate(Image,20);                          % 逆时针旋转 20°
tform = affine2d([1 0.5 0;0.5 1 0; 0 0 1]);       % 设置 x、y 方向的错切变换矩阵
NewImage = imwarp(RI,tform);                      % 对旋转后的图像进行错切变换
figure,imshow(NewImage),title('几何畸变图像');
cpselect(NewImage,Image);                         % 进行连接点交互式选择
```

运行本段程序，弹出连接点交互式选择工具，如图 7-19 所示。画面左侧为几何失真图像，右侧为原图像，在两幅图像上对应选择至少 3 对控制点，通过 File 菜单中的 Export Points to Workspace 子菜单，输出控制点到变量 movingPoints 和 fixedPoints，再运行后段程序，实现校正。

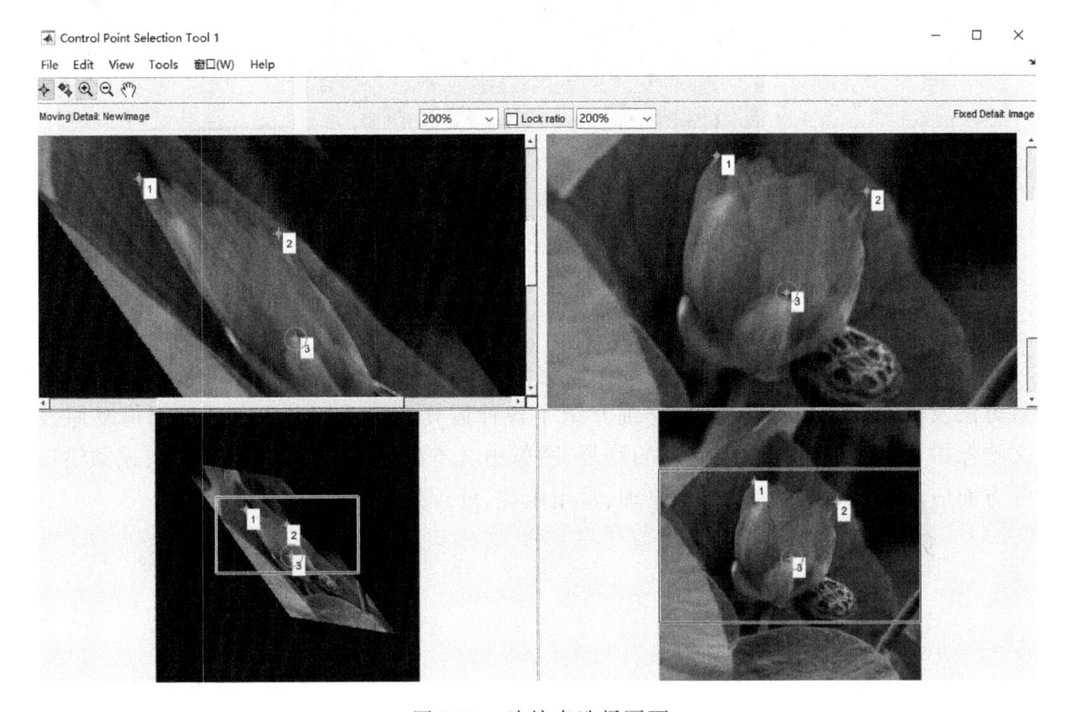

图 7-19　连接点选择画面

```
tform = fitgeotrans(movingPoints,fixedPoints,'affine');   % 建立几何变换结构
R = imref2d([h,w],[1 w],[1 h]);                           % 定义不扩大尺寸输出图像对象属性
result = imwarp(NewImage,tform,'OutputView',R);           % 进行几何变换
figure,imshow(result),title('校正后的图像');
```

程序运行结果如图 7-20 所示。

本实例中的几何失真图像是通过几何变换生成的，由原始图像和失真图像对比选择校正控制点。实际问题中没有这个便利，可以通过检测图像中的特征点，通过对特征点进行匹配实现变换函数的确定。

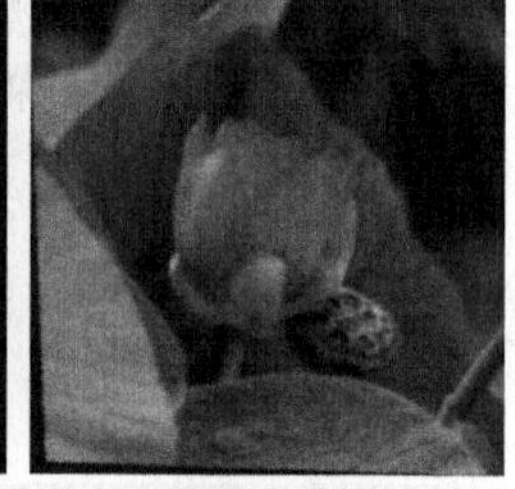

(a) 原始图像　　(b) 几何失真图像　　(c) 校正后的图像

图 7-20　图像几何失真校正

7.7　本章小结

本章主要介绍了图像复原,包括图像退化与复原的概念、退化函数的估计、图像复原的代数方法及典型的图像复原方法,详细介绍了各种运算的 MATLAB 实现。图像复原技术在文物保护、影视特技制作、老照片的修复、图像中文本的去除、障碍物的去除及视频错误隐藏等方面应用广泛,应熟悉其基本原理、常用函数、处理效果。

第8章 图像数学形态学处理

数学形态学(Mathematical Morphology)是数字图像处理的重要工具之一,应用于图像增强、分割、恢复、纹理分析、颗粒分析、骨架提取、形状分析、细化等方面。本章在介绍数学形态学基本概念的基础上,讲解针对二值图像、灰度图像的形态学处理。

8.1 数学形态学的基本概念

数学形态学用集合来描述目标图像或者感兴趣区域,牵涉到一些集合上的概念,如元素、子集、并集、交集、补集、差集、映射、位移、集合与集合之间的关系(包含、相交、相离)等。图像数学形态学处理实际是集合运算。

采用数学形态学方法分析目标图像时,需要创建一种几何形态滤波模板,用来收集图像信息,称为结构元素,也用集合来描述。数学形态学运算就是用结构元素对图像集合进行操作,观察图像中各部分关系,从而提取有用特征进行分析和描述的。

不同的结构元素对处理结果有很大的影响,在处理和分析图像时,选取适当的结构元素来参与形态学运算,需要遵循以下原则。

(1) 结构元素必须在几何上比原图像简单且有界。一般情况下,结构元素尺寸要明显小于目标图像尺寸。当选取性质相同或相似结构的元素时,以选取图像某些特征的极限情况为宜。

(2) 结构元素的形状最好具有某种凸性,如十字形、方形、线形、菱形、圆形。

(3) 对于每个结构元素,为了方便地参与形态学运算处理,还需指定一个参考原点。参考点可包含在结构元素中,也可不包含在结构元素中,但运算结果会有所不同。

MATLAB 提供了创建结构元素的函数,其调用格式如下。

(1) SE=strel(SHAPE,PARAMETERS):创建任意维数和形状的结构元素。SHAPE 为形状参数,指定结构元素类型;PARAMETERS 为控制形状的参数；SE为strel对象，其Neighborhood属性给出结构元素取值矩阵。strel函数参数的常用取值如表8-1所示。

表8-1　strel函数参数表

形　状	参　数	描　述
arbitrary	NHOOD	创建任意形状结构元素，NHOOD是规定了形状的0/1矩阵，可省略'arbitrary'
diamond	R	创建菱形结构元素，R为菱形中心与其边界距离
disk	R,N	创建圆盘状结构元素，R为半径，N指定用于近似圆盘结构元素的线型结构元素数目，这种近似可以加快运算速度，N可取值为0、4、6、8，默认值为4
line	LEN,DEG	创建线形的结构元素，LEN为长度，DEG为角度
octagon	R	创建八边形结构元素。R为八边形中心到八边形边缘最大距离，必须为3的倍数
rectangle	MN	创建矩形结构元素，MN为二维向量，规定结构元素行和列数
square	W	创建方形结构元素，W为方形结构的宽度

(2) nhood＝getnhood(SE)：返回结构元素SE的邻域矩阵。

【例8-1】 创建结构元素并查看邻域矩阵。

程序如下：

```
clear,clc,close all;
SE1 = strel('diamond',3);                   %定义一个菱形结构元素
GN1 = getnhood(SE1);                        %获取结构元素的邻域
SE2 = strel('disk',3,0);                    GN2 = getnhood(SE2);
SE3 = strel('octagon',3);                   GN3 = getnhood(SE3);
SE4 = strel('line',3,30);                   GN4 = getnhood(SE4);
SE5 = strel('rectangle',[3 6]);             GN5 = getnhood(SE5);
SE6 = strel('square',3);                    GN6 = getnhood(SE6);
```

程序运行结果如图8-1所示。

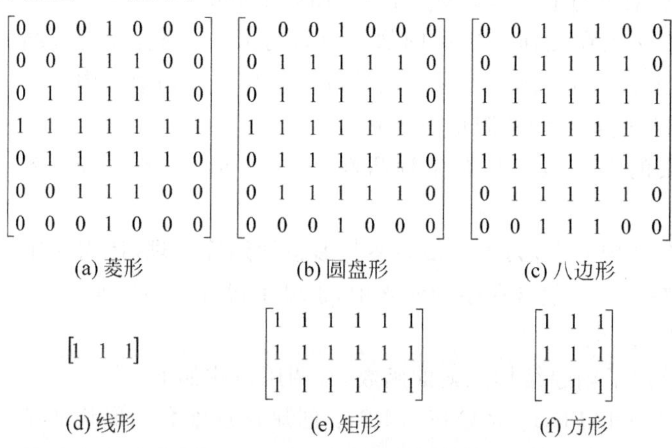

(a) 菱形　(b) 圆盘形　(c) 八边形

(d) 线形　(e) 矩形　(f) 方形

图8-1　结构元素的邻域矩阵

8.2 二值图像数学形态学处理

设 X 为二值图像目标集合，S 为二值结构元素集合，二值图像数学形态学运算就是 S 和 X 的集合运算。

8.2.1 基本形态变换

图像数学形态学处理有两种基本形态变换：膨胀和腐蚀。

1. 膨胀运算

集合 X 用结构元素 S 来膨胀记为 $X\oplus S$，定义为：

$$X \oplus S = \{x \mid [(\hat{S})_x \cap X] \neq \varnothing\} \tag{8-1}$$

其含义是：对结构元素 S 作关于原点的映射，所得的映射平移 x 形成新的集合 $(\hat{S})_x$，与集合 X 相交不为空集时结构元素 S 的参考点的集合即为 X 被 S 膨胀所得到的集合。

图 8-2(a)是一幅二值图像，深色"1"部分为目标集合 X；图 8-2(b)中标"1"部分为结构元素 S(阴影点为结构元素的参考点)。要求 $X\oplus S$，应首先将 S 作关于原点的映射，映射后 $\hat{S}$ 如图 8-2(c)所示；将 $\hat{S}$ 在 X 上移动，当二者交集不为空时记录 $\hat{S}$ 参考点的位置，如图 8-2(d)所示；最终膨胀结果如图 8-2(e)所示，其中，浅灰色"1"部分表示集合 X，深灰色"1"部分表示为膨胀部分，整个阴影部分为集合 $X\oplus S$。可看出，膨胀运算后，目标尺寸变大了。

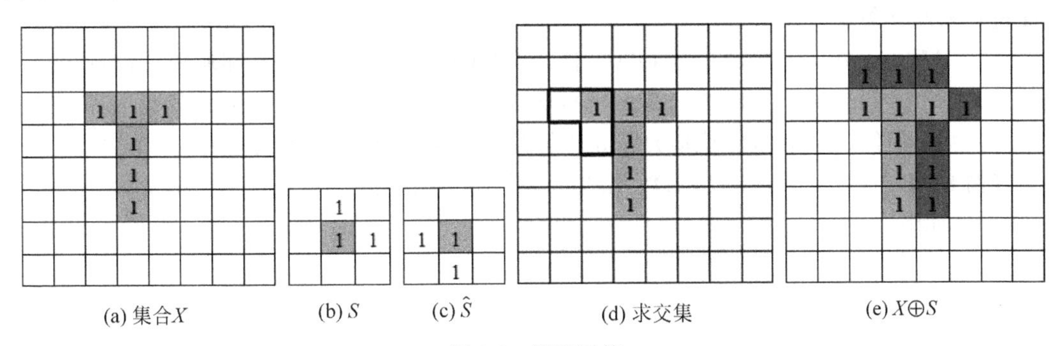

图 8-2 膨胀运算

【例 8-2】 对二值图像利用式(8-1)进行膨胀运算。

程序如下：

```
clear,clc,close all;
Image = rgb2gray(imread('sunny.png'));
[height,width,color] = size(Image);
BW = imbinarize(Image);                    % 获得二值图像
```

```
figure,imshow(BW),title('二值图像');
result = zeros(height,width);
win = 1;
for x = 1 + win:width - win
    for y = 1 + win:height - win          % 扫描图像中每一点,即结构元素移动到该点
        current = BW(y - win:y + win,x - win:x + win);
        if any(current(:))                % 方形邻域内任意点非零,即交集不为空,保留在膨胀结果中
            result(y,x) = 1;
        end
    end
end
figure,imshow(result),title('二值图像膨胀');
```

程序运行结果如图 8-3 所示。

(a) 原图像

(b) 膨胀后的图像

图 8-3　二值图像膨胀效果

MATLAB 提供了进行膨胀运算的函数,其调用格式如下。

(1) IM2＝imdilate(IM,SE):使用结构元素 SE 对灰度图像、二值图像或压缩二值图像 IM 进行膨胀运算。

(2) IM2＝imdilate(IM,NHOOD):使用 NHOOD 指定结构元素邻域矩阵进行膨胀。

(3) IM2＝imdilate(IM,SE,SHAPE):SHAPE 指定输出图像大小,取值为 same(输出图像与输入图像大小相同,默认值)或 full(全膨胀,输出图像比输入图像大)。

【例 8-3】 对二值图像利用函数 imdilate 进行膨胀运算。

程序如下:

```
clear,clc,close all;
Image = rgb2gray(imread('sunny.png'));
BW = imbinarize(Image);
SE = strel('square',3);
result = imdilate(BW,SE);
figure,imshow(result),title('二值图像膨胀');
```

程序运行结果同图 8-3。

2. 腐蚀运算

集合 X 用结构元素 S 来腐蚀记为 $X\ominus S$,定义为:

$$X \ominus S = \{x \mid (S)_x \subseteq X\} \tag{8-2}$$

其含义为：若结构元素 S 平移 x 后完全包括在集合 X 中，记录 S 的参考点位置，所得集合为 S 腐蚀 X 的结果。

图 8-4(a)中深色“1”部分为集合 X；图 8-4(b)中标“1”的部分为结构元素 S(阴影点为结构元素的参考点)。要求 $X \ominus S$，应将 S 在 X 上移动，判断移动后的 $(S)_x$ 是否包含于 X，如图 8-4(c)所示；最终腐蚀结果如图 8-4(d)所示。腐蚀后只剩下一个像素点，即集合 $X \ominus S$。可看出，目标集合 X 中比结构元素小的成分被腐蚀消失了，而大的成分面积缩小。

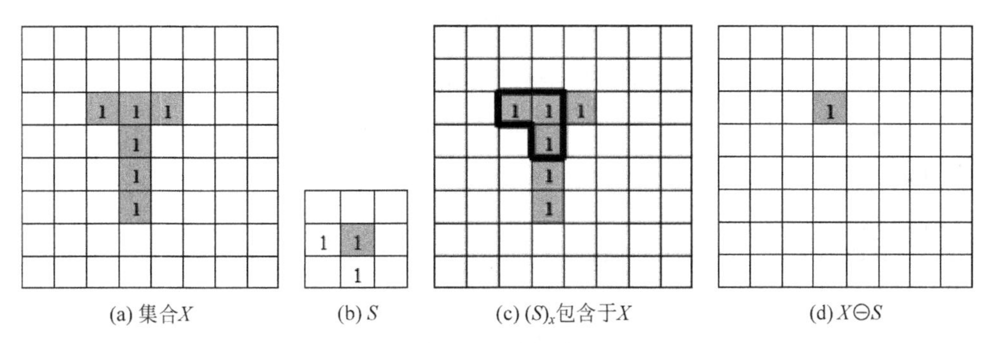

图 8-4　腐蚀运算

【例 8-4】 对二值图像利用式(8-2)进行腐蚀运算。

程序如下：

```
clear,clc,close all;
Image = rgb2gray(imread('sunny.png'));
[height,width,color] = size(Image);
BW = imbinarize(Image);
figure,imshow(BW),title('二值图像');
result = zeros(height,width);
win = 1;
for x = 1 + win:width - win
    for y = 1 + win:height - win        % 扫描图像中每一点,即结构元素移动到该点
        current = BW(y - win:y + win,x - win:x + win);
        if all(current(:))              % 方形邻域内全部点非零,即为 X 的子集,保留在腐蚀结果中
            result(y,x) = 1;
        end
    end
end
figure,imshow(result),title('二值图像腐蚀');
```

程序运行结果如图 8-5 所示。

MATLAB 提供了进行腐蚀运算的函数，其调用格式如下。

IM2＝imerode(IM，SE)或 IM2＝imerode(IM，SE，SHAPE)或 IM2＝imerode(IM，NHOOD)：对灰度图像、二值图像或压缩二值图像 IM 进行腐蚀操作，返回结果图像 IM2。

(a) 原图像

(b) 腐蚀后的图像

图 8-5　二值图像腐蚀效果

其他参数的含义与 imdilate 函数的参数类似,不再赘述。

【例 8-5】 对二值图像利用函数 imerode 进行腐蚀运算。

程序如下:

```
clear,clc,close all;
Image = rgb2gray(imread('sunny.png'));
BW = imbinarize(Image);
SE = strel('square',3);
result = imerode(BW,SE);
figure,imshow(result),title('二值图像腐蚀');
```

程序运行结果同图 8-5。

【例 8-6】 对例 8-5 中的 sunny 图像反色后进行膨胀和腐蚀运算。

程序如下:

```
clear,clc,close all;
Image = rgb2gray(imread('sunny.png'));
BW = imbinarize(Image);
BW = 1 - BW;
figure,imshow(BW),title('反色二值图像');
SE = strel('square',3);
result1 = imerode(BW,SE);
figure,imshow(result1),title('二值图像腐蚀');
result2 = imdilate(BW,SE);
figure,imshow(result2),title('二值图像膨胀');
```

程序运行结果如图 8-6 所示。膨胀和腐蚀的效果和前面的例子正好相反,腐蚀的时候目标尺寸变大,膨胀的时候目标尺寸反而变小了。这是由于图像进行了反色,前景目标改用黑色来表示,而程序中的函数实现的是对白色目标的处理;腐蚀时,二值图像中白色区域缩小,黑色区域增大,目标尺寸变大了;同理,膨胀时,白色区域增大,黑色区域缩小,目标尺寸变小了。

3. 膨胀和腐蚀的性质

性质 1　膨胀和腐蚀运算是关于集合补和映射的对偶关系。

(a) 原图

(b) 反色图像

(c) 腐蚀

(d) 膨胀

图 8-6 目标用黑色表示的图像基本形态变换效果

$$(X \ominus S)^c = X^c \oplus \hat{S} \qquad (X \oplus S)^c = X^c \ominus \hat{S} \tag{8-3}$$

膨胀和腐蚀不是互逆运算。

性质 2 膨胀运算具有交换性。

$$X \oplus S = S \oplus X \tag{8-4}$$

X 被 S 膨胀和 S 被 X 膨胀一样。而腐蚀运算则不具有交换性。

性质 3 膨胀运算具有结合性。

$$X \oplus (S_1 \oplus S_2) = (X \oplus S_1) \oplus S_2 \tag{8-5}$$

性质 4 膨胀和腐蚀运算具有增长性(或称为包含性的)。

$$X \subseteq Y \Rightarrow (X \oplus S) \subseteq (Y \oplus S) \quad X \subseteq Y \Rightarrow (X \ominus S) \subseteq (Y \ominus S) \tag{8-6}$$

8.2.2 复合形态变换

由膨胀和腐蚀的性质 1 可知,两者不是互为逆运算的,而是关于集合补和映射的对偶关系。那么先腐蚀再膨胀或者先膨胀再腐蚀,通常不能恢复成原来的图像(目标),而是产生两种新的形态变换,即开和闭运算,称为复合形态变换。

1. 开运算

开运算是指先对图像进行腐蚀运算,再进行膨胀运算。定义为:

$$X \circ S = (X \ominus S) \oplus S \tag{8-7}$$

开运算示意图如图 8-7 所示。图 8-7(a)为集合 X;图 8-7(b)为采用圆形结构元素 S,圆心为参考点;图 8-7(c)为 $X \ominus S$,是对 X 中能够填入 S 的位置做标记;图 8-7(d)所示为腐

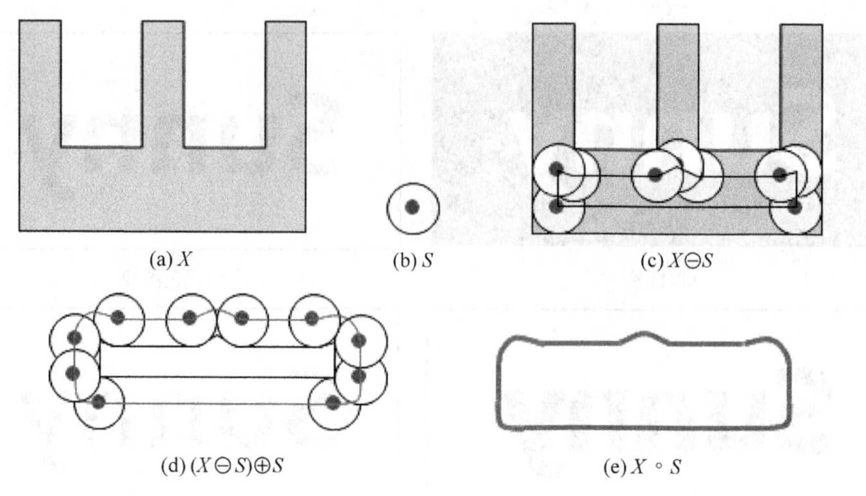

图 8-7　开运算示意图

蚀后再膨胀，由于结构元素 S 为对称结构，映射后 $\hat{S}$ 和映射前 S 一样，膨胀是对 $\hat{S}$ 和 X 交集不为空的位置作标记，开运算的结果如图 8-7(e)所示。

从图 8-7 可以看出，开运算没有恢复原图，而是实现了平滑图像轮廓的效果，是由于细长的突起、边缘、毛刺和孤点不能包含结构元素。在腐蚀运算中，这些噪声被滤掉，实现了平滑。

2. 闭运算

闭运算是指先对图像进行膨胀运算，再进行腐蚀运算。定义为：

$$X \cdot S = (X \oplus S) \ominus S \tag{8-8}$$

闭运算示意图如图 8-8 所示。是先对图像进行膨胀再腐蚀，结果和原图不一样，和开运算结果也不一样。

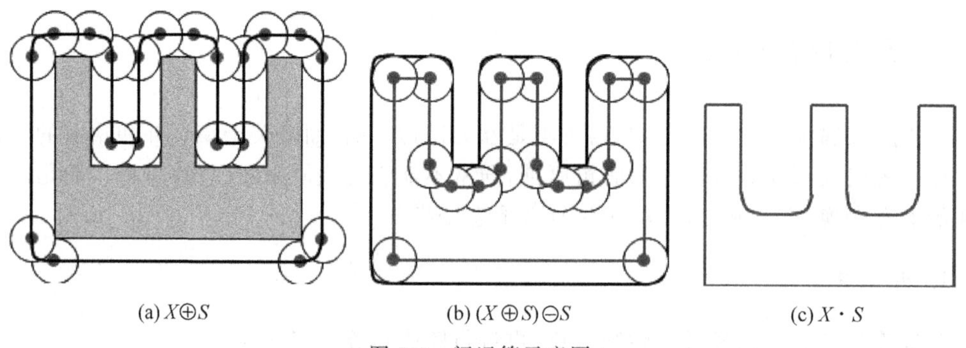

图 8-8　闭运算示意图

闭运算通过融合窄的缺口和细长的弯口，填补图像的裂缝及破洞，实现图像平滑。

闭运算的功能示意图如图 8-9 所示。由于集合 X 内部的洞尺寸小于结构元素，在第一步膨胀运算时，即使结构元素放置于洞的位置，$\hat{S}$ 和 X 的交集依然不为空，这些位置都被包含于膨胀的结果中，即洞被填补了，如图 8-9(c)所示；再经过之后的腐蚀运算，正方形尺寸还原，但洞不会再出现，如图 8-9(d)所示。

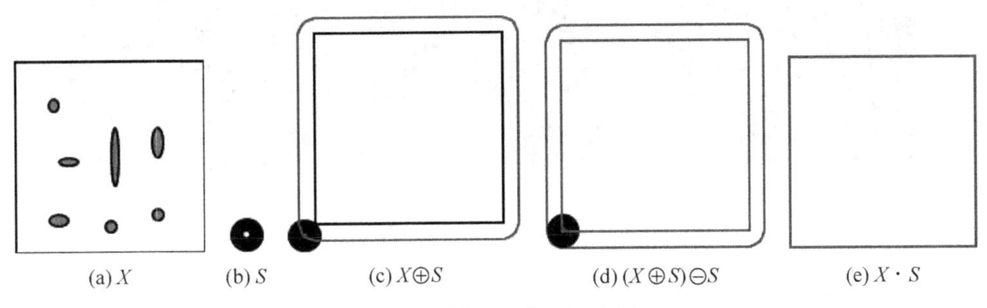

图 8-9　闭运算功能示意图

3. 开、闭运算的实现

可以根据定义，先后进行膨胀和腐蚀来实现开和闭运算，也可以采用 MATLAB 提供的如下函数实现。

(1) IM2=imopen(IM,SE)：利用结构元素 SE 对灰度图像或二值图像 IM 进行开运算。

(2) IM2=imopen(IM,NHOOD)：利用结构元素邻域矩阵 NHOOD 实现开运算。

(3) IM2=imclose(IM,SE)：对灰度图像或二值图像 IM 进行闭运算，返回结果图像 IM2。

(4) IM2=imclose(IM,NHOOD)：利用结构元素邻域矩阵 NHOOD 实现闭运算。

【例 8-7】 对二值图像进行开、闭运算。

程序如下：

```
clear,clc,close all;
Image = rgb2gray(imread('A.bmp'));
figure,imshow(Image);title('原图');
BW = imbinarize(Image);                 %变换原图为二值图像
SE = strel('square',3);                 %创建方形结构元素
result1 = imopen(BW,SE);                %开运算
figure,imshow(result1);title('开运算');
result2 = imclose(BW,SE);               %闭运算
figure,imshow(result2);title('闭运算');
```

程序运行结果如图 8-10 所示。开运算后，图像中的毛刺、较小的孤立点被滤掉了，较大的孤立点变小了；闭运算后，图中的洞被补上了。程序运行结果和前面示意图分析相吻合。

4. 开、闭运算的性质

性质 1　开运算和闭运算都具有增长性，即对于两个图像集合 X、Y，当 $X \subseteq Y$ 时，有

$$X \circ S \subseteq Y \qquad X \cdot S \subseteq Y \tag{8-9}$$

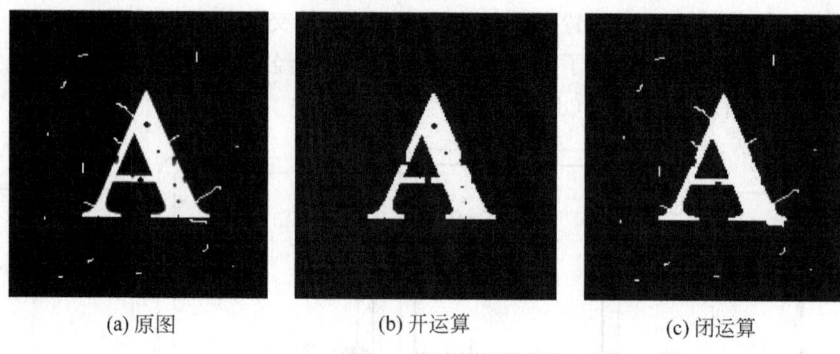

图 8-10　二值图像开、闭运算效果

性质 2　开运算是非外延的，而闭运算是外延的，即

$$X \circ S \subseteq X \qquad X \subseteq X \bullet S \tag{8-10}$$

性质 3　开运算和闭运算都具有同前性，即

$$(X \circ S) \circ S = X \circ S \qquad (X \bullet S) \bullet S = X \bullet S \tag{8-11}$$

此性质说明，对某个集合进行 N 次连续开或连续闭运算和仅执行一次开或闭运算的效果是一样的。

性质 4　开运算和闭运算是关于集合补和映射的对偶，即

$$(X \circ S)^c = X^c \bullet \hat{S} \qquad (X \bullet S)^c = X^c \circ \hat{S} \tag{8-12}$$

8.2.3　图像的平滑处理

由于开、闭不是互逆运算，且开、闭均具有平滑图像的功能，因此，可通过先开后闭或先闭后开进行平滑处理，滤除图像的可加性噪声。

对图像进行平滑处理的形态学变换为

$$Y = (X \circ S) \bullet S \qquad Y = (X \bullet S) \circ S \tag{8-13}$$

【例 8-8】　对一幅二值图像进行数学形态学平滑处理。

程序如下：

```
clear,clc,close all;
Image = rgb2gray(imread('A.bmp'));
BW = imbinarize(Image);
SE = strel('square',4);
result1 = imclose(imopen(BW,SE),SE);
figure,imshow(result1),title('先开后闭滤波');
result2 = imopen(imclose(BW,SE),SE);
figure,imshow(result2),title('先闭后开滤波');
```

程序运行结果如图 8-11 所示。本程序通过形态滤波去除了图像中的孤点、毛刺、洞、缺口等噪声，但开和闭的先后顺序不一样，处理的结果也略有不同。

(a) 原图

(b) 先开后闭

(c) 先闭后开

图 8-11 形态滤波效果

8.2.4 图像的边缘提取

基于数学形态学提取边缘主要利用膨胀、腐蚀运算的特性。膨胀运算扩大目标；腐蚀运算缩小目标。原图像与扩大图像或缩小图像的差即为边界，边界的宽度由结构元素的大小决定。

因此，提取物体的轮廓边缘的形态学变换有如下 3 种定义。

(1) 内边界。

$$Y = X - (X \ominus S) \tag{8-14}$$

(2) 外边界。

$$Y = (X \oplus S) - X \tag{8-15}$$

(3) 形态学梯度。

$$Y = (X \oplus S) - (X \ominus S) \tag{8-16}$$

【例 8-9】 对 sunny 图像实现数学形态学边缘提取。

程序如下：

```
clear,clc,close all;
Image = rgb2gray(imread('sunny.png'));
BW = imbinarize(Image);
SE = strel('square',3);
result1 = BW - imerode(BW,SE);
result2 = imdilate(BW,SE) - BW;
result3 = imdilate(BW,SE) - imerode(BW,SE);
subplot(221),imshow(Image),title('原图');
subplot(222),imshow(result1),title('内边界');
subplot(223),imshow(result2),title('外边界');
subplot(224),imshow(result3),title('形态梯度');
```

程序运行结果如图 8-12 所示。程序中的结构元素为边长为 3 的方形结构元素，检测的内外边界宽为 1 个像素。

(a) 原图

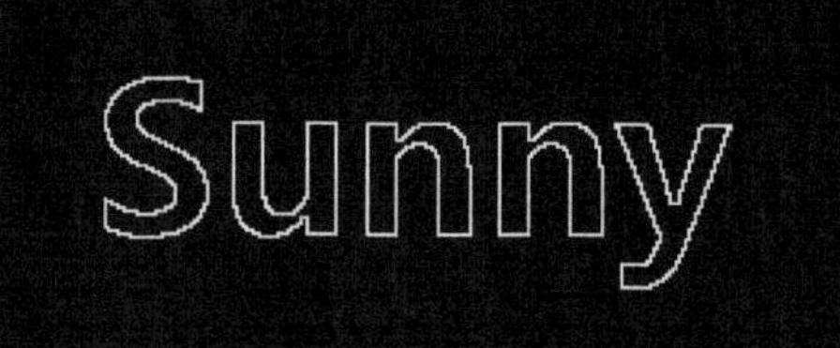

(b) 内边界

(c) 外边界

(d) 形态梯度

图 8-12　形态边缘提取效果

8.2.5　区域填充

区域是图像边界线所包围的部分，在图像分割中有重要意义。区域填充的形态学变换为：

$$X_k=(X_{k-1}\oplus S)\cap A^c \tag{8-17}$$

其中，A 表示区域边界点集合，k 为迭代次数。取边界内某一点 $p(p=X_0)$ 为起点，利用上面的公式作迭代运算。当 $X_k=X_{k-1}$ 时停止迭代，这时 X_k 即为图像边界线所包围的填充区域。

MATLAB 提供了进行区域填充的 imfill 函数，其调用格式如下。

(1) BW2=imfill(BW1,'holes')：填充二值图像 BW1 中的所有孔洞区域，返回结果图像 IM2。

(2) BW2=imfill(BW1,LOCATIONS,CONN)：LOCATIONS 规定了填充操作的起点，可以是向量或矩阵；CONN 规定了连通性，对于二维图像可取 4 或 8，即 4 连通和 8 连通，默认为 4。

(3) I2=imfill(I1)：填充灰度图像中的所有孔洞，指浅色像素围绕的黑色像素区域。

【例 8-10】　编程实现区域填充。

程序如下：

```
clear,clc,close all;
BW1 = logical([1 0 0 0 0 0 0 0;       1 1 1 1 1 0 0 0;
               1 0 0 0 1 0 1 0;       1 0 0 0 1 1 1 0;
```

```
            1 1 1 1 0 1 1 1;        1 0 0 1 1 0 1 0
            1 0 0 0 1 0 1 0;        1 0 0 0 1 1 1 0]);
BW2 = imfill(BW1,[3 3],8);
BW4 = imbinarize(imread('coins.png'));
BW5 = imfill(BW4,'holes');
figure,imshow(BW4),title('二值图像');
figure,imshow(BW5),title('区域填充图像');
```

程序运行结果如图 8-13 所示。图 8-13(a)为二值矩阵,其中倾斜的 *0* 为区域内部；8 连通填充后如图 8-13(b)所示,填充的值用倾斜的 *1* 表示；图 8-13(c)为二值化的硬币图像,填充后效果如图 8-13(d)所示。

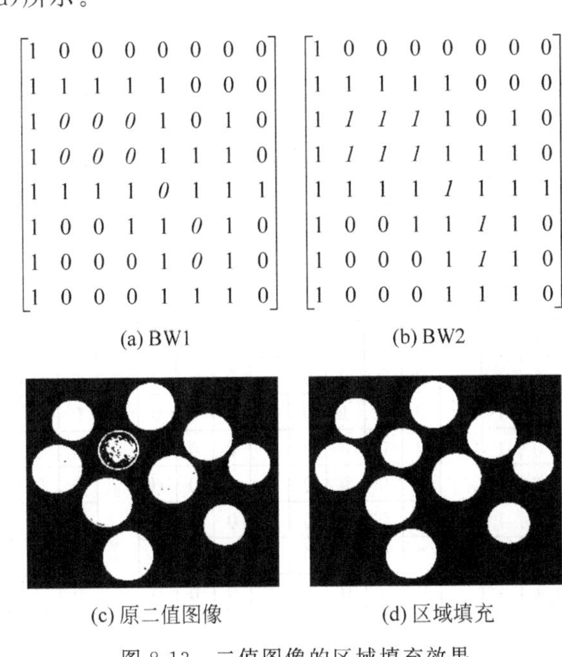

(a) BW1　　(b) BW2

(c) 原二值图像　　(d) 区域填充

图 8-13　二值图像的区域填充效果

8.2.6　击中击不中变换

击中击不中变换一般用于在感兴趣区域中探测目标,其基本原理是基于腐蚀运算的一个特性,即腐蚀的过程相当于对可以填入结构元素的位置作标记的过程。因此,可以利用腐蚀运算来确定目标的位置。

目标检测既要探测到目标的内部,也要检测到目标的外部,即在一次运算中要同时捕获内外标记,因此,需要采用两个结构基元构成结构元素,一个探测目标内部,一个探测目标外部。

设 X 是被研究的图像集合,S 是结构元素,且 $S=(S_1,S_2)$。其中,S_1 是与目标内部相关的 S 元素的集合,S_2 是与背景(目标外部)相关的 S 元素的集合,且 $S_1 \cap S_2=\varnothing$。图像

集合 X 用结构元素 S 进行击中击不中变换，记为 $X\otimes S$，定义为

$$X \otimes S=(X \ominus S_1) \cap (X^c \ominus S_2) \tag{8-18}$$

式(8-18)的含义是，当且仅当结构元素 S_1 平移到某一点可填入集合 X 的内部，结构元素 S_2 平移到该点可填入集合 X 的外部时，该点才在击中击不中变换的输出中。

图 8-14 展示了击中击不中变换的原理。图 8-14(a)为图像 X；图 8-14(b)为结构元素对 $S=(S_1,S_2)$；图 8-14(c)为 $X\ominus S_1$，只有几个阴影点；图 8-14(e)为 $X^c\ominus S_2$；图 8-14(f)为击中击不中变换的输出，即原图中十字所在位置。

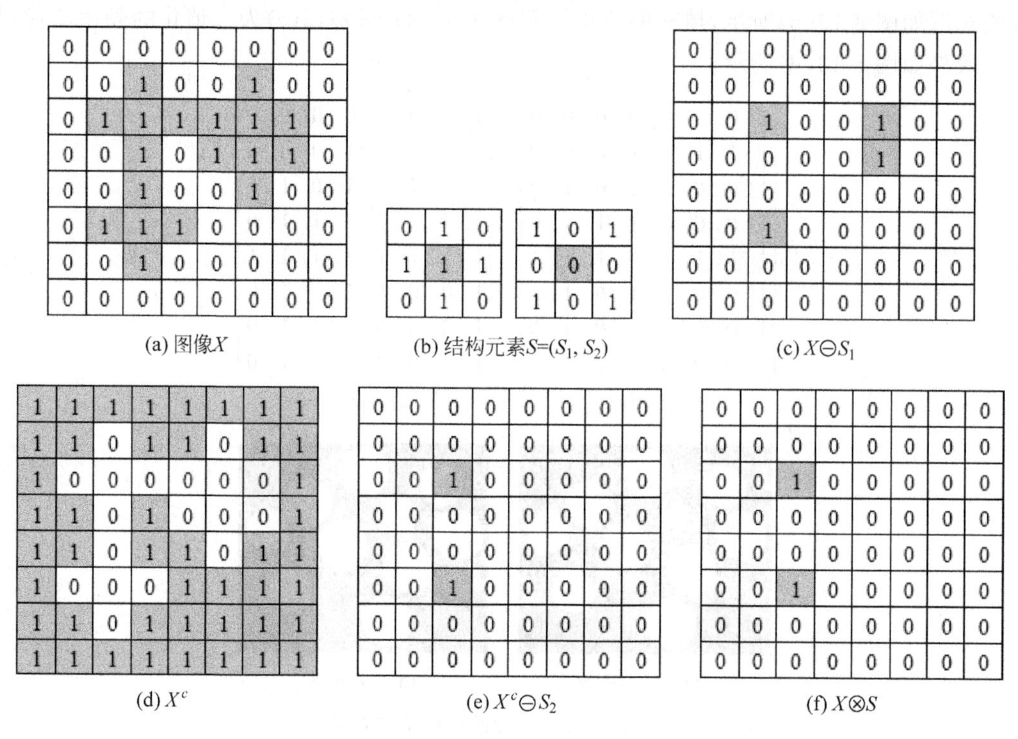

(a) 图像X　(b) 结构元素$S=(S_1, S_2)$　(c) $X\ominus S_1$

(d) X^c　(e) $X^c\ominus S_2$　(f) $X\otimes S$

图 8-14　击中击不中变换示例

MATLAB 提供 bwhitmiss 函数实现击中击不中变换，其调用格式如下。

(1) BW2=bwhitmiss(BW,SE1,SE2)：对二值图像 BW 进行由结构元素 SE1 和 SE2 定义的击中击不中操作，等价于 imerode(BW,SE1) & imerode(~BW,SE2)。

(2) BW2=bwhitmiss(BW,INTERVAL)：对二值图像 BW 进行由矩阵 IINTERVAL 定义的击中击不中操作，等价于 bwhitmiss(BW,INTERVAL==1,INTERVAL==-1)。IINTERVAL 取值为 1,0 或-1,1 元素组成 SE1 区域，-1 元素组成 SE2 区域。

【例 8-11】 采用 bwhitmiss 函数实现对图 8-14 的击中击不中变换。

程序如下：

```
clear,clc,close all;
BW1 = logical([0 0 0 0 0 0 0 0; 0 0 1 0 0 1 0 0;
```

```
            0 1 1 1 1 1 1 0; 0 0 1 0 1 1 1 0;
            0 0 1 0 0 1 0 0; 0 1 1 1 0 0 0 0;
            0 0 1 0 0 0 0 0; 0 0 0 0 0 0 0 0]);
SE1 = logical([0 1 0;1 1 1;0 1 0]);
SE2 = logical([1 0 1;0 0 0;1 0 1]);
BW2 = bwhitmiss(BW1,SE1,SE2);
```

程序运行结果如图 8-14(f)所示。

【例 8-12】 采用 bwhitmiss 函数检测二值图像中的直角。

程序如下：

```
clear,clc,close all;
Image = imread('test.bmp');
BW = imbinarize(Image);
figure,imshow(BW),title('测试图像');
interval1 = - ones(7);
interval1(4:7,4:7) = interval1(4:7,4:7) * ( - 1);        % 检测左上角的结构元素矩阵
interval2 = - ones(7);
interval2(1:4,4:7) = interval2(1:4,4:7) * ( - 1);        % 检测左下角的结构元素矩阵
interval3 = - ones(7);
interval3(4:7,1:4) = interval3(4:7,1:4) * ( - 1);        % 检测右上角的结构元素矩阵
interval4 = - ones(7);
interval4(1:4,1:4) = interval4(1:4,1:4) * ( - 1);        % 检测右下角的结构元素矩阵
SE = strel('square',3);
result1 = imdilate(bwhitmiss(BW,interval1),SE);
result2 = imdilate(bwhitmiss(BW,interval2),SE);
result3 = imdilate(bwhitmiss(BW,interval3),SE);
result4 = imdilate(bwhitmiss(BW,interval4),SE);
                                 % 做击中击不中变换进行检测,将检测结果膨胀,便于观察清楚
figure,
subplot(221),imshow(result1),title('左上角');
subplot(222),imshow(result2),title('左下角');
subplot(223),imshow(result3),title('右上角');
subplot(224),imshow(result4),title('右下角');
```

程序运行结果如图 8-15 所示。从图 8-15(f)和图 8-15(g)的结构元素矩阵可以看到，结构元素矩阵中对应前景目标的点用 1 来表示，对应背景的点用－1 来表示。

8.2.7 细化

对目标图像进行细化处理，是将图像上的文字、曲线、直线等几何元素的线条沿着其中心轴线将其细化成一个像素宽的线条，获取图像的中央骨架的过程，也可以看成是连续剥离目标外围的像素，直到获得单位宽度的中央骨架的过程。

图 8-16(a)中的阴影部分为集合 X，希望能够去除上下两行像素，保留中间一行骨架；图 8-16(b)为结构元素 S_1，阴影部分“1”对应目标，“－1”对应背景，“×”可以对应目标或背景；

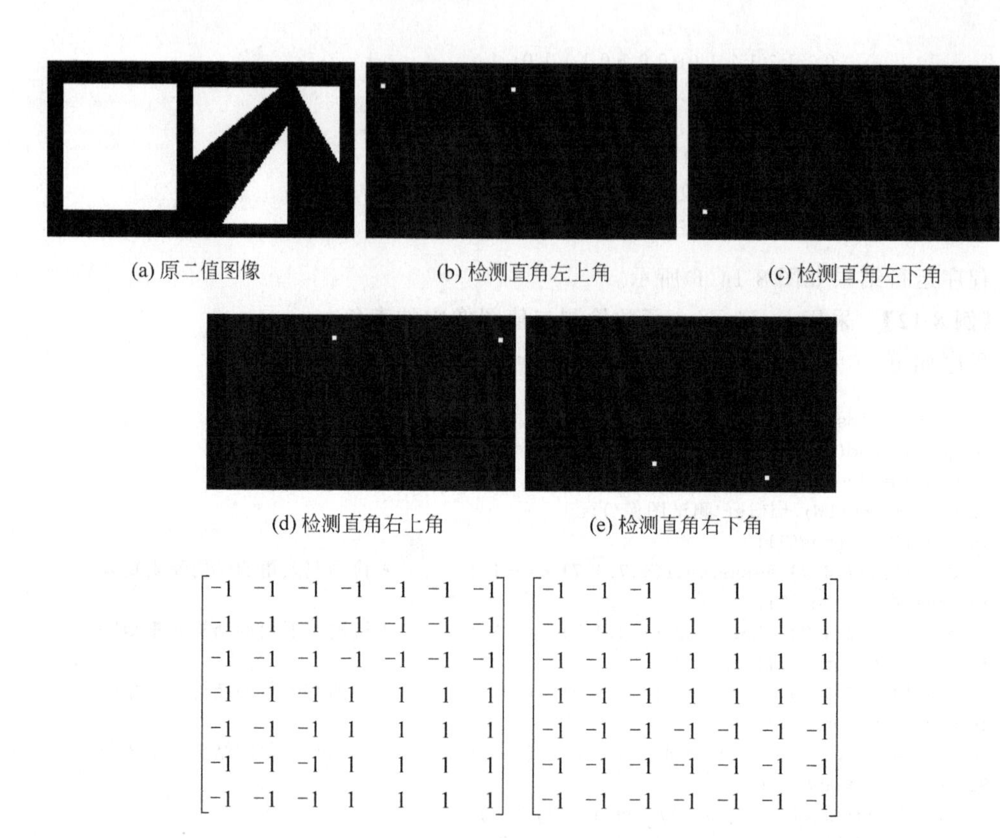

图 8-15　击中击不中效果示意

图 8-16(c)为击中的情况，从 X 中去除击中的点；用 S_1 细化 X 的输出结果如图 8-16(d)所示。可以看出，若结构元素设计合适，击中时，对应的是目标外围像素，从原集合中去掉这些像素，能实现细化。

骨架一般位于中心轴，细化需要从四周去除像素点，因此对图像细化时可选择采用一个分别承担不同作用的细化的结构元素序列，对目标图像进行反复的迭代细化运算，直到迭代收敛为止。

图 8-16 中设计了另一个结构元素 S_2，如图 8-16(e)所示；S_2 击中目标的另一侧，如图 8-16(f)所示；去除所有击中点，细化结果如图 8-16(g)所示，目标保留了骨架，但出现短的与骨架无关的"毛刺"，需要进行裁剪去除。

MATLAB 提供了 bwmorph 函数，可以实现多种形态学运算，其调用格式如下。

(1) BW2=bwmorph(BW1,OPERATION)：对二值图像 BW 进行指定的形态学运算，OPERATION 指定形态学运算，如表 8-2 所示，实际上是一个形态学运算通用函数。

(2) BW2=bwmorph(BW1,OPERATION,N)：对二值图像 BW 进行指定的形态学运算 N 次；N 可以设置为 Inf，表示运算直至图像不再有变化为止。

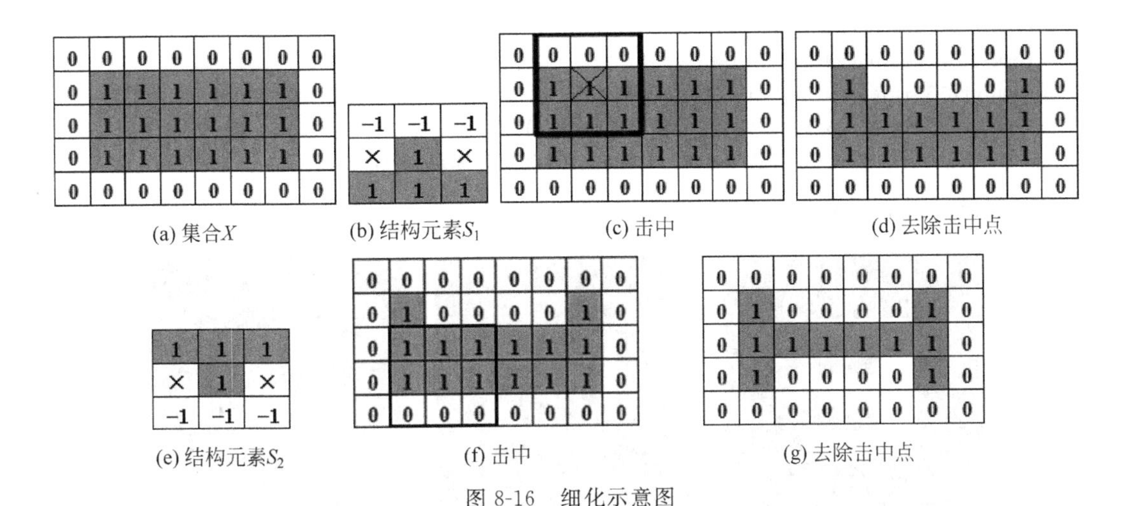

图 8-16 细化示意图

表 8-2 形态学操作通用函数 bwmorph 参数表

参 数	描 述
bothat	从闭运算图像中减去输入图像
branchpoints	寻找骨架的分支点
bridge	连接非连通的像素，如果 0 像素邻域中有两个非 0 像素，则将像素点设为 1
clean	除去孤立的像素（被 0 包围的 1）
close	闭运算
open	开运算
diag	使用对角线填充消除背景的 8-连通
endpoints	对骨架化后的图像寻找骨架的终点
fill	填充孤立的内点（被 1 包围的 0）
hbreak	移除 H-连通像素
majority	在 3×3 邻域中如果有 5 个以上的像素点为 1，则将像素点设为 1；否则设为 0
remove	移除内部像素，如果像素点的 4 邻域全是 1，则将像素点设为 0
shrink	当 n=Inf 时，收缩无洞的目标到点；收缩到有洞的目标成环状
skel	移除目标边缘的像素点，但不能分裂目标
spur	移除“毛刺”像素
thicken	粗化，通过对目标的外围增加像素点来加厚目标，但保持欧拉数不变
thin	细化
tophat	Top-hat 变换，从输入图像中减去开运算图像

【例 8-13】 设计结构元素，对二值图像进行细化。

程序如下：

```
clear,clc,close all;
Image = rgb2gray(imread('E.bmp'));
BW = imbinarize(Image);
```

```
result1 = bwmorph(BW,'thin',10);
result2 = bwmorph(BW,'thin',Inf);
subplot(131),imshow(BW),title('二值图像');
subplot(132),imshow(result1),title('细化十次');
subplot(133),imshow(result2),title('细化至只有一个像素宽');
```

程序运行结果如图 8-17 所示。

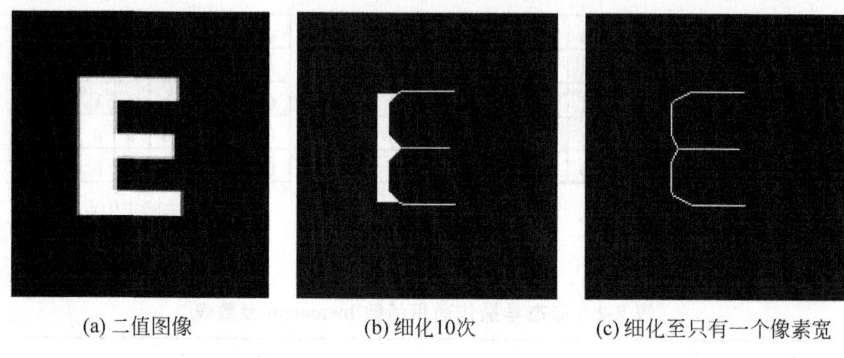

(a) 二值图像　　(b) 细化10次　　(c) 细化至只有一个像素宽

图 8-17　二值图像的细化效果

8.3　灰度图像数学形态学处理

灰度形态学运算中的目标是图像函数，输入图像表示为 $f(x,y)$，结构元素表示为 $b(x,y)$，一般认为结构元素是一幅子图像。

8.3.1　膨胀运算和腐蚀运算

1. 膨胀运算

输入图像 $f(x,y)$ 被结构元素 $b(x,y)$ 膨胀定义为

$$(f \oplus b)(x,y)=\max\{f(x-s,y-t)+b(s,t) \mid (x-s,y-t) \in D_f;(s,t) \in D_b\} \tag{8-19}$$

其中，D_f、D_b 分别为输入图像 $f(x,y)$ 和结构元素 $b(x,y)$ 的定义域。

灰度图像膨胀运算的含义是把图像 $f(x,y)$ 的每一点反向平移 (s,t)，在图像上平移后与 $b(s,t)$ 相加，在 (s,t) 取所有值的结果中求最大。相当于首先对结构元素做关于自己参考点的映射，把映射后的结构元素 $\hat{b}$ 作为模板在图像上移动，模板覆盖区域内，像素值与 $\hat{b}$ 值对应相加，求最大。

与函数的二维卷积运算类似，只是在这里用“相加”代替相乘，用“求最大”代替求和运算。因为进行数值相加并求最大值，膨胀后的灰度图像值应比膨胀前大，即图像变亮。

图 8-18(a)为图像 $f(x,y)$；图 8-18(b)为结构元素 $b(x,y)$；图 8-18(c)为结构元素做

$$\begin{bmatrix}1&2&2&1&1\\1&3&5&4&2\\2&4&3&3&3\\1&2&5&2&1\\3&1&2&1&3\end{bmatrix}$$

(a) 原图

$$\begin{bmatrix}1&1&0\\0&\langle 1\rangle&1\\0&1&0\end{bmatrix}$$

(b) b

$$\begin{bmatrix}0&1&0\\1&\langle 1\rangle&0\\0&1&1\end{bmatrix}$$

(c) $\hat{b}$

$$\begin{bmatrix}\begin{bmatrix}1&2&2\\1&3&5\\2&4&3\end{bmatrix}&\begin{matrix}1&1\\4&2\\3&3\end{matrix}\\\begin{matrix}1&2&5\\3&1&2\end{matrix}&\begin{matrix}2&1\\1&3\end{matrix}\end{bmatrix}$$

(d) 移动

$$\begin{bmatrix}1&2&2&1&1\\1&5&6&6&2\\2&6&6&5&3\\1&5&6&6&1\\3&1&2&1&3\end{bmatrix}$$

(e) 膨胀结果

$$\begin{bmatrix}1&2&2&1&1\\1&0&1&0&2\\2&0&2&1&3\\1&0&1&0&1\\3&1&2&1&3\end{bmatrix}$$

(f) 腐蚀结果

图 8-18 膨胀腐蚀运算示例

关于原点的映射；图 8-18(d)为映射后结构元素 $\hat{b}$ 平移到图像上某一个位置，将 $\hat{b}$ 的值和覆盖范围内的值对应相加求最大，重复这一操作，所得结果如图 8-18(e)所示。

2. 腐蚀运算

输入图像 $f(x,y)$被结构元素 $b(x,y)$腐蚀定义为

$$(f \ominus b)(x,y)=\min\{f(x+s,y+t)-b(s,t) \mid (x+s,y+t)\in D_f,(s,t)\in D_b\} \tag{8-20}$$

灰度图像腐蚀的含义是把 $f(x,y)$的每一点平移(s,t)，平移后与 $b(s,t)$相减，在(s,t)取所有值的结果中求最小。相当于把结构元素 b 作为模板在图像上移动，模板覆盖区域内，像素值与 b 的值对应相减，求最小。与函数的二维卷积运算非常类似，只是在这里用“相减”代替相乘，用“求最小”代替求和运算。

由于进行了数值相减并求最小，腐蚀后的图像会比输入图像暗。

图 8-18(f)是用图 8-18(b)所示结构元素对图 8-18(a)所示图像进行腐蚀运算的结果。

【例 8-14】 对灰度图像进行膨胀和腐蚀运算。

程序如下：

```
clear,clc,close all;
Image = imread('coins.png');
SE = strel('square',3);
result1 = imdilate(Image,SE);
result2 = imerode(Image,SE);
subplot(131),imshow(Image),title('原图');
subplot(132),imshow(result1),title('灰度膨胀');
subplot(133),imshow(result2),title('灰度腐蚀');
```

程序运行结果如图 8-19 所示。图 8-19(a)为原图；图 8-19(b)为膨胀后的图像，目标物变亮，由于相邻像素值很接近，存在方块效应，图像有些模糊；图 8-19(c)为腐蚀后的图像，目标物变暗，相邻像素值差距减小，图像也有些模糊。

(a) 原始图像

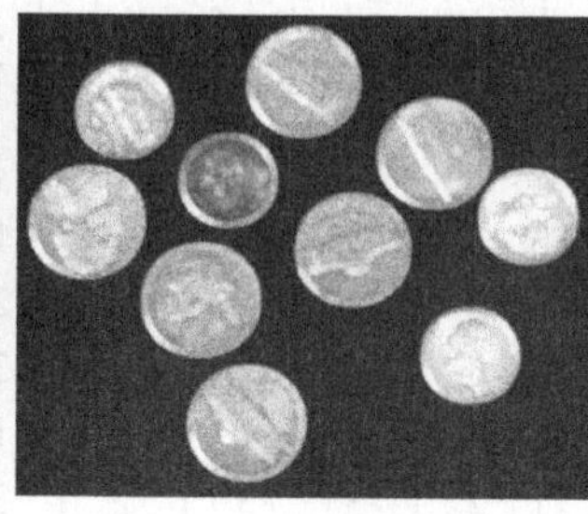

(b) 膨胀后的图像

(c) 腐蚀后的图像

图 8-19　灰度图像的膨胀与腐蚀

8.3.2　开运算和闭运算

灰度图像的开、闭运算与二值图像的开、闭运算一致，分别记为 $f \circ b$ 和 $f \cdot b$，定义为

$$f \circ b = (f \ominus b) \oplus b \quad f \cdot b = (f \oplus b) \ominus b \tag{8-21}$$

开运算在进行腐蚀运算时，将每一个位置图像和结构元素值相减求最小，去除比结构元素小的亮细节及降低图像的亮度，第二步膨胀运算增加了图像整体亮度，因此，开运算能够去除比结构元素小的亮细节；闭运算正好相反，去除比结构元素小的暗细节。因此，开闭运算能够实现对图像的滤波，但关键在于结构元素的尺寸要大于噪声的尺寸，否则不能去除。

若进行先开后闭或先闭后开运算，则可以去掉或减弱图像中的小亮斑和小暗斑，以获得对图像的平滑处理，但是由于细节的丢失，经灰度形态学平滑滤波后的图像会变得模糊。

【例 8-15】　对灰度图像进行开、闭及平滑运算。

程序如下：

```
clear,clc,close all;
Image = imread('coins.png');
noiseI = imnoise(Image,'salt & pepper',0.01);
se = strel('disk',2);
result1 = imclose(noiseI,se);
result2 = imopen(noiseI,se);
result3 = imopen(result1,se);                    %先闭后开运算
result4 = imclose(result2,se);                   %先开后闭运算
subplot(231),imshow(Image),title('原图');
subplot(232),imshow(noiseI),title('椒盐噪声图像');
subplot(233),imshow(result1),title('闭运算');
subplot(234),imshow(result2),title('开运算');
```

```
subplot(235),imshow(result3),title('先闭后开');
subplot(236),imshow(result4),title('先开后闭');
```

程序运行结果如图 8-20 所示。经过闭运算去掉了椒噪声；经过开运算去掉了盐噪声；经过先开后闭和先闭后开运算去除了噪声，但图像变得模糊。

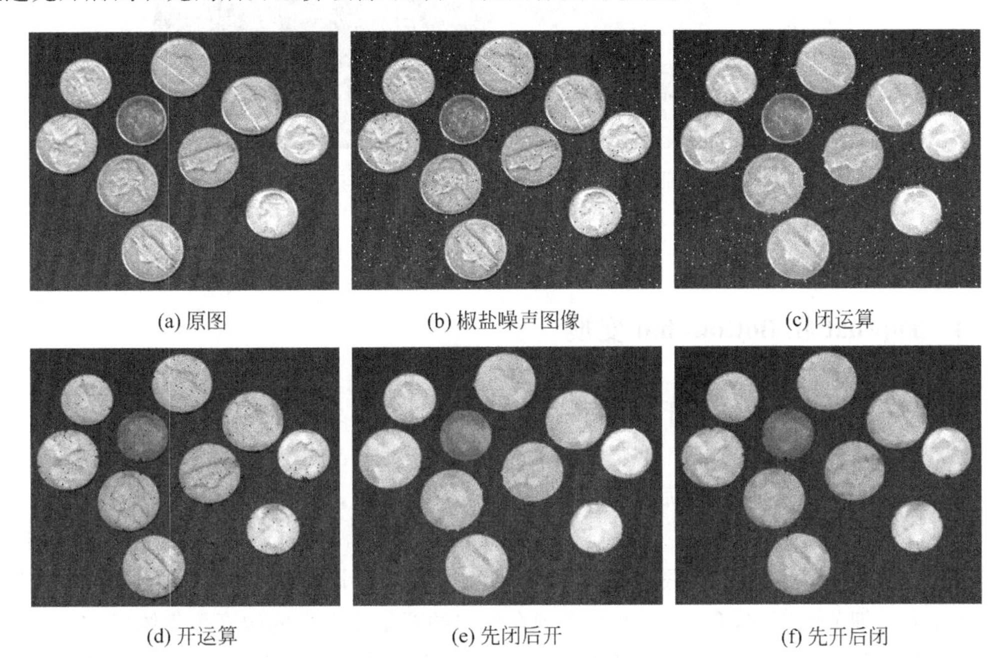

(a) 原图　(b) 椒盐噪声图像　(c) 闭运算

(d) 开运算　(e) 先闭后开　(f) 先开后闭

图 8-20　灰度图像开与闭运算效果

8.3.3　形态学梯度

和二值图像一样，灰度图像也可以计算形态学梯度，如式(8-22)所示。

$$g=(f\oplus b)-(f\ominus b) \tag{8-22}$$

其中，g 表示形态学梯度。

【例 8-16】 获取灰度图像的形态学梯度。

程序如下：

```
clear,clc,close all;
Image = imread('coins.png');
se = strel('disk',2);
result = imdilate(Image,se) - imerode(Image,se);
subplot(121),imshow(Image),title('原图');
subplot(122),imshow(result),title('形态学梯度');
```

程序运行结果如图 8-21 所示。

(a) 原图　　(b) 形态学梯度

图 8-21　灰度图像形态学梯度

8.3.4　Top-hat 和 Bottom-hat 变换

Top-hat 变换为原图像与开运算后的图像的差图像，定义为

$$g = f - (f \circ b) \tag{8-23}$$

Bottom-hat 变换为闭运算后的图像与原图像的差图像，定义为

$$g = (f \bullet b) - f \tag{8-24}$$

这两个变换都可以检测到图像中变化较大的地方。开运算的结果是去除亮细节，从原图中去掉无亮细节的图像，Top-hat 变换实现在较暗的背景中求亮的像素聚集体(颗粒)。闭运算的结果是去除暗细节，Bottom-hat 变换实现在较亮的背景中求暗的像素聚集体(颗粒)。

MATLAB 提供了 imtophat 和 imbothat 函数，其调用格式如下。

(1) IM2=imtophat(IM,SE)：对灰度图像或二值图像 IM 进行形态学 Top-hat 变换。

(2) IM2=imtophat(IM,NHOOD)：等价于 IM2=imtophat(IM,STREL(NHOOD))，NHOOD 是一个由 0 和 1 组成的矩阵指定邻域。

(3) IM2=imbothat(IM,SE)：对灰度图像或二值图像 IM 进行形态学 Bottom-hat 变换。

(4) IM2=imbothat(IM,NHOOD)：等价于 IM2=imbothat(IM,STREL(NHOOD))。

也可以采用 bwmorph 函数。

【例 8-17】　对灰度图像进行 Top-hat 变换和 Bottom-hat 变换。

程序如下：

```
clear,clc,close all;
Image = imread('coins.png');
se = strel('disk',2);
result1 = imtophat(Image,se);
result2 = imbothat(Image,se);
subplot(131),imshow(Image),title('原图');
subplot(132),imshow(result1),title('Tophat 变换');
subplot(133),imshow(result2),title('Bottomhat 变换');
```

程序运行结果如图 8-22 所示。

(a) 原图像

(b) Top-hat变换

(c) Bottom-hat变换

图 8-22　Top-hat 变换和 Bottom-hat 变换效果

8.4　实例

【例 8-18】 基于数学形态学算法实现前景和背景灰度较单一的图像中目标的提取。

设计思路：

由于要求的图像前景和背景灰度较单一，因此可以检测目标的边缘，如果能得到闭合边缘，可以通过填充的方法，实现目标提取。

程序如下：

```
clear,clc,close all;
Image = imread('shape.png');
se = strel('disk',2);
edgeI = imdilate(Image,se) - imerode(Image,se);           %形态学梯度
enedgeI = imadjust(edgeI);                                %对比度增强
BW = zeros(size(Image));
BW(edgeI > 20) = 1;                                       %边界图像二值化
BW1 = imclose(BW,se);                                     %闭运算闭合边界
BW2 = imfill(BW1,'holes');                                %区域填充
subplot(131),imshow(Image),title('原图);
subplot(132),imshow(edgeI),title('形态梯度图像');
subplot(133),imshow(BW2),title('提取的目标');
```

程序运行结果如图 8-23 所示。

效果分析：

(1) 程序设计方案比较简单，仅适用于背景和前景灰度比较单一的图像；

(2) 提取目标的效果依赖于边缘图像的二值化后能否获得封闭的轮廓，提取效果受二值化的阈值限制；

(3) 图像形态学处理算法依赖于结构元素的选择，但在对图像没有先验知识的情况下，结构元素的形状和尺寸选择有很大的随意性。例如，拟采用闭运算闭合轮廓缺口，若结构元素尺寸小，则未必能够实现，在实际应用中需要注意。

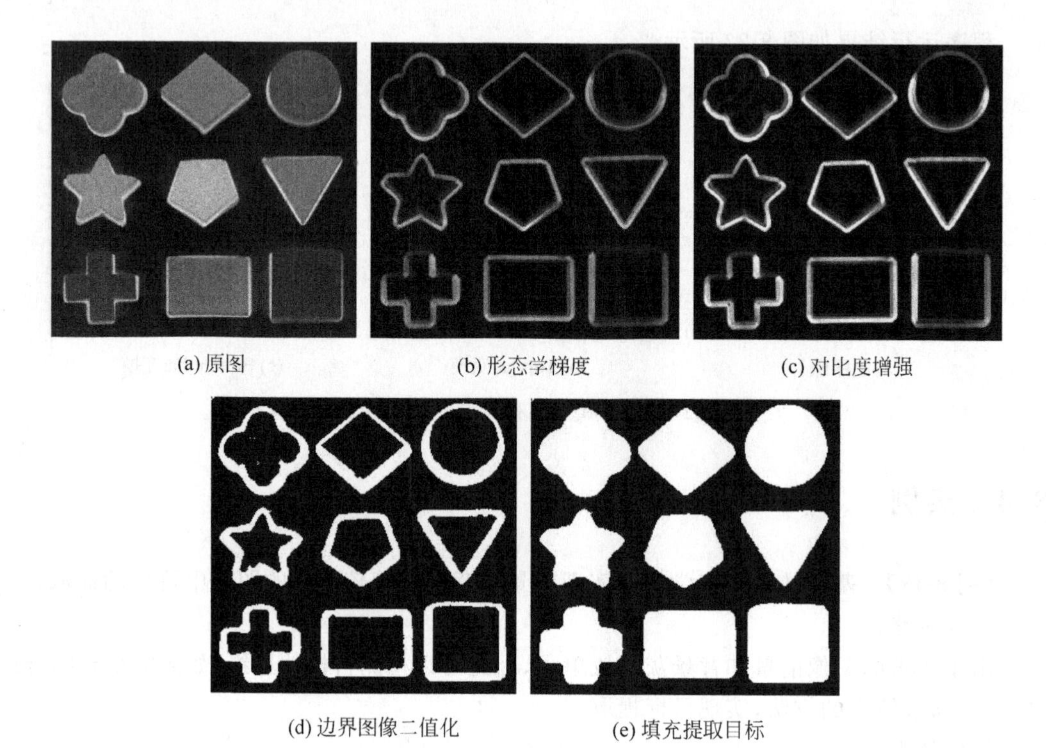

(a) 原图　(b) 形态学梯度　(c) 对比度增强

(d) 边界图像二值化　(e) 填充提取目标

图 8-23　形态学提取目标效果

8.5　本章小结

本章主要介绍了图像数学形态学处理算法，包括数学形态学的基本概念、二值、灰度图像数学形态学处理中的多种算法，并介绍了各种算法的 MATLAB 实现。图像数学形态学处理是图像处理中常用的处理方法，应熟悉其基本原理、变换特点、常用函数及处理效果，以便灵活应用。

第三篇 MATLAB图像分析

第9章 图像分割

图像分割(Image Segmentation)是指把一幅图像分成不同的具有特定性质区域的图像处理技术,并将这些区域分离提取出来,以便进一步提取特征和理解,是由图像处理到图像分析的关键步骤。由于其重要性,图像分割技术一直是图像处理领域的研究重点。目前已有形形色色的分割算法,本章讲解常用的图像分割技术,包括阈值分割方法、边界分割方法、区域分割方法、聚类分割、分水岭分割等。

9.1 阈值分割

阈值分割是根据图像灰度值的分布特性确定某个阈值来进行图像分割的一类方法。设原灰度图像为 $f(x,y)$,通过某种准则选择一个灰度值 T 作为阈值,比较各像素值与 T 的大小关系:像素值大于等于 T 的像素点为一类,变更其像素值为1;像素值小于 T 的像素点为另一类,变更其像素值为0。把灰度图像变成一幅二值图像 $g(x,y)$ 的过程也称为图像的二值化,如式(9-1)所示。

$$g(x,y)=\begin{cases}1 & f(x,y)\geqslant T\\0 & f(x,y)<T\end{cases} \tag{9-1}$$

由以上描述可知,阈值 T 的选取直接决定了分割效果的好坏,所以,阈值分割方法的重点在于阈值的选择。阈值的确定可以根据整幅图像决定,也可以由局部邻域决定,无论全局还是局部,都可以采用相似的思路确定阈值。

9.1.1 基于灰度直方图的阈值选择

若图像的灰度直方图为双峰分布,如图9-1(a)所示,表明图像的内容大致分为两个部分,其灰度分别为灰度分布的两个山峰附近对应的值。选择阈值为两峰间的谷底点对应的灰度值,把图像分割成两部分,这种方法可以保证错分概率最小。

同理,若直方图呈现多峰分布,可以选择多个阈值,把图像分成不同的区域。如图 9-1(b)所示,选择两个波谷对应灰度作为阈值 T_1、T_2,可以把原图分成 3 个区域,或者分为两个区域,灰度值介于小阈值和大阈值之间的像素作为一类,其余的作为另外一类。

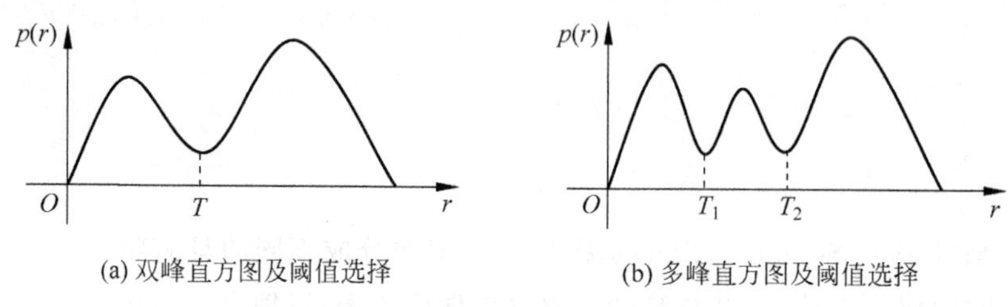

(a) 双峰直方图及阈值选择　　(b) 多峰直方图及阈值选择

图 9-1　基于灰度直方图的阈值选择

【例 9-1】 实现基于双峰分布的直方图选择阈值,分割图像。

分析:采用基于双峰分布的直方图方法分割图像,重点在于找到直方图的峰和波谷,但直方图通常是不平滑的,因此,首先要平滑直方图,再去搜索峰和谷。本例程序设计中,将直方图中相邻 3 个灰度的频数相加求平均作为中间灰度对应的频数,不断平滑直方图,直至成为双峰分布。这种方法有可能对阈值的选择造成影响,也可以采用其他方法确定峰谷。

程序如下:

```
clear,clc,close all;
Image = rgb2gray(imread('lotus.jpg'));
figure,imshow(Image),title('原图');
imhist(Image);
hist1 = imhist(Image);
hist2 = hist1;
iter = 0;                                          % 迭代次数,限制循环次数
while 1
    [is,peak] = Bimodal(hist1);                    % 判断是否为双峰直方图,是则找到峰
    if is == 0                                     % 非双峰直方图进行平滑
        hist2(1) = (hist1(1) * 2 + hist1(2))/3;
        for j = 2:255
            hist2(j) = (hist1(j - 1) + hist1(j) + hist1(j + 1))/3;
                                                   % 对相邻 3 个点求平均以平滑直方图
        end
        hist2(256) = (hist1(255) + hist1(256) * 2)/3;
        hist1 = hist2;
        iter = iter + 1;
        if iter > 1000
            break;
        end
    else
        break;
    end
```

```
end
[trough,pos] = min(hist1(peak(1):peak(2)));         % 找双峰间的波谷
thresh = pos + peak(1);                              % 波谷对应的灰度
figure,stem(1:256,hist1,'Marker','none');
hold on
stem([thresh,thresh],[0,trough],'Linewidth',2);
hold off
result = zeros(size(Image));
result(Image > thresh) = 1;                          % 阈值化
figure,imshow(result),title('基于双峰直方图的阈值化');

function [is,peak] = Bimodal(histgram)
    count = 0;
    for j = 2:255
        if histgram(j - 1)< histgram(j) && histgram(j + 1)< histgram(j)
            count = count + 1;
            peak(count) = j;                         % 记录峰所在的位置
            if count > 2
                is = 0;
                return;
            end
        end
    end
    if count == 2
        is = 1;
    else
        is = 0;
    end
end
```

程序运行结果如图 9-2 所示。图 9-2(a)为原图；其灰度直方图如图 9-2(b)所示，呈现双峰分布；平滑直方图如图 9-2(c)所示；取双峰间波谷对应灰度 118 作为阈值，分割结果如图 9-2(d)所示。

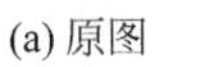

(a) 原图

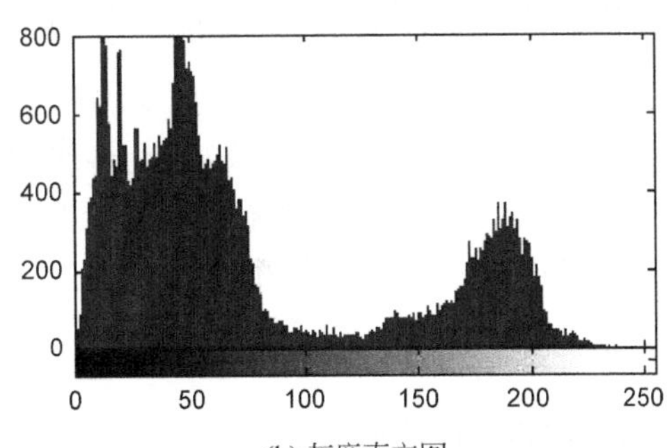

(b) 灰度直方图

图 9-2　基于灰度直方图选择阈值分割

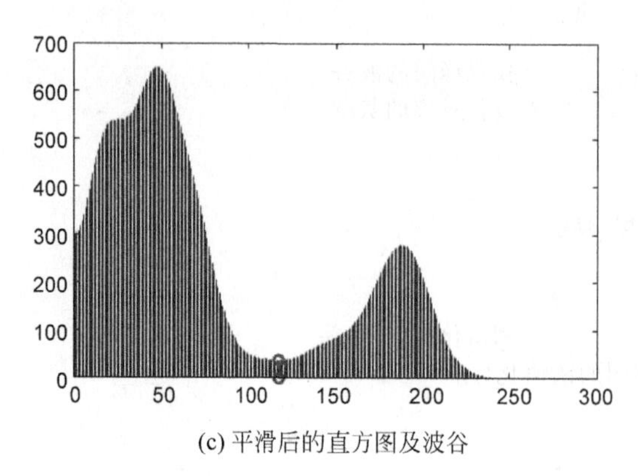

(c) 平滑后的直方图及波谷

(d) 双峰法分割图，T=118

图 9-2 （续）

这种方法比较适用于图像中前景物体与背景灰度差别明显，且各占一定比例的情形，是一种特殊的方法。若整幅图像的整体直方图不具有双峰或多峰特性，可以考虑在局部范围内应用。

9.1.2 基于模式分类思路的阈值选择

这类方法采用模式分类的思路，认为像素值（通常是灰度，也可以是计算出来的像素梯度、纹理等特征值）为待分类的数据，寻找合适的阈值，把数据分为不同类别，从而实现图像分割。

模式分类的一般要求为：类内数据尽量密集，类间尽量分离。按照这个思路，把所有的像素分为两组（类），属于"同一类别"的对象具有较大的一致性，属于"不同类别"的对象具有较大的差异性。该类方法的关键在于如何衡量同类的一致性和类间的差异性，通常采用不同的衡量方法对应不同的算法。比如，采用类内和类间方差来衡量，使类内方差最小或使类间方差最大的值为最佳阈值。经典分割算法——OTSU 算法即最大类间方差法。

1. *最大类间方差法*

设图像分辨率为 $M\times N$，图像中各级灰度出现的概率为

$$p_i=\frac{n_i}{M\times N},\quad i=0,1,2,\cdots,L-1 \tag{9-2}$$

其中，L 为图像中的灰度总级数，n_i 为各级灰度出现的次数。

按照某一个阈值 T 把所有的像素分为两类，设低灰度为目标区域，高灰度为背景区域，两类像素在图像中的分布概率为

$$p_O=\sum_{i=0}^{T}p_i\quad p_B=\sum_{i=T+1}^{L-1}p_i \tag{9-3}$$

两类像素值的均值为

$$\mu_O=\frac{1}{p_O}\sum_{i=0}^{T}i\times p_i\quad \mu_B=\frac{1}{p_B}\sum_{i=T+1}^{L-1}i\times p_i \tag{9-4}$$

总体灰度的均值为

$$\mu = p_O \times \mu_O + p_B \times \mu_B \tag{9-5}$$

两类方差为

$$\sigma_O^2 = \frac{1}{p_O}\sum_{i=0}^{T} p_i (i-\mu_O)^2 \quad \sigma_B^2 = \frac{1}{p_B}\sum_{i=T+1}^{L-1} p_i (i-\mu_B)^2 \tag{9-6}$$

总类内方差为

$$\sigma_{in}^2 = p_O \cdot \sigma_O^2 + p_B \cdot \sigma_B^2 \tag{9-7}$$

两类类间方差为

$$\sigma_b^2 = p_O \times (\mu_O - \mu)^2 + p_B \times (\mu_B - \mu)^2 \tag{9-8}$$

使得类内方差最小或类间方差最大、或者类内和类间方差比值最小的阈值 T 为最佳阈值。

MATLAB 提供了进行阈值分割的函数，列举如下。

(1) adaptthresh 函数：使用邻域内局部一阶统计量获取图像阈值。

① T=adaptthresh(I)：计算局部自适应阈值，返回值 T 是一个和 I 同等大小的矩阵，取值在[0,1]之间。

② T=adaptthresh(I, SENSITIVITY)：指定灵敏度因子计算局部自适应阈值。SENSITIVITY 取值在[0,1]之间，取值大表明将更多的像素作为前景，默认为 0.5。

③ T=adaptthresh(…,PARAM1,VAL1,PARAM2,VAL2,…)：指定参数计算阈值，参数如表 9-1 所示。

表 9-1 adaptthresh 函数参数

参数	含义
NeighborhoodSize	指定邻域大小，用二维向量表示。默认值为 2 * floor(size(I)/16)+1
ForegroundPolarity	指明前景和背景的相对亮度，取'bright'表明前景比背景亮（默认），取'dark'表明前景较暗
Statistic	指定邻域内统计量，可取'mean'(默认)、'median'、'gaussian'(高斯加权均值)

(2) otsuthresh 函数：使用 OTSU 方法获取全局阈值。

① T=otsuthresh(COUNTS)：使用类内最小方差计算全局阈值，COUNTS 为统计的直方图，阈值 T 为归一化到[0,1]之间的灰度值。

② [T,EM]=otsuthresh(COUNTS)：同时返回使用 T 阈值分割的有效性度量值 EM，取值在[0,1]之间。

(3) imbinarize 函数：使用阈值法计算二值化图像。

① BW=imbinarize(I)：使用 OTSU 方法计算全局阈值二值化图像 I。

② BW=imbinarize(I,METHOD)：采用 METHOD 指定的方法获取阈值，以实现灰度图像 I 的二值化。METHOD 可选'global'和'adaptive'，前者指定 OTSU 方法，后者采用局部自适应阈值方法。

③ BW=imbinarize(I,'adaptive',PARAM1,VAL1,PARAM2,VAL2,…)：指定参数实现局部自适应阈值化。参数有'Sensitivity'、'ForegroundPolarity',同 adaptthresh 函数参数含义。

④ BW=imbinarize(I,T)：指定阈值 T 实现二值化图像 I。T 可以是全局阈值,取值在[0,1]之间；T 也可以是和 I 同等大小的矩阵,指定每个像素对应的阈值；T 可以使用 graythresh、otsuthresh 和 adaptthresh 函数计算。

(4) multithresh 函数：使用 OTSU 方法获取多级图像阈值。

① THRESH=multithresh(A)：对图像 A 计算单一阈值 THRESH,用于 imquantize 函数二值化图像。

② THRESH=multithresh(A,N)：对图像 A 计算 N 个阈值,THRESH 是一个 1×N 的向量,N 的最大值是 20。

③ [THRESH,METRIC]=multithresh(A,…)：同时返回[0,1]之间的有效性度量值 METRIC。

(5) imquantize 函数：使用指定的量化级别量化图像。

① QUANT_A=imquantize(A,LEVELS)：使用 1×N 的向量 LEVELS 指定的量化级别转换图像 A 为具有 N+1 个离散级别的图像 QUANT_A 。LEVELS 内的元素值顺序递增,将整个取值范围划分为 N+1 段,依据 A 中像素值所处范围设定 QUANT_A 中的值为[1,N+1]中的整数,即段数。

② QUANT_A = imquantize(A, LEVELS, VALUES)：LEVELS 指定量化段；VALUES 指定量化值,实现图像 A 的量化输出。

③ [QUANT_A,INDEX]=imquantize(A,LEVELS,VALUES)：INDEX 为量化段索引值,量化输出 QUANT_A=VALUES(INDEX)。

【例 9-2】 使用 OTSU 方法分割图像。

程序如下：

```
clear,clc,close all;
Image = imread('lotus.jpg');
figure,imshow(Image),title('原始图像');
result = imbinarize(Image);
figure,imshow(double(result)),title('OTSU 方法二值化图像');
```

程序运行结果如图 9-3 所示。

【例 9-3】 使用 OTSU 方法分割图像为多个区间。

程序如下：

```
clear,clc,close all;
Image = rgb2gray(imread('lotus.jpg'));
thresh1 = multithresh(Image,2);                    %获取两个阈值
seg_I = imquantize(Image,thresh1);
RGB = label2rgb(seg_I);                            %将标记矩阵转换为 RGB 图像
```

(a) 原图

(b) OTSU法分割图

图 9-3 最大类间方差法阈值分割

```
subplot(221),imshow(Image),title('原图');
subplot(222),imshow(RGB),title('3 个量化区间');
thresh2 = multithresh(Image,7);                    % 获取 7 个阈值
valuesMax = [thresh2 max(Image(:))];
[result_max,index] = imquantize(Image, thresh2, valuesMax);
valuesMin = [min(Image(:)) thresh2];
result_min = valuesMin(index);
subplot(223),imshow(result_max),title('8 个量化区间量化值为区间最大值');
subplot(224),imshow(result_min),title('8 个量化区间量化值为区间最小值');
```

程序运行结果如图 9-4 所示。

2. 最大熵法

熵是信息论中对不确定性的度量,是对数据中所包含信息量大小的度量,熵取最大值时,表明获取的信息量为最大。

进行图像阈值分割,将图像分为两类,可以用熵作为分类的标准:两类的平均熵之和为最大时,可以从图像中获得最大信息量,此时分类采用的阈值是最佳阈值。

对于数字图像,取阈值为 T 时,目标和背景两个区域的熵分别为

$$H_O(T) = -\sum_{i=0}^{T} \frac{p_i}{p_O} \log \frac{p_i}{p_O} \quad H_B(T) = -\sum_{i=T+1}^{L-1} \frac{p_i}{p_B} \log \frac{p_i}{p_B} \tag{9-9}$$

评价用的熵函数为

$$J(T) = H_O(T) + H_B(T) \tag{9-10}$$

当熵函数取最大值时对应的 T 就是所求的最佳阈值。

【例 9-4】 使用最大熵方法分割图像。

程序如下:

```
clear,clc,close all;
Image = rgb2gray(imread('lotus.jpg'));
figure,imshow(Image),title('原图');
```

(a) 原图

(b) 3个量化区间

(c) 8个量化区间量化值为区间最大值

(d) 8个量化区间量化值为区间最小值

图 9-4　使用 OTSU 方法分割图像为多个区间

```
hist = imhist(Image);
bottom = min(Image(:)) + 1;                              % 图中最小灰度, + 1 防止下标为 0
top = max(Image(:)) + 1;                                 % 图中最大灰度
J = zeros(256,1);
for t = bottom + 1:top - 1
    po = sum(hist(bottom:t));                            % 当前阈值 t 下,目标区域概率
    pb = sum(hist(t + 1:top));                           % 当前阈值 t 下,背景区域概率
    ho = 0;     hb = 0;
    for j = bottom:t
        ho = ho - log(hist(j)/po + 0.01) * hist(j)/po;   % 当前阈值 t 下,目标区域熵计算
    end
    for j = t + 1:top
        hb = hb - log(hist(j)/pb + 0.01) * hist(j)/pb;   % 当前阈值 t 下,背景区域熵计算
    end
    J(t) = ho + hb;                                      % 当前阈值 t 下,熵函数计算
end
[maxJ,pos] = max(J(:));                                  % 熵函数最大值
result = zeros(size(Image));
result(Image > pos) = 1;                                 % 阈值化
figure,imshow(result);
```

运行程序,熵函数取最大值时,最佳阈值为 120,运行结果如图 9-5 所示。

(a) 原图

(b) 最大熵法分割图，阈值t=120

图 9-5 最大熵法阈值分割

3. 最小误差法

最小误差法计算分类的错误率，错误率最小时对应的阈值为最佳阈值，所以，该方法的关键在于错误率的计算。

如图 9-6 所示，阈值 T 将图像分为目标和背景两部分，设目标部分的灰度分布概率密度为 $P_O(r)$，背景部分的灰度分布概率为 $P_B(r)$，比如目标部分服从均值为 μ_O、标准差为 σ_O 的正态分布；背景部分服从均值为 μ_B、标准差为 σ_B 的正态分布，则有

$$p_O(r)=\frac{1}{\sqrt{2\pi}\sigma_O}\mathrm{e}^{[-(r-\mu_O)^2/2\sigma_O^2]} \quad p_B(r)=\frac{1}{\sqrt{2\pi}\sigma_B}\mathrm{e}^{[-(r-\mu_B)^2/2\sigma_B^2]} \tag{9-11}$$

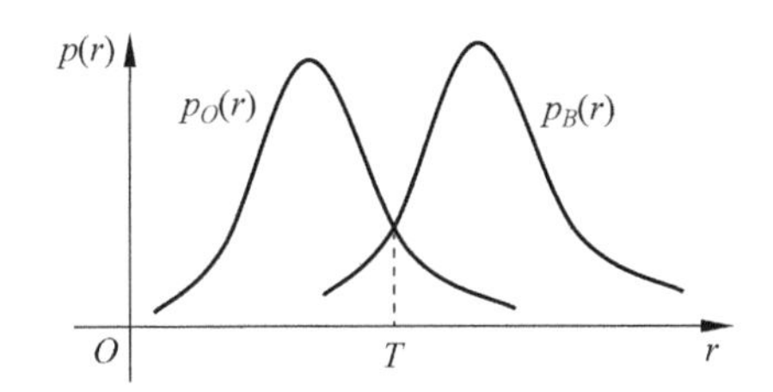

图 9-6 目标和背景的概率密度分布

可知，将背景误判为目标的概率为

$$\varepsilon_B(T)=\int_{-\infty}^{T}p_B(r)\mathrm{d}r \tag{9-12}$$

将目标误判为背景的概率为

$$\varepsilon_o(T)=\int_{T}^{+\infty}p_O(r)\mathrm{d}r=1-\int_{-\infty}^{T}p_O(r)\mathrm{d}r \tag{9-13}$$

设目标占整幅图像的比例为 α，误判的概率为

$$J(T)=\alpha\varepsilon_O(T)+(1-\alpha)\varepsilon_B(T) \tag{9-14}$$

当误判概率 $J(T)$ 取最小值时对应的 T 为最佳阈值，这是一个求极值的问题。对 $J(T)$ 求导数，令导数为零，求解极值点。

$$\frac{\mathrm{d}}{\mathrm{d}T}J(T)=\frac{\mathrm{d}}{\mathrm{d}T}[\alpha\varepsilon_O(T)+(1-\alpha)\varepsilon_B(T)] \tag{9-15}$$

可得

$$(1-\alpha)p_B(r)-\alpha p_O(r)=0 \tag{9-16}$$

最小误差法需要已知目标在图像中的所占比例，以及目标和背景的灰度概率密度，因此，往往需要用已知的正态分布来拟合直方图的分布，实现较为复杂。

【例 9-5】 使用最小误差方法分割图像。

程序如下：

```
clear,clc,close all;
Image = rgb2gray(imread('lotus.jpg'));
figure,imshow(Image),title('原图');
hist = imhist(Image);
bottom = min(Image(:)) + 1;      top = max(Image(:)) + 1;       %灰度值范围
J = zeros(256,1);      J = J + 10000;                            %最小误差法误判概率
alpha = 0.25;                                                    %目标在图像中的所占比例
scope = find(hist > 5);      %估计概率密度时,每一类要保证一定的样本数目,排除直方图两端
                             %概率很小的灰度级,避免估计不准确导致计算偏差
minthresh = scope(1);   maxthresh = scope(end);
if maxthresh >= top
        maxthresh = top - 1;
end
for t = minthresh + 1:maxthresh
    miuo = 0;               sigmaho = 0;
    for j = bottom:t
        miuo = miuo + hist(j) * double(j);
    end
    pixelnum = sum(hist(bottom:t));
    miuo = miuo/pixelnum;                                        %当前阈值下,求目标区域均值
    for j = bottom:t
        sigmaho = sigmaho + (double(j) - miuo)^2 * hist(j);
    end
    sigmaho = sigmaho/pixelnum;                                  %当前阈值下,求目标区域方差
    miub = 0;     sigmahb = 0;
    for j = t + 1:top
        miub = miub + hist(j) * double(j);
    end
    pixelnum = sum(hist(t + 1:top));
    miub = miub/pixelnum;                                        %当前阈值下,求背景区域均值
    for j = t + 1:top
        sigmahb = sigmahb + (double(j) - miub)^2 * hist(j);
    end
    sigmahb = sigmahb/pixelnum;                                  %当前阈值下,求背景区域方差
    Epsilonb = 0;      Epsilono = 0;                             %各区域误判概率初始化
    for j = bottom:t
```

```
        pb = exp( - (double(j) - miub)^2/(sigmahb * 2 + eps))/(sqrt(2 * pi * sigmahb) + eps);
        Epsilonb = Epsilonb + pb;
    end                                                      % 当前阈值下,背景区域误判概率
    for j = t + 1:top
        po = exp( - (double(j) - miuo)^2/(sigmaho * 2 + eps))/(sqrt(2 * pi * sigmaho) + eps);
        Epsilono = Epsilono + po;
    end                                                      % 当前阈值下,目标区域误判概率
    J(t) = alpha * Epsilono + (1 - alpha) * Epsilonb;        % 当前阈值下,整体误判概率
end
[minJ,pos] = min(J(:));                                      % 求最小误判概率
result = zeros(size(Image));
result(Image > pos) = 1;
figure, imshow(result);
```

该程序设计中对问题求解进行了简化,仅在每个阈值下,估计各类的均值和方差,作为正态分布的参数,计算了误判概率,并找出了最小概率对应的阈值。运行结果如图 9-7 所示。

(a) 原图

(b) 最小误差法分割图，阈值t=111

图 9-7 最小误差法阈值分割

9.1.3 其他阈值分割方法

本节学习基于迭代运算的阈值选择和基于模糊理论的阈值选择方法。

1. 基于迭代运算的阈值选择

基于迭代运算选择阈值的基本思想是：先选择一个阈值作为初始值,然后进行迭代运算,按照某种策略不断改进阈值,直到满足给定的准则为止。这种分割方法的关键在于阈值改进策略的选择——应能使算法快速收敛且每次迭代产生的新阈值优于上一次的阈值。

一种常用的基于迭代运算的阈值分割算法如下。

(1) 求出图像中的最小和最大灰度值 r_1 和 r_2,令阈值初值为

$$T^0 = \frac{r_1 + r_2}{2} \tag{9-17}$$

(2) 根据阈值 T^k 将图像分割成背景和目标两部分,求出两部分的平均灰度值 r_B 和 r_o。

$$r_O = \frac{\sum_{f(x,y)<T^k} f(x,y)}{N_o} \qquad r_B = \frac{\sum_{f(x,y)\geqslant T^k} f(x,y)}{N_B} \tag{9-18}$$

(3) 求出新的阈值。

$$T^{k+1} = \frac{r_B + r_O}{2} \tag{9-19}$$

(4) 如果 $T^k = T^{k+1}$,则结束,否则 k 增加 1,转入第(2)步。

【例 9-6】 基于 MATLAB 编程,实现上述基于迭代运算的阈值分割算法。

程序如下:

```
clear,clc,close all;
Image = im2double(rgb2gray(imread('lotus.jpg')));
figure,imshow(Image),title('原始图像');
T = (max(Image(:)) + min(Image(:)))/2;                    %初始阈值
equal = false;
while ~equal
    rb = find(Image >= T);                                 %背景像素点
    ro = find(Image < T);                                  %前景像素点
    NewT = (mean(Image(rb)) + mean(Image(ro)))/2;          %新的阈值
    equal = abs(NewT - T)< 1/256;                          %新旧阈值是否一致
    T = NewT;
end
result = im2bw(Image,T);                                   %按迭代计算出的阈值分割图像
figure,imshow(result),title('迭代方法二值化图像');
```

程序运行效果如图 9-8 所示。

(a) 原始图像

(b) 迭代法分割图(阈值T=109.7)

图 9-8　基于迭代运算的阈值分割

2. 基于模糊理论的阈值选择

将图像 $f(x,y)$映射到一个$[0,1]$区间的模糊集 $f(x,y)=\{f_{xy},\mu_f(f_{xy})\}$。$\mu_f(f_{xy})\in[0,1]$

表示点(x,y)具有某种模糊属性的隶属度，当隶属度为 0 或 1 时，是最清晰的状态；而取值为 0.5 时，则是最模糊的状态。

将图像分割为目标和背景两个区域，图中的每一点对于两个区域均有一定的隶属程度，因此，定义点(x,y)的隶属度函数为

$$\mu_f(f_{xy})=\begin{cases}\dfrac{1}{1+|f_{xy}-\mu_O|/C} & f_{xy}\leqslant T\\[2ex] \dfrac{1}{1+|f_{xy}-\mu_B|/C} & f_{xy}>T\end{cases} \tag{9-20}$$

式中，C 是一个常数，保证 $\mu_f(f_{xy})\in[0.5,1]$，可取图像的最大灰度值减去最小灰度值。

利用模糊理论确定阈值，基本思想也是确定一个目标函数，当目标函数取最优时对应的阈值为最佳阈值。模糊度用来表示一个模糊集的模糊程度，模糊熵是一种度量模糊度的数量指标，可用模糊熵作为目标函数。

针对图像 $f(x,y)$，定义模糊熵为

$$H(f)=\frac{1}{MN\ln 2}\sum_{x=0}^{M-1}\sum_{y=0}^{N-1}S(\mu_f(f_{xy})) \tag{9-21}$$

其中，**S**(·)为 Shannon 函数，即

$$S(k)=\begin{cases}-k\ln k-(1-k)\ln(1-k) & k\in(0,1)\\ 0 & k=0,1\end{cases} \tag{9-22}$$

分析式(9-22)可知，当隶属度为 0 或 1 时，模糊度最小，Shannon 函数取值为 0；当隶属度为 0.5 时，模糊度最大，Shannon 函数取最大值 ln2；因此，模糊熵取最小值时对应的阈值为最佳阈值。

【例 9-7】 实现基于模糊熵的阈值分割算法。

程序如下：

```
clear,clc,close all;
Image = rgb2gray(imread('lotus1.jpg'));
figure,imshow(Image),title('原图');
hist = imhist(Image);
bottom = min(Image(:)) + 1;      top = max(Image(:)) + 1;
C = double(top - bottom);        S = zeros(256,1);
J = 10^10;
for t = bottom + 1:top - 1
    miuo = 0;
    for j = bottom:t
        miuo = miuo + hist(j) * double(j);
    end
    pixelnum = sum(hist(bottom:t));
    miuo = miuo/pixelnum;
    for j = bottom:t
        miuf = 1/(1 + abs(double(j) - miuo)/C);
```

```
            S(j) = - miuf * log(miuf) - (1 - miuf) * log(1 - miuf);
        end
        miub = 0;
        for j = t + 1:top
            miub = miub + hist(j) * double(j);
        end
        pixelnum = sum(hist(t + 1:top));
        miub = miub/pixelnum;
        for j = t + 1:top
            miuf = 1/(1 + abs(double(j) - miub)/C);
            S(j) = - miuf * log(miuf) - (1 - miuf) * log(1 - miuf);
        end
        currentJ = sum(hist(bottom:top). * S(bottom:top));
        if currentJ < J
            J = currentJ;          thresh = t;
        end
    end
    result = zeros(size(Image));     result(Image > thresh) = 1;
    figure,imshow(result),title('模糊熵阈值选择');
```

运行程序,模糊熵函数取最小值时,最佳阈值为 135,运行结果如图 9-9 所示。

(a) 原图

(b) 模糊熵分割图,阈值t=135

图 9-9 基于模糊熵的阈值分割

在本节所采用的阈值选择方法中,因所求阈值为灰度值,取值范围最多 254 级,程序设计时简单采用了遍历求解方法,也可以将阈值确定作为优化问题,采用优化算法求解,如遗传算法等。

9.2 边界分割

顾名思义,边界分割是指通过检测区域的边界轮廓来实现图像分割的方法,一般来说要有 3 个步骤:边界检测、边界改良、边界跟踪。

边界检测即利用各种边缘检测算子从图像中抽取边缘线段。边界改良是指对检测出的线段进行诸如边界闭合、边界细化等各种改良边界的处理,以方便形成完整边界。边界跟踪是从图像中的一个边界点出发，依据判别准则搜索下一个边界点，依此跟踪出目标的边界，形成边界曲线。

边界检测所需的各种边缘检测算子见第6章。本节主要介绍边界改良、跟踪算法。

9.2.1 霍夫变换

霍夫变换(Hough Transform)是检测图像中直线和曲线的一种方法，其核心思想是建立一种点-线对偶关系，将图像从图像空间变换到参数空间，确定曲线的参数，进而确定图像中的曲线。若边界线形状已知，通过检测图像中离散的边界点，确定曲线参数，在图像空间重绘边界曲线，进而改良边界。

1. Hough变换检测直线原理

设直线方程为：

$$\begin{cases} x = \rho\cos\theta \\ y = \rho\sin\theta \end{cases} \tag{9-23}$$

其中，ρ 表示该直线距离原点的距离，θ 表示直线法线与 x 轴的夹角。

以 x 为横坐标、y 为纵坐标建立 xy 空间，以 θ 为横坐标、ρ 为纵坐标建立 $\theta\rho$ 参数空间，有下列3个对应关系。

(1) 一条确定的直线对应一组确定的参数数据 θ、ρ，因此，xy 空间一条确定的直线对应 $\theta\rho$ 参数空间的一个点。

(2) 直线变形为关于 θ 和 ρ 的直线，$\rho = x\cos\theta + y\sin\theta$，$x$、$y$ 为其参数，因此，$\theta\rho$ 参数空间的一条正弦曲线对应 xy 空间的一个点。

(3) 综上所述，xy 空间一条直线上的 n 个点，对应 $\theta\rho$ 参数空间经过一个公共点的 n 条正弦曲线。

因此，若原图像中某一条边界线为直线，根据该边界上的 n 个点(x_i, y_i)，$i=1,2,\cdots,n$，在 $\theta\rho$ 参数空间绘制 n 条正弦曲线，检测出交点，即可得到图像中该直线的参数，从而确定这条线。

参数空间 n 条正弦曲线交点的检测方法为：对于原图中的每一点，在参数空间确定一条正弦曲线，即该曲线所经过点的值累加1，经过曲线最多的点(累加值最大的点)为原图中直线的参数。

Hough变换可以推广到具有解析形式 $f(\boldsymbol{x}, \boldsymbol{a})=0$ 的任意曲线，$\boldsymbol{x}$ 表示图像点，$\boldsymbol{a}$ 表示参数向量，方法同检测直线一样。

2. Hough变换的实现

MATLAB中提供的Hough变换检测直线的相关函数，列举如下。

(1) [H,THETA,RHO]=hough(BW)：对输入图像BW进行Hough变换。H表示

图像 Hough 变换后的矩阵；THETA 表示 Hough 变换生成 θ 轴的各个单元对应的 θ 值(°)；RHO 表示 Hough 变换生成 ρ 轴的各个单元对应的 ρ 值。

(2) [H,THETA,RHO]=hough(BW,PARAM1,VAL1,PARAM2,VAL2)：参数 PARAM1、VAL1、PARAM2、VAL2 共同指定参数平面的离散度，有'Theta'参数向量，其元素指定输出矩阵 H 对应列的 θ 值，取值在[-90,90]范围内；有'ThetaResolution'参数，指定 θ 轴的单元大小，默认为 1；有'RhoResolution'参数，为[0 norm(size(BW))]的实型变量，指定 ρ 轴的单元大小，默认为 1。

(3) LINES=houghlines(BW,THETA,RHO,PEAKS)：根据 Hough 变换的结果提取图像 BW 中的线段。THETA 和 RHO 由函数 hough 的输出得到；PEAKS 表示 Hough 变换峰值，由函数 houghpeaks 的输出得到；LINES 为结构矩阵，长度为提取出的线段的数目，矩阵中每个元素表示一条线段的相关信息。

(4) LINES=houghlines(…,PARAM1,VAL1,PARAM2,VAL2)：功能同上。参数见表 9-2。

表 9-2 houghline 参数表

参　数	域　名	描　述
LINES	point1	二元向量[X Y]，线段一个端点的行列坐标
	point2	二元向量[X Y]，线段另一个端点的行列坐标
	theta	该线段对应的 θ 值，单位为度
	rho	该线段对应的 ρ 值
FillGap		指定线段被合并的门限间隔，默认为 20
MinLength		指定合并后的线段被保留的门限长度，默认为 40

(5) PEAKS=houghpeaks(H,NUMPEAKS)：提取 Hough 变换后参数平面的峰值点。NUMPEAKS 指定要提取的峰值数目，默认为 1；返回值 PEAKS 为一个 Q×2 矩阵，包含峰值的行列坐标，Q 为提取的峰值数目。

(6) PEAKS=houghpeaks(…,PARAM1,VAL1,PARAM2,VAL2)：指定参数提取 Hough 变换后参数平面的峰值点。有'Threshold'参数，非负实数，指定峰值的门限，默认为 0.5×max(H(:))；有'NHoodSize'参数，二元向量[M N]，M、N 均为正奇数，共同指定峰值周围抑制区的大小；有'Theta'参数，同函数 hough 中一致。

【例 9-8】 对图像进行 Hough 变换，显示 Hough 变换矩阵，并提取线段。

程序如下：

```
clc,clear,close all;
Image = rgb2gray(imread('houghsource.bmp'));
bw = edge(Image,'canny');                    % canny 算子边缘检测得二值边缘图像
figure,imshow(bw);
[h,t,r] = hough(bw,'RhoResolution',0.5,'ThetaResolution',0.5);    % Hough 变换
figure,imshow(imadjust(mat2gray(h)),'XData',t,'YData',r,'InitialMagnification','fit');
                                                        % 显示 Hough 变换矩阵
```

```
xlabel('\theta'),ylabel('\rho');
axis on,axis normal,hold on;
P = houghpeaks(h,2);
x = t(P(:,2)); y = r(P(:,1));
plot(x,y,'s','color','r');                              % 获取并标出参数平面上的峰值点
lines = houghlines(bw,t,r,P,'FillGap',5,'Minlength',7);  % 检测图像中的直线段
figure,imshow(Image);
hold on;
max_len = 0;
for i = 1:length(lines)
    xy = [lines(i).point1;lines(i).point2];
    plot(xy(:,1),xy(:,2),'LineWidth',2,'Color','g');     % 用绿色线段标注直线段
    plot(xy(1,1),xy(1,2),'x','LineWidth',2,'Color','y');
    plot(xy(2,1),xy(2,2),'x','LineWidth',2,'Color','r'); % 标注直线段端点
end
```

程序运行结果如图 9-10 所示。

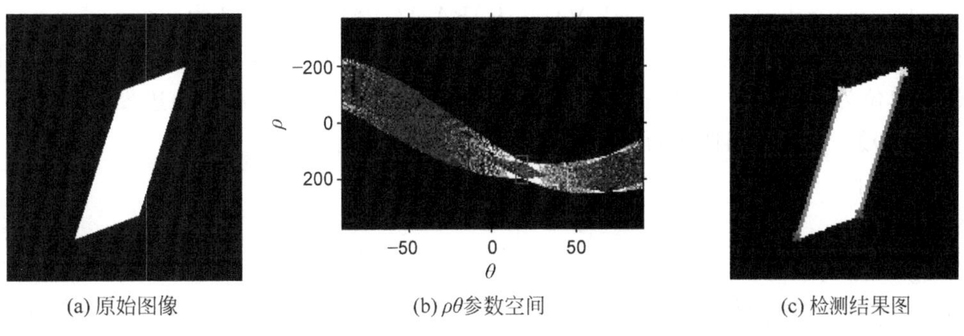

(a) 原始图像　　(b) ρθ参数空间　　(c) 检测结果图

图 9-10　Hough 变换检测直线

参数变换的计算复杂度会相当高,可以使用梯度信息降低计算量。知道梯度的方向,即知道了边缘的方向,也就知道了 θ 值,因此只需计算 ρ 值。

MATLAB 也提供了检测圆的 Hough 变换相关函数,列举如下。

(1) imfindcircles 函数:Hough 变换检测圆。

① CENTERS=imfindcircles(A,RADIUS):根据指定的半径 RADIUS 在图像 A 中检测圆。A 可以是灰度、RGB 或二值图像;CENTERS 是圆心坐标组成的 P×2 矩阵,按照圆度排序。

② [CENTERS,RADII]=imfindcircles(A,RADIUS_RANGE):根据指定的半径范围检测圆。RADIUS_RANGE 是二维整数向量[MIN_RADIUS MAX_RADIUS];列向量 RADII 为检测到的圆的半径。

③ [CENTERS,RADII,METRIC]=imfindcircles(A,RADIUS_RANGE):METRIC 为列向量,检测到的圆的累积矩阵峰值;CENTERS 和 RADII 根据对应 METRIC 值降序排列。

④ [CENTERS,RADII,METRIC]=imfindcircles(…,PARAM1,VAL1,PARAM2,VAL2,…):指定参数实现圆的检测,参数如表 9-3 所示。

表 9-3　imfindcircles 参数表

参　　数	描　　述
ObjectPolarity	圆形对象相对于背景的极性，取'bright'(默认)，目标亮于背景；取'dark'，目标暗于背景
Method	指定计算累积矩阵的方法，可取'PhaseCode'(默认)和'TwoStage'
Sensitivity	灵敏度因子，取值在[0,1]之间，取值大，可以检测到更多的圆，默认为 0.85
EdgeThreshold	取值在[0,1]之间，指定判断边界像素的梯度阈值，默认情况下，使用 graythresh 函数确定阈值

(2) viscircles 函数：创建圆。

① viscircles(CENTERS,RADII)：根据指定的圆心 CENTERS 和半径 RADII 在当前坐标系统中添加圆，默认为红色。

② viscircles(AX,CENTERS,RADII)：向 AX 指定的坐标系统添加圆。

③ H=viscircles(…,PARAM1,VAL1,PARAM2,VAL2,...)：H 为一个 hggroup 对象句柄，指定参数添加圆，参数包括'Color'，圆边界颜色；'LineStyle'，圆边界线型；'LineWidth'，圆边界线宽，单位为 point，默认为 2points；'EnhanceVisibility'，为 true，增强边界。

【例 9-9】 对硬币图像进行 Hough 变换，检测并显示圆。

程序如下：

```
clear,clc,close all;
Image = imread('coins.png');
[centers,radii,metric] = imfindcircles(Image,[15 30]);    %检测半径在[15,30]之间的圆
subplot(121),imshow(Image);
viscircles(centers,radii,'Color','b');                     %用蓝色线绘制所有的圆
centersStrong5 = centers(1:5,:);                           %获取圆度最大的 5 个圆圆心
radiiStrong5 = radii(1:5);
metricStrong5 = metric(1:5);
subplot(122),imshow(Image);
viscircles(centersStrong5, radiiStrong5,'Color','g','LineStyle',':');
```

程序运行结果如图 9-11 所示。

(a) 原图

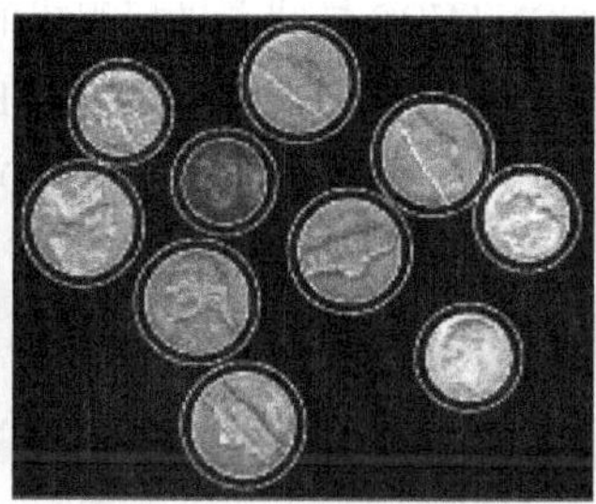

(b) 检测的所有圆

(c) 圆度最大的5个圆

图 9-11　Hough 变换检测圆

9.2.2 边界跟踪

边界跟踪是指根据某些严格的“探测准则”找出目标物体轮廓上的像素，即确定边界的起始搜索点，再根据一定的“跟踪准则”找出目标物体上的其他像素，直到符合跟踪终止条件。

MATLAB 中提供了进行边界跟踪的相关函数，列举如下。

(1) bwboundaries 函数：搜索二值图像的内外边界。

① B=bwboundaries(BW)：搜索二值图像 BW 的外边界和内边界。函数视 BW 中为 0 的元素为背景像素点，为 1 的元素为待提取边界目标。B 中的每个元素均为 Q×2 矩阵，矩阵中每一行包含边界像素点的行坐标和列坐标，Q 为边界所含像素点的个数。

② B=bwboundaries(BW,CONN,OPTIONS)：功能同上，CONN 取 4，搜索中采用 4 连通方法，默认取 8，即 8 连通方法。OPTIONS 指定算法的搜索方式，默认为'holes'，搜索目标的内外边界，'noholes'只搜索目标的外边界。

③ [B,L,N,A]=bwboundaries(…)：L 为标识矩阵，标识二值图像中被边界所划分的区域；N 为区域的数目；A 为被划分的区域的邻接关系。

(2) bwtraceboundary 函数：从某一点起跟踪二值图像的目标轮廓。

① B=bwtraceboundary(BW,P,FSTEP)：跟踪二值图像 BW 中的目标轮廓，目标区域取值非 0；参数 P 是初始跟踪点的行列坐标二元矢量；FSTEP 表示初始查找方向，用于寻找对象中与 P 相连的下一个像素，可取'N'、'NE'、'E'、'SE'、'S'、'SW'、'W'、'NW'；返回值 B 为边界坐标值，是一个 Q×2 矩阵。

② B=bwtraceboundary(BW,P,FSTEP,CONN)：CONN 可取 8 或 4，代表 8 连通和 4 连通，默认时为 8。

③ B=bwtraceboundary(…,N,DIR)：N 为边界像素的最大数目，默认时为无穷大；DIR 表示跟踪的方向，可以取'clockwise'和'counterclockwise'，默认时为'clockwise'。

(3) visboundaries 函数：绘制区域边界。

① visboundaries(BW)：在当前坐标系统中的二值图像 BW 绘制区域边界。前景为 1，背景为 0。函数使用 bwboundaries 检测边界像素位置。

② visboundaries(B)：B 为包含区域边界像素位置的元胞矩阵，同上述两函数中的 B。

③ H=visboundaries(…,NAME,VALUE,…)：参数同 viscircles 函数的参数。

【例 9-10】 搜索二值图像中目标的内外边界。

程序如下：

```
clc,clear,close all;
Image = imbinarize(rgb2gray(imread('shapefill.jpg')));
[B,L] = bwboundaries(Image);
figure,imshow(L),title('划分的区域');
```

```
hold on;
for i = 1:length(B)
    boundary = B{i};
    plot(boundary(:,2),boundary(:,1),'r','LineWidth',2);
end
```

程序运行结果如图 9-12 所示。

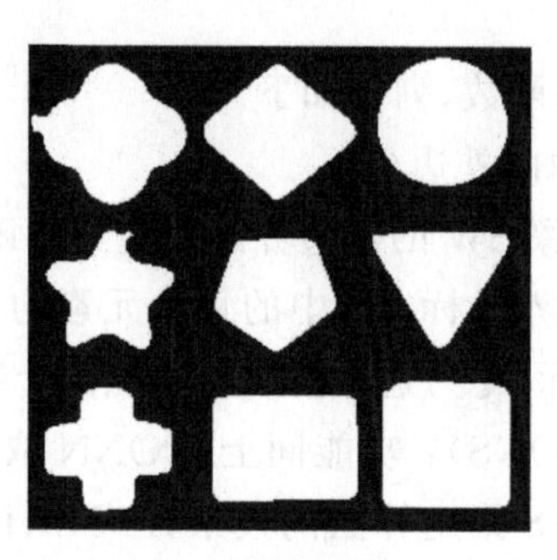

(a) 原始图像

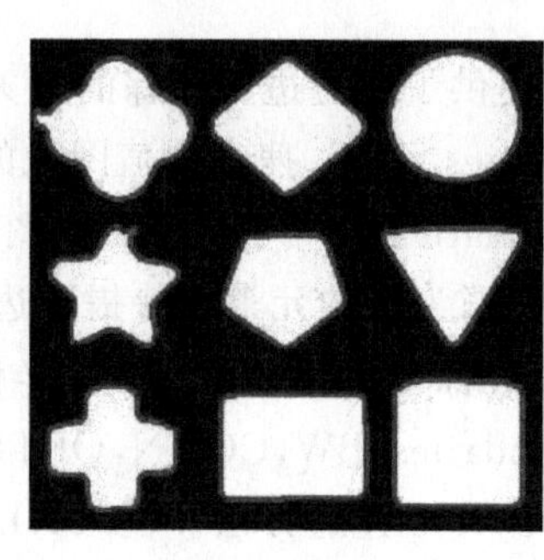

(b) 目标边界

图 9-12　搜索目标边界

【例 9-11】 搜索二值图像中第 1 个目标的内外边界。

程序如下：

```
clc,clear,close all;
BW = imbinarize(rgb2gray(imread('shapefill.jpg')));
[height,width] = size(BW);
for x = 1:width
    for y = 1:height
        if BW(y,x)
            break;                          % 找到目标边界上的点
        end
    end
    contour = bwtraceboundary(BW, [y, x], 'W', 8,Inf,'counterclockwise');
                         % 从当前点开始,以 8 连通方式、逆时针方向、向"W"方向进行跟踪
    if(~isempty(contour))                   % 若跟踪到边界点,用绿色线绘制边界线
        hold on;
        plot(contour(:,2),contour(:,1),'g','LineWidth',2);
        plot(x, y,'rx','LineWidth',2);      % 起点用红色×表示
        break;
    else
        hold on;
        plot(x, y,'rx','LineWidth',2);      % 没有跟踪到边界,仅起点用红色×表示
        break;
    end
end
```

程序运行结果如图 9-13 所示。

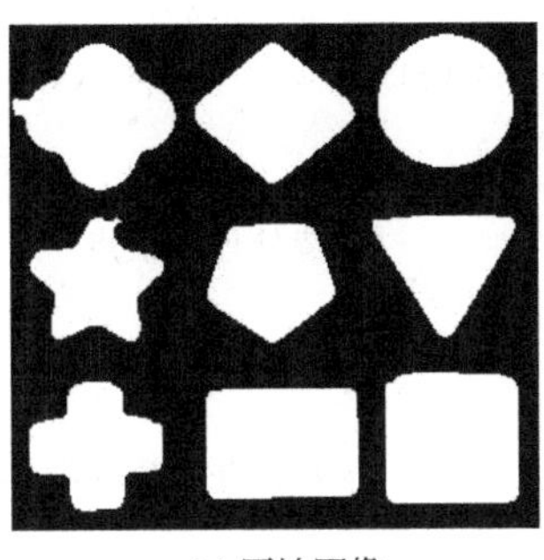

(a) 原始图像

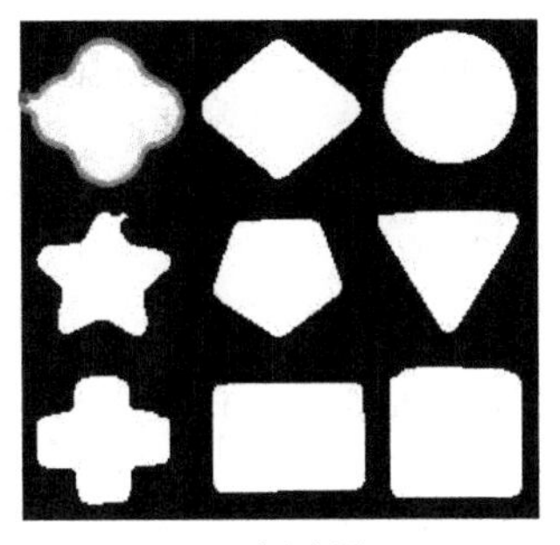

(b) 目标边界

图 9-13 跟踪第 1 个目标边界

9.3 区域分割

一般认为,同一个区域内的像素点具有某种相似性,如灰度、颜色、纹理等。区域分割即根据特定区域与其他背景区域特性上的不同来进行图像分割的技术,具有代表性的算法有区域生长、区域分裂、区域合并等。

9.3.1 区域生长

区域生长是指从图像某个位置开始,使每块区域变大,直到被比较的像素与区域像素具有显著差异为止。具体实现时,在每个要分割的区域内确定一个种子点,判断种子像素周围邻域是否有与种子像素相似的像素,若有,则将新的像素包含在区域内,并作为新的种子继续生长,直到没有满足条件的像素点时停止生长。

【例 9-12】 对图像进行区域生长。种子选取采用交互式方法,生长准则采用"待测像素点与区域的平均灰度差小于 40",8 邻域范围生长,停止生长条件为区域饱和。

程序如下:

```
Image = im2double(imread('lotus.jpg'));
[height,width,channel] = size(Image);
if channel == 3
    Image = rgb2gray(Image);
end
figure,imshow(Image);
[seedx,seedy,button] = ginput(1);                  %交互式获取一个种子点
seedx = round(seedx);    seedy = round(seedy);
region = zeros(height,width);                      %生长区域
region(seedy,seedx) = 1;
region_mean = Image(seedy,seedx);
region_num = 1;                                    %初始区域只有一个种子点
flag = zeros(height,width);
```

```
flag(seedy,seedx) = 1;                              % 处理过的点做标记,避免重复处理
neighbor = [ -1 -1; -1 0; -1 1;0 -1;0 1;1 -1;1 0;1 1];          % 八邻点
for k = 1:8
    y = seedy + neighbor(k,1);      x = seedx + neighbor(k,2);
    waiting(k,:) = [y,x];                           % 待处理像素点
    flag(y,x) = 2;
end
pos = 1;    len = length(waiting);
while pos < len                                     % 是否存在待处理像素点
    len = length(waiting);
    current = waiting(pos,:);
    pos = pos + 1;
    pixel = Image(current(1),current(2));           % 当前要判断的像素点
    pdist = abs(pixel - region_mean);               % 当前像素点与区域灰度均值的距离
    if pdist < 40/255
        region(current(1),current(2)) = 1;          % 生长出来的像素点
        region_mean = region_mean * region_num + pixel;
        region_num = region_num + 1;
        region_mean = region_mean/region_num;       % 新区域求灰度均值
        for k = 1:8
            newpoint = current + neighbor(k,:);
            if newpoint(1)> 0 && newpoint(1)< = height && newpoint(2)> 0 &&…
                newpoint(2)< width && flag(newpoint(1),newpoint(2)) == 0
                waiting(end + 1,:) = newpoint;
                flag(newpoint(1),newpoint(2)) = 2;  % 新生长出来的点作为种子点,将其邻点备选
            end
        end
    end
end
figure,imshow(region),title('区域生长');
```

程序运行结果如图 9-14 所示。

(a) 原图

(b) 区域生长

图 9-14　对图像进行区域生长分割

对于二值图像中的多个区域,可以采用连通成分标记的方法实现区域分割。MATLAB 提供了 bwlabel 函数实现连通成分标记,相关函数调用如下。

（1）bwlabel 函数：标记二维二值图像中的连通成分。

① L=bwlabel(BW,N)：标记二值图像 BW 中的连通成分，返回与 BW 大小相等的矩阵 L。N 可以取 4 或者 8，代表 4 连通和 8 连通，默认取值为 8。L 中 0 代表背景，其余区域从 1 开始用正整数标记。

② [L,NUM]=bwlabel(BW,N)：返回标记矩阵 L 的同时，返回 BW 中连通目标数目 NUM。

（2）bwlabeln 函数：标记任意维二值图像中的连通成分。

① L=bwlabeln(BW)：BW 可以是任意维，返回和 BW 同等大小的 L。二维图像的默认连通方式为 8，三维图像为 26，更高维图像为 conndef(ndims(BW),'maximal')。

② [L,NUM]=bwlabeln(BW)：返回标记矩阵 L 的同时返回 BW 中的连通目标数。

③ [L,NUM]=bwlabeln(BW,CONN)：指定连通方式进行标记，对于二维图像，CONN 可以取 4 和 8；对于三维图像，CONN 可以取 6、18 和 26。

（3）CC=bwconncomp(BW)：获取二值图像中的连通成分结构体 CC，有 Connectivity、ImageSize、NumObjects、PixelIdxList 4 个属性，分别是连通区域的连通性、BW 的尺寸、BW 中连通成分的数目、表示 k 个目标标记的元胞数组。

（4）L=labelmatrix(CC)：根据连通成分结构体 CC 创建标记矩阵，比 bwlabel 和 bwlabeln 更高效。

（5）label2rgb 函数：将标记矩阵转换为 RGB 图像。

① RGB=label2rgb(L)：将标记矩阵 L 转化为 RGB 图像，以便清楚观察。

② RGB=label2rgb(L,MAP)：根据定义的颜色映射表转化 L 为 RGB。MAP 可以是 n×3 的颜色映射表矩阵，或者表示特定映射函数的字符串，如'jet'、'gray'，或者颜色映射函数句柄，如@jet、@gray；默认时，使用'jet'。

③ RGB=label2rgb(L,MAP,ZEROCOLOR)：定义 L 中标记为 0 的 RGB 颜色，ZEROCOLOR 可以是 RGB 三维向量，或者'y'、'm'、'c'、'r'、'g'、'b'、'w'、'k'，默认时，使用[1 1 1]。

④ RGB=label2rgb(L,MAP,ZEROCOLOR,ORDER)：ORDER 取'noshuffle'（默认），颜色按照标记矩阵中的编号顺序赋给各区域；取'shuffle'，随机赋值。

【例 9-13】 对二值图像进行连通成分标记。

程序如下：

```
clear,clc,close all;
BW = imread('text.png');
CC = bwconncomp(BW);
L = labelmatrix(CC);
L2 = bwlabel(BW);
whos L L2
result1 = label2rgb(L);
result2 = label2rgb(L2);
```

```
subplot(131),imshow(BW),title('原二值图');
subplot(132),imshow(result1),title('使用 labelmatrix 标记');
subplot(133),imshow(result2),title('使用 bwlabel 标记');
```

程序运行结果如图 9-15 所示。

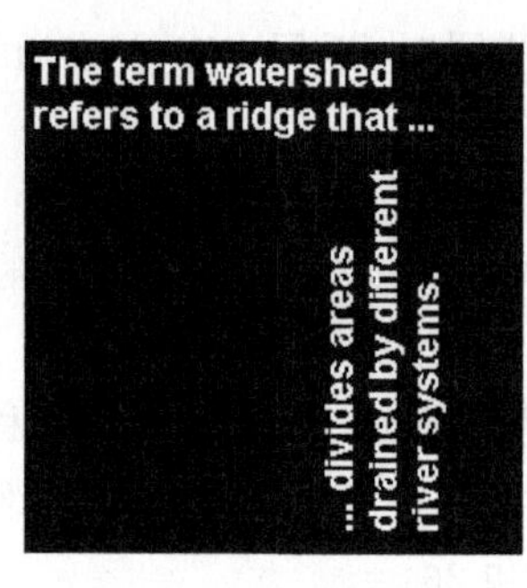

(a) 原二值图像

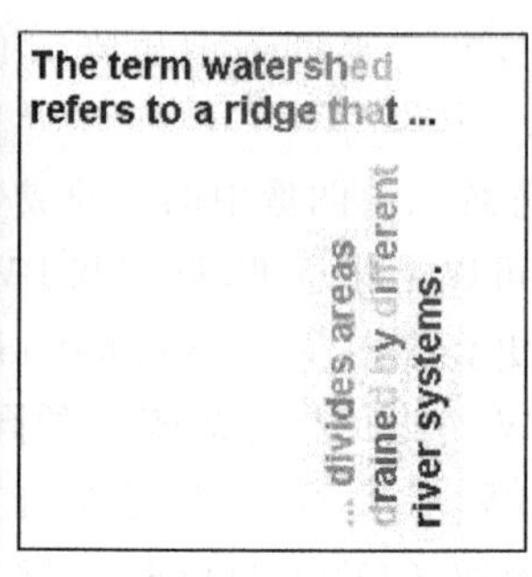

(b) 使用labelmatrix标记

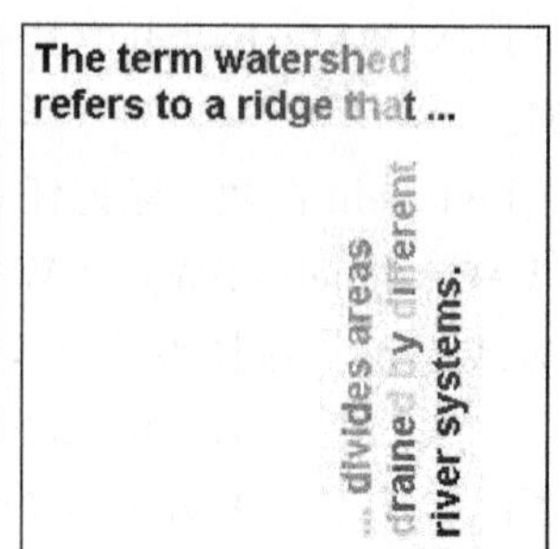

(c) 使用bwlabel标记

图 9-15　连通成分标记

9.3.2　区域合并

区域合并方法针对图像已经分为若干个小区域的情况,合并具有相似性的相邻区域。区域合并算法的步骤如下。

(1) 图像的初始区域分割。可以采用前面所学的方法对图像进行初始分割,极端情况下,也可以认为每个像素均为一个小区域。

(2) 确定相似性准则。可以基于相邻区域的灰度、颜色、纹理等参量来比较。若相邻区域内灰度分布均匀,可以比较区域间的灰度均值,若灰度均值差小于一定的阈值,则认为两个区域相似,进行合并。相似性准则一般要根据图像的具体情况、分割的依据来确定。

(3) 判断图像中的相邻区域是否满足相似性准则,相似则合并,不断重复这一步骤,直到没有区域可以合并为止。

【例 9-14】 采用区域合并方法将图像分割为两个区域。

设计思路:

初始情况下,将每个像素分割为一个小区域;相似性准则采用相邻区域灰度均值差小于等于最佳阈值的 1/3。

将左上角第一个点设为区域 1,其余为 0,表示未标记;从左到右,从上到下,循环判断图像中的点,判断每一点与其左上、上、右上、左邻点的灰度距离。4 个距离中最小的若符合合并规则,将对应邻点的标记赋予当前点;若没有相似的点,则赋予当前点新的标记。

将每个区域计算灰度均值,对灰度均值序列求中值,灰度均值小于等于中值的区域,所有像素标记为 0;灰度均值大于中值的区域,所有像素标记为 1,即通过区域合并将图像分割为 2 个区域,若想分为多个区域,将均值序列分为多段,对应合并区域即可。

程序如下：

```
clear,clc,close all;
Image = im2double(imread('lotus.jpg'));
[height,width,channel] = size(Image);
if channel == 3
    Image = rgb2gray(Image);
end
T = graythresh(Image);
flag = uint8(zeros(height,width));                % 存储区域标记
thresh = T/3;                                     % 小区域合并阈值
neighbor = [-1 -1; -1 0; -1 1;0 -1];              % 左上、上、右上、左邻点
flag(1,1) = 1;                                    % 左上角第一个点设为区域 1
number = 1;
for j = 1:height
    for i = 1:width
        pdist = [3000 3000 3000 3000];            % 当前点与左上、上、右上、左邻点距离初始化
        for k = 1:4                               % 计算当前点与左上、上、右上、左邻点的距离
            y = j + neighbor(k,1);
            x = i + neighbor(k,2);
            if x >= 1 && y >= 1 && x <= width && y <= height
                pdist(k) = abs(Image(j,i) - Image(y,x));
            end
        end
        [mindist,pos] = min(pdist(:));
        if mindist <= thresh  % 4 个距离中最小的若符合合并规则,将对应邻点的标记赋予当前点
            y = j + neighbor(pos,1);
            x = i + neighbor(pos,2);
            flag(j,i) = flag(y,x);
        elseif mindist~= 3000              % 若没有相似的点,则赋予当前点新的标记
            number = number + 1;
            flag(j,i) = number;
        end
    end
end
averV = zeros(number,1);
for i = 1:number
    averV(i) = mean(Image(flag == i));     % 各个区域的均值
end
medianV = median(averV(:));                % 区域均值序列的中值
result = zeros(height,width);
for i = 1:number
    if averV(i)> medianV
        result(flag == i) = 1;             % 合并均值接近的区域
    end
end
figure,imshow(result),title('区域合并');
```

程序运行结果如图 9-16 所示。

(a) 原图　　(b) 区域生长

图 9-16　对图像进行区域合并分割

某些区域一旦合并,即使与后来的区域相似性并不好,也无法去除。

9.3.3　区域分裂

区域分裂方法用于检验一个区域是否具有一致性,若不具有,则分裂为几个小区域;再检测小区域的一致性,若不具有,则进一步分裂;重复这个过程直到每个区域都具有一致性。区域分裂方法一般从图像中的最大区域开始,甚至是整幅图像,自上而下,不同的区域可以采用不同的一致性衡量准则。

区域分裂实现分割有下列两个关键技术。

(1) 一致性准则。一般要根据图像的具体情况、分割的依据来确定,如某区域内灰度分布比较均匀,可以采用区域内灰度的方差来衡量。

(2) 分裂的方法。即如何分裂区域为小区域,应尽可能使分裂后的子区域都具有一致性,但不易实现。一般采用把区域分割成固定数量、小区域大小相等的方法,如一分为四,分裂的过程可以采用四叉树表示。

MATLAB 提供了进行区域分裂的相关函数,列举如下。

(1) qtdecomp 函数:对图像进行四叉树分解。

① S=qtdecomp(I):将一幅灰度方图 I 进行四叉树分解,直到每个小方块图像都一样。注意:图像 I 要求为方图,即宽高一致。S 为结果矩阵,如果 S 的某个元素 S(k,m)非零,则(k,m)为矩阵子块左上角,且 S(k,m)的值代表该子块的大小。

② S=qtdecomp(I,THRESHOLD):如果方块图像的最大灰度值与最小灰度值之差大于 THRESHOLD,对块进行分解。THRESHOLD 应该在 0 和 1 之间。

③ S=qtdecomp(I,THRESHOLD,MINDIM):功能同上。MINDIM 指定分解的小方块图像最小尺寸。

④ S=qtdecomp(I,THRESHOLD,[MINDIM MAXDIM]):功能同上。[MINDIM MAXDIM]指定不再分解的小方块图像的尺寸范围。MAXDIM/MINDIM 必须为 2 的次幂。

⑤ S＝qtdecomp(I,FUN)：采用指定函数作为四叉树分解的一致性准则。FUN 为函数句柄。

(2) J＝qtsetblk(I,S,DIM,VALS)：对图像 I 进行四叉树分解时，用 VALS 中的 DIM×DIM 块取代四叉树中的 DIM×DIM 块。S 是 qtdecomp 函数返回的分解矩阵。VALS 是 DIM×DIM×K 的矩阵，K 是四叉树分解中 DIM×DIM 块的数目。

(3) qtgetblk 函数：获取四叉树分解中的块值。

① [VALS,R,C]＝qtgetblk(I,S,DIM)：I、S、DIM、VALS 参数同上。R 和 C 是包含块左上角行列坐标的向量。

② [VALS,IDX]＝qtgetblk(I,S,DIM)：IDX 是包含块左上角索引的向量。

【例 9-15】 对一幅小图像进行四叉树分解，并获取、设置分解后块内的值。

程序如下：

```
clear,clc,close all;
I = [ 1     1     1     1     2     3     6     6
      1     1     2     1     4     5     6     8
      1     1     1     1    10    15     7     7
      1     1     1     1    20    25     7     7
     20    22    20    22     1     2     3     4
     20    22    22    20     5     6     7     8
     20    22    20    20     9    10    11    12
     22    22    20    20    13    14    15    16];
S = qtdecomp(I,5);                    % 四叉树分解,块最大值和最小值差小于等于 5
newvals = cat(3,zeros(4),ones(4));
J = qtsetblk(I,S,4,newvals);
[vals,r,c] = qtgetblk(I,S,4);
```

S 是区域四叉树分解的结果矩阵，为 8×8 大小，如图 9-17(a)所示；newvals 为 4×4×2 矩阵，第一页为 4×4 的全 0 矩阵，第二页为 4×4 的全 1 矩阵；用 newvals 中的两个 4×4 矩阵取代 ***I*** 中的两个 4×4 矩阵，得到 ***J***，如图 9-17(b)所示；vals 是获取了四叉树分解时 ***I*** 中的 4×4 块，*r* 和 *c* 是块的位置，如图 9-17(c)所示。

$$\boldsymbol{S}=\begin{bmatrix}4&0&0&0&2&0&2&0\\0&0&0&0&0&0&0&0\\0&0&0&0&1&1&2&0\\0&0&0&0&1&1&0&0\\4&0&0&0&2&0&2&0\\0&0&0&0&0&0&0&0\\0&0&0&0&2&0&2&0\\0&0&0&0&0&0&0&0\end{bmatrix}$$

(a) 四叉树分解结果矩阵

$$\boldsymbol{J}=\begin{bmatrix}0&0&0&0&2&3&6&6\\0&0&0&0&4&5&6&8\\0&0&0&0&10&15&7&7\\0&0&0&0&20&25&7&7\\1&1&1&1&1&2&3&4\\1&1&1&1&5&6&7&8\\1&1&1&1&9&10&11&12\\1&1&1&1&13&14&15&16\end{bmatrix}$$

(b) 设置块值

$$val(:,:,1)=\begin{bmatrix}1&1&1&1\\1&1&2&1\\1&1&1&1\\1&1&1&1\end{bmatrix}$$

$$val(:,:,2)=\begin{bmatrix}20&22&20&22\\20&22&22&20\\20&22&20&20\\22&22&20&20\end{bmatrix}$$

(c) 获取块值

图 9-17　四叉树分解实例

【例 9-16】 采用区域分裂方法分割图像。

程序如下：

```
clear,clc,close all;
Image = imread('cameraman.jpg');
S = qtdecomp(Image,0.27);                          % 四叉树分解
blocks = repmat(uint8(0),size(S));                 % 定义块信息变量
for dim = [256 128 64 32 16 8 4 2 1]
    numblocks = length(find(S == dim));
    if(numblocks > 0)
        values = repmat(uint8(1),[dim dim numblocks]);
        values(2:dim,2:dim,:) = 0;
        blocks = qtsetblk(blocks,S,dim,values);    % 设置块为 0
    end
end
blocks(end,1:end) = 1;
blocks(1:end,end) = 1;
imshow(Image);
figure,imshow(blocks,[]);
```

程序运行结果如图 9-18 所示。

(a) 原始图像

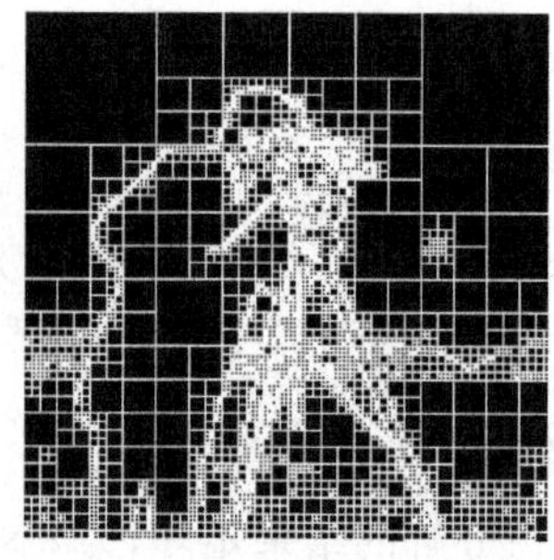

(b) 四叉树分解

图 9-18 对图像进行四叉树分解

9.3.4 区域分裂合并

分裂过程也是单向进行的，一个区域一旦分裂，即使其中的部分小区域具有相似性，也只能被分割在不同的区域。考虑到分裂、合并算法各有不足，所以可以把两种方法结合在一起使用，即区域分裂合并算法。

区域分裂合并算法的核心思想是：将原图分成若干个子块，检测子块是否具有一致性，不具有，则分裂该子块；如果某些子块具有相似性，则合并这些子块。

区域分裂合并算法的步骤如下。

(1) 将原图分为 4 个相等的子块，计算子块区域是否具有一致性；

(2) 判断是否需要分裂。如果子块不具有一致性，则分裂该块；

(3) 判断是否需要合并。对不需要分裂的子块进行比较,对具有相似性的子块合并;

(4) 重复上述过程,直到不再需要分裂或合并。

上述方法为分裂合并同时进行,也可以采用先分裂后合并的方法。

【例 9-17】 采用区域分裂合并方法将图像分割成两部分。

程序如下:

```
clear,clc,close all;
Image = imread('cameraman.jpg');
[height,width] = size(Image);
S = qtdecomp(Image,0.27);                                   %区域四叉树分解
numblocks = sum(sum(S~ = 0));                               %区域分裂出来的块数
averV = zeros(numblocks,1);
num = 1;
flagblocks = zeros(height,width);                           %存放区域编号
for dim = [256 128 64 32 16 8 4 2 1]
    if(numblocks > 0)
        [vals,r,c] = qtgetblk(Image,S,dim);                 %获取块数据
        siz = size(vals);
        for i = 1:siz(3)
            block = vals(:,:,i);
            averV(num) = mean(block(:));                    %求块均值
            block = ones(dim) * num;
            flagblocks(r(i):r(i) + dim - 1,c(i):c(i) + dim - 1) = block;    %给每个区域编号
            num = num + 1;
        end
    end
end
thresh = median(averV(:));                                  %区域合并的分界条件
result = zeros(height,width);
for i = 1:numblocks
    if averV(i)< thresh                                     %低灰度为目标
        result(flagblocks == i) = 1;
    end
end
figure,imshow(result),title('区域分裂合并');
```

程序运行结果如图 9-19 所示。

(a) 原图

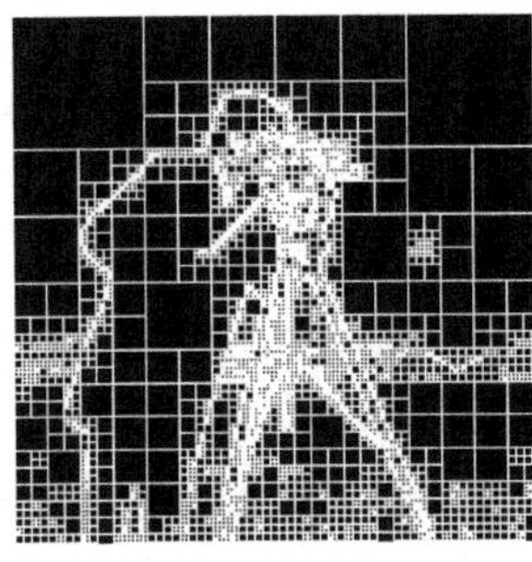

(b) 四叉树分解

(c) 再合并

图 9-19 区域分裂合并

9.4 基于聚类的图像分割

聚类是对特征空间中的数据进行分类的方法，取“物以类聚”的思想，把某些向量聚集为一组，每组具有相似的值。基于聚类的图像分割是把图像分割看作对像素进行分类的问题，把像素表示成特征空间的点，采用聚类算法把这些点划分为不同类别，对应原图则是实现对像素的分组，分组后利用“连通成分标记”找到连通区域。但有时也会产生在图像空间不连通的分割区域，主要是由于在分割的过程中没有利用像素点在图像中的空间分布信息。

基于聚类实现图像分割有如下两个需要关注的问题。

(1) 如何把像素表示成特征空间中的点。通常情况下，用向量来代表一些像素或像素周围邻域，向量的元素可以包括灰度值、RGB值及由此推出的颜色特征、计算得到的特征、纹理度量值等与像素相关的特征。同样根据图像的具体情况，判断待分割区域的共性来设计。因此，基于聚类的图像分割其实也是基于区域的分割方法，不同在于分割过程不一样。

(2) 聚类方法。聚类的方法有很多，K 均值聚类法通过迭代把特征空间分成 K 个聚集区域。设像素点特征为 $x=(x_1,x_2,\cdots,x_n)^{\mathrm{T}}$，$\mu_i$ 为 $\omega_i(i=1,\cdots,K)$类的均值，首先确定 K 个初始聚类中心，然后根据各类样本到聚类中心的距离平方和最小的准则，不断调整聚类中心，直到聚类合理。

K 均值聚类法的操作步骤如下。

(1) 令迭代次数为1，任选 K 个初始聚类中心 $\mu_1(1),\mu_2(1),\cdots,\mu_K(1)$；

(2) 逐个将每一特征点 x 按最小距离原则分配给 K 个聚类中心，即

$$\text{若} \ \|x-\mu_j(m)\| < \|x-\mu_i(m)\|, i=1,2,\cdots,K, i\neq j, \quad \text{则} \ x\in\omega_j(m)$$

$\omega_j(m)$为第 m 次迭代时，聚类中心为 $\mu_j(m)$的聚类域。

(3) 计算新的聚类中心：

$$\mu_i(m+1)=\frac{1}{N_i}\sum_{x\in\omega_i(m)} x \quad i=1,2,\cdots,K \tag{9-24}$$

(4) 判断算法是否收敛：

若 $\mu_i(m+1)=\mu_i(m) \quad i=1,2,\cdots,K$，则算法收敛；否则，转到第(2)步，进行下一次迭代。

关于 K，实际中常根据具体情况或采用试探法来确定。

MATLAB提供了kmeans函数来实现 K 均值聚类，其调用如下。

(1) [IDX,C]=kmeans(X,K)

(2) [IDX,C,SUMD,D]=kmeans(X,K)

(3) [⋯]=kmeans(⋯,'PARAM1',val1,'PARAM2',val2,⋯)

参数含义：

X是N×n的矩阵，每一行对应一个点，每点为n维；K为要聚成的类别数；IDX是N×1的向量，其元素为每个点所属类的类序号；C是K类的类重心坐标矩阵，是一个K×n的矩阵，每一行是每一类的类重心坐标；SUMD为K×1的向量，是类内距离和向量(即类

内各点与类重心距离之和)；D 为 N×K 的矩阵，是每个点与每个类重心之间的距离矩阵。

其余部分常用参数如表 9-4 所示。

表 9-4 kmeans 函数部分参数表

参数名	参数值	说明
distance	sqeuclidean	平方欧氏距离(默认情况)
	cityblock	绝对值距离
	cosine	把每个点作为一个向量，两点间距离为 1 减去两向量夹角余弦
	correlation	把每个点作为一个数值序列，两点间距离为 1 减去两数值序列的相关系数
	hamming	即不一致位所占的百分比，仅适用于二进制数据
Start	plus	默认值，第一个聚类中心随机选择，其余聚类中心从剩余的数据点中根据与距离该点最近的现有聚类中心的概率比例随机选择
	sample	随机选择 K 个观测作为初始聚类中心
	uniform	在观测值矩阵 X 中随机并均匀选择 K 个观测作为初始聚类中心，对 Hamming 距离无效
	cluster	从 X 中随机选择 10%的子样本进行预聚类，确定聚类中心。预聚类过程随机选择 K 个观测作为预聚类的初始聚类中心
	matrix	若为 K×n 的矩阵，用来设定 K 个初始聚类中心；若为 K×n×m 的三维数组，则重复进行 m 次聚类，每次聚类通过相应页上的二维数据设定 K 个初始聚类中心
EmptyAction	drop	去除空类，输出参数 C 和 D 中的相应值，用 NaN 表示
	error	把空类当作错误
	singleton	生成一个只包含最远点的新类(默认)

【例 9-18】 实现基于 K 均值聚类的图像分割。

程序如下：

```
clear,clc,close all;
Image = imread('fruit.jpg');
figure,imshow(Image);
hsv = rgb2hsv(Image);
h = hsv(:,:,1);
h(h > 330/360) = 0;                                          % 接近 360°的色调认为是 0°
training = h(:);                                             % 获取训练数据
startdata = [0;60/360;120/360;180/360;240/360;300/360];      % 设置初始聚类中心
[IDX,C] = kmeans(training,6,'Start',startdata);              % K 均值聚类
idbw = (IDX == 1);                                           % 苹果目标区域
template = reshape(idbw, size(h));
figure,imshow(template),title('K 均值聚类分割');
```

程序运行结果如图 9-20 所示。程序打开一幅苹果图像，将其转换到 HSV 空间，获取像素的色调值，对色调空间的数据进行了 6 类聚类，取出目标水果所在的类别并显示。

(a) 原图　　(b) *K*均值聚类分割

图 9-20　*K* 均值聚类图像分割示例

9.5　分水岭分割

分水岭分割是基于地形学概念的分割方法，其实现可采用数学形态学的方法，应用较为广泛。

1. 基本原理

假设图像中有多个物体，计算其梯度图像。梯度图像中，物体边界部分对应高梯度值，为亮白线；区域内部对应低梯度值，为暗区域；即梯度图像由包含了暗区域的白环组成，如图 9-21(b)所示。将其想象成三维的地形图，定义其中具有均匀低灰度的区域为极小区域。极小区域往往是区域内部。

(a) 原图

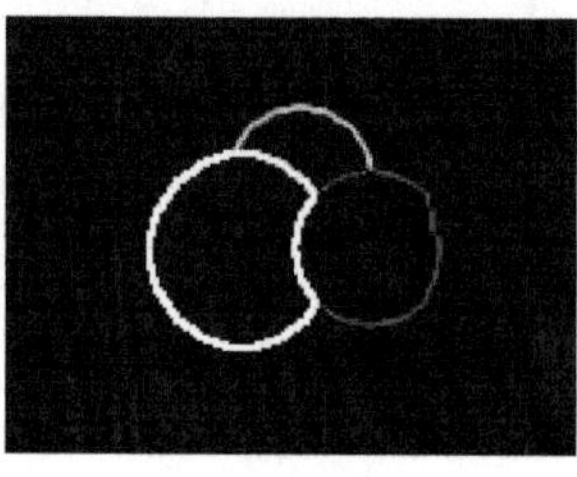

(b) 梯度图像

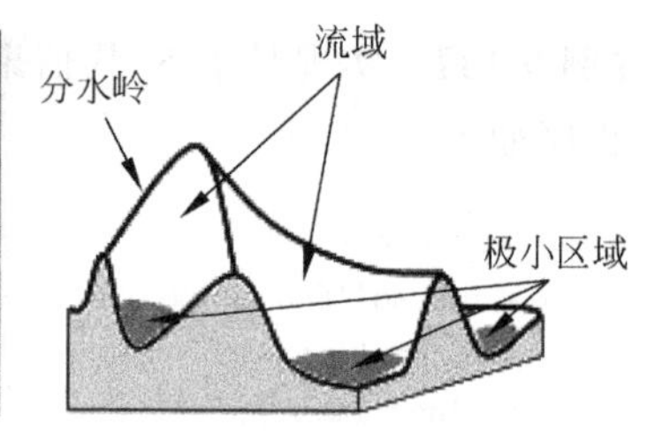

(c) 流域与分水岭示意

图 9-21　图像与分水岭

相对于极小区域，梯度图像中的像素点有 3 种不同情形：①属于极小区域的点(谷底)；②将一个水珠放在该点，它必定流入某一个极小区域的点(山坡)；③水珠在该点流入某个极小区域的可能性相同的点(山岭)。对于一个极小区域，水珠汇合流入该区域的所有点构成的集合，称为该极小区域的流域。流入一个以上极小区域的可能性均等的点构成的集合，则称为分水岭(分水线、水线)。把梯度图像绘制成二维曲面形式，示意图如图 9-21(c)所示。梯度图像中各区域内部对应极小区域，区域边界对应高灰度，即分水岭。

以涨水法来分析：设水从谷底上涌，水位逐渐升高。若水位高过山岭，不同流域的水将会汇合。在不同流域中的水面将要汇合到一起时，在中间筑起一道堤坝，阻止水汇合，堤坝高度随着水面上升而增高。当所有山峰都被淹没时，露出水面的只剩下堤坝，且将整个平面分成了若干个区域，即实现了分割。堤坝对应着流域的分水岭，如果能够确定分水岭的位置，即确定了区域的边界曲线，分水岭分割实际上就是通过确定分水岭的位置而进行图像分割的方法。

2. 分水岭分割

设原图像为 $f(x,y)$，其梯度图像为 $g(x,y)$。令 $M_1,M_2,\cdots,M_r$ 表示 $g(x,y)$ 中的极小区域，$C(M_i)$ 表示与极小区域 M_i 对应的流域，用 min 和 max 表示梯度的极小值和极大值。采用涨水法进行分割，涨水是从 min(谷底)开始，以单灰值增加，则第 n 步时的水深为 n(即灰度值增加了 n)，用 $T(n)$ 表示满足 $g(x,y)<n$ 的所有点 (x,y) 的集合，即

$$T(n)=\{(x,y)\mid g(x,y)<n\} \tag{9-25}$$

用 $C_n(M_i)$ 表示水深为 n 时，在 M_i 对应的流域 $C(M_i)$ 形成的水平面区域，满足

$$C_n(M_i)=C(M_i)\cap T(n) \tag{9-26}$$

令 $C(n)$ 表示在第 n 步流域溢流部分的并，则 $C(\max+1)$ 为所有流域的并。

初始情况下，取 $C(\min+1)=T(\min+1)$，算法迭代进行。$C(n-1)$ 是 $C(n)$ 的子集，$C(n)$ 又是 $T(n)$ 的子集，因此，$C(n-1)$ 是 $T(n)$ 的子集，$C(n-1)$ 中的每一个连通成分都包含于 $T(n)$ 的一个连通成分。设 D 为 $T(n)$ 的一个连通成分，那么存在如下 3 种可能。

(1) $D\cap C(n-1)$ 为空；

(2) $D\cap C(n-1)$ 含有 $C(n-1)$ 的一个连通成分；

(3) $D\cap C(n-1)$ 含有 $C(n-1)$ 的一个以上连通成分。

利用 $C(n-1)$ 建立 $C(n)$ 取决于上述哪一种条件成立。

3 种情况如图 9-22 所示。图 9-22(a)中的 D_1 为第(1)种情况，是增长遇到一个新的极小区域，$C(n)$ 可由连通成分 D 加到 $C(n-1)$ 中得到；D_2 为第(2)种情况，其和 $C(n-1)$ 同属于一个极小区域，同样，$C(n)$ 可由连通成分 D 加到 $C(n-1)$ 中得到；图 9-22(b)所示为第(3)种情况，是不同区域即将连通时的表现，必须在 D 中建立堤坝。

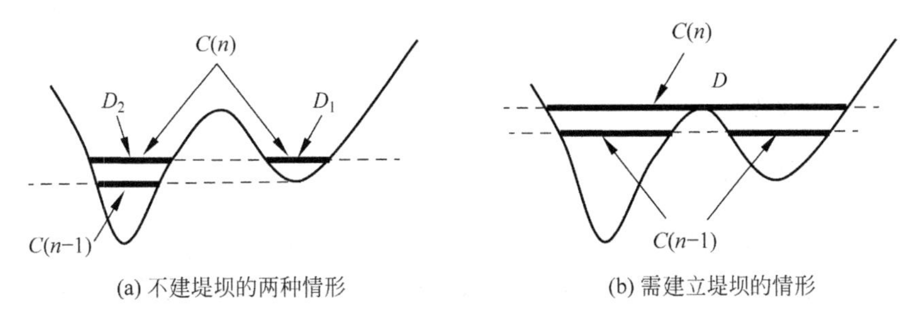

图 9-22　利用 $C(n-1)$ 建立 $C(n)$ 的不同情况

综上所述,总结分水岭分割算法如下。

(1) 计算梯度图像及梯度图像取值的最小值 min 和最大值 max。

(2) 初始化 $n=\min+1$,即 $C(\min+1)=T(\min+1):\{g(x,y)<\min+1\}$,并标识目前的极小区域。

(3) $n=n+1$,确定 $T(n)$ 中的连通成分 $D_i, i=1,2,\cdots$; 求 $D_i \cap C(n-1)$,并判断属于上述 3 种情况中的哪一种,确定 $C(n)$; 如属于第(3)种情况,则加筑堤坝。

(4) 重复第(3)步,直到 $C(\max+1)$。

3. 分水岭分割的实现

MATLAB 提供了实现分水岭分割的函数,其调用格式如下。

(1) L=watershed(A): 对矩阵 A 进行分水岭区域标识,生成标识矩阵 L。L 中的元素为大于或等于 0 的整数,值 0 表示不属于任何一个区域,称为分水岭像素; 值 n 表示第 n 个区域。对于二维图像,函数采用 8 连通邻域; 对于三维图像,采用 26 连通邻域。

(2) L=watershed(A,CONN): 指定连通方式实现标识。对于二维图像,CONN 可为 4、8; 对于三维图像,CONN 可为 6、18、26。

【例 9-19】 应用分水岭算法实现图像分割。

程序如下:

```
clear,clc,close all;
image = im2double(rgb2gray(imread('blocks.jpg')));
figure,imshow(image),title('原始图像');
hv = fspecial('prewitt');                    % Prewitt 水平边缘强化滤波器
hh = hv.';                                   % 转置为 Prewitt 垂直边缘强化滤波器
gv = abs(imfilter(image,hv,'replicate'));    % 使用 Prewitt 滤波器水平滤波
gh = abs(imfilter(image,hh,'replicate'));    % 使用 Prewitt 滤波器垂直滤波
g = sqrt(gv.^2 + gh.^2);                     % 获得 Prewitt 梯度图像
figure,imshow(g),title('梯度图像');
L = watershed(g);                            % 对梯度图像进行分水岭区域标识
wr = L == 0;                                 % 获取分水岭像素
figure,imshow(wr),title('分水岭');            % 显示分水岭
image(wr) = 0;                               % 在原图中标记出分水岭像素,即获得分割结果图像
figure,imshow(image),title('分割结果');       % 显示分割结果
```

程序运行结果如图 9-23 所示。

4. 分水岭分割改进

从图 9-23 可看出,直接利用分水岭算法对图像分割会产生过分割现象,即图像分割过细。原因在于由于梯度噪声、量化误差及目标内部细密纹理的影响,在平坦区域内可能存在许多局部的“谷底”和“山峰”,经分水岭变换后形成很多小区域,导致了过分割,反而没能找到正确的区域轮廓。

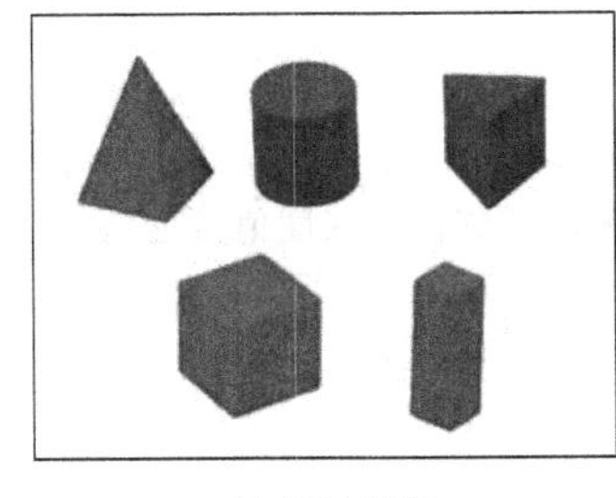

(a) 原始图像

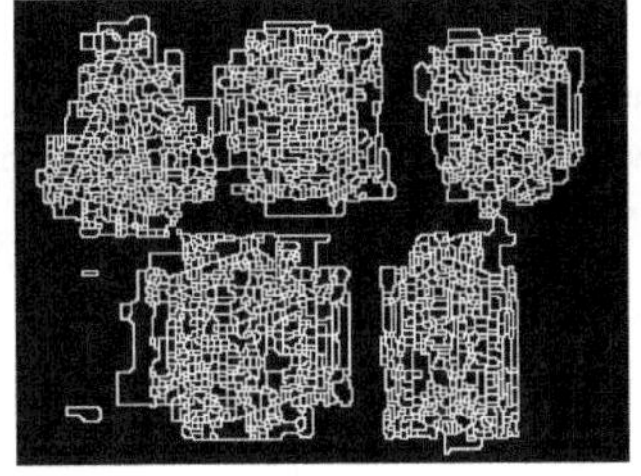

(b) 分水岭

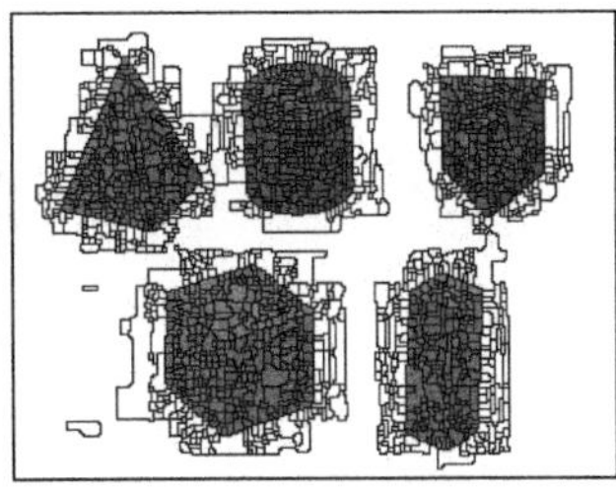

(c) 分割结果

图 9-23 分水岭分割效果示例

解决过分割问题的主要的思路是在分割前、后加入预处理和后处理步骤，如采用滤波，以减弱噪声干扰，滤除小目标即目标中的细节；增强图像中的轮廓；合并一些较小的区域等。

【例 9-20】 改善分水岭分割的过分割现象。

设计思路：

先对梯度图像进行中值滤波，减少极小区域；在分水岭分割后，采用区域合并方法将邻近且灰度近似的区域合并起来，改善过分割现象。

程序如下：

```
clear,clc,close all;
image = im2double(rgb2gray(imread('blocks.jpg')));
hv = fspecial('prewitt');
hh = hv.';
gv = abs(imfilter(image,hv,'replicate'));
gh = abs(imfilter(image,hh,'replicate'));
g = sqrt(gv.^2 + gh.^2);
figure,imshow(g),title('梯度图像');
g = medfilt2(g,[5,5]);                          % 对梯度图像进行 5×5 中值滤波
figure,imshow(g),title('滤波后的梯度图像');
L = watershed(g);                               % 分水岭分割
worigin = L == 0;
figure,imshow(worigin),title('分水岭分割');
num = max(L(:));                                % 目前分割出的区域数目
thresh = 0.3;                                   % 区域合并系数
avegray = zeros(num,1);
for i = 1:num
    avegray(i) = mean(image(L == i));           % 统计各区域的灰度均值
end
[N,M] = size(L);
for i = 2:M - 1
    for j = 2:N - 1
        if L(j,i) == 0                          % 分水岭上的点,其周围必然有不同的区域
            neighbor = [L(j - 1,i + 1) L(j,i + 1) L(j + 1,i + 1) L(j - 1,i) L(j + 1,i)
                        L(j - 1,i - 1) L(j,i - 1) L(j + 1,i - 1)];   % 分水岭上点的 8 邻点
            neicode = unique(neighbor);         % 邻点中不同的取值,代表不同的区域
            neicode = neicode(neicode~ = 0);    % 排除邻点中的分水岭上点
            neinum = length(neicode);           % 获取周围区域数目
```

```
                for n = 1:neinum - 1
                    for m = n + 1:neinum
                        if abs(avegray(neicode(m)) - avegray(neicode(n)))< thresh
                            L(L == neicode(m)) = neicode(n);   %若相邻区域灰度值接近,合并
                        end
                    end
                end
            end
        end
    end
    for i = 2:M - 1
        for j = 2:N - 1
            if L(j,i) == 0
                neighbor = [L(j - 1,i + 1) L(j,i + 1)  L(j + 1,i + 1) L(j - 1,i)
                            L(j + 1,i)  L(j - 1,i - 1) L(j,i - 1)   L(j + 1,i - 1)];
                neicode = unique(neighbor);
                neicode = neicode(neicode~ = 0);
                neinum = length(neicode);
                if neinum == 1                      %重扫描 L 矩阵,原分水岭上的点周围只有一个区域,
                    L(j,i) = neicode(neinum);       %则将该点归入该区域
                end
            end
        end
    end
    wsecond = L == 0;
    figure,imshow(wsecond),title('分水岭分割与区域合并');
```

程序运行结果如图 9-24 所示。

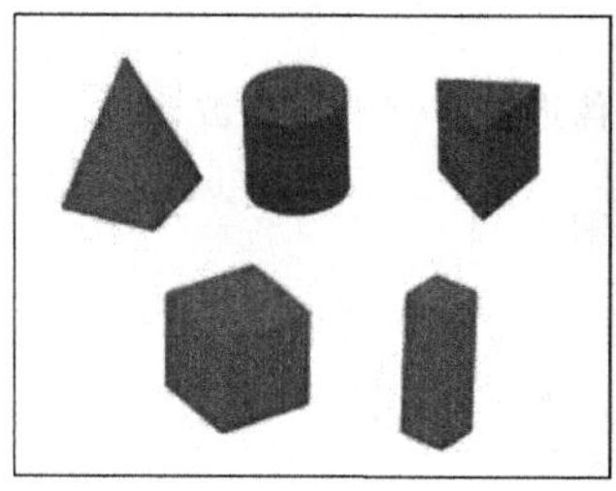

(a) 原图

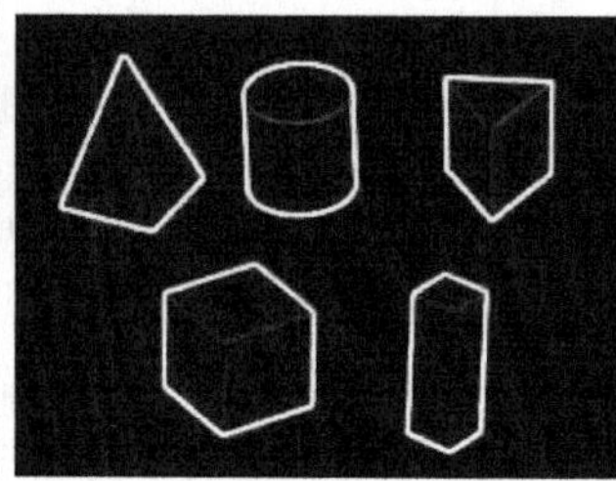

(b) 梯度图像

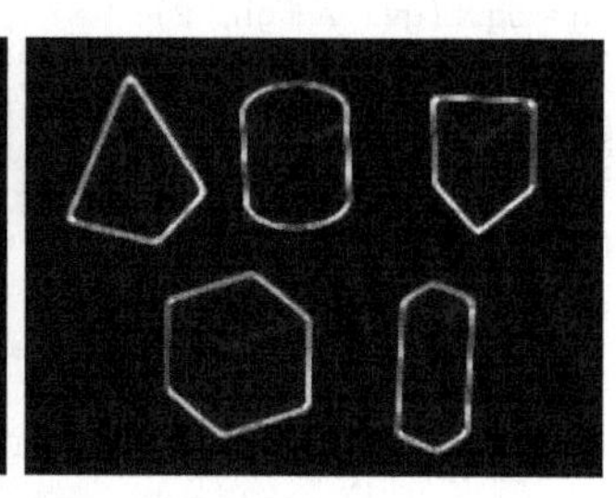

(c) 中值滤波后的梯度图像

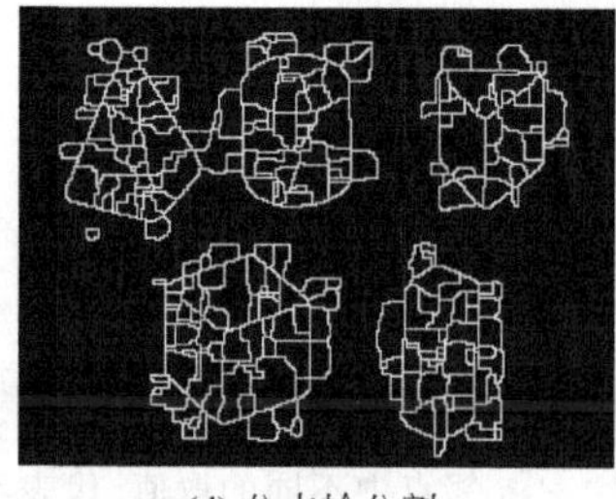

(d) 分水岭分割

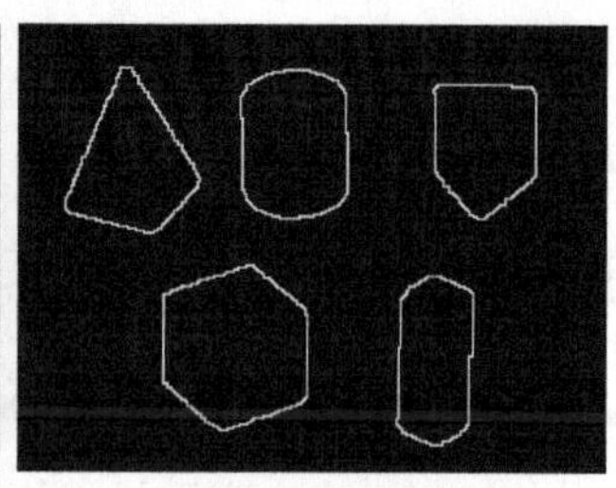

(e) 区域合并

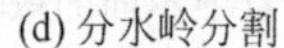

图 9-24　分水岭分割改善过分割现象

从运行结果可以看出，经过中值滤波后的梯度图像在采用分水岭分割后，过分割现象已有一定程度的改善，再经过区域合并，对于这幅图即达到了一个较好的分割效果。

9.6 实例

【例 9-21】 分割实际场景图像中的限速标志。

1. 设计思路

要实现限速标志分割，需首先分析目标特点。限速标志一般为圆形，红色圆包围限速数字，根据区域的这两个特点，分割时可以利用边界信息和色彩信息。

(1) 寻找色彩信息中的可能区域。

将图像转换到 HSV 空间，根据色调和饱和度，采用阈值法确定图像中的红色点，红色点为前景点，非红色点为背景点，表示为二值图像 CRegion。

进行大结构元素膨胀作为可能区域 CRmaybe，以免遗漏图像中较小的限速标志。

(2) 结合边界信息确定用于筛选的区域。

将原图的灰度图进行 Canny 边缘检测，检测结果与上一步的可能区域 CRmaybe 相与。获取可能区域的边缘信息 ERegion，并将边缘信息 ERegion 与色彩信息 CRegion 相或，作为用于筛选的图像。

(3) 对筛选图像进行标记，并获取各个区域的属性值，用于判断筛选。

(4) 对于各区域进行判断筛选。

根据各区域的面积和区域的短轴和长轴的比值进行判断，去除噪声区域和非类圆区域。

根据类圆区域的外接矩形，确定其在色彩可能区域 CRegion 的位置，计算该子区域中的前景点(红色点)到区域中心的距离均值及方差，并求均值和方差比 C(即圆形性，见第 10 章)。设定阈值为 1，当 C>1 时，为圆形区域，即限速标志区域。

(5) 在原图中分割出限速标志。

2. 程序

```
clear,clc,close all;
Image = imread('sign9.jpg');
figure,imshow(Image),title('原始图像');
hsv = rgb2hsv(Image);                                    %色彩空间变换
h = hsv(:,:,1);                                          %获取色度图
s = hsv(:,:,2);                                          %获取饱和度图
[height,width] = size(h);
CRegion = logical(zeros(height,width));
CRegion((h > 0.85 | h < 0.15) & s > 0.7) = 1;            %色彩信息阈值分割
figure,imshow(CRegion),title('色彩信息阈值分割');
se = strel('disk',6);
```

```
CRmaybe = imdilate(CRegion,se);                          %膨胀红色点区域作为可能区域
    %以上寻找色彩信息中的可能区域
figure,imshow(CRmaybe),title('可能区域');
ERegion = edge(rgb2gray(Image),'canny');                 %边缘检测
ERegion = bitand(CRmaybe,ERegion);                       %获取可能区域的边界信息
Alternative = bitor(ERegion,CRegion);                    %综合边界信息和色彩信息确定筛选区域
figure,imshow(Alternative),title('用于筛选的区域');
    %以上结合边界信息确定用于筛选的区域
L = bwlabel(Alternative);                                %区域标记
stats = regionprops(L,'Area','MajorAxisLength','MinorAxisLength','BoundingBox');
    %获取区域的面积、长轴、短轴、外接矩形属性参数
len = length(stats);
figure,imshow(Image),title('分割出的限速标志');
hold on
number = 0;
for i = 1:len
    ratio = stats(i).MinorAxisLength/stats(i).MajorAxisLength;   %区域短、长轴比值
    area = stats(i).Area;
    if area > pi * (width/80)^2 && ratio > 0.5           %非噪声区域、类圆区域
       rr = stats(i).BoundingBox;                        %区域的外接矩形
       startx = floor(rr(1));
       starty = floor(rr(2));
       if startx == 0
           startx = 1;
       end
       if starty == 0
           starty = 1;
       end
       subI = CRegion(starty:starty + rr(4),startx:startx + rr(3));
       [py,px] = find(subI == 1);
           %以上获取当前区域在色彩信息中的前景点
       dist = pdist2([py,px],[rr(4)/2,rr(3)/2],'euclidean');   %到区域中心的距离
       everylen = length(py);
       miu = sum(dist)/everylen;                                %距离均值计算
       sigma = sum((dist - miu).^2)/everylen;                   %距离方差计算
       C = miu/sigma;
           %以上计算圆形性C
       if C > 1
           rectangle('Position',rr,'Curvature',[1 1], ...
                     'EdgeColor','b','LineWidth',3);
           number = number + 1;
       end
           %以上用圆形框选限速标志
    else
       L(L == i) = 0;
    end
end
```

```
if number == 0
    mode = struct('WindowStyle','nonmodal','Interpreter','tex');
    errordlg('没有检测到限速标志','Equation Error', mode);
end
hold off
```

程序运行结果如图9-25和图9-26所示。

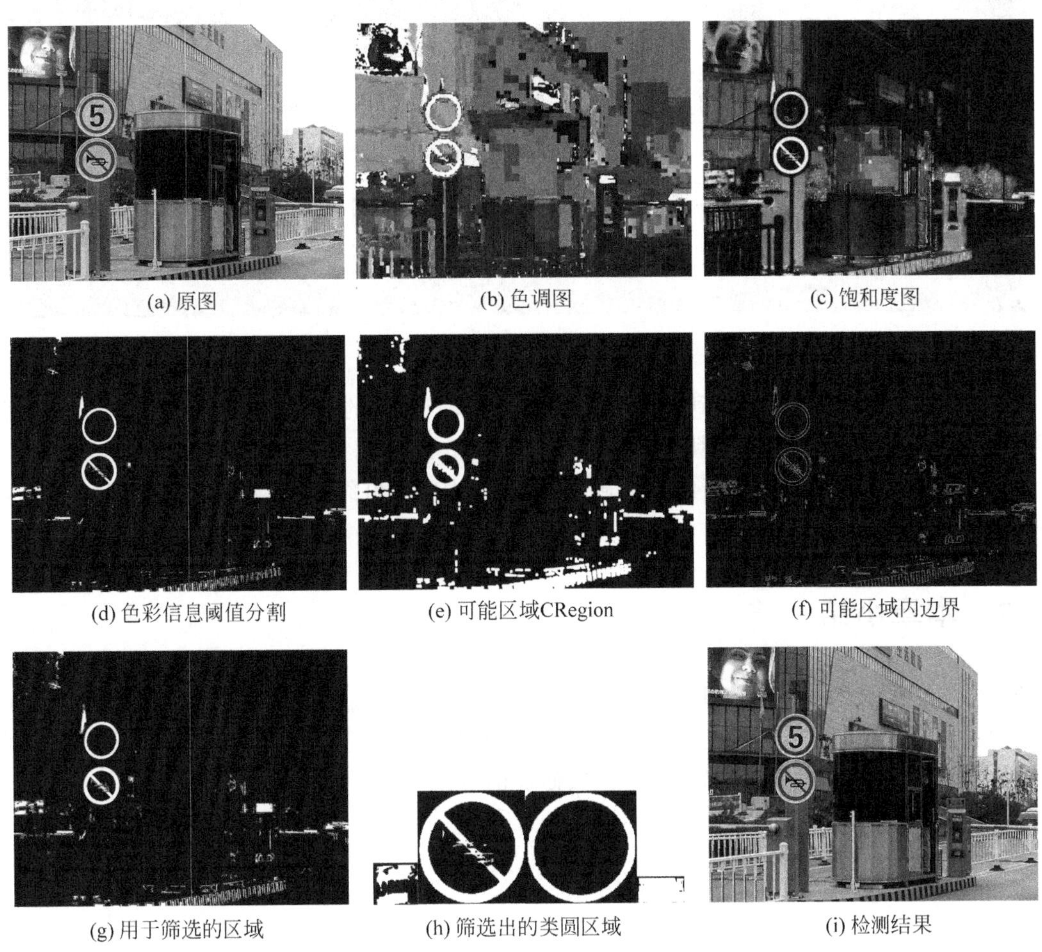

(a) 原图 (b) 色调图 (c) 饱和度图

(d) 色彩信息阈值分割 (e) 可能区域CRegion (f) 可能区域内边界

(g) 用于筛选的区域 (h) 筛选出的类圆区域 (i) 检测结果

图9-25 限速标志分割过程图

3. 分析

由于色彩信息分割和边界检测都要利用阈值来实现，因此限速标志区域中间可能会有断点，一个完整的区域可能会被分为多个不同的区域，再利用区域的属性进行判断，将导致错误的结果；结合色彩信息和边界信息，降低了这种错判的概率。两种信息的结合，也避免因拍摄距离远导致限速标志区域小及图像中红色非限速标志的干扰。

图 9-26　限速标志分割结果

在设计中,由于要多处用到阈值方法,因此为降低阈值的选择对结果的决定性影响,将阈值范围放宽,但进行了多级判断,以保证正确率。

程序最后基于圆形性判断候选区域,如果标志中间有红线,如禁鸣标志,圆形性取值小,被排除在外。

9.7　本章小结

本章主要介绍了图像分割方法,包括阈值分割、边界分割、区域分割、聚类分割、分水岭分割的原理及 MATLAB 实现。图像分割是实现图像分析理解的关键步骤,应熟悉常用的方法、原理、特点、常用函数及处理效果,以便灵活应用。

第10章 图像描述与分析

经过图像分割，图像中具有不同相似特性的区域已经分离开来。为进一步理解图像的内容，需要对这些区域、边界的属性和相互关系用更为简单明确的文字、数值、符号、图像来描述或说明，称为图像描述(Image Description)。图像描述在保留原图像或图像区域重要信息的同时，也减少了数据量。这些文字、数值、符号或图像按一定的概念或公式从图像中产生，反映了原图像或图像区域的某些重要信息，常常被称为图像的特征，产生它们的过程称为图像特征提取，用这些特征表示图像称为图像描述，这些描述或说明称为图像的描绘子。

对图像的描述可以从几何性质、形状、大小、相互关系等多方面进行。一个好的描绘子应具有以下特点。

(1) 唯一性。每个目标必须有唯一的表示。

(2) 完整性。描述是明确无歧义的。

(3) 几何变换不变性。描述应具有平移、旋转、尺度等几何变换不变性。

(4) 敏感性。描述结果应该具有对相似目标加以区别的能力。

(5) 抽象性。从分割区域、边界中抽取反映目标特性的本质特征，不易因噪声等原因而发生变化。

本章讲解常见的几何描述、形状描述、边界描述、矩描述、纹理描述方法及相关描绘子。

10.1 几何描述

图像的几何描述比较直观和简单，但在许多图像分析问题中起着十分重要的作用。

10.1.1 常用几何特征

1. 距离

对于像素 p、q 和 z，如果满足下列 3 条性质，则称 d 是距离函数或度量。

(1) $d(p,q)\geqslant 0$($d(p,q)=0$,当且仅当 $p=q$);

(2) $d(p,q)=d(q,p)$;

(3) $d(p,z)\leqslant d(p,q)+d(q,z)$。

在图像处理中,像素间常用的距离有如下几种。

1) 欧氏距离

设两个像素点为 $p(x,y)$、$q(s,t)$,两点间的欧氏距离为

$$d_e(p,q)=\sqrt{(x-s)^2+(y-t)^2} \tag{10-1}$$

与点$(x,y)d_e$ 距离小于等于某个值 r 的像素包含在以(x,y)为圆心、以 r 为半径的圆平面内。

2) 街区距离

$$d_4(p,q)=|x-s|+|y-t| \tag{10-2}$$

与(x,y)(中心点)d_4 距离小于等于某个值 r 的像素形成一个菱形。例如,与点(x,y) d_4 距离小于等于 2 的像素,形成如图 10-1(a)所示固定距离的轮廓,具有 $d_4=1$ 的像素是(x,y)的 4 邻域。

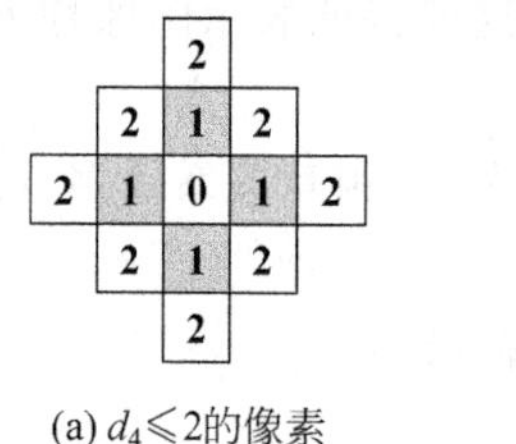

(a) $d_4\leqslant 2$的像素

2	2	2	2	2
2	1	1	1	2
2	1	0	1	2
2	1	1	1	2
2	2	2	2	2

(b) $d_8\leqslant 2$的像素

图 10-1 街区距离和棋盘距离示意

3) 棋盘距离

$$d_8(p,q)=\max(|x-s|,|y-t|) \tag{10-3}$$

与(x,y)(中心点)d_8 距离小于等于某个值 r 的像素形成一个正方形。例如,与点(x,y) d_8 距离小于等于 2 的像素,形成如图 10-1(b)所示固定距离的轮廓,具有 $d_8=1$ 的像素是(x,y)的 8 邻域。

对于提取的特征值之间的差异,也可以采用明氏距离、马氏距离来计算。

1) 明氏(Minkowski)距离

设两个向量为 $\boldsymbol{X}_i=(x_{i1},x_{i2},\cdots,x_{in})^{\mathrm{T}}$、$\boldsymbol{X}_j=(x_{j1},x_{j2},\cdots,x_{jn})^{\mathrm{T}}$,二者之间的明氏距离为

$$d(\boldsymbol{X}_i,\boldsymbol{X}_j)=\left[\sum_{k=1}^{n}|(X_{ik}-X_{jk})|^m\right]^{1/m} \tag{10-4}$$

当 $m=1$ 时,是街区距离;当 $m=2$ 时,是欧氏距离;当 $m\to\infty$时,是棋盘距离(切比雪夫距离)。

2) 马氏(Mahalanobis)距离

$$d=\sqrt{(\boldsymbol{X}-\mu)^{\mathrm{T}}\boldsymbol{\Sigma}^{-1}(\boldsymbol{X}-\mu)} \tag{10-5}$$

其中，μ 为向量均值，$\boldsymbol{\Sigma}$ 为向量的协方差矩阵。

2. 位置

区域在图像中的位置用区域面积的中心点来表示。二值图像质量分布均匀，质心和形心重合，若区域对应的像素位置为$(x_i, y_j)(i=0,1,\cdots,m-1; j=0,1,\cdots,n-1)$，可用下式计算质心位置坐标。

$$\bar{x}=\frac{1}{mn}\sum_{j=0}^{n-1}\sum_{i=0}^{m-1}x_i;\quad \bar{y}=\frac{1}{mn}\sum_{j=0}^{n-1}\sum_{i=0}^{m-1}y_j \tag{10-6}$$

一般图像的质心位置坐标计算可采用区域的矩表示。

3. 方向

若区域是细长的，通常把较长方向的轴定为区域的方向，将最小二阶矩轴(最小惯量轴在二维平面上的等效轴)定义为较长物体的方向，常采用与区域具有相同标准二阶中心矩的椭圆的长轴与 x 轴的夹角表示。

4. 尺寸

1) 长度和宽度

长度和宽度可以用区域在水平和垂直方向上最大的像素点数来度量，即当物体的边界已知时，用其外接矩形的长宽来表示区域的长宽。求区域在坐标系方向上的外接矩形，只需计算区域边界点的最大和最小坐标值，就可得到区域的水平和垂直跨度，如图 10-2(a)所示。

对任意朝向的目标，水平和垂直并非是感兴趣的方向。有必要确定目标的主轴，然后计算反映目标形状特征的主轴方向上的长度和与之垂直方向上的宽度，这样的外接矩形是目标的最小外接矩形(Minimum Enclosing Rectangle，MER)，如图 10-2(b)所示。

主轴可以通过求目标的两阶中心矩得到，也可以通过中轴变换在目标中拟合一条直线或曲线来确定。

2) 周长

区域的周长即区域的边界长，转弯较多的边界周长也长，因此，周长在区别具有简单或复杂形状物体时特别有用。

周长的计算由区域边界的表示方法决定，最简单的是取边界点的数目作为其周长。当边界用链码表示时，把边界像素看作一个个点，求周长也即计算链码长度。把图像中的像素看作单位面积小方块，则图像中的区域和背景均由小方块组成。区域的周长即为区域和背景缝隙的长度和，即边界点所在的小正方形串的外周长。

3) 面积

面积是物体总尺寸的一个方便的度量，只与该物体的边界有关，而与其内部灰度级的变化无关。面积通常采用统计边界内部的像素数目(通常也包括边界上的点)的方法来计算。

5. 孔数和欧拉数

孔指的是不包含感兴趣像素的被封闭边缘包围的区域；图像中的对象数减去这些对象中的孔数，即是欧拉数。只要图形不撕裂、不折叠，对象数、孔数和欧拉数不随着图形变形而改变，因此常用来作为图形的特征。

6. 凸包

点集的凸包指一个最小凸多边形，满足点集中的点或者在多边形边上或者在其内。图像凸包是表达图像一维属性信息的一种方式。一个区域的凸包如图 10-2(c)所示。

(a) 外接矩形

(b) 最小外接矩形

(c) 凸包

图 10-2 外接多边形

10.1.2 几何特征计算

MATLAB 提供了相关函数测量图像区域的几何特征，列举如下。

(1) TOTAL＝bwarea(BW)：计算二值图像 BW 中目标的面积 TOTAL。计算时，不是简单地统计像素值为 1 的像素个数，而是采用了加权求和的方式。

(2) EUL＝bweuler(BW,N)：统计二值图像 BW 的欧拉数。N 取值为 4 或 8，代表 4 或 8 连通，默认为 8。

(3) bwperim 函数：寻找二值图像中目标的边界。

① BW2＝bwperim(BW1)：返回二值图像 BW2，仅包含 BW1 中目标的边界像素。对于二维图像，默认连通方式为 4 连通；三维图像为 6 连通。

② BW2＝bwperim(BW1,CONN)：指定连通方式，寻找边界像素。对于二维图像，CONN 可以为 4、8。

(4) regionprops 函数：测量连通成分的属性。

① STATS＝regionprops(BW,PROPERTIES)：测量二值图像 BW 中每个连通成分的属性。

② STATS＝regionprops(CC,PROPERTIES)：测量 CC 结构体中的连通成分属性。CC 由 bwconncomp 函数获取。

③ STATS=regionprops(L,PROPERTIES)：测量标记矩阵 L 中连通成分的属性。

④ STATS=regionprops(OUTPUT,…)：根据 OUTPUT 参数以不同形式输出属性，OUTPUT 可以取'struct'、'table'，代表分别以结构体数组和 MATLAB 表格形式输出，默认取'struct'。

以上调用中 PROPERTIES 参数是指要测量的属性，取值如表 10-1 所示。如果 PROPERTIES 被设为'all'，返回所有的形状属性，对于灰度图像，还将返回测量的像素值；如果 PROPERTIES 不指定或者设为'basic'，则返回'Area'、'Centroid'和'BoundingBox'。

表 10-1 regionprops 函数 PROPERTIES 参数取值表

取　值	描　述	取　值	描　述
Area	面积，即各区域像素总个数	Eccentricity	与区域具有相同标准二阶中心矩的椭圆的离心率、长轴长、短轴长及长轴与 x 轴的夹角
BoundingBox	相应区域的外接矩形	MajorAxisLength	
Centroid	每个区域的质心	MinorAxisLength	
ConvexArea	填充区域凸多边形图像中的像素个数	Orientation	
ConvexHull	某区域的外接凸多边形的边界坐标	Perimeter	各个区域边界周长
ConvexImage	返回含区域外接凸多边形的逻辑矩阵	PixelIdxList	存储区域像素的索引下标
EquivDiameter	与区域具有相同面积的圆的直径	PixelList	存储上述索引对应的像素坐标
EulerNumber	欧拉数	Solidity	同时在区域和其外接凸多边形中的像素比例
Extent	同时在区域和其外接矩形中的像素比例	SubarrayIdx	每个连通区域边界框中的元素索引
Extrema	八方向区域极值点	MaxIntensity	像素值测量，要求输入灰度图像
FilledArea	填充区域图像中的像素个数	MeanIntensity	
FilledImage	与某区域具有相同大小的填充逻辑矩阵	MinIntensity	
Image	与某区域具有相同大小的逻辑矩阵	PixelValues	
		WeightedCentroid	

【例 10-1】 统计 Sunny 图像的区域面积、欧拉数及边界像素。

程序如下：

```
clear,clc,close all;
image = imread('sunny.png');
BW = imbinarize(rgb2gray(image));
Total = bwarea(BW);
Eul = bweuler(BW,8);
BW2 = bwperim(BW);
subplot(121),imshow(BW),title('二值化图像');
subplot(122),imshow(BW2),title('边界像素');
```

程序运行结果如图 10-3 所示。Total=4172.3750,Eul=5。

(a) 二值化图像

(b) 边界像素

图 10-3　统计几何参数

【例 10-2】 基于 regionprops 函数统计区域的几何特征。

程序如下:

```
clear,clc,close all;
image = imread('blocks.jpg');
BW = imbinarize(rgb2gray(image));
figure,imshow(BW),title('二值化');
SE = strel('square',3);
Morph = imclose(imopen(BW,SE),SE);
figure,imshow(Morph),title('形态学滤波');
[B,L] = bwboundaries(1 - Morph);
figure,imshow(L),title('划分的区域');
STATS = regionprops(L,'Area', 'Centroid','Orientation','BoundingBox','ConvexHull');
%统计几何特征,含区域面积、重心坐标、方向、外接矩形及外接凸多边形
figure,imshow(image),title('检测的区域');
hold on;
for i = 1:length(B)
    boundary = B{i};
    plot(boundary(:,2),boundary(:,1),'r','LineWidth',2);       %绘制边界线
end
len = length(STATS);
for i = 1:len
    rr1 = STATS(i).BoundingBox;
    rectangle('Position',rr1,'edgecolor','g');                  %绘制外接矩形
end
for i = 1:len
    border = STATS(i).ConvexHull;
    plot(border(:,1),border(:,2),'k','LineWidth',2);            %绘制外接凸多边形
end
hold off;
```

程序运行结果如图 10-4 所示。STATS 为包含 Area、Centroid、BoundingBox、Orientation 和 ConvexHull 字段的 5×1 struct 数组。只包含一个目标的 plane.jpg 图像处理结果,如图 10-5 所示。

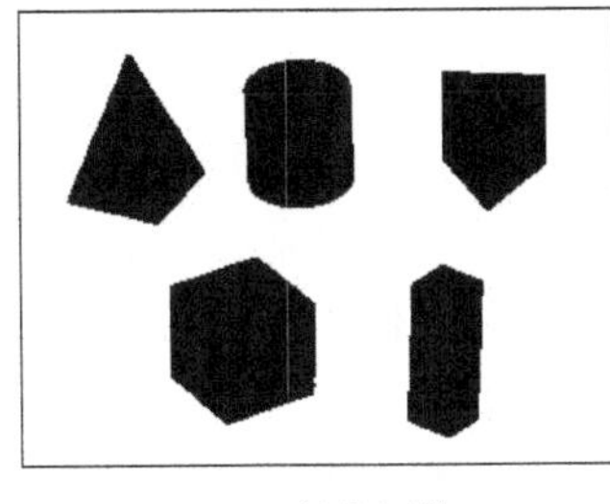

(a) 二值化图像

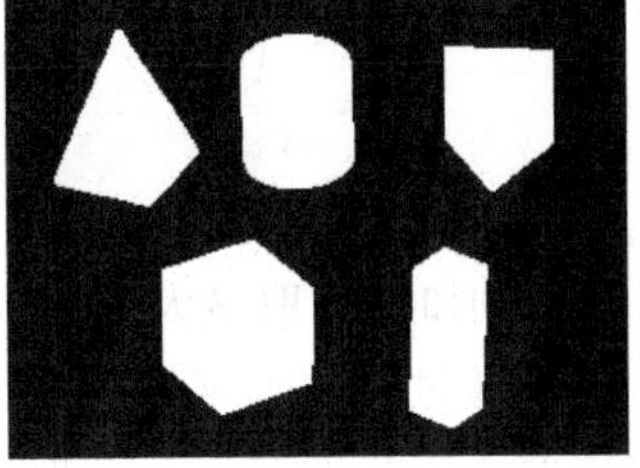

(b) 划分的区域

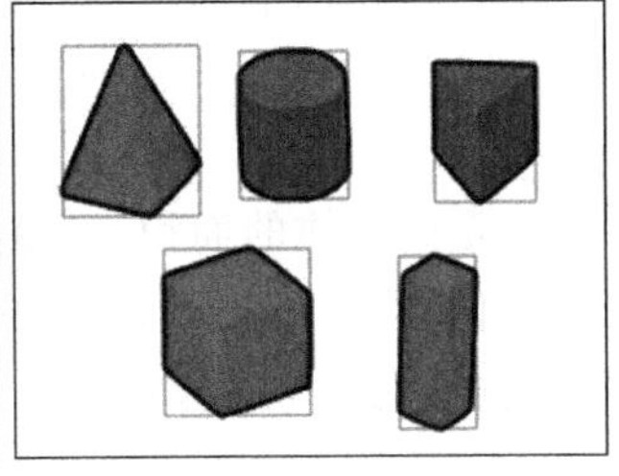

(c) 检测的区域

图 10-4 多个区域的几何特征提取

(a) 二值化图像

(b) 形态滤波

(c) 划分的区域

(d) 检测的区域

图 10-5 一个区域的几何特征提取

10.2 形状描述

形状是物体的重要特性之一，在检测目标或对物体进行分类时起着十分重要的作用，因此，形状描述是图像描述必不可少的部分。

10.2.1 矩形度

顾名思义，矩形度就是物体呈现矩形的程度，通常用物体对其外接矩形的充满程度来衡

量。矩形度用物体的面积与其最小外接矩形的面积之比来描述,即

$$R=\frac{A_{\circ}}{A_{\mathrm{MER}}} \tag{10-7}$$

式中,$A_{\circ}$是该物体的面积,而A_{MER}是MER的面积。

R的值在0~1之间,当物体为矩形时,R取最大值1.0;圆形物体的R取值为$\pi/4$;细长、弯曲物体的R的取值很小。可以通过R的值粗略判断物体形状。

也可以使用MER宽与长的比值将细长的物体与圆形或方形的物体区分开来,即

$$r=\frac{W_{\mathrm{MER}}}{L_{\mathrm{MER}}} \tag{10-8}$$

细长物体的r取值较小,而近似圆形或方形物体的r取值接近1。

10.2.2 圆形度

圆形度描述区域呈现圆形的程度,可以采用圆度、边界能量、圆形性及内切圆、外接圆半径比等特征描述。

1. 圆度

采用面积与周长平方的比值来衡量,即

$$F=\frac{4\pi A}{P^2} \tag{10-9}$$

其中,A为区域的面积,P为区域边界的周长。当区域为圆时,$F=1$;当区域为其他形状时,$F<1$;区域边界弯曲越复杂,F值越小;区域的形状越偏离圆,F值也越小。

这个特征只能在一定程度上衡量圆度,在某些情况下,会失去正确性。如图10-6所示,3个图形面积和周长一致,即F值一致,但圆度明显差别较大。

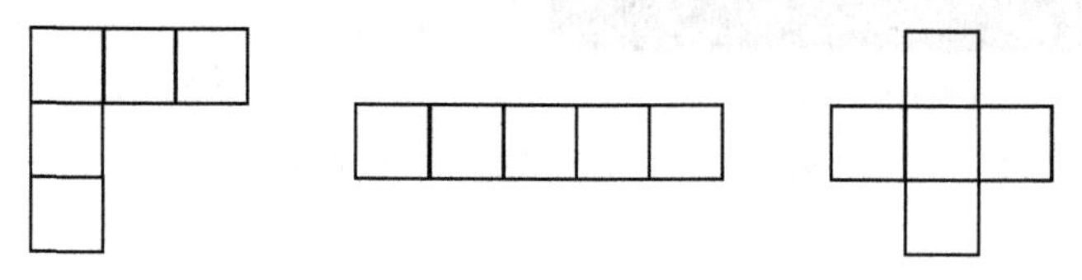

图10-6 圆度参数F相同但圆度不同的例子

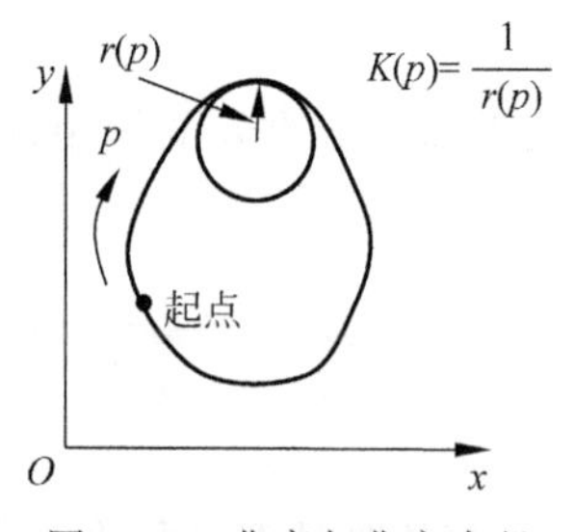

图10-7 曲率与曲率半径

2. 边界能量

如图10-7所示,设区域的周长为P,用p表示边界上的点到某起始点的边界长,该边界点的瞬时曲率半径为$r(p)$(在该点与边界相切的圆的半径),该点的边界曲线的曲率为$K(p)=1/r(p)$。

$K(p)$是周期为P的周期函数。

单位边界长度的平均能量定义为 $K(p)$ 的函数，即

$$E=\frac{1}{P}\int_{0}^{P}|K(p)^{2}|\mathrm{d}p \tag{10-10}$$

在面积相同的条件下，圆具有最小边界能量 $E=\frac{1}{P}\int_{0}^{P}\left(\frac{1}{r}\right)^{2}\mathrm{d}p=\left(\frac{1}{r}\right)^{2}$，其中 r 为圆的半径。

边界平均能量可以用来描述边界的复杂性程度。

3. 圆形性

圆形性是用区域 R 的所有边界点定义的特征量，为区域形心到边界点的平均距离 μ_R 与区域形心到边界点的距离均方差 σ_R^2 之比，即

$$\begin{aligned}
C&=\frac{\mu_R}{\sigma_R^2}\\
\mu_R&=\frac{1}{K}\sum_{k=0}^{K-1}\|(x_k,y_k)-(\bar{x},\bar{y})\|\\
\sigma_R^2&=\frac{1}{K}\sum_{k=0}^{K-1}[\|(x_k,y_k)-(\bar{x},\bar{y})\|-\mu_R]^2
\end{aligned} \tag{10-11}$$

其中，$(\bar{x},\bar{y})$ 为区域的形心坐标，(x_k,y_k) 为区域边界点坐标，K 为边界点个数。

当区域趋向圆形时，特征量 C 是单调递增且趋向无穷的，它不受区域平移、旋转和尺度变化的影响，可以用于描述三维目标。

4. 内切、外接圆半径之比

以区域的形心为圆心作区域的内切圆和外接圆，两者的半径 r_i 和 r_c 分别称为最小半径和最大半径。以二者的比值来衡量区域接近圆的程度。

$$S=\frac{r_i}{r_c} \tag{10-12}$$

当区域为圆时，S 最大值为 1.0；当为其余形状时，则有 $S<1.0$。S 不受区域平移、旋转和尺度变化的影响，可描述二维或三维目标。

【例 10-3】 打开图像，进行图像分割，并检测圆和矩形。

设计思路：

打开一幅形状认知玩具图像，采用边界分割方法，并计算各个区域的 R、F、C 参数，设定阈值，区分圆、矩形和其他形状。

程序如下：

```
clear,clc,close all;
image = rgb2gray(imread('shape.png'));
figure,imshow(image),title('原图');
```

```
BW = edge(image,'canny');
figure,imshow(BW),title('边界图像');
SE = strel('disk',5);
Morph = imclose(BW,SE);
figure,imshow(Morph),title('形态学滤波');
Morph = imfill(Morph,'holes');
figure,imshow(Morph),title('区域填充');
[B,L] = bwboundaries(Morph);
figure,imshow(L),title('检测圆和矩形');
STATS = regionprops(L,'Area','Centroid','BoundingBox');
len = length(STATS);
hold on
for i = 1:len
    R = STATS(i).Area/(STATS(i).BoundingBox(3) * STATS(i).BoundingBox(4));     %矩形度
    boundary = fliplr(B{i});                            %翻转后 boundary 中横坐标 x 在前,纵坐标 y 在后
    everylen = length(boundary);
    F = 4 * pi * STATS(i).Area/(everylen^2);                                  %圆度
    dis = pdist2(STATS(i).Centroid,boundary,'euclidean');
    miu = sum(dis)/everylen;
    sigma = sum((dis - miu).^2)/everylen;
    C = miu/sigma;                                                          %圆形性
    if R > 0.9 && F < 1
        rectangle('Position',STATS(i).BoundingBox,'edgecolor','g','linewidth',2);
        plot(STATS(i).Centroid(1),STATS(i).Centroid(2),'g * ');
    end
    if R > pi/4 - 0.1 && R < pi/4 + 0.1 && F > 0.9 && C > 10
        rectangle('Position',[STATS(i).Centroid(1) - miu,STATS(i).Centroid(2) - miu, ...
                2 * miu,2 * miu],'Curvature',[1,1],'edgecolor','r','linewidth',2);
        plot(STATS(i).Centroid(1),STATS(i).Centroid(2),'r * ');
    end
end
hold off
```

程序运行结果如图 10-8 所示。原图中目标与背景区别明显,Canny 边缘检测轮廓较完整,通过形态学滤波实现了边界闭合,并通过区域填充分割区域。若原图不具有这些特点,程序设计中需要考虑进一步的处理。所计算出的矩形度、圆形度参数通过硬阈值分割,实现了圆和矩形的检测,实际问题中可以灵活选择阈值。

10.2.3 中轴变换

中轴,也称对称轴或骨架,既能压缩图像信息,又能完全保留目标的形状信息,且由中轴及其他数值还可以恢复原区域,是一种重要的形状特征。

中轴有多种定义方法,从几何上讲,在区域内做内切圆,使其至少与边界两点相切,圆心的连线即是中轴;用点到边界的距离来定义,中轴是目标中到边界有局部最大距离的点集合。

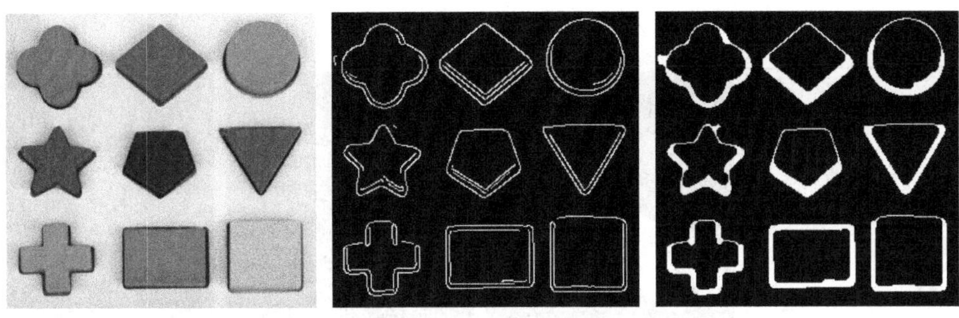

(a) 原图　　(b) Canny边缘检测　　(c) 形态学滤波

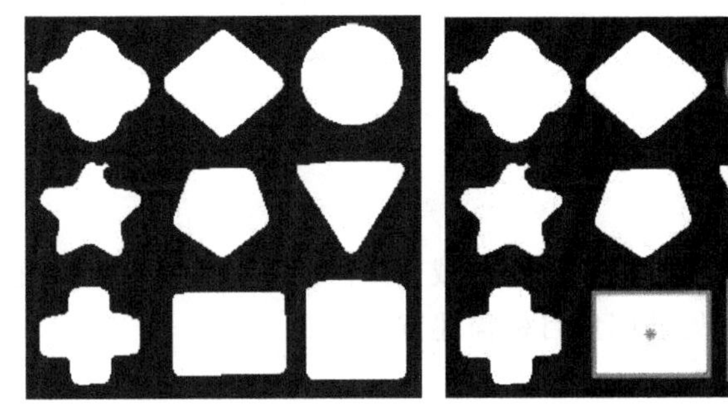

(d) 区域填充　　(e) 检测圆和矩形

图 10-8　基于形状特征计算检测圆和矩形

中轴变换(Medial Axis Transform,MAT)是一种用来确定物体骨架的细化技术,对于区域中的每一点,寻找位于边界上离它最近的点,如果对于某点 p 同时找到多个这样的最近点,则称该点 p 为区域的中轴上的点。

由于上述中轴变换方法需要计算所有边界点到所有区域内部点的距离,计算量很大,因此实际中多数采用逐次消去边界点的迭代细化算法,在这个过程中,要注意不要消去线段端点、不中断原来连通的点、不过多侵蚀区域。

【例 10-4】 利用数学形态学方法提取目标图像的骨架。

程序如下:

```
clear,clc,close all;
Image = imread('spanner.png');
BW = imbinarize(rgb2gray(Image));
BW = 1 - BW;
se = strel('disk',3);
BW = imclose(BW,se);
result1 = bwmorph(BW,'skel',Inf);
result2 = bwmorph(result1,'spur',8);
subplot(221),imshow(Image),title('原图');
subplot(222),imshow(BW),title('二值图像');
subplot(223),imshow(result1),title('骨架');
subplot(224),imshow(result2),title('去毛刺');
```

程序运行结果如图 10-9 所示。

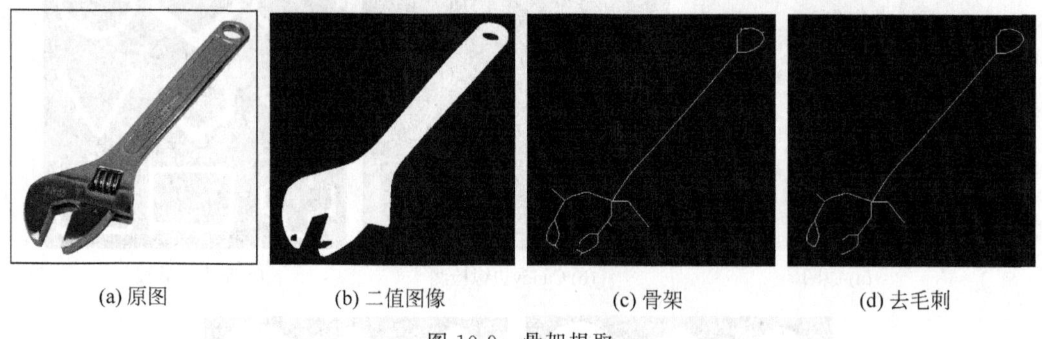

(a) 原图　　(b) 二值图像　　(c) 骨架　　(d) 去毛刺

图 10-9　骨架提取

10.3　边界描述

边界描述是指用相关方法、数据表达区域边界。边界描述中既含有几何信息，也含有丰富的形状信息，是一种很常见的图像目标描述方法。

10.3.1　边界链码

链码是对边界点的一种编码表示方法，其特点是利用一系列具有特定长度和方向的相连的直线段来表示目标的边界。

1. 边界链码的表示

常用的链码有 4 方向链码和 8 方向链码，如图 10-10(a)和图 10-10(b)所示。4 方向链码含 4 个方向，分别用 0、1、2、3 表示，相应的直线段长度为 1；8 方向链码含 8 个方向，用 0～7 表示，偶数编码方向用 0,2,4,6 表示，相应的直线段长度为 1；奇数编码方向用 1,3,5,7 表示，相应的直线段长度为$\sqrt{2}$。

把区域边界像素间的逆时针连接关系用链码来表示，因此，区域边界可以表示成一列方向码。因为链码每个线段的长度固定而方向数目有限，所以只有边界的起点需要用绝对坐标表示，其余点都可只用接续方向来代表偏移量。

如图 10-10(c)所示区域，边界的起点设为左下角的 O 点，设其坐标为(0,3)，则该区域的边界链码为

4 方向链码：(0,3)0 0 0 1 1 1 2 3 2 3 2 3；

8 方向链码：(0,3)0 0 0 2 2 2 4 5 5 6。

由于表示一个方向数比表示一个坐标值所需的比特数少，而且对每一个点又只需一个方向数就可以代替两个坐标值，因此链码表达可大大减少边界表示所需的数据量。

从链码中可以很方便地获取相关几何特征，如区域的周长。对图 10-10(c)所示区域，用

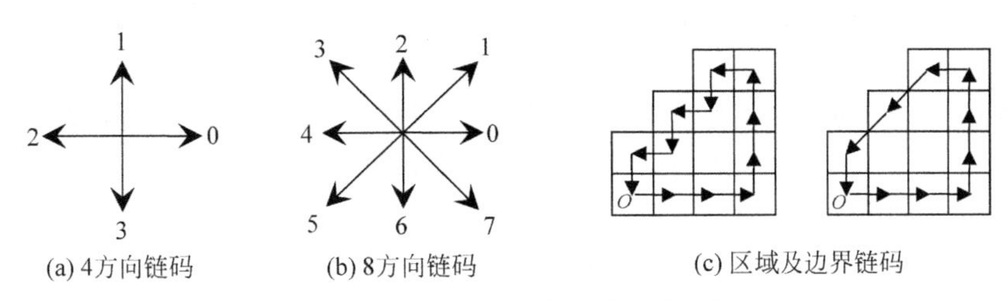

(a) 4方向链码　　(b) 8方向链码　　(c) 区域及边界链码

图 10-10　链码及区域边界链码编码

4 方向链码表示,区域周长为 12；用 8 方向链码表示,区域周长为 $8+2\sqrt{2}$。

由于链码表示的是边界点的连接关系,因此,链码中也隐含了区域边界的形状信息。

2. 边界链码的改进

实际操作中直接对分割所得的目标边界进行编码有可能出现两种问题：一是码串比较长；二是噪声等干扰会导致小的边界变化,从而使链码发生与目标整体形状无关的较大变动；三是目标平移时,链码不变,但目标旋转时,链码会发生变化。

常用的改进方法有如下几种。

(1) 大网格对原边界重采样。即对原边界以较大的网格重新采样,并把与原边界点最接近的大网格点定为新的边界点。这种方法也可用于消除目标尺度变化对链码的影响,如图 10-11 所示。图 10-11(a)中区域边界编码由于噪声的干扰,码串很长。采用多维网格,对于每个方框,在其中的所有点都归结为方框中心点,如图 10-11(b)所示,顺序连接这些中心点,按前述方法编码形成链码,如图 10-11(c)所示。此时,链码长度由网格的边长决定,网格边长作为基本测量单元。

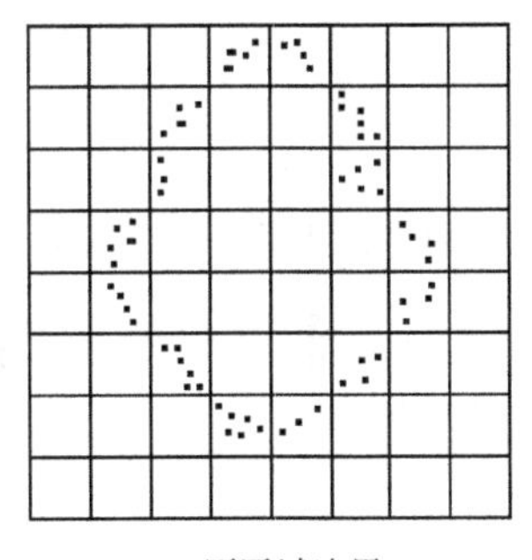

(a) 原区域边界

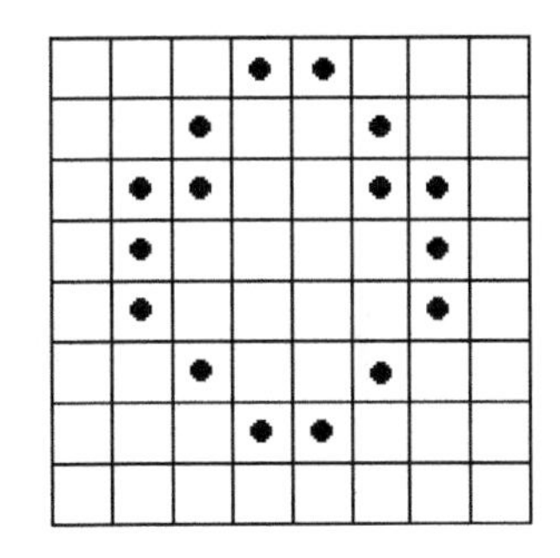

(b) 多维网格重采样

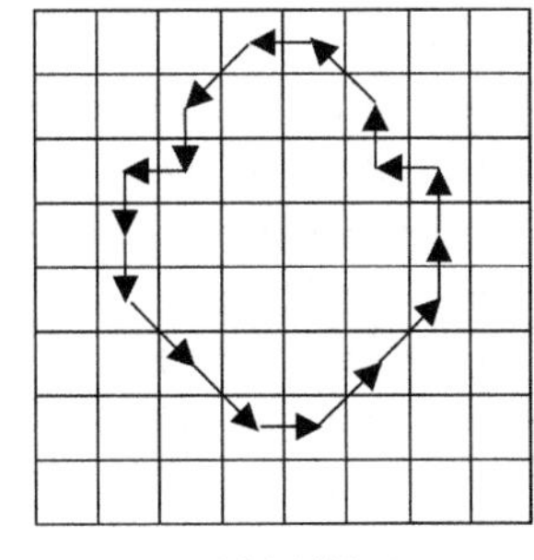

(c) 新边界链码

图 10-11　多维网格重采样示意图

(2) 通过链码归一化设定边界链码的起点。对同一个边界,如用不同的边界点作为链码的起点,得到的链码则是不同的。把链码归一化可解决这个问题,即给定一个从任意点开始产生的链码,把它看作一个由各方向数构成的自然数。首先,将这些方向数依一个方向循环,以使它们所构成的自然数的值最小；然后,将这样转换后所对应的链码起点作为这个边界的归一化链码的起点。如图 10-10(c)所示的链码起点，即是归一化后的链码对应的起点。

(3) 构建一阶差分链码，使链码具有旋转不变性。一阶差分链码是由链码中相邻两个方向数按反方向相减(后一个减前一个)得到的，当目标发生旋转时，一阶差分链码不发生变化。

原区域如图 10-12(a)所示，其 4 方向边界链码为(3)0 0 0 1 1 1 2 3 2 3 2 3；其一阶差分链码为 1 0 0 1 0 0 1 1 3 1 3 1。

旋转 90°后的区域如图 10-12(b)所示，其 4 方向边界链码为(0)1 1 1 2 2 2 3 0 3 0 3 0，与旋转前不一致；其一阶差分链码为 1 0 0 1 0 0 1 1 3 1 3 1，与旋转前一致。

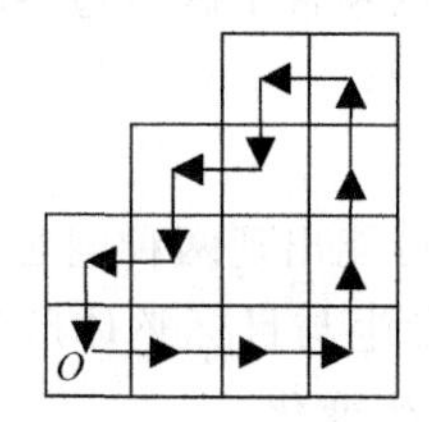

(a) 原区域及其边界链码

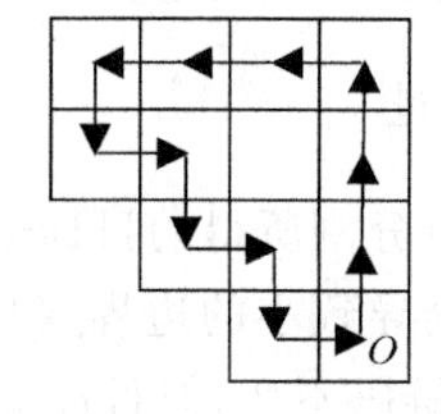

(b) 逆时针旋转90°后的区域及其边界链码

图 10-12 区域旋转与一阶差分链码

【例 10-5】 打开图像，统计边界链码，并利用链码重构目标区域边界。

设计思路：

把图像二值化后，统计每个区域的边界点，判断点和点之间的位置关系，确定链码。根据链码判断边界上的点，实现目标区域边界重构。

程序如下：

```
clear,clc,close all;
image = imread('morphplane.jpg');
BW = imbinarize(image);
[B,L] = bwboundaries(1 - BW);                         %因飞机区域为黑色,所以采用 1 - BW 反色
len = length(B);
chain = cell(len,1);                                  %存放各区域链码
startpoint = zeros(len,2);                            %存放各区域起点
for i = 1:len
    boundary = B{i};
    everylen = length(boundary);
    startpoint(i,:) = boundary(1,:);                  %记录区域起点
    for j = 1:everylen - 1
        candidate = [0 1; - 1 1; - 1 0; - 1  - 1;0  - 1;1  - 1;1 0;1 1];
                                                      %依 8 方向链码顺序存放邻点
        y = boundary(j + 1,1) - boundary(j,1);
        x = boundary(j + 1,2) - boundary(j,2);        %边界线上后一点和前一点的位置差
        [is,pos] = ismember([y x],candidate,'rows');  %判断相邻关系是 8 方向中的第几个
```

```
            chain{i}(j) = pos - 1;                      % 给链码赋值
        end
    end
    figure,imshow(L),title('绘制链码');
    hold on
    for i = 1:len
        x = startpoint(i,2);    y = startpoint(i,1);
        plot(x,y,'r*','MarkerSize',12)                  % 绘制链码起点
        boundary = chain{i};                            % 当前链码
        everylen = length(boundary);
        for j = 1:everylen
            candidate = [y x+1;y-1 x+1;y-1 x;y-1 x-1;y x-1;y+1 x-1;y+1 x;y+1 x+1];
                                                        % 候选点
            next = candidate(boundary(j)+1,:);          % 根据链码值判断下一个边界点
            x = next(2);y = next(1);
            plot(x,y,'g.');
        end
    end
```

程序运行结果如图 10-13 所示。图中 * 点为链码起点。飞机区域链码长 447,可以进行重采样以降低长度。程序中 bwboundary 函数是对白色区域检测边界,形状认知图像的目标本身为白色,程序中不需要"1-BW"实现反色。

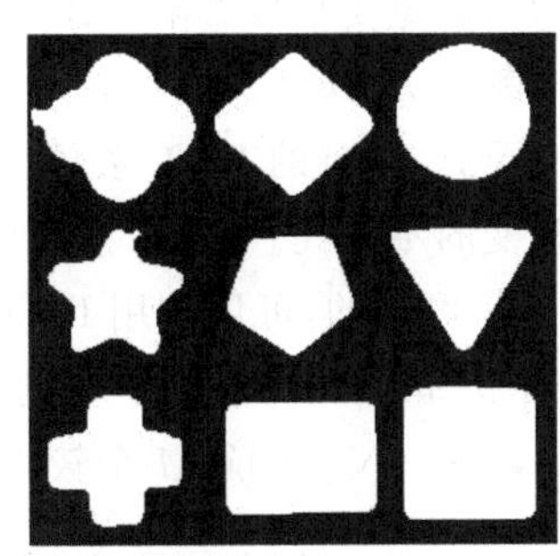

(a) 原图

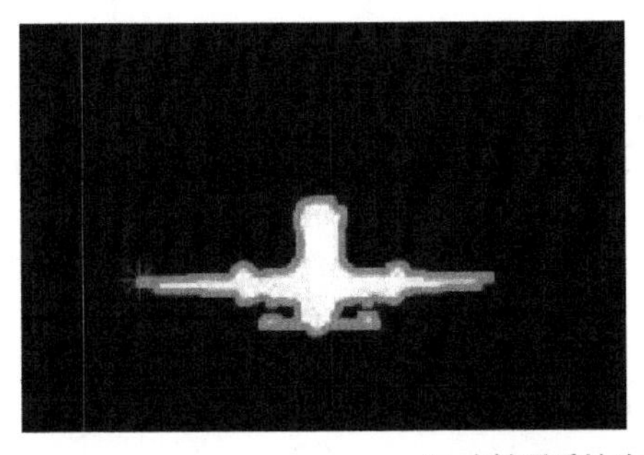
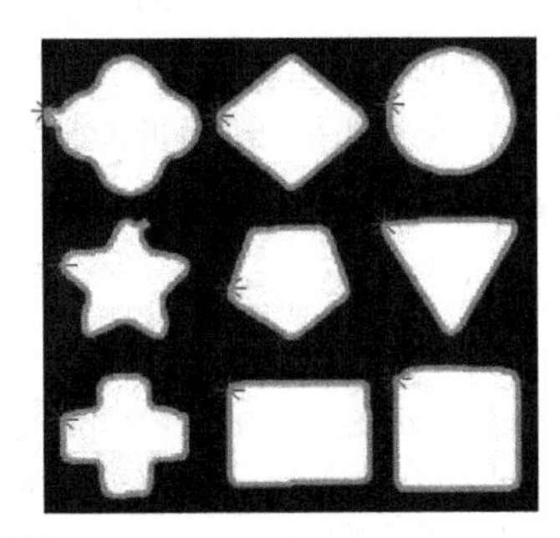

(b) 由链码重绘边界线

图 10-13 链码构建及边界重建

10.3.2 傅里叶描绘子

区域边界上的点(x,y)表示成复数为$x+jy$，沿边界跟踪一周，得到如下的复数序列。

$$z(n)=x(n)+jy(n) \quad n=0,1,\cdots,N-1 \tag{10-13}$$

很明显，$z(n)$是以周长P为周期的周期信号。求$z(n)$的DFT系数$Z(k)$为

$$Z(k)=\sum_{n=0}^{N-1}z(n)e^{-j\frac{2\pi kn}{N}} \quad k=0,1,2,\cdots,N-1 \tag{10-14}$$

系数$Z(k)$称为傅里叶描绘子。

因DFT为可逆变换，因此，可以使用$z(n)$表示边界，同样也可以使用$Z(k)$来描述区域的边界。作为描绘子，希望$Z(k)$具有几何变换不变性，即不随着目标发生平移、旋转或比例变换而改变，通过分析可知：

当起始点沿曲线点列移动一个距离n_0后，其DFT系数的幅值不变，仅相位变化了$2\pi kn_0/N$；曲线在坐标平面上平移z_0，仅改变$Z(0)$；当曲线点列旋转角度θ时，DFT系数幅值不变，相位随着改变θ；当区域发生缩放变换时，DFT系数幅值随着改变，相位不变。

综上所述，$Z(0)$表示区域形心的位置，受到曲线平移的影响。而对于别的系数，幅值具有旋转不变性和平移不变性，相位信息具有缩放不变性。

通过对DFT系数进行相应处理使其具有几何变换不变性，对DFT系数进行如下变换。

去掉$Z(0)$，避免受平移影响；对$Z(k)$，$k=1,2,\cdots,N-1$取幅值，不受起点位置改变和旋转的影响；将$Z(k)$，$k=1,2,\cdots,N-1$都除以$|Z(1)|$，将最大模$|Z(1)|$归一化为1，则不受缩放影响。至此，得到的DFT系数$\{|Z(k)/|Z(1)||,k\geqslant 1\}$具有平移、旋转、比例变换及起始点位置改变的不变性。

DFT变换是可逆的，可以利用DFT描绘子重建区域边界曲线，由于傅里叶的高频分量对应于一些细节部分，而低频分量则对应基本形状，因此，重建时可以只使用复序列$\{Z(k)\}$，$k=0,1,\cdots,N-1$前M个较大系数，即后面$N-M$个系数置0。重建公式为

$$\hat{z}(n)=\frac{1}{M}\sum_{k=0}^{M-1}Z(k)e^{j\frac{2\pi kn}{N}} \quad n=0,1,\cdots,N-1 \tag{10-15}$$

由于在重建曲线时略去了具有细节信息的高频信息，因此当M较小时，只能得到原曲线的大体形状；系数越多，越逼近原曲线。

【例10-6】 打开积木图像，分割图像，计算各区域边界点的傅里叶描绘子并重建边界。

程序如下：

```
clear,clc,close all;
Image = rgb2gray(imread('blocks.jpg'));
figure,imshow(Image),title('原始图像');
bw = imbinarize(Image);
figure,imshow(bw),title('分割图像');
S = zeros(size(Image));
```

```
[B,L] = bwboundaries(1 - bw);                    % 二值图像反色,并搜索区域内外边界
M = zeros(length(B),4);                          % M 存储重建时采用的点数
for k = 1:length(B)                              % length(B)为分割出的区域数
    N = length(B{k});                            % N 为第 k 个区域边界点数
    if N/2 ~= round(N/2)                         % 点数非偶数
        B{k}(end + 1, :) = B{k}(end, :);         % 边界点增加 1
        N = N + 1;
    end
    M(k, :) = [N/2 N * 7/8 N * 15/16 N * 63/64]; % 重建采用的点数为原点数的 1/2,1/8,1/16,1/64
end
for m = 1:4                                      % 4 种重建情况
    figure, imshow(S);
    hold on;
    for k = 1:length(B)                          % 每个区域分别处理
        z = B{k}(:,2) + 1i * B{k}(:,1);          % 构建复数点列
        Z = fft(z);                              % DFT 变换
        [Y, I] = sort(abs(Z));                   % 按模的大小升序排列
        for count = 1:M(k,m)
            Z(I(count)) = 0;                     % 按给定的比例,将较小的项设为 0
        end
        zz = ifft(Z);                            % IDFT
        plot(real(zz), imag(zz), 'w');           % 重绘边界
    end
end
```

程序运行结果如图 10-14 所示。通过上述方法,获得积木图像中 5 个区域边界,各自的傅里叶描绘子分别为 202、230、208、202、190 项,图 10-14(c)~(f)分别为用 1/2、1/8、1/16

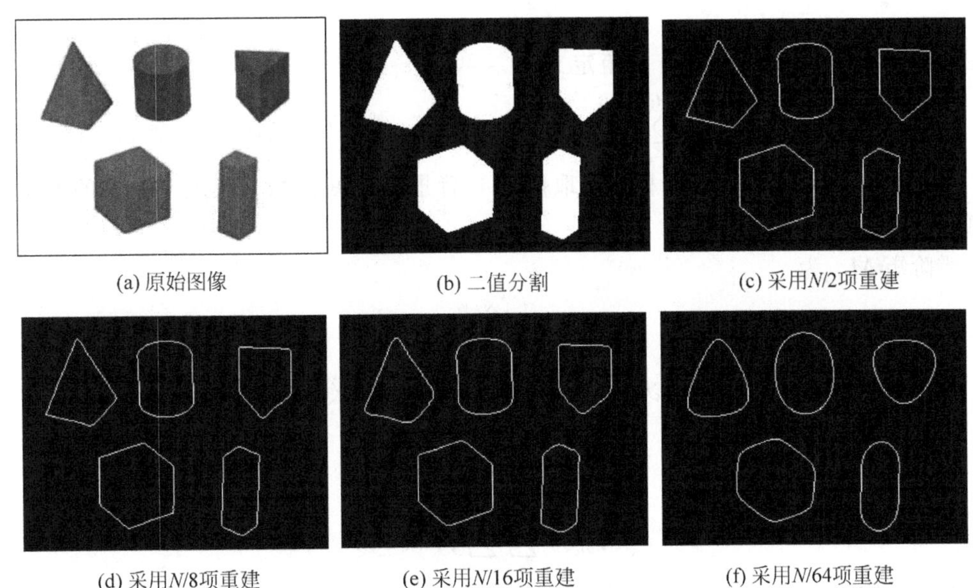

(a) 原始图像　(b) 二值分割　(c) 采用N/2项重建

(d) 采用N/8项重建　(e) 采用N/16项重建　(f) 采用N/64项重建

图 10-14　边界的傅里叶描绘子及边界重建

和1/64的傅里叶描绘子对边界进行重建的结果，从图中可以看出，采用 $N/8$ 项重建的边界与原边界基本相同，采用 $N/16$ 项重建时，略有失真，而采用 $N/64$ 项重建则有较明显变形。

10.3.3 边界片段

边界(曲线)可以被描述为是具有特定属性的片段。如果所有片段的类型已知，则边界可以描述为片段类型的一个链，码字由代表类型的字母组成，这种描述适合句法模式识别。不同的片段对应了不同的方法。

多边形表示：通过一个多边形来近似区域，区域用多边形的顶点来表示。边界可以用各种精度来近似，高精度采用更多边的多边形，多边形的各个边构成了线段链。

常数曲率表示：边界曲线分段，用每段的曲率来表示片段。

多项式表示：边界被分割成能用多项式表示的片段，通常是二阶的，如圆形的、椭圆形的或抛物线线段。

10.4 矩描述

矩描述是指以灰度分布的各阶矩来描述区域及其灰度分布特性，图像区域的某些矩具有几何变换不变性，在图像分类识别方面应用较多。

10.4.1 矩

二维图像 $f(x,y)$ 的 $p+q$ 阶矩定义为

$$M_{pq}=\sum_{x=0}^{M-1}\sum_{y=0}^{N-1}x^p y^q f(x,y)\quad p,q=0,1,2,\cdots \tag{10-16}$$

对于二值函数 $f(x,y)$，目标区域取值为1，背景为0，矩系数只反映了区域的形状而忽略其内部的灰度级细节。

零阶矩 M_{00} 为

$$M_{00}=\sum_{x=0}^{M-1}\sum_{y=0}^{N-1}f(x,y) \tag{10-17}$$

所有的一阶矩和高阶矩除以 M_{00} 后，与区域的大小无关。

$$\begin{cases}M_{10}=\sum_{x=0}^{M-1}\sum_{y=0}^{N-1}xf(x,y)\\ M_{01}=\sum_{x=0}^{M-1}\sum_{y=0}^{N-1}yf(x,y)\end{cases} \tag{10-18}$$

对于二值图像，M_{10} 是区域上所有点的 x 坐标的总和，M_{01} 就是区域上所有点的 y 坐标的总和。图像中一个区域的质心坐标为

$$\bar{x}=\frac{M_{10}}{M_{00}},\quad \bar{y}=\frac{M_{01}}{M_{00}} \tag{10-19}$$

矩不具有几何变换不变性，往往采用中心矩以及归一化的中心矩。

$p+q$ 阶中心矩定义为

$$\mu_{pq}=\sum_{x=0}^{M-1}\sum_{y=0}^{N-1}f(x,y)(x-\bar{x})^{p}(y-\bar{y})^{q} \tag{10-20}$$

归一化的中心矩为

$$\eta_{pq}=\frac{\mu_{pq}}{\mu_{00}^{\gamma}},\quad \gamma=\frac{p+q}{2}+1 \qquad p+q=2,3,\cdots \tag{10-21}$$

中心矩具有平移不变性，归一化后的中心矩具有比例变换不变性，在此基础上，由不高于三阶的归一化中心矩构造不变矩组：

$$\begin{aligned}
\phi_1&=\eta_{20}+\eta_{02}\\
\phi_2&=(\eta_{20}-\eta_{02})^2+4\eta_{11}^2\\
\phi_3&=(\eta_{30}-3\eta_{12})^2+(3\eta_{21}-\eta_{03})^2\\
\phi_4&=(\eta_{30}+\eta_{12})^2+(\eta_{21}+\eta_{03})^2\\
\phi_5&=(\eta_{30}-3\eta_{12})(\eta_{30}+\eta_{12})[(\eta_{30}+\eta_{12})^2-3(\eta_{21}+\eta_{03})^2]+\\
&\quad(3\eta_{21}-\eta_{03})(\eta_{21}+\eta_{03})[3(\eta_{30}+\eta_{12})^2-(\eta_{21}+\eta_{03})^2]\\
\phi_6&=(\eta_{20}-\eta_{02})[(\eta_{30}+\eta_{12})^2-(\eta_{21}+\eta_{03})^2]+4\eta_{11}(\eta_{30}+\eta_{12})(\eta_{21}+\eta_{03})\\
\phi_7&=(3\eta_{21}-\eta_{03})(\eta_{30}+\eta_{12})[(\eta_{30}+\eta_{12})^2-3(\eta_{21}+\eta_{03})^2]-\\
&\quad(\eta_{30}-3\eta_{12})(\eta_{21}+\eta_{03})[3(\eta_{30}+\eta_{12})^2-(\eta_{21}+\eta_{03})^2]
\end{aligned} \tag{10-22}$$

相关文献已经证明这个矩组对于平移、旋转和比例变换具有不变性。

【例 10-7】 对图 10-13 所示飞机图像进行几何变换，并计算各图像的不变矩组值。

程序如下：

```
clear,clc,close all;
Iorigin = imread('morphplane.jpg');
Iorigin = 255 - Iorigin;
Irotate = imrotate(Iorigin,15,'bilinear');                 %对图像进行几何变换
Iresize = imresize(Iorigin,0.4,'bilinear');
Imirror = fliplr(Iorigin);
bwo = imbinarize(Iorigin);       bwr = imbinarize(Irotate);
bws = imbinarize(Iresize);       bwm = imbinarize(Imirror);
huo = invmoments(bwo);      hur = invmoments(bwr);
hus = invmoments(bws);      hum = invmoments(bwm);           %计算 4 幅图的不变矩组
function Hu = invmoments(bw)
[N,M] = size(bw);
M00 = 0;    M10 = 0;    M01 = 0;
```

```
for x = 1:M
    for y = 1:N
        M00 = M00 + bw(y,x);
        M10 = M10 + x * bw(y,x);
        M01 = M01 + y * bw(y,x);
    end
end
centerx = M10/M00;    centery = M01/M00;                % 质心坐标
u02 = 0;u20 = 0;u11 = 0;u21 = 0;u12 = 0;u30 = 0;u03 = 0;
for x = 1:M
    for y = 1:N
        u20 = u20 + bw(y,x) * (x - centerx)^2;
        u02 = u02 + bw(y,x) * (y - centery)^2;
        u11 = u11 + bw(y,x) * (x - centerx) * (y - centery);
        u30 = u30 + bw(y,x) * (x - centerx)^3;
        u03 = u03 + bw(y,x) * (y - centery)^3;
        u21 = u21 + bw(y,x) * (x - centerx)^2 * (y - centery);
        u12 = u12 + bw(y,x) * (y - centery)^2 * (x - centerx);
    end
end
n20 = u20/(M00^2);n02 = u02/(M00^2);n11 = u11/(M00^2);
n21 = u21/(M00^2.5);n12 = u12/(M00^2.5);
n03 = u03/(M00^2.5);n30 = u30/(M00^2.5);
Hu(1) = n20 + n02;
Hu(2) = (n20 - n02)^2 + 4 * n11^2;
Hu(3) = (n30 - 3 * n12)^2 + (3 * n21 - n03)^2;
Hu(4) = (n30 + n12)^2 + (n21 + n03)^2;
Hu(5) = (n30 - 3 * n12) * (n30 + n12) * ((n30 + n12)^2 - 3 * (n21 + n03)^2) ...
    + (3 * n21 - n03) * (n21 + n03) * (3 * (n30 + n12)^2 - (n21 + n03)^2);
Hu(6) = (n20 - n02) * ((n03 + n12)^2 - (n21 + n03)^2) + 4 * n11 * (n30 + n12) * (n21 + n03);
Hu(7) = (3 * n21 - n03) * (n30 + n12) * ((n30 + n12)^2 - 3 * (n21 + n03)^2) ...
    - (n30 - 3 * n12) * (n21 + n03) * (3 * (n30 + n12)^2 - (n21 + n03)^2);
end
```

程序运行结果如表 10-2 所示。可以看出，随着图像的几何变换，不变矩组取值基本不变。

表 10-2　4 幅图像不变矩组计算结果

图　像	ϕ_1	ϕ_2	ϕ_3	ϕ_4	ϕ_5	ϕ_6	ϕ_7
原图	0.3950	0.0756	0.0041	0.0002	0.0000	0.0000	−0.0000
旋转图	0.3922	0.0740	0.0040	0.0002	0.0000	0.0001	−0.0000
缩小图	0.3962	0.0766	0.0055	0.0013	0.0000	0.0000	−0.0000
镜像图	0.3950	0.0756	0.0041	0.0002	0.0000	0.0000	0.0000

10.4.2 与矩相关的特征

除由归一化中心矩定义的不变矩组可以作为区域特征外，与矩相关的很多量也可以作为描述区域的特征量。本小节介绍其余与矩相关的特征量。

1. 二阶矩

二阶矩 M_{20}、M_{02} 分别表示相对于 y 轴、x 轴的转动惯量，定义如下：

$$\begin{cases} M_{20}=\sum_{x=0}^{M-1}\sum_{y=0}^{N-1}x^2 f(x,y) \\ M_{02}=\sum_{x=0}^{M-1}\sum_{y=0}^{N-1}y^2 f(x,y) \end{cases} \tag{10-23}$$

2. 主轴

一条过点(x_0,y_0)并和 x 轴成 α 角的直线 L 的方程为

$$(x-x_0)\sin\alpha-(y-y_0)\cos\alpha=0 \tag{10-24}$$

若区域 R 中灰度函数 $f(x,y)$视作质量，区域 R 关于这条直线的转动惯量为

$$I=\iint_R[(x-x_0)\sin\alpha-(y-y_0)\cos\alpha]^2 f(x,y)\mathrm{d}x\mathrm{d}y \tag{10-25}$$

使 I 取最小值的直线称为区域的主轴，经过区域 R 的质心，给出区域的取向，如图 10-15 中的虚线所示。

对式(10-25)求最小值，求导，解方程得：

$$\tan 2\alpha=\frac{2\mu_{11}}{\mu_{20}-\mu_{02}} \tag{10-26}$$

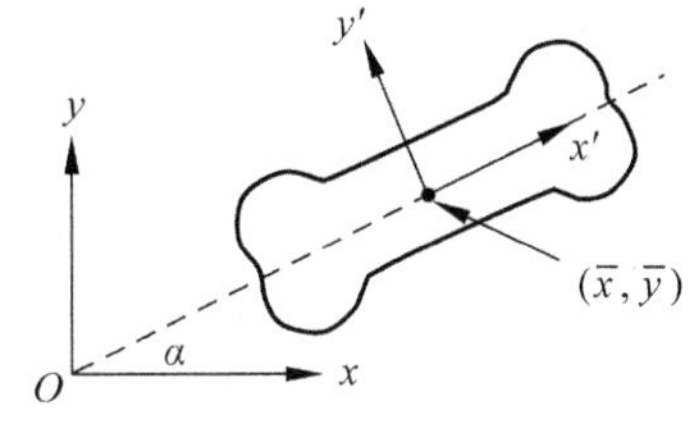

图 10-15 区域主轴图示

以质心为坐标原点，对 x、y 轴分别逆时针旋转 α 角得坐标轴 x'、y'，与区域的长轴和短轴重合。如果区域在计算矩之前顺时针旋转 α 角，或相对于 x'、y'轴计算矩，那么矩具有旋转不变性。

3. 等效椭圆

当图像区域中的灰度分布视作质量密度时，可计算其转动惯量，与椭圆方程在形式上是一致的，因此，一个区域的许多特征可以用这个椭圆的有关参数来表示，这个椭圆称为等效椭圆。

等效椭圆的中心一般位于区域的质心，椭圆主轴与 x 轴的夹角 α 如式(10-26)所示，椭圆的半长轴长、半短轴长如式(10-27)所示。

$$\begin{cases} a=[2(\mu_{20}+\mu_{02}+\sqrt{(\mu_{20}-\mu_{02})^2+4\mu_{11}^2})/\mu_{00}]^{\frac{1}{2}} \\ b=[2(\mu_{20}+\mu_{02}-\sqrt{(\mu_{20}-\mu_{02})^2+4\mu_{11}^2})/\mu_{00}]^{\frac{1}{2}} \end{cases} \tag{10-27}$$

4. 离心率

离心率描述了区域的紧凑性,有多种计算公式,可以定义为区域主轴长度与辅轴长度的比值。

$$e = a/b \tag{10-28}$$

这样定义的 e 考虑了区域所有的像素及其灰度,更能反映区域的灰度分布性质;若区域的灰度是均匀的,当区域接近于圆时,e 接近于 1,否则 $e>1$。但受物体形状和噪声的影响比较大。

离心率也可定义为

$$e = \left(\frac{\mu_{20} + \mu_{02}}{\mu_{00}}\right)^{1/2} \tag{10-29}$$

其反映了区域各点对质心距离的统计方差及物体偏离质心的程度。

考虑到等效椭圆长短轴的长度计算公式差别,离心率可定义为

$$e = \frac{(\mu_{20} - \mu_{02})^2 + 4\mu_{11}}{\mu_{00}} \tag{10-30}$$

【例 10-8】 计算图像的离心率、长短轴及主轴方向。

程序如下:

```
clear,clc,close all;
image = imread('mspanner.jpg');
BW = imbinarize(image);
imshow(BW);
STATS = regionprops(BW,'Eccentricity','MajorAxisLength'...       %离心率、长轴长
                    ,'MinorAxisLength','Orientation')             %短轴长、长轴与 x 轴的夹角
```

程序运行结果如图 10-16 所示。

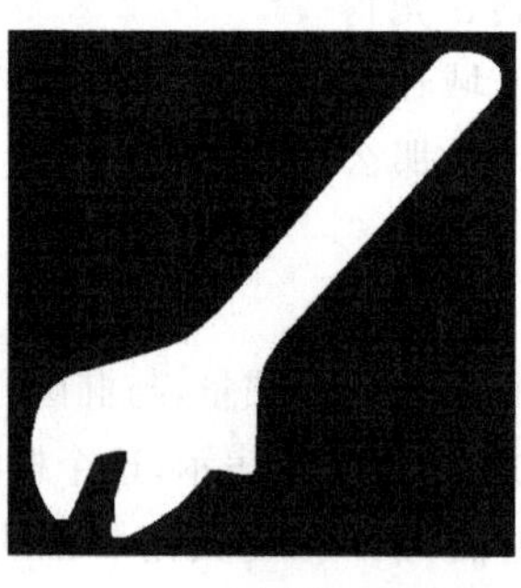

(a) 原图

STATS =

MajorAxisLength: 577.9083

MinorAxisLength: 122.4609

Eccentricity: 0.9773

Orientation: 45.7687

(b) 运算数据

图 10-16 离心率、长短轴长及主轴方向

10.5 纹理描述

纹理反映一个区域中像素灰度级空间分布的属性。类似于砖墙、布匹、草地等具有重复性结构的图像称为纹理图像。纹理图像中的灰度分布一般具有某种周期性(即便灰度变化是随机的,也具有一定的统计特性),周期长纹理显得粗糙,周期短纹理细致。

10.5.1 灰度共生矩阵法

灰度共生矩阵法是对图像所有像素进行统计调查,以便描述其灰度分布的一种方法。

取图像中的任意一点(x,y)及偏离它的另一点$(x+\Delta x,y+\Delta y)$,设该点对的灰度值为(f_1,f_2),令点(x,y)在整个画面上移动,得到各种(f_1,f_2)值。设灰度值的级数为L,则f_1与f_2的组合共有L^2种。对于整个画面,统计出每一种(f_1,f_2)值出现的次数,排列成一个方阵,再用(f_1,f_2)出现的总次数将它们归一化为出现的概率$p(f_1,f_2)$,称这样的方阵为灰度共生矩阵,也称为联合概率矩阵。

也可以通过设定方向θ和距离d来确定灰度对(f_1,f_2),进而生成灰度共生矩阵。

对偏离值$(\Delta x,\Delta y)$取不同的值,可以形成不同的灰度共生矩阵。通常,$(\Delta x,\Delta y)$根据纹理周期分布的特性来选择:变化缓慢的图像,$(\Delta x,\Delta y)$较小时,f_1与f_2一般具有相近的灰度,体现在灰度共生矩阵中,矩阵对角线及其附近的数值较大;变化较快的图像,矩阵各元素的取值相对均匀。

生成灰度共生矩阵后,通常采用一些参数描述纹理特征。

1)角二阶矩

$$\mathrm{ASM}=\sum_{f_1}\sum_{f_2}[p(f_1,f_2)]^2 \tag{10-31}$$

角二阶矩也称能量,用来度量图像平滑度。若所有像素具有相同灰度级f,$p(f,f)=1$且$p(f_1,f_2)=0(f_1\neq f$或$f_2\neq f)$,则ASM=1;若具有所有可能的像素对,且像素的灰度级具有相同的概率,则ASM等于这个概率值;区域越不平滑,分布$p(f_1,f_2)$越均匀,且ASM越低。

2)对比度

$$\mathrm{CON}=\sum_{k}k^2\left[\sum_{f_1}\sum_{\substack{f_2\\k=|f_1-f_2|}}p(f_1,f_2)\right] \tag{10-32}$$

若灰度共生矩阵中偏离对角线的元素有较大值,即图像亮度值变化很快,则CON会有较大取值。

3)倒数差分矩

$$\mathrm{IDM}=\sum_{f_1}\sum_{f_2}\frac{p(f_1,f_2)}{1+|f_1-f_2|} \tag{10-33}$$

倒数差分矩也称为同质性、逆差矩，反映了图像中局部灰度相关性。当图像像素值均匀相等时，灰度共生矩阵对角元素有较大值，IDM 就会取较大的值。相反，区域越不平滑，IDM 值越小。

4）熵

$$\mathrm{ENT}=-\sum_{f_1}\sum_{f_2}p(f_1,f_2)\log_2 p(f_1,f_2) \tag{10-34}$$

熵是描述图像具有的信息量的度量，表明图像的复杂程度，当复杂程度高时，熵值较大，反之则较小。若灰度共生矩阵值分布均匀，也即图像近于随机或噪声很大，则熵会有较大值。

5）相关系数

$$\mathrm{COR}=\frac{\sum_{f_1}\sum_{f_2}(f_1-\mu_{f_1})(f_2-\mu_{f_2})p(f_1,f_2)}{\sigma_{f_1}\sigma_{f_2}} \tag{10-35}$$

其中，$\mu_{f_1}=\sum_{f_1}f_1\sum_{f_2}p(f_1,f_2)$，$\mu_{f_2}=\sum_{f_2}f_2\sum_{f_1}p(f_1,f_2)$，$\sigma_{f_1}^2=\sum_{f_1}(f_1-\mu_{f_1})^2\sum_{f_2}p(f_1,f_2)$，$\sigma_{f_2}^2=\sum_{f_2}(f_2-\mu_{f_2})^2\sum_{f_1}p(f_1,f_2)$

MATLAB 提供了 graycomatrix 函数产生灰度共生矩阵，并统计相关参数，其调用格式如下。

(1) GLCMS=graycomatrix(I,PARAM1,VALUE1,PARAM2,VALUE2,…)：产生图像 I 的灰度共生矩阵 GLCMS(未归一化，元素值为各灰度对出现的次数)。

(2) [GLCMS,SI]=graycomatrix(…)：返回缩放图像 SI，SI 是用来计算灰度共生矩阵的。SI 中的元素值介于 1 和灰度级数目之间。相关参数如表 10-3 所示。

表 10-3　graycomatrix 函数参数

参　数	描　述
Offset	一个 p×2 的整数矩阵，每一行是一个二维向量[ROW_OFFSET COL_OFFSET]，指定组成灰度对的两个像素的偏移量，默认为[0 1]。当偏移用角度表示时，Offset 可表示为[0 D]、[−D D]、[−D 0]、[−D −D]，代表 0°、45°、90°、135°
NumLevels	一个整数，指定图像中灰度的规格化范围。如为 8，即将图像 I 的灰度映射到 1 到 8 之间，也决定了灰度共生矩阵的大小。灰度图像默认为 8，二值图像必须为 2
GrayLimits	二维向量[LOW HIGH]，图像中的灰度线性变换到[LOW HIGH]，小于等于 LOW 的灰度变到 1，大于等于 HIGH 变到 HIGH；如果其设为[]，灰度共生矩阵将使用图像 I 的最小及最大灰度值作为 GrayLimits，即[min(I(:)) max(I(:))]
Symmetric	布尔量，默认值为 false，产生矩阵时，根据 Offset 的值统计偏移前后两个像素点对 (f_1,f_2) 出现的次数；当该参数设定为 true 时，统计 (f_1,f_2) 和 (f_2,f_1) 再现的次数

(3) STATS=graycoprops(GLCM,PROPERTIES)：从灰度共生矩阵 glcm 计算属性矩阵 STATS。属性包括'Contrast'、'Correlation'、'Energy'、'Homogemeity'。

【例 10-9】 生成灰度共生矩阵并计算参数。

程序如下：

```
clear,clc,close all;
f = rgb2gray(imread('texture.bmp'));                    %读取纹理图像
[g1,SI1] = graycomatrix(f,'G',[]);                      %生成灰度共生矩阵
status1 = graycoprops(g1);                              %计算属性矩阵 staus1
f = filter2(fspecial('average',min(size(f))/8),f);      %对原图高强度滤波
[g2,SI2] = graycomatrix(f,'G',[]);                      %对滤波后图像生成灰度共生矩阵
status2 = graycoprops(g2);                              %计算属性矩阵 status2
```

程序运行结果如图 10-17 所示。平滑图像对比度低，自相关性增强，角二阶矩和倒数差分矩大。

```
status1 =
       Contrast: 0.7600
    Correlation: 0.7989
         Energy: 0.0726
    Homogeneity: 0.7416
```

(a) 原图及参数

```
status2 =
       Contrast: 0.1015
    Correlation: 0.9644
         Energy: 0.2112
    Homogeneity: 0.9492
```

(b) 平滑图及参数

图 10-17 灰度共生矩阵及参数计算

10.5.2 灰度差分统计法

设(x,y)为图像中的一点，该点与和它只有微小距离的点$(x+\Delta x,y+\Delta y)$的灰度差值g称为灰度差分。

$$g(x,y)=|f(x,y)-f(x+\Delta x,y+\Delta y)| \tag{10-36}$$

设灰度差分的所有可能取值共有m级，令点(x,y)在整个画面上移动，累计出$g(x,y)$取各个数值的次数，由此便可以作出$g(x,y)$的直方图。由直方图可以知道$g(x,y)$取值的概率$p_g(i)$(i为灰度差值)。

当取较小i值的概率$p_g(i)$较大时，说明纹理较粗；差值直方图较平坦时，说明纹理较细。

从上述描述可知，灰度差分统计实际上和联合概率矩阵具有相同之处，都是同时考查相距微小距离的两点的灰度；不同之处在于联合概率矩阵是组成灰度对考查概率，灰度差分统计是计算灰度差考查概率；两种方法的本质是相同的。

灰度差分统计法一般用以下参数来描述图像特征。

1）对比度

$$\mathrm{CON}=\sum_i i^2 p_g(i) \tag{10-37}$$

2）角度方向二阶矩

$$\mathrm{ASM}=\sum_{i}[p_g(i)]^2 \tag{10-38}$$

3）熵

$$\mathrm{ENT}=-\sum_{i}p_g(i)\log_2 p_g(i) \tag{10-39}$$

4）平均值

$$\mathrm{MEAN}=\frac{1}{m}\sum_{i}ip_g(i) \tag{10-40}$$

在上述公式中，$p_g(i)$较平坦时，ASM 较小，ENT 较大；若 $p_g(i)$分布在原点附近，则MEAN 值较小。

【例 10-10】 进行灰度差分统计并计算参数。

程序如下：

```
clear,clc,close all;
f = rgb2gray(imread('texture.jpg'));                    % f = rgb2gray(imread('smoothtexture.jpg'));
[h,w] = size(f);
deltax = 1;  deltay = 0;                                 % 偏离量
g = uint8(zeros(h,w));
for x = 1:w
    for y = 1:h
        if x + deltax >= 1 & x + deltax <= w & y + deltay >= 1 & y + deltay <= h
            g(y,x) = abs(f(y,x) - f(y + deltay,x + deltax));
        end
    end
end
hist = imhist(g);
hist = hist/sum(hist(:));                                % 灰度差分直方图
CON = 0;ASM = 0;ENT = 0;MEAN = 0;
for i = 1:256                                            % 计算参数
    CON = CON + i * i * hist(i);
    ASM = ASM + hist(i) * hist(i);
    ENT = ENT - hist(i) * log2(hist(i) + eps);
    MEAN = MEAN + i * hist(i)/256;
end
```

程序运行结果如表 10-4 所示。平滑后图像对比度降低，熵降低。

表 10-4　平滑前后树皮图像统计的灰度差分参数

	CON	ASM	ENT	MEAN
原图像	208.0318	0.2528	3.6673	0.0336
平滑后图像	79.4376	0.6718	1.0036	0.0065

10.5.3 行程长度统计法

行程长度是指在同一方向上具有相同灰度值或灰度差别在某个范围内的像素个数，粗纹理区域中长行程情况出现较多，细纹理区域中短行程情况出现较多，因此，可以通过统计行程长度来体现纹理特性。

设点(x,y)的灰度值为$\boldsymbol{f}$，统计出从任一点出发沿θ方向上连续n个点都具有灰度值f这种情况发生的概率，记为$p(f,n)$。把$p(f,n)$在图像中出现的次数表示成矩阵第f行第n列的元素，构成行程长度矩阵，如图10-18所示。$\boldsymbol{M}_{RL}(0°)$中第1行的2表示f中连续两个0出现的情况有2次。

$$\boldsymbol{f}=\begin{bmatrix}0&0&2&2\\1&1&0&0\\3&2&3&3\\3&2&2&2\end{bmatrix}\qquad \boldsymbol{M}_{RL}(0°)=\boldsymbol{f}\begin{matrix}n\\0\\1\\2\\3\end{matrix}\begin{matrix}\begin{matrix}1&2&3&4\end{matrix}\\\begin{pmatrix}0&2&0&0\\0&1&0&0\\1&1&1&0\\2&1&0&0\end{pmatrix}\end{matrix}\qquad \boldsymbol{M}_{RL}(45°)=\boldsymbol{f}\begin{matrix}n\\0\\1\\2\\3\end{matrix}\begin{matrix}\begin{matrix}1&2&3&4\end{matrix}\\\begin{pmatrix}4&0&0&0\\2&0&0&0\\6&0&0&0\\4&0&0&0\end{pmatrix}\end{matrix}$$

(a) 原图　　(b) 0°方向行程长度矩阵　　(c) 45°方向行程长度矩阵

图10-18 行程长度矩阵示例

行程长度统计法一般用以下参数来描述图像特征。

1）短行程补偿

$$\mathrm{SRE}=\sum_{f}\sum_{n}\left(\frac{\boldsymbol{M}_{RL}(f,n)}{n^{2}}\right)\Big/\sum_{f}\sum_{n}\boldsymbol{M}_{RL}(f,n) \tag{10-41}$$

给短行程较大的权值，当短行程较多时，SRE较大。分母为归一化因子。

2）长行程补偿

$$\mathrm{LRE}=\sum_{f}\sum_{n}(\boldsymbol{M}_{RL}(f,n)n^{2})\Big/\sum_{f}\sum_{n}\boldsymbol{M}_{RL}(f,n) \tag{10-42}$$

给长行程较大的权值，当长行程较多时，LRE较大。

3）灰度级非均匀性

$$\mathrm{GLD}=\sum_{f}\left[\sum_{n}(\boldsymbol{M}_{RL}(f,n))\right]^{2}\Big/\sum_{f}\sum_{n}\boldsymbol{M}_{RL}(f,n) \tag{10-43}$$

若各灰度各种行程情况出现较均匀，则GLD较小，表明纹理较细，变化剧烈；如果图像某种灰度出现较多，则GLD较大，表明纹理较粗，变化平缓。

4）行程长度非均匀性

$$\mathrm{RLD}=\sum_{n}\left[\sum_{f}(\boldsymbol{M}_{RL}(f,n))\right]^{2}\Big/\sum_{f}\sum_{n}\boldsymbol{M}_{RL}(f,n) \tag{10-44}$$

各行程(各灰度出现)的频数相近，则RLD较小；当某些行程长度出现较多时，则RLD较大。

5）行程百分比

$$RP = \sum_{f}\sum_{n} \boldsymbol{M}_{RL}(f,n) \Big/ N \tag{10-45}$$

N 为区域像素点数，相当于行程长度为 1 的情况总数。当区域中具有较长的线纹理时，总的行程情况数较少，RP 较小。

【例 10-11】 对图 10-17 所示的图像，编程计算其 45°方向的行程长度矩阵及各参数。

程序如下：

```
clear,clc,close all;
f = rgb2gray(imread('texture.bmp'));              % f = rgb2gray(imread('smoothtexture.jpg'));
f = f + 1;                                        % 调整 f 最小值为 1,方便做数组下标
top = max(f(:));    [h,w] = size(f);
N = min(h,w);       MRL = zeros(top,N);           % 确定行程长度矩阵尺寸
length = 1;                                       % 行程长度初始化
for x = 1:w                                       % 图像区域左上三角阵行程长度统计
    newx = x;     newy = 1;
    for y = 1:min(h,x)
        oldx = newx;          oldy = newy;
        newx = newx - 1;      newy = y + 1;
        if newx > 0 && newy <= h && f(newy,newx) == f(oldy,oldx)
            length = length + 1;              % 判断某一 45°方向上灰度是否一致,并累计行程长度
        else                                  % 累计行程长度矩阵对应元素
            MRL(f(oldy,oldx),length) = MRL(f(oldy,oldx),length) + 1;
            length = 1;
        end
    end
end
for y = 2:h                                   % 图像区域剩余部分行程长度统计
    newx = w;     newy = y;
    for x = w:-1:1
        oldx = newx;        oldy = newy;
        newx = x - 1;       newy = oldy + 1;
        if newx > 0 && newy <= h && f(newy,newx) == f(oldy,oldx)
            length = length + 1;
        else
            MRL(f(oldy,oldx),length) = MRL(f(oldy,oldx),length) + 1;
            length = 1;
            break;
        end
    end
end
SRE = 0;LRE = 0;GLD = 0;RLD = 0;RP = 0;total = 0;GLDp = 0;
for n = 1:N                                   % 扫描行程长度矩阵,按定义计算各参数
    RLDp = 0;
```

```
        for f = 1:top
            total = total + MRL(f,n);
            SRE = SRE + MRL(f,n)/(n^2);
            LRE = LRE + MRL(f,n) * (n^2);
            RLDp = RLDp + MRL(f,n);
            RP = RP + MRL(f,n);
        end
        RLD = RLD + RLDp^2
    end
    for f = 1:top
        GLDp = 0;
        for n = 1:N
            GLDp = GLDp + MRL(f,n);
        end
        GLD = GLD + GLDp^2
    end
    SRE = SRE/total;      LRE = LRE/total;
    RLD = RLD/total;      GLD = GLD/total;
    RP = RP/(h * w);
```

程序运行结果如表 10-5 所示。平滑后图像长行程增多,LRE 增大;变化缓慢,GLD 增大。

表 10-5 平滑前后树皮图像统计的行程长度参数

	SRE	LRE	GLD	RLD	RP
原图像	0.9846	1.0651	257.0163	3.3197e+04	0.3970
平滑后图像	0.8186	141.2293	971.0011	2.4555e+04	0.2193

10.5.4 LBP 特征

LBP(Local Binary Pattern,局部二元模式)是一种用来描述图像局部纹理特征的算子,于 1994 年由 T. Ojala 等人提出,具有旋转不变性和灰度不变性等显著的优点。

1. LBP 特征提取

原始的 LBP 算子定义为在 3×3 的窗口内,以窗口中心像素为阈值,将相邻的 8 个像素的灰度值与其进行比较:若周围像素值大于中心像素值,则该像素点的位置被标记为 1,否则被标记为 0。因此,3×3 邻域内的 8 个点经比较可产生 8 位无符号二进制数,将其转换为十进制数,即为该窗口中心像素点的 LBP 值,共 256 种,可反映该区域的纹理信息,如图 10-19 所示。

LBP 值一般不直接用于目标检测识别,通常将图像分为 $n\times n$ 的子区域,对子区域内的像素点计算 LBP 值,并在子区域内根据 LBP 值统计其直方图,以直方图作为其判别特征。

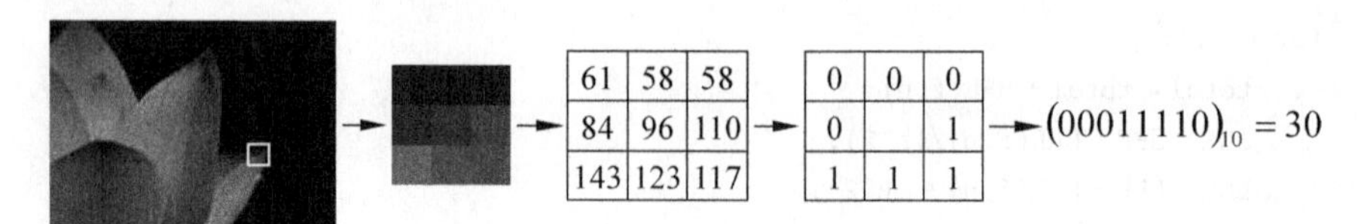

图 10-19 局部二元模式计算示意

【例 10-12】 计算 Lena 图像的 LBP 特征图。

程序如下：

```
clear,clc,close all;
image = imread('lena.bmp');
[N,M] = size(image);        lbp = zeros(N,M);
for j = 2:N - 1
    for i = 2:M - 1
        neighbor = [j - 1 i - 1;j - 1 i;j - 1 i + 1;j i + 1;j + 1 i + 1;j + 1 i;j + 1 i - 1;j i - 1];
        count = 0;
        for k = 1:8
            if image(neighbor(k,1),neighbor(k,2))> image(j,i)
                count = count + 2^(8 - k);
            end
        end
        lbp(j,i) = count;
    end
end
figure,imshow(uint8(lbp)),title('LBP 特征图');
subim = lbp(1:8,1:8);
imhist(subim),title('第一个子区域直方图');
```

程序运行结果如图 10-20 所示。

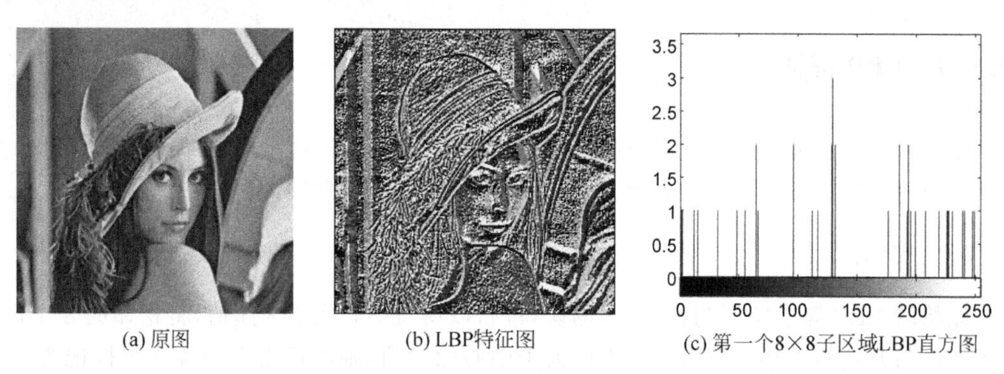

(a) 原图　(b) LBP特征图　(c) 第一个8×8子区域LBP直方图

图 10-20 LBP 特征值计算示例

2. 圆形 LBP 算子

为了适应不同尺度的纹理特征，并达到灰度和旋转不变性的要求，将 LBP 算子 3×3 邻域扩展到任意邻域，并用圆形邻域代替了正方形邻域，允许在半径为 R 的圆形邻域内有 P 个采样点，从而得到了新的 LBP 算子 LBP_P^R，如图 10-21 所示，称这种 LBP 特征为 Extended LBP 或 Circular LBP。图中黑色的点是采样点，通过比较其像素值与中心像素值确定 LBP 值。

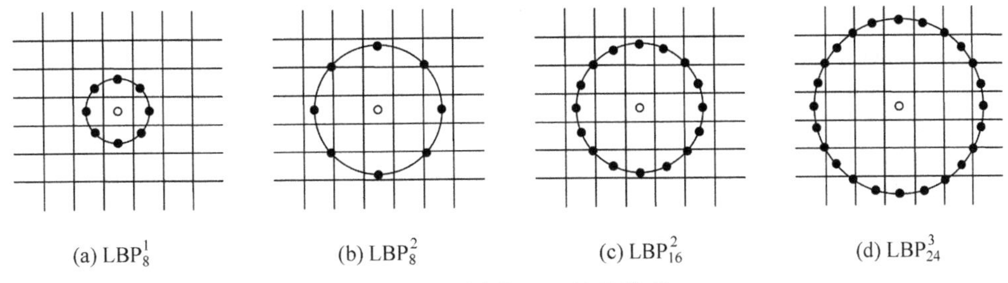

图 10-21 圆形 LBP 算子模型

如图 10-22 所示，采用像素坐标系，设中心像素点为 (x_c, y_c)，黑色采样点为 (x_k, y_k)，$k=0, 1, \cdots, P-1$，其坐标按式(10-46)计算。

采样点为非整数像素，需要用插值的方法确定其像素值，可以采用双线性插值的方法。

$$\begin{cases} x_k = x_c + R \times \cos(2\pi k/P) \\ y_k = y_c + R \times \sin(2\pi k/P) \end{cases} \tag{10-46}$$

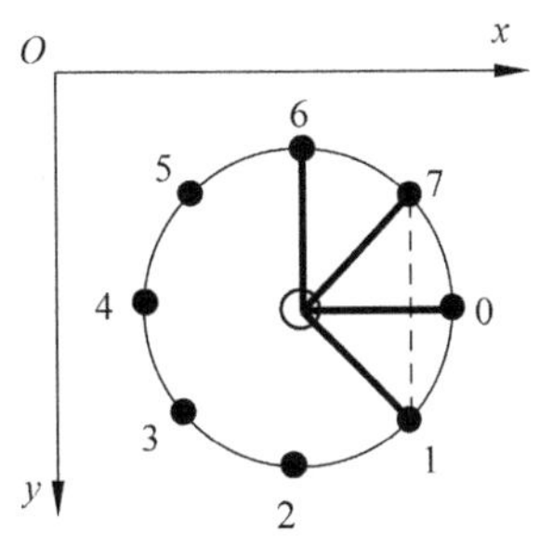

图 10-22 圆形 LBP 采样点

3. LBP 旋转不变模式

圆形 LBP 特征具有灰度不变性，但还不具备旋转不变性，因此学者们提出了具有旋转不变性的 LBP 特征。首先不断地旋转圆形邻域内的 LBP 特征，得到一系列 LBP 值，从中选择最小的 LBP 特征值作为中心像素点的 LBP 值，如图 10-23 所示。

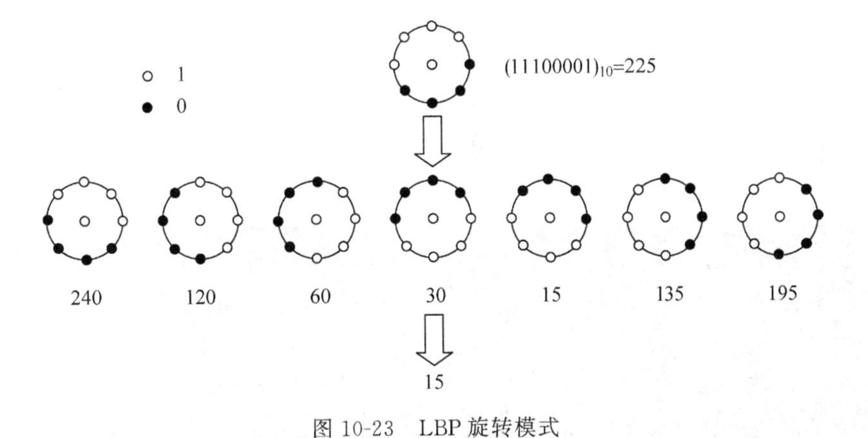

图 10-23 LBP 旋转模式

【例 10-13】 计算 Lena 图像的 LBP 旋转模式特征图。

程序如下：

```
clear,clc,close all;
image = imread('lena.bmp');
[N,M] = size(image);
P = 8;R = 2;
clbp = zeros(N,M);
for j = 1 + R:N - R
    for i = 1 + R:M - R
        count = 0;
        for k = 0:P - 1
            x = i + R * cos(2 * pi * k/P);
            y = j + R * sin(2 * pi * k/P);                          %采样点计算
            Lowx = floor(x);Highx = ceil(x); Lowy = floor(y);Highy = ceil(y);
            coex = x - Lowx;
            coey = y - Lowy;
            a = image(Lowy,Lowx) + coex * (image(Lowy,Highx) - image(Lowy,Lowx));
            b = image(Highy,Lowx) + coex * (image(Highy,Highx) - image(Highy,Lowx));
            pixel = a + coey * (b - a);                             %双线性插值
            if pixel > image(j,i)
                count = count + 2^(P - 1 - k);
            end
        end
        lbp = dec2bin(count);
        mincount = count;
        for k = 1:P - 1
            lbp = circshift(lbp',1)';                               %循环移位
            count = bin2dec(lbp);
            if mincount > count
                mincount = count;
            end
        end
        clbp(j,i) = mincount;
    end
end
figure,imshow(uint8(clbp)),title('LBP旋转模式特征图 ');
```

程序运行结果如图 10-24 所示。

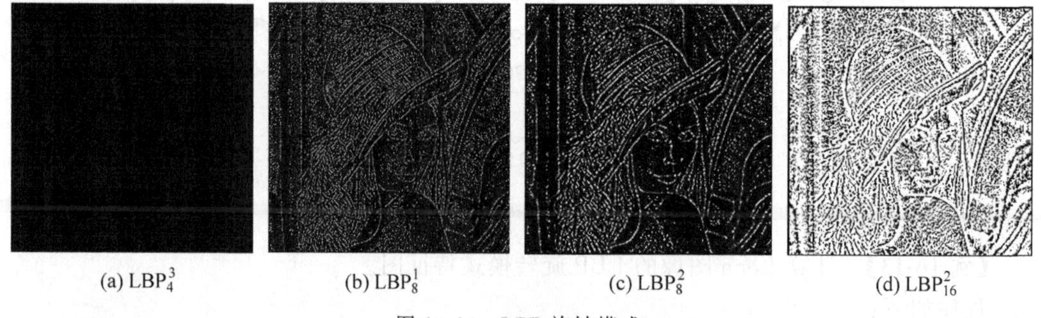

(a) LBP_4^3　(b) LBP_8^1　(c) LBP_8^2　(d) LBP_{16}^2

图 10-24　LBP 旋转模式

4. MATLAB 函数

MATLAB 提供了 extractLBPFeatures 函数用于提取 LBP 特征，其调用格式如下。

(1) features＝extractLBPFeatures(I)：从灰度图像 I 中提取归一化 LBP 特征，features 为 1×N 的向量，N 取决于图像中的单元数 numCells、采样点数 P 以及参数 Upright 的取值：每个单元的直方图被分为 B 个柱，当 Upright 为 false 时，B＝P＋2；当 Upright 为 true 时，B＝P×(P－1)＋3；numCells＝prod(floor(size(I)./CellSize))，N＝numCells×B。

(2) [⋯]＝extractLBPFeatures(⋯，Name，Value)：指定参数计算 LBP 特征，参数见表 10-6。

表 10-6　extractLBPFeatures 函数参数表

参　　数	描述及取值
NumNeighbors	圆形 LBP 特征计算的采样点数，取值为 4～24，默认为 8
Radius	圆形 LBP 特征计算的半径，取值为 1～5，默认为 1，单位为像素
Upright	逻辑变量，设为 false，采用旋转不变模式；设为 true，则不采用；默认为 true
Interpolation	插值方法，可取 'Nearest' 或 'Linear'，默认为 'Linear'
CellSize	二维向量，将图像分为 floor(size(I)./CellSize) 个不重叠的单元，默认为 size(I)
Normalization	指定规范化 LBP 直方图的方式，取 'None'，后续进行自定义规范化；默认为 'L2'

【例 10-14】 使用 extractLBPFeatures 函数计算 LBP 特征，并进行比较。

程序如下：

```
clear,clc,close all;
brickWall = imread('bricks.jpg');
rotatedBrickWall = imread('bricksRotated.jpg');
carpet = imread('carpet.jpg');
subplot(131),imshow(brickWall),title('图像 1');
subplot(132),imshow(rotatedBrickWall),title('图像 1 旋转');
subplot(133),imshow(carpet),title('图像 2');
lbpB1 = extractLBPFeatures(brickWall,'Upright',false);        % 图像 1 的旋转不变 LBP 特征
lbpB2 = extractLBPFeatures(rotatedBrickWall,'Upright',false);
lbpC = extractLBPFeatures(carpet,'Upright',false);
same = (lbpB1 - lbpB2).^2;                         % 旋转前后两幅图像的 LBP 特征均方误差
different = (lbpB1 - lbpC).^2;                     % 不同图像的 LBP 特征均方误差
figure,bar([same;different]','grouped');
title('LBP 特征均方误差比较');xlabel('LBP 直方图区间')
legend('旋转前后图像相比','不同内容图像相比')
```

程序运行结果如图 10-25 所示。可以看出，不同图像的 LBP 特征均方误差较大，而只有几何变换的图像 LBP 特征均方误差较小。

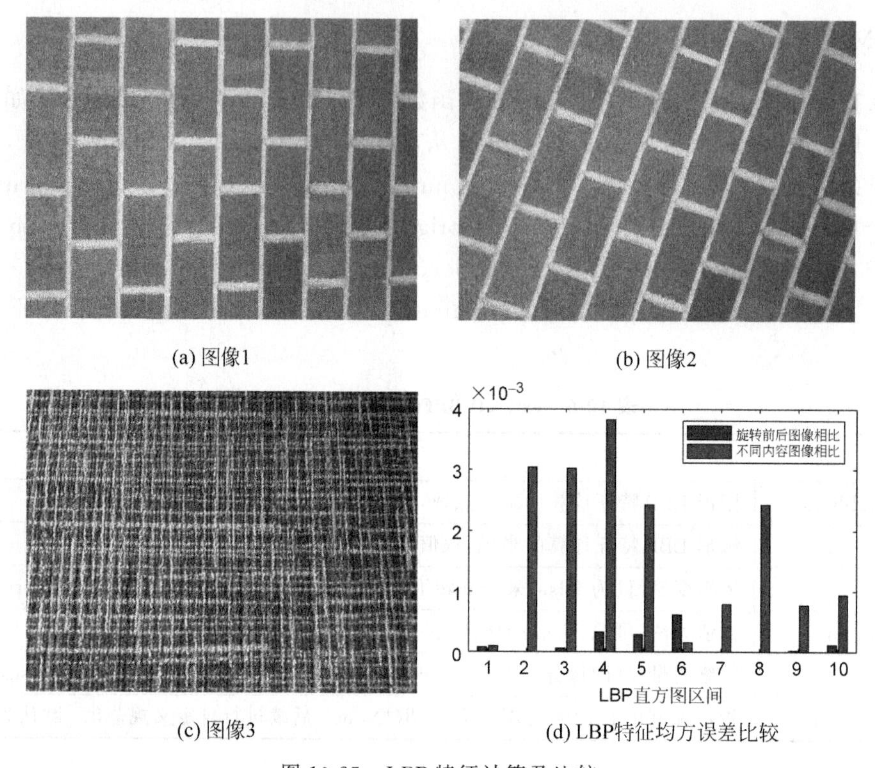

(a) 图像1　　(b) 图像2

(c) 图像3　　(d) LBP特征均方误差比较

图 10-25　LBP 特征计算及比较

10.6　其他描述

除前述描述外，梯度方向直方图和 Haar-like 特征在图像描述中的应用较多。

10.6.1　梯度方向直方图

直方图反映了图像的概率统计特性，具有旋转不变性和缩放不变性，因此，常用来描述图像。对于一幅灰度图像，可以统计其灰度直方图，进而从直方图中计算各区域的均值、方差、能量、熵等特征值，用于表述图像信息。

灰度直方图将灰度看作像素的一种特征值。对于图像 f 中的另一种特征值 k_i，$i=1,2,\cdots,n$（n 为该特征取值的个数），统计出呈现 k_i 特征的像素个数 $N(k_i)$，计算 k_i 特征出现的概率的公式如下。

$$p(k_i)=\frac{N(k_i)}{\sum_i N(k_i)} \tag{10-47}$$

类似于灰度直方图，可以作出图像的特征直方图，并计算相应的参数描述图像信息。

梯度方向直方图(Histogram of Oriented Gradients,HOG)是特征直方图的一种,用于表征图像的局部梯度方向和梯度强度分布特性,其主要思想是在边缘具体位置未知的情况下,边缘方向的分布也可以很好地表示目标的外形轮廓。HOG特征提取的大致步骤如下。

(1) 图像灰度化。颜色信息作用不大,通常要将彩色图像转化为灰度图像。

(2) 图像归一化。采用Gamma校正法对输入图像进行标准化(归一化),调节图像的对比度,降低图像局部的阴影和光照变化所造成的影响,同时可以抑制噪声的干扰。Gamma可取1/2。

$$f(x,y)=f(x,y)^{\text{Gamma}} \tag{10-48}$$

(3) 计算图像每个像素的梯度大小和方向:

$$|\nabla f(x,y)|=[G_x(x,y)^2+G_y(x,y)^2]^{1/2}$$
$$\phi(x,y)=\arctan(G_y(x,y)/G_x(x,y)) \tag{10-49}$$

其中,$G_x(x,y)$、$G_y(x,y)$分别为沿x、y方向的梯度,可采用$[-1\quad 0\quad 1]$和$[-1\quad 0\quad 1]^{\mathrm{T}}$计算。

(4) 划分图像为若干方格单元,计算每一个方格单元的梯度方向直方图。将梯度方向在$[0,\pi]$区间划分为K个柱,用bin_k代表第k个梯度方向,若方格单元内某个像素梯度方向为bin_k,则该梯度方向对应柱值累加该像素的梯度值。

(5) 将相邻单元组成块,计算一个块中的HOG特征向量。将块内每个方格单元的梯度方向直方图转换为单维向量,即对应方向梯度个数构成的向量,并把所有方格单元向量串联,构成块的HOG特征向量。设块由$n\times n$个相邻方格单元组成,则块的HOG特征向量为$n\times n\times K$维。

(6) 块HOG特征向量归一化。归一化降低特征向量受光照、阴影和边缘变化的影响。设块HOG的特征向量为v,归一化函数可以采用:

$$v=v\Big/\sqrt{\|v\|_2^2+\varepsilon^2}$$
$$v=v\Big/(\|v\|_1+\varepsilon) \tag{10-50}$$

其中,ε是一个很小的常数,避免分母为0。

(7) 生成图像的HOG特征向量。在图像上以一个方格单元为步长对块进行滑动,将每个块的特征组合在一起,即可得到图像的HOG特征。可以看出,块是重叠的,重叠部分的像素给相邻块的梯度方向直方图均提供贡献,从而将块和块关联在一起。

【例10-15】 根据原理统计图像的HOG特征。

程序如下:

```
clear,clc,close all;
Image = double(imread('lena.bmp'));          % 图像本为灰度图,若是彩色需要转换
[N,M] = size(Image);
Image = sqrt(Image);                          % Gamma 校正
Hy = [ - 1 0 1];          Hx = Hy';
Gy = imfilter(Image,Hy,'replicate');
```

```
Gx = imfilter(Image,Hx,'replicate');
Grad = sqrt(Gx.^2 + Gy.^2);                      % 计算梯度
Phase = zeros(N,M);Eps = 0.0001;
for i = 1:M                                      % 计算梯度方向
    for j = 1:N
        if abs(Gx(j,i))< Eps && abs(Gy(j,i))< Eps
            Phase(j,i) = 270;           % 无方向,设为大于 180°,不参与后续梯度方向直方图统计
        elseif abs(Gx(j,i))< Eps && abs(Gy(j,i))> Eps
            Phase(j,i) = 90;
        else
            Phase(j,i) = atan(Gy(j,i)/Gx(j,i)) * 180/pi;
            if Phase(j,i)< 0
                Phase(j,i) = Phase(j,i) + 180;
            end
        end
    end
end
step = 8;     K = 9;     angle = 180/K;          % 步长、方向区间数、角度
Cell = cell(1,1);     Celli = 1;     Cellj = 1;
for i = 1:step:M
    Cellj = 1;
    for j = 1:step:N
        Gtmp = Grad(j:j + step - 1,i:i + step - 1);
        Gtmp = Gtmp/sum(sum(Gtmp));              % 梯度幅值归一化
        Hist = zeros(1,K);
        for x = 1:step
            for y = 1:step
                ang = Phase(j + y - 1,i + x - 1);
                if ang < = 180                   % 统计梯度方向直方图
                    Hist(floor(ang/angle) + 1) = Hist(floor(ang/angle) + 1) + Gtmp(y,x);
                end
            end
        end
        Cell{Cellj,Celli} = Hist;
        Cellj = Cellj + 1;
    end
    Celli = Celli + 1;
end
[CellN,CellM] = size(Cell);
feature = cell(1,(CellM - 1) * (CellN - 1));
for i = 1:CellM - 1
  for j = 1:CellN - 1
      f = [];                                    % 将 2×2 方格单元组成块
      f = [f Cell{j,i}(:)'  Cell{j,i + 1}(:)'  Cell{j + 1,i}(:)'  Cell{j + 1,i + 1}(:)'];
      f = f./sum(f);
      feature{(i - 1) * (CellN - 1) + j} = f;
  end
end
```

程序中,每方格单元为8×8,每块由2×2个方格单元组成,[0,π]区间方向被分为9个均匀区间,每块的特征为36维,总共有961个块,即(256/8−1)×(256/8−1)=31×31=961。

MATLAB提供了extractHOGFeatures函数用于提取HOG特征,其调用格式如下。

(1) features=extractHOGFeatures(I):从真彩色图像或灰度图像I中提取HOG特征,features为一维向量,长度为prod([BlocksPerImage,BlockSize,NumBins]),BlockSize和NumBins参数含义见表10-7,BlocksPerImage=floor((size(I)./CellSize-BlockSize)./(BlockSize-BlockOverlap)+1)。

(2) [features,validPoints]=extractHOGFeatures(I,points):获取图像I中points处周围的HOG特征features,validPoints是周围[CellSize.*BlockSize]区域全部被包含在图像中的输入点。points可以是用坐标[x y]表示的矩阵,也可以是多种不同的特征点,如SURFPoints、KAZEPoints、cornerPoints、MSERRegions、BRISKPoints等。

(3) […,visualization]=extractHOGFeatures(I,…):返回可用plot绘图的HOG特征visualization。

(4) […]=extractHOGFeatures(…,Name,Value):指定参数提取HOG特征,参数如表10-7所示。

表10-7 extractHOGFeatures函数参数表

参数	描述及取值
CellSize	二维向量,指定单元大小,单位为像素,默认为[8 8]
BlockSize	二维向量,指定块内单元数目,默认为[2 2]
BlockOverlap	二维向量,指定相邻块之间重叠的单元数,指定点统计特征时无效,默认为ceil(BlockSize/2)
NumBins	指定直方图中柱的数目,默认为9
UseSignedOrientation	取true时,方向在−180°~180°;取false时,方向在0°~180°,小于0°时,角度加180,默认为false

【例10-16】 利用函数extractHOGFeatures统计图像的HOG特征。

程序如下:

```
clear,clc,close all;
Image = imread('lena.bmp');
features = extractHOGFeatures(Image);
[hog,visualization] = extractHOGFeatures(Image,'CellSize',[32 32]);
imshow(Image);
hold on
plot(visualization);
hold off
```

程序运行结果如图10-26所示。

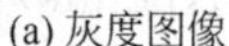

(a) 灰度图像　　　　(b) 彩色图像

图 10-26　HOG 特征计算

10.6.2　Haar-like 特征

Haar-like 特征是一种常用的特征描述子，也称为 Haar 特征，是受到一维 Haar 小波的启示而发明的，多用于人脸检测、行人检测等目标检测领域。

1. Haar-like 特征的定义

Haar-like 特征反映图像的灰度变化，用黑白两种矩形框组合成特征模板，如图 10-27 所示。图 10-27(a)、图 10-27(b)、图 10-27(e)特征模板内所示模块图像的 Haar-like 特征为白色矩形像素和减去黑色矩形像素和，而图 10-27(c)、图 10-27(d)所示模块图像的 Haar-like 特征为白色矩形像素和减去 2 倍黑色矩形像素和，是为了保证黑白色矩形模块中的像素数相同。

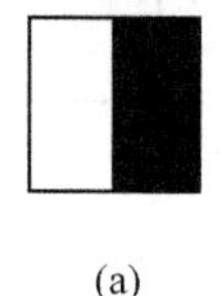

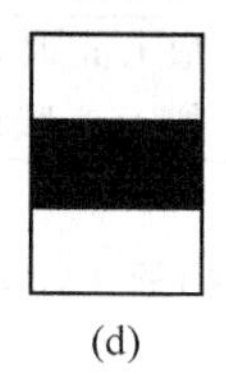
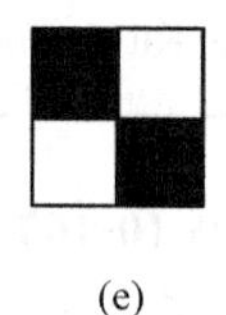

(a)　(b)　(c)　(d)　(e)

图 10-27　Haar-like 特征四种形式

从图中可以看出，图 10-27(a)、图 10-27(b)反映的是边缘特征；图 10-27(c)、图 10-27(d)反应的是线性特征；图 10-27(e)反映的是特定方向特征。

2. Haar-like 特征的计算

通过改变特征模板的大小和位置，一个图像子窗口对应大量矩形特征，对这些特征求值的计算量是非常大的。Haar-like 特征计算一般采用积分图进行加速运算，以满足实时检测需求。

所谓积分图是对点(x,y) 左上方向的所有像素求和，如式(10-51)所示。

$$ii(x,y)=\sum_{x'\leqslant x,y'\leqslant y}f(x',y') \tag{10-51}$$

利用积分图实现快速求和的思路如下。

(1) 首先构造出图像的积分图 ii；

ii 中每一点的值都是对其左上方向像素求和，如图 10-28 所示，$ii(x_1,y_1)$的值是区域 A 的像素和。

(2) 通过积分图 ii 几个点值的运算，得到任何矩阵区域的像素累加和。

对图 10-28 中的区域 D 求和，可通过 A+B+C+D+A-(A+B)-(A+C)计算，即

$$\sum_{(x,y)\in D}f(x,y)=ii(x_4,y_4)+ii(x_1,y_1)-ii(x_2,y_2)-ii(x_3,y_3) \tag{10-52}$$

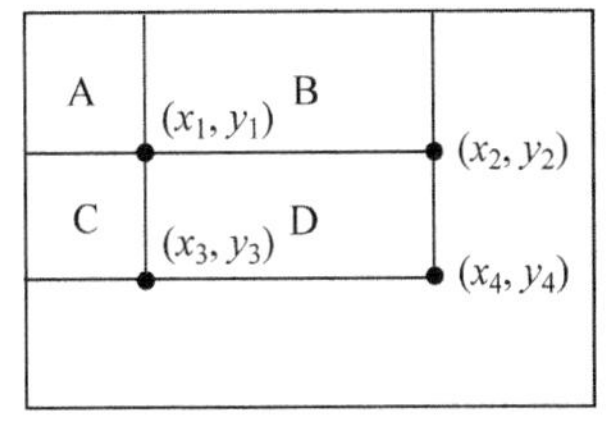

图 10-28　积分图求和示意图

因此，积分图遍历一次图像，将图像从起点到各个点所形成的矩形区域的像素之和作为一个数组的元素存储。计算某个区域的像素和时，可直接索引数组的元素，从而加快了计算速度。

积分图构建算法如下。

(1) 用 $s(x,y)$表示沿 y 方向的累加和，初始化 $s(x,-1)=0$；

(2) 用 $ii(x,y)$表示一个积分图像，初始化 $ii(-1,y)=0$；

(3) 逐列扫描图像，递归计算每个像素(x,y)在 y 方向的累加和 $s(x,y)$及积分图像 $ii(x,y)$的值。

$$\begin{aligned}s(x,y)&=s(x,y-1)+f(x,y)\\ ii(x,y)&=ii(x-1,y)+s(x,y)\end{aligned} \tag{10-53}$$

(4) 遍历图像，则得到积分图像 ii。

【例 10-17】 以图 10-27 中的边缘 Haar-like 特征模板为例，演示图像的 Haar-like 特征的计算。

程序如下：

```
clear,clc,close all;
Image = double(imread('lena.bmp'));
[height,width] = size(Image);
ii = integrogram(Image);                    %统计积分图像
winL = 10;winH = 30;                        %设定窗口最小和最大尺寸,减少运算
hlv = haarlike(height,width,winL,winH,ii);  %统计 Haar - like 特征

function out = integrogram(In)
    [height,width] = size(In);
    s = zeros(height,1);      out = zeros(height,width);
    out(1,1) = In(1,1);       s(1) = In(1,1);       %初始化
    for y = 2:height                                %积分图第一列
```

```
        s(y) = s(y-1) + In(y,1);
        out(y,1) = s(y);
    end
    for x = 2:width                                  %积分图第一行
        s(x) = s(x-1) + In(1,x);
        out(1,x) = s(x);
    end
    for x = 2:width
        s(1) = In(1,x);
        for y = 2:height
            s(y) = s(y-1) + In(y,x);
            out(y,x) = out(y,x-1) + s(y);
        end
    end
end

function out = haarlike(height,width,winL,winH,ii)
    num = 1;
    for lenx = winL:winH
        for leny = winL:winH
            for x = 1:width - lenx
                for y = 1:height - leny
                    out(num) = ii(y,x) + ii(y,x + lenx) + 2 * ii(y + leny,x + floor(lenx/2)) - ...
                            ii(y + leny,x) - ii(y + leny,x + lenx) - 2 * ii(y,x + floor(lenx/2));
                            %图 10-27(a)模板
                    out(num + 1) = ii(y,x) + ii(y + leny,x) + 2 * ii(y + floor(leny/2),x) - ...
                            ii(y,x + lenx) - ii(y + leny,x + lenx) - 2 * ii(y + floor(leny/2),x);
                            %图 10-27(b)模板
                    num = num + 2;
                end
            end
        end
    end
end
```

程序运行后,得到 1×49123872 维的 Haar-like 特征。程序仅考虑了边缘特征模板,其余模板的计算类似;程序没有进行优化,运行速度较慢。

3. 扩展 Haar-like 特征及其计算

加入 45°旋角,对 Haar-like 矩形特征进一步扩展,如图 10-29 所示。

水平和竖直矩阵特征计算和上一节一致。对于 45°旋角的矩形,定义 $\text{RSAT}(x,y)$为点(x,y)左上角 45°区域和左下角 45°区域的像素和。

$$\text{RSAT}(x,y)=\sum_{x'\leqslant x,x'\leqslant x-|y-y'|} f(x',y') \tag{10-54}$$

可采用递推公式减少重复计算:

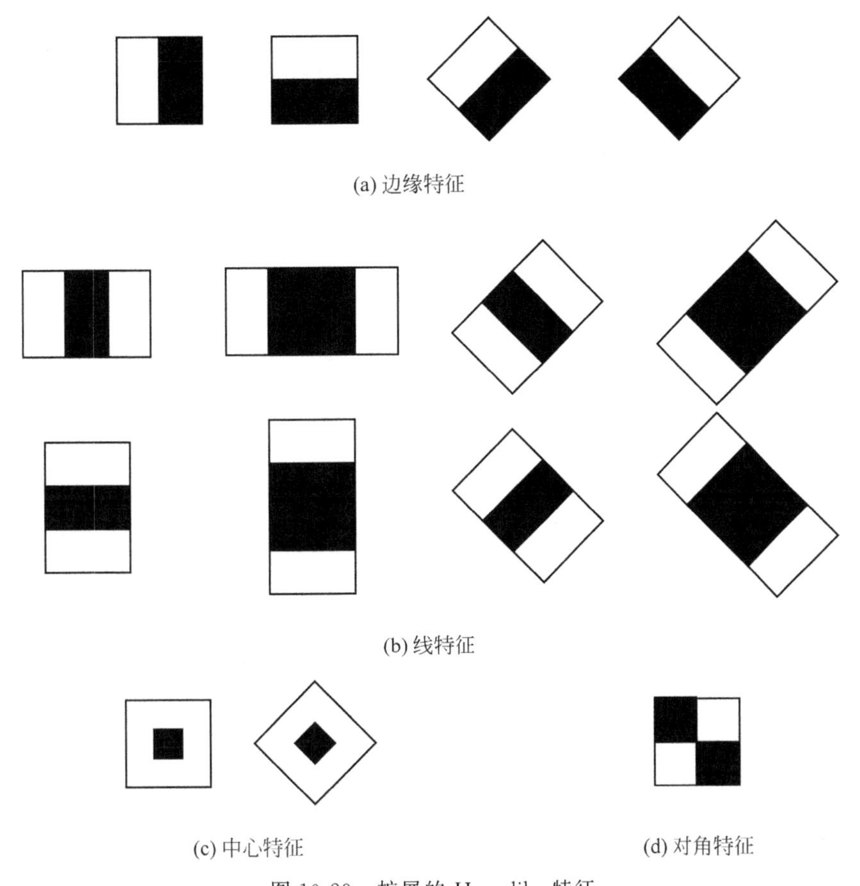

(a) 边缘特征

(b) 线特征

(c) 中心特征　　(d) 对角特征

图 10-29　扩展的 Haar-like 特征

$$\mathrm{RSAT}(x,y)=\mathrm{RSAT}(x-1,y-1)+\mathrm{RSAT}(x-1,y)+f(x,y)-\mathrm{RSAT}(x-2,y-1) \tag{10-55}$$

Haar-like 特征一般和机器学习中的 AdaBoost 算法、级联分类器等技术结合使用,关于后者,本书不做详细讨论,有兴趣的同学可以查找相关资料。

10.7　本章小结

本章主要介绍了常用的图像描述方法、相关特征的定义及其 MATLAB 实现,包括几何描述、形状描述、边界描述、矩描述、纹理描述、HOG 特征和 Haar-like 特征。图像描述方法很多,在对具体图像进行分析时,应根据具体问题选择合适的描述方法及计算相应的特征量。

10.7 本章小结

第四篇
MATLAB图像综合处理

第11章　图像压缩编码

第12章　图像匹配

第13章　MATLAB图像处理GUI设计

第11章 图像压缩编码

为了有效地传输、存储、处理图像，利用图像固有的统计特性和人类视觉的生理及心理特性，或者记录设备和显示设备等的特性，从原始图像中提取有效信息，尽量去除无用的或用处不大的冗余信息，且在复原时仍能够获得与原始图像相差不多的复原图像，称为图像编码。由于压缩减小表示一幅图像所需的数据量，是图像编码要解决的主要问题，因此，也常称图像编码为图像压缩。

11.1 图像编码的基本理论

数字图像的数据量很大，如一幅分辨率为1024×768的彩色图像，不压缩则需要1024×768×3B≈2.3MB的存储空间；10min CIF格式的数字视频未压缩需要352×288×3B×10min×60s/min×30帧/s≈5GB的存储空间；巨大的数据量给存储、处理、传输带来了很多的问题。大数据时代，海量的图像数据，使得处理图像的压力和需求有增无减，因此，需要对图像数据进行压缩，降低数据量。

11.1.1 图像压缩的可能性

图像中有大量的冗余信息，人眼视觉系统对某些信息并不敏感，去除信息中的冗余或人眼不敏感的信息，减少承载信息的数据量，则能实现图像压缩。在编码中常考虑的冗余有编码冗余、像素间冗余、心理视觉冗余及应用需求冗余。

1. 编码冗余

编码冗余，又称为信息熵冗余，指表示图像时，实际采用的数据多于表达信息需要的数据。例如，一幅二值图像，像素只有两个灰度级，用1b即可表示，如果采用标准的8b表示，即会产生编码冗余。再如，在大多数图像中，图像的灰度值分布是不均匀的，若对图像的不同灰度值都使用同样的编码长度,则出现最少的和出现最多的灰度级具有相同位数,这样也将产生编码冗余。

2. 像素间冗余

对应图像目标的像素之间一般具有相关性,像素间冗余与相关性密切关系,列举如下。

(1) 空间冗余。同一幅图像中,相邻像素间或数个相邻像素块间在灰度分布上存在很强的空间相关性。

(2) 时间冗余。序列图像帧间画面对应像素灰度的相关性很强。

(3) 结构冗余。有些图像具有较强的纹理结构或自相似性。

3. 心理视觉冗余

人的感官并不是对所有信息都有相同的敏感度,在感觉过程中,有些信息与另外一些信息相比来说并不那么重要,这些信息可以认为是心理视觉冗余的。例如,人的视觉对颜色的感知存在着冗余,256 色和真彩色 24 位图像视觉效果区别不明显;对亮度比对色度更敏感;对静态物体的敏感度大于对动态物体的敏感度;对图像中心信息的敏感程度大于对图像边缘信息的敏感程度。可以根据人的视觉特性对不敏感区进行降分辨率编码。

4. 应用需求冗余

应用需求多种多样,编码传输时可以考虑应用方的需求,进行分层分级编码,对于不需要高分辨率、高质量的图像信息的应用方,可以仅传输或接受较少的数据量。例如,接收端设备分辨率低、搜索图片时只对部分感兴趣,没必要所有的图像都接收高质量数据。

11.1.2 图像编码方法的分类

图像编码压缩的方法目前已有多种,其分类方法视出发点不同而有差异。

1. 基于编码前后的信息保持程度的分类

根据压缩前和解压后的信息保持程度,可将常用的图像编码方法分为以下两类。

(1) 信息保持编码,也称无失真编码、无损编码或可逆型编码。它要求在编解码过程中保证图像信息不丢失,从而可以完整地重建图像。信息保持编码的压缩比一般不超过 3∶1。

(2) 保真度编码,也称信息损失型编码或有损编码。主要利用人眼的视觉特性,在允许失真条件下或一定保真度准则下,最大限度地压缩图像。保真度编码能实现较大压缩比。对于图像来说,过高的空间分辨率和过多的灰度层次,不仅增加了数据量,而且人眼也接收不到。因此在编码过程中,可以丢掉一些人眼不敏感的次要信息,在保证一定的视觉效果条件下提高压缩比。

2. 基于编码方法的分类

根据图像压缩方法的原理可以将图像编码分为以下4类。

(1) 熵编码。熵编码是基于信息统计特性的编码技术，是一种无损编码。其基本原理是对出现概率较大的符号赋予一个短码字，而对出现概率较小的符号赋予一个长码字，从而使得最终的平均码长很小，如行程编码、Huffman编码和算术编码等。

(2) 预测编码。预测编码是基于图像数据的空间或时间冗余特性，用相邻已知像素(或像素块)来预测当前像素(或像素块)的取值，再对预测误差进行量化和编码的一种编码技术。可分为帧内预测和帧间预测。常用的有差分脉冲编码调制和运动估计与补偿预测编码法。

(3) 变换编码。变换编码是将空间域图像经过正交变换映射到变换域，使变换后图像的大部分能量只集中到少数几个变换系数上，从而降低变换后系数间的相关性，采用适当的量化和熵编码来有效地压缩图像的一种编码技术。

(4) 其他方法。其他的编码方法包括混合编码、矢量量化、LZW算法等。这些年来，又有很多新的压缩编码方法不断涌现，如使用人工神经元网络的压缩编码、分形编码、基于模型的压缩编码和基于对象的压缩编码等。

11.1.3 图像编码压缩术语简介

1. 压缩比

压缩比是衡量数据压缩程度的指标之一。目前常用的压缩比定义式为

$$r=\frac{b_1}{b_2} \tag{11-1}$$

其中，r 表示压缩比，b_1 表示压缩前每像素所占的平均比特数，b_2 表示压缩后每像素所占的平均比特数。一般情况下，压缩比 $r \geqslant 1$。r 越大，则说明压缩程度越高。

2. 图像熵与平均码字长度

设像素灰度级为 $i=1,2,\cdots,n$，其对应的概率分别为 p_i，熵定义为

$$H=-\sum_{i=1}^{n} p_i \log_2 p_i \tag{11-2}$$

单位为比特/字符。图像熵表示图像灰度级集合的比特数均值，或者说描述了图像信源的平均信息量。

平均码字长度 $\bar{L}$ 的定义如式(11-3)所示。

$$\bar{L}=\sum_{i=1}^{n} L_i p_i \tag{11-3}$$

式中，L_i 为灰度级 i 所对应的码字的长度。显然，$\bar{L}$ 的单位也是比特/字符。

3. 编码效率

编码效率如式(11-4)所示。

$$\eta=\frac{H}{\bar{L}}\times 100\% \tag{11-4}$$

$\bar{L}$ 与 H 相等,编码效果最佳;$\bar{L}$ 接近 H,编码效果次佳;$\bar{L}$ 远大于 H,编码效果差。

11.2 无损压缩编码

无损压缩编码方法是指编码后的图像可经译码完全恢复为原图像的压缩编码方法,也称为熵编码。无损压缩编码可以通过变长编码和信源的扩展(符号块)来实现。

若数字图像的每个抽样值都以相同长度的二进制码表示,称为等长编码。其优点是编码方法简单,缺点是编码效率低。要提高图像的编码效率,可采用变长编码,变长编码一般比等长编码所需码长要短。

在变长编码中,对于出现概率较大的信息符号赋予短字长的码,对于出现概率较小的符号赋予长字长的码。如果编码的码字长度严格按照所对应的信息符号出现的概率大小逆顺序排列,则其平均码字长度为最小。

11.2.1 Huffman 编码

Huffman 编码是由 D. A. Huffman 于 1952 年提出的,其码字长度的排列与符号概率大小的排列严格逆序,已经证明其平均码长最短,单元像素的比特数最接近图像的实际熵值,因此称为最佳编码,被图像、视频国际编码标准采用。

1. 编码

Huffman 编码的具体算法步骤如下。

(1) 对图像中的灰度进行概率统计。

(2) 将信源符号的 n 个概率按照从大到小的顺序排序。

(3) 将 n 个概率中最后两个小概率相加,形成新的概率值,和其他的概率值构成新的概率集合。

(4) 重复步骤(3),将新排序后的最后两个小概率再次相加,相加和与其余概率再次排序,直到概率和为 1 为止。

(5) 给每次相加的两个概率值以二进制码元 0 或 1 赋值,大的赋 0,小的赋 1(或相反,整个过程保持一致)。

(6) 从最后一次概率相加到第一次参与相加,依次读取所赋码元,构造 Huffman 码字,编码结束。

【例 11-1】 以 8×8 的小图像为例，按照编码步骤实现 Huffman 编码。

程序如下：

```
clc;clear;
Image = [0 1 3 2 1 3 2 1;      0 5 7 6 2 5 6 7;
        1 6 0 6 1 6 3 4;      2 6 7 5 3 5 6 5;
        3 2 2 7 2 6 1 6;      2 6 5 0 2 7 5 0;
        1 2 3 2 1 2 1 2;      3 1 2 3 1 2 2 1];
[h,w] = size(Image);
len = max(Image(:)) + 1;      gray = zeros(len,3);
gray(:,1) = 0:len - 1;                          %将图像的灰度级统计在数组 gray 第 1 列
totalpixelnum = h * w;        temp = zeros(h,w);
for graynum = 1:len
    temp(Image == graynum - 1) = 1;
    histgram(graynum) = sum(temp(:))/totalpixelnum;      %统计各灰度频数
    temp = temp * 0;
end
histbackup = histgram;
  %将概率序列中最小的两个相加,依次增加数组 histgram 的维数,存放每一次的概率和,同时将原
  %概率屏蔽(置为 1.1)。其中,最小概率的序号存放在 tree 第 1 列中,次小的放在第 2 列
sum = 0;
treeindex = 1;
while(1)
    if sum >= 1.0
        break;
    else
        [sum1,p1] = min(histgram(1:len));    histgram(p1) = 1.1;
        [sum2,p2] = min(histgram(1:len));    histgram(p2) = 1.1;
        sum = sum1 + sum2;           len = len + 1;           histgram(len) = sum;
        tree(treeindex,1) = p1;      tree(treeindex,2) = p2;
        treeindex = treeindex + 1;
    end
end
%数组 gray 第 1 列表示灰度值,第 2 列表示编码码值,第 3 列表示编码的位数
for k = 1:treeindex - 1
    i = k;
    codevalue = 1;
    if or(tree(k,1)<= graynum,tree(k,2)<= graynum)
        if tree(k,1)<= graynum
            gray(tree(k,1),2) = gray(tree(k,1),2) + codevalue;
            codelength = 1;
            while(i < treeindex - 1)
                codevalue = codevalue * 2;
                for j = i:treeindex - 1
                    if tree(j,1) == i + graynum
                        gray(tree(k,1),2) = gray(tree(k,1),2) + codevalue;
                        codelength = codelength + 1;
```

```
                    i = j;
                    break;
                elseif tree(j,2) == i + graynum
                    codelength = codelength + 1;
                    i = j;
                    break;
                end
            end
        end
        gray(tree(k,1),3) = codelength;
    end
    i = k;
    codevalue = 1;
    if tree(k,2)< = graynum
        codelength = 1;
        while(i < treeindex - 1)
            codevalue = codevalue * 2;
            for j = i:treeindex - 1
                if tree(j,1) == i + graynum
                    gray(tree(k,2),2) = gray(tree(k,2),2) + codevalue;
                    codelength = codelength + 1;
                    i = j;
                    break;
                elseif tree(j,2) == i + graynum
                    codelength = codelength + 1;
                    i = j;
                    break;
                end
            end
        end
        gray(tree(k,2),3) = codelength;
    end
  end
end
%把 gray 数组的第 2、3 列,即灰度的编码值及编码位数输出
for k = 1:graynum
    A{k} = dec2bin(gray(k,2),gray(k,3));
end
disp('编码')
A
Entropy = 0;
for k = 1:graynum
    if histbackup(k)~ = 0
        H(k) = - histbackup(k) * log2(histbackup(k));
    end
    Entropy = Entropy + H(k);
end
```

```
disp('信源的熵')
Entropy
Avercodelength = 0;
for k = 1:graynum
    Avercodelength = Avercodelength + histbackup(1,k) * gray(k,3);
end
disp('平均码长')
Avercodelength
disp('编码效率')
Efficiency = Entropy/(Avercodelength * log2(2))
disp('冗余度')
Redundancy = 1 - Efficiency
streamlen = 0;
for j = 1:h
    for i = 1:w
        for k = 1:graynum
            if Image(j,i) == gray(k,1)
                pixelcodelen = length(A{k});
                for m = 1:pixelcodelen
                    imagestream(m + streamlen:streamlen + pixelcodelen) = A{k}(m);
                end
                streamlen = streamlen + pixelcodelen;
                break;
            end
        end
    end
end
disp('码流')
imagestream
disp('码流位数')
streamlen
```

程序运行结果如下：

```
编码 A =   1×8 cell 数组
    {'00000'}    {'11'}    {'01'}    {'100'}    {'00001'}    {'101'}    {'001'}    {'0001'}
信源的熵 Entropy = 2.7639
平均码长 Avercodelength = 2.8281
编码效率 Efficiency = 0.9773
冗余度 Redundancy = 0.0227
码流 imagestream =
'000001110001111000111000001010001001011010010001110010000000111001100000001010010001
1011001010011011000101000101001110010100110100000010001101000001101100011101110110
0110110011010111'
码流位数 streamlen = 181
```

应该指出，由于可以给相加的两个概率指定为“0”或“1”，因此由上述过程编出的最佳码并不唯一，但其平均码长一样，所以不影响编码效率和数据压缩性能。但对于解码过程，Huffman码是唯一的且可即时解码的。

2. 解码

Huffman编码时生成码表；存储和传输时需要存储码表，解码时需结合码表进行。Huffman并行解码的具体算法步骤如下。

(1) 计算最长码字长度LMAX。

(2) 从码流中一次读入LMAX位，至少包含一个码字。

(3) 从左端起查码表，看和哪个码字一样，找出对应符号及其码长L。

(4) 左移码串L位，已解码的丢掉，再取LMAX位，重复上述过程。

【例11-2】 以例11-1获取的码表和码流为输入，按照解码步骤实现Huffman解码。

程序如下：

```
clc;clear;
imagestream = ['0000011100011110001110000010100010010110100100011100100000001110011000
000101001000110110010100110110001010001010011100101001101000000100011010000011011000
111011101100110110011010111'];
codetable = {'00000','11','01','100','00001','101','001','0001'};
h = 8;w = 8;        image = zeros(h,w);                %定义图像
[a,graynum] = size(codetable);                         %获取灰度级
%获取码表中有多少种码长
codelen(1) = length(codetable{1});
p = 2;
for k = 2:graynum
    flag = 0;
    for j = 1:p - 1
        if codelen(j) == length(codetable{k})
            flag = 1;
            break;
        end
    end
    if flag == 0
        codelen(p) = length(codetable{k});
        p = p + 1;
    end
end
%依次从码流前端读取相应长度的码,并查找码表,图像按像素坐标系依次赋值
cur = 1;
y = 1;x = 1;
streamlen = length(imagestream);
while(1)
    if cur >= streamlen
        break;
```

```
    end
    for j = 1:p - 1
        flag = 0;
        for k = 1:graynum
            if length(codetable{k}) == codelen(j) && cur - 1 + codelen(j)< = streamlen
                if imagestream(cur:cur - 1 + codelen(j)) == codetable{k}
                    image(y,x) = k - 1;
                    x = x + 1;
                    if x > w
                        x = 1;
                        y = y + 1;
                    end
                    cur = cur + codelen(j);
                    flag = 1;
                    break;
                end
            end
        end
        if flag == 1
            break;
        end
    end
end
if h < 20 && w < 20
    disp('输出图像数据')
    image
else
    imshow(image);
end
```

运行程序输出的图像和例 11-1 输入的图像一致,实现无损解码。

3. MATLAB 函数

MATLAB 提供了进行 Huffman 编解码的相关函数,列举如下。

(1) huffmandict 函数:生成 Huffman 编码码表。

① DICT=huffmandict(SYM,PROB):采用最大方差算法生成 Huffman 码表。SYM 为信源符号向量,可以是数字向量或字母数字向量元胞数组;PROB 为各信源符号的概率。

② DICT=huffmandict(SYM,PROB,N):产生 N 元 Huffman 码表,N 是[2,10]范围内的整数,小于信源符号数。

③ DICT=huffmandict(SYM,PROB,N,VARIANCE):指定方差生成 N 元 Huffman 码表。VARIANCE 可以取'min'和'max'。

④ [DICT,AVGLEN]=huffmandict(…):返回码表及码字长度。

(2) ENCO=huffmanenco(SIG,DICT):使用 Huffman 码表 DICT 对输入信号 SIG 进

行编码。

(3) DECO＝huffmandeco(COMP,DICT)：使用 Huffman 码表 DICT 对 Huffman 码 COMP 解码。

【例 11-3】 对 Lena 图像进行 Huffman 编解码。

程序如下：

```
clc;clear,close all;
Image = imread('lena.bmp');
[h,w] = size(Image);
len = 255;
symbols = 0:len;                                 %获取编码符号
totalpixelnum = h * w;
p = imhist(Image)/totalpixelnum;                 %获取编码符号概率
dict = huffmandict(symbols,p);                   %生成 Huffman 编码码表
sig = reshape(Image,1,h * w);
enco = huffmanenco(sig,dict);                    %对 Lena 图像进行 Huffman 编码
deco = huffmandeco(enco,dict);                   %Huffman 解码
deImage = uint8(reshape(deco,h,w));
imshow(deImage);
diff = imsubtract(Image,deImage);                %原图与重构图的差
maxdiff = max(diff(:));                          %差的最大值
```

运行程序，显示解码的 Lena 图像，maxdiff＝0，原图与重构图一样。

11.2.2 算术编码

算术编码是 20 世纪 60 年代初期由 Elias 提出的，Rissanen 和 Pasco 首次介绍了其实用技术，是另一种变长无损编码方法。与 Huffman 编码不同，算术编码无需为一个符号设定一个码字，即不存在源符号和码字间的一一对应关系。算术编码将待编码的图像数据看作由多个符号组成的序列，直接对该符号序列进行编码，输出的码字对应于整个符号序列，而每个码字本身确定了 0 和 1 之间的 1 个实数区间。

1. 编码

算术编码的具体算法步骤如下。

(1) 统计信源符号 $i=1,2,\cdots,n$，其对应的概率分别为 p_i，将区间[0,1)划分为若干个子区间，互不重叠，各子区间长为各信源符号概率 p_i。

(2) 输入待编码符号序列中的第 1 个符号，按概率确定子区间。

(3) 输入待编码符号序列中的下一个符号，按式(11-5)确定当前序列所在子区间。

$$\begin{cases}\text{Start}_N=\text{Start}_B+\text{Left}_C\times L\\\text{End}_N=\text{Start}_B+\text{Right}_C\times L\end{cases}\tag{11-5}$$

其中，$Start_N$ 和 End_N 分别为新子区间的起始位置和终止位置，$Start_B$ 为前子区间的起始位置，$Left_C$ 和 $Right_C$ 分别为当前符号在[0,1)区间的起始和终止位置，L 为前子区间的宽度。

(4) 重复上述过程，直到待编码符号序列处理完毕。

(5) 字符串所在区间的任意一个实数都对应该字符串，将区间左右端点对应实数编码，取该区间内码长为最短的码字作为最后的实际编码码字输出。

2. 解码

算术并行解码的具体算法步骤如下。

(1) 根据信源符号及其概率，将区间[0,1)划分为若干个子区间，互不重叠，各子区间长为各信源符号概率。

(2) 将接收到的码字转化为小数 Start。

(3) 根据该小数对应的概率范围，确定字符串第 1 个字符 i、其在[0,1)区间的起始位置 $Left_i$ 和终止位置 $Right_i$、区间长 $L_i = Right_i - Left_i$。

(4) 计算 $(Start - Left_i)/L_i$，根据结果对应的概率范围确定字符串下一个字符 j。

(5) 重复上述过程，直到所有字符解码完毕。

算术编码的特点包括：必须接收到完整码字才能解码；对错误敏感，一位发生错误会导致整个序列被译错；实际使用中，最好能在编码过程中估算信源概率；该编码应用在国际标准的高级版本中。

【例 11-4】 按上述编码过程对 8×8 的小图像进行算术编解码。

程序如下：

```
clc;clear;
Image = [0 1 3 2 1 3 2 1;         0 5 7 6 2 5 6 7;
         1 6 0 6 1 6 3 4;         2 6 7 5 3 5 6 5;
         3 2 2 7 2 6 1 6;         2 6 5 0 2 7 5 0;
         1 2 3 2 1 2 1 2;         3 1 2 3 1 2 2 1];
[h,w,col] = size(Image);    pixelnum = h * w;
graynum = max(Image(:)) + 1;
for i = 1:graynum
    gray(i) = i - 1;
end
histgram = zeros(1,graynum);
for i = 1:graynum
    temp(Image == i - 1) = 1;
    histgram(i) = sum(temp(:))/pixelnum;                        % 统计概率
    temp = temp * 0;
end
disp('灰度级')
disp(num2str(gray))
disp('概率')
disp(num2str(histgram))
```

```
disp('每一行字符串及其所在区间左右编码')
for j = 1:h
    str = num2str(Image(j,:));
    [left(j),right(j)] = arithmeticencode(histgram,str);                %算术编码
    disp(str)
    disp(num2str(left(j)))
    disp(num2str(right(j)))
end
disp('解码的每一个字符串')
for j = 1:h
    str = arithmeticdecode(histgram,left(j),w);
    disp(num2str(str))
end
%算术编码函数：输入符号概率和要编码的字符串，返回编码区间左右边界
function [left,right] = arithmeticencode(histgram,str)
    left = 0;    right = 0;    intervallen = 1;    len = length(str);
    for i = 1:len
        if str(i) == ''
            continue;
        end
        m = str2num(str(i)) + 1;
        pl = 0;          pr = 0;
        for j = 1:m - 1
            pl = pl + histgram(j);
        end
        for j = 1:m
            pr = pr + histgram(j);
        end
        right = left + intervallen * pr;
        left = left + intervallen * pl;
        intervallen = right - left;
    end
end
%算术解码函数：输入符号概率、字符串左编码和字符串长度，返回字符串
function str = arithmeticdecode(histgram,left,w)
    pl = left;    len = length(histgram);    interval = zeros(len + 1,1);    num = 1;
    for i = 2:len + 1
        interval(i) = interval(i - 1) + histgram(i - 1);
    end
    i = 1;
    while(1)
        if  num == w + 1
            break;
        end
        if pl < interval(i)
            str(num) = i - 2;
            num = num + 1;
```

```
            pl = (pl - interval(i - 1))/(interval(i) - interval(i - 1));
            i = 1;
        else
            i = i + 1;
        end
    end
end
```

程序运行结果如下：

```
灰度级：0   1   2   3   4   5   6   7
概率：0.078125   0.1875   0.25   0.125   0.015625   0.10938   0.15625   0.078125
每一行字符串及其所在区间左右编码：
0   1   3   2   1   3   2   1     0.014226      0.014227
0   5   7   6   2   5   6   7     0.059705      0.059705
1   6   0   6   1   6   3   4     0.22352       0.22352
2   6   7   5   3   5   6   5     0.49525       0.49525
3   2   2   7   2   6   1   6     0.56462       0.56462
2   6   5   0   2   7   5   0     0.48284       0.48284
1   2   3   2   1   2   1   2     0.15385       0.15386
3   1   2   3   1   2   2   1     0.53474       0.53474
解码的每一个字符串：
0   1   3   2   1   3   2   1
0   5   7   6   2   5   6   7
1   6   0   6   1   6   3   4
2   6   7   5   3   5   6   5
3   2   2   7   2   6   1   6
2   6   5   0   2   7   5   0
1   2   3   2   1   2   1   2
3   1   2   3   1   2   2   1
```

3. MATLAB函数

MATLAB提供了进行算术编解码的相关函数，列举如下。

(1) CODE＝arithenco(SEQ,COUNTS)：对向量SEQ中的符号序列进行二进制算术编码。向量COUNTS包含符号在测试数据集中出现的次数。

(2) DSEQ＝arithdeco(CODE,COUNTS,LEN)：对向量CODE中的二进制算术码进行解码。LEN是要解码的符号数目，即字符串长度。

【例11-5】 对Lena图像进行算术编解码。

设计思路：

正常情况下，应先统计图像中各灰度出现的概率，然后将图像转换为序列，再调用函数进行编码、解码。但是由于图像中可能有部分灰度未曾出现，对应COUNTS取值为0，调用函数会出错，因此，在设计程序时，需要将这一部分灰度剔除。

程序如下：

```
clc;clear,close all;
Image = imread('lena.bmp');
[h,w] = size(Image);
map = zeros(256,2);
map(:,1) = 1:256;                    % map中第1列存放1:256灰度级
counts = imhist(Image);
num = 1;
for i = 1:256
    if counts(i)
        map(i,2) = num;              % 去掉未曾出现的灰度,对当前灰度递减,存放在map的第2列
        num = num + 1;
    end
end
counts(counts == 0) = [];            % 去掉未曾出现灰度的出现次数0
In = double(Image) + 1;              % 灰度值范围由0～255变为1～256
for i = 1:256
    In(In == i) = map(i,2);          % 修改图像中的灰度值
end
seq = reshape(In,1,h * w);           % 变为字符串
code = arithenco(seq,counts);        % 算术编码
dseq = arithdeco(code,counts,h * w);                    % 算术解码
flag = isequal(seq,dseq);                               % 判断解码后的字符串和原字符是否一致
deImage = reshape(dseq,h,w);
for i = 256: - 1:1
    if map(i,2) ~ = 0
        deImage(deImage == map(i,2)) = map(i,1);        % 恢复图像中的灰度值
    end
end
imshow(uint8(deImage - 1));
```

运行程序,编码后的code为487885位二进制码,比原图需要的524288位略有压缩。在实际应用中,算术编码一般也和其他方法结合在一起使用,能提高效率。flag变量为1,解码后的图像和原图像一致,实现了无损编码。

11.2.3 行程长度编码

行程,也称游程,指特定方向上具有相同灰度值的相邻像素所延续的长度。行程长度编码RLE(Run Length Encoding,RLE),是指将一行中灰度值相同的相邻像素用一个计数值和该灰度值代替,能减少或消除图像中的像素间冗余。

例如,aaabccccccddeee,不压缩存储需要15×8=120位,采用行程长度编码为3a1b6c2d3e,需要10×8=80位,减少了存储位数。

如果图像中有很多灰度相同的大面积区域,采用RLE编码的压缩效率惊人,如二值图像。如果每相邻的两个像素点灰度都不同,用这种算法不但不能压缩,反而数据量会增加一

倍。所以，单纯对图像采用行程编码的算法用得不多。JPEG 标准中，通过量化处理，将图像块中的很多高频数据置为 0，很多个 0 连续排列，非常方便采用 RLE 编码；编码时，和 Huffman 编码结合使用。

【例 11-6】 以 8×8 的小图像为例，实现 RLE 编解码。

程序如下：

```
clc;clear;
Image = [0 1 1 1 2 2 3 4;       4 5 5 6 6 6 6 6;
         1 6 0 0 1 1 3 3;       3 3 7 7 3 3 3 3;
         3 2 2 2 2 6 6 6;       6 6 5 5 5 5 5 0;
         0 2 2 2 1 1 1 1;       1 1 2 2 2 2 2 1];
[h,w,col] = size(Image);
pixelnum = h * w;
if col == 1
    %灰度图像从左至右、从上至下,首尾相接构成灰度串,计算重复出现的灰度值,存储其个数及
%灰度值,其中有单个出现的灰度值增大了存储空间
    graystring = reshape(Image',1,pixelnum);
    [value1,len1] = runlengthencode(graystring);
    for i = 1:length(value1)
        imagestream(2 * i - 1) = len1(i);
        imagestream(2 * i) = value1(i);
    end
    if pixelnum < 100
        disp('原始图像')
        Image
        disp('压缩后数据流')
        imagestream
    end
elseif col == 3
    graystring = reshape(Image(:,:,1)',1,pixelnum);
    [valuer,lenr] = runlengthencode(graystring);
    graystring = reshape(Image(:,:,2)',1,pixelnum);
    [valueg,leng] = runlengthencode(graystring);
    graystring = reshape(Image(:,:,3)',1,pixelnum);
    [valueb,lenb] = runlengthencode(graystring);
end
x = runlengthdecode(value1,len1);
result = reshape(x,h,w);
result = result';
if pixelnum < 100
    disp('解压后图像')
    result
end
%输入灰度串,计算重复出现的灰度值,输出其中的灰度值 value 及对应的长度 len
function [value,len] = runlengthencode(x)
if size(x,2) == 1
```

```
    x = x';                                          % 判断输入的是否是灰度串
end
if(size(x,1)~ = 1)
    error('行程长度编码仅处理灰度向量,不处理矩阵');
end
i = [find(x(1:end - 1)~ = x(2:end)),length(x)];       % 编码
len = diff([0 i]);
value = x(i);
%行程解码
function [x] = runlengthdecode(value,len)
if ~any(size(len) == 1) || ~any(size(value) == 1)
    error('灰度值和其长度应是向量');
end
if(length(len)~ = length(value))
    error('灰度值和长度向量应具有同样的长度');
end
if size(len,2) == 1
    len = len';
end
i = cumsum([1 len]);                                % 解码
k = zeros(1,i(end) - 1);
k(i(1:end - 1)) = 1;
x = value(cumsum(k));
```

运行程序,压缩后数据流 imagestream=1 0 3 1 2 2 1 3 2 4 2 5 5 6 1 1 1 6 2 0 2 1 4 3 2 7 5 3 4 2 5 6 5 5 2 0 3 2 6 1 5 2 1 1。

11.2.4 LZW 编码

LZW 编码是一种基于字典的编码,被收入主流的图像文件格式中,如图形交换格式(GIF)、标记图像文件格式(TIFF)和可移植文件格式(PDF)等。

LZW 编码的基本思想是:把数字图像看作一个一维字符串,在编码处理的开始阶段,先构造一个对图像信源符号进行编码的码本或“字典”。在编码器压缩扫描图像的过程中,动态更新字典。每发现一个字典中没有出现过的字符序列,就由算法决定其在字典中的位置。下次再碰到相同的字符序列,就用字典索引值代替字符序列。

LZW 编码算法的具体步骤如下。

(1) 建立初始化字典,包含图像信源中所有可能的单字符串,并且在初始化字典的末尾添加两个符号 LZW_CLEAR 和 LZW_EOI。LZW_CLEAR 为编码开始标志,LZW_EOI 为编码结束标志。

(2) 定义 R、S 为存放字符串临时变量。取“当前识别字符序列”为 R,且初始化 R 为空。从图像信源数据流的第 1 个像素开始,每次读取 1 个像素,赋予 S。

(3) 判断生成的新连接字串“RS”是否在字典中。

① 若“RS”在字典中，则令 $R=RS$，且不生成输出代码；

② 若“RS”不在字典中，则把“RS”添加到字典中，且令 $R=S$，编码输出为 R 在字典中的位置。

(4) 依次读取图像信源数据流中的每个像素，判断图像信源数据流中是否还有码字要译。如果“是”，则返回到步骤(2)。如果“否”，则把代表当前识别字符序列 R 在字典中的位置作为编码输出，然后输出结束标志 LZW_EOI 的索引。

LZW 解码算法的具体步骤如下。

(1) 设置两个存放临时变量的字符串 Code 和 OldCode。读取的第 1 个字符为 LZW_CLEAR，初始化字符串表，判断第 1 个字符是多少、原图中有多少字符。

(2) 依次读取数据流中的每个编码，每读入一个编码就赋值于 Code。检索字符串表中有无此索引，若有，则输出 Code 对应的字符串，并将 OldCode 对应的字符串与 Code 对应的字符串的第 1 个字符组合成新串，添加到字符串表中，并使 OldCode＝Code；若没有，则将 OldCode 对应的字符串及该串的第 1 个字符组合成新串，输出新串，并把新串添加到字符串表中，使 OldCode＝Code。

(3) 接收到的编码 Code 等于 LZW_EOI 时，解码完毕。

【例 11-7】 以 8×8 的小图像为例，按照编解码步骤实现 LZW 编解码。

程序如下：

```
%LZW 编码,lzwstring 中是编码结果,表示各字符串在 table 表中的索引号
clc;clear;
Image = [0 1 1 1 2 2 3 4;       4 5 5 6 6 6 6 6;
         1 6 0 0 1 1 3 3;       3 3 7 7 3 3 3 3;
         3 2 2 2 2 6 6 6;       6 6 5 5 5 5 5 0;
         0 2 2 2 1 1 1 1;       1 1 2 2 2 2 2 1];
[h,w,col] = size(Image);
pixelnum = h * w;
graynum = max(Image(:)) + 1;
if col == 1
    graystring = reshape(Image',1,pixelnum);
    lzwstring = lzwencode(graystring,graynum);
    disp('LZW 码串: ')
    disp(lzwstring)
    imagestring = lzwdecode(lzwstring);
    result = str2num(imagestring);
    result = reshape(result,h,w);
    result = result';
    disp('解码结果')
    disp(result);
end
%LZW 编码函数: 输入图像字符串和灰度数目,返回 LZW 码串
function lzwstring = lzwencode(imagestring,graynum)
    for tablenum = 1:graynum
```

```
            table{tablenum} = num2str(tablenum - 1);
        end
        tablenum = tablenum + 1;
        table{tablenum} = 'LZW_CLEAR';
        tablenum = tablenum + 1;
        table{tablenum} = 'LZW_EOI';                     %字典初始化
        len = length(imagestring);
        R = '';
        lzwstring(1) = graynum;
        stringnum = 2;
        for i = 1:len
            S = num2str(imagestring(i));                 %读入字符
            RS = [R,S];                                  %构成 RS
            flag = ismember(RS,table);                   %查表
            if flag
                R = RS;
            else
                lzwstring(stringnum) = find(cellfun(@(x)strcmp(x,R),table)) - 1;
                stringnum = stringnum + 1;
                tablenum = tablenum + 1;
                table{tablenum} = RS;                    %加入字典
                R = S;
            end
        end
        lzwstring(stringnum) = find(cellfun(@(x)strcmp(x,R),table)) - 1;
        stringnum = stringnum + 1;
        lzwstring(stringnum) = find(cellfun(@(x)strcmp(x,'LZW_EOI'),table)) - 1;
    end
    %LZW 解码函数:输入编码字符串,返回图像字符串
    function imagestring = lzwdecode(lzwstring)
        len = length(lzwstring);
        graynum = lzwstring(1);
        for tablenum = 1:graynum
              table{tablenum} = num2str(tablenum - 1);
        end
        tablenum = tablenum + 1;
        table{tablenum} = 'LZW_CLEAR';
        tablenum = tablenum + 1;
        table{tablenum} = 'LZW_EOI';
        imagelen = 1;
        cur = lzwstring(2) + 1;
        code = table{cur};
        imagestring(imagelen) = code;
        imagelen = imagelen + 1;
        imagestring(imagelen) = ' ';
        imagelen = imagelen + 1;
        oldcode = code;
```

```
    for i = 3:len
        cur = lzwstring(i) + 1;
        if cur <= tablenum
            code = table{cur};
            if strcmp(code,'LZW_EOI')
                break;
            end
            imagestring(imagelen:imagelen - 1 + length(code)) = code;
            imagelen = imagelen + length(code);
            imagestring(imagelen) = ' ';
            imagelen = imagelen + 1;
            oldcode = [oldcode,' ',code(1)];
            tablenum = tablenum + 1;
            table{tablenum} = oldcode;
            oldcode = code;
        else
            oldcode = [oldcode,' ',code(1)];
            tablenum = tablenum + 1;
            table{tablenum} = oldcode;
            imagestring(imagelen:imagelen - 1 + length(oldcode)) = oldcode;
            imagelen = imagelen + length(oldcode);
            imagestring(imagelen) = ' ';
            imagelen = imagelen + 1;
        end
    end
end
```

程序运行,LZW码串为：8 0 1 11 2 2 3 4 4 5 5 6 20 20 1 6 0 10 1 3 28 3 7 7 29 28 13 13 21 20 18 39 25 35 11 43 1 35 13 1 9；解码结果和原小图像一致。

11.3 预测编码

预测编码是指利用图像信号的空间或时间相关性,用已传输的像素对当前像素进行预测,然后对预测值与真实值的差——预测误差进行编码处理和传输。由于图像相邻像素的相关性,使得预测误差远小于原图像,因此可用较少比特数表示,以达到压缩编码的目的。该方法通常称作差分脉冲编码调制(Differential Pulse Code Modulation,DPCM)。

1. 线性预测编码的基本原理

f_0 为当前待编码的像素,$\hat{f}_0$ 表示预测值,$f_1,f_2,\cdots,f_N$ 表示前面 N 个已编码像素,$\{\alpha_i | i=1,2,\cdots,N\}$表示预测系数,则有

$$\hat{f}_0=\alpha_1 f_1+\alpha_2 f_2+\cdots+\alpha_N f_N=\sum_{i=1}^{N}\alpha_i f_i \tag{11-6}$$

$\hat{f}_0$ 预测值是通过前面 N 个像素的线性组合来生成的,因此是一种线性预测。N 是预测所取的样本数,也称为预测器的阶数。当 $N=1$ 时,称作 Δ 调制。

定义预测误差为

$$e_0 = f_0 - \hat{f}_0 \tag{11-7}$$

对预测误差 e_0 进行编码,框图如图 11-1(a)所示,原始数据 f_0 与预测值 $\hat{f}_0$ 求误差 e_0,对 e_0 进行量化和编码,形成压缩数据输出;对量化后的 e_0' 和 $\hat{f}_0$ 相加,重建当前数据 $\hat{f}_0'$,再对下一数据进行预测。图 11-1(b)所示为解码过程。可看出,预测编码中有两个关键点:预测器的设计和量化器的设计。

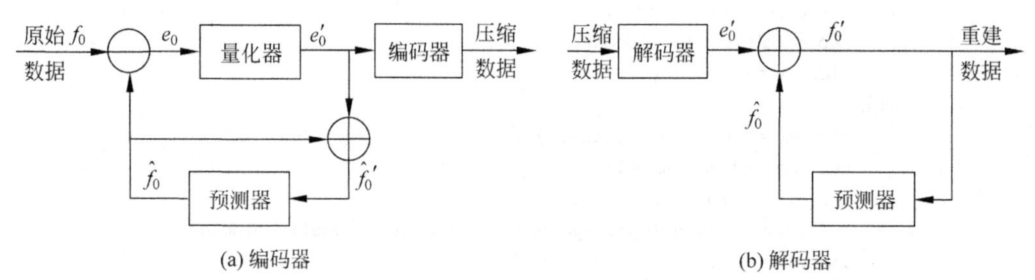

图 11-1 预测编码编解码框图

2. 预测器设计

首先确定预测器的阶数 N,即确定预测器的输出是由多少个输入数据的线性组合而成。考虑到实现方便,N 不宜过高,应尽量减少乘法运算。

再求解预测系数,即选取适当的预测系数 α_i 实现最佳线性预测。定义预测误差的均方值为

$$\sigma_e^2 = E[(f_0 - \hat{f}_0)^2] \tag{11-8}$$

最佳线性预测是选择一组预测系数 $\{\alpha_i \mid i=1,2,\cdots,N\}$,使得预测误差的均方误差值为最小。

要使均方误差值为最小,则有

$$\frac{\partial \sigma_e^2}{\partial \alpha_j} = 0 \tag{11-9}$$

由此解出 N 个预测系数,称为最佳预测系数。

图像编码预测的方式通常有两种:帧内预测和帧间预测。

帧内预测利用帧内像素对当前像素进行预测,即 f_i 取自同一帧,利用的是图像的空域相关性。可以采用一维预测(即行内预测),用同一扫描行的相邻样值进行预测;也可以采用二维预测(即帧内预测),用同一扫描行和前面几行中的样值来预测。如图 11-2 所示即是帧内预测,其采用相邻的 4 个像素预测当前像素 f_0,是一个四阶预测。帧内预测方法简单,易于硬件实现,但对信道噪声和误码敏感,会产生误码扩散。

帧间预测利用相邻帧已传像素对当前像素进行预测，即 f_i 取自不同帧，利用的是图像的时间相关性。帧内、帧间预测方法相结合使用，预测效果更好。

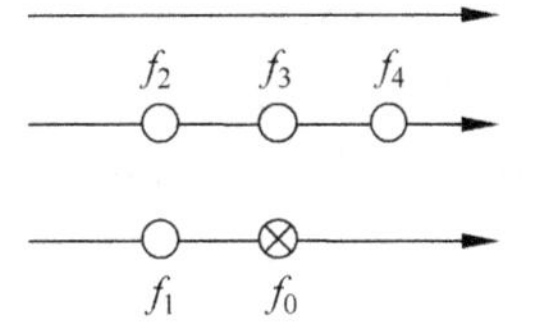

图 11-2　帧内预测

3. 量化器设计

量化器对预测误差值进行量化，将其分为若干级别，为编码做准备。由于量化器在量化过程中可能存在量化误差，会导致信息丢失，因此设计时需考虑人眼特性，在不被人眼察觉的情况下，认为图像主观质量无下降。

量化器设计一般采用均匀量化，也可以使某个或某些衡量参数为最佳，这种量化方法称为最佳量化。可以把量化层数和量化误差作为标准：当量化器的层数 K 给定，根据量化误差均方值为极小值的方法设计；使量化器的量化层次尽量少，而保证量化误差不超出视觉可见度阈值。

常用的标量量化方法是将输入数据的整个动态范围分为若干个小区间，每个小区间有一个代表值，也称码书，量化时，落入小区间的信号值就用这个码书代替。

4. MATLAB 函数

MATLAB 提供了进行 DPCM 编解码的相关函数，列举如下。

(1) dpcmopt 函数：优化 DPCM 参数。

① PREDICTOR＝dpcmopt(TRAINING_SET,ORD)：给定训练集 TRAINING_SET 和顺序 ORD，估计预测传递函数 PREDICTOR，即$[0 \quad \alpha_1 \quad \alpha_2 \quad \cdots \quad \alpha_N]$。

② [PREDICTOR,CODEBOOK,PARTITION]＝dpcmopt(TRAINING_SET,ORD,CLENGTH)：返回优化的预测误差量化码书 CODEBOOK 和预测误差量化分区 PARTITION。CLENGTH 指明 CODEBOOK 的长度。

③ [PREDICTOR,CODEBOOK,PARTITION]＝dpcmopt(TRAINING_SET,ORD,INI_CODEBOOK)：INI_CODEBOOK 可以是包含码书初始估计值的向量或者表明码书向量尺寸的整数。

(2) dpcmenco 函数：实现 DPCM 编码。

① INDX＝dpcmenco(SIG,CODEBOOK,PARTITION,PREDICTOR)：对要编码的信号 SIG 进行 DPCM 编码，返回编码信号 INDX。

② [INDX,QUANTERR]＝dpcmenco(SIG,CODEBOOK,PARTITION,PREDICTOR)：输出量化值 QUANTERR。

(3) dpcmdeco 函数：实现 DPCM 解码。

① SIG＝dpcmdeco(INDX,CODEBOOK,PREDICTOR)：参数同上。

② [SIG,QUANTERR]＝dpcmdeco(INDX,CODEBOOK,PREDICTOR)：输出解码信号和量化预测误差。

(4) quantiz 函数：生成分区索引。

① INDX=quantiz(SIG,PARTITION)：基于分区点 PARTITION 产生索引 INDX。INDX 中的每个元素在[0,N-1]范围内,PARTITION 是升序排列的 N-1 维向量,指定边界,INDX 中的元素 0,1,2,…,N-1 分别代表 SIG 在(-Inf,PARTITION(1)]、(PARTITION(1),PARTITION(2)]、(PARTITION(2),PARTITION(3)]、…、(PARTITION(N-1),Inf)范围内。

② [INDX,QUANTV]=quantiz(SIG,PARTITION,CODEBOOK)：计算量化器的输出值 QUANTV,是 CODEBOOK(INDX+1)构成的向量。

③ [INDX, QUANTV, DISTOR] = quantiz(SIG, PARTITION, CODEBOOK)：DISTOR 是量化估计偏差。

【例 11-8】 将[0,2π]之间的正弦信号进行预测编码,理解 MATLAB 函数。

程序如下：

```
clc;clear,close all;
t = 0:0.1:2 * pi;
sig = sin(t);                                            % 原始信号
partition1 = -1:0.2:1;                                   % 信号取值分区
codebook1 = -1.2:0.2:1;                                  % 设定每个区间的码书
[index,quants] = quantiz(sig,partition1,codebook1);      % 获取分区索引
predictor1 = [0 1];                                      % 一阶预测
encodedx1 = dpcmenco(sig,codebook1,partition1,predictor1);   % 对 sig 信号进行 DPCM 编码
decodedx1 = dpcmdeco(encodedx1,codebook1,predictor1);        % DPCM 解码
distor1 = sum((sig - decodedx1).^2)/length(sig);          % 原始信号与解码信号的均方误差
initcodebook = codebook1;                                 % 码书初始值
[predictor2,codebook2,partition2] = dpcmopt(sig,1,initcodebook);  % 优化参数
encodedx2 = dpcmenco(sig,codebook2,partition2,predictor2);   % 使用优化参数进行 DPCM 编码
decodedx2 = dpcmdeco(encodedx2,codebook2,predictor2);        % 使用优化参数进行 DPCM 解码
distor2 = sum((sig - decodedx2).^2)/length(sig);        % 原始信号与解码信号的均方误差
plot(t,sig,t,decodedx1,'g--',t,decodedx2,'r.-');        % 绘图
xlabel('t');    ylabel('sin(t)');
legend('原始信号','解码信号 1','解码信号 2');
```

程序运行结果如图 11-3 所示。程序中采用了两种方式进行 DPCM 编码,一种是设定误差分区及其量化码书,另一种是采用了 dpcmopt 函数对参数进行优化。两种情况下都是采用了一阶预测,从图中可以看出,采用优化后的参数进行编解码,重建信号与原信号更接近；distor1 取值为 0.0148,distor2 取值为 0.0020,误差更小。

【例 11-9】 对 Lena 图像进行预测编码。

设计思路：

由于图像是二维信息,因此调用函数要转换为一维信号。预测编码利用的是相邻像素的相关性,所以一维序列中相邻值应该也是空间上相邻的像素,一般是采用 Z 形扫描(见 11.5 节)。本例中仅将图像各列首尾相接。

程序如下：

```
clc;clear,close all;
```

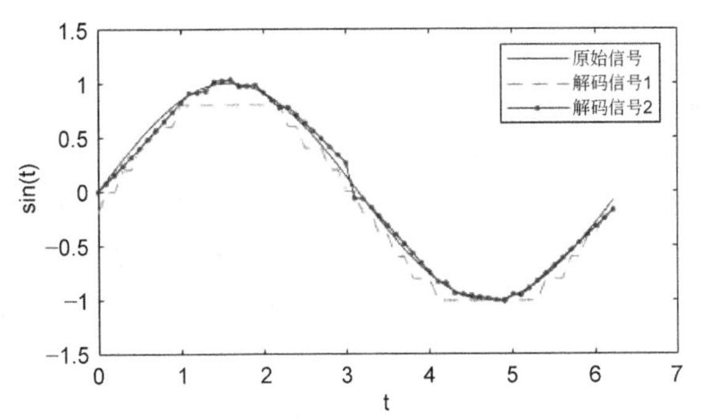

图 11-3 采用 DPCM 编码的正弦信号及其解码信号

```
Image = imread('lena.bmp');
[height,width] = size(Image);
sig = double(Image);
temp = flipud(sig);
for i = 2:2:width
    sig(:,i) = temp(:,i);                      % 将图像各列首尾相接形成一维信号
end
sig = reshape(sig,1,[]);
maxV = max(sig);    minV = min(sig);    step = 10;
initcodebook = minV:step:maxV;                 % 设置初始码书
[predictor,codebook,partition] = dpcmopt(sig,2,initcodebook);  % 参数优化
encoded = dpcmenco(sig,codebook,partition,predictor);          % DPCM 编码
decoded = dpcmdeco(encoded,codebook,predictor);                % DPCM 解码
decodedI = uint8(reshape(round(decoded),height,width));        % 转换为二维图像
temp = flipud(decodedI);
for i = 2:2:width
    decodedI(:,i) = temp(:,i);                                 % 调整偶数列上下像素顺序
end
diffI = abs(decodedI - Image);                                 % 原图与解码图的误差图
subplot(131),imshow(Image),title('原图');
subplot(132),imshow(decodedI),title('解码图像');
subplot(133),imhist(diffI),title('误差图的直方图');
```

程序运行结果如图 11-4 所示。解码图与原图从视觉效果上看几乎没有区别。

(a) 原图

(b) 解码图

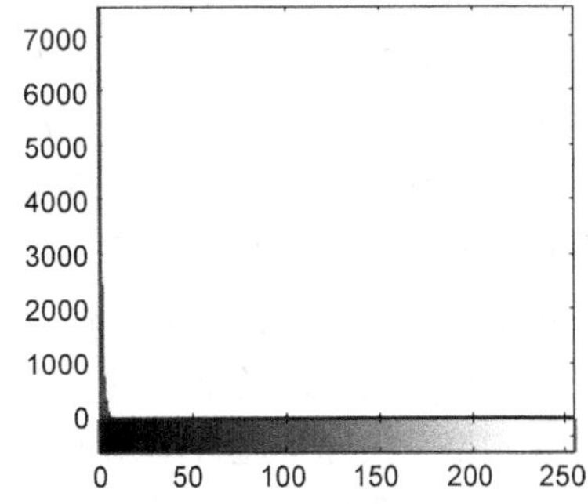

(c) 误差图的直方图

图 11-4 对图像进行 DPCM 编解码

11.4 变换编码

变换编码的基本思想是将空间域里描述的图像经过某种变换在变换域中进行描述，以达到改变能量分布的目的，使得图像能量在空间域的分散分布变为在变换域的能量相对集中分布，并且利用系数的分布特点和人类感觉特性，对系数进行量化、编码，达到压缩的目的。

如图 11-5 所示是典型的变换编码系统。整个编码过程包括子块划分、正变换、量化和编码，而解码过程正好相反，包括解码、反量化、逆变换、子块拼接。

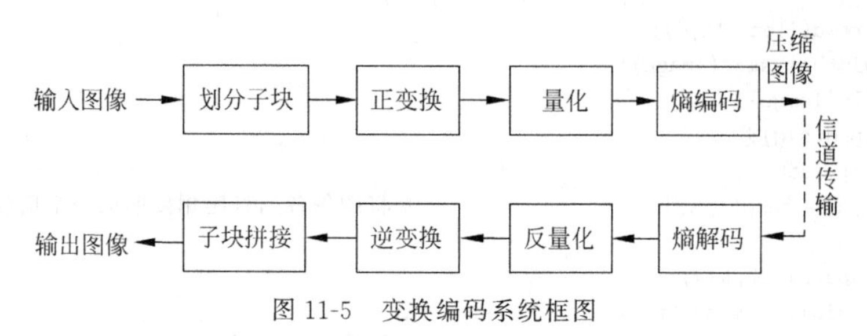

图 11-5　变换编码系统框图

把输入的 $M \times N$ 图像分割为许多个 $n \times n$ 的图像方块，称为分块，每块称为子图像。子块尺寸是影响变换编码误差和计算复杂度的一个重要因素。子块不能过大，太大像素间的相关性小；子块不能过小，太小计算量大。一般子块的长和宽通常为 2 的整数次幂。典型的划分子块尺寸是 8×8 或 16×16，H. 264 中整数 DCT 取到 4×4。不足的部分补边缘像素。

假设以 1×2 个像素构成一个子图像(即相邻两个像素组成的子图像)，每个像素有 8 个可能灰度级，则两个像素有 64 种可能灰度组合，如图 11-6(a)所示。空域中图像相邻像素之间存在很强的相关性，相邻两像素的灰度级相等或很接近，即在 $f_1 = f_2$ 直线附近出现的概率大；在空域 f_1-f_2 坐标系中能量分布比较分散，两者 f_1、f_2 具有大致相同能量，两个分量都需进行相同编码。

进行正交变换，相当于进行 45°的旋转，变成 F_1-F_2 坐标系，如图 11-6(b)所示。由 f_1-f_2 中的能量分散分布变为 F_1 方向的集中分布，F_1、F_2 之间的相关性小。正交变换实现了去相关，使能量集中于少数变换系数，压缩成为可能。

正交变换的选择取决于可容许的重建误差和计算要求。一般认为，一个能把最多的信息集中到最少的系数上去的变换所产生的重建误差最小。理论上 K-L 变换是所有正交变换中信息集中能力最优的变换，但 K-L 变换需要计算原图各子图像块的协方差矩阵，将特征向量作为变换后的基向量，该变换依赖图像数据，每次都重新计算协方差矩阵，计算量大，不太实用。实际中通常采用的都是与输入图像无关且具有固定基图像的变换。相比较而言，DCT 变换要比 DFT 变换具有更接近于 K-L 变换的信息集中能力，且最小化子图像块边缘可见的块效应。因此，DCT 变换在实际的变换编码中应用最多，被认为是准最佳变换，被

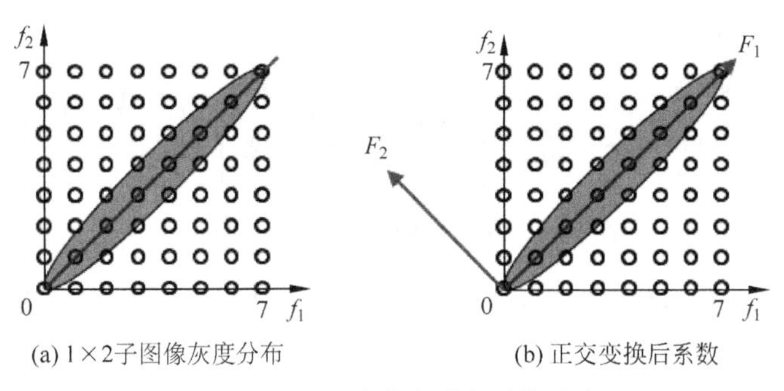

图 11-6 正交变换去除相关性示意

国际压缩标准采用。

编码常用两种思路：区域编码和阈值编码。变换系数集中在低频区域，可对该区域的变换系数进行量化、编码、传输，对高频区域既不编码又不传输即可达到压缩目的，称为变换区域编码；区域编码压缩比可达到 5∶1，缺点是由于高频分量被丢弃，使图像可视分辨率下降。阈值编码是通过事先设定一个阈值，只对其变换系数的幅值大于此阈值的编码。其在保留低频成分的同时，选择性地保留了高频成分，使得重建图像质量得到改善，但需要同时对系数所处的位置编码，复杂度提高。

变换编码是一种有失真编码，失真表现在高频信息丢失或减少导致可分辨性下降、在图像灰度平坦区有颗粒噪声出现、方块效应。

变换编码被国际标准所采用，实际编码细节将在下一节学习。

11.5 JPEG 标准

JPEG 是 ISO/IEC 和 ITU-T 的联合图片专家小组(Joint Photographic Experts Group)的缩写，是通用连续色调静止图像压缩编码技术。JPEG 标准根据不同应用场合对图像的压缩要求定义了如下 3 种不同的编码系统。

(1) 有损基本编码系统。以 DCT 为基础，足够应付大多数压缩方面的应用。

(2) 扩展的编码系统。面向更大规模的压缩、更高的精确性或逐渐递增的重构应用。

(3) 面向可逆压缩的无损独立编码系统。

所有符合 JPEG 标准的编解码器都必须支持基本系统，而其他系统则作为不同应用目的的选择项。JPEG 基本系统输入图像的精度为 8b/像素，以 8×8 块为单位进行处理，其编码器框图如图 11-7 所示。

1. 数据转换

由于人眼对亮度信号比对色度信号更加敏感，编码时可采用对亮度信号赋予更多码率，因此，为了实现亮度信号与色度信号的分离，需要将图像从 RGB 色彩空间转换到 YC_bC_r 色彩空间。

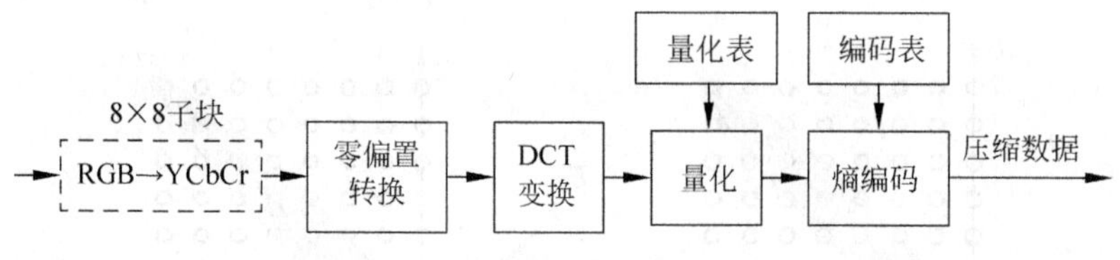

图 11-7 JPEG 基本系统的编码器框图

这一步并不包含在编解码器中，而是由应用程序在编码前和解码后根据需要完成。

2. 零偏置转换

在进行 DCT 变换前，需要对每个 8×8 的子图像块进行零偏置转换处理。

对于灰度级为 2^n 的 8×8 子图像块，像素值减去 2^{n-1}。例如，灰度级为 2^8，将 0～255 的像素值减去 128，转换为值域在 −128～127 的值。这样做的目的是为了使像素绝对值出现 3 位 10 进制的概率大大减少，提高计算效率。

3. DCT 变换

8×8 的正向离散 DCT 变换公式定义为

$$F(u,v)=\frac{1}{4}C(u)C(v)\sum_{x=0}^{7}\sum_{y=0}^{7}f(x,y)\cos\left[\frac{\pi(2x+1)u}{8}\right]\cos\left[\frac{\pi(2y+1)v}{8}\right] \tag{11-10}$$

其中，

$$C(u),C(v)=\begin{cases}1/\sqrt{2} & u,v=0\\ 1 & u,v=1,2,\cdots,7\end{cases} \tag{11-11}$$

并且，

$$F(0,0)=\frac{1}{8}\sum_{x=0}^{7}\sum_{y=0}^{7}f(x,y)=8\bar{f}(x,y) \tag{11-12}$$

位于原点的 DCT 变换系数值和子图像的平均灰度是成正比的。因此，把 $F(0,0)$ 系数称为直流系数，即 DC 系数，代表该子图像平均亮度；其余 63 个系数称为交流系数，即 AC 系数。

4. 量化

量化将 DCT 系数除以量化步长再取整，如式(11-13)所示。通过量化，将小的系数变为 0，大的值缩小，便于进行编码。对于 8×8 子块中的每个点，量化步长不相等，对于低频系数，量化步长相对较小，高频系数对应的量化步长相对较大，达到了保持低频分量、抑制高频分量的目的。8×8 的量化步长构成了量化表，对亮度和色差分量不相同，如表 11-1 和表 11-2 所示。

$$\widetilde{F}(u,v)=\left\lfloor\frac{F(u,v)}{S(u,v)}\pm 0.5\right\rfloor \tag{11-13}$$

其中，$\widetilde{F}(u,v)$ 为量化后的结果，$F(u,v)$ 为 DCT 系数，$S(u,v)$ 为表 11-1 和表 11-2 所示量化表中的数值，$\lfloor\ \rfloor$ 表示向下取整。

表 11-1 亮度信号量化表

v	u							
	0	1	2	3	4	5	6	7
0	16	11	10	16	24	40	51	61
1	12	12	14	19	26	58	60	55
2	14	13	16	24	40	57	69	56
3	14	17	22	29	51	87	80	62
4	18	22	37	56	68	109	103	77
5	24	35	55	64	81	104	113	92
6	49	64	78	87	103	121	120	101
7	72	92	95	98	112	100	103	99

表 11-2 色度信号量化表

v	u							
	0	1	2	3	4	5	6	7
0	17	18	24	47	99	99	99	99
1	18	21	26	66	99	99	99	99
2	24	26	56	99	99	99	99	99
3	47	66	99	99	99	99	99	99
4	99	99	99	99	99	99	99	99
5	99	99	99	99	99	99	99	99
6	99	99	99	99	99	99	99	99
7	99	99	99	99	99	99	99	99

5. 熵编码

JPEG 基本系统使用 Huffman 编码对 DCT 量化系数进行熵编码，进一步压缩码率。

1) DC 系数编码

DC 系数反映一个 8×8 子图像块的平均亮度，一般与相邻块有较大的相关性。JPEG 对 DC 系数采用无失真的 DPCM 编码，即用前一个已编码子块的 DC 系数作为当前子块的 DC 系数预测值，再对实际值与预测值的差值 Δ 进行 Huffman 编码。

按照 Δ 的取值范围，JPEG 把 Δ 分为 12 类，如表 11-3 所示。编码时，将 Δ 表示为(符号 1，符号 2)的形式，符号 1 为从表 11-3 中查得的类别，实际上是用自然二进制码表示 Δ 所需的最少位数；符号 2 为实际的差值编码，大于等于 0 时，编码为 Δ 的原码；否则，取 Δ 的反码。

表 11-3　DC 差值 Δ 类别及编码表

类别	DC 差值 Δ 范围	亮度 Huffman 码	色度 Huffman 码
0	0	00	00
1	−1,1	010	01
2	−3,−2,2,3	011	10
3	−7,…,−4,4,…,7	100	110
4	−15,…,−8,8,…,15	101	1110
5	−31,…,−16,16,…,31	110	11110
6	−63,…,−32,32,…,63	1110	111110
7	−127,…,−64,64,…,127	11110	1111110
8	−255,…,−128,128,…,255	111110	11111110
9	−511,…,−256,256,…,511	1111110	111111110
10	−1023,…,−512,512,…,1023	11111110	1111111110
11	−2047,…,−1024,1024,…,2047	111111110	11111111110

2）AC 系数编码

首先采用 Z 形扫描，如图 11-8 所示，将子块的 63 个 AC 系数(低频系数在前，高频系数在后)转变成一个 1×63 的序列，表示成 00…0X，00…0X，…，00…0X 的形式，X 为非 0 值，若干个 0 和一个非 0 值组成一个编码单位。

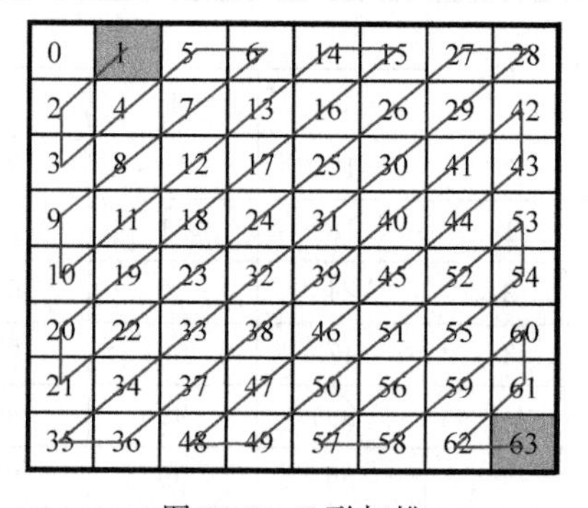

图 11-8　Z 形扫描

量化后，AC 系数中出现较多的 0，采用行程长度编码；非零值 X 按用二进制表示该值所需的最少位数分为 10 类，如表 11-4 所示。一个基本的编码单位表示为(行程/类别，X 值)。符号 1(行程/类别)采用 Huffman 编码，JPEG 提供了码表；符号 2(X 值)采用自然二进制码。

表 11-4　非零 AC 系数 X 的类别表

类别	非零 AC 系数 X 的范围	类别	非零 AC 系数 X 的范围
1	−1,1	6	−63,…,−32,32,…,63
2	−3,−2,2,3	7	−127,…,−64,64,…,127
3	−7,…,−4,4,…,7	8	−255,…,−128,128,…,255
4	−15,…,−8,8,…,15	9	−511,…,−256,256,…,511
5	−31,…,−16,16,…,31	10	−1023,…,−512,512,…,1023

另有两个专用符号：“ZRL”，AC 符号 1 的一种，行程为 16；“EOB”，块结束标志，表示该块中剩余的系数都为 0。在 JPEG 编码中，最大 0 行程只能等于 15。当 0 行程长度大于 16 时，需要将其分开多次编码，即对前面的每 16 个 0 以“F/0”(ZRL)表示，对剩余的继续编码。在每一个图像块的编码结束后需要加一个 EOB 块结束符号，用来表示该图像块的剩余

AC 系数均为 0。

非零 AC 系数的部分 Huffman 编码如表 11-5、表 11-6 所示。

表 11-5 亮度分量的非零 AC 系数的部分 Huffman 编码

行程/类别	码　　字	码长	行程/类别	码　　字	码长
0/0(EOB)	1010	4	3/6	1111111110010001	16
0/1	00	2	3/7	1111111110010010	16
0/2	01	2	3/8	1111111110010011	16
0/3	100	3	3/9	1111111110010100	16
0/4	1011	4	3/A	1111111110010101	16
0/5	11010	5	4/1	111011	6
0/6	1111000	7	4/2	1111111000	10
0/7	11111000	8	4/3	1111111110010110	16
0/8	1111110110	10	4/4	1111111110010111	16
0/9	1111111110000010	16	4/5	1111111110011000	16
0/A	1111111110000011	16	4/6	1111111110011001	16
1/1	1100	4	4/7	1111111110011010	16
1/2	11011	5	4/8	1111111110011011	16
1/3	1111001	7	4/9	1111111110011100	16
1/4	111110110	9	4/A	1111111110011101	16
1/5	11111110110	11	5/1	1111010	7
1/6	1111111110000100	16	5/2	11111110111	11
1/7	1111111110000101	16	5/3	1111111110011110	16
1/8	1111111110000110	16	5/4	1111111110011111	16
1/9	1111111110000111	16	5/5	1111111110100000	16
1/A	1111111110001000	16	5/6	1111111110100001	16
2/1	11100	5	5/7	1111111110100010	16
2/2	11111001	8	5/8	1111111110100011	16
2/3	1111110111	10	5/9	1111111110100100	16
2/4	111111110100	12	5/A	1111111110100101	16
2/5	1111111110001001	16	6/1	1111011	7
2/6	1111111110001010	16	6/2	111111110110	12
2/7	1111111110001011	16	6/3	1111111110100110	16
2/8	1111111110001100	16	6/4	1111111110100111	16
2/9	1111111110001101	16	6/5	1111111110101000	16
2/A	1111111110001110	16	6/6	1111111110101001	16
3/1	111010	6	6/7	1111111110101010	16
3/2	111110111	9	6/8	1111111110101011	16
3/3	111111110101	12	6/9	1111111110101100	16
3/4	1111111110001111	16	6/A	1111111110101101	16
3/5	1111111110010000	16	7/1	11111010	8

续表

行程/类别	码　　字	码长	行程/类别	码　　字	码长
7/2	111111110111	12	B/1	1111111001	10
7/3	1111111110101110	16	B/2	1111111111010000	16
7/4	1111111110101111	16	B/3	1111111111010001	16
7/5	1111111110110000	16	B/4	1111111111010010	16
7/6	1111111110110001	16	B/5	1111111111010011	16
7/7	1111111110110010	16	B/6	1111111111010100	16
7/8	1111111110110011	16	B/7	1111111111010101	16
7/9	1111111110110100	16	B/8	1111111111010110	16
7/A	1111111110110101	16	B/9	1111111111010111	16
8/1	111111000	9	B/A	1111111111011000	16
8/2	111111111000000	15	C/1	1111111010	10
8/3	1111111110110110	16	C/2	1111111111011001	16
8/4	1111111110110111	16	C/3	1111111111011010	16
8/5	1111111110111000	16	C/4	1111111111011011	16
8/6	1111111110111001	16	C/5	1111111111011100	16
8/7	1111111110111010	16	C/6	1111111111011101	16
8/8	1111111110111011	16	C/7	1111111111011110	16
8/9	1111111110111100	16	C/8	1111111111011111	16
8/A	1111111110111101	16	C/9	1111111111100000	16
9/1	111111001	9	C/A	1111111111100001	16
9/2	1111111110111110	16	D/1	11111111000	11
9/3	1111111110111111	16	D/2	1111111111100010	16
9/4	1111111111000000	16	D/3	1111111111100011	16
9/5	1111111111000001	16	D/4	1111111111100100	16
9/6	1111111111000010	16	D/5	1111111111100101	16
9/7	1111111111000011	16	D/6	1111111111100110	16
9/8	1111111111000100	16	D/7	1111111111100111	16
9/9	1111111111000101	16	D/8	1111111111101000	16
9/A	1111111111000110	16	D/9	1111111111101001	16
A/1	111111010	9	D/A	1111111111101010	16
A/2	1111111111000111	16	E/1	1111111111101011	16
A/3	1111111111001000	16	E/2	1111111111101100	16
A/4	1111111111001001	16	E/3	1111111111101101	16
A/5	1111111111001010	16	E/4	1111111111101110	16
A/6	1111111111001011	16	E/5	1111111111101111	16
A/7	1111111111001100	16	E/6	1111111111110000	16
A/8	1111111111001101	16	E/7	1111111111110001	16
A/9	1111111111001110	16	E/8	1111111111110010	16
A/A	1111111111001111	16	E/9	1111111111110011	16

续表

行程/类别	码　　字	码长	行程/类别	码　　字	码长
E/A	1111111111110100	16	F/5	1111111111111001	16
F/0(ZRL)	11111111001	11	F/6	1111111111111010	16
F/1	1111111111110101	16	F/7	1111111111111011	16
F/2	1111111111110110	16	F/8	1111111111111100	16
F/3	1111111111110111	16	F/9	1111111111111101	16
F/4	1111111111111000	16	F/A	1111111111111110	16

表 11-6　色度分量的非零 AC 系数的部分 Huffman 编码

行程/类别	码　　字	码长	行程/类别	码　　字	码长
0/0 (EOB)	00	2	2/9	1111111110001111	16
0/1	01	2	2/A	1111111110010000	16
0/2	100	3	3/1	11011	5
0/3	1010	4	3/2	11111000	8
0/4	11000	5	3/3	1111111000	10
0/5	11001	5	3/4	111111110111	12
0/6	111000	6	3/5	1111111110010001	16
0/7	1111000	7	3/6	1111111110010010	16
0/8	111110100	9	3/7	1111111110010011	16
0/9	1111110110	10	3/8	1111111110010100	16
0/A	111111110100	12	3/9	1111111110010101	16
1/1	1011	4	3/A	1111111110010110	16
1/2	111001	6	4/1	111010	6
1/3	11110110	8	4/2	111110110	9
1/4	111110101	9	4/3	1111111110010111	16
1/5	11111110110	11	4/4	1111111110011000	16
1/6	111111110101	12	4/5	1111111110011001	16
1/7	1111111110001000	16	4/6	1111111110011010	16
1/8	1111111110001001	16	4/7	1111111110011011	16
1/9	1111111110001010	16	4/8	1111111110011100	16
1/A	1111111110001011	16	4/9	1111111110011101	16
2/1	11010	5	4/A	1111111110011110	16
2/2	11110111	8	5/1	111011	6
2/3	1111110111	10	5/2	1111111001	10
2/4	111111110110	12	5/3	1111111110011111	16
2/5	111111111000010	15	5/4	1111111110100000	16
2/6	1111111110001100	16	5/5	1111111110100001	16
2/7	1111111110001101	16	5/6	1111111110100010	16
2/8	1111111110001110	16	5/7	1111111110100011	16

续表

行程/类别	码　字	码长	行程/类别	码　字	码长
5/8	111111110100100	16	9/7	111111111000101	16
5/9	111111110100101	16	9/8	111111111000110	16
5/A	111111110100110	16	9/9	111111111000111	16
6/1	1111001	7	9/A	111111111001000	16
6/2	11111110111	11	A/1	111111000	9
6/3	111111110100111	16	A/2	111111111001001	16
6/4	111111110101000	16	A/3	111111111001010	16
6/5	111111110101001	16	A/4	111111111001011	16
6/6	111111110101010	16	A/5	111111111001100	16
6/7	111111110101011	16	A/6	111111111001101	16
6/8	111111110101100	16	A/7	111111111001110	16
6/9	111111110101101	16	A/8	111111111001111	16
6/A	111111110101110	16	A/9	111111111010000	16
7/1	1111010	7	A/A	111111111010001	16
7/2	11111111000	11	B/1	111111001	9
7/3	111111110101111	16	B/2	111111111010010	16
7/4	111111110110000	16	B/3	111111111010011	16
7/5	111111110110001	16	B/4	111111111010100	16
7/6	111111110110010	16	B/5	111111111010101	16
7/7	111111110110011	16	B/6	111111111010110	16
7/8	111111110110100	16	B/7	111111111010111	16
7/9	111111110110101	16	B/8	111111111011000	16
7/A	111111110110110	16	B/9	111111111011001	16
8/1	11111001	8	B/A	111111111011010	16
8/2	111111110110111	16	C/1	111111010	9
8/3	111111110111000	16	C/2	111111111011011	16
8/4	111111110111001	16	C/3	111111111011100	16
8/5	111111110111010	16	C/4	111111111011101	16
8/6	111111110111011	16	C/5	111111111011110	16
8/7	111111110111100	16	C/6	111111111011111	16
8/8	111111110111101	16	C/7	111111111100000	16
8/9	111111110111110	16	C/8	111111111100001	16
8/A	111111110111111	16	C/9	111111111100010	16
9/1	111110111	9	C/A	111111111100011	16
9/2	111111111000000	16	D/1	111111111100100	16
9/3	111111111000001	16	D/2	111111111100101	16
9/4	111111111000010	16	D/3	111111111100110	16
9/5	111111111000011	16	D/4	111111111100111	16
9/6	111111111000100	16	D/5	111111111101000	16

续表

行程/类别	码　　字	码长	行程/类别	码　　字	码长
D/6	1111111111101001	16	E/9	1111111111110110	16
D/7	1111111111101010	16	E/A	1111111111110111	16
D/8	1111111111101011	16	F/0(ZRL)	1111111010	10
D/9	1111111111101100	16	F/1	111111111000011	15
D/A	1111111111101101	16	F/2	1111111111110110	16
E/1	1111111111101110	16	F/3	1111111111110111	16
E/2	1111111111101111	16	F/4	1111111111111000	16
E/3	1111111111110000	16	F/5	1111111111111001	16
E/4	1111111111110001	16	F/6	1111111111111010	16
E/5	1111111111110010	16	F/7	1111111111111011	16
E/6	1111111111110011	16	F/8	1111111111111100	16
E/7	1111111111110100	16	F/9	1111111111111101	16
E/8	1111111111110101	16	F/A	1111111111111110	16

【例 11-10】 给定一个 8×8 的亮度分量子图像块

$$\begin{bmatrix} 16 & 11 & 10 & 16 & 24 & 40 & 51 & 61 \\ 12 & 12 & 14 & 19 & 26 & 58 & 60 & 55 \\ 14 & 13 & 16 & 24 & 40 & 57 & 69 & 56 \\ 14 & 17 & 22 & 29 & 51 & 87 & 80 & 62 \\ 18 & 22 & 37 & 56 & 68 & 109 & 103 & 77 \\ 24 & 35 & 35 & 64 & 81 & 104 & 113 & 92 \\ 49 & 64 & 78 & 87 & 103 & 121 & 120 & 101 \\ 72 & 92 & 95 & 98 & 112 & 100 & 103 & 99 \end{bmatrix}$$

编程进行 JPEG 编码，假设相邻前一个 8×8 的亮度分量子块经处理后的量化 DC 系数为−30。

程序如下：

```
clc;clear;
f = [16 11 10 16 24 40 51 61;        12 12 14 19 26 58 60 55;
     14 13 16 24 40 57 69 56;        14 17 22 29 51 87 80 62;
     18 22 37 56 68 109 103 77;      24 35 35 64 81 104 113 92;
     49 64 78 87 103 121 120 101;  72 92 95 98 112 100 103 99];
lastDC = - 30;
load QTable;                                    % 加载量化表
load ACTable;                                   % 加载 AC 系数码表
load DCTable;                                   % 加载 DC 系数码表
f1 = f - 128;                                   % 零偏置转换
f2 = dct2(f1);                                  % DCT 变换
f3 = round(f2./QTable);                         % 量化
DC = f3(1);                                     % 获取 DC 系数
```

```
delta = DC - lastDC;                            % 求 DC 系数差值
DCcode2 = dec2bin(abs(delta));                  % 差值绝对值的二进制码
DCcode1 = DCTable(length(DCcode2) + 1);         % 查码表
if DC < 0                                       % 若差值为负,转变为反码,可以采用其他方式
    pos1 = find(DCcode2 == '1');
    pos2 = find(DCcode2 == '0');
    DCcode2(pos1) = '0';
    DCcode2(pos2) = '1';
end
DCcode = [DCcode1,DCcode2];                     % DC 系数编码
AC = Zscan(f3);                                 % Z 形扫描
code = ACCode(AC,ACTable,DCcode);               % AC 系数编码
& 以下为 Z 形扫描函数及 AC 系数编码函数
function out = Zscan(In)
    seq = [9 2 3 10 17 25 18 11 4 5 12 19 26 33 41 34 …
        27 20 13 6 7 14 21 28 35 42 49 57 50 43 36 29 …
        22 15 8 16 23 30 37 44 51 58 59 52 45 38 31 24 …
        32 39 46 53 60 61 54 47 40 48 55 62 63 56 64];  % Z 形扫描中按顺序排列各系数
    out = In(seq);
end
function out = ACCode(AC,ACTable,DCcode)
    out = DCcode;
    runlength = uint8(0);
    for i = 1:63
        if AC(i) == 0                           % 统计编码单元中 0 的个数
            runlength = runlength + 1;
            continue;
        else
            while runlength > 15                % 0 最大行程若超过 15,分开编码
                out = [out,"1111111010"];
                runlength = runlength - 16;
            end
            X = AC(i);
            ACcode2 = dec2bin(abs(X));
            ACSize = length(ACcode2);
            ACcode1 = ACTable(runlength + 1,ACSize);
            if X < 0
                pos1 = find(ACcode2 == '1');
                pos2 = find(ACcode2 == '0');
                ACcode2(pos1) = '0';
                ACcode2(pos2) = '1';
            end
            out = [out,ACcode1,ACcode2];
            runlength = 0;
        end
    end
    if runlength~ = 0
```

```
            out = [out,"1010"];
        end
    end
```

运行程序，输出码流为 100010 10110000 1101001111 0110 11000 0110 0111 0111 1111100101 001 11000 111000 11001 1010，共 78b，而编码前需要 8×8×8=512b，压缩比 $r=512/78\approx 6.56$。

11.6 本章小结

本章在介绍图像编码基本理论的基础上介绍了常用的压缩编码方法，包括 Huffman 编码、算术编码、行程长度编码、LZW 编码、预测编码及变换编码，介绍了 JPEG 标准，并对上述编码方法及标准进行了 MATLAB 实现。图像编码是图像处理中重要的一个内容，除介绍的这些传统方法外，还有一些新型编码方法，可以在基本编码方法的基础上进行进一步的学习。

第12章 图像匹配

图像匹配是指针对不同时间、不同视角或不同拍摄条件下的同一场景的两幅或多幅图像，寻找它们之间在某一特性上的相似性，建立图像间的对应关系，以便进行对准、拼接、计算相关参数等操作。图像匹配的应用需求广泛，根据不同的特性，图像匹配方法也不一样。本章讲解基于灰度的图像匹配、角点检测、特征描述、特征匹配及仿真实现。

12.1 基于灰度的图像匹配

基于灰度的图像匹配，一般是以已知图像为模板，按照一定的匹配准则，在参考图像上某一给定的搜索范围内，根据相似性准则寻找最匹配的子块，确定模板图像的位置，如图12-1所示。

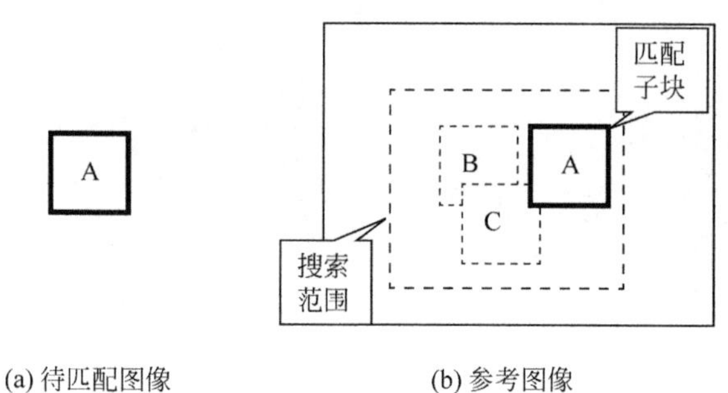

(a) 待匹配图像　　(b) 参考图像

图12-1　基于灰度的图像匹配示意图

12.1.1 相似性度量

相似性度量用于计算参考图像中子块和模板图像之间的相似程度，一般定义为某种相似性测量函数，根据模板图像和搜索位置处的子块计算函数值，分为匹配和不匹配两种情况，通常涉及匹配阈值的选择。

设参考图像 $S(x,y)$ 的大小为 $M\times N$，待匹配模板图像 $T(x,y)$ 的大

小为 $m\times n$，将 $T(x,y)$ 在 $S(x,y)$ 上平移，$T(x,y)$ 中心（或者左上角、左下角）位于 $S(x,y)$ 中 (i,j) 点时，计算相应的相似性函数值。

绝对误差和函数（Sum of Absolute Differences，SAD）定义为

$$\mathrm{SAD}(i,j)=\sum_{y=0}^{n-1}\sum_{x=0}^{m-1}\left|T(x,y)-S^{i,j}(x,y)\right| \tag{12-1}$$

平均绝对差函数（Mean Absolute Differences，MAD）定义为

$$\mathrm{MAD}(i,j)=\frac{1}{mn}\sum_{y=0}^{n-1}\sum_{x=0}^{m-1}\left|T(x,y)-S^{i,j}(x,y)\right| \tag{12-2}$$

误差平方和函数（Sum of Squared Differences，SSD）定义为

$$\mathrm{SSD}(i,j)=\sum_{y=0}^{n-1}\sum_{x=0}^{m-1}\left[T(x,y)-S^{i,j}(x,y)\right]^2 \tag{12-3}$$

均方误差函数（Mean Square Differences，MSD）定义为

$$\mathrm{MSD}(i,j)=\frac{1}{mn}\sum_{y=0}^{n-1}\sum_{x=0}^{m-1}\left[T(x,y)-S^{i,j}(x,y)\right]^2 \tag{12-4}$$

在搜索范围内，SAD（MAD、SSD 或 MSD）的值取最小的位置即为可能匹配位置；考虑到参考图像中不包含待匹配块的情况，一般设置阈值 TH，当最匹配位置的 SAD（MAD、SSD 或 MSD）值小于 TH 时，认为匹配成功。

归一化互相关函数（Normalization Cross-Correlation，NCC）定义为

$$\mathrm{NCC}(i,j)=\frac{\sum_{y=0}^{n-1}\sum_{x=0}^{m-1}T(x,y)S^{i,j}(x,y)}{\sqrt{\sum_{y=0}^{n-1}\sum_{x=0}^{m-1}\left[T(x,y)\right]^2\sum_{y=0}^{n-1}\sum_{x=0}^{m-1}\left[S^{i,j}(x,y)\right]^2}} \tag{12-5}$$

去掉平均灰度的归一化互相关函数如式(12-6)所示。

$$\mathrm{NCC}(i,j)=\frac{\sum_{y=0}^{n-1}\sum_{x=0}^{m-1}\left[T(x,y)-\overline{T}(x,y)\right]\left[S^{i,j}(x,y)-\overline{S}^{i,j}(x,y)\right]}{\sqrt{\sum_{y=0}^{n-1}\sum_{x=0}^{m-1}\left[T(x,y)-\overline{T}(x,y)\right]^2\sum_{y=0}^{n-1}\sum_{x=0}^{m-1}\left[S^{i,j}(x,y)-\overline{S}^{i,j}(x,y)\right]^2}} \tag{12-6}$$

其中，$\overline{T}(x,y)$ 和 $\overline{S}^{i,j}(x,y)$ 是窗口内的平均灰度。NCC 值越大，说明匹配程度越高，具有最大 NCC 值的位置为可能匹配位置；设置阈值 TH，匹配位置的 NCC 值大于 TH，则认为匹配成功。

MATLAB 提供了 normxcorr2 函数计算归一化互相关函数值，其调用格式如下。

C=normxcorr2(TEMPLATE,A)：计算矩阵 TEMPLATE 和 A 的归一化互相关函数值。矩阵 A 尺寸要大于 TEMPLATE，TEMPLATE 的值不能全部相等，结果矩阵 C 的值在[−1,1]范围内。

【例 12-1】 采用归一化互相关函数进行图像匹配。

程序如下：

```
clear,clc,close all;
T = rgb2gray(imread('onion.png'));
S = rgb2gray(imread('peppers.png'));
imshowpair(S,T,'montage'),title('参考图像和模板图像');   % 参考图像和模板图像并排显示
ncc = normxcorr2(T,S);                                      % 计算归一化互相关函数
figure,surf(ncc),shading flat;              % 绘制归一化互相关图像,采用 flat 模式给网格着色
[height,width] = size(T);
[ypeak,xpeak] = find(ncc == max(ncc(:)));                   % 找最大互相关所在位置
yoffSet = ypeak - height;      xoffSet = xpeak - width;     % 确定最匹配子块的左上角
figure,imshow(S),title('匹配结果');
hold on
rr = [xoffSet + 1,yoffSet + 1,width,height];               % 最匹配子块矩形
rectangle('Position',rr,'EdgeColor','b','LineWidth',2);    % 在参考图像上标出模板图像
hold off
```

程序运行结果如图 12-2 所示。

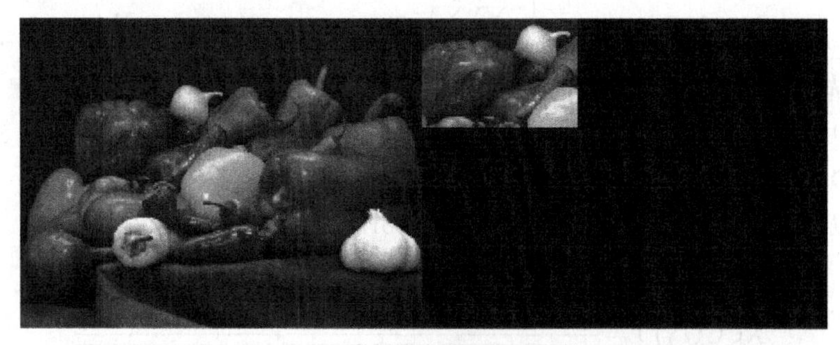

(a) 参考图像和模板图像

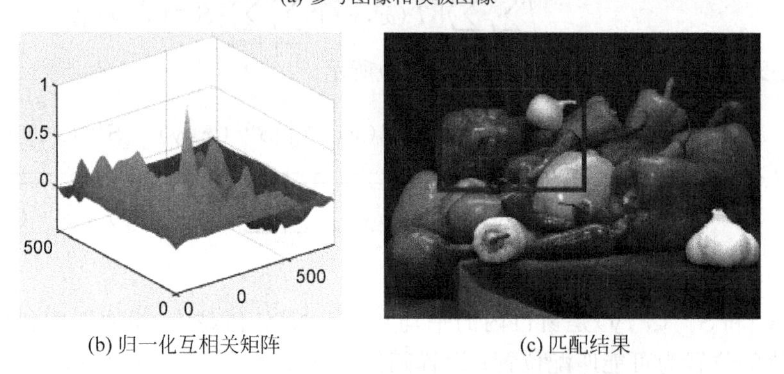

(b) 归一化互相关矩阵　　(c) 匹配结果

图 12-2　采用归一化互相关函数进行图像匹配

12.1.2　图像配准

图像配准是将不同时间、不同传感器(成像设备)或不同条件(天气、照度、摄像位置和角度等)下获取的两幅或多幅图像进行匹配、叠加的过程。由于图像之间往往存在着图像几何畸变,在配准中,除了相似性度量,还需要关注图像匹配变换类型以及变换参数的搜索。

图像匹配变换解决两幅图像之间的几何畸变问题，可以是刚体变换、仿射变换、投影变换、多项式变换等。采用合适的搜索方法在搜索空间中找出平移、旋转等变换参数的最优估计，使得图像之间经过变换后的相似性最大；搜索策略有穷尽搜索、分层搜索、模拟退火算法、Powell方向加速法、动态规划法、遗传算法和神经网络等。

MATLAB提供了基于灰度的图像配准的相关函数，列举如下。

(1) imregconfig 函数：为基于灰度的图像配准配置参数。格式如下。

[OPTIMIZER, METRIC] = imregconfig(CONFIGNAME)：CONFIGNAME 可取'monomodal'或'multimodal'，前者用于有相同灰度范围和分布的图像，后者用于不同状况的图像。OPTIMIZER 设置优化度量准则的优化算法，METRIC 设置要使用的相似性度量；可以对输出属性进行修改以提高性能，例如，可以增加优化设置中的迭代次数、减小步长、改变采样数等。

(2) imregister 函数：根据配置好的参数对二维或三维参考图像进行配准，格式如下。

① MOVING_REG = imregister(MOVING, FIXED, TRANSFORMTYPE, OPTIMIZER, METRIC)：根据指定的变换类型、配置好的优化、相似性度量参数，变换图像 MOVING 为 MOVING_REG，使其和基准图像 FIXED 匹配。TRANSFORMTYPE 指定变换类型，可以取'translation'(平移变换)、'rigid'(平移和旋转变换)、'similarity'(平移、旋转和缩放变换)、'affine'(仿射变换)。

② [MOVING_REG, R_REG] = imregister(MOVING, RMOVING, FIXED, RFIXED, TRANSFORMTYPE, OPTIMIZER, METRIC)：功能同上。RMOVING 和 RFIXED 指定与 MOVING 和 FIXED 相关联的空间参考目标；R_REG 是与 MOVING_REG 相关联的空间参考目标，描述输出图像的坐标范围和分辨率。

③ [⋯] = imregister(⋯, PARAM1, VALUE1, PARAM2, VALUE2, ⋯)：指定参数实现变换。参数包括：'DisplayOptimization'，指定是否在 MATLAB 命令窗口显示优化信息，默认为 false；'InitialTransformation'，affine2d 或 affine3d 对象，指定变换的初始条件；'PyramidLevels'，图像金字塔级别数，默认为 3。

【例 12-2】 采用 imregconfig、imregister 函数实现图像配准。

程序如下：

```
clear,clc,close all;
fixed = rgb2gray(imread('test1.jpg'));
moving = rgb2gray(imread('test2.jpg'));
imshowpair(fixed,moving,'Scaling','joint'),title('待匹配图像叠加显示');
[optimizer,metric] = imregconfig('multimodal');          %配置
optimizer.InitialRadius = 0.009;                         %对输出属性进行修改以提高性能
optimizer.Epsilon = 1.5e-4;
optimizer.GrowthFactor = 1.01;
optimizer.MaximumIterations = 300;
movingReg = imregister(moving,fixed,'affine',optimizer,metric);   %对图像进行配准
figure,imshowpair(fixed,movingReg,'Scaling','joint'),title('图像配准');
```

程序运行结果如图 12-3 所示。

(a) 示例1图一

(b) 示例1图二

(c) 示例1待匹配图像叠加显示

(d) 示例1图像配准

(e) 示例2待匹配图像叠加显示

(f) 示例2图像配准

图 12-3　基于灰度的图像配准

12.2　角点检测

特征点是一幅图像中最典型的特征标志之一，一般情况下特征点含有显著的结构性信息，可以是图像中的线条交叉点、边界封闭区域的重心或者曲面的高点等，某些情况下特征点也可以没有实际的直观视觉意义，但却在某种角度、某个尺度上含有丰富的易于匹配的信息。特征点在影像匹配、图像拼接、运动估计以及形状描述等诸多方面都具有重要作用。

角点是特征点中最主要的一类，由景物曲率较大地方的两条或多条边缘的交点所形成，比如线段的末端、轮廓的拐角等，反映了图像中的重要信息。角点特征与直线、圆、边缘等其他特征相比，具有提取过程简单、结果稳定、提取算法适应性强的特点，成为图像特征匹配算法的首选。

12.2.1　Moravec 角点检测

Moravec 角点检测算法是 Moravec 于 1977 年提出的第一个直接从灰度图像中检测兴趣点的算法。算法思路是：以图像某个像素点(x,y)为中心，计算固定窗口内 4 个主要方向上(水平、垂直、对角线、反对角线)相邻像素灰度差的平方和，选取最小值作为像素点(x,y)的响应函数 CRF(Corner Response Function)；若某点的 CRF 值大于某个阈值并为局部极大值时，则该像素点即为角点。

当固定窗口在平坦区域时，灰度比较均匀，4 个方向的灰度变化值都很小；在边缘处，沿边缘方向的灰度变化值很小，沿垂直边缘方向的灰度变化值比较大；当窗口在角点或独立点上的时候，沿各个方向的灰度变化值都比较大。因此，若某窗口内各个方向变化的最小值大于某个阈值，说明各方向的变化都比较大，则该窗口所在即为角点所在。

Moravec 算子计算简单，运算速度较快，但是对噪声的影响十分敏感。Moravec 算子的响应值是在固定的 4 个方向上获取的灰度差的平方和，所以不具有旋转不变性。

【例 12-3】 根据上述 Moravec 角点检测算法对图像进行角点检测。

程序如下：

```
image = im2double(rgb2gray(imread('bricks.jpg')));
figure,imshow(image),title('原图');
[N,M] = size(image);
radius = 3;
CRF = zeros(N,M);
for i = radius + 1:M - radius
    for j = radius + 1:N - radius
        v = zeros(4,1);
        for m = - radius:radius - 1
            v(1) = v(1) + (image(j,i + m) - image(j,i + m + 1))^2;          % 水平方向上灰度变化
            v(2) = v(2) + (image(j + m,i) - image(j + m + 1,i))^2;          % 垂直方向上灰度变化
            v(3) = v(3) + (image(j + m,i + m) - image(j + m + 1,i + m + 1))^2; % 对角方向上灰度变化
            v(4) = v(4) + (image(j + m,i - m) - image(j + m + 1,i - m - 1))^2;
                                                                             % 反对角方向上灰度变化
        end
        CRF(j,i) = min(v(:));                                   % 最小的灰度变化作为 CRF 值
    end
end
thresh = 0.08;                                                  % 衡量变化度的阈值
for i = radius + 1:M - radius
    for j = radius + 1:N - radius
        temp = CRF(j - radius:j + radius,i - radius:i + radius);
        if CRF(j,i)> thresh && CRF(j,i) == max(temp(:))
            for m = - radius:radius
                image(j + m,i + m) = 0;
                image(j - m,i + m) = 0;                         % 角点在图像中做标记
            end
        end
    end
end
figure,imshow(image),title('Moravec 角点检测');
```

程序运行结果如图 12-4 所示。

从程序及结果可以看出，Moravec 角点检测对边缘点也比较敏感，检测结果受到阈值的极大影响，且不具有旋转不变性。

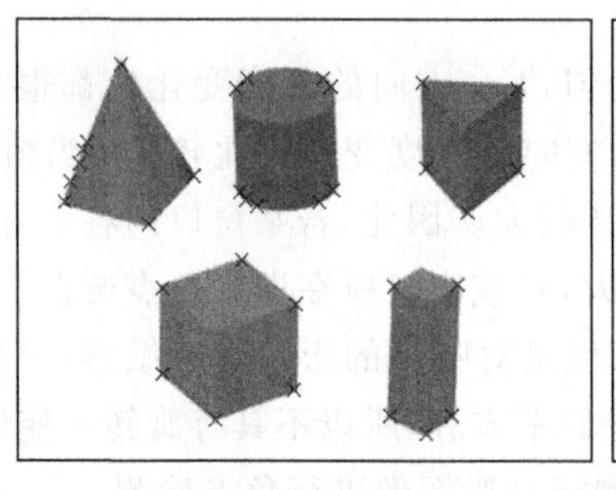

(a) 旋转前检测　　(b) 旋转15°后检测

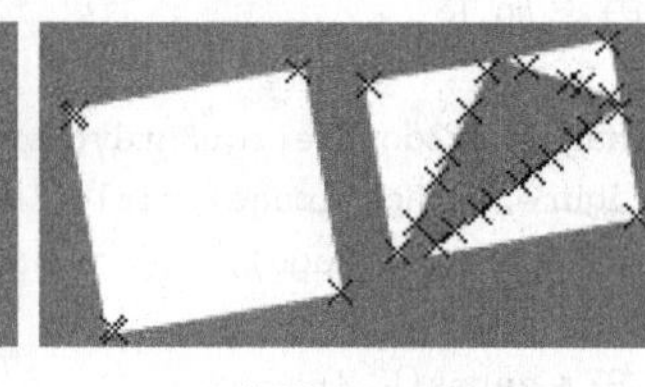

(c) 测试图　　(d) 旋转前检测　　(e) 旋转10°后检测

图 12-4　Moravec 角点检测

12.2.2　Harris 角点检测

Harris 算子是 C. Harris 和 M. J. Stephens 于 1988 年提出的一种角点检测算子，是基于图像局部自相关函数分析的算法。局部自相关函数表示局部图像窗口沿不同方向进行小的平移时的局部灰度变化，其定义如下：

$$E(\Delta x,\Delta y)=\sum_{x,y}w(x,y)[f(x+\Delta x,y+\Delta y)-f(x,y)]^2 \tag{12-7}$$

式中，$w(x,y)$加权函数可取常数或高斯函数。

对于式(12-7)有如下 3 种情况。

(1) 当局部图像窗口在平坦区域时，窗口沿任何方向进行小的平移，灰度变化很小，局部自相关函数很平坦。

(2) 当窗口位于边缘区域时，沿边缘方向小的平移，灰度变化很小；沿垂直边缘方向小的移动，灰度变化很大，局部自相关函数呈现山脊形状。

(3) 当窗口位于角点区域时，窗口在各个方向上小的移动，灰度变化都很明显，局部自相关函数呈现尖峰状。

因此，角点检测即是寻找随着 Δx、Δy 变化，局部自相关函数 $E(\Delta x,\Delta y)$的变化都比较大的像素点。

对 $f(x+\Delta x,y+\Delta y)$进行二维泰勒级数展开，取一阶近似，得

$$E(\Delta x,\Delta y)\approx\sum_{x,y}w(x,y)[f(x,y)+\Delta x f_x+\Delta y f_y-f(x,y)]^2$$

$$=\sum_{x,y}w(x,y)[\Delta x f_x+\Delta y f_y]^2$$

$$=(\Delta x \quad \Delta y)\sum_{x,y}w(x,y)\begin{vmatrix} f_x f_x & f_x f_y \\ f_x f_y & f_y f_y \end{vmatrix}\begin{pmatrix}\Delta x \\ \Delta y\end{pmatrix} \tag{12-8}$$

其中，$M=\sum_{x,y}w(x,y)\begin{vmatrix} f_x f_x & f_x f_y \\ f_x f_y & f_y f_y \end{vmatrix}=w*\begin{vmatrix} f_x f_x & f_x f_y \\ f_x f_y & f_y f_y \end{vmatrix}=\begin{vmatrix} A & C \\ C & B \end{vmatrix}$，* 表示卷积运算，$f_x$、$f_y$ 代表图像水平和垂直方向的梯度，$A=w(x,y)*f_x^2$，$B=w(x,y)*f_y^2$，$C=w(x,y)*f_x f_y$。自相关函数 $E(\Delta x,\Delta y)$ 可以近似为二次项函数：

$$E(\Delta x,\Delta y)\approx A\Delta x^2+2C\Delta x\Delta y+B\Delta y^2 \tag{12-9}$$

令 $E(\Delta x,\Delta y)=$常数，可用一个椭圆来描绘这个二次项函数。椭圆的长短轴是与 $\boldsymbol{M}$ 的特征值λ_1、λ_2 相对应的量。通过判断 λ_1、λ_2 的情况可以区分出平坦区域、边缘和角点 3 种情况。

(1) 平坦区域：在水平和垂直方向的变化量均比较小的点，即 f_x、f_y 都较小，对应 λ_1、λ_2 都小，自相关函数 E 在各个方向上取值都小。

(2) 边缘区域：仅在水平或垂直方向有较大变化的点，即 f_x、f_y 只有一个较大，对应 λ_1、λ_2 一个较大，一个较小，自相关函数 E 在某一方向上大，在其他方向上小。

(3) 角点：在水平和垂直方向的变化量均比较大的点，即 f_x、f_y 都较大，对应 λ_1、λ_2 都大，且近似相等，自相关函数 E 在所有方向都增大。

在具体计算中，为了避免特征值的直接求解，提高设计 Harris 角点检测的效率，设计角点响应函数如下：

$$R=\det\boldsymbol{M}-k(\mathrm{trace}M)^2 \tag{12-10}$$

其中，$\det\boldsymbol{M}=\lambda_1\lambda_2=AB-C^2$ 为矩阵 $\boldsymbol{M}$ 的行列式，$\mathrm{trace}M=\lambda_1+\lambda_2=A+B$ 为矩阵 $\boldsymbol{M}$ 的迹，k 是经验参数，通常取 0.04～0.06。

式(12-10)中，R 仅由 $\boldsymbol{M}$ 的特征值决定，它在平坦区域绝对值较小，在边缘区域为绝对值较大的负值，在角点的位置是较大的正数。因此，当 R 取局部极大值且大于给定阈值 T 时的位置就是角点。

Harris 算子检测步骤如下。

(1) 计算图像每一点水平和垂直方向梯度的平方以及水平和垂直梯度的乘积，这样可以得到 3 幅新的图像，分别为 f_x^2、f_y^2、$f_x f_y$。

(2) 对得到的 3 幅图像进行高斯滤波，构造自相关矩阵 $\boldsymbol{M}$。

(3) 计算角点响应函数，得到每个像素的 R 值，设定阈值 T，取 $R>T$ 的位置为候选角点。

(4) 对候选角点进行局部非极大抑制，最终得到角点。

候选角点的选择依赖于阈值 T，由于其不具有直观的物理意义，取值很难确定。可以采用间接的方法来判断 R：通过选择图像中 R 值最大的前若干个像素点作为特征点，再对提取到的特征点进行局部非极大抑制处理。

【例 12-4】 根据 Harris 角点检测步骤对图像进行 Harris 角点检测。

程序如下：

```
image = im2double(rgb2gray(imread('bricks.jpg')));
figure,imshow(image),title('原图');
[h,w] = size(image);
Hx = [-2 -1 0 1 2]; Hy = [-2;-1;0;1;2];                    %x、y方向梯度算子
fx = filter2(Hx,image); fy = filter2(Hy,image);             %求x、y方向梯度
fx2 = fx.^2; fy2 = fy.^2; fxy = fx.*fy;                     %求fx^2、fy^2、fxfy
sigma = 2;
Hg = fspecial('gaussian',[7 7],sigma);
fx2 = filter2(Hg,fx2); fy2 = filter2(Hg,fy2);
fxy = filter2(Hg,fxy);                                      %高斯滤波
result = zeros(h,w);
R = zeros(h,w);
k = 0.06;
for i = 1:w
    for j = 1:h
        M = [fx2(j,i) fxy(j,i);fxy(j,i) fy2(j,i)];          %构建M矩阵
        detM = det(M);          traceM = trace(M);
        R(j,i) = detM - k * traceM^2;
    end
end
radius = 3;  num = 0;
for i = radius + 1:w - radius
    for j = radius + 1:h - radius
        temp = R(j - radius:j + radius, i - radius:i + radius);
        if  R(j,i) == max(temp(:))                          %局部极大
            result(j,i) = 1;
            num = num + 1;
        end
    end
end
Rsort = zeros(num,1);
[posy, posx] = find(result == 1);                           %候选角点在图像中的位置
for i = 1:num
    Rsort(i) = R(posy(i),posx(i));                          %候选角点的R值
end
[Rsort,index] = sort(Rsort,'descend');                      %候选角点的R值排序
corner = 24;                                                %选择24个角点
for i = 1:corner
    y = posy(index(i));     x = posx(index(i));
    for m = -radius:radius
        image(y + m,x + m) = 0;
        image(y - m,x + m) = 0;
    end
end
figure,imshow(image),title('Harris角点检测');
```

程序运行结果如图 12-5 所示。可以看出，Harris 角点具有旋转变换不变性。此外，Harris 角点对亮度和对比度变化不敏感，不具有尺度变换不变性，可自行验证。

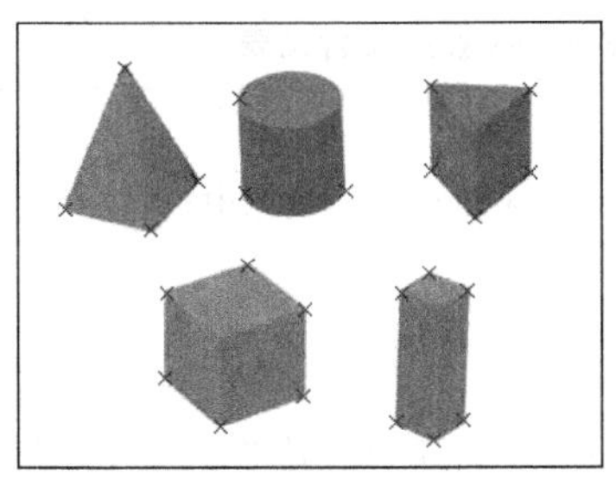

(a) 旋转前检测

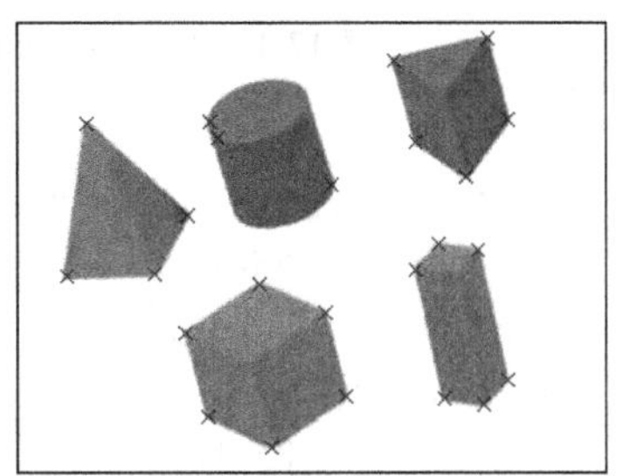

(b) 旋转15°后检测

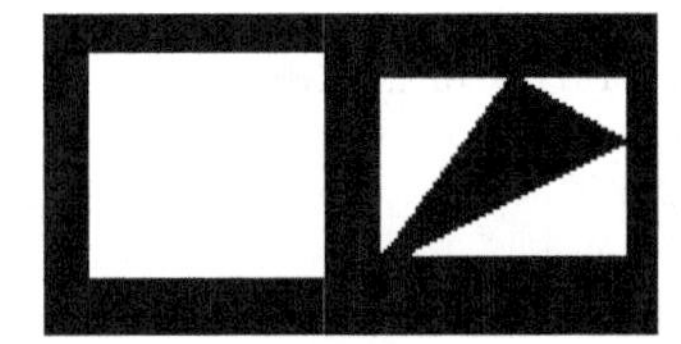

(c) 测试图

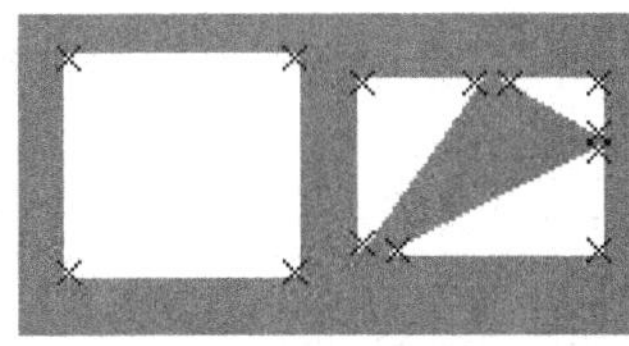

(d) 旋转前检测

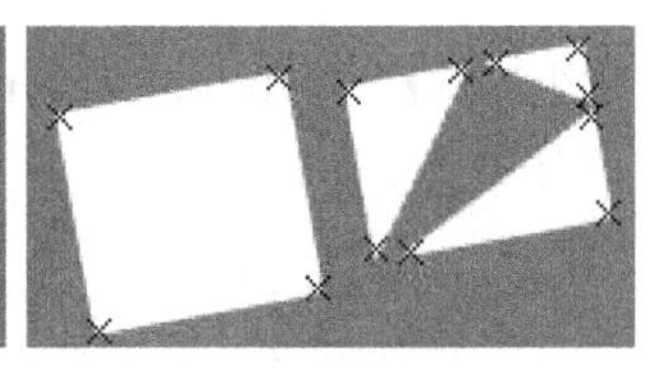

(e) 旋转10°后检测

图 12-5　Harris 角点检测

MATLAB 提供了检测 Harris 角点的相关函数，列举如下。

(1) cornerPoints 函数：描述角点的对象。格式如下。

① POINTS=cornerPoints(LOCATION)：根据点坐标[x,y]构成的矩阵 LOCATION 创建 cornerPoints 对象。

② POINTS=cornerPoints(LOCATION,Name,Value)：指定参数创建 cornerPoints 对象。参数'Metric'，每个特征的强度，常数或者向量，向量的长度和 LOCATION 中的坐标数一致，默认为 0.0。

③ method：

strongest=selectStrongest(points,N)：保留 N 个角点响应函数值最大的点。

pointsOut=selectUniform(pointsIn,N,imageSize)：保留 N 个近似均匀分布的响应函数值最大的点。imageSize 是表示图像大小的二维或三维向量。

plot(AXES_HANDLE,…)：在 AXES_HANDLE 句柄指定的坐标系统中绘制角点，默认 AXES_HANDLE 时指当前坐标系统。

length：返回存储的角点数目。

isempty：判断 cornerPoints 对象是否为空，空对象返回 true。

size：返回 cornerPoints 对象的尺寸。

(2) detectHarrisFeatures 函数：检测 Harris 角点。

① points=detectHarrisFeatures(I)：在灰度图像 I 中检测 Harris 角点，返回一个 cornerPoints 对象。

② points＝detectHarrisFeatures(I，Name，Value)：指定参数实现检测，参数如表 12-1 所示。

表 12-1　detectHarrisFeatures 参数及含义表

属　性	含　义
MinQuality	取值在[0,1]，指定角点最低可接受响应度相对于图像中最大响应度的比例，较大时可以减少误检，默认值为 0.01
FilterSize	奇整数，FilterSize≥3，默认为 5，指定高斯滤波器的窗口大小为 FilterSize×FilterSize，标准差为 FilterSize/3
ROI	格式为[X Y WIDTH HEIGHT]的向量，指定检测角点的矩形区域，默认为[1 1 size(I,2) size(I,1)]

【例 12-5】 利用 detectHarrisFeatures 函数对图像进行 Harris 角点检测。

程序如下：

```
clear,clc,close all;
Image = im2double(rgb2gray(imread('blocks.jpg')));
corners = detectHarrisFeatures(Image);              % 检测 Harris 角点
imshow(Image); hold on;
plot(corners.selectStrongest(50));                  % 绘制角点
```

程序运行结果如图 12-6 所示。

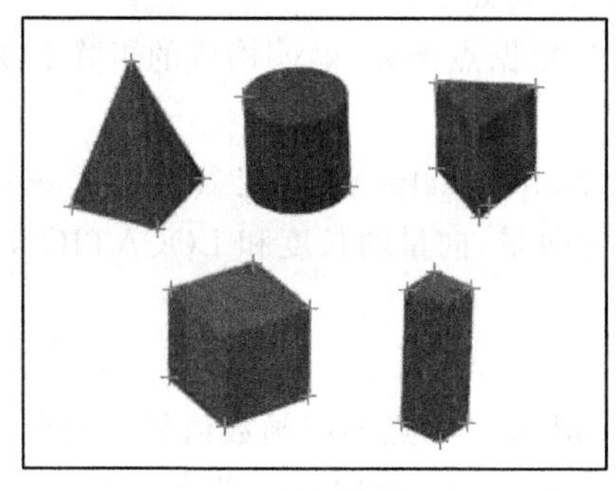
(a) 旋转前检测

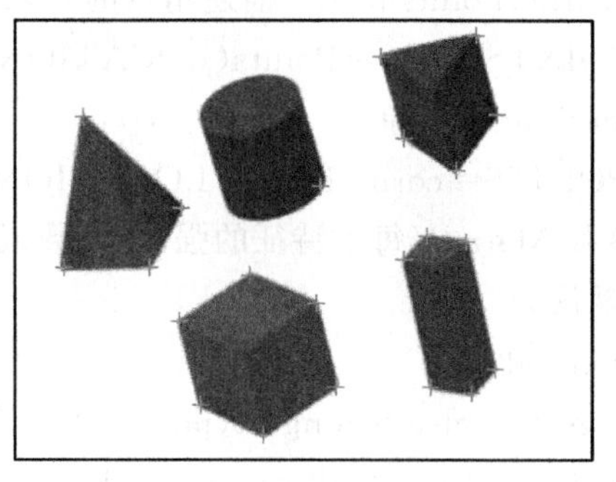
(b) 旋转后检测

图 12-6　利用 detectHarrisFeatures 函数检测 Harris 角点

12.2.3　最小特征值角点检测

最小特征值算法(Minimum Eigenvalue Algorithm)是 J. Shi 和 C. Tomasi 于 1994 年提出的，在 Harris 角点检测的基础上，定义角点响应函数如式(12-11)所示。

$$R=\min(\lambda_1,\lambda_2) \tag{12-11}$$

其中 λ_1、λ_2 与 Harris 角点检测中的含义一致，即矩阵 $\boldsymbol{M}$ 的特征值。

根据 Harris 角点检测中的分析，角点处 λ_1、λ_2 的取值均较大，R 取值也大，选择若干最大 R 对应的点作为角点，计算便捷，效率较高。

MATLAB 提供了基于最小特征值算法的角点检测函数，调用格式如下：

(1) points＝detectMinEigenFeatures(I)：对灰度图像 I 检测角点，并返回 cornerPoints 对象 points。

(2) points＝detectMinEigenFeatures(I, Name, Value)：指定参数检测角点。参数'MinQuality'、'FilterSize'、'ROI'，含义及取值同 detectHarrisFeatures 函数中的参数一致。

【例 12-6】 利用 detectMinEigenFeatures 函数对图像进行角点检测。

程序如下：

```
clear,clc,close all;
Image = im2double(rgb2gray(imread('blocks.jpg')));
corners = detectMinEigenFeatures(Image);
imshow(Image); hold on;
plot(corners.selectStrongest(24));
```

程序运行结果如图 12-7 所示。

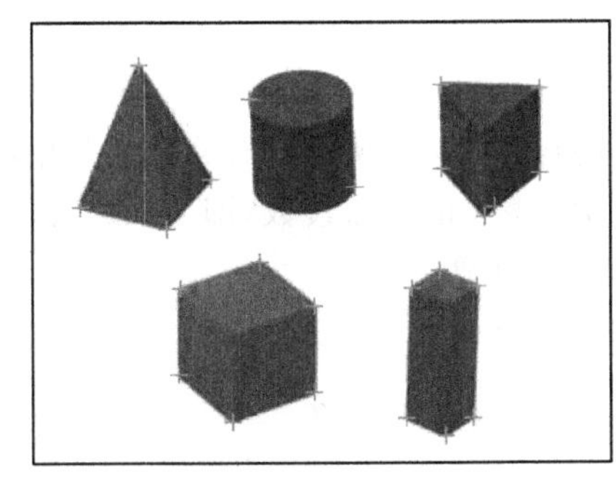

(a) 旋转前检测

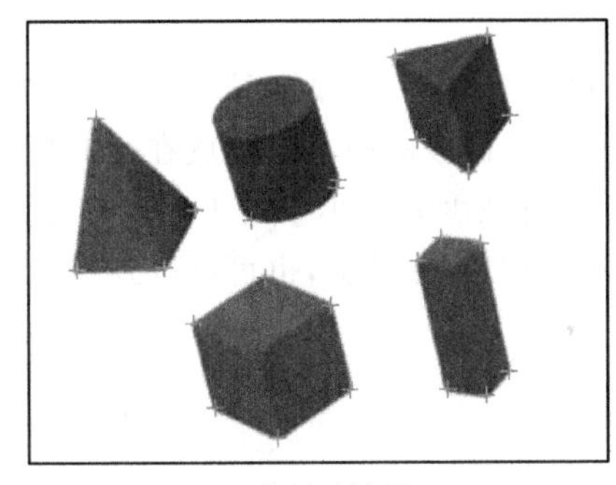

(b) 旋转后检测

图 12-7 最小特征值角点检测

12.2.4 SUSAN 角点检测

SUSAN(Smallest Univalue Segment Assimilating Nucleus)算子是由英国牛津大学的 S. M. Smith 和 J. M. Brady 于 1995 年首先提出的。SUSAN 算子没有采用通过计算图像中点的梯度求取角点的常规思想，而是以一种统计的方法来描述。

SUSAN 算法设计了一个圆形模板(USAN 模板)，将模板内每个像素点的灰度值都和中心像素点做比较，把与中心点灰度值相近的点构成的区域，称作 USAN 区域(核值相似区)。根据这种区域的大小，划分了下面几种可能的情况，如图 12-8 所示。

(1) a 类点：整个模板中的点都与中心点灰度相近。

(2) b 类点：模板中有超过半数的点与中心点灰度接近。

(3) c类点：模板中有一半左右的点与中心点接近。

(4) d类点：模板中只有一小部分点与中心点接近。

属于a、b类的点，基本上是图像中平坦区域的点，USAN区域面积比较大；c类点多位于图像的边缘处，USAN区域面积较小；d类点是最有可能成为角点的地方，USAN区域面积最小。可见USAN区域的大小反映了图像局部特征的强度，USAN面积越小，表明该点是角点的可能性越大。因此，SUSAN算子就是通过计算比较USAN面积实现角点检测的。

圆形的USAN模板，一般使用半径为3.4含有37个像素的圆形模板，如图12-9所示。

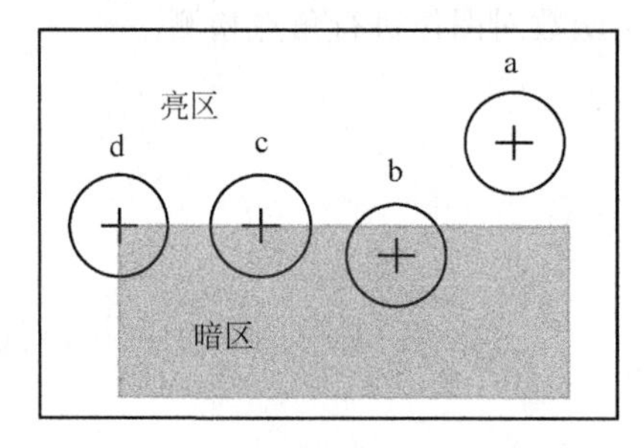

图12-8 不同位置的USAN区域

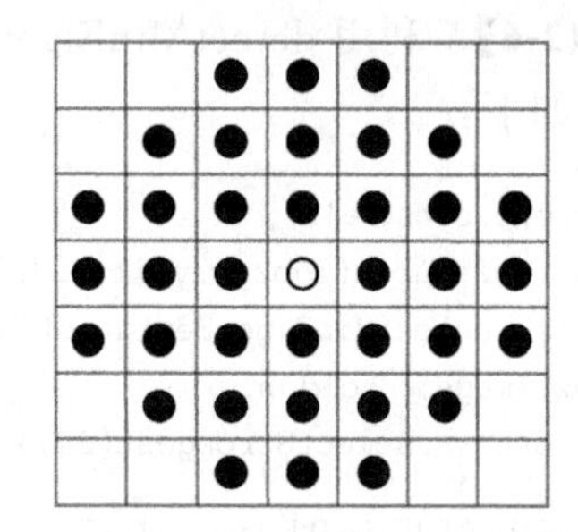

图12-9 37个像素的USAN模板

SUSAN算子检测步骤如下。

(1) 将圆形模板的中心依次放在待测图像的像素上，计算模板内的像素与中心像素的灰度差值，统计灰度差值小于等于阈值 T 的像素个数(相似像素数，即USAN区域面积)，可以按式(12-12)进行计算，也可以按式(12-13)进行计算。

$$c(r,r_0)=\begin{cases}1 & |f(r)-f(r_0)|\leqslant T\\ 0 & |f(r)-f(r_0)|>T\end{cases} \tag{12-12}$$

$$c(r,r_0)=\mathrm{e}^{-\left(\frac{f(r)-f(r_0)}{T}\right)^6} \tag{12-13}$$

$$n(r_0)=\sum_{r\in D(r_0)}c(r,r_0) \tag{12-14}$$

其中，$D(r_0)$是以 r_0 为中心的圆形模板区域。

(2) 计算式(12-15)所示角点响应函数值。若某个像素点的USAN值小于某一特定阈值 t，则该点被认为是初始角点。其中，检测角点时，t 可以设定为USAN的最大面积的一半；检测边缘点时，t 设定为USAN的最大面积的3/4。

$$R(r_0)=\begin{cases}t-n(r_0) & n(r_0)<t\\ 0 & n(r_0)\geqslant t\end{cases} \tag{12-15}$$

(3) 排除伪角点。按式(12-16)计算USAN的重心、重心同模板中心的距离，如果距离较小则不是正确的角点。

$$C_{r_0}=\sum_r rc(r,r_0)\Big/\sum_r c(r,r_0) \tag{12-16}$$

(4) 进行非极大抑制来求得最后的角点。

【例 12-7】 对图像进行 SUSAN 角点检测。

程序如下：

```
clear,clc,close all;
image = im2double(rgb2gray(imread('bricks.jpg')));
figure,imshow(image),title('原图');
[N,M] = size(image);
templet = [0 0 1 1 1 0 0;0 1 1 1 1 1 0;1 1 1 1 1 1 1;1 1 1 1 1 1 1;
       1 1 1 1 1 1 1;0 1 1 1 1 1 0;0 0 1 1 1 0 0];          % 37 个像素的 USAN 模板
t = floor(sum(templet(:))/2 - 1);                          % 初始角点判断阈值
R = zeros(N,M);
thresh = (max(image(:)) - min(image(:)))/10;               % 灰度差阈值
radius = 3;
for i = radius + 1:M - radius
    for j = radius + 1:N - radius
        count = 0;
        usan = zeros(2 * radius + 1,2 * radius + 1);
        for m = - radius:radius
            for n = - radius:radius
                if templet(radius + 1 + n,radius + 1 + m) == 1 && …
                    abs(image(j,i) - image(j + n,i + m))< thresh
                    count = count + 1;                     % USAN 区域面积
                    usan(radius + 1 + n,radius + 1 + m) = 1;
                end
            end
        end
        if count < t && count > 5                    % 限定 USAN 面积小于 t,大于 5,去除小噪声点
            centerx = 0;centery = 0;totalgray = 0;
            for m = - radius:radius
                for n = - radius:radius
                    if usan(radius + 1 + n,radius + 1 + m) == 1
                        centerx = centerx + (i + m) * image(j + n,i + m);
                        centery = centery + (j + n) * image(j + n,i + m);
                        totalgray = totalgray + image(j + n,i + m);
                    end
                end
            end
            centerx = centerx/totalgray;
            centery = centery/totalgray;                   % 求 USAN 区域重心
            dis = sqrt((i - centerx)^2 + (j - centery)^2); % USAN 区域重心与模板中心距离
            if dis > radius * sqrt(2)/3                    % 距离小于阈值为伪角点
                R(j,i) = t - count;                        % 角点响应函数
            end
        end
    end
```

```
end
for i = radius + 1:M - radius
    for j = radius + 1:N - radius
        temp = R(j - radius:j + radius, i - radius:i + radius);
        if R(j,i) ~= 0 && R(j,i) == max(temp(:))                %非极大抑制
            for m = - radius:radius
                image(j + m, i + m) = 0;
                image(j - m, i + m) = 0;
            end
        end
    end
end
figure, imshow(image), title('SUSAN角点检测');
```

程序运行结果如图 12-10 所示。

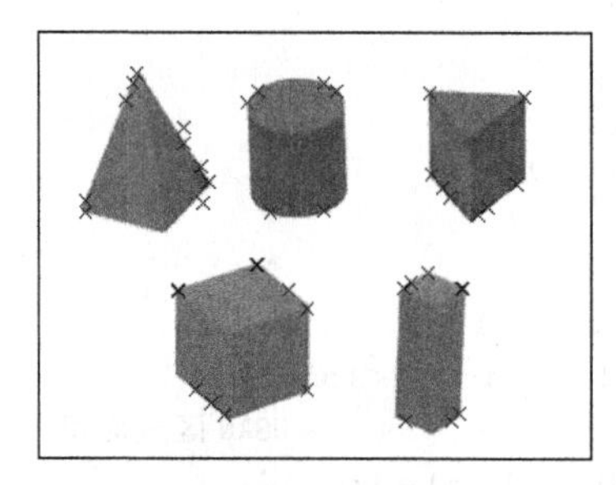

(a) 旋转前检测

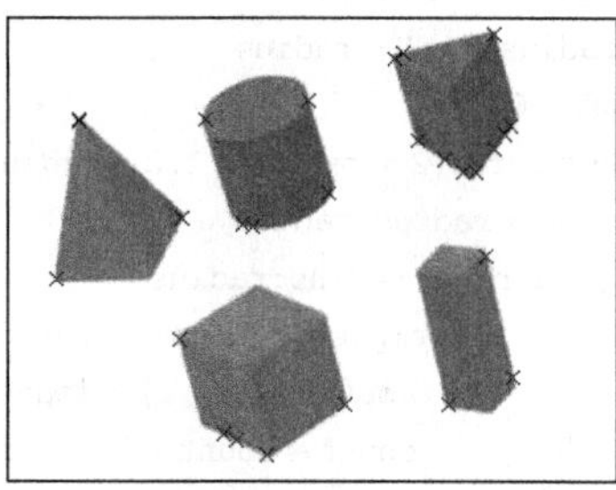

(b) 旋转15°后检测

(c) 测试图

(d) 旋转前检测

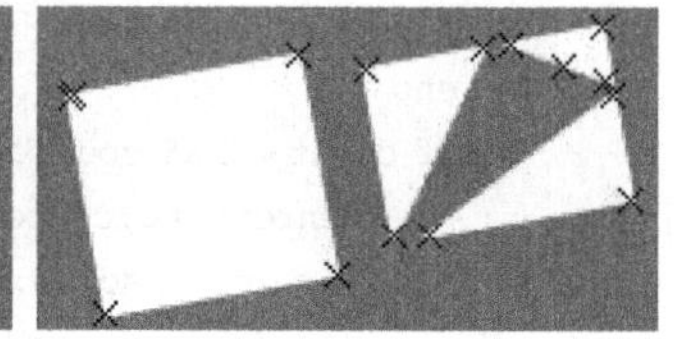

(e) 旋转10°后检测

图 12-10 SUSAN 角点检测

理论上圆形的 SUSAN 模板具有各向同性,可以抵抗图像的旋转变化,但实例中图像旋转采用插值运算,有可能对像素值产生影响进而导致检测结果的变化;此外,算法中阈值的选择,如 t、USAN 重心和模板中心距离阈值都会对程序运行结果有一定影响。

12.2.5 FAST 角点检测

FAST(Features from Accelerated Segment Test)算子是 Edward Rosten 和 Tom Drummond 于 2006 年提出的,以实现简单、运算快速著称。

FAST 算子思路为:若某像素与其周围邻域内足够多的像素点相差较大,则该像素可能是角点。原始算法步骤如下。

(1) 以像素 p 为中心，以 3.4 为半径确定一个圆，圆上 16 个像素点 p_i, $i=1,2,\cdots,16$，如图 12-11 所示。

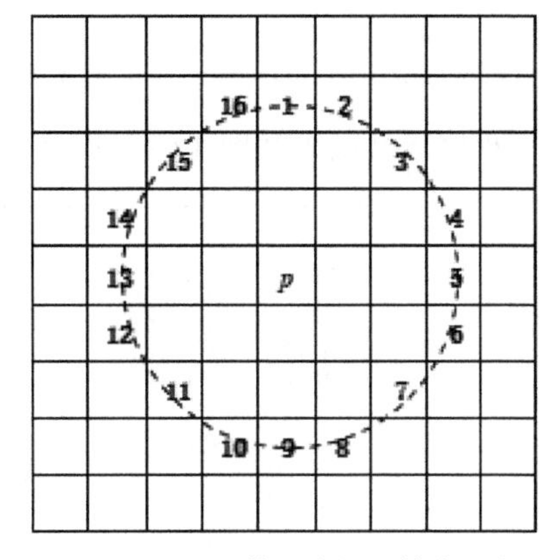

图 12-11 FAST 算法参与运算点示意图

(2) 候选角点检测。

定义一个阈值 T，若 p_i 中有至少 n 个连续的像素点的像素值都大于 f_p+T，或者都小于 f_p-T，那么 p 是一个候选角点。阈值 T 可以根据相对于 f_p 的比例确定，也可以设定为一个具体的灰度值。

为提高速度，可以仅检测上、下、左、右 4 个点 p_1、p_5、p_9、p_{13}，若 4 个点中至少有 3 个满足条件，再对圆上所有点进行检测。

(3) 非极大抑制。

以候选角点 p 为中心的一个邻域内，若有多个候选点，则判断每个候选点的响应值 V，若 p 是邻域所有候选点中响应值最大的，则保留；否则，去掉该候选点。若邻域内只有一个候选点，则保留。角点响应值计算如式(12-17)所示。

$$V=\max\left[\sum_{f_{p_i}-f_p>T}(f_{p_i}-f_p),\ \sum_{f_p-f_{p_i}>T}(f_p-f_{p_i})\right] \tag{12-17}$$

另外也设计了基于机器学习的 FAST 算法，需要使用 ID3 算法建立决策树，详见相关资料。

MATLAB 提供了使用 FAST 算法的角点检测函数，其调用格式如下。

(1) points=detectFASTFeatures(I)：对灰度图像 I 检测角点，并返回 cornerPoints 对象 points。

(2) points=detectFASTFeatures(I,Name,Value)：指定参数检测角点。参数如表 12-2 所示。

表 12-2 detectFASTFeatures 参数及含义表

属　　性	含　　义
MinQuality	取值为[0,1]，指定角点最低可接受响应度相对于图像中最大响应度的比例，较大时可以减少误检，默认值为 0.1
MinContrast	取值在(0,1)，指定检测到的角点和周围像素的最小灰度差相对于最大值的比例，增大时减少检测到的角点数量，默认为 0.2
ROI	格式为[X Y WIDTH HEIGHT]的向量，指定检测角点的矩形区域，默认为[1 1 size(I,2) size(I,1)]

【例 12-8】 利用 detectFASTFeatures 函数对图像进行角点检测。

程序如下：

```
clear,clc,close all;
Image = im2double(rgb2gray(imread('blocks.jpg')));
corners = detectFASTFeatures(Image);
```

```
imshow(Image); hold on;
plot(corners.selectStrongest(50));
```

程序运行结果如图 12-12 所示。

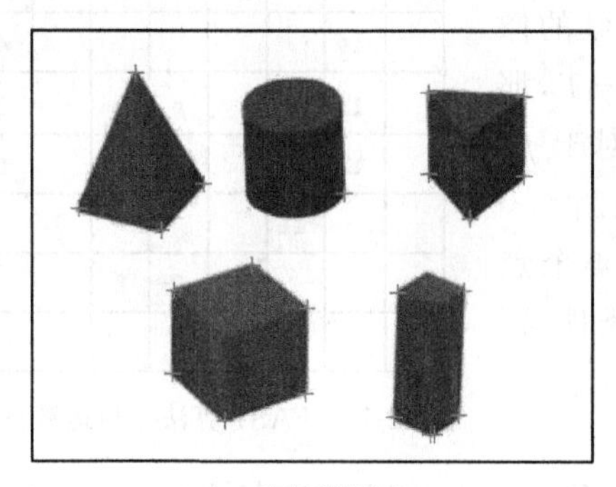

(a) 旋转前检测　　(b) 旋转后检测

图 12-12　采用 FAST 算法进行角点检测

12.3　特征描述

对于检测出的特征点,需要使用合适的特征描述方法描述特征点附近的局部图像模式,如梯度直方图、局部随机二值特征等。本节主要介绍 SIFT、SURF、BRISK、FREAK 和 MSER 特征描述子。

12.3.1　SIFT 描述子

SIFT(Scale-invariant Feature Transform)算法由 D. G. Lowe 于 1999 年提出,主要思想是利用高斯金字塔和高斯核滤波差分提取局部特征,在尺度空间寻找极值点,提取位置、尺度和旋转不变量。

1. 尺度空间

将图像 $f(x,y)$与不同尺度因子的高斯核函数 $g(x,y,\sigma)$进行卷积运算,构成该图像的尺度空间 $L(x,y,\sigma)$,如式(12-18)所示。

$$L(x,y,\sigma)=f(x,y)*g(x,y,\sigma) \tag{12-18}$$

其中,σ 是高斯函数的方差,取值越小,图像被平滑越少,相应的尺度也越小。

2. 高斯金字塔

所谓图像金字塔,即构建一个由大到小、从下到上的塔形图像序列,上一层图像由下一层图像进行下采样得到。金字塔的层数根据图像的原始大小和塔顶图像的大小共同决定,如式(12-19)所示。

$$O=\log_2[\min(M,N)]-t, t\in[0,\log_2[\min(M,N)]] \tag{12-19}$$

其中，M、N 为原图像宽和高，t 为塔顶图像的最小维数的对数值。

高斯金字塔是将每层图像使用不同参数进行高斯滤波，即金字塔的每层含有多幅高斯模糊图像，称为一组，组内的多幅图像按层次叠放，因此，直接称金字塔的层为组(Octave)，称组内的多幅图像为层(Interval)，组数为 O，每组有 S 层(一般为 3～5 层)，如图 12-13 所示。

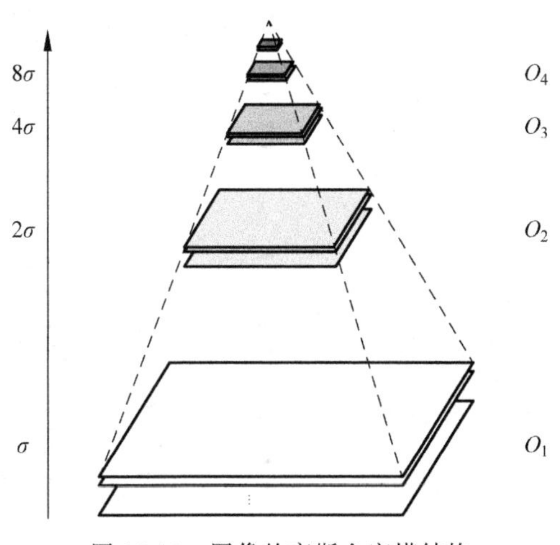

图 12-13　图像的高斯金字塔结构

一般认为获取的图像在成像时进行了初始模糊，尺度为 $\sigma_{\text{pre}}=0.5$，设置第 0 层尺度为 σ_{init}(可取 1.6)，高斯金字塔的初始尺度 σ_0 为

$$\sigma_0=\sqrt{\sigma_{\text{init}}^2-\sigma_{\text{pre}}^2} \tag{12-20}$$

对于第 i 组第 j 层，尺度为

$$\sigma_{i,j}=\sigma_i 2^{j/S} \tag{12-21}$$

第 i 组相邻两层的尺度关系简化为

$$\sigma_{i,j+1}=\sigma_{i,j} 2^{1/S} \tag{12-22}$$

即相邻两层图像间的高斯尺度为 $2^{1/S}$ 倍的关系。

相邻两组之间的尺度关系为

$$\sigma_{i+1,j}=\sigma_i 2^{(j+S)/S}=2\sigma_i 2^{j/S} \tag{12-23}$$

即相邻两组的同一层尺度为 2 倍关系。

为保持尺度的连续性，下采样时，高斯金字塔上一组图像的初始图像(底层图像)是由前一组图像的倒数第 3 幅图像隔点采样得到的。

3. 高斯差分尺度空间

图像的高斯差分尺度空间为图像的不同尺度空间之间的差，可以利用高斯差分算子(Difference of Gaussians，DoG)生成，如式(12-24)所示。

$$D(x,y,\sigma)=L(x,y,2^{1/S}\sigma)-L(x,y,\sigma)$$
$$=[g(x,y,2^{1/S}\sigma)-g(x,y,\sigma)]*f(x,y) \tag{12-24}$$

也就是使用高斯金字塔每组中相邻上下两层图像相减，得到高斯差分图像，如图 12-14 所示。将高斯差分尺度空间简称为 DoG 空间。

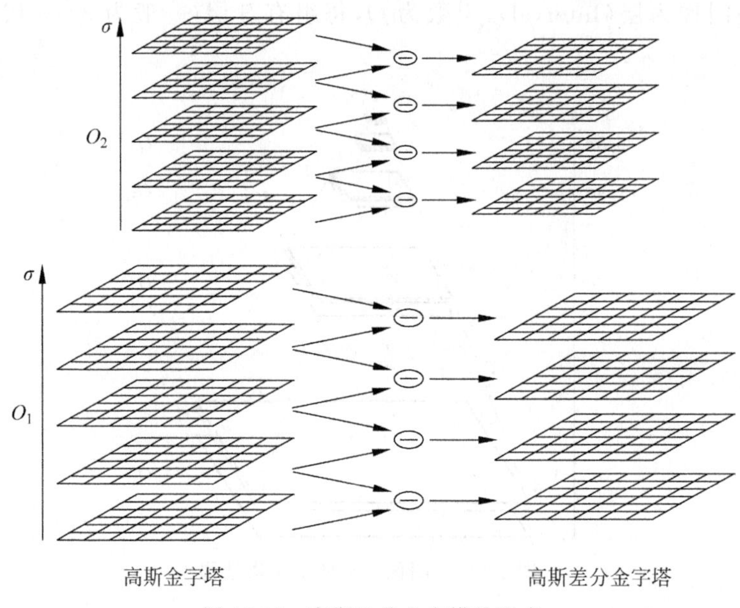

图 12-14 高斯差分金字塔的形成

4. 关键点检测

关键点是由 DoG 空间的局部极值点组成的，通过同一组内各相邻两层图像之间比较完成：将中间层每一个像素点和同尺度的 8 个邻点及上下相邻尺度对应的 9×2 个点（共 26 个点，如图 12-15 所示）比较，若该像素点比 26 个邻点的 DoG 值都大或都小，则该点为一个局部极值。

由于关键点检测需要前后两层高斯差分图像，所以，如果查找 S 层的特征点，需要 $S+2$ 层高斯差分图像，然后查找其中的第 2 层到第 $S+1$ 层。

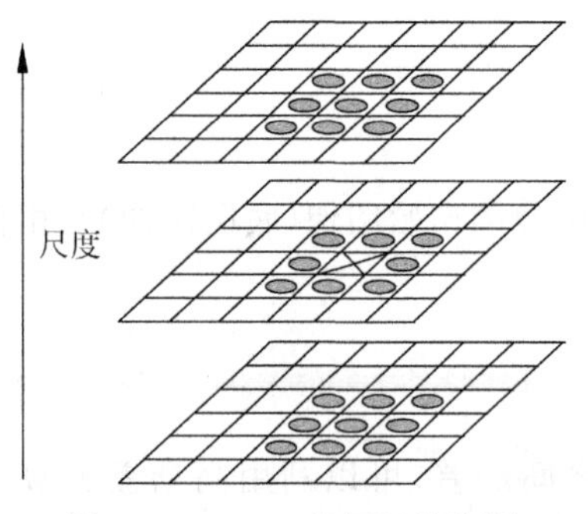

图 12-15 DoG 空间极值检测

$S+2$ 层高斯差分图像需要 $S+3$ 层图像来构建出来。所以，如果整个尺度空间一共有 O 组，每组有 $S+3$ 层图像。

5. 关键点定位

由于 DoG 值对噪声和边缘较敏感，检测的局部极值点，往往需要进一步去除低对比度的极值点及边缘响应点，以增强匹配稳定性、提高抗噪声能力。如图 12-16 所示，检测到的极值点是离散空间的极值点，与真正的极值点存在距离，影响匹配的精度，利用已知的离散空间点插值得到连续空间极值点。

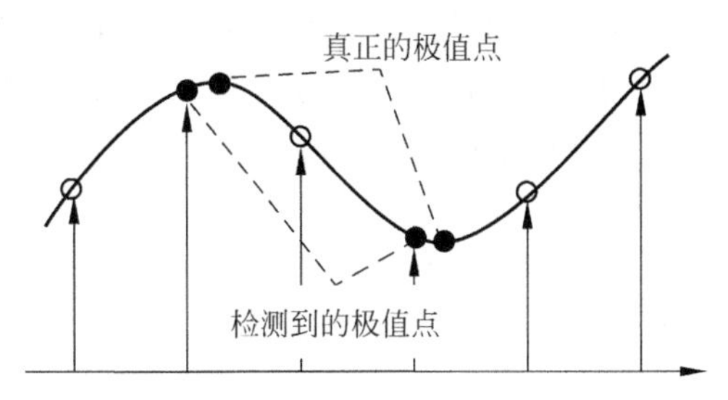

图 12-16 离散空间与连续空间极值点的区别

DoG 函数在尺度空间的 Taylor 展开式(拟合函数)为

$$D(X)=D+\frac{\partial D^{\mathrm{T}}}{\partial X}X+\frac{1}{2}X^{\mathrm{T}}\frac{\partial^2 D}{\partial X^2}X \tag{12-25}$$

其中，$X=(x,y,\sigma)^{\mathrm{T}}$。求导并让方程等于零，得到极值点的偏移量为

$$\hat{X}=-\frac{\partial^2 D^{-1}}{\partial X^2}\frac{\partial D}{\partial X} \tag{12-26}$$

对应极值点，方程的值为：

$$D(\hat{X})=D+\frac{1}{2}\frac{\partial D^{\mathrm{T}}}{\partial X}\hat{X} \tag{12-27}$$

当 $\hat{X}=(x,y,\sigma)^{\mathrm{T}}$ 在任一维度上的偏移量大于 0.5 时，表示插值中心已经偏移到它的邻近点上，改变当前关键点的位置；在新的位置上反复插值直到收敛；若超出所设定的迭代次数或者超出图像边界的范围，删除这样的点。另外，$|D(X)|$ 过小的点易受噪声的干扰，会变得不稳定，所以将 $|D(X)|<\delta$ 的极值点删除，δ 是经验值，在原始论文中使用 0.03，也有使用 $0.04/S$。同时，在此过程中获取特征点的精确位置(原位置加上拟合的偏移量)以及尺度。

DoG 算子会产生较强的边缘响应，需要剔除不稳定的边缘响应点。获取特征点处的 Hessian 矩阵，主曲率通过一个 2×2 的 Hessian 矩阵 $\boldsymbol{H}$ 求出：

$$\boldsymbol{H}=\begin{pmatrix} D_{xx} & D_{xy} \\ D_{xy} & D_{yy} \end{pmatrix} \tag{12-28}$$

其中，D_{xx}、D_{yy}、D_{xy} 由检测点邻域对应位置的差分求得。设 α 为 $\boldsymbol{H}$ 的最大特征值，β 为 $\boldsymbol{H}$ 的最小特征值，α 和 β 代表 x 和 y 方向的梯度，矩阵 $\boldsymbol{H}$ 的迹 $\mathrm{Tr}(\boldsymbol{H})$ 和行列式 $\mathrm{Det}(\boldsymbol{H})$ 为

$$\begin{aligned} \mathrm{Tr}(\boldsymbol{H}) &= D_{xx}+D_{yy}=\alpha+\beta \\ \mathrm{Det}(\boldsymbol{H}) &= D_{xx}D_{yy}-D_{xy}^2=\alpha\beta \end{aligned} \tag{12-29}$$

设 $\gamma=\alpha/\beta$，则

$$\frac{\mathrm{Tr}(\boldsymbol{H})^2}{\mathrm{Det}(\boldsymbol{H})}=\frac{(\alpha+\beta)^2}{\alpha\beta}=\frac{(\gamma\beta+\beta)^2}{\gamma\beta^2}=\frac{(\gamma+1)^2}{\gamma} \tag{12-30}$$

式(12-30)的结果与两个特征值的比例有关，和具体的大小无关，当两个特征值相等时值最小，并且随着 γ 的增大而增大。值越大，说明在某一个方向的梯度值越大，而在另一个方向的梯度值越小，对应边缘的情况。所以为了剔除边缘响应点，需要让该比值小于一定的阈值，因此，为了检测主曲率是否在某阈值 γ 下，若

$$\frac{\mathrm{Tr}(\boldsymbol{H})^2}{\mathrm{Det}(\boldsymbol{H})}<\frac{(\gamma+1)^2}{\gamma} \tag{12-31}$$

则将该关键点保留，反之剔除。原始论文中 γ 取 10。

6. 关键点方向分配

为了使描述符具有旋转不变性，利用图像的局部特征为每一个关键点指定方向参数。对于在 DoG 金字塔中检测出的关键点，采集其所在高斯金字塔图像 3σ 邻域窗口内像素的梯度和方向分布特征，σ 是特征点的尺度。每个关键点的梯度幅值和梯度方向为

$$m(x,y)=\sqrt{[L(x+1,y)-L(x-1,y)]^2+[L(x,y+1)-L(x,y-1)]^2}$$

$$\theta(x,y)=\arctan\left[\frac{L(x,y+1)-L(x,y-1)}{L(x+1,y)-L(x-1,y)}\right] \tag{12-32}$$

以关键点为中心，确定一个邻域，统计该邻域窗口内每一个像素点的梯度方向，生成梯度方向直方图。梯度直方图将 0～360°的范围分为 36 个柱，每柱 10°，柱所代表的方向为像素点梯度方向，柱的长短代表了梯度幅值，峰值代表了该关键点处邻域梯度的主方向，作为该关键点的方向。如果还有另一个相当于主峰值 80%的峰值，认为该方向是关键点的辅方向。关键点可能具有多个辅方向，增强匹配的鲁棒性。

按 Lowe 的建议，直方图统计半径为 $3\times1.5\sigma$，σ 是关键点的尺度；参与统计的所有像素的梯度幅值按照高斯圆形窗口加权，尺度为 1.5σ。梯度方向直方图通常要进行插值拟合处理，以求得更精确的方向信息。

7. 关键点特征描述

检测到的图像关键点都有 3 个特征信息：位置、尺度和方向，且关键点已经具备平移、缩放和旋转不变性。需要为每个关键点建立一个特征描述子，这个描述子不但包括关键点，也包含关键点周围对其有贡献的像素点。因此，对关键点周围图像区域分块，计算块内梯度直方图，生成具有独特性的特征向量，以便于提高特征点正确匹配的概率。

(1) 确定计算描述子所需的图像区域：设关键点的主方向为 θ，所在尺度为 σ，将关键点附近邻域划分成 $d\times d$ 个子区域，每个子区域的尺寸为 $3\sigma\times3\sigma$ 个像素；考虑到插值的需要，图像区域边长为 $3\sigma(d+1)$；再加上旋转因素，实际计算的图像区域半径为 $R=3\sigma\sqrt{2}(d+1)/2$。

(2) 以关键点为中心，将附近半径为 R 的圆内图像坐标旋转一个方向角 θ，以确保旋转不变性。

(3) 在旋转后的图像坐标下,以关键点为中心,选取 $3\sigma d\times3\sigma d$ 大小的区域,对每个像素点计算梯度幅值和梯度方向,并对每个像素梯度幅值用尺度为 $0.5d$ 的高斯分布进行加权。

(4) 将 $3\sigma d\times3\sigma d$ 大小的图像区域等间隔划分为 $d\times d$ 个子区域,在每个子区域内计算 8 个方向的梯度方向直方图,绘制每个梯度方向的累加值,形成 $d\times d\times8$ 的特征向量。

(5) 对特征向量进行归一化处理,去除光照变化的影响。

(6) 设置门限值(一般取 0.2)截断较大的梯度值。然后,再进行一次归一化处理,提高特征的鉴别性。

(7) 按特征点的尺度对特征描述向量进行排序,生成 SIFT 特征描述子。

如图 12-17 所示,将关键点周围选择了 2×2 个小区域,每个区域计算 8 个方向的梯度方向直方图,最终形成 32 维的特征向量。建议选择 4×4 个小区域,构成 128 维特征向量。

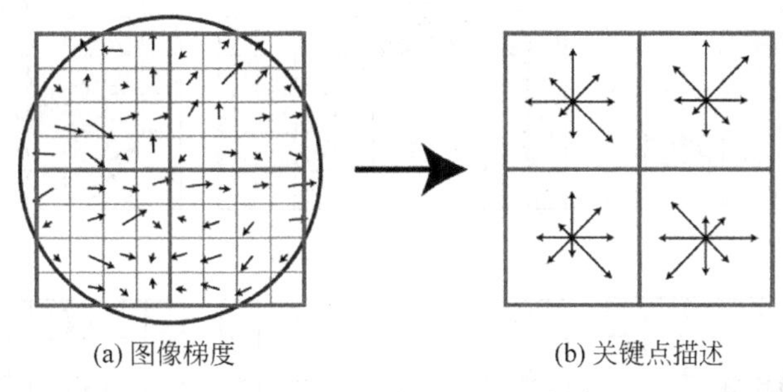

图 12-17 关键点描述子的创建

12.3.2 SURF 描述子

Herbert Bay 等人于 2006 年提出 SURF(Speeded Up Robust Features)算法,在生成特征矢量时,利用积分图,使用快速 Hessian 检测子来判断尺度空间提取的关键点是否为极值点;确定每个极值点的主方向,沿主方向构造一个窗口区域,在窗口内提取特征向量,用该向量描述关键点。相比 SIFT 算法,SURF 保持了尺度不变和旋转不变的特性,速度快,鲁棒性好。

1. Hessian 矩阵与盒式滤波器

对于图像中某个像素点(x,y),尺度 σ 的 Hessian 矩阵 $\boldsymbol{H}(x,y,\sigma)$为

$$\boldsymbol{H}(x,y,\sigma)=\begin{bmatrix}L_{xx}(x,y,\sigma) & L_{xy}(x,y,\sigma)\\ L_{xy}(x,y,\sigma) & L_{yy}(x,y,\sigma)\end{bmatrix}\tag{12-33}$$

其中,L_{xx} 表示图像 $f(x,y)$与高斯函数二阶偏导数$\dfrac{\partial^2 g(\sigma)}{\partial x^2}$在像素点$(x,y)$处的卷积,$L_{xy}$、$L_{yy}$ 与之类似。

对于 $\sigma=1.2$ 的高斯二阶微分滤波器,取 9×9 的模板,作为最小尺度空间值对图像进行

滤波，L_{xx}、L_{yy}、L_{xy} 模板如图 12-18(a)所示。由于高斯核是服从正态分布的，为提高运算速度，使用盒式滤波器近似替代高斯滤波器，将对图像的滤波转化为计算图像上不同区域间像素的加减运算问题，只需要查找积分图就可完成。盒式滤波器如图 12-18(b)所示，黑色区域权值为－1 或－2，白色区域权值为 1，其他灰色区域权值为 0。使用 D_{xx}、D_{yy}、D_{xy} 表示盒式滤波器与图像进行卷积的结果，则将 Hessian 矩阵的行列式简化为：

$$\det(H_{approx}) = D_{xx}D_{yy} - (0.9D_{xy})^2 \tag{12-34}$$

其中，在 D_{xy} 前的加权系数 0.9 是为了平衡因使用盒式滤波器近似所带来的误差。

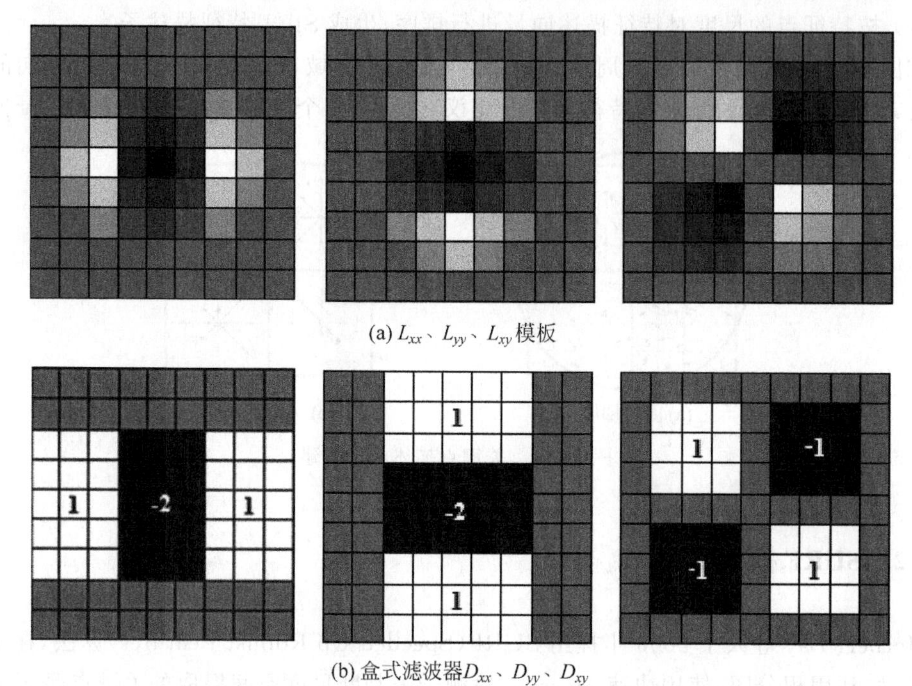

(a) L_{xx}、L_{yy}、L_{xy} 模板

(b) 盒式滤波器 D_{xx}、D_{yy}、D_{xy}

图 12-18　$L(x,y,\sigma)$模板和对应的加权盒式滤波器

2. 尺度空间的构建

SURF 算法从 9×9 的盒式滤波器开始，不断增大模板的尺寸，通过不同尺寸盒式滤波，求取 Hessian 矩阵行列式的响应图像，构成尺度空间。

与 SIFT 算法类似，将尺度空间划分为若干组，一个组代表了逐步放大的滤波模板对同一输入图像进行滤波的一系列响应图。每组又由若干固定的层组成。由于积分图离散化的原因，两层之间的最小尺度变化量由高斯二阶微分滤波器在微分方向上对正负斑点响应长度 l_0 决定的，设为盒式滤波器模板尺寸的 1/3。对于 9×9 的模板，$l_0=3$。下一层的响应长度至少应该在 l_0 的基础上增加 2 个像素，以保持黑白区域一边一个，确保中心点的存在，即 $l_0=5$。模板的尺寸就为 15×15。以此类推，得到一个模板序列，尺寸分别为：9×9、15×15、21×21、27×27。

采用类似的方法来处理其他几组的模板序列。其方法是将滤波器尺寸增加量翻倍(6,12,24,48)。这样,可以得到第二组的滤波器尺寸,它们分别为15,27,39,51。第三组的滤波器尺寸为27,51,75,99。如果原始图像的尺寸仍然大于对应的滤波器尺寸,尺度空间的分析还可以进行第四组,其对应的模板尺寸分别为51,99,147和195。

对于尺寸为L的模板,近似二维高斯核滤波时,对应的高斯核参数$\sigma=1.2\times(L/9)$,随着尺度的增大,被检测到的斑点数量迅速衰减,Bay建议将尺度空间分为四组,每组包括四层。

综上所述,将一幅图像经过如图12-18(b)所示的3种盒式滤波,计算Hessian行列式的值,所有Hessian行列式值构成一幅Hessian行列式图像。一幅灰度图像经过尺度空间中不同尺寸盒式滤波器的滤波处理,生成多幅Hessian行列式图像,从而构成了高斯金字塔。

3. 兴趣点的检测与定位

对式(12-34)计算出的行列式值设一个阈值,大于该值的为候选兴趣点,再采用$3\times3\times3$邻域非极大值抑制,即比较候选兴趣点与周围8个邻点及上下两层相应位置9×2个点(26个点,如图12-15所示)的行列式值,若该点行列式的值比周围26个点的值都大,则确定该点为该区域的特征点。

4. 兴趣点方向的分配

为使特征具备较好的旋转不变性,需要给每个特征点分配一个主方向。以某个兴趣点为圆心,确定以$6s$(s为该兴趣点对应的尺度)为半径的圆,用尺寸为$4s$的Haar小波模板对图像进行处理,求x、y两个方向的Haar小波响应d_x和d_y。Haar小波的模板如图12-19所示,黑色表示-1,白色表示$+1$。

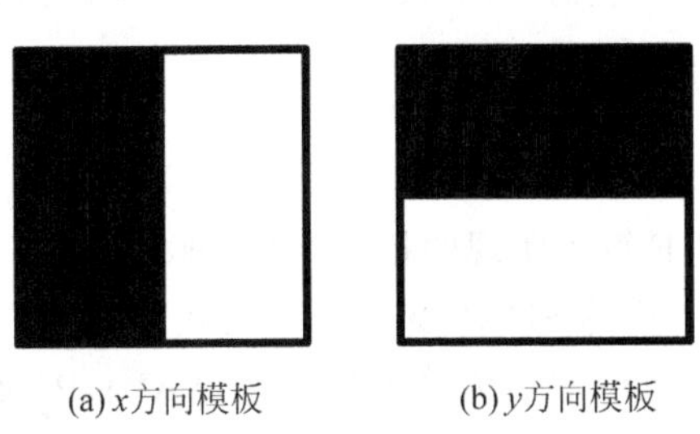

(a) x方向模板　　(b) y方向模板

图12-19　Haar小波模板

用以兴趣点为中心的高斯函数($\sigma=2s$)对Haar小波响应进行加权,对靠近圆心贡献大的关键点赋以较大权重,削弱远离圆心的关键点对主方向构建的影响。

在圆内选择60°的扇形区域w,统计其中的Haar小波特征总和及方向,如式(12-35)所示。

$$
\begin{aligned}
m_w &= \sum_w d_x + \sum_w d_y \\
\theta_w &= \arctan\left(\sum_w d_y \Big/ \sum_w d_x\right)
\end{aligned}
\tag{12-35}
$$

以一定角度间隔旋转扇形区域，并再次统计该区域内的 Harr 小波特征值 m_w，最后将值最大的那个扇形的方向 θ_w 作为该特征点的主方向。

5. 特征描述子的生成

以兴趣点为中心，沿主方向方位，构建一个大小为 20s 的方形区域，如图 12-20 所示。将其划分为 4×4 个矩形区域，边长为 5s。对每个子区域，统计 5×5 个等间距采样点水平和垂直方向的 Haar 小波特征：水平方向值之和为 $\sum d_x$、垂直方向值之和为 $\sum d_y$、水平方向值绝对值之和为 $\sum |d_x|$ 以及垂直方向绝对值之和为 $\sum |d_y|$，把这 4 个值作为每个子块区域的特征向量，如式(12-36)所示。SURF 特征的描述子为 4×4×4=64 维的向量，如图 12-21 所示。

$$V=\left(\sum d_x,\sum |d_x|,\sum d_y,\sum |d_y|\right) \tag{12-36}$$

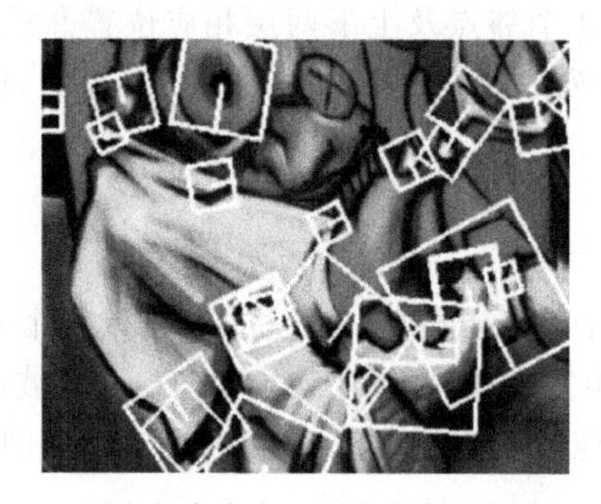

图 12-20　以兴趣点为中心沿主方向的方形区域示意

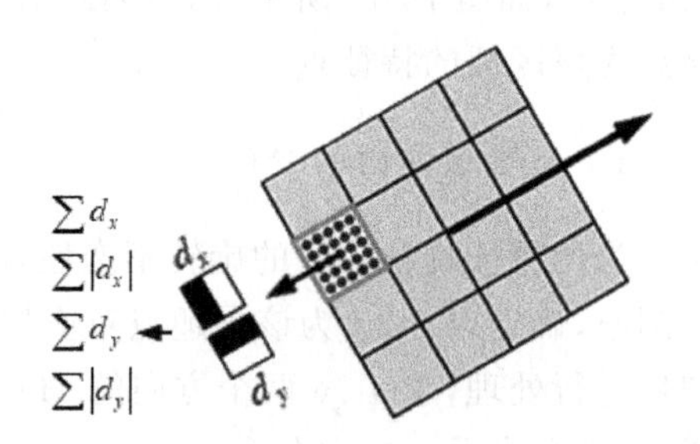

图 12-21　构造 SURF 特征描述子

6. SURF 特征点提取的实现

MATLAB 提供了 SURF 算子实现的相关函数，列举如下。

(1) SURFPoints 函数：描述 SURF 兴趣点。格式如下。

① POINTS=SURFPoints(LOCATION,PARAM1,VAL1,PARAM2,VAL2,...)：依据兴趣点坐标矩阵 LOCATION 和相关属性创建一个 SURFPoints 对象。相关属性如表 12-3 所示。

表 12-3　SURFPoints 参数及含义表

属　　性	含　　义
Count	对象所描述的兴趣点数目
Location	兴趣点坐标矩阵
Scale	检测到兴趣点的尺度，≥1.6，默认为 1.6
Metric	特征强度，默认为 0.0
SignOfLaplacian	Laplacian 符号标记，为－1、0、1，用于加速特征匹配过程，默认为 0
Orientation	特征方向，以弧度表示，默认值为 0.0

② methods：可以对 SURFPoints 进行操作的函数有 selectStrongest、selectUniform、plot、length、isempty、size。

(2) detectSURFFeatures 函数：寻找 SURF 特征点。格式如下。

① points＝detectSURFFeatures(I)：返回一个 SURFPoints 对象 points，包含在二维灰度图像 I 中检测到的 SURF 特征信息。

② points＝detectSURFFeatures(I, Name, Value)：指定参数实现 SURF 特征检测。参数及其含义如表 12-4 所示。

表 12-4 detectSURFFeatures 参数及含义表

属　　性	含　　义
MetricThreshold	非负数，指定选择兴趣点时的阈值，默认为 1000.0
NumOctaves	组数，≥1，推荐为 1～4，默认为 3
NumScaleLevels	层数，≥3，推荐为 3～6，默认为 4
ROI	格式为[X Y WIDTH HEIGHT]的向量，指定检测角点的矩形区域，默认为[1 1 size(I,2) size(I,1)]

【例 12-9】 利用 detectSURFFeatures 函数对图像进行特征检测与描述。

程序如下：

```
clear,clc,close all;
Image = imread('cameraman.tif');
points = detectSURFFeatures(Image);                              % SURF 特征检测
figure,imshow(Image);
hold on;
plot(points.selectStrongest(5),'showOrientation',true); % 绘制 5 个最突出的特征点及其方向
hold off;
figure,imshow(Image);
hold on;
plot(points(end - 4:end));                                       % 绘制最后 5 个特征点
```

程序运行结果如图 12-22 所示。

(a) 5个最突出特征点

(b) 最后5个特征点

图 12-22 SURF 特征检测与描述

12.3.3 BRISK描述子

BRISK(Binary Robust Invariant Scalable Keypoints)算法是 Stefan Leutenegger、Margarita Chli 和 Roland Y. Siegwart 于 2011 年提出来的一种特征提取算法,是一种二进制的特征描述算子。BRISK 算法通过构造图像金字塔,在尺度空间利用 FAST9-16 进行特征点检测,以满足尺度不变性。

1. 特征点检测

1) 尺度空间构建

BRISK 尺度空间有 n 个 octave 层,用 c_i 表示,n 个 intra-octave 层,用 d_i 表示,$i=0$,$1,\cdots,n-1$,典型取值 $n=4$。c_0 是原始图像,后面每一层 c_i 是上一层 c_{i-1} 的 2 倍下采样。intra-octave 层的 d_0 是原图的 1.5 倍下采样,后面每一层 d_i 是上一层 d_{i-1} 的 2 倍下采样。设每层的下采样率为 t,4 层 c_i 的下采样率 $t=2^i$,4 层 d_i 的下采样率 $t=2^i\times1.5$,t 也称为尺度。

2) 特征点检测

首先,对尺度空间的 8 幅图采用同样的阈值 T 进行 FAST9-16 角点检测,在每幅图中确定潜在的兴趣区域。然后,对兴趣区域中的点在尺度空间进行非极大抑制,即和同一层周围 8 个邻点、上下层环绕点相比,该点 FAST 分值 V 最大的则保留。由于特征点的检测需要当前层的上下两层,对 c_0 进行 FAST5-8 角点检测当作 d_{-1} 层,但不要求 d_{-1} 层点的 FAST 分值小于 c_0 层。(FAST 分值在此用 V 来表示,和前文 FAST 角点检测的表示保持一致,原文中用字母 s 表示)

对于极值点获取位置和尺度,在其所在层及其上下层所对应的位置,对 FAST 的分值进行二维二次函数插值(考虑 x、y、V),得到较准确的 FAST 分值极值及其坐标位置;再对尺度方向进行一维插值,得到极值点所对应的尺度,作为特征点尺度,如图 12-23 所示。

2. 特征描述

1) 采样与高斯滤波

以特征点为中心,构建不同半径的同心圆,在每个圆上获取一定数目的等间隔采样点(含特征点在内共 N 个,原文中 $N=60$),用实线小圆圈表示;以采样点为中心进行高斯滤波,滤波半径大小与高斯方差 σ 成正比,用虚线大圆圈表示,如图 12-24 所示($t=1$)。

2) 局部梯度计算

由于有 N 个采样点,两两组合,共有 $N(N-1)/2$ 种组合方式,点对(p_i,p_j)的局部梯度表示为

$$g(p_i,p_j)=(p_j-p_i)\frac{f(p_j,\sigma_j)-f(p_i,\sigma_i)}{\|p_j-p_i\|^2} \tag{12-37}$$

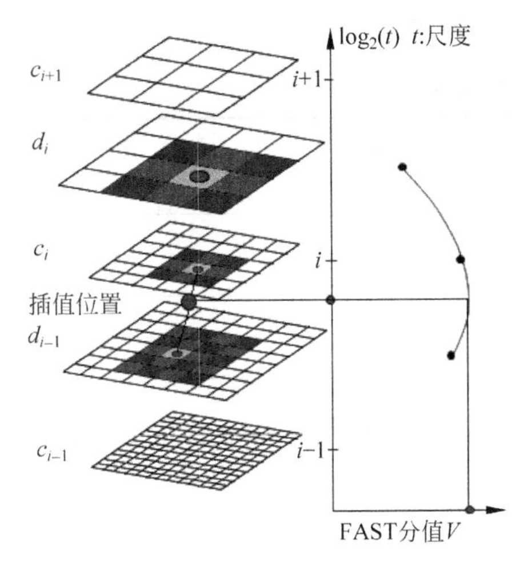

图 12-23 尺度空间 BRISK 兴趣点检测

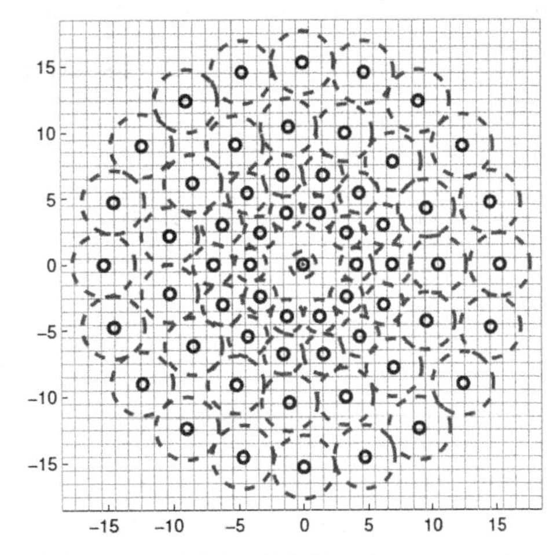

图 12-24 BRISK 采样模式($N=60,t=1$)

其中,$f(p_i,\sigma_i)$、$f(p_j,\sigma_j)$表示采用标准差为σ_i、σ_j的高斯滤波后采样点p_i、p_j的像素值。

所有组合点对用集合A表示:

$$A=\{(p_i,p_j)\in R^2\times R^2 \mid i<N,j<i,i,j\in N\} \tag{12-38}$$

定义短距离点对子集S、长距离点对子集L分别为:

$$S=\{(p_i,p_j)\in A \mid \|p_i-p_j\|<\delta_{\max}\}\subseteq A$$
$$L=\{(p_i,p_j)\in A \mid \|p_i-p_j\|>\delta_{\min}\}\subseteq A \tag{12-39}$$

其中,距离阈值$\delta_{\max}=9.75t$,$\delta_{\min}=13.67t$。

使用长距离点对集估计特征点的主方向α:

$$g=\begin{pmatrix}g_x\\g_y\end{pmatrix}=\frac{1}{L}\sum_{(p_i,p_j)\in L}g(p_i,p_j)$$
$$\alpha=\arctan2(g_y,g_x) \tag{12-40}$$

3) 特征描述子

将特征点周围的采样区域旋转到主方向,得到新的采样区域,采样模式同上。向量描述子由所有的短距离点对组成,每位b表示为

$$b=\begin{cases}1 & f(p_j^\alpha,\sigma_j)>f(p_i^\alpha,\sigma_i)\\0 & \text{其他}\end{cases}\quad \forall(p_i^\alpha,p_j^\alpha)\in S \tag{12-41}$$

根据上述的采样方式和距离阈值,获得一个512位的描述子。

3. BRISK 特征点提取的实现

MATLAB 提供 BRISK 算子实现的相关函数,列举如下。

(1) BRISKPoints 函数:描述 BRISK 兴趣点。格式如下。

① points=BRISKPoints(location,Name,Value,…):根据 M×2 的坐标矩阵 location

和相关属性创建 BRISKPoints 对象 points。相关属性如表 12-5 所示。

表 12-5　SURFPoints 参数及含义表

属　性	含　义
Count	对象所描述的兴趣点数目
Location	兴趣点坐标矩阵
Scale	检测到兴趣点的尺度，指采样半径，默认为 12
Metric	特征响应值，使用 FAST 角点分值，默认为 0.0
Orientation	特征方向，以弧度表示，默认为 0.0

② methods：可以对 BRISKPoints 进行操作的函数有 selectStrongest、selectUniform、plot、length、isempty、size。

(2) detectBRISKFeatures 函数：寻找 BRISK 特征点。

① points＝detectBRISKFeatures(I)：对二维灰度图像 I 检测 BRISK 特征并返回 BRISKPoints 对象 points。

② points＝detectBRISKFeatures(I,Name,Value)：指定参数实现 BRISK 特征检测。参数如表 12-6 所示。

表 12-6　detectBRISKFeatures 参数及含义表

属　性	含　义
MinContrast	(0 1)之间的数，指定检测到的角点和周围像素的最小灰度差相对于最大值的比例，增大时减少检测到的角点数量，默认为 0.2
NumOctaves	层数，取值大于等于 0，推荐为 1～4，默认为 4
MinQuality	取值为[0,1]，指定角点最低可接受响应度相对于图像中最大响应度的比例，较大时可以减少误检，默认值为 0.1
ROI	格式为[X Y WIDTH HEIGHT]的向量，指定检测角点的矩形区域，默认为[1 1 size(I,2) size(I,1)]

【例 12-10】 利用 detectBRISKFeatures 函数对图像进行特征检测与描述。

程序如下：

```
clear,clc,close all;
Image = imread('cameraman.tif');
points = detectBRISKFeatures(Image);
strongest = points.selectStrongest(10);
imshow(Image);
hold on;
plot(strongest);
strongest.Location        %在命令窗口显示特征点的坐标
```

图 12-25　BRISK 特征检测

程序运行结果如图 12-25 所示。

12.3.4 FREAK 描述子

FREAK(Fast Retina Keypoint)算法是 Alahi Alexandre、Ortiz Raphael 和 Pierre Vandergheynst 于 2012 年提出的,也是一种二进制的特征描述算子,可通过模仿人眼视觉系统完成。

1. 采样模式

作者提出,在人眼的视网膜区域中,神经节细胞的分布随离中心点的距离呈指数递减,根据密度可以分为四个区域:foveal、fovea、parafoveal 和 perifoveal,中心 foveal 区域感受高分辨率图像。FREAK 算法中,采样模式采取了接近于人眼视网膜接收图像信息的采样模型,如图 12-26(a)所示。从图中可以看出,该结构是由很多大小不同并有重叠的圆构成,最中心的点是特征点,每个圆心代表一个采样点,每个圆圈代表一块感受野,对该部分图像进行高斯滤波处理,每个圆圈的半径表示了高斯滤波的标准差。与 BRISK 算法不同,高斯滤波器的大小不同。FREAK 算法的采样结构为:6、6、6、6、6、6、6、1,这里的 6 代表每层有 6 个采样点,且都在一个同心圆内,一共有 7 个同心圆,1 代表的是特征点。

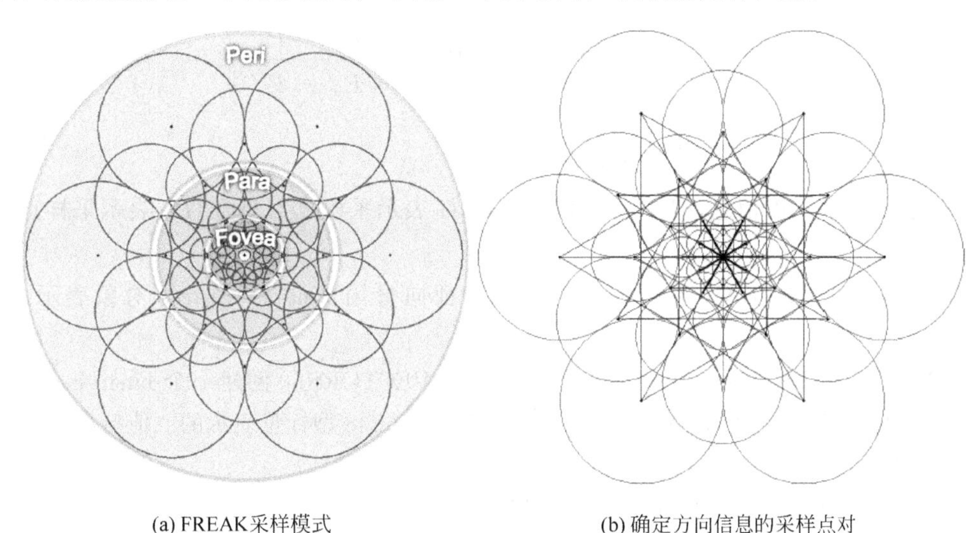

(a) FREAK采样模式　　(b) 确定方向信息的采样点对

图 12-26　FREAK 采样模式

2. 构建描述子

用 F 表示二进制描述子,P_a 是采样点对,N 表示期望的二进制编码长度,则有:

$$F = \sum_{0 \leqslant a < N} 2^a T(P_a) \tag{12-42}$$

其中，$T(P_a)=\begin{cases}1 & f(P_a^{r_1})>f(P_a^{r_2}) \\ 0 & \text{其他}\end{cases}$，$f(P_a^{r_1})$表示采样点对 P_a 中前一个采样点的像素值，$f(P_a^{r_2})$表示采样点对 P_a 中后一个采样点的像素值。

由于采样点对很多，描述子会很长，而且很多点对对于描述图像并没有多大的帮助，因此，对采样点对进行筛选。

(1) 作者利用 50000 个特征点建立了一个矩阵 $\boldsymbol{D}$，$\boldsymbol{D}$ 中每一行表示一个特征点描述符，由于有 43 个采样点，点对组合有 $43\times42/2=903$ 种情况，即矩阵 $\boldsymbol{D}$ 有 903 列。

(2) 对 $\boldsymbol{D}$ 的每一列计算均值。由于 $\boldsymbol{D}$ 中元素取值为 0、1，均值在 0.5 附近说明该列具有高的方差。

(3) 按照方差从大到小对矩阵各列排序，即均值最接近 0.5 的排在第一位，均值离 0.5 越远的排在越靠后，对列进行排序。

(4) 取矩阵的前 k 列，原文中取 $k=512$，即选中了 k 种点对组合，描述子长为 k 位。

由于特征点周围有 43 个采样点，可产生 903 个采样点对，FREAK 算法选取其中 45 个长的、对称的采样点对提取特征点的方向，采样点对如图 12-26(b)所示。特征点方向 α 如式(12-43)所示。

$$O=\frac{1}{M}\sum_{P_o\in G}\left[f(P_o^{r_1})-f(P_o^{r_2})\right]\frac{P_o^{r_1}-P_o^{r_2}}{\| P_o^{r_1}-P_o^{r_2} \|}$$

$$\alpha=\arctan2\left(\frac{O_y}{O_x}\right) \tag{12-43}$$

其中，O 表示局部梯度信息，M 表示采样点对数，G 表示采样点对集合，P_o 表示采样点对的位置。

MATLAB 中，FREAK 算法提取的二值特征向量用 binaryFeatures 对象表示，列举如下。

(1) FEATURES＝binaryFeatures(FEATURE_VECTORS)：创建一个 binaryFeatures 对象，FEATURE_VECTORS 是 M×N 矩阵，每行为一个 uint8 型标量表示的二值特征向量。

(2) 属性。

Features：M 个二值特征向量构成的 M×N 矩阵。

NumBits：每个特征向量的位数。

NumFeatures：特征向量数目。

12.3.5 MSER 描述子

J. Matas，等人于 2002 年提出了 MSER(Maximally Stable Extremal Regions)描述子，是一种仿射不变区域特征提取算法，通过寻找最大稳定极值区域作为区域特征描述。

1. 最大稳定极值区域

定义图像 f 为区域 D 到灰度 S 的映射：f：$D \in Z^2 \to S$，区域 D 内像素间的邻接关系为 A，设点 $p,q \in D$，用 pAq 表示 p 和 q 两点关于 A 关系邻接。

区域 $Q \subset D$，是 D 中的一个连通成分。Q 的边界定义为

$$\partial Q = \{q \in D \backslash Q: \exists p \in Q, qAp\} \tag{12-44}$$

即边界 ∂Q 中的像素点 q 至少和 Q 中的一个像素 p 相邻，但不属于 Q。

对于所有的 $p \in Q, q \in \partial Q$，若 $f(p) > f(q)$，称为极大值区域；若 $f(p) < f(q)$，称为极小值区域。

对于一组嵌套的极值区域序列 $Q_1, Q_2, \cdots, Q_{i-1}, Q_i, \cdots$，即 $Q_i \subset Q_{i+1}$，若区域面积变化率

$$q(i) = \frac{|Q_{i+\Delta} \backslash Q_{i-\Delta}|}{|Q_i|} \tag{12-45}$$

在 i 处取局部最小值，则称 Q_i 为最大稳定极值区域。其中，$\Delta \in S$，是微小的灰度变化，$|\cdot|$ 表示求区域面积。

最大稳定极值区域通俗的解释为：首先取阈值为最小灰度，二值化后的图像为全白色；阈值逐渐增大，具有较小灰度的黑点慢慢呈现，慢慢聚合成小区域，小区域汇合成大区域，当阈值为最大灰度时，二值化图像为全黑色。在这个过程中，阈值在一定范围内变化时，区域的面积变化很缓慢的区域即是最大稳定极值区域。这样检测得到的 MSER 内部灰度值小于边界，表示为 MSER+；将图像灰度反转后进行检测（或者将阈值从大到小变化），得到的 MSER 内部灰度值大于边界，表示为 MSER−；MSER+和 MSER−共同组成了 MSER。

2. 仿射不变区域特征描述子提取

对 MSER 计算二阶中心矩，用等效椭圆拟合 MSER；将拟合区适当扩大为测量区，指定半径归一化为圆形区域；在归一化区域内进行图像梯度直方图统计，找出该直方图的最大值，并将该最大值对应的方向作为归一化区图像梯度的主方向；根据主方向对归一化区图像进行旋转，保证特征描述的旋转不变性；对灰度归一化保证对灰度变化的不变性。

MATLAB 提供 MSER 算子实现的相关函数，列举如下。

(1) MSERRegions 函数：描述 MSER 区域及区域的等效椭圆。

① 属性：MSERRegions 属性如表 12-7 所示。

表 12-7　MSERRegions 属性表

属　　性	含　　义
Count	对象所描述的区域数目
Location	M×2 的等效椭圆中心坐标矩阵
Axes	二维向量[majorAxis minorAxis]，指定等效椭圆的长轴和短轴
Orientation	[−π/2,π/2]之间的弧度值，椭圆主轴和 x 轴的夹角
PixelList	M×1 的元胞数组，每个元胞包含一个 P×2 的矩阵，是 MSER 区域内点的坐标

② methods：可以对 MSERRegions 进行操作的函数有 plot、length、isempty、size。

plot(AXES_HANDLE,PARAM1,VAL1,PARAM2,VAL2,…)：绘制 MSER 区域。参数及其取值有：'showEllipses',逻辑值,取 true 时(默认),为每个区域绘制等效椭圆,取 false 时,仅绘制等效椭圆中心；'showOrientation',逻辑值,取 true 时,从椭圆中心到椭圆边界绘制表示区域长轴的线,默认为 false；'showPixelList',逻辑值,取 true 时,仅绘制区域,默认为 false。

③ REGIONS＝MSERRegions(PixelList)：根据 PixelList 创建 MSERRegions 对象 REGIONS。

(2) detectMSERFeatures 函数：寻找 MSER 特征。调用格式如下。

① regions＝detectMSERFeatures(I)：对二维灰度图像 I 进行 MSER 特征检测,返回 MSERResions 对象 regions。

② […,cc]＝detectMSERFeatures(I)：返回连通成分结构体 cc,可以给 regionprops 函数传递参数。cc 包括 4 个字段：Connectivity,MSER 区域的连通性,默认是 8；ImageSize,图像 I 的尺寸；NumObjects,MSER 区域数目；PixelIdxList,1×NumObjects 的元胞数组,第 k 个元素是第 k 个 MSER 区域的像素的线性索引向量。

③ regions＝detectMSERFeatures(I,Name,Value)：指定参数实现 MSER 区域检测,参数如表 12-8 所示。

表 12-8 detectMSERFeatures 参数及含义表

属　　性	含　　义
ThresholdDelta	范围为(0,100],代表百分比,指定选择极值区域的阈值级之间的步长,减少此值以返回更多区域。典型的值范围为 0.8～4,默认为 2
RegionAreaRange	二维向量[minArea maxArea],指定区域像素数范围,默认为[30 14000]
MaxAreaVariation	典型取值为 0.1～1.0,默认为 0.25,极值区域最大面积变化
ROI	格式为[X Y WIDTH HEIGHT]的向量,指定检测的矩形区域,默认为[1 1 size(I,2) size(I,1)]

【例 12-11】 利用 detectMSERFeatures 函数对图像进行 MSER 区域检测。

程序如下：

```
clear,clc,close all;
Image = imread('coins.png');
[regions,mserCC] = detectMSERFeatures(Image);                %MSER 区域检测
subplot(131),imshow(Image),title('MSER 区域');
hold on,plot(regions,'showPixelList',true,'showEllipses',false),hold off;
subplot(132),imshow(Image),title('等效椭圆和中心点');
hold on,plot(regions),hold off;
stats = regionprops('table',mserCC,'Eccentricity');          %以 table 形式输出各个区域的离心率
eccentricityIdx = stats.Eccentricity < 0.55;                 %离心率小于 0.55,近似圆
circularRegions = regions(eccentricityIdx);
subplot(133),imshow(Image),title('检测到的近似圆');
hold on,plot(circularRegions,'showPixelList',true,'showEllipses',false);
```

程序运行结果如图 12-27 所示。

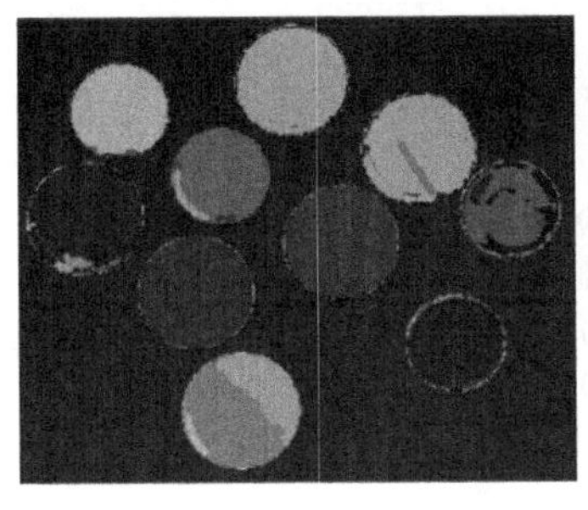

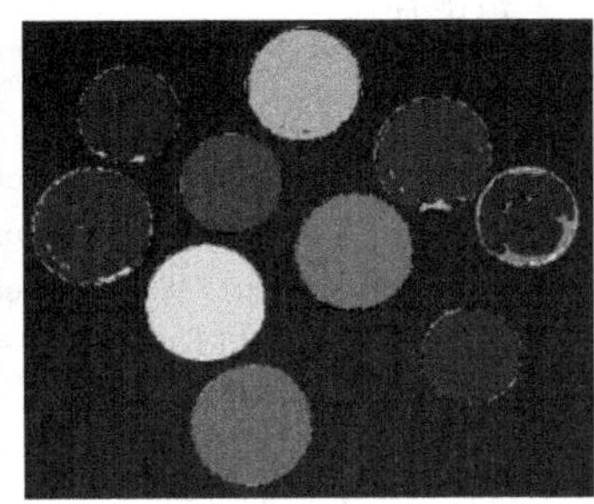

(a) MSER区域　　(b) 等效椭圆和中心点　　(c) 检测到的近似圆

图 12-27　MSER 区域检测

12.3.6　特征描述子提取的实现

MATLAB 提供多种特征描述子提取的实现函数 extractFeatures，从二值图像或灰度图像中的兴趣点周围提取特征描述子，其调用格式如下。

(1) [FEATURES, VALID_POINTS] = extractFeatures(I, POINTS)：返回的 FEATURES 为特征描述子，是 M 个 N 维特征向量构成的 M×N 矩阵，也可以是一个 binaryFeatures 对象；VALID_POINTS 为 M 个与描述子相关联的特征点。POINTS 可以是不同类型的兴趣点对象，指明提取特征描述子采用的方法，如表 12-9 所示。

表 12-9　extractFeatures 参数及含义表

属　　性	取值及含义
POINTS	SURFPoints：提取 SURF 特征描述子
	MSERRegions：提取 MSER 特征描述子
	cornerPoints：提取 FAST、最小特征值、Harris 角点特征描述子
	BRISKPoints：提取 BRISK 特征描述子
	KAZEPoints：提取 KAZE 特征描述子，类似于 SURF
	ORBPoints：提取 ORB 特征描述子
	M×2 的坐标矩阵：描述子为点周围方形邻域
Method	'BRISK'、'FREAK'、'SURF'、'KAZE'、'ORB'、'Block'或'Auto'(默认)，指明特征描述子类型，为'Auto'时根据输入点对象的类型决定，为'Block'时为点周围方形邻域
BlockSize	奇整数，默认为 11，当 Method 为'Block'时有效，局部方形邻域为 BlockSize×BlockSize
Upright	逻辑量，默认为 false。设置为 true 时，不估计特征向量的方向，方向设为 $\pi/2$
FeatureSize	整数 64 或 128，默认为 64，SURF 或 KAZE 特征描述子长度

(2) [FEATURES, VALID_POINTS] = extractFeatures(I, POINTS, Name, Value)：指定参数获取特征描述子。

【例 12-12】 利用 extractFeatures 函数提取 Harris、FAST 角点特征。

程序如下：

```
clear,clc,close all;
Image = rgb2gray(imread('blocks.jpg'));
Hcorners = detectHarrisFeatures(Image);         % Harris 角点检测
Fcorners = detectFASTFeatures(Image);           % FAST 角点检测
[Hfeatures,Hvalid_corners] = extractFeatures(Image,Hcorners);
[Ffeatures,Fvalid_corners] = extractFeatures(Image,Fcorners);        % 提取 FREAK 特征
subplot(121),imshow(Image),title('Harris 角点检测');
hold on,plot(Hvalid_corners),hold off;
subplot(122),imshow(Image),title('FAST 角点检测');
hold on,plot(Fvalid_corners),hold off;
Hfeatures
Ffeatures
```

程序运行，Harris 角点检测结果如图 12-6(a)所示，检测到 24 个角点，有效角点 23 个；FAST 角点检测结果如图 12-12(a)所示，检测到 22 个角点，有效角点 19 个。命令窗口输出如下：

```
Hfeatures =
        binaryFeatures - 属性:
              Features: [23 × 64 uint8]
              NumBits: 512
           NumFeatures: 23

Ffeatures =
        binaryFeatures - 属性:
              Features: [19 × 64 uint8]
              NumBits: 512
           NumFeatures: 19
```

【例 12-13】 利用 extractFeatures 函数提取 MSER 椭圆区域中心特征。

程序如下：

```
clear,clc,close all;
Image = rgb2gray(imread('blocks.jpg'));
regions = detectMSERFeatures(Image);
[Features1, valid_points1] = extractFeatures(Image,regions,'Upright',true);
                                        % 提取 MSER 椭圆中心区域 SURF 特征,长 64,不估计特征主方向
[Features2, valid_points2] = extractFeatures(Image,regions,'FeatureSize',128);
                                        % 提取 MSER 椭圆中心区域 SURF 特征,长 128,估计特征主方向
subplot(121),imshow(Image),title('不估计特征方向');
hold on,plot(valid_points1,'showOrientation',true),hold off;
subplot(122),imshow(Image),title('估计特征方向');
hold on,plot(valid_points2,'showOrientation',true),hold off;
```

程序运行结果如图 12-28 所示。图像中检测到 121 个 MSERRegions，Feature1 是 121×64 的特征，Feature2 是 121×128 的特征。

【例 12-14】 利用 extractFeatures 函数对图像进行 SURF、BRISK、FREAK 特征描述。

程序如下：

```
clear,clc,close all;
Image = rgb2gray(imread('blocks.jpg'));
```

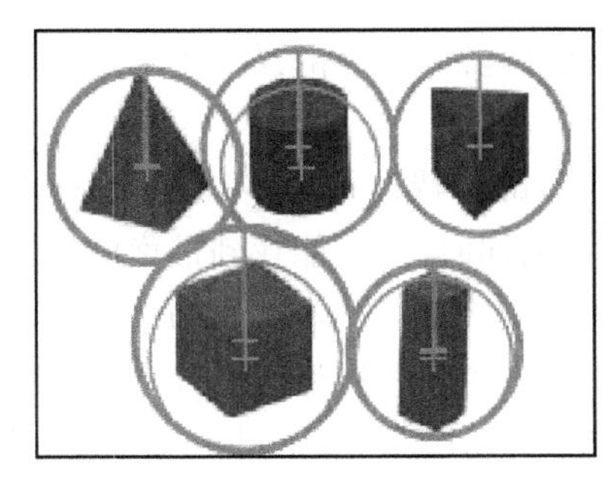

(a) 不估计特征方向

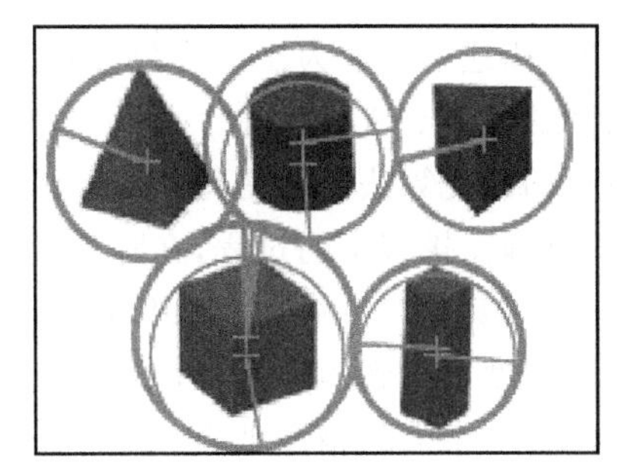

(b) 估计特征方向

图 12-28　提取 MSER 椭圆区域中心 SURF 特征

```
regions1 = detectSURFFeatures(Image);
regions2 = detectBRISKFeatures(Image);
[Features1, valid_points1] = extractFeatures(Image,regions1);
[Features2, valid_points2] = extractFeatures(Image,regions2,'Method','BRISK');
[Features3, valid_points3] = extractFeatures(Image,regions2,'Method','FREAK');
subplot(131),imshow(Image),title('SURF 特征描述子');
hold on,plot(valid_points1,'showOrientation',true),hold off;
subplot(132),imshow(Image),title('BRISK 特征描述子');
hold on,plot(valid_points2,'showOrientation',true),hold off;
subplot(133),imshow(Image),title('FREAK 特征描述子');
hold on,plot(valid_points3,'showOrientation',true),hold off;
```

程序运行结果如图 12-29 所示。Features1 为 45×64 的 SURF 特征描述子，Features2 和 Features3 都是 512 位的二进制特征，特征数目 37，特征取值不一样。

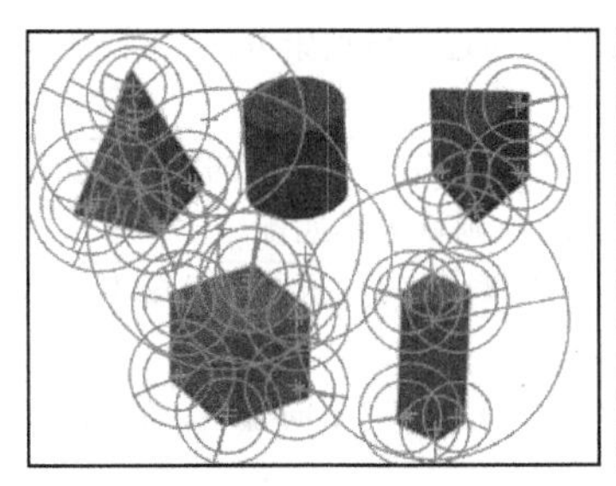

(a) SURF特征描述子

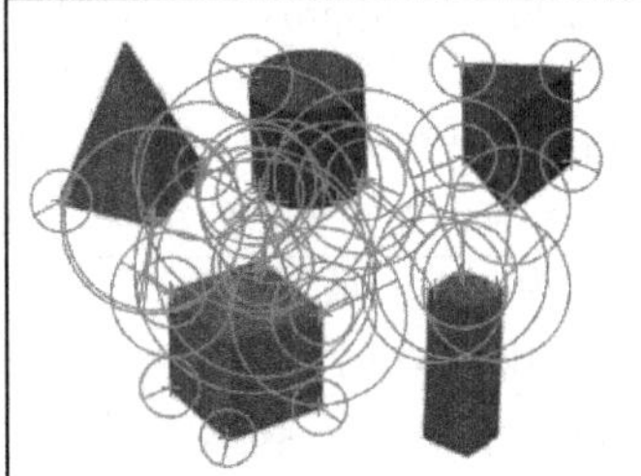

(b) BRISK特征描述子

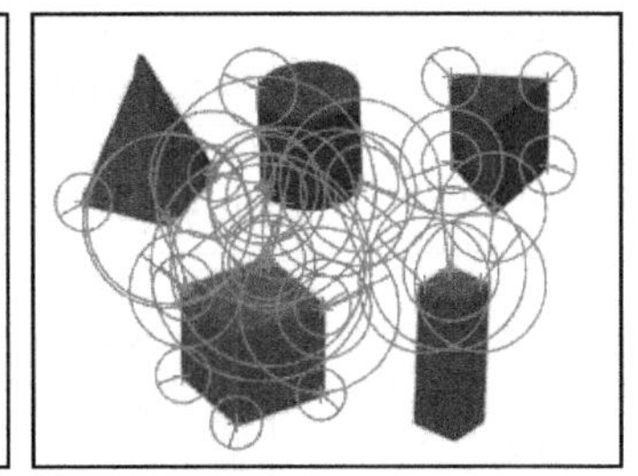

(c) FREAK特征描述子

图 12-29　提取图像的 SURF、BRISK、FREAK 特征描述子

12.4　特征匹配

所谓特征匹配是判断图像间的特征向量是否存在对应关系，在提取出特征向量后，计算向量间的相似程度，寻找两两距离最近的特征点匹配对。因此，特征匹配的关键技术包括相似性度量、匹配算法及错配消除。

相似性度量一般采用距离函数，如欧氏距离、马氏距离，匹配二进制描述子常采用汉明距离，即看两个描述子异或为1的位数，向量相似度越高，对应的汉明距离越小，也可以采用特征向量之间的SSD、SAD等值。

这里所说的匹配算法指的是特征匹配的过程，由于特征点较多，两两进行比较，计算量大，往往需要合理安排搜索的过程，在降低搜索量的同时，尽可能找到最优的特征点匹配对，如k-D树、最近邻算法(Nearest Neighbor，NN)、BBF算法(Best Bin First，BBF)等。

通过相似性度量得到的匹配对，不可避免地会产生一些错误匹配，因此需要根据几何限制或其他的附加约束消除错误匹配，如随机抽样一致性算法(Random Sample Consensus，RANSAC)。因篇幅关系，对于匹配算法和错配消除算法不做介绍，可以参看相关资料。

MATLAB提供了进行特征匹配的相关函数，列举如下：

(1) matchFeatures函数：寻找匹配的特征。调用格式如下：

① indexPairs=matchFeatures(features1，features2)：输入的features1和features2可以是同为N列的特征矩阵，每行为一个特征向量；或者是binaryFeatures；返回的P×2矩阵indexPairs，同一行两列分别为匹配的特征对在features1和features2中的索引(行数目)。

② [indexPairs，matchMetric]=matchFeatures(features1，features2，…)：同时返回匹配特征点对的匹配值向量matchMetric。

③ [indexPairs，matchMetric]=matchFeatures(…，Name，Value)：指定参数实现特征匹配，参数及其含义如表12-10所示。

表12-10 matchFeatures参数及含义表

属　性	含　义
Method	选择匹配方法，取'Exhaustive'(默认)，计算比较features 1和features 2之间所有特征向量之间的距离；取'Approximate'，使用优化最邻近邻域搜索方法，在特征点集较大时使用
MatchThreshold	匹配距离百分比阈值，范围为(0 100]，对二进制向量默认为10.0，非二进制向量默认为1.0。若两个特征间距离大于最好匹配值的T%，则认为不匹配
MaxRatio	范围为(0 1]，默认为0.6，若最小距离d_1与第二小距离d_2的比值小于MaxRatio，返回最小距离d_1的匹配，用于排除不明确的匹配
Metric	非二进制向量相似性度量方法，取'SAD'或'SSD'(默认)。二进制向量，自动选择汉明距离
Unique	逻辑值，为true时，返回features1、features2间的唯一匹配；为false时，返回所有features1与features2间的匹配。默认为false

(2) showMatchedFeatures函数：显示匹配的特征点对。格式如下。

① showMatchedFeatures(I1，I2，matchedPoints1，matchedPoints2)：创建一幅伪彩色图像来覆盖图像，匹配点用彩色线段连接。matchedPoints1和matchedPoints2是I1和I2中的匹配点坐标，匹配点可以是M×2的坐标矩阵，或者SURFPoints、MSERRegions、cornerPoints、BRISKPoints对象。

② showMatchedFeatures(I1，I2，matchedPoints1，matchedPoints2，method)：使用

method 指定的视觉模式实现图像 I1 和 I2 的显示。method 参数见表 12-11。

表 12-11 showMatchedFeatures 参数及含义表

属　性	含　义
method	取'falsecolor',为默认值,创建一个显示 I1 为红色,I2 为青色的图像覆盖图像
	取'blend',利用 alpha 融合覆盖 I1 和 I2
	取'montage',将 I1 和 I2 在同一幅图像中左右摆放显示
PlotOptions	元胞数组{MarkerStyle1,MarkerStyle2,LineStyle},指定 I1 中的标记、I2 中的标记及线型和颜色,默认为{'ro','g+','y-'}
Parent	指定输出坐标系统

③ hImage=showMatchedFeatures(…):返回生成图像的句柄。

④ showMatchedFeatures(…,Name,Value):指定参数实现匹配特征点对的显示。

【例 12-15】 使用 BRISK 特征实现图像匹配。

程序如下:

```
clear,clc,close all;
I1 = rgb2gray(imread('test5.jpg'));
I2 = rgb2gray(imread('test7.jpg'));
points1 = detectBRISKFeatures(I1);
points2 = detectBRISKFeatures(I2);
[f1,vpts1] = extractFeatures(I1,points1);
[f2,vpts2] = extractFeatures(I2,points2);
indexPairs = matchFeatures(f1,f2);                %使用汉明距离衡量相似性
matchedPoints1 = vpts1(indexPairs(:,1));
matchedPoints2 = vpts2(indexPairs(:,2));
showMatchedFeatures(I1,I2,matchedPoints1,matchedPoints2);
title('BRISK 特征匹配');
legend('图 1 匹配点','图 2 匹配点');
```

程序运行结果如图 12-30 所示。

(a) 匹配示例1

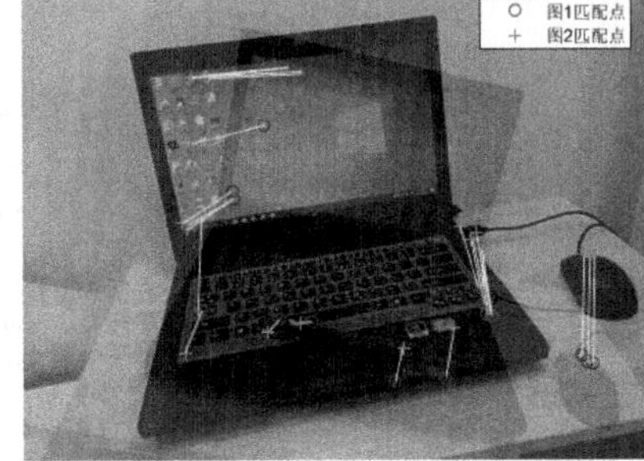

(b) 匹配示例2

图 12-30　使用 BRISK 特征实现图像匹配

【例 12-16】 使用 SURF 特征实现图像匹配，分别显示唯一匹配和非唯一匹配情况。

程序如下：

```
clear,clc,close all;
I1 = rgb2gray(imread('test5.jpg'));
I2 = rgb2gray(imread('test6.jpg'));
points1 = detectSURFFeatures(I1);
points2 = detectSURFFeatures(I2);
[f1,vpts1] = extractFeatures(I1,points1);
[f2,vpts2] = extractFeatures(I2,points2);
indexPairs1 = matchFeatures(f1,f2,'Unique', true);          % 唯一匹配
matchedPoints1 = vpts1(indexPairs1(:,1));
matchedPoints2 = vpts2(indexPairs1(:,2));
indexPairs2 = matchFeatures(f1, f2,'Unique', false);        % 非唯一匹配
matchedPoints3 = vpts1(indexPairs2(:,1));
matchedPoints4 = vpts2(indexPairs2(:,2));
subplot(211),showMatchedFeatures(I1,I2,matchedPoints1,matchedPoints2,'montage');
legend('唯一匹配点 1','唯一匹配点 2');
subplot(212),showMatchedFeatures(I1,I2,matchedPoints3,matchedPoints4,'montage');
legend('非唯一匹配点 1','非唯一匹配点 2');
```

程序运行如图 12-31 所示。图 12-31(b)中，第一幅图有多个特征点和第二幅图中同一个特征点匹配。

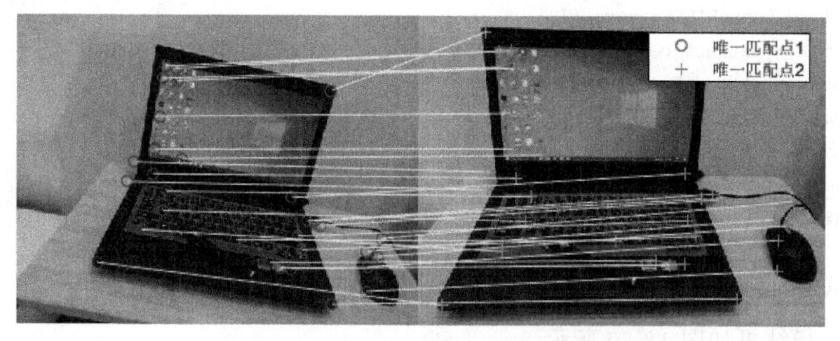

(a) 唯一匹配

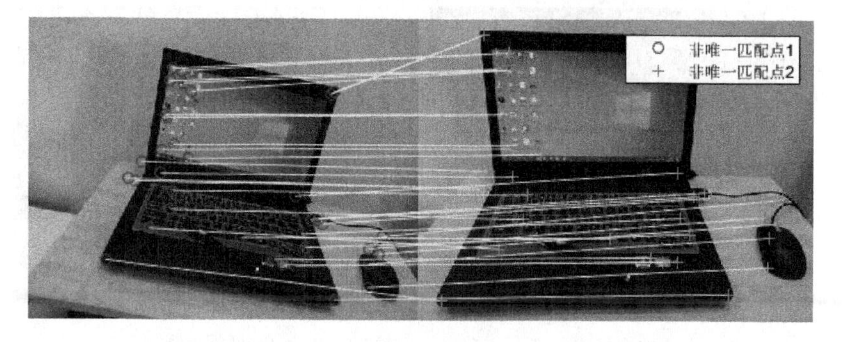

(b) 非唯一匹配

图 12-31 使用 SURF 特征实现图像匹配

12.5 实例

【例 12-17】 对同一场景的第二幅图进行几何变换并和第一幅图配准。

设计思路：

首先利用 Harris 角点特征，在两幅图像之间建立匹配点对，根据匹配点对估计几何变换矩阵，再对第二幅图像进行几何变换实现配准。

MATLAB 提供了根据匹配点对实现几何变换估计的函数 estimateGeometricTransform，其调用格式如下。

（1） tform = estimateGeometricTransform（matchedPoints1，matchedPoints2，transformType）：返回几何变换矩阵 tform。匹配点对 matchedPoints1 和 matchedPoints2 可以是 M×2 的坐标矩阵或各种特征点对象。transformType 可取'similarity'、'affine'或'projective'。异常点使用 M-estimator SAmple Consensus（MSAC）算法进行排除，是 RANSAC 的变形。如果 transformType 设置成'similarity'或'affine'，返回值 tform 是一个 affine2d 类型，否则是 projective2d 类型。

（2）[tform，inlierPoints1，inlierPoints2]=estimateGeometricTransform（…）：同时返回相匹配特征点。

（3）[tform，inlierPoints1，inlierPoints2，status]=estimateGeometricTransform（…）：同时返回匹配状态码 status，0 表示没有错误，1 表示 matchedPoints1 和 matchedPoints2 中没有足够的点，2 表示没有发现足够的匹配点。当没有 status 输出时，函数将会给出错误提示。

（4）[…]=estimateGeometricTransform（matchedPoints1，matchedPoints2，transformType，Name，Value）：指定参数实现几何变换估计。参数'MaxNumTrails'，正整数，默认为 1000，指定用于查找正常点的最大随机试验数；参数'Confidence'为（0 100）范围内的数值，代表百分比，指定期望的最大值的可信度，默认为 99；参数'MaxDistance'，一个正数，指定投影位置和相关位置之间的最大像素距离，默认为 1.5。

程序如下：

```
clear,clc,close all;
I1 = rgb2gray(imread('test5.jpg'));
I2 = rgb2gray(imread('test6.jpg'));
points1 = detectHarrisFeatures(I1);                    % Harris 角点检测
points2 = detectHarrisFeatures(I2);
[f1,vpts1] = extractFeatures(I1,points1);              % 特征描述
[f2,vpts2] = extractFeatures(I2,points2);
indexPairs = matchFeatures(f1,f2);                     % 特征匹配
matchedPoints1 = vpts1(indexPairs(:,1));
matchedPoints2 = vpts2(indexPairs(:,2));
showMatchedFeatures(I1,I2,matchedPoints1,matchedPoints2,'montage');
```

```
title('Harris 角点匹配');
tform = estimateGeometricTransform(matchedPoints2,matchedPoints1,'similarity');
                                   % 估计第一幅图中匹配点相对于第二幅图中匹配点的变换关系
outputView = imref2d(size(I1));                          % 给定图像尺寸创建 imref2d 对象
result = imwarp(I2,tform,'OutputView', outputView);      % 对第二幅图进行几何变换
figure; imshow(result); title('恢复的图像');
figure,imshowpair(I1,result);
```

程序运行结果如图 12-32 所示。

(a) Harris角点匹配　　　　(b) 对第二幅图进行几何变换

图 12-32　使用 Harris 特征实现图像配准

12.6　本章小结

本章主要介绍了图像匹配的概念和常用的方法,包括基于灰度的图像匹配,Moravec、Harris、最小特征值、SUSAN 和 FAST 角点检测,SIFT、SURF、BRISK、FREAK 及 MSER 特征描述,特征匹配及仿真实现。图像匹配方法众多,在解决具体问题时,可以根据图像的特点、各种方法的特性选择合适的匹配方法。

第13章 MATLAB图像处理GUI设计

图形用户界面(Graphical User Interfaces,GUI)是指采用图形方式显示的计算机操作用户界面,由窗口、菜单、对话框、按钮等各种图形对象组成。设计 GUI 界面,可以直观地输出、展示数据和图形图像,方便用户操作。本章首先介绍 GUI 设计的工具、常用控件、菜单、对话框及创建,再以设计“图像分割实验平台”GUI 为例,介绍图像处理 GUI 的设计过程、方法及效果,方便学习中使用。

13.1 认识 GUI

首先了解 GUI 设计的环境及对话框、菜单、常用的控件的基础知识。

13.1.1 设计环境

MATLAB 提供了一套可视化的图形窗口设计工具,可以很方便地设计 GUI 应用程序。

1. 布局编辑器

在命令窗口输入指令:

```
>> guide
```

打开 GUI 设计启动界面,如图 13-1 所示。MATLAB 提供了 4 种 GUI 设计模板,分别为空白模板、带控制框对象的模板、带坐标轴和菜单的 GUI 模板及带模式问题对话的模板,可以在启动界面的预览区域查看,根据设计需要选择。

选中空白模板,选中启动界面下方的复选框“将新图窗另存为”,在后面的文本框内设定路径、图窗名,单击“确定”按钮,显示 GUI 布局编辑器,如图 13-2 所示。编辑器窗口有菜单栏、快捷工具栏、控件工具栏、设计区域、状态栏,编辑器窗口为图形式交互设计界面,操作便捷。

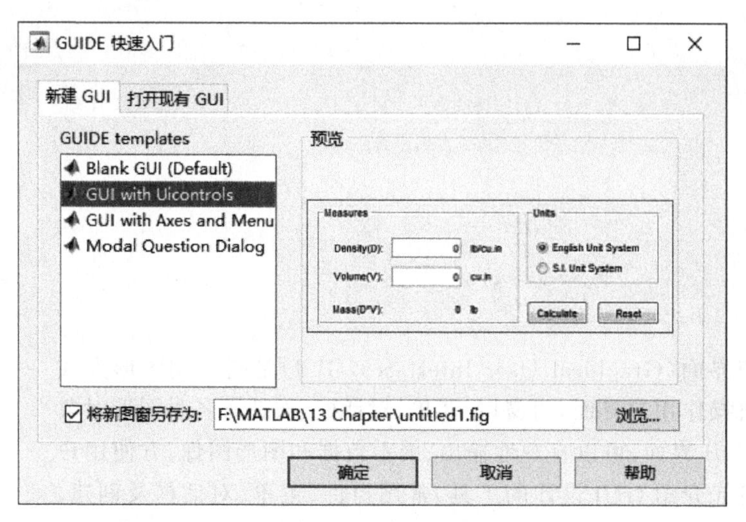

图 13-1　GUI 设计启动界面

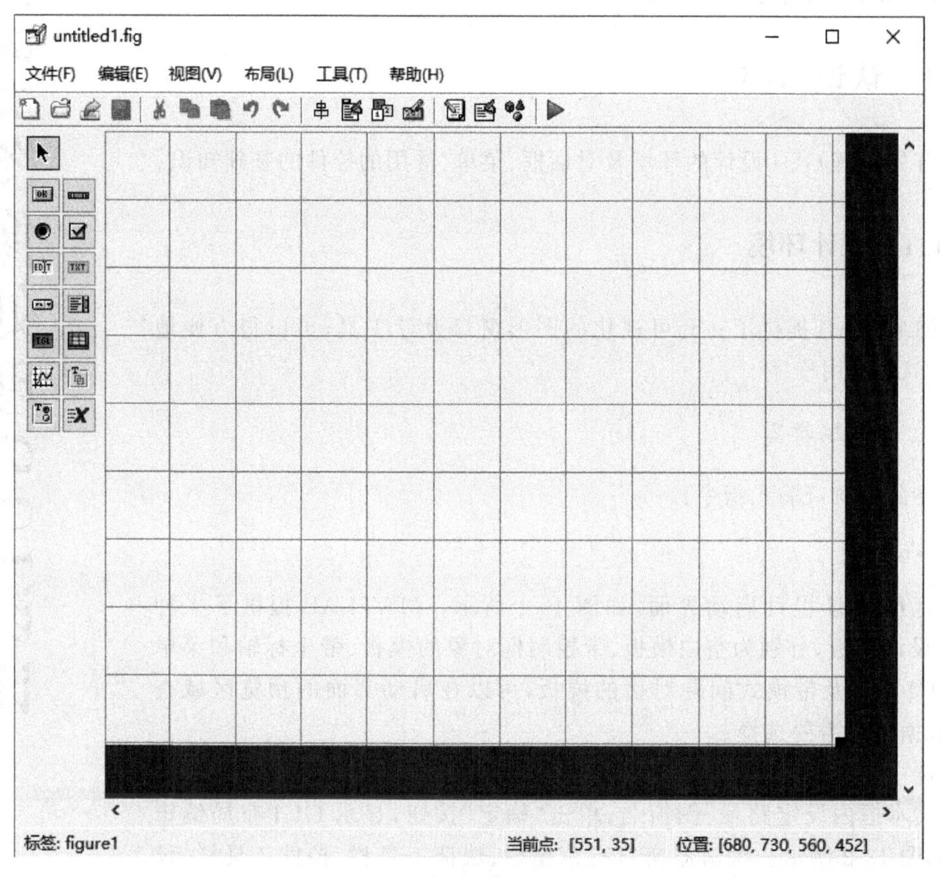

图 13-2　布局编辑器

布局编辑器左侧是MATLAB中的控件工具栏，共有两列14种控件，通过将各种控件放置在编辑窗口，实现事件响应、信息提示或数据交互。设计好之后单击快捷工具栏图标"▶"，运行窗口，查看设计效果，如图13-3所示。

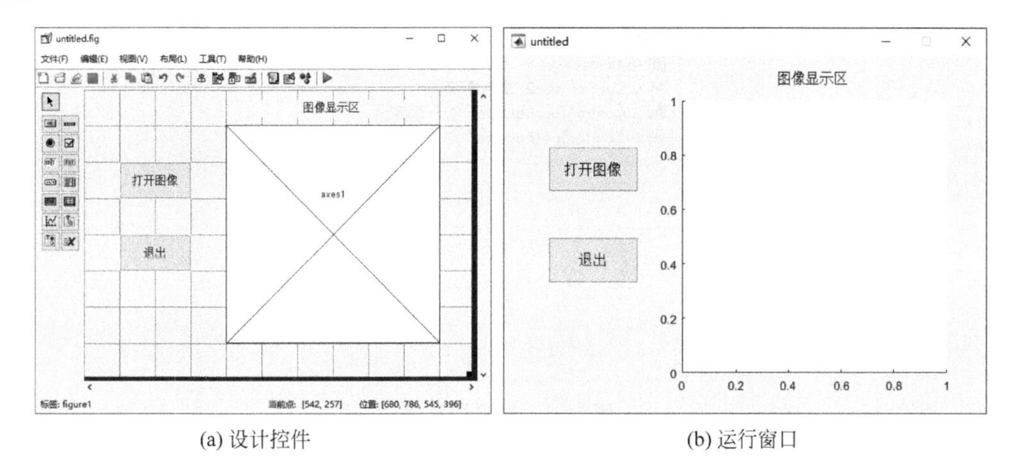

(a) 设计控件　　(b) 运行窗口

图13-3　布局编辑器设计效果

2. 对齐工具和Tab键顺序编辑器

各种控件通过对齐工具进行布局，如图13-4所示。通过Tab键顺序编辑器设置用户按键盘上的Tab键时，对象被选中的先后顺序，如图13-5所示。两个工具可以通过在"工具"菜单下选中对应菜单项打开，或者从快捷工具栏对应选择，对应图标为"串"和"图"。

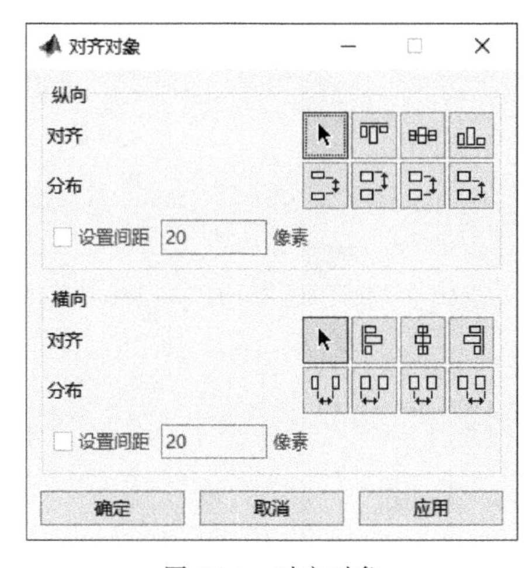

图13-4　对齐对象

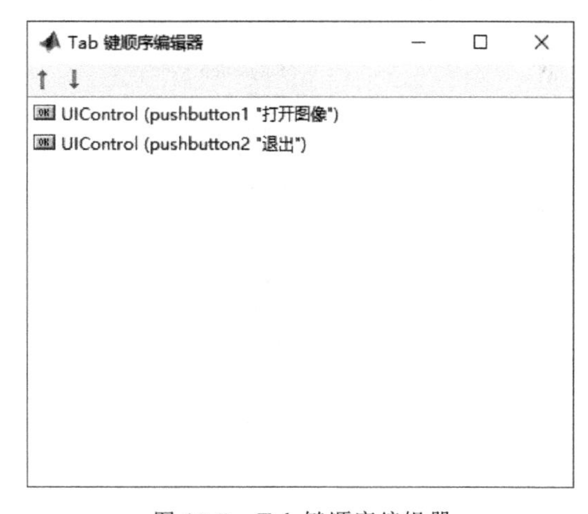

图13-5　Tab键顺序编辑器

3. 对象浏览器

对象浏览器用于查看当前设计阶段的各个图形对象，其打开方式为：①从"视图"菜单下选择该菜单项；②右击窗口，在弹出的菜单中选择；③从快捷工具栏选择，图标为 ，如图 13-6 所示。

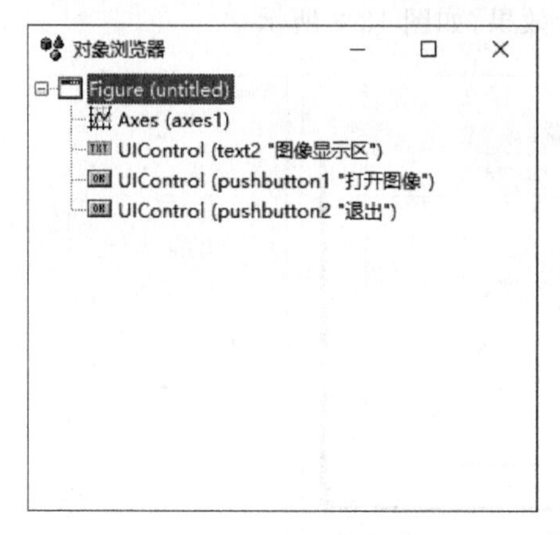

图 13-6　对象浏览器

4. 属性检查器

属性检查器用于查看、修改、设置窗口和对象的属性值，其打开方式为：①从“视图”菜单下选择该菜单项；②右击窗口，在弹出的菜单中选择；③从快捷工具栏选择，图标为“ ”；④在命令窗口输入 inspect 命令打开，如图 13-7 所示。

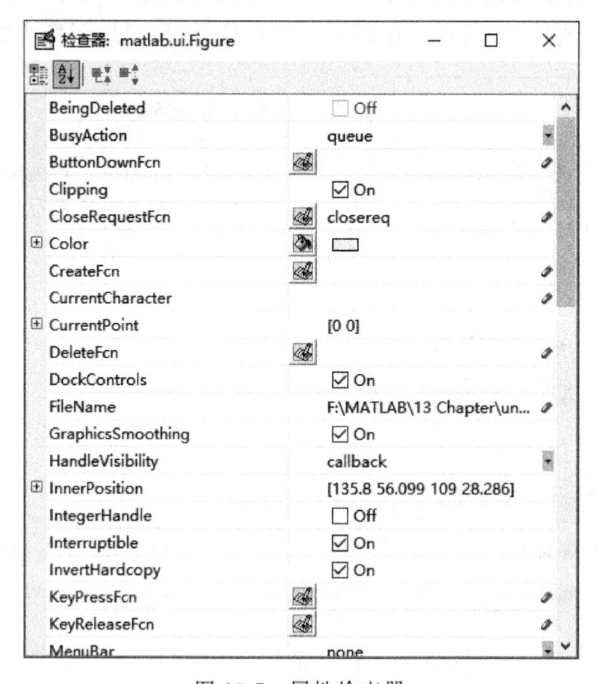

图 13-7　属性检查器

5. 菜单编辑器

菜单编辑器用于创建、设置、修改下拉式菜单和上下文菜单，其打开方式为：①从“工具”菜单下选择该菜单项；②从快捷工具栏打开，图标为“ ”，编辑窗口如图 13-8 所示。可以设置多级菜单，编辑“文本”“标记”“回调函数”等属性。

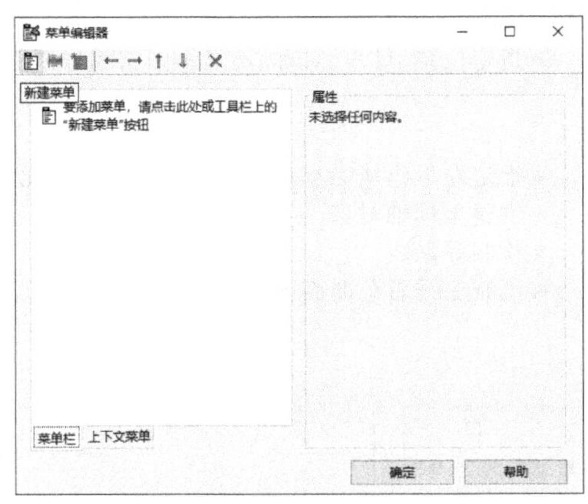

(a) 初始画面

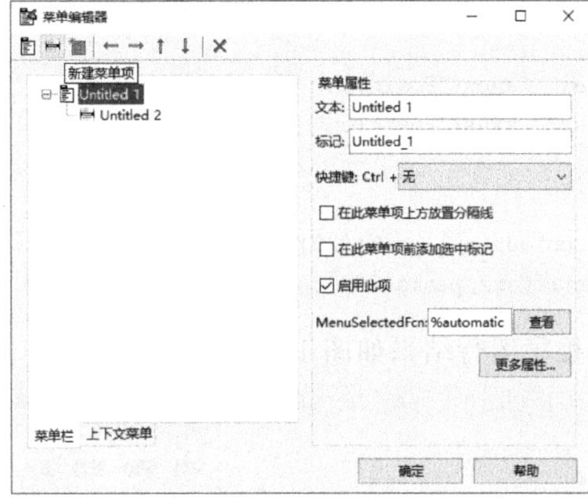

(b) 添加修改

图 13-8 菜单编辑器

13.1.2 控件

可以通过将控件拖放到设计界面，并设置相关属性实现控件设计，也可以通过 uicontrol 函数建立控件对象，其调用格式如下。

(1) h=uicontrol('PropertyName1',value1,'PropertyName2',value2,…)：在当前图窗创建控件对象，并返回对象句柄。各种属性名称 PropertyName 和属性值 PropertyValue 成对出现，可以在创建时设置，也可以在创建后通过 set 命令设置。uicontrol 的各种属性见 MATLAB 的帮助文件。

(2) h=uicontrol(FIG,…)：在 FIG 指定的图窗内创建控件对象。

下面介绍各种控件及基于命令的创建方式。

1. 坐标轴

在 GUI 中可以设置一个或多个坐标轴，用以显示图像或图形。坐标轴控件在编辑工具栏图标为 ，可以通过 axes 命令设置。

(1) axes：利用属性默认值在当前 figure 创建一个坐标轴图形对象。

(2) axes(…,Name,Value)：设定属性创建坐标轴对象。

(3) axes(AX)：使现有的坐标轴 AX 成为当前坐标轴，并使包含它的图形成为焦点。

(4) axes(container,…):创建由 container 指定的 figure、uipanel 或 uitab 中的坐标轴。

(5) h=axes(…):返回坐标轴句柄。

【例 13-1】 创建图窗和坐标轴,并绘制曲线。

程序如下:

```
clear,clc,close all;
hf = figure('Position',[200,200,300,300],'Name','Uicontrol','NumberTitle','off');
                                             % 指定位置、尺寸、名称、不显示图窗编号创建图窗
ax1 = axes('Position',[0.1 0.1 0.7 0.7]);
ax2 = axes('Position',[0.65 0.65 0.28 0.28]);
                                             % 指定左下角横纵坐标及宽高值相对图窗比例
                                             % 创建坐标轴对象
contour(ax1,peaks(20));                      % 绘制等高线
surf(ax2,peaks(20));                         % 绘制三维彩色曲面图
```

程序运行结果如图 13-9 所示。

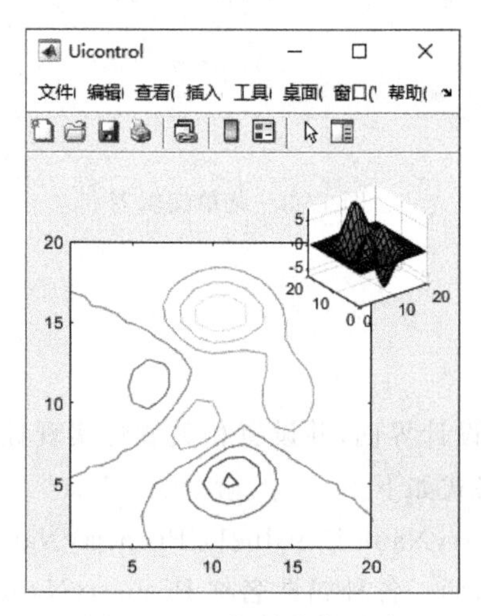

图 13-9　坐标轴控件设计

2. 按钮

按钮图标为 ,一般用来执行某种预定的功能或操作,在 uicontrol 中的 style 属性值为"pushbutton"。

【例 13-2】 创建图窗和坐标轴,添加按钮控件,打开并显示默认路径下的图像。

程序如下:

```
clear,clc,close all;
hf = figure('Position',[200,200,400,200],'Name','Uicontrol','NumberTitle','off');
ax = axes('Position',[0.4 0.2 0.5 0.7],'Box','on');   % 指定位置创建坐标轴,显示外边框
hbi = uicontrol(hf,'style','pushbutton','Position',[30,100,80,40],…
```

```
                'String','显示图像','FontSize',10,'CallBack',…
                ['Image = imread(''coins.png'');' 'imshow(Image);']);
                                    %指定位置、尺寸、文本、字体大小、回调函数创建按钮控件
hbq = uicontrol(hf,'style','pushbutton','Position',[30,50,80,40],…
                'String','退出','CallBack','close(hf)');
```

程序运行结果如图 13-10 所示。图 13-10(a)为程序运行初始画面,创建了一个坐标系统,两个按钮,按钮字体大小不一样;图 13-10(b)为单击“显示图像”按钮后的画面;单击“退出”按钮将关闭当前图窗。

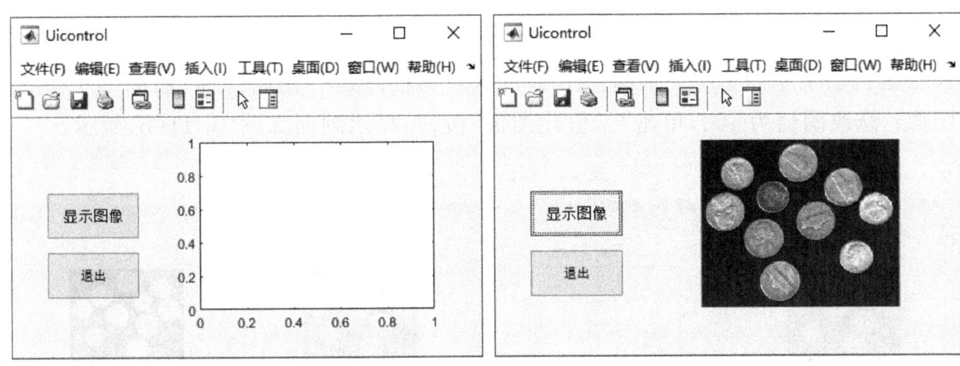

(a) 初始画面　　　　(b) 显示图像画面

图 13-10　按钮控件设计效果

3. 静态文本

静态文本的图标为 TXT ,仅仅显示一个文本字符串,由 String 属性指定,不能动态修改,典型应用为显示标志、用户信息等。静态文本在 uicontrol 中的 style 属性值为“text”。

4. 可编辑文本

可编辑文本的图标为 EDIT ,可以显示、接收文本,用户可以动态修改,输入文本串或特定值。可编辑文本在 uicontrol 中的 style 属性值为“edit”。

【例 13-3】 创建文本控件,输入阈值将图像二值化。

程序如下:

```
clear,clc,close all;
hf = figure('Position',[200,200,500,200],'Name','Uicontrol','NumberTitle','off');
ax1 = axes('Position',[0.1 0.4 0.3 0.5],'Box','on');
ax2 = axes('Position',[0.6 0.4 0.3 0.5],'Box','on');
axes(ax1);                          %设置 ax1 为当前坐标轴,以显示原图像
Image = imread('coins.png');
imshow(Image);
axis off
thresholding = ['strT = get(he,''string'');' 'thresh = str2num(strT);'…
```

```
                'thresh = thresh/255;' 'BW = imbinarize(Image,thresh);'…
                'axes(ax2);' 'imshow(BW);' 'axis off'];    % 按钮的 CallBack 函数体
ht = uicontrol(hf,'style','text','Position',[30,0,100,40],…
                   'String','输入阈值：','FontSize',12); % 创建静态文本,提示输入阈值
he = uicontrol(hf,'style','edit','Position',[170,10,80,40],'String','128');
                                                % 创建可编辑文本,初始文本为 128
hbi = uicontrol(hf,'style','pushbutton','Position',[260,10,80,40],…
                   'String','二值化图像','CallBack',thresholding);
                   % 创建按钮,按下按钮时,执行 thresholding 内的代码
hbq = uicontrol(hf,'style','pushbutton','Position',[380,10,80,40],…
'String','退出','CallBack','close(hf)');                % 退出按钮
```

程序运行结果如图 13-11 所示。图 13-11(a)为程序运行初始画面,在第 1 个坐标轴中显示图像；修改阈值为 100,单击“二值化图像”按钮,显示画面如图 13-11(b)所示。

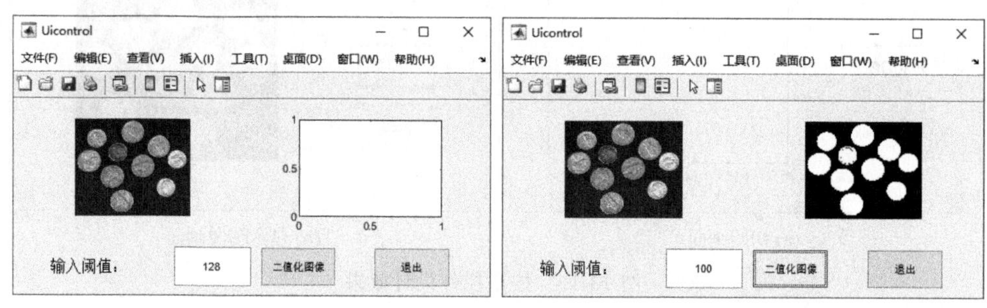

(a) 初始画面　　(b) 修改文本画面

图 13-11　文本控件设计效果

5. 滑动条

滑动条图标为▭,包括 3 个独立的部分：滑动槽(有效对象值范围)、指示器(滑标当前值)、槽两端的箭头。滑动条在 uicontrol 中的 style 属性值为“slider”。

【例 13-4】 创建滑动条控件,滑动获取阈值将图像二值化。

程序如下：

```
clear,clc,close all;
hf = figure('Position',[200,200,400,200],'Name','Uicontrol','NumberTitle','off');
ax = axes('Position',[0.4 0.2 0.5 0.7],'Box','on');
Image = imread('coins.png');
imshow(Image);
thresholding = ['thresh = get(hs,''value'');' 'strT = num2str(thresh);'…
                'thresh = thresh/255;' 'BW = imbinarize(Image,thresh);'…
                'imshow(BW);' 'ht_cur.String = strT;'];    % 滑动条的 CallBack 函数体
hs = uicontrol(hf,'style','slider','Position',[30,110,100,10],…
                   'Min',1,'Max',255,'value',1,'CallBack',thresholding);
                           % 滑动条,最小值为 1,最大值为 255,移动滑动条获取阈值,二值化图像
```

```
ht_min = uicontrol(hf,'style','text','Position',[40,120,10,20],'String','1');
ht_max = uicontrol(hf,'style','text','Position',[105,120,20,20],'String','254');
ht_cur = uicontrol(hf,'style','text','Position',[70,120,30,20]);
                                    %3个静态文本,显示滑动条的最小值、最大值和当前值
hbq = uicontrol(hf,'style','pushbutton','Position',[30,40,80,40],…
                'String','退出','CallBack','close(hf)');
```

程序运行结果如图13-12所示。图13-12(a)为程序运行初始画面;滑动获取阈值,实现二值化图像,显示画面如图13-12(b)所示。

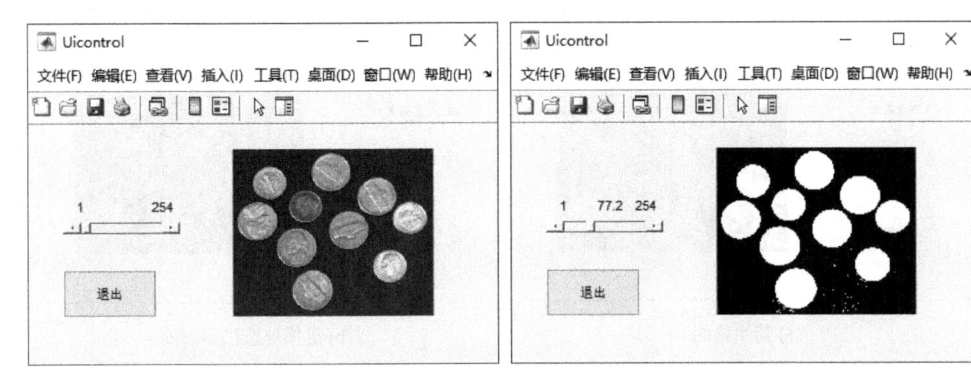

(a) 初始画面　　(b) 滑动画面

图13-12　滑动条设计效果

6. 单选按钮

单选按钮的图标为◉,由一个标准字符串和左侧的小圆圈组成,字符串由属性String指定。单选按钮被选中时,圆圈被填充一个黑点,属性Value值为1;未被选中时,圆圈为空,属性Value值为0。一般用于在一组互斥的选项中选择一项。为了确保互斥性,各单选按钮的回调程序需要将其他各项的Value值设为0。单选按钮在uicontrol中的style属性值为"radiobutton"。

【例13-5】 创建单选按钮控件,选择显示灰度或彩色图像。

程序如下:

```
clear,clc,close all;
hf = figure('Position',[200,200,400,200],'Name','Uicontrol','NumberTitle','off');
ax = axes('Position',[0.4 0.2 0.5 0.7],'Box','on');
Image = imread('fruit.jpg');
imshow(Image);
hr1 = uicontrol(hf,'style','radiobutton','Position',[30,100,80,40],…
                'String','彩色图像','Value',1,'CallBack',…
                ['imshow(Image);' 'hr1.Value = 1;' 'hr2.Value = 0;']);   %单选按钮1
hr2 = uicontrol(hf,'style','radiobutton','Position',[30,140,80,40],…
                'String','灰度图像','Value',0,'CallBack',…
```

```
                    ['gray = rgb2gray(Image);' 'imshow(gray);'…
                    'hr1.Value = 0;' 'hr2.Value = 1;']);                    % 单选按钮 2
hbq = uicontrol(hf,'style','pushbutton','Position',[30,40,80,40],…
                    'String','退出','CallBack','close(hf)');
```

程序运行结果如图 13-13 所示。图 13-13(a)为程序运行的初始画面；选中“灰度图像”单选按钮，则实现图像灰度化显示，如图 13-13(b)所示。

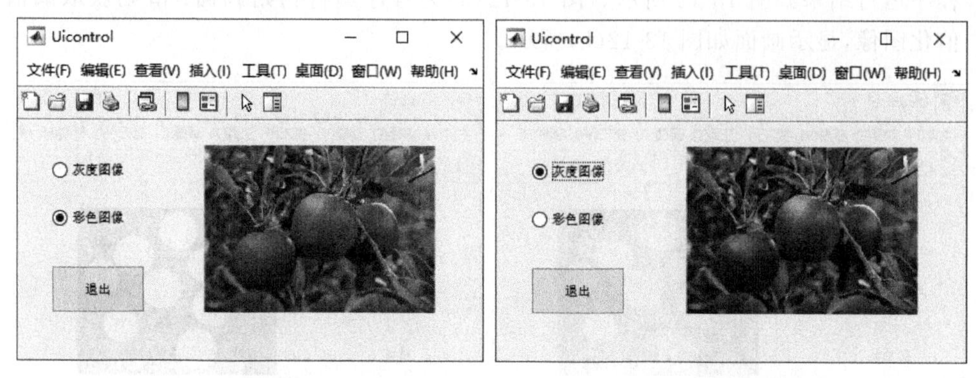

(a) 初始画面　　(b) 更换单选按钮画面

图 13-13　单选按钮设计效果

7. 复选框

复选框的图标为☑，由一个标注字符串和左侧小方框组成，标注字符串由属性 String 指定。复选框被选中时，在方框内添加√符号，Value 属性值为 1；未被选中时方框为空，Value 属性值为 0。复选框在 uicontrol 中的 style 属性值为“checkbox”。

【例 13-6】 创建复选框控件，选择色彩通道显示彩色图像。

程序如下：

```
clear,clc,close all;
hf = figure('Position',[200,200,400,200],'Name','Uicontrol','NumberTitle','off');
ax = axes('Position',[0.4 0.2 0.5 0.7],'Box','on');
Image = imread('fruit.jpg');
imshow(Image);
result = Image;
hcr = uicontrol(hf,'style','checkbox','Position',[30,150,80,40],…
                    'String','红色通道','Value',1,'CallBack',…
                   ['if hcr.Value == 1;''result(:,:,1) = Image(:,:,1);'…
                    'else;' 'result(:,:,1) = 0;'…
                    'end;' 'imshow(result);']);                % 选中时,输出图像包含红色通道
hcg = uicontrol(hf,'style','checkbox','Position',[30,110,80,40],…
                    'String','绿色通道','Value',1,'CallBack',…
                   ['if hcg.Value == 1;''result(:,:,2) = Image(:,:,2);'…
                    'else;' 'result(:,:,2) = 0;'…
```

```
                    'end;''imshow(result);']);               % 选中时,输出图像包含绿色通道
hcb = uicontrol(hf,'style','checkbox','Position',[30,70,80,40],…
                    'String','蓝色通道','Value',1,'CallBack',…
                   ['if hcb.Value == 1;''result(:,:,3) = Image(:,:,3);'…
                    'else;''result(:,:,3) = 0;'…
                    'end;''imshow(result);']);               % 选中时,输出图像包含蓝色通道
hbq = uicontrol(hf,'style','pushbutton','Position',[30,20,80,40],…
                    'String','退出','CallBack','close(hf)');
```

程序运行结果如图 13-14 所示。图 13-14(a)为程序运行的初始画面；选择不同复选框,输出图像包含不同色彩通道,图 13-14(b)所示为保留红、蓝通道的图像。

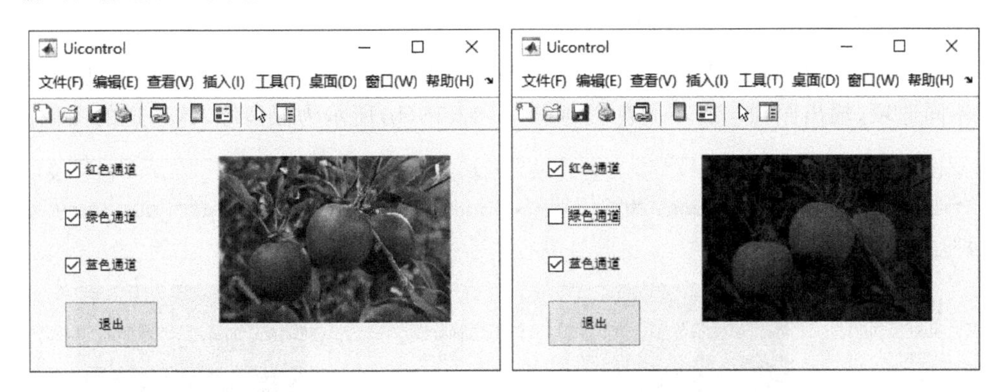

(a) 初始画面　　(b) 选择不同复选框画面

图 13-14　复选框设计效果

8. 弹出式菜单

弹出式菜单(也称为下拉菜单)的图标为▭,用于向用户提供互斥的一系列选项清单。用户可以选择其中的某一项。弹出式菜单不受菜单条的限制,可以位于图窗内的任何位置。

弹出式菜单右侧有一个向下的箭头,单击该箭头,会出现所有选项,选择某选项,同时关闭弹出式菜单,显示新的选项,此时,Value 属性值为该选项的序号。在弹出式菜单 String 属性中设置选项字符串,不同选项之间用"|"分割。弹出式菜单在 uicontrol 中的 style 属性值为"popupmenu"。

【例 13-7】 创建弹出式菜单,选择色彩通道显示彩色图像。

程序如下:

```
clear,clc,close all;
hf = figure('Position',[200,200,400,200],'Name','Uicontrol','NumberTitle','off');
ax = axes('Position',[0.4 0.2 0.5 0.7],'Box','on');
Image = imread('fruit.jpg');
imshow(Image);
hp = uicontrol(hf,'style','popupmenu','Position',[30,150,80,40],…
                  'String','All|Red|Green|Blue|Yellow|Cyan|Magenta|None',…
```

```
                    'Value',1,'CallBack',…
                    ['switch hp.Value;' 'case 1;' 'result = Image;'…
                     'case 2;' 'result = 0 * Image;' 'result(:,:,1) = Image(:,:,1);'…
                     'case 3;' 'result = 0 * Image;' 'result(:,:,2) = Image(:,:,2);'…
                     'case 4;' 'result = 0 * Image;' 'result(:,:,3) = Image(:,:,3);'…
                     'case 5;' 'result = Image;' 'result(:,:,3) = 0;'…
                     'case 6;' 'result = Image;' 'result(:,:,1) = 0;'…
                     'case 7;' 'result = Image;' 'result(:,:,2) = 0;'…
                     'case 8;' 'result = 0 * Image;'…              %不同选项显示不同色彩通道
                     'end;' 'imshow(result);']);
hbq = uicontrol(hf,'style','pushbutton','Position',[30,20,80,40],…
                     'String','退出','CallBack','close(hf)');
```

程序运行结果如图13-15所示。图13-15(a)为程序运行初始画面,显示全部色彩通道;选择不同选项,输出图像包含不同色彩通道,图13-15(b)所示为保留绿、蓝通道的图像。

(a) 初始画面　　　　(b) 选择不同选项画面

图13-15　弹出式菜单设计效果

9. 列表框

列表框的图标为▤,用于列出选项清单。用户可以选择其中的一个或多个选项,由Min和Max属性控制。Value属性值为被选中选项的序号,同时也指示了选中选项的个数。当选择某项后,Value属性值被改变,释放鼠标按键时执行列表框的回调程序。列表框在uicontrol中的style属性值为"listbox"。

【例13-8】 创建列表框,选择色彩通道显示彩色图像。

程序如下:

```
clear,clc,close all;
hf = figure('Position',[200,200,400,200],'Name','Uicontrol','NumberTitle','off');
ax = axes('Position',[0.4 0.2 0.5 0.7],'Box','on');
Image = imread('fruit.jpg');
imshow(Image);
hl = uicontrol(hf,'style','listbox','Position',[30,100,80,60],…
```

```
                'String','Red|Green|Blue','Max',3,'CallBack', …    % 最多选 3 项
                ['channel = get(hl,''value'');' 'result = 0 * Image;'…
                 'for i = 1:length(channel);'…
                 'result(:,:,channel(i)) = Image(:,:,channel(i));'…
                 'end;' 'imshow(result);']);   % 选中哪个色彩通道,就保留哪个色彩通道的数据
hbq = uicontrol(hf,'style','pushbutton','Position',[30,20,80,40], …
                 'String','退出','CallBack','close(hf)');
```

程序运行结果如图 13-16 所示。

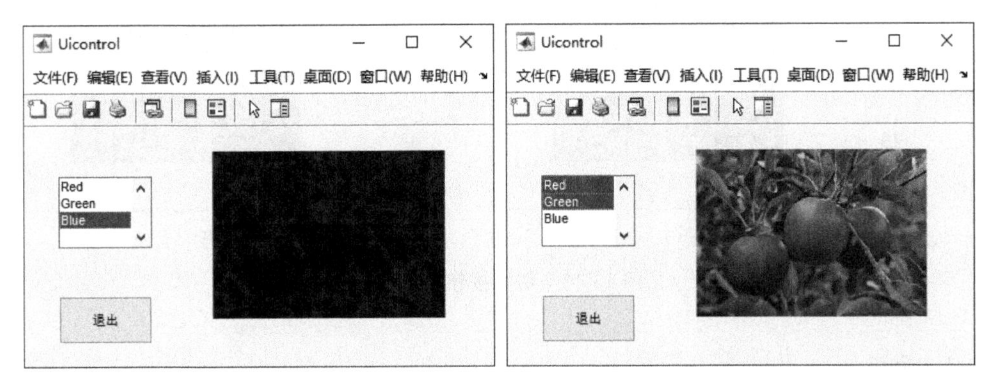

(a) 选中蓝色通道　　　　(b) 选择红、绿通道

图 13-16　列表框设计效果

10. 切换按钮

切换按钮的图标为▣,在外观上类似于普通按钮,但在视觉上有状态指示：选中或清除。选中时 Value 值为 1；清除时 Value 值为 0。切换按钮在 uicontrol 中的 style 属性值为"togglebutton"。

【例 13-9】 创建切换按钮,选择是否显示彩色图像。

程序如下：

```
clear,clc,close all;
hf = figure('Position',[200,200,400,200],'Name','Uicontrol','NumberTitle','off');
ax = axes('Position',[0.4 0.2 0.5 0.7],'Box','on');
Image = imread('fruit.jpg');
result = Image;
imshow(Image);                                              % 初始显示
ht = uicontrol(hf,'style','togglebutton','Position',[30,100,80,40], …
                 'String','彩色图像','Value',1,'CallBack', …
                ['switch ht.Value;' 'case 0;'…
                 'result = rgb2gray(Image);' 'set(ht,''String'',''灰度图像'');'…
                 'case 1;' 'result = Image;' 'set(ht,''String'',''彩色图像'');'…
                 'end;' 'imshow(result);']);
```

```
hbq = uicontrol(hf,'style','pushbutton','Position',[30,40,80,40],…
              'String','退出','CallBack','close(hf)');
```

程序运行结果如图 13-17 所示。

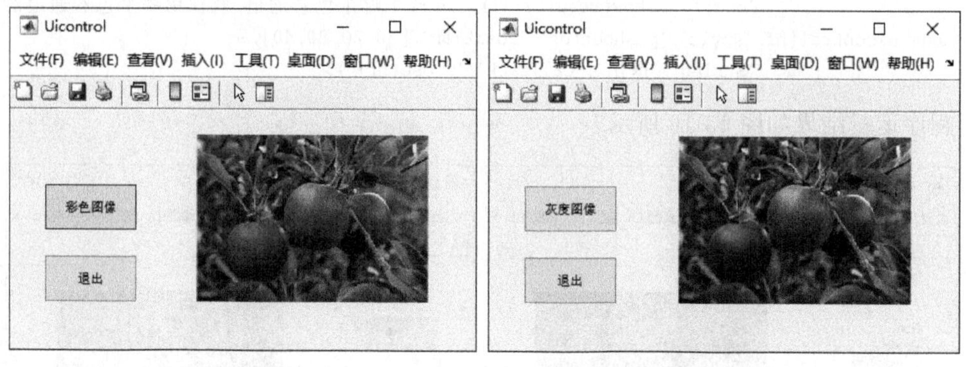

(a) 激活状态　　　　(b) 清除状态

图 13-17　切换按钮设计效果

11. 面板

面板的图标为，主要用于将其他控件放入其中组成一组，起到信息提示的作用，面板本身没有回调程序。面板的创建采用 uipanel 函数。

(1) p=uipanel：在当前图窗中创建一个面板并返回 panel 对象。如果没有可用的图窗，MATLAB 将调用 figure 函数创建一个图窗。面板不能包含 ActiveX 控件。

(2) p=uipanel(Name,Value)：使用一组或多组参数指定面板属性值。

(3) p=uipanel(parent)：在指定的父容器中创建面板。父容器可以是使用 figure 或 uifigure 函数创建的图窗，也可以是子容器(如选项卡或网格布局)。uipanel 的属性值略有不同，具体取决于该 App 是使用 figure 还是 uifigure 函数创建的。

(4) p=uipanel(parent,Name,Value)：指定父容器和一个或多个属性值创建。

12. 按钮组

按钮组的图标为，用于管理单选按钮和切换按钮，放到按钮组的多个单选按钮具有排他性，但与组外按钮无关。按钮组用 uibuttongroup 函数创建。

(1) bg=uibuttongroup：在当前图窗中创建一个按钮组，并返回 buttongroup 对象。如果没有可用的图窗，MATLAB 将调用 figure 函数创建一个图窗。

(2) bg=uibuttongroup(Name,Value)：使用一组或多组参数指定按钮组属性值。

(3) bg=uibuttongroup(parent)：在指定的父容器中创建该按钮组。父容器可以是使用 figure 或 uifigure 函数创建的图窗，也可以是子容器(如面板)。

(4) bg=uibuttongroup(parent,Name,Value)：指定父容器和一个或多个属性值。

【例 13-10】 创建按钮组，选择图像均值滤波窗口大小。

程序如下：

```
clear,clc,close all;
hf = figure('Name','Uicontrol','NumberTitle','off');
ax1 = axes('Position',[0.5 0.1 0.4 0.4],'Box','on');
ax2 = axes('Position',[0.5 0.55 0.4 0.4],'Box','on');
axes(ax2);
Image = imnoise(imread('fruit.jpg'),'gaussian');
imshow(Image);                          % 在坐标区 2 中显示噪声图像
axis off
axes(ax1);
filtering = imfilter(Image,fspecial('average',3));
imshow(filtering);                      % 初始显示 3×3 均值滤波
hbg = uibuttongroup(hf,'Position',[0.1 0.55 0.3 0.4], …
                    'Title','滤波窗口','FontSize',12);        % 创建按钮组
hr1 = uicontrol(hbg,'style','radiobutton','Units','normalized','FontSize',12, …
               'Position',[0.2,0.7,0.7,0.2],'String','3×3','Value',1, …
               'CallBack',['filtering = imfilter(Image,fspecial(''average'',3));'…
                      'imshow(filtering);']);              % 单选按钮 1
hr2 = uicontrol(hbg,'style','radiobutton','Units','normalized','FontSize',12, …
               'Position',[0.2,0.4,0.7,0.2],'String','5×5','Value',0, …
               'CallBack',['filtering = imfilter(Image,fspecial(''average'',5));'…
                      'imshow(filtering);']);              % 单选按钮 2
hr3 = uicontrol(hbg,'style','radiobutton','Units','normalized','FontSize',12, …
               'Position',[0.2,0.1,0.7,0.2],'String','7×7','Value',0, …
               'CallBack',['filtering = imfilter(Image,fspecial(''average'',7));'…
                      'imshow(filtering);']);              % 单选按钮 3
hp = uipanel(hf,'Position',[0.1 0.1 0.3 0.4],'Title','其他控件','FontSize',12);
                                                           % 创建面板
ht = uicontrol(hp,'style','togglebutton','Units','normalized', …
               'Position',[0.2,0.5,0.6,0.3], …
               'String','彩色图像','Value',1,'CallBack', …
               ['switch ht.Value;' 'case 0;' …
               'result = rgb2gray(filtering);' 'set(ht,''String'',''灰度图像'');' …
               'case 1;' 'result = filtering;' 'set(ht,''String'',''彩色图像'');' …
               'end;' 'imshow(result);']);                 % 切换按钮
hbq = uicontrol(hp,'style','pushbutton','Units','normalized', …
               'Position',[0.2,0.1,0.6,0.3], …
               'String','退出','CallBack','close(hf)');   % 按钮
```

程序运行结果如图 13-18 所示。

(a) 初始画面

(b) 更改选择画面

图 13-18　面板及按钮组设计效果

13.1.3　菜单

自定义的用户菜单使用 uimenu 函数建立，其调用格式如下。

(1) m＝uimenu：在当前图窗中创建菜单，并返回 menu 对象。如果没有可用的图窗，MATLAB 将调用 figure 函数创建一个图窗。

(2) m＝uimenu(Name,Value)：使用一组或多组参数指定菜单属性值。

(3) m＝uimenu(parent)：在指定的父容器中创建菜单。父容器可以是使用 figure 或 uifigure 函数创建的图窗，也可以是另一个 menu 对象。uimenu 的属性值略有不同，具体取决于该 App 是使用 figure 函数还是 uifigure 函数创建的。

(4) m＝uimenu(parent,Name,Value)：指定父容器和一个或多个属性值。

右击某对象时在屏幕上弹出的菜单叫作上下文菜单，其出现位置不固定，总是和某个对象相联系，使用 uicontextmenu 函数建立，其调用格式如下。

(1) c＝uicontextmenu：在当前图窗中创建一个上下文菜单，并将 ContextMenu 对象返回为 c。如果图窗不存在，则 MATLAB 调用 figure 函数以创建一个图窗。

(2) c＝uicontextmenu(Name,Value)：创建一个上下文菜单，其中包含使用一组或多组参数指定的属性值。

(3) c＝uicontextmenu(parent)：在指定的父图窗中创建上下文菜单。

【例 13-11】 创建自定义菜单，实现打开图像并选择不同色彩通道显示图像。

程序如下：

```
clear,clc,close all;
hf = figure('Name','Uimenu','NumberTitle','off','MenuBar','none');
```

```
hm = uimenu(hf,'Label','文件');                                    % 一级菜单
ax = axes('Position',[0.2 0.2 0.6 0.6],'Box','on');
hm11 = uimenu(hm,'Label','打开图像','CallBack',…
    ['Image = imread(''fruit.jpg'');' 'imshow(Image),title(''原始图像'');']);  % 子菜单
hm12 = uimenu(hm,'Label','红色通道','CallBack',…
    ['result = Image(:,:,1);' 'imshow(result),title(''红色通道'');']);      % 子菜单
hm13 = uimenu(hm,'Label','绿色通道','CallBack',…
    ['result = Image(:,:,2);' 'imshow(result),title(''绿色通道'');']);      % 子菜单
hm14 = uimenu(hm,'Label','蓝色通道','CallBack',…
    ['result = Image(:,:,3);' 'imshow(result),title(''蓝色通道'');']);      % 子菜单
```

程序运行结果如图 13-19 所示。

(a) 一级菜单　　(b) 子菜单

图 13-19　自定义菜单设计效果

【例 13-12】 创建上下文菜单,实现选择不同色彩通道显示图像。

程序如下:

```
clear,clc,close all;
hf = figure('Position',[200,200,500,200],'Name','Uimenu',…
          'NumberTitle','off','MenuBar','none');
ax1 = axes('Position',[0.1 0.1 0.4 0.8],'Box','on');
Image = imread('fruit.jpg');
hi = imshow(Image);title('原始图像');
ax2 = axes('Position',[0.55 0.1 0.4 0.8],'Box','on');
axes(ax2);
hc = uicontextmenu;                                         % 创建上下文菜单
hc1 = uimenu(hc,'Label','红色通道','CallBack',['result = Image(:,:,1);'…
              'axes(ax2);' 'hi = imshow(result),title(''红色通道'');']);
hc2 = uimenu(hc,'Label','绿色通道','CallBack',['result = Image(:,:,2);'…
              'axes(ax2);' 'hi = imshow(result),title(''绿色通道'');']);
hc3 = uimenu(hc,'Label','蓝色通道','CallBack',['result = Image(:,:,3);'…
              'axes(ax2);' 'hi = imshow(result),title(''蓝色通道'');']); % 上下文菜单项
set(hi,'UIContextMenu',hc);                    % 将快捷菜单和第1个坐标区的图像联系起来
```

程序运行结果如图 13-20 所示。

图 13-20　上下文菜单设计效果

13.1.4　对话框

对话框用于显示信息和获取输入数据，以便使应用程序的界面更加友好、方便。在MATLAB中，使用 dialog 函数创建空的模态对话框，并返回 figure 对象，通常在创建时要指定对话框的相关属性，如 Position、WindowStyle('normal'默认、'modal'或'docked')、ButtonDownFcn(按钮按下回调)。此外，MATLAB 还提供了一系列专用对话框，本节介绍常用的几种。

1. 打开与保存文件对话框

MATLAB 采用 uigetfile 函数打开文件，uiputfile 函数保存文件，其调用格式如下。

(1) [FILENAME, PATHNAME, FILTERINDEX] = uigetfile(FILTERSPEC, TITLE,FILE)：打开一个对话框，选择文件并打开。FILTERSPEC 指定文件扩展名，根据该扩展名筛选对话框中显示的文件；TITLE 指定对话框标题；FILE 为默认选择的文件；FILENAME 为文件名；PATHNAME 包含文件所在的路径；FILTERINDEX 为对话框中选择的筛选器的索引。

(2) [FILENAME,PATHNAME]=uigetfile(…,'MultiSelect',SELECTMODE)：指明是否允许选择多个文件，SELECTMODE 为'on'，可以选择多个文件，默认时为'off'；选择多个文件时，FILENAME 为字符串元胞数组。

(3) [FILENAME, PATHNAME, FILTERINDEX] = uiputfile(FILTERSPEC, TITLE,FILE)：打开保存文件对话框。

2. 通用信息对话框

MATLAB 采用 msgbox 函数创建通用信息对话框，其调用格式如下。

(1) msgbox(Message,Title,Icon)：创建一个消息框。Message 指定要显示的消息，是

一个字符串向量、矩阵或元胞数组；Title 是消息框的标题；Icon 指定消息框中的图标，可以是'none'、'error'、'help'、'warn'或者'custom'，默认为'none'。

（2）msgbox(Message，Title，'custom'，IconData，IconCMap)：使用定制图标。IconData 包含定义图标的图像数据，IconCMap 是图像的颜色映射表。

（3）msgbox(Message，…，CreateMode)：指定消息框窗口模式，可以取'modal'、'non-modal'、'replace'或结构体数组，默认是'non-modal'。

3. 错误信息对话框

MATLAB 采用 errordlg 函数显示错误信息对话框，其调用格式如下。

（1）HANDLE＝errordlg(ERRORSTRING，DLGNAME)：创建一个错误信息对话框。DLGNAME 指定对话框名称，ERRORSTRING 指定错误信息。对话框中有一个“确定”按钮，单击该按钮关闭对话框。

（2）HANDLE ＝ errordlg(ERRORSTRING，DLGNAME，CREATEMODE)：CREATEMODE 为对话框设置，同 msgbox 参数设置，默认为'non-modal'。

errordlg 函数通过调用 msgbox 函数实现信息提示。

【例 13-13】 实现图像打开、显示、镜像变换与存储。

程序如下：

```
clear,clc,close all;
hf = figure('Position',[200,200,500,200],'Name','Dialog',…
          'NumberTitle','off','MenuBar','none');
ax1 = axes(hf,'Position',[0.1 0.1 0.4 0.8],'Box','on');
ax2 = axes(hf,'Position',[0.55 0.1 0.4 0.8],'Box','on');
hm = uimenu(hf,'Label','文件');
hm1 = uimenu(hm,'Label','打开图像','CallBack',{@OpenImage_CallBack,ax1});
hm2 = uimenu(hm,'Label','水平镜像','CallBack',{@ImagePro_CallBack,ax2});
hm3 = uimenu(hm,'Label','保存图像','CallBack',{@SaveImage_CallBack});
function OpenImage_CallBack(~,~,ax)                          %自定义打开图像菜单回调函数
    fmt = {'*.jpg','JPEG image(*.jpg)';'*.*','All Files(*.*)'};     %打开图像类型
    [FileName,~] = uigetfile(fmt,'打开图像','*.jpg');      %打开文件对话框,显示 jpg 类型
    global Image;
    Image = imread(FileName);
    axes(ax);
    imshow(Image),title('原始图像');
    axis off
end
function ImagePro_CallBack(~,~,ax)                           %自定义水平镜像菜单回调函数
    global result;
    global Image;
    result = fliplr(Image);                                  %水平镜像
    axes(ax);
    imshow(result),title('水平镜像');
```

```
        axis off
    end
    function SaveImage_CallBack(~,~)                         % 自定义保存图像菜单回调函数
        global result;
        if isempty(result)                        % 没有变换图像,不需要保存,单击保存时报错
            mode = struct('WindowStyle','nonmodal','Interpreter','tex');      % 信息窗口模式
            errordlg('没有变换图像','流程错误', mode);
        else                                      % 有变换图像,打开存储对话框,进行存储
            [FileName,PathName] = uiputfile({'*.jpg';'*.bmp';'*.tif';'*.*'},'另存为');
            FileFullName = strcat(PathName,FileName);
            imwrite(result,FileFullName);
        end
    end
```

程序运行结果如图 13-21 所示。

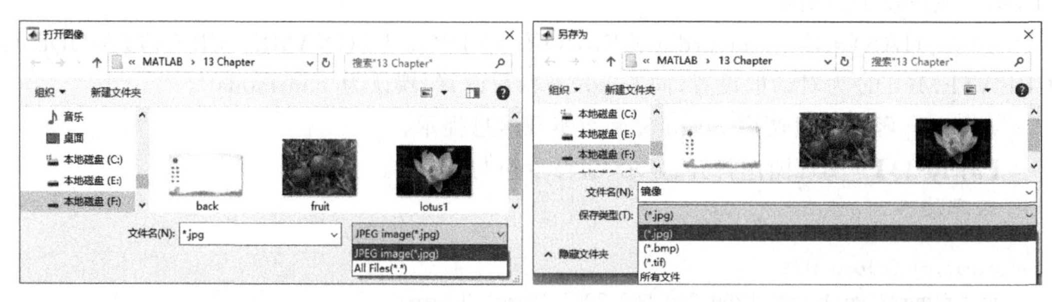

(a) 打开文件对话框　　　　　　(b) 保存文件对话框

(c) 水平镜像　　　　　　(d) 错误提示对话框

图 13-21　打开保存文件对话框设计效果

4. 问题提示对话框

MATLAB 采用 questdlg 函数提出问题并接收用户的回答'Yes'、'No'、'Cancel'或'',其调用格式如下。

(1) ButtonName=questdlg(Question):创建一个问题提示对话框,Question 是用元胞数组或字符串向量或矩阵表示的问题。questdlg 使用 uiwait 挂起执行直到用户响应。

(2) ButtonName=questdlg(Question,Title):Title 是对话框的标题。默认按钮包括

'Yes'、'No'和'Cancel',默认回答是'Yes',可以设置第3个参数指定默认按钮,如ButtonName=questdlg(Question,Title,'No')。

(3) ButtonName=questdlg(Question,Title,Btn1,Btn2,DEFAULT):Btn1和Btn2确定两个按钮,DEFAULT指定为Btn1或Btn2,指默认设置,如果和设定的按钮不一致,将显示警告信息。

(4) ButtonName=questdlg(Question,Title,Btn1,Btn2,OPTIONS):OPTIONS是包括Default和Interpreter字段的结构体,Interpreter可以取'none' or 'tex';Default指默认按钮。

【例13-14】 根据questdlg对话框提示,选择是否处理图像。

程序如下:

```
clear,clc,close all;
hf = figure('Position',[200,200,400,200],'Name','Dialog',…
          'NumberTitle','off','MenuBar','none');
ax1 = axes(hf,'Position',[0.1 0.1 0.4 0.8],'Box','on');
global Image;
Image = imread('fruit.jpg');
imshow(Image),title('原始图像');
ax2 = axes(hf,'Position',[0.55 0.1 0.4 0.8],'Box','on');
set(hf, 'WindowButtonDownFcn', {@mousedown_call,ax2});
function mousedown_call(~,~,ax)                                  %单击鼠标左键回调函数
    ButtonName = questdlg('要进行图像镜像吗?','你好');           %问题对话框提示信息
    global Image;
    global result;
    switch ButtonName
        case 'Yes'                                              %选择"是"按钮,水平镜像图像
            result = fliplr(Image);
            axes(ax);
            imshow(result),title('水平镜像');
        otherwise                                               %选择其他按钮,提示信息
            msgbox('欢迎下次处理!','再见');
    end
end
```

程序运行结果如图13-22所示。在图窗上单击鼠标左键,弹出问题提示对话框,如图13-22(a)所示;选择"是"按钮,对图像进行水平镜像,如图13-22(b)所示;选择其他按钮,弹出信息框,如图13-22(c)所示。

5. 警告信息对话框

MATLAB采用warndlg函数显示警告信息,其调用格式如下。

(1) HANDLE=warndlg(WARNSTRING,DLGNAME):创建一个警告信息对话框。DLGNAME为对话框标题,WARNSTRING是要显示的警告信息,可以是字符串或者元胞

(a) 问题提示

(b) 选择“是”按钮

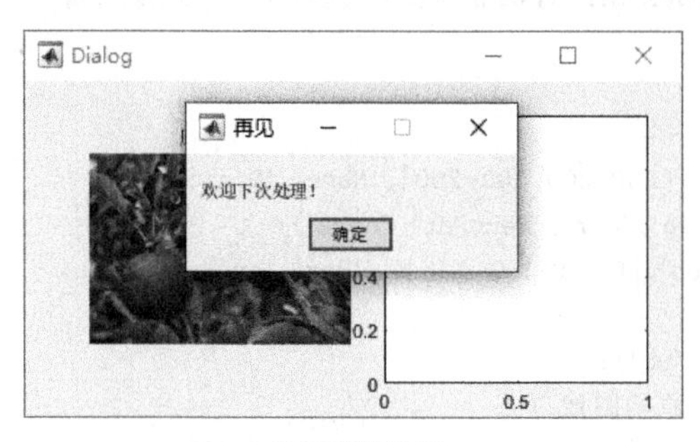

(c) 选择其他按钮

图 13-22 问题提示对话框设计效果

数组；单击“确定”按钮退出对话框。

(2) HANDLE＝warndlg(WARNSTRING,DLGNAME,CREATEMODE)：CREATEMODE为对话框设置,同 msgbox 参数设置,默认为'non-modal'。

warndlg 函数通过调用 msgbox 函数实现信息提示。

6. 输入信息对话框

MATLAB 采用 inputdlg 函数输入信息,其调用格式如下。

(1) ANSWER＝inputdlg(PROMPT)：创建一个模态对话框,用于将用户输入的一个或多个文本字段存储在元胞数组 ANSWER 中。PROMPT 是文本字段元胞数组。inputdlg 使用 uiwait 挂起执行直到用户响应。

(2) ANSWER＝inputdlg(PROMPT,NAME)：NAME 指明对话框的标题。

(3) ANSWER＝inputdlg(PROMPT,NAME,NUMLINES)：NUMLINES 可以是常数、列向量或 2 列的矩阵,若是常数,则表示每个输入窗口的行数；若为列向量,则每个输入窗口的行数由 NUMLINES 的每个元素确定；若为矩阵,则每行元素对应一个输入窗口,每行第 1 列为输入窗口的行数,第 2 列为输入窗口的宽度。

(4) ANSWER＝inputdlg(PROMPT,NAME,NUMLINES,DEFAULTANSWER)：DEFAULTANSWER 用于存储每个输入数据的默认值,为元胞数组。

(5) ANSWER = inputdlg(PROMPT, NAME, NUMLINES, DEFAULTANSWER, OPTIONS): 其他设置,OPTION 可以取'on',对话框大小可调整; 可以是一个包含字段 Resize、WindowStyle 和 Interpreter 的结构体,Resize 可以取'on'或'off'; WindowStyle 可以取'normal'或'modal'; Interpreter 可以取'none' or 'tex'。

【例 13-15】 使用 inputdlg 对话框输入要求,根据输入结果实现图像处理。

程序如下:

```
clear,clc,close all;
hf = figure('Position',[200,200,600,200],'Name','Dialog',...
          'NumberTitle','off','MenuBar','none');
ax1 = axes(hf,'Position',[0.3 0.1 0.3 0.8],'Box','on');
global Image;
Image = imread('fruit.jpg');
imshow(Image);
ax2 = axes(hf,'Position',[0.65 0.1 0.3 0.8],'Box','on');
hbi = uicontrol(hf,'style','pushbutton','Position',[30,100,80,40],...
              'String','输入要求','FontSize',10,'CallBack',{@InputR_CallBack,ax2});
hbq = uicontrol(hf,'style','pushbutton','Position',[30,50,80,40],...
                'String','退出','FontSize',10,'CallBack','close(hf)');
function answers = InputR_CallBack(~,~,ax)                % 按钮的回调函数
    global Image;
    global result;
    prompt = {'请输入处理目的(阈值化或灰度化): ','请输入参数(阈值或颜色通道 123): '};
                                                   % 两个输入数据窗口的提示信息
    name = '输入处理要求';                          % 对话框标题
    lines = 1;                                     % 每个输入窗口都是一行
    def = {'阈值化','128'};                        % 默认输入
    answers = inputdlg(prompt,name,lines,def);     % 显示输入信息对话框并实现输入
    if length(answers) == 0                       % 输入信息对话框按下取消按钮,返回 answers 为空
        return;                                   % 退出函数不做处理
    end
    method = string(answers{1});                  % 获取第 1 个输入,字符串表示
    value = str2num(answers{2});                  % 获取第 2 个输入,阈值或颜色通道数 1、2、3
    axes(ax);
    switch method
        case '阈值化'
            value = value/255;
            result = imbinarize(rgb2gray(Image),value);
            imshow(result),title(method);
        case '灰度化'
            chan = uint8(value);
            result = Image(:,:,chan);
            imshow(result),title(method);
        otherwise
```

```
            warndlg('输入错误!','error');   %警告信息对话框
        end
    end
```

程序运行结果如图 13-23 所示。

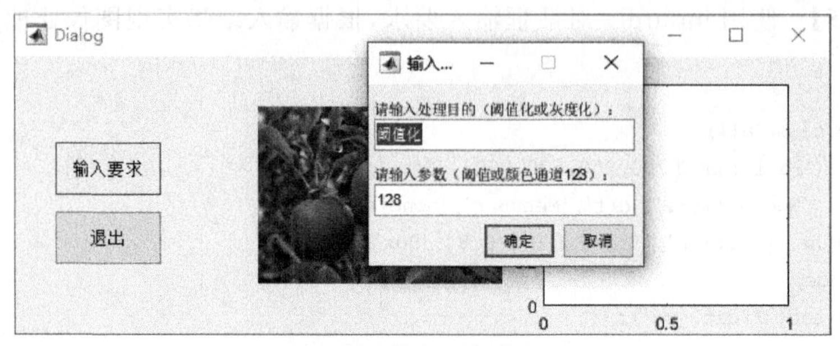

(a) 输入信息初始画面

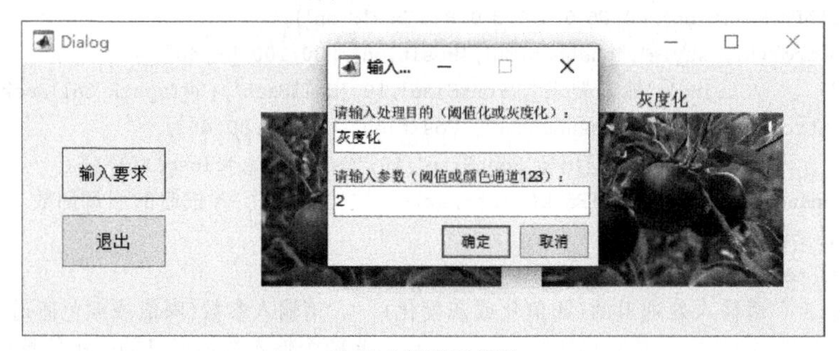

(b) 输入信息及参数

(c) 警告信息对话框

图 13-23　输入信息对话框设计效果

7. 列表选择对话框

MATLAB 采用 listdlg 函数在多个选项中选择需要的值，其调用格式如下。

[SELECTION,OK]=listdlg('ListString',S)：创建一个模态对话框，用于从列表中选择一个或多个选项。SELECTION 是存放选定字符串的索引的向量。当选择“OK”按钮，返回 OK 为 1，否则为 0。S 表示其他参数及取值，如表 13-1 所示。

表 13-1 listdlg 参数及含义表

属 性	含 义
ListString	元胞数组,列表框选项
SelectionMode	可取'single'或'multiple'(默认),表示单选或多选
ListSize	列表框的宽高[width height],单位:像素,默认为[160 300]
InitialValue	列表框中被初始选中的选项索引向量,默认为第1项
Name	对话框标题,默认为空
PromptString	字符串矩阵或元胞矩阵,指明列表框上方的文本,默认为空
OKString	OK 按钮上的文字,默认为"OK"
CancelString	Cancel 按钮上的文字,默认为"Cancel"
	多项选择中提供一个"Select all"按钮

【例 13-16】 使用 listdlg 对话框选择色彩通道,并显示保留不同色彩通道的图像。

程序如下:

```
clear,clc,close all;
hf = figure('Position',[200,200,400,200],'Name','Dialog',…
          'NumberTitle','off','MenuBar','none');
ax1 = axes(hf,'Position',[0.1 0.1 0.4 0.8],'Box','on');
global Image;
Image = imread('fruit.jpg');
imshow(Image),title('原始图像');
ax2 = axes(hf,'Position',[0.55 0.1 0.4 0.8],'Box','on');
set(hf, 'WindowButtonDownFcn', {@mousedown_call,ax2});              %单击鼠标左键创建列表框
function mousedown_call(~,~,ax)
    [selection,ok] = listdlg('ListString',{"R","G","B"},'InitialValue',[1 2 3],…
        'Name','选择','PromptString','颜色通道','ListSize',[160 60]);
%列表框中有3个选项;默认多选;初始为全选;标题为"选择";框上文本为"颜色通道";尺寸为[160 60]
    global Image;
    result = 0 * Image;
    if ok                                                           %选择"确定"按钮
        for i = 1:length(selection)
            result(:,:,selection(i)) = Image(:,:,selection(i));
        end
        axes(ax);
        imshow(result),title('部分色彩通道');
    else                                                            %选择"取消"按钮
        msgbox('没有选择颜色通道','通知');
    end
end
```

程序运行结果如图 13-24 所示。

认识了 GUI,接下来的 3 节以设计"图像分割实验平台"GUI 为例,介绍图像处理 GUI 的设计过程、方法及效果。

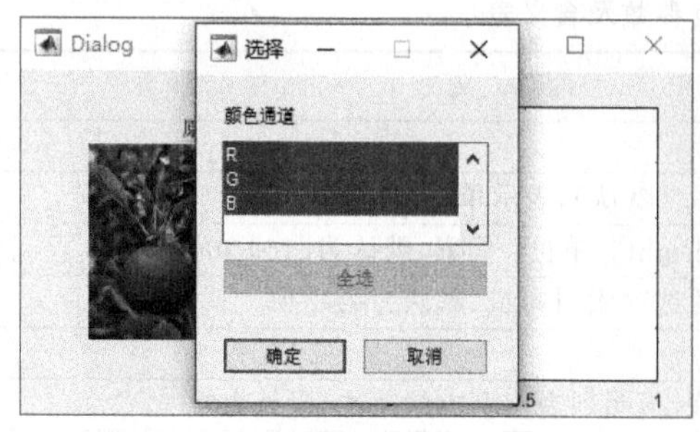

(a) 列表框初始状态

(b) 选择部分选项

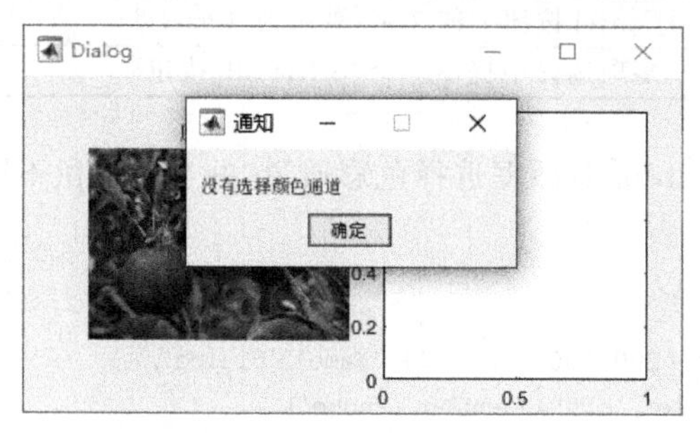

(c) 选择“取消”按钮

图 13-24 列表选择对话框设计效果

13.2 GUI 界面设计

打开 GUI 设计启动界面,选中空白模板,选中启动界面下方的单选按钮“将新图窗另存为”,在后面的文本框内设定路径,设图窗名为 ISEP.fig,单击“确定”按钮,显示 GUI 设计窗口。

13.2.1 背景设计

在右侧的设计窗口上右击,选中“属性检查器”,将 Units 属性中的选项设为 pixels,即尺寸度量单位改为像素;将 Position 中 width 和 height 参数设为 1240 和 640,分别是界面的宽和高,采用了固定数值的方式。也可以通过右键菜单,选中“GUI 选项”,调整为“按比例”设置。

在左侧工具栏中选中“坐标轴”工具,在设计窗口单击添加 axes1,在属性检查器中,设置 Units 属性为 pixels,Position 属性设置坐标起点为(0,0),宽高分别为 1240 和 640。保存设计。

设计一幅背景图像,尺寸为 1240×640,用于装饰界面。在函数 ISEP_OutputFcn (hObject,eventdata,handles) 中添加以下代码,加载并显示背景图像。

```
backImage = importdata('back.jpg');
axes(handles.axes1);                    % 选择坐标系统
image(backImage);                       % 将图片添加到坐标系中,形成背景
axis off
```

13.2.2 菜单设计

单击便捷工具栏中的“菜单编辑器按钮”，在菜单编辑器的工具栏中选择“新建菜单”，新建一级菜单，选中状态下，编辑右侧的菜单属性，设置文本及标记；在菜单编辑器的工具栏中选择“新建菜单项”，新建子菜单，设置文本、标记，自动生成回调函数；逐级逐层设计，如图13-25所示。可以采用工具栏中的各种工具调整菜单的顺序。

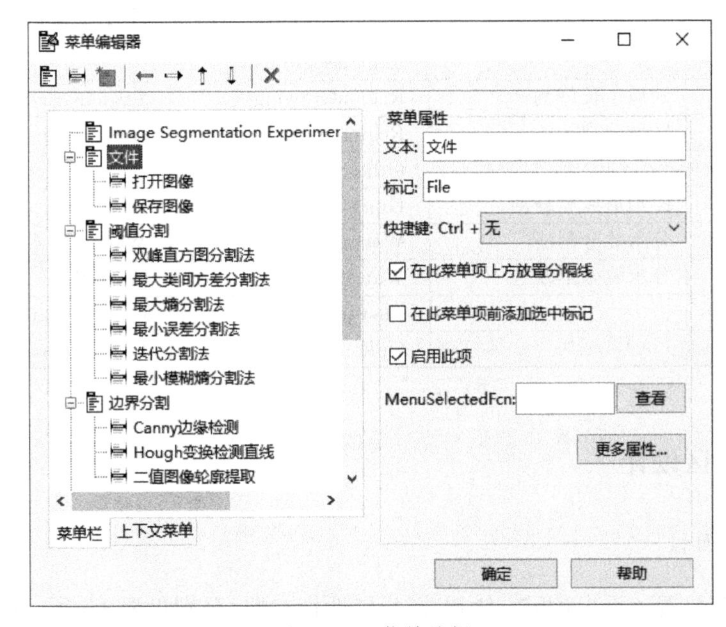

图13-25 菜单编辑

根据“图像分割实验平台”设计需要，设计了文件、阈值分割、边界分割、区域分割、其他分割、自定义分割、退出共7个下拉菜单，并添加各自的子菜单。设计的所有菜单项、标记及回调函数如表13-2所示。

表13-2 设计的菜单项

一级菜单	二级菜单	标记	回调函数
文件		File	
	打开图像	OpenImage	OpenImage_Callback
	保存图像	SaveImage	SaveImage_Callback
阈值分割		ThreshSegMenu	
	双峰直方图分割法	Bimodal	Bimodal_Callback
	最大类间方差分割法	OTSUSeg	OTSUSeg_Callback
	最大熵分割法	MaxEntropy	MaxEntropy_Callback

续表

一级菜单	二级菜单	标　记	回调函数
	最小误差分割法	MinError	MinError_Callback
	迭代分割法	Iteration	Iteration_Callback
	最小模糊熵分割法	MinFuzzyEntropy	MinFuzzyEntropy_Callback
边界分割		EdgeSegMenu	
	Canny 边缘检测	CannyEdge	CannyEdge_Callback
	Hough 变换检测直线	HoughLines	HoughLines_Callback
	二值图像轮廓提取	Bwboundary	Bwboundary_Callback
区域分割		RegionSegMenu	
	区域生长分割	RegionGrowing	RegionGrowing_Callback
	区域分裂法	RegionSplitting	RegionSplitting_Callback
其他分割		OtherSegMenu	
	K 均值聚类分割	KmeanSeg	KmeanSeg_Callback
	分水岭分割法	WaterSeg	WaterSeg_Callback
	分水岭分割改进	WaterSegC	WaterSegC_Callback
自定义分割		CustomSegmenu	CustomSegmenu_Callback
退出		Quit	Quit_Callback

13.2.3 显示区设计

1. 指示用面板

在图窗中部放置 4 个“面板”，右击，打开属性检查器，分别设置 Units 为 pixel、Position 中的 width 和 height 为 300 和 290、BackgroundColor 为白色、FontSize 为 12；分别设置 Title 为原始图像、分割后的图像、原图直方图及相关参数，用于指示显示的内容。可以根据需要进行其他设置。

将 4 个面板呈两行两列排列，利用快捷工具栏内的“对齐对象”摆放整齐。

2. 坐标轴

在前 3 个面板下部放置 3 个坐标区 axes2、axes3、axes4，设置 Units 为 pixel，Position 中的值均为[0,0,300,256]，用于显示图像时指定显示位置。

3. 显示参数

在“相关参数”面板内放置文本编辑工具，用于显示图像分割中的相关参数。放置 6 个静态文本：图像分辨率、原图像类型、分割的方法、采用的阈值、分割区域数、备注；在静态文本上右击，打开属性检查器，设置静态文本的 BackgroundColor、FontSize、String 参数，设置大小，摆放整齐。

在6个静态文本后放置6个可编辑文本，分别设置Tag为Resolution、Channel、Method、Threshold、Regnum和Comment，设置尺寸，摆放整齐。

设计的显示区界面如图13-26所示。

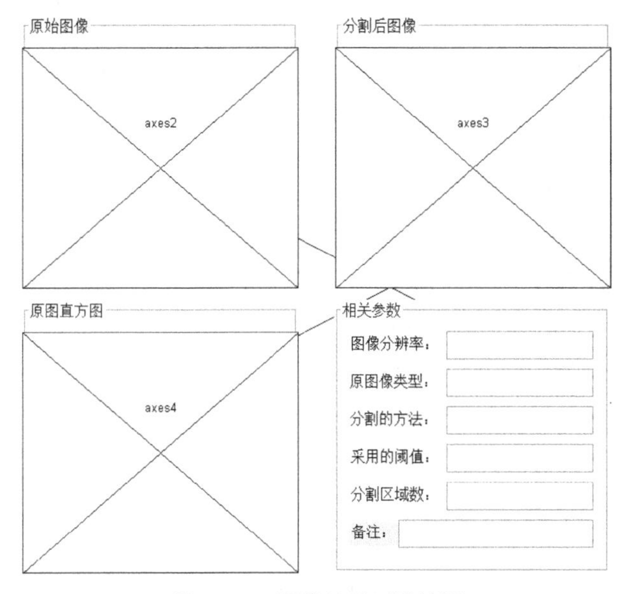

图 13-26　图像显示区设计图

13.2.4　自定义分割区设计

在图窗右侧设计自定义分割区，用以设计自定义分割流程，如图13-27所示。

放置面板，设置Title为自定义分割流程设计，BackgroundColor、FontSize和显示区面板参数一致。

在"自定义分割流程设计"面板上，放置6个小面板，设置Title分别为预处理、分割特征、分割方法、后处理、滤波窗宽及选定的流程，用于表示内部按钮成组，其余参数设置同前述面板设置。

在6个面板内分别放置单选按钮或者复选框，用以设计自定义分割时选择参数或方法。

在"自定义分割流程设计"面板上放置一个按钮控件，分别设置String为确定流程、Tag为SureFlow。当设计好分割流程后，单击该按钮，将在下面"选定的流程"面板中显示设计的流程，并对当前打开的图像进行自定义分割。

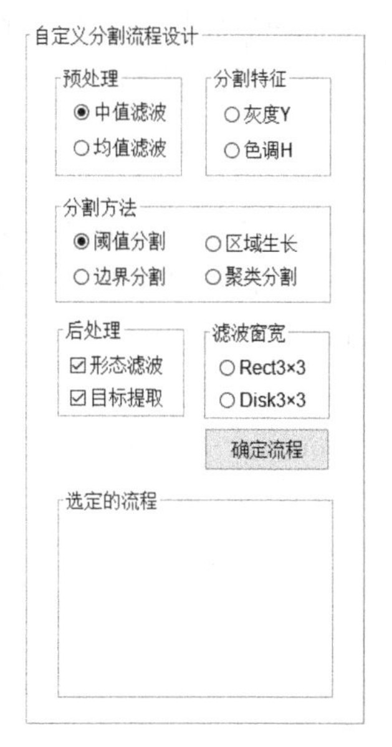

图 13-27　自定义分割区

在自定义分割区添加的各种控件及其重要属性如表13-3所示。

表13-3 自定义分割区控件及其属性

控　件	String	Tag	控　件	String	Tag
面板	预处理		面板	分割特征	
单选按钮	中值滤波	MedFilter	单选按钮	灰度Y	GrayVector
单选按钮	均值滤波	AverFilter	单选按钮	色调H	ColorVector
面板	滤波窗宽		面板	后处理	
单选按钮	Rect3×3	Winsize3	复选框	形态滤波	MorphFilter
单选按钮	Disk3×3	Windisk3	复选框	区域提取	ObjectExtract
面板	分割方法		面板	选定的流程	
单选按钮	阈值分割	ThreshSeg	按钮	确定流程	SureFlow
单选按钮	边界分割	EdgeSeg			
单选按钮	区域生长	RegionSeg			
单选按钮	聚类分割	ClusterSeg			

13.3 菜单函数设计

菜单功能的实现,需要编辑设计各个菜单对应的回调函数。

13.3.1 文件菜单函数设计

菜单“文件”下有两个菜单项:打开图像及保存图像。单击“打开图像”时,打开图像并将其显示在原始图像区域;单击“保存图像”时,将“分割后的图像”存储为文件。

1. 打开图像函数设计

在工作区打开ISEP.m文件,找到OpenImage_Callback函数;或者从菜单编辑器中,单击“打开图像”菜单右侧回调函数后的“查看”按钮,定位到函数处。在该函数内添加下列代码:

```
global isexist;
global ImageOriginal;
global height;
global width;
global channel;                    %定义图像参数全局变量,用于在其他函数中使用
fmt = {'*.jpg','JPEG image(*.jpg)';'*.bmp','Bitmap image(*.bmp)';…
                              '*.*','All Files(*.*)'};
[FileName,FilePath] = uigetfile(fmt,'导入外部数据','*.jpg','MultiSelect','on');
                                   %显示打开文件对话框,以便在其中选择要打开的图像
if ~isequal([FileName,FilePath],[0,0])
```

```
    FileFullName = strcat(FilePath,FileName);        % 如果选中图像,获取图像含路径的名称
else
    return;                                          % 未选中图像,则取消操作
end
axes(handles.axes2);                                % 将原始图像显示区域的坐标轴作为当前坐标轴
ImageOriginal = imread(FileFullName);                % 读取图像
[height,width,channel] = size(ImageOriginal);        % 获取参数
imshow(ImageOriginal);                               % 显示图像
axis off
str = strcat(num2str(width),' × ',num2str(height));      % 获取图像的分辨率
set(handles.Resolution,'String',str);                    % 在"相关参数"面板显示图像分辨率
axes(handles.axes4);                       % 将原图直方图显示区域的坐标轴作为当前坐标轴
if channel == 3
    str = '彩色图像';
    imhist(rgb2gray(ImageOriginal));       % 在原图直方图显示区域显示图像直方图
else
    str = '灰度图像';
    imhist(ImageOriginal);
end
set(handles.Channel,'String',str);         % 在"相关参数"面板显示图像类型
axis off
set(handles.Comment,'String','图像已打开');               % 在"相关参数"面板显示备注
isexist = 1;                                             % 设置图像已打开标记
```

当单击菜单"打开图像"时,在弹出的对话框中选择图像,显示效果如图13-28所示。

图 13-28　打开并显示图像

2. 保存图像函数设计

从菜单编辑器中，单击“保存图像”菜单回调函数后的“查看”按钮，定位到 SaveImage_Callback 函数处。在该函数内添加下列代码：

```
axes(handles.axes3);                    % 将分割后图像区域坐标作为当前坐标轴
result = getimage(gca);                 % 获取当前区域内图像
if isempty(result)                      % 如果没有图像，报错
    mode = struct('WindowStyle','nonmodal','Interpreter','tex');
    errordlg('没有图像','Equation Error', mode);
else                                    % 有图像则弹出存储对话框进行存储
    [FileName,PathName] = uiputfile({'*.jpg';'*.bmp';'*.tif';'*.*'},'save image as');
    FileFullName = strcat(PathName,FileName);
    imwrite(result,FileFullName);
end
axis off
```

13.3.2 图像分割菜单函数设计

图像分割区域有 4 个下拉菜单，对应 14 种分割方法，每种分割方法的函数设计类似：编辑菜单项的回调函数，添加代码。代码主要分为 3 部分：判断是否有图像打开、分割算法实现及设置相关参数并显示，不同菜单项仅分割算法实现主体不一样。

以双峰直方图分割为例，需要编辑菜单项的回调函数 Bimodal_Callback，添加如下代码：

```
global isexist;
global ImageOriginal;
global channel;
if isexist == 0
    mode = struct('WindowStyle','nonmodal','Interpreter','tex');
    errordlg('没有打开图像','Equation Error', mode);
    return;
end
if channel == 3
    Image = rgb2gray(ImageOriginal);                    % 如果是彩色图像，则灰度化
else
    Image = ImageOriginal;
end
% 以下为双峰直方图分割过程
hist1 = imhist(Image);
hist2 = hist1;
iter = 0;
while 1
```

```
    [is,peak] = Bimodal(hist1);
    if is == 0
        hist2(1) = (hist1(1) * 2 + hist1(2))/3;
        for j = 2:255
            hist2(j) = (hist1(j - 1) + hist1(j) + hist1(j + 1))/3;
        end
        hist2(256) = (hist1(255) + hist1(256) * 2)/3;
        hist1 = hist2;
        iter = iter + 1;
        if iter > 1000
            break;
        end
    else
        break;
    end
end
[~,pos] = min(hist1(peak(1):peak(2)));
thresh = pos + peak(1);
result = zeros(size(Image));
result(Image > thresh) = 1;
axes(handles.axes3);
imshow(result);                                        %显示分割后的图像
axis off
%设置相关参数并显示
method = '双峰直方图分割法';
set(handles.Method,'String',method);
set(handles.Threshold,'String',num2str(thresh));
set(handles.Regnum,'String','2');
set(handles.Comment,'String','阈值法分割');
function [is,peak] = Bimodal(histgram)
    count = 0;
    for j = 2:255
        if histgram(j - 1)< histgram(j) && histgram(j + 1)< histgram(j)
            count = count + 1;
            peak(count) = j;
            if count > 2
                is = 0;
                return;
            end
        end
    end
    if count == 2
        is = 1;
    else
        is = 0;
    end
```

程序运行的结果如图 13-29(a)所示。图 13-29(b)所示为区域生长分割效果。所有分割代码主体见第 9 章。

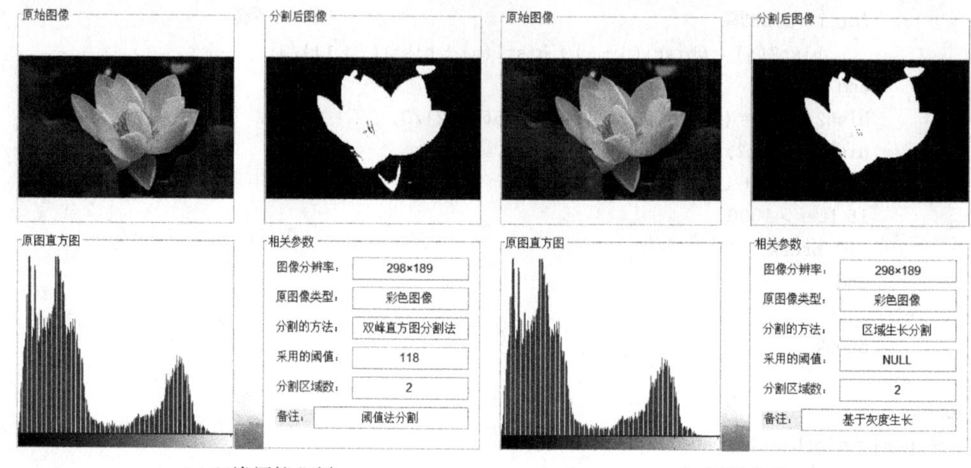

(a) 双峰阈值分割　　(b) 区域生长

图 13-29　分割实现界面

13.3.3　自定义分割菜单函数设计

单击“自定义分割”菜单，首先判断是否已有图像打开，然后提示设计自定义分割流程，在自定义分割区以红色文字提示。编辑菜单项的回调函数 CustomSegmenu，添加如下代码：

```
global isexist;
if isexist == 0
    mode = struct('WindowStyle','nonmodal','Interpreter','tex');
    errordlg('没有打开图像','Equation Error', mode);
    return;
end
flow = ['请选择分割流程!'];
set(handles.Flow,'String',flow,'ForegroundColor','r');
```

13.3.4　退出菜单函数设计

实现退出程序功能，需要编辑退出菜单项的回调函数 Quit_Callback，添加如下代码：

```
button = questdlg('确定退出?','退出程序','Yes','No','Yes');
if strcmp(button,'Yes')
    clc;
```

```
    delete(hObject);
    clear all;
    close all;
end
```

单击“退出”菜单，弹出问题对话框，询问是否退出程序，如图 13-30 所示。单击 Yes 按钮，退出程序。

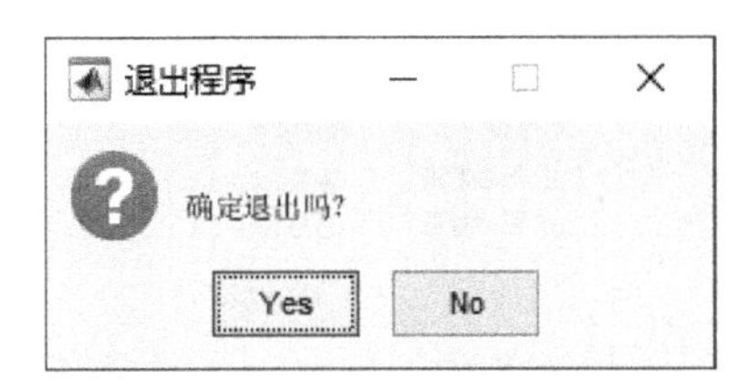

图 13-30　退出程序问题对话框

13.4　自定义分割设计

自定义分割需要先通过选择设定分割流程，在“选定的流程”面板显示，通过“确定流程”按钮启动分割过程，设计牵涉多种控件。

13.4.1　流程初始化

编辑 ISEP_OpeningFcn 函数，设定各个选择按钮的初始状态，添加如下代码：

```
global isexist;
isexist = 0;
handles.output = hObject;
guidata(hObject, handles);
set(handles.MedFilter,'value',1);                    %初始化预处理面板中选中“中值滤波”
set(handles.AverFilter,'value',0);
set(handles.ThreshSeg,'value',1);                    %初始化分割方法面板中选中“阈值分割”
set(handles.EdgeSeg,'value',0);
set(handles.RegionSeg,'value',0);
set(handles.ClusterSeg,'value',0);
set(handles.GrayVector,'value',1);                   %初始化分割特征面板中选中“灰度 Y”
set(handles.ColorVector,'value',0);
set(handles.Winsize3,'value',1);                     %初始化滤波窗宽面板中选中“Rect3×3”
set(handles.Windisk3,'value',0);
set(handles.MorphFilter,'value',1);                  %初始化后处理面板中仅仅选中“形态滤波”
set(handles.ObjectExtract,'value',0);
set(handles.Comment,'String','图像未打开');           %初始化备注面板中显示“图像未打开”
flow = ['默认流程为：';'1.中值滤波';'2.阈值分割';'3.形态滤波';'4.目标提取'];
set(handles.Flow,'String',flow);
```

ISEP程序初运行时，自定义分割模块界面如图13-31所示。

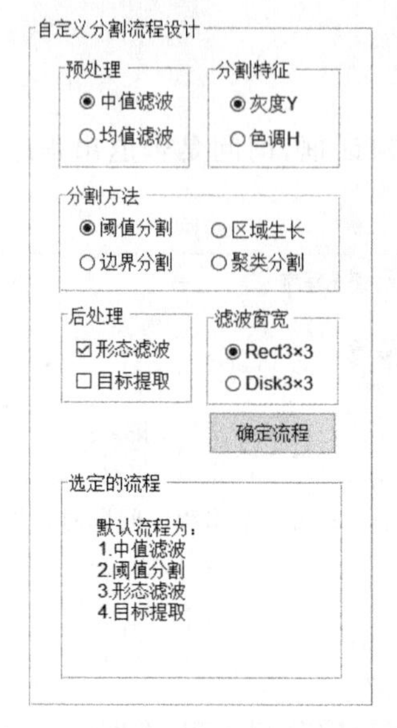

图13-31　初始化的自定义分割界面

13.4.2　流程设计与实现

打开图像后，选择不同的预处理方法、分割特征、分割方法、后处理及窗宽，单击“确定流程”按钮，执行自定义分割，功能的实现通过“确定流程”按钮的回调函数SureFlow_Callback实现。函数代码分为5部分：判断是否有图像打开、判断分割特征选择是否合理、在“选定的流程”面板显示设计的流程、实现分割及分割结果的显示。

1. 判断是否有图像打开

在SureFlow_Callback函数中添加如下代码：

```
global isexist;
if isexist == 0
    mode = struct('WindowStyle','nonmodal','Interpreter','tex');
    errordlg('没有打开图像','Equation Error', mode);
    return;
end
```

2. 判断分割特征选择是否合理

主要判断选择的分割特征是否合适，灰度图像不能采用色调特征，添加如下代码：

```
global ImageOriginal;
global height;
global width;
global channel;
vector = get(handles.GrayVector,'value');
Image = ImageOriginal;
if vector == 0                          % vector 为 0,表示选择了色调特征
    mode = struct('WindowStyle','nonmodal','Interpreter','tex');
    if channel == 1                     % channel 为 1,表示打开的是灰度图像
        set(handles.Flow,'String','请重新设置流程','ForegroundColor','b');
        errordlg('灰度图像,不能采用颜色分割,请重新设置流程','Equation Error', mode);
        return;
    elseif channel == 3
        hsv = rgb2hsv(Image);
        h = hsv(:,:,1);
        if max(h(:)) == 0               % 尽管 channel 为 3,但图像无色彩
            set(handles.Flow,'String','请重新设置流程','ForegroundColor','b');
            errordlg('灰度图像,不能采用颜色分割,请重新设置流程',...
                     'Equation Error', mode);
            return;
        end
    end
end
```

3. 输出设计的流程

判断各组单选按钮、复选框的选择情况,设置流程字符串并显示输出,添加如下代码:

```
filter = get(handles.MedFilter,'value');
if filter
    str1 = '1.中值滤波';
else
    str1 = '1.均值滤波';
end
if get(handles.ThreshSeg,'value')
    method = 1;
    str2 = '2.阈值分割';
elseif get(handles.EdgeSeg,'value')
    method = 2;
    str2 = '2.边界分割';
elseif  get(handles.RegionSeg,'value')
    method = 3;
    str2 = '2.区域分割';
else
    method = 4;
```

```
    str2 = '2.聚类分割';
end
if get(handles.MorphFilter,'value')
    ismorph = 1;
    str3 = '3.形态滤波';
else
    ismorph = 0;
    str3 = '3.';
end
if get(handles.ObjectExtract,'value')
    isextract = 1;
    str4 = '4.目标提取';
else
    isextract = 0;
    str4 = '4.';
end
flow = strcat('选定的流程为: ',10,str1,10,str2,10,str3,10,str4);
set(handles.Flow,'String',flow,'ForegroundColor','b');
```

4. 实现分割

按照选项,依次实现预处理、分割及后处理,添加如下代码:

```
if filter                                    % 中值滤波
    for k = 1:channel
        Image(:,:,k) = medfilt2(Image(:,:,k));
    end
else                                         % 均值滤波
    Image = filter2(fspecial('average',3),Image);
end
if vector == 0                               % 基于颜色分割
    h(h > 330/360) = 0;
    In = h;
else                                         % 基于灰度分割
    if channel == 1
        In = Image;
    else
        In = rgb2gray(im2double(Image));
    end
end
switch method
    case 1
        result = imbinarize(In);             % 阈值分割
    case 2
        result = edge(In,'canny');           % 边缘检测
```

```
        case 3
            result = growing(In);                    %区域生长
        case 4                                       %聚类分割
            training = In(:);
            startdata = [0;0.7];
            [IDX,~] = kmeans(training,2,'Start',startdata);
            idbw = (IDX == 1);
            result = reshape(idbw,height,width);
    end
    if ismorph                                       %后处理进行形态滤波
        win = get(handles.Winsize3,'value');
        if win                                       %根据滤波窗宽选择结构元素
            se = strel('square',3);
        else
            se = strel('disk',3);
        end
        result = imopen(imclose(result,se),se);     %形态滤波
        result = imclose(imopen(result,se),se);
    end
    if isextract                                     %提取目标
        result = uint8(result * 255);
        for k = 1:channel
            gray = Image(:,:,k);
            gray = bitand(result,gray);              %模板与图像进行与运算
            Image(:,:,k) = gray;
        end
        result = Image;
    end
```

5. 输出显示

将处理后的图像显示在“分割后的图像”面板，将相关参数显示在“相关参数”面板，添加如下代码：

```
    axes(handles.axes3);
    imshow(result);
    axis off;
    method = '自定义分割';
    set(handles.Method,'String',method);
    set(handles.Threshold,'String','NULL');
    set(handles.Regnum,'String','NULL');
    set(handles.Comment,'String','NULL');
```

分别对彩色图像和灰度图像进行自定义分割，如图13-32所示。

(a) 彩色图像分割

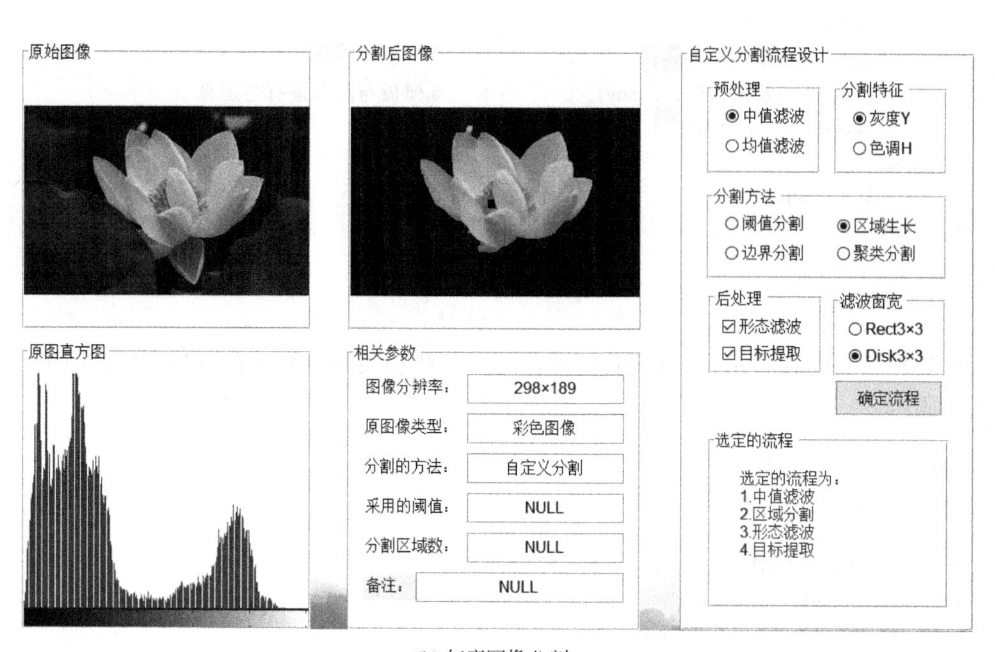

(b) 灰度图像分割

图 13-32　自定义分割

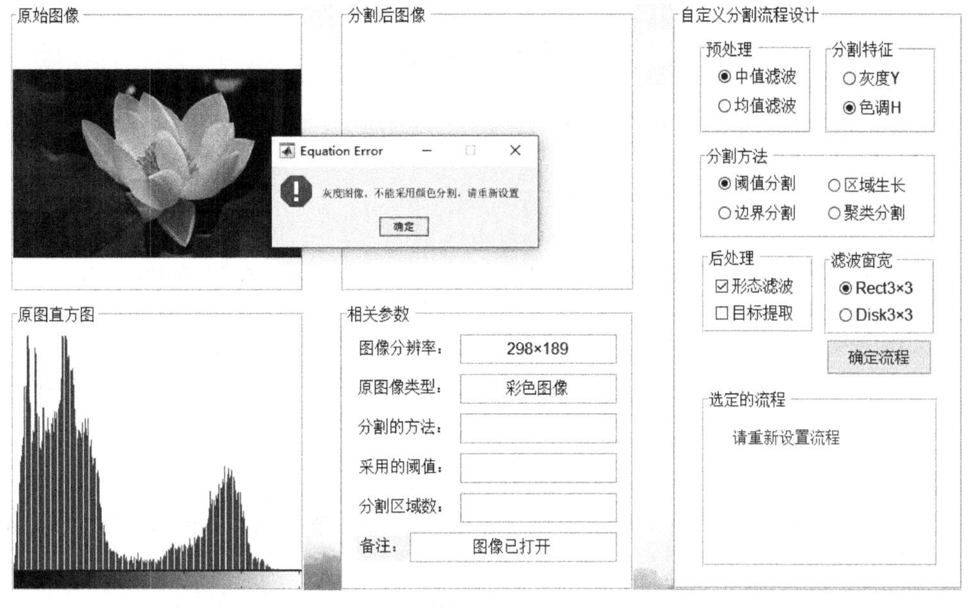

(c) 选择特征不合适

图 13-32 （续）

13.5 本章小结

本章介绍了GUI设计基础知识，并以图像分割实验平台设计为例，介绍了MATLAB图像处理GUI设计方法，包括界面设计、菜单及函数设计及多种控件的设计和使用。读者可以针对书中所附图像处理程序，开发设计类似的GUI。

参考文献

[1] SHAPIRO L G,STOCKMAN G C. 计算机视觉[M]. 赵清杰,钱芳,蔡利栋,译. 北京：机械工业出版社,2005.

[2] 章毓晋. 图像工程[M]. 3 版. 北京：清华大学出版社,2012.

[3] OpenCV 简介[EB/OL]. https：//opencv. org/about. html.

[4] 王向阳,杨红颖,牛盼盼. 高级数字图像处理技术[M]. 北京：北京师范大学出版社,2014.

[5] 胡威捷,汤顺青,朱正芳. 现代颜色技术原理及应用[M]. 北京：北京理工大学出版社,2007.

[6] 寿天德. 视觉信息处理的脑机制[M]. 2 版. 合肥：中国科学技术大学出版社,2010.

[7] GONZALEZ R C,WOODS R E. 数字图像处理[M]. 阮秋琦,译. 3 版. 北京：电子工业出版社,2011.

[8] 谢凤英. 数字图像处理及应用[M]. 2 版. 北京：电子工业出版社,2016.

[9] 李水根,吴纪桃. 分形与小波[M]. 北京：科学出版社,2002.

[10] 唐向宏,李齐良. 时频分析与小波变换[M]. 北京：科学出版社,2008.

[11] BURRUS C S,GOPINATH R A,GUO H T. 小波与小波变换导论[M]. 程正兴,译. 北京：机械工业出版社,2007.

[12] RUSS J C. 数字图像处理[M]. 余翔宇,译. 6 版. 北京：电子工业出版社,2014.

[13] GONZALEZ R C,WOODS R E,EDDINS S L. 数字图像处理的 MATLAB 实现. [M]. 阮秋琦,译. 2 版. 北京：清华大学出版社,2013.

[14] 杨丹,赵海滨,龙哲. MATLAB 图像处理实例详解[M]. 北京：清华大学出版社,2013.

[15] RAHMAN Zia-ur, JOBSON D J, WOODELL G A. Retinex Processing for Automatic Image Enhancement [J]. Journal of Electronic Imaging,2004,13(1)：100-110.

[16] HE K M,SUN J,TANG X. Single Image Haze Removal Using Dark Channel Prior[C]//Proceedings of IEEE Conference on Computer Vision and Pattern Recognition,2009：1956-1963.

[17] TOMASI C,MANDUCHI R. Bilateral Filtering for Gray and Color Images [C]//Proceedings of the 1998 IEEE International Conference on Computer Vision,Bombay,India,1998：839-846.

[18] SOILLE P. 形态学图像分析：原理与应用[M]. 王小鹏,译. 2 版. 北京：清华大学出版社,2008.

[19] 王小玉. 图像去噪复原方法研究[M]. 北京：电子工业出版社,2017.

[20] 郝建坤,黄玮,刘军,等. 空间变化 PSF 非盲去卷积图像复原法综述[J]. 中国光学,2016,9(1)：41-49.

[21] 李鑫楠. 图像盲复原算法研究[D]. 长春：吉林大学,2015.

[22] RICHARDSON W H. Bayesian-Based Iterative Method of Image Restoration[J]. Journal of The Optical Society of America,1972. 62(1)：55-59.

[23] LUCY L B. An Iterative Technique for the Rectification of Observed Distributions [J]. The Astronomical Journal,1974,79 (6)：745-754.

[24] 李俊山,李旭辉,朱子江. 数字图像处理[M]. 3 版,北京：清华大学出版社,2017.

[25] 刘成龙. MATLAB 图像处理[M]. 北京：清华大学出版社,2017.

[26] 冯宇平. 图像快速配准与自动拼接技术研究[D]. 长春：长春光学精密机械与物理研究所,2010.

[27] OJALA T,PIETIKÄINEN M,HARWOOD D. Performance Evaluation of Texture Measures with Classification Based on Kullback Discrimination of Distributions[C]//Proceedings of the 12th IAPR International Conference on Pattern Recognition,Jerusalem,Israel：IEEE Computer Society Press,

1994,1: 582-585
[28] OJALA T, PIETIKÄINEN M, HARWOOD D. A Comparative Study of Texture Measures with Classification Based on Feature Distributions[J]. Pattern Recognition, 1996, 29: 51-59.
[29] AHONEN T, HADID A, PIETIKAINEN M. Face Recognition with Local Binary Patterns[J]. European Conference on Computer Vision, 2004, 3021(12): 469-481.
[30] PAPAGEORGIOU C P, OREN M, POGGIO T. A General Framework for Object Detection[J]. International Conference on Computer Vision, 2002, 108(6): 555-562.
[31] VIOLA P, JONES M. Rapid Object Detection using a Boosted Cascade of Simple Features[J]. IEEE Computer Society Conference on Computer Vision and Pattern Recognition, 2001, 1(2): 511.
[32] OTSU N, A Threshold Selection Method from Gray-Level Histograms[J]. IEEE Transactions on Systems, 1979, 9(1): 62-66.
[33] SHI J, TOMASI C. Good Features to Track[C]. Proceedings of the IEEE Conference on Computer Vision and Pattern Recognition, 1994: 593-600.
[34] ROSTEN E, DRUMMOND T. Machine Learning for High-Speed Corner Detection[C]. 9th European Conference on Computer Vision, 2006(1): 430-443.
[35] ROSTEN E, DRUMMOND T. Fusing Points and Lines for High Performance Tracking[C]. Proceedings of the IEEE International Conference on Computer Vision, 2005: 1508-1511.
[36] BAY H, ESS A, TUYTELAARS T, et al. Speeded-up robust Features[J]. Computer Vision and Image Understanding, 2008, 110(3): 346-359.
[37] LEUTENEGGER S, CHLI M, SIEGWART R. BRISK: Binary Robust Invariant Scalable Keypoints [C]. Proceedings of the IEEE International Conference, ICCV, 2011: 2548-2555.
[38] ALEXANDRE A, RAPHAEL O, VANDERGHEYNST P, FREAK: Fast Retina Keypoint[C]// IEEE Conference on Computer Vision and Pattern Recognition, 2012: 510-517.
[39] NISTER D, STEWENIUS H. Linear Time Maximally Stable Extremal Regions[C]//Lecture Notes in Computer Science. 10th European Conference on Computer Vision, Marseille, France, 2008, 5303: 183-196.
[40] MATAS J, CHUM O, URBA M, et al. Robust wide baseline stereo from maximally stable extremal regions[C]. Proceedings of British Machine Vision Conference, 2002: 384-396.
[41] OBDRZALEK D, BASOVNIK S, MACH L, et al. Detecting Scene Elements Using Maximally Stable Colour Regions[J]. Communications in Computer and Information Science, 2009, 82: 107-115.
[42] MIKOLAJCZYK K, TUYTELAARS T, SCHMID C, et al. A Comparison of Affine Region Detectors [J]. International Journal of Computer Vision, 2005, 65(1-2): 43-72.

图书资源支持

感谢您一直以来对清华大学出版社图书的支持和爱护。为了配合本书的使用，本书提供配套的资源，有需求的读者请扫描下方的“书圈”微信公众号二维码，在图书专区下载，也可以拨打电话或发送电子邮件咨询。

如果您在使用本书的过程中遇到了什么问题，或者有相关图书出版计划，也请您发邮件告诉我们，以便我们更好地为您服务。